21 世纪高等院校电气工程与自动化规划教材
21 century institutions of higher learning materials of Electrical Engineering and Automation Planning

Programmable Logic Controller (3rd Edition)

可编程控制器原理及应用（第3版）

宫淑贞 徐世许 编著

人民邮电出版社
北京

图书在版编目（CIP）数据

可编程控制器原理及应用 / 宫淑贞，徐世许编著
. -- 3版. -- 北京 ：人民邮电出版社，2012.12（2022.8重印）
ISBN 978-7-115-29246-9

Ⅰ. ①可… Ⅱ. ①宫… ②徐… Ⅲ. ①可编程序控制器一高等学校一教材 Ⅳ. ①TP332.3

中国版本图书馆CIP数据核字(2012)第213133号

内容提要

本书包含继电接触器控制和PLC控制两部分内容。作为学习PLC必备的基础——继电接触器控制，将详细讲解常用低压控制电器的工作原理，系统介绍常用继电器控制电路的组成、工作原理和设计方法；侧重PLC控制的内容，以OMRON的小型机CPM1A/CPM2A为背景，系统地阐述PLC的组成、工作原理和指令系统，详细讲解PLC控制系统的设计方法；介绍OMRON的HOST Link、PLC Link和无协议3种串行通信方式，以及OMRON当前主推的CompoBus/D、Controller Link、Ethernet这3种FA网络。对每一种网络，从通信单元、网络配置、网络功能、通信端口的连接、通信协议及相关编程等方面均进行了详细的讲解；对OMRON的计算机辅助编程软件CX-P的功能和使用方法也做了较详细的介绍。

本书内容丰富，通俗易懂，理论联系实际。为便于教学与自学，还编写了习题和实验指导。

本书可作为高等院校自动化、电气技术、机电一体化及其他相关专业的教材，也可作为工程技术人员继续学习的参考书或PLC的培训教材。

21世纪高等院校电气工程与自动化规划教材

可编程控制器原理及应用（第3版）

◆ 编　　著　宫淑贞　徐世许
　责任编辑　李海涛
◆ 人民邮电出版社出版发行　　北京市崇文区夕照寺街14号
　邮编　100061　　电子邮件　315@ptpress.com.cn
　网址　http://www.ptpress.com.cn
　北京七彩京通数码快印有限公司印刷
◆ 开本：787×1092　1/16
　印张：22.25　　　　2012年12月第3版
　字数：560千字　　　2022年8月北京第16次印刷

ISBN 978-7-115-29246-9

定价：42.00元

读者服务热线：（010）81055256　印装质量热线：（010）81055316

反盗版热线：（010）81055315

广告经营许可证：京东市监广登字20170147号

第 3 版前言

2008 年 11 月对《可编程控制器原理及应用》做了第一次修订，并于 2009 年 4 月出版，至今第 2 版已印刷 2 万多册。

虽然第 2 版发行至今仅 3 年，但为了适应教学改革的需要，我们决定再做一次修订。近十年来，教学改革的步伐很大，在各专业的课程体系、课程设置和课时等方面都有较大的调整，专业课的调整尤为显著。作为自动化和电气专业的专业课，“工厂电器控制”和“可编程控制器原理与应用”两门课的课时数都大幅减少，所以大部分院校已将这两门课合并。既然课程已合二为一，那么教材就要与之相适应了，这就是我们要对第 2 版再作修订的原因。

现就修订的具体情况作如下说明。

（1）第 2 版是以 CPM1A/CPM2A 作为背景机。就国内普通院校实验室的现状，三五年内，机型 CPM1A/CPM2A 可能还要继续使用，所以本次修订仍以 CPM1A/CPM2A 为背景机。况且在有限的学时内，无论对哪个机型，都只能以给读者铺垫今后自学的基础为目的。

（2）本次修订，将保持 2 版中第 2 章～第 7 章的体系和内容基本不变。这样，任课教师自制的第 2 版教学课件，可稍加改动而继续使用。

（3）本次修订增加了继电接触器控制的内容。对于继电接触器控制，弄清楚控制电器的工作原理是至关重要的。但限于篇幅，只能对部分常用低压控制电器作详细介绍，更详尽的内容将通过课件予以补充。对那些可以用 PLC 编程来替代的电器仅作简要介绍。详细讲解基本控制电路的组成和工作原理，训练读者阅读和设计继电器控制电路的能力。增加了继电器控制的实验，使读者对常用低压控制电器及控制电路的功能有更直观的了解。

（4）提供两个关于控制电器的课件。其中“常用低压控制电器的工作原理”，以平面与三维动画相结合、音频与视频相结合的方法，形象直观地展现了各种低压电器的外观、内部结构和工作原理。课件“新型电器简介”内容丰富、图文并茂，实物与平面动画相结合，展示了各种新型电器的外观和工作原理。既扩展了教材中关于控制电器部分的内容，也使读者了解低压控制电器领域的发展动向。

本次修订工作由宫淑贞和徐茂荣主持完成。

实用、易读是本书的编写宗旨。限于编者水平，疏漏之处在所难免，敬请读者批评指正。

编　者

2012 年 7 月

第 2 版前言

《可编程控制器原理及应用》第 1 版自 2002 年 7 月出版以来，已被许多院校选用，6 年来已印刷 15 次，共发行 4 万多册。这些年来，我们从读者那里收到许多有价值的意见和建议，根据读者的反馈意见及工程应用的实际需要，结合 PLC 技术发展的现状，决定对第 1 版做全面修订。现就具体修订情况说明如下。

（1）本书第 1 版是以 OMRON 的小型机 CPM1A 为背景机的，本次修订以 CPM1A/CPM2A 作为背景机。CPM1A/CPM2A 是 OMRON 在 1997 年前后相继推出的机型，当时国内许多 PLC 实验室装备了 CPM1A 或 CPM2A，尽管近些年来 OMRON 又陆续推出了功能更为强大的小型机 CJ1、CP1（CP1H、CP1L），但考虑到国内实验室的现状，相当一段时间内 CPM1A/CPM2A 还要继续使用，所以本次修订仍以 CPM1A/CPM2A 为背景机。

（2）本次修订加进了 CPM2A 的内容。CPM2A 是 CPM1A 的升级产品，CPM2A 兼容 CPM1A 的全部功能，CPM2A 在指令系统和部分功能上有所扩展。为尽量保持第 1 版中第 1 章～第 4 章的章节体系，也限于篇幅，本次修订采取与 CPM1A 对比的方式，集中几节介绍 CPM2A 增加的功能和部分指令。

（3）删除了 MPT002 一章的内容。

（4）对于计算机辅助编程软件，本次修订介绍的是 OMRON 的 CX-P 6.1 版。

（5）重新编写了实验内容，使之既能满足基本训练的要求，又具有一定实践性和趣味性，以保证在有限课时内完成对基本方法、基本技能的训练。

（6）本次修订增加了 HOST Link、PLC Link、无协议 3 种串行通信，更新了 CompoBus/D、Controller Link、Ethernet 这 3 种网络的内容。

本书的修订工作由宫淑贞和徐世许主持完成。其中，迟洁茹编写第 1 章和第 2 章，宫淑贞编写第 3 章和第 4 章，徐世许编写第 5 章和第 6.2 节，周建春编写第 6.1 节和第 7 章，张锐编写全部附录，徐茂荣审阅了全书。王涛、杨艳、王世红、张传林、韩明明、刘论参与了程序测试、文字录入、绘图等工作，非常感谢他们付出的辛勤劳动。

新颖、实用、易读仍是本书的编写宗旨。虽然我们做了各方面努力，但是限于编者水平，疏漏之处在所难免，敬请广大读者批评指正。在此，我们也向关心本书出版并提出宝贵建议的专家、学者表示衷心感谢！

编　者

2008 年 11 月

目 录

第1章 继电接触器控制系统

在现代化工农业生产中，生产机械的运动部件大多数是由电动机拖动的，通过对电动机的自动控制，从而实现对生产机械的自动控制。由各种有触点的控制电器组成的控制系统，称为继电接触器控制系统。

本章介绍常用的低压控制电器的结构和工作原理，以及用它们组成的控制电路。使读者学会设计常用的控制电路，能熟练阅读继电接触器控制系统。

1.1 常用低压控制电器

低压控制电器的种类繁多，一般可分为手动和自动两类。手动电器必须由人工操纵，自动电器是随某些电信号（如电压、电流等）或某些物理量（如位移、压力、温度等）的变化而自动动作的。本节介绍部分常用的低压控制电器。

1.1.1 手动电器

1. 闸刀开关

闸刀开关是最简单的一种手动电器。作为电源的隔离开关，其广泛用于各种配电设备和供电线路中。

闸刀开关按触刀片数多少可分为单极、双极、三极等几种，每种又有单投和双投之别。图1.1（a）所示为闸刀开关的结构示意图，图（b）是其符号。

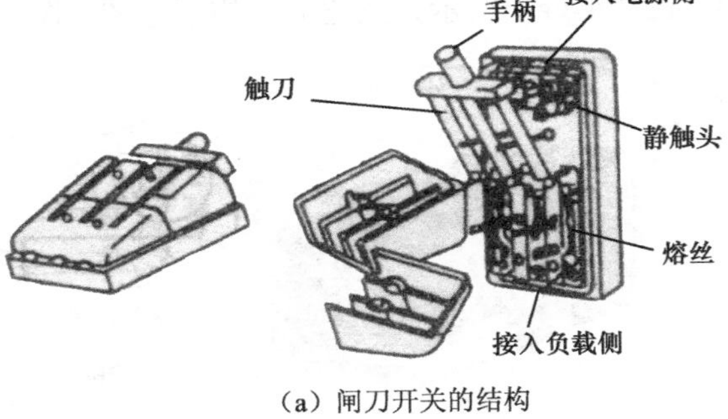

（a）闸刀开关的结构

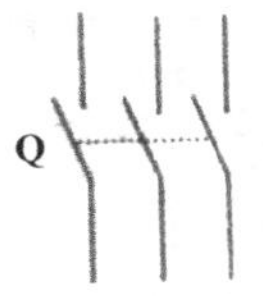

（b）闸刀开关的符号

图1.1　闸刀开关的结构及其符号

用闸刀开关分断感性负载电路时，在触刀和静触头之间会产生电弧。较大的电弧会灼伤触刀和触头，甚至使电源相间短路而造成火灾。所以大电流的闸刀开关应设灭弧罩。

闸刀开关应垂直安装在控制板上，静触头应在上方。电源进线要接在静触头上，负载接在可动触刀一侧。这样，当断开触刀时负载一侧就不会带电。

2. 组合开关

组合开关是一种多触点、多位置式可以控制多个回路的控制电器。图 1.2 所示为一种组合开关的结构示意图。它有三层绝缘垫板 6，每层垫板上有一对铜质静触片 2 和一个铜质动触片 3。静触片与外部的连接是通过接线端子 1 实现的。各层垫板上的动触片都套在装有手柄 5 的绝缘转动轴 4 上。不同层的动触片可以互相错开一个角度安装。在转动手柄时，各动触片均转过相同的角度，使一些动、静触片相互接通，另一些动、静触片被断开。根据实际需要，组合开关的绝缘垫板层数可以增减。常用的有单极、双极、三极、四极等多种。

图 1.3 所示为用组合开关控制三相异步电动机启、停的接线示意图。

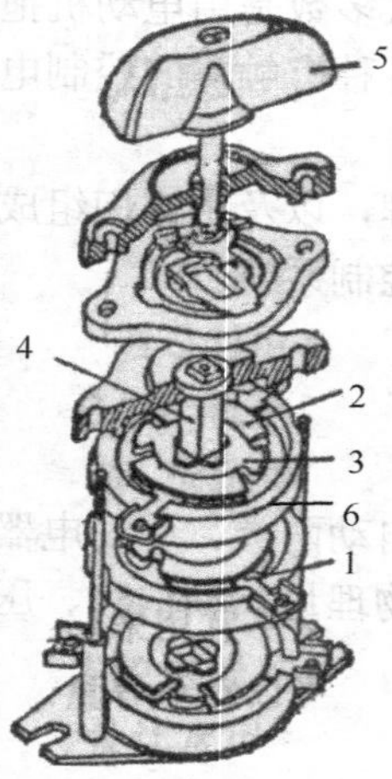

图 1.2　组合开关结构示意图

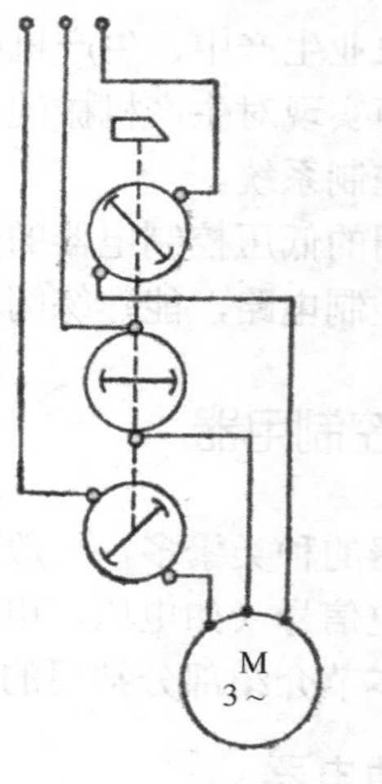

图 1.3　组合开关控制电动机示意图

在图 1.3 中，3 个圆盘表示绝缘垫板，每层垫板边缘上的小圆圈表示静触片（图中略去接线端子），两个静触片分别与电源和电动机相接。垫板中各有一个动触片，它们装在同一个轴（竖直虚线）上。当前位置时各动、静触片不相连。当手柄顺时针或逆时针旋转 90° 时，3 个动触片分别与本层静触片相接触，使电动机与电源接通，于是电动机启动并运行。

3. 按钮

按钮是广泛使用的主令电器。图 1.4（a）所示为按钮的结构示意图，图（b）所示为一种按钮的外形，图（c）是其符号。

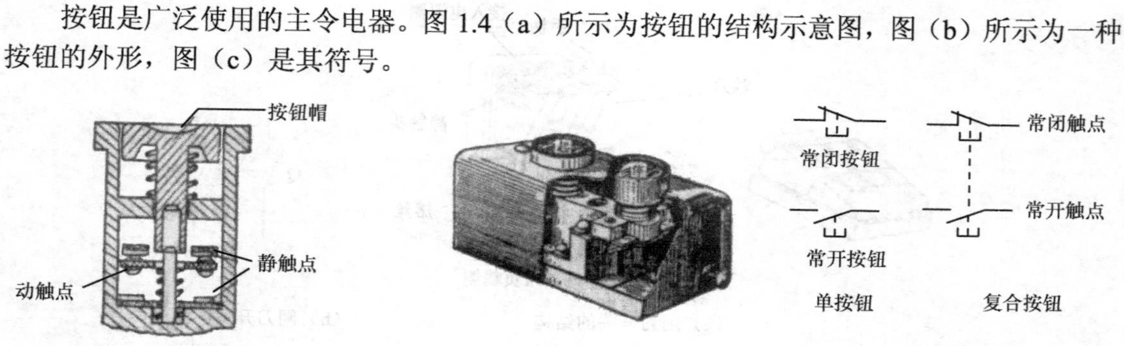

（a）按钮的结构　（b）按钮的外形　（c）按钮的符号

图 1.4　按钮的结构示意图及其符号

图 1.4（a）中有 4 个铜质静触点（上、下各 2 个），2 个铜质动触点都固定在一个可以上、下移动的铜片上。未按动按钮之前，上面一对静触点与一对动触点接通，称为常闭触点；下面一对静触点与动触点间是断开的，称为常开触点。

只具有常闭触点或只具有常开触点的按钮称为单按钮。既有常闭触点、也有常开触点的按钮称为复合按钮，图 1.4（a）就属于复合按钮。请注意两种按钮符号的区别。

现就图 1.4（a）分析按钮的功能。当按下按钮帽时，上下弹簧均被压缩，动触点与上面的静触点分开（称常闭触点断开）而与下面的静触点接通（称常开触点闭合）。当释放按钮帽时，在弹簧的作用下触点复位，即常开触点恢复断开，常闭触点恢复闭合。各触点的动作顺序为：当按动按钮时，常闭触点先断开，常开触点后闭合；当释放按钮时，常开触点先断开，常闭触点后闭合。了解按钮的这个动作顺序，对分析控制电路的功能非常重要。

1.1.2　自动电器

1. 交流接触器

交流接触器常用来接通和断开电动机或其他设备的主电路，它是一种失压保护电器。

接触器可分为直流接触器和交流接触器两类。直流接触器的线圈使用直流电，交流接触器的线圈使用交流电。

图 1.5（a）所示为交流接触器的内部结构简图，图（b）是其符号。交流接触器的主要组成部分是电磁铁和触点。电磁铁是由静铁心、动铁心、线圈和支撑弹簧（图中没画出）组成的。触点可以分为主触点和辅助触点两类。例如，CJ10-20 型交流接触器有 3 个常开主触点，4 个辅助触点（图中没画出，在动铁心的两侧各安置了一个常开和一个常闭触点）。交流接触器的主、辅触点通过绝缘支架（图中没画出）与动铁心联成一体，由动铁心带动各触点一起动作。

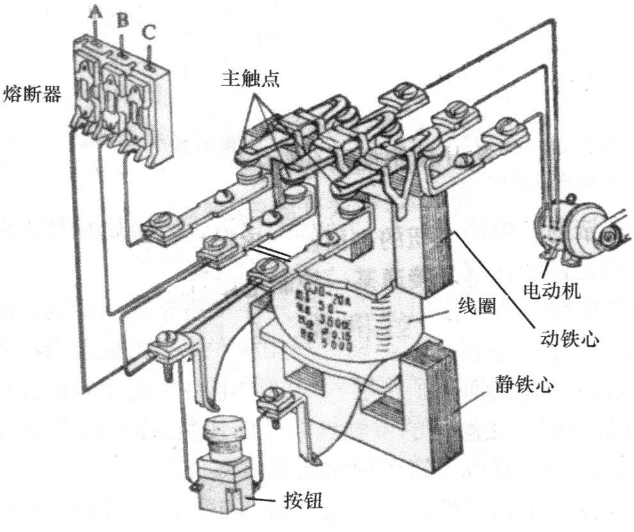

（a）交流接触器的内部结构

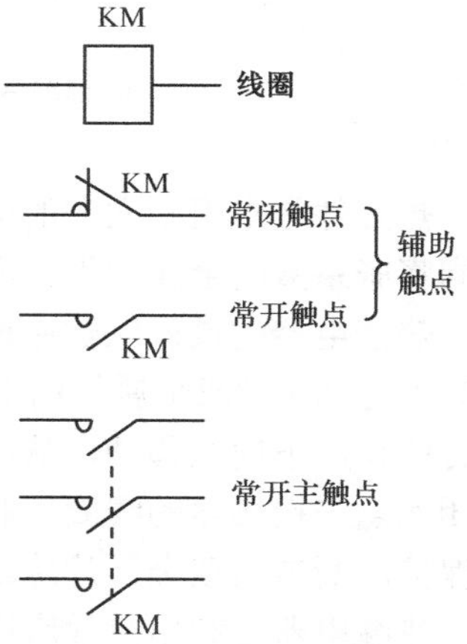

（b）交流接触器的符号

图 1.5　交流接触器的结构示意图及其符号

对图 1.5（a）所示的交流接触器，当线圈通电时动铁心被吸合下落（支撑弹簧被压缩），带动常开的主、辅触点均闭合，常闭的辅助触点均断开。当线圈欠电压或失去电压时，动铁心在支撑弹簧的作用下迅速弹起，带动主、辅触点均恢复常态。

主触点能通过大电流，接在主电路中。辅助触点承受的电流较小，一般接在控制电路中。主触点通过负载的电流。当主触点断开感性负载电路时，触点间将产生电弧，易烧坏触头或引起电源短路，所以10A以上的交流接触器都配有灭弧罩。一般主触点都作成有两个断点的桥式形状，如图1.5（a）所示，以降低接触器断电时加在主触点上的电压，使电弧快速熄灭。

选用接触器时，应该注意主触点的额定电流、线圈电压的大小及种类、触点数量等。

2. 中间继电器

中间继电器具有记忆、传递、转换信息等控制功能。它主要用在控制电路中，也可用来直接控制小容量电动机或其他电器。

中间继电器的结构与交流接触器基本相同，只是其电磁机构尺寸较小、结构紧凑、触点数量较多。由于触头通过电流较小，所以一般不配灭弧罩。

选用中间继电器时，主要考虑线圈电压种类以及触点数量。

在选择接触器和中间继电器时，务必注意其线圈电源的种类以及线圈额定电压值的大小。例如，额定值为220V的交流接触器线圈若误接入380V的交流电源中，或额定值为220V的交流接触器线圈误接入220V的直流电源中，都会立即烧坏电器。

3. 热继电器

热继电器主要用来对电器设备进行过载保护，使之免受长期过载电流的危害。

热继电器主要组成部分是热元件、双金属片、执行机构、整定装置和触点。图1.6（a）所示为热继电器结构示意简图，图（b）是其符号。

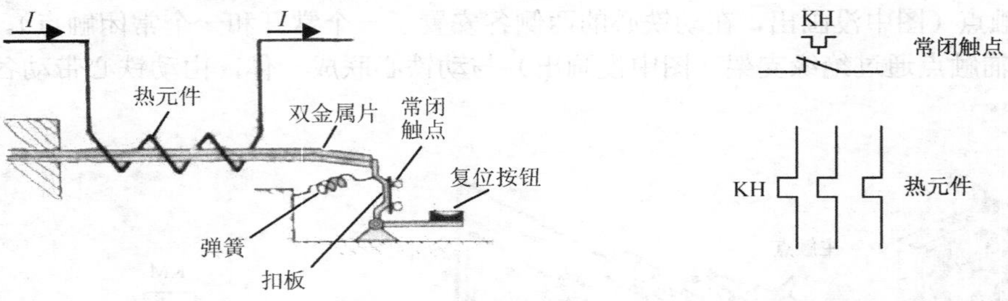

（a）热继电器结构示意图　　（b）热继电器的符号

图1.6　热继电器结构示意图及其符号

热元件是电阻不太大的电阻丝，它接在主电路中，流过负载的电流。双金属片是由两种不同膨胀系数的金属片碾压而成的，热元件绕在双金属片上（两者相互绝缘）。

热继电器的过载保护原理是：当主电路过载一段时间后，热元件发热导致双金属片膨胀而向上弯曲（设双金属片的下片膨胀系数大），最后使双金属片与扣板脱离。扣板上端在弹簧拉力的作用下向左移动，从而使常闭触点断开，切断了接触器线圈的电路（在控制电路中，常闭触点与接触器的线圈串联）。主电路中由于接触器的主触点断开而使负载断电，实现了过载保护。断电后双金属片冷却恢复常态，按下复位按钮可使常闭触点复位。

热继电器是利用热效应原理工作的。由于热惯性，当电动机启动和短时过载时，热继电器是不会动作的，这就避免了不必要的停机。由于发生短路时热继电器不能立即动作，所以热继电器不能用作短路保护电器。

热继电器的主要技术数据是整定电流。所谓整定电流，是指当热元件中通过的电流超过此值的20%时，热继电器应在20min内动作。每种型号的热继电器的整定电流都有一定范围。

例如，JR0-40 型的整定电流为 0.6～40A，热元件有 9 种规格。一般按整定电流与电动机的额定电流基本一致的原则选用热继电器。使用时，通过整定装置进行整定。

4. 熔断器

熔断器是有效的短路保护电器。熔断器中的熔体是由电阻率较高的易熔合金制作的。一旦线路中发生短路时，熔断器会立即熔断。故障排除后，更换熔体即可。

图 1.7（a）～（c）所示为常见熔断器的结构图。图（a）是管式，图（b）是瓷插式，图（c）是螺旋式。图（d）是其符号。

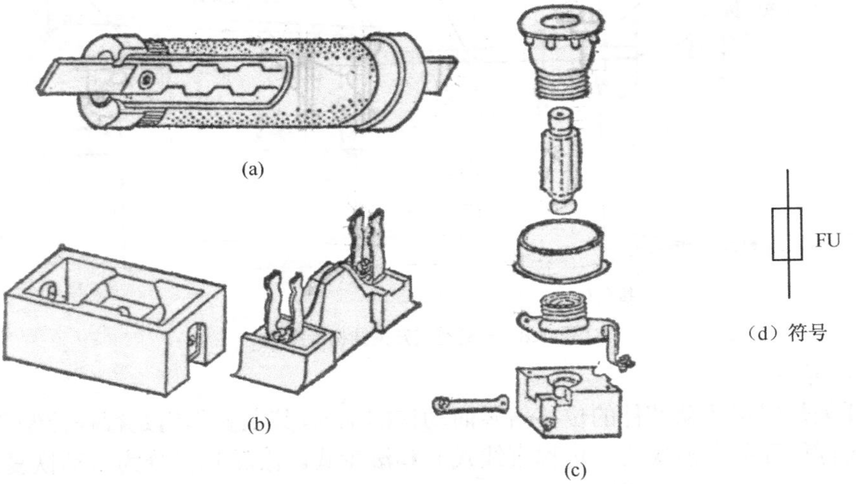

（d）符号

图 1.7　常见熔断器的结构图及其符号

熔体的选择方法如下。

照明灯支线的熔丝为

熔丝额定电流≥支线上所有照明灯的工作电流

一台电动机的熔丝为

为了防止电动机启动时电流较大而将熔丝烧断，熔丝不能按电动机的额定电流来选择，应按下式计算：

$$\text{熔丝的额定电流} \geqslant \frac{\text{电动机的启动电流}}{2.5}$$

如果电动机需频繁起、停，则

$$\text{熔丝的额定电流} \geqslant \frac{\text{电动机的启动电流}}{1.6 \sim 2}$$

几台电动机合用的总熔丝一般可粗略地按下式计算：

熔丝额定电流=（1.5～2.5）×容量最大的电动机的额定电流+其余电动机的额定电流之和

熔丝的额定电流有 4、6、10、15、20、25、35、60、80、100、125、160、200、225、260、300、350、430、500、600A 等多种。

5. 自动空气开关

自动空气开关是一种常用的低压控制电器，它不仅具有开关的作用，还有短路、失压和过载保护的功能。

图 1.8 所示为自动空气开关结构示意图。图中的主触点是由手动操作机构使之闭合的。其工作原理为：

在正常情况下，连杆和锁钩扣在一起，过流脱扣器的衔铁释放，欠压脱扣器的衔铁吸合。当过流时，过流脱扣器的衔铁被吸合而顶开锁钩，使主触点断开以切断主电路。当欠压或失压时，欠压脱扣器的衔铁释放而顶开锁钩，使主触点断开以切断主电路。

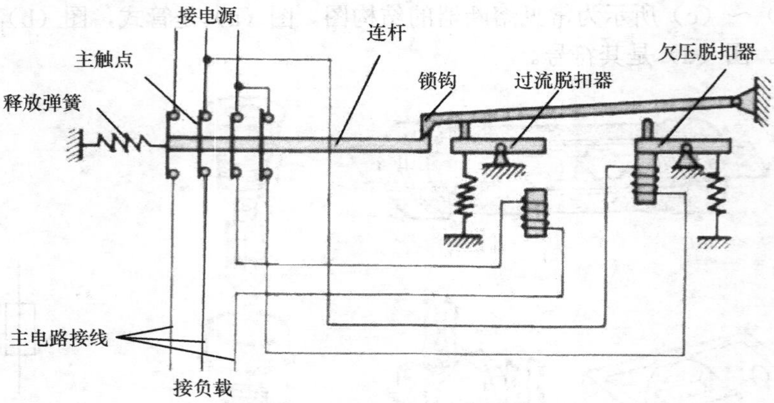

图 1.8　自动空气开关结构示意图

6. 行程开关

行程开关是根据运动部件的位移信号而动作的电器,其主要作用是行程控制和限位保护。

常用的行程开关有撞块式（也称直线式）和滚轮式。滚轮式又分为自动恢复式和非自动恢复式。对非自动恢复式，需运动部件反向运行时的撞压使之复位。

撞块式和滚轮式行程开关的工作机理相同，当运动部件速度较慢时要选用滚轮式。下面以撞块式行程开关为例说明行程开关的工作原理。

图 1.9 图（a）所示为撞块式行程开关的结构简图，图（b）是行程开关的符号。撞块要由运动机械来撞压。常态（撞块未受压）时，其常闭触点闭合、常开触点断开。当撞块受压时，常闭触点先断开、常开触点后闭合。当释放撞块时，其常开触点先断开、常闭触点后闭合。

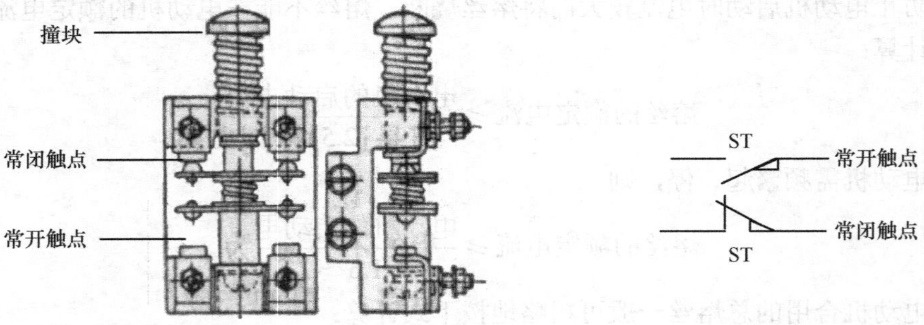

（a）撞块式行程开关的结构　（b）行程开关的符号

图 1.9　撞块式行程开关结构示意图及其符号

7. 时间继电器

时间继电器是实现时间控制的电器。较常见的有电磁式、电动式、空气阻尼式和电子式等。本节介绍空气阻尼式时间继电器。

空气阻尼式时间继电器可分为通电延时型和断电延时型两类。图 1.10 所示为通电延时型空气阻尼式时间继电器的结构示意图与符号。其主要组成部分是电磁机构（电磁铁）、延时机构（空气室）和触点系统（微动开关）。空气室中伞形活塞 5 的表面固定着一层橡皮膜 6，将空气室分为上、下两个空间。活塞杆 3 的下端固定着杠杆 8 的一端。一个延时动作的微动开关 9，一个瞬时动作的微动开关 13。两个微动开关里各有一个常开和常闭触点。

空气阻尼式时间继电器是利用空气阻尼作用达到延时控制的。其原理为：

当电磁铁的线圈 1 通电时，动铁心 2 被吸下，弹簧 11 被压缩。动铁心 2 上的挡板迅速压下微动开关 13 的撞块，使其中的常开和常闭触点立即动作。此时，动铁心与活塞杆 3 的下端之间出现一段间隙。在释放弹簧 4 的作用下，活塞杆向下移动，造成上空气室空气稀薄。活塞受到下空气室空气的压力，不能迅速下移。调节螺丝 10 时可改变进气孔 7 的进气量，使活塞以需要的速度下移。当活塞杆下移到一定位置时，杠杆 8 的上端撞动微动开关 9 的撞块，使其中的常开和常闭触点动作。

当线圈断电时，在弹簧 11 的作用下动铁心立即弹起，使两个微动开关中的全部触点立即复位。空气由出气孔 12 迅速排出。

由上述可知，图 1.10 中的通电延时型的时间继电器，其延时时间的长短为：自线圈通电时刻开始、直到延时动作的微动开关中触点动作所经历的时间。利用调节螺丝 10 调节进气孔的大小，可改变延时时间的长短。

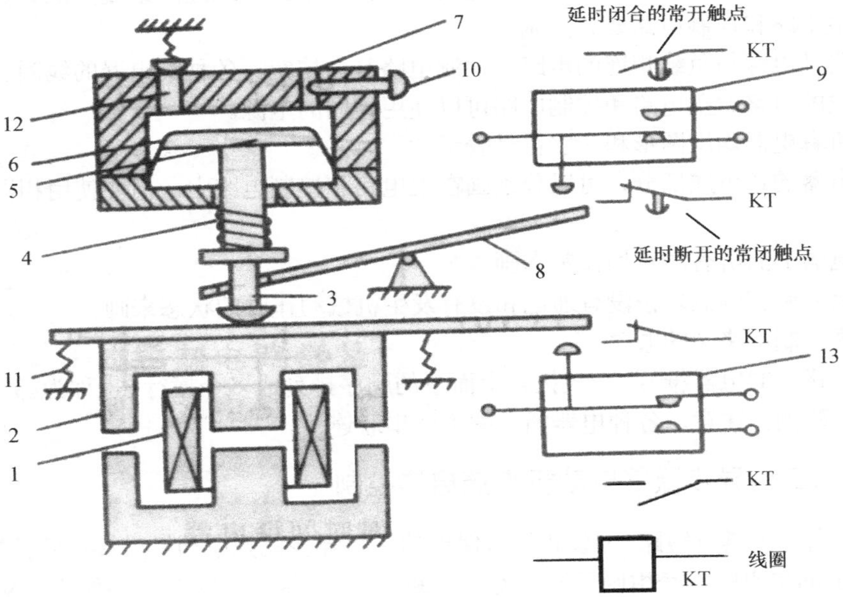

图 1.10　通电延时的时间继电器结构示意图与符号

图 1.10 中的时间继电器触点分为延时动作和瞬时动作两类：微动开关 9 中有延时断开的常闭触点和延时闭合的常开触点各一个，微动开关 13 中有瞬时动作的常开和常闭触点各一个。请注意它们符号的区别。

若将图 1.10 中的动、定铁心交换位置安装，就变成断电延时型的时间继电器。断电延时型的时间继电器的定时时间，是从电磁铁线圈断电时刻开始、直到延时动作的微动开关中触点复位所经历的时间。

空气式时间继电器的延时范围有 0.4～60s 和 0.4～180s 两种。与电磁式和电动式时间继电器比较，其结构较简单，但准确度较低。

电子式时间继电器的体积和重量小、定时准确度高，可靠性好，所以已被广泛应用。

近年来，各种控制电器的功能和造型都在不断地改进。例如，LC_1 和 CA_2-DN_1 系列产品，把交流接触器、时间继电器等作成组件式结构。当使用交流接触器而嫌其触点不够用时，可以把一组或几组触点组件插入接触器上固定的座槽里，这些组件的触点就受接触器电磁机构的驱动，从而节省了中间继电器。当需要使用时间继电器时，可以把空气阻尼组件插入接触器的座槽中，接触器的电磁机构就替代了空气阻尼时间继电器的电磁机构，等等。由于节省了一些电器（省掉了这些电器较大的电磁机构），不仅大大减小了控制柜的体积和重量，也节省了电能，这确是一举多得的举措。

1.2 三相异步鼠笼电动机的基本控制

任何复杂的继电器控制系统，都是由各种基本的控制电路组成的。掌握一些基本控制单元电路，是设计和阅读较复杂的控制电路的基础。

三相异步鼠笼电动机是广泛使用的一类电动机。下面就以这类电动机的控制为例，介绍继电器控制电路的组成和工作原理。

设计和阅读继电器控制电路时，首先要了解控制电路原理图的绘制方法。其原则如下。

（1）主电路和控制电路要分开画

主电路是电源与负载相连的电路。控制电路是由按钮、各种继电器的线圈、各种开关的触点等组成的电路。主电路和控制电路可以使用不同的电源。

（2）所有电器均用图形和文字符号表示

同一电器的各组成部分，可以分别画在主电路和控制电路中，但要使用相同的文字符号进行标注。

（3）电器上的所有触点均按常态画

电器上的所有触点均按没有通电和没有发生机械动作时的状态来画。

（4）画控制电路图的顺序

控制电路中的电器符号，一般按自上而下的顺序排列成多个横行（也称为梯级），母线（电源线）画在两侧。注意，各种电器的线圈不能串联连接。

1.2.1 三相异步鼠笼电动机直接启停控制

图 1.11 所示为具有短路、过载和失压保护的三相异步鼠笼电动机直接启停控制的原理图。

图 1.11 的主电路，是由闸刀开关 Q、熔断器 FU、接触器的 3 个主触点 KM、热继电器的 3 个热元件 KH 和三相鼠笼电动机 M 组成的。

图 1.11 的控制电路接在 1、2 两点之间。SB1 是一个按钮的常闭触点，SB2 是另一个按钮的常开触点。接触器的线圈及其辅助常开触点均标注 KM。KH 是热继电器的常闭触点。

1. 控制原理

在图 1.11 中，闭合开关 Q 为电动机启动作好准备。按一下启动按钮 SB2，接触器线圈 KM 通电，其接在主电路中的 3 个主触点 KM 闭合，电动机 M 通电并启动。释放 SB2，由于线圈 KM 通电时，其常开辅助触点 KM 已闭合，于是接触器线圈通过其闭合的辅助触点 KM 仍继续通电，使其所有的常开主、辅触点均保持闭合状态，电动机 M 可继续运行。接触器

KM 的这个常开触点称为自锁触点。按一下停止按钮 SB1 时，线圈 KM 断电，使接触器的各触点均恢复常态，主电路断电、电动机停转。

2. 保护措施

（1）短路保护

图 1.11 中的熔断器 FU 起短路保护作用。一旦发生短路时，熔断器的熔体立即熔断，切断了主电路的电源，电动机立即停转，从而避免电源中通过短路电流。

（2）过载保护

图 1.11 中的热继电器 KH 起过载保护作用。当过载一段时间后，主电路中的热元件 KH 发热导致双金属片动作，使控制电路中的常闭触点 KH 断开，因而接触器线圈 KM 断电、主触点 KM 断开，电动机停转。另外，当电动机在单相运行时（断一根火线），因仍有两个热元件通有过载电流而使之动作，从而也能保护电动机不会长时间单相运行。

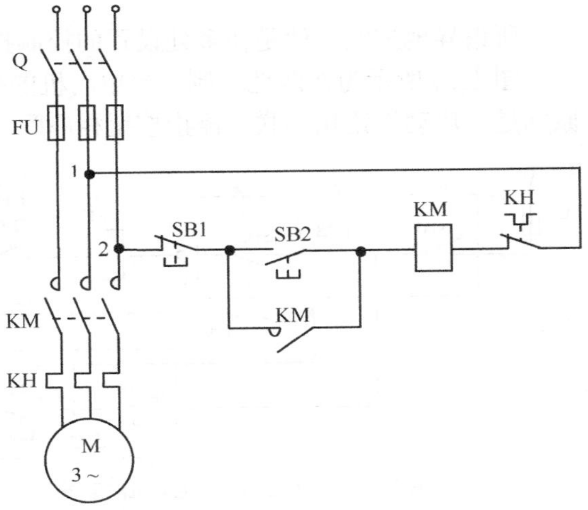

图 1.11　三相异步鼠笼电动机直接启停控制的原理图

（3）失压保护

图 1.11 中的交流接触器 KM 起失压保护作用。当停电或电源电压严重下降时，接触器的动铁心释放而使常开主、辅触点均断开，于是电动机自动脱离电源而停止转动。当复电时，若不重新按下启动按钮 SB2，电动机是不会自行启动的。这种功能称为零压或失压保护。如果用闸刀开关直接控制电动机，而在停电时没有及时断开闸刀，复电时电动机就会自行启动，由此可能造成生产事故或人身伤害。所以，在继电器控制电路中必须设置失压保护。

1.2.2　三相异步鼠笼电动机的点动控制

所谓点动控制，就是按下按钮时电动机转动，释放按钮时电动机即停转。若将图 1.11 中与启动按钮 SB2 并联的触点 KM 去掉，就可以实现这种控制。但是这样处理后，就只能对电动机实现点动控制。

如果电动机既需要点动、也需要连续运行（也称长动）时，可以对自锁触点进行控制。例如，可与自锁触点 KM 串联一个手动开关 S，控制电路如图 1.12 所示（其主电路同图 1.11）。当 S 闭合时，自锁触点 KM 起作用，可以对电动机实现长动控制；当 S 断开时，自锁触点 KM 不起作用，只能对电动机进行点动控制。

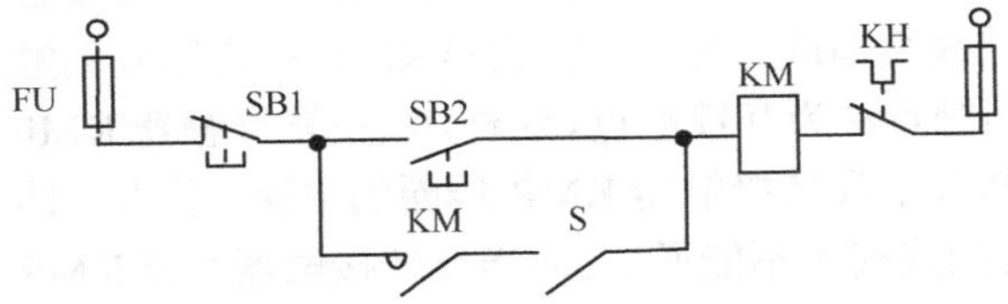

图 1.12　点动控制方案之一

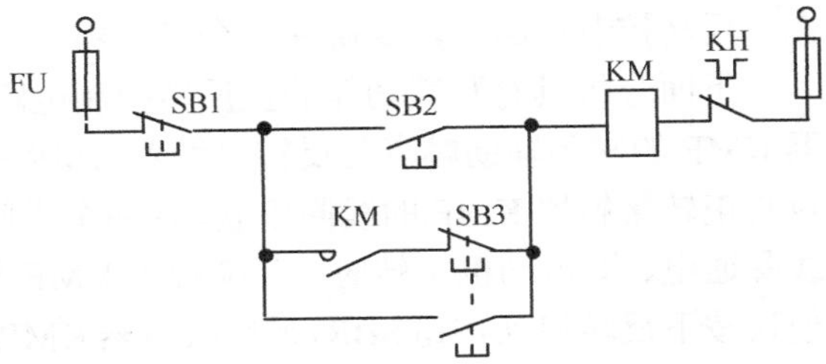

图 1.13　点动控制方案之二

图 1.12 所示的点动控制电路操作起来不很方便，因此常用图 1.13 所示的电路实现点动控

制（其主电路同图 1.11）。

在图 1.13 中， SB1 是停止按钮、SB2 是启动按钮、SB3 是点动按钮。其点动控制原理是：当按下按钮 SB3 时，其常闭触点先断开、常开触点后闭合，使线圈 KM 通电，电动机启动；当松开按钮 SB3 时，其常开触点先断开，使线圈 KM 断电，当其常闭触点后闭合时，因触点 KM 已断开，所以线圈 KM 没有通电回路，于是电动机停转，实现了点动控制。

1.2.3 三相异步鼠笼电动机的异地控制

所谓异地控制，就是在多处设置的控制按钮，均能对同一台电动机实施启、停等控制。

图 1.14 所示为在两地控制一台电动机的控制电路图，其主电路同图 1.11。该电路的接线原则是：启动按钮相并联，停止按钮相串联。

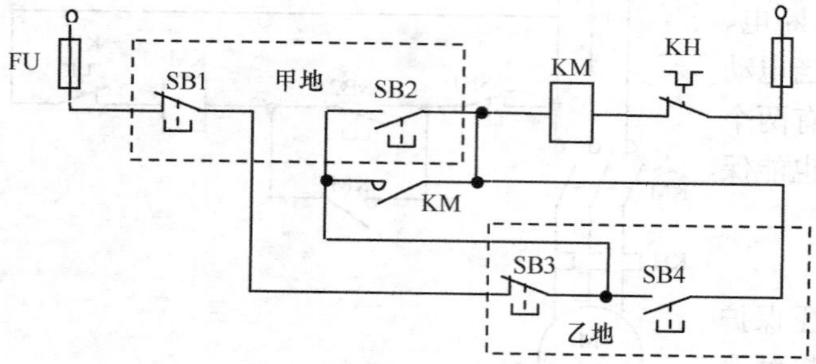

图 1.14 两地控制一台电动机的电路

图 1.14 控制电路的功能如下。

在甲地：按一下启动按钮 SB2，控制电路的电流经触点 KH→线圈 KM→按钮 SB2→按钮 SB3→按钮 SB1 构成通路，使线圈 KM 通电、电动机启动。释放按钮 SB2，靠触点 KM 的自锁作用保持线圈 KM 通电，电动机可持续运行。按一下停止按钮 SB1，使线圈 KM 断电、电动机停转。

在乙地：按一下启动按钮 SB4，控制电路的电流经触点 KH→线圈 KM→按钮 SB4→按钮 SB3→按钮 SB1 构成通路，使线圈 KM 通电、电动机启动。松开按钮 SB4，靠触点 KM 的自锁作用保持线圈 KM 通电，电动机可持续运行。按一下停止按钮 SB3，使线圈 KM 断电、电动机停转。

由图 1.14 可以看出，由甲地只需引出 3 根线到乙地，在乙地接上一组按钮即可实现异地控制。同理，在多处设置的按钮组，只要符合接线原则，都可以实现异地控制。

1.2.4 三相异步鼠笼电动机的正反转控制

生产机械常要求其运动部件能进行正、反两个方向的运动。例如，机床工作台的前进与后退，机床主轴的正转与反转，起重机的提升与下降，等等。

欲使三相异步鼠笼电动机反转，只需将电动机 3 根电源线的任意 2 根对调一下即可。图 1.15 就是实现这种控制的电路。在图 1.15（a）中，当正转接触器 KMF 通电时，电动机正转；当反转接触器 KMR 通电时，由于主电路调换了两根电源线，就实现了电动机反转。

由图 1.15（a）可见，若两个接触器同时通电，通过它们的主触点会造成电源短路。所以在正反转控制电路中，要确保两个接触器不会同时通电，这种功能称为互锁或联锁控制。

下面分析具有互锁功能的正反转控制电路。在图 1.15（b）所示的控制电路中，正转接触器 KMF 的常闭辅助触点与反转接触器 KMR 的线圈串联，而反转接触器 KMR 的常闭辅助触点与正转接触器 KMF 的线圈串联。这两个常闭触点称为互锁触点。这样，当正转接触器 KMF 线圈通电、即电动机正转时，互锁触点 KMF 断开了反转接触器 KMR 线圈的电路，因此，即使误按下反转启动按钮 SBR，反转接触器 KMR 的线圈也不能通电；而当反转接触器线圈 KMR 通电、即电动机反转时，互锁触点 KMR 断开了正转接触器 KMF 线圈的电路，因此，即使误按下正转启动按钮 SBF，正转接触器也不能通电，从而实现了互锁功能。

图 1.15（b）控制电路的缺点是，在正转过程中需要反转时，必须先按停止按钮 SB，待互锁触点 KMF 闭合后，再按反转启动按钮 SBR 才能使电动机反转，操作不很方便。

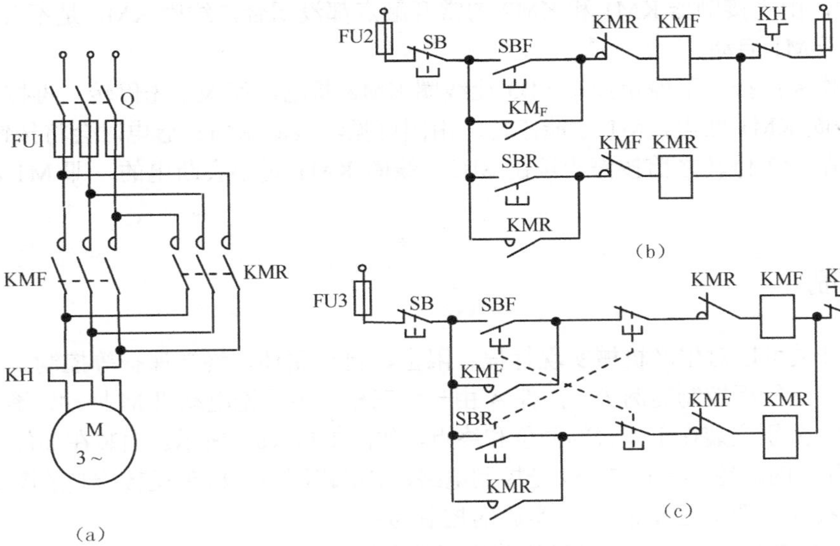

图 1.15　鼠笼电动机的正反转控制

在图 1.15（c）所示的控制电路中，按钮 SBF 和 SBR 都是复合按钮。当电动机正转过程中欲反转时，可直接按下反转启动按钮 SBR，它的常闭触点先断开，使接触器线圈 KMF 断电（主触点 KMF 断开）、反转控制电路中的常闭触点 KMF 恢复闭合，当按钮 SBR 的常开触点后闭合时，反转接触器线圈 KMR 通电，实现了电动机反转。该正反转控制电路操作较为方便，但不适合用来控制频繁进行正、反转操作的电动机。

1.2.5　多台电动机联锁的控制

在生产实践中，常见到用多台电动机拖动一套设备的情况。为了满足各种生产工艺的要求，几台电动机的启、停等动作常常有顺序上和时间上的约束。

下面以图 1.16 为例介绍这类控制。图 1.16 的主电路中有 M1 和 M2 两台电动机。控制要求是：启动时，只有 M1 先启动、M2 才能启动；停转时，只有 M2 先停转，M1 才能停转。

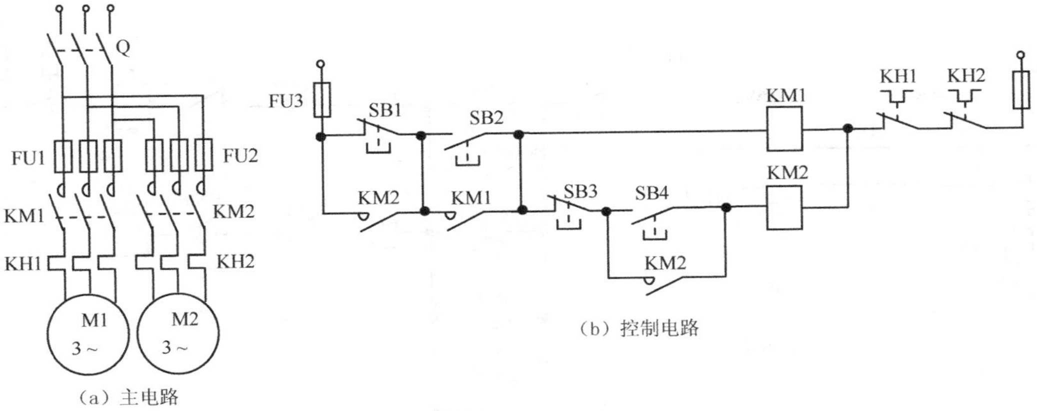

图 1.16　两台电动机联锁的控制

启动的操作为：先按一下启动按钮 SB2，线圈 KM1 通电并自锁，M1 启动并运行。之后再按一下启动按钮 SB4，线圈 KM2 通电并自锁，M2 启动并运行。若在 M1 启动之前按下启动按钮 SB4 时，由于接触器 KM1 和 KM2 的常开触点都没闭合，线圈 KM2 是不会通电的，即 M2 不能先于 M1 启动。

停车的操作为：按一下停止按钮 SB3 让线圈 KM2 断电，使 M2 先停转。再按一下停止按钮 SB1 使线圈 KM1 断电，M1 才能停转。由图可见，线圈 KM2 通电时会将按钮 SB1 短接。所以，若在 M2 停转之前按停止按钮 SB1，线圈 KM1 是不会断电的，即 M1 不能先于 M2 停转。

1.3 行程控制

利用行程开关可以对生产机械实现行程、限位、自动循环、终端保护等控制。

图 1.17 是一个行程控制的例子。部件 A 由一台三相异步鼠笼电动机 M 拖动，滚轮式行程开关 ST1 和 ST2 分别安装在工作台的原位和终点，如图 1.17（a）所示。由装在部件 A 上的挡块来撞动行程开关的滚轮。图 1.17（b）是控制电路，主电路同电动机正反转控制的图 1.15（a）。

图 1.17 的控制电路对运动部件 A 实施的控制为：

① 当部件 A 停在原位，启动时只能前进不能后退；

② 当部件 A 前进到终点时立即后退，退回原位自停；

③ 在部件 A 前进或后退途中均可停，再启动时 A 既可前进也可后退；

④ 在部件 A 前进或后退途中（A 不停在终点）若停电，再复电时 A 不会自行启动；

⑤ 若部件 A 运行途中受阻，在一定时间内其拖动电动机应自行断电停转。

图 1.17 的控制原理如下。

① 部件 A 在原位时压下行程开关 ST1，其串接在反转控制电路中的常闭触点 ST1 断开。这时，即使按下反转启动按钮 SBR，反转接触器线圈 KMR 也不会通电，所以部件 A 在原位时电动机不能启动反转。当按下正转启动按钮 SBF 时，正转接触器线圈 KMF 通电，使电动机正转并带动部件 A 前进。可见部件 A 在原位只能前进、不能后退。

② 当到达终点时，部件 A 上的撞块压下行程开关 ST2，其串接在正转控制电路中的常闭触点 ST2 断开、使正转接触器线圈 KMF 断电，而接在反转控制电路中的常开触点 ST2 闭合、使反转接触器线圈 KMR 通电，于是电动机反转并带动部件 A 后退。

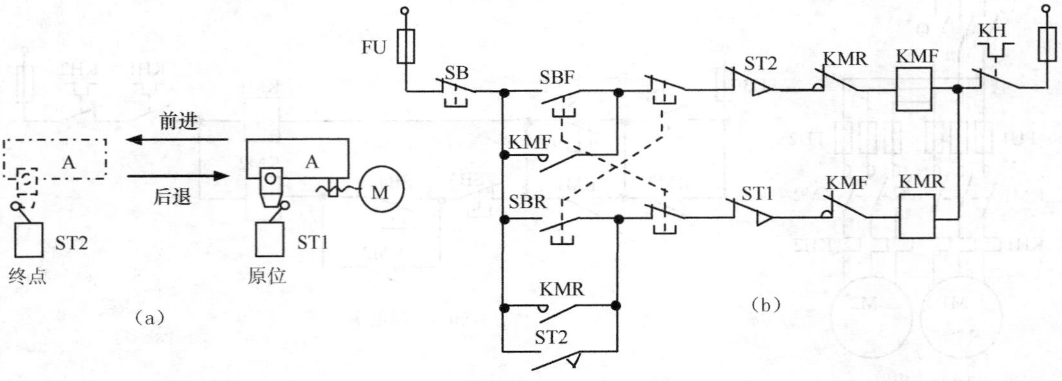

图 1.17　行程控制

③ 当部件 A 退回原位时，撞块压下行程开关 ST1，使反转接触器线圈 KMR 断电，电动机停止转动，部件 A 自动停在原位。

④ 在部件 A 前进或后退途中，当按下停止按钮 SB 时，线圈 KMF 或 KMR 均断电，使电动机停转。再启动时，由于行程开关 ST1 和 ST2 均不受压，因此可以按正转启动按钮 SBF 使部件 A 前进，也可以按反转启动按钮 SBR 使部件 A 后退。

⑤ 在部件 A 运行途中若停电，由于断电时自锁触点均已经断开，当再复电时，只要部件 A 不停在终点，电动机不会自行启动，部件 A 就不会自行启动了。

⑥ 部件 A 运行途中若受阻，则拖动电动机会出现堵转现象，其主电路电流很大，会使串联在主电路中的热元件 KH 发热。一段时间后，串联在控制电路中的热继电器常闭触点 KH 会断开，使两个接触器 KMF 和 KMR 的线圈均断电，于是电动机自动停转。

行程开关不仅可用作行程控制，也可用于限位或终端保护。例如，在图 1.17 中，可在 ST1 的右侧和 ST2 的左侧各再设置一个起保护作用的行程开关，该组行程开关的常闭触点，分别与 ST1 和 ST2 的常闭触点串联。当 ST1 或 ST2 失灵时，则部件 A 会继续运行而超出原定的行程范围。但当部件 A 撞动保护行程开关时，因保护行程开关动作而使线圈 KMF 或 KMR 断电，于是电动机自动停转，实现了限位或终端保护。

1.4 时间控制

在自动化生产线中，常要求各项操作之间或各种工艺过程之间有准确的时间间隔，或者按一定的时间启动或关停某些设备，等等。这些控制要由时间继电器来完成。本节利用三相异步鼠笼电动机的启动和制动两个例子，说明时间继电器的使用方法。

1. 三相异步鼠笼电动机的 Y-△启动控制

鼠笼电动机的启动电流很大。为了减小启动电流对电网的影响，常采用多种方法以减小鼠笼电动机的启动电流，Y-△换接启动是其中的方法之一。所谓 Y-△换接启动，就是当启动电动机时，将其三相绕组连接成星形，电动机启动后再将其三相绕组换接成三角形，以保证电动机能全压运行。显然，必须依靠各种电器实现绕组的自动换接操作。

鼠笼电动机 Y-△启动的控制电路有多种形式，图 1.18 所示其中的一种。三相绕组的星形连接和三角形连接如图 1.18（b）所示。为了控制绕组星形接法启动的时间，控制电路中使用了通电延时的时间继电器 KT。

图 1.18 中使用了时间继电器的两个触点，一个延时动作的常闭触点，一个瞬时动作的常开触点。请注意这两个触点在电路中的作用。

图 1.18 所示鼠笼电动机 Y-△启动控制电路的功能可简述如下：

按 SB_2 ⟶ { 线圈 KM_1 通电；线圈 KT 通电；线圈 KM_3 通电；线圈 KM_2 断电 }（Y 启动）

延时 ⟶ { 线圈 KM_1 断电；线圈 KM_3 断电；线圈 KM_2 通电 }（Y -△换接）

⟶ 线圈 KM_3 通电（△运行）

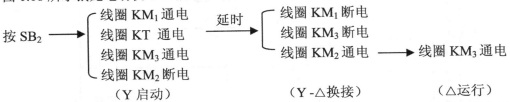

图 1.18 的控制电路，是在接触器 KM3 断电的情况下进行 Y-△换接的。这样做的好处是，在主电路断电的情况下进行电动机绕组的换接，可以避免由于接触器 KM1 和 KM2 交接时可能引起的电源短路。

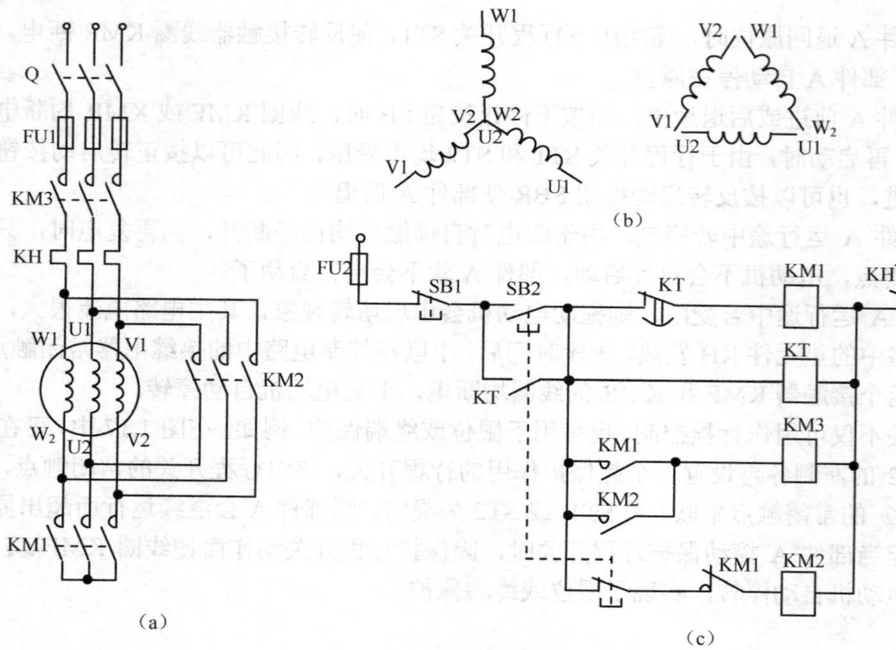

图 1.18　三相鼠笼电动机 Y-△启动的控制

2. 三相异步鼠笼电动机的能耗制动控制

一般电动机断电后，由于惯性作用其转速下降到零需要一段时间。在需要电动机快速停转的场合，为了缩短其惯性转动的时间，常采用各种制动措施。

鼠笼电动机的制动有多种方法，能耗制动是其中的一种。所谓能耗制动，就是设法消耗电动机断电后惯性转速的动能而使其快速停止转动。

电动机采用能耗制动时，其主电路需配备直流电源。当需要制动时，将直流电源接入电动机的绕组中，于是电动开始机制动、转速急剧下降。当电动机转速接近零时，要及时切断直流电源，为下一次启动做好准备。

鼠笼电动机能耗制动的控制电路形式有多种，图 1.19 所示其中的一种。图中使用通电延时的时间继电器 KT 来控制能耗制动的时间。在图 1.19 中用了时间继电器的两个触点，一个延时动作的常闭触点，一个瞬时动作的常开触点，请注意它们在电路中的作用。

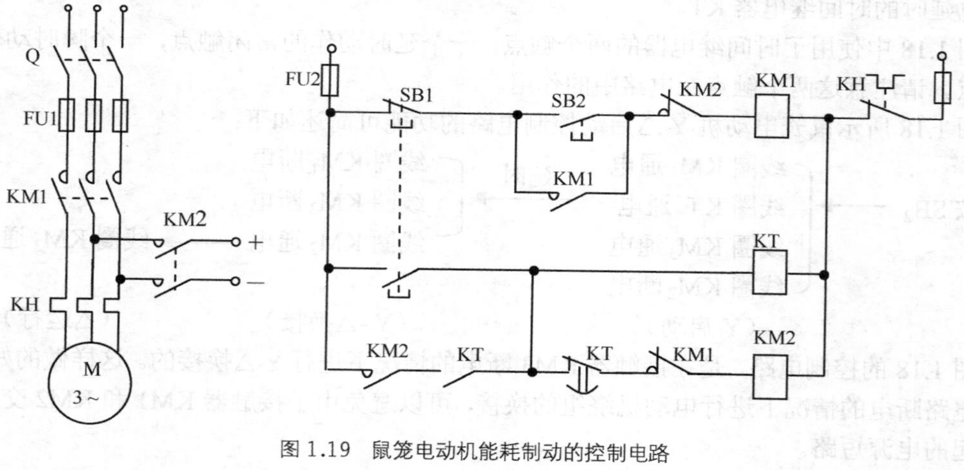

图 1.19　鼠笼电动机能耗制动的控制电路

在图 1.19 中，设电动机已处于运转状态。能耗制动控制的功能可简述如下：

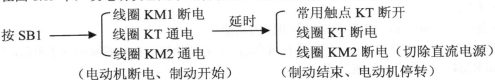

按 SB1 → { 线圈 KM1 断电；线圈 KT 通电；线圈 KM2 通电 }（电动机断电、制动开始） —延时→ { 常用触点 KT 断开；线圈 KT 断电；线圈 KM2 断电（切除直流电源） }（制动结束、电动机停转）

使用空气阻尼式时间继电器进行时间控制时，初学者常犯的错误是，在控制电路中只安排了时间继电器的触点而没有连接其线圈。在此提醒读者注意。

1.5 阅读控制电路的基本方法

一般用电力拖动的设备都提供多种图纸。例如，电器控制原理图、电器设备安装图、电器设备布线图等。

启用一台设备，必须首先了解其功能及使用方法。不搞清楚这些问题就无法进行操作，更谈不上充分发挥设备的全部功能。不正确的操作，甚至会造成设备损坏或人身安全事故。而熟练地阅读设备的控制电路原理图，是了解设备功能和操作方法的重要途径。欲顺利地阅读控制电路图，要有一个经验积累的过程。而熟悉阅读控制电路图的步骤和方法，对尽快提高读图能力是大有益处的。

下面简要介绍阅读控制电路的基本方法。

（1）查阅设备和生产机械的有关资料

在阅读控制电路之前，要详细了解设备和生产机械的全部功能。一般，设备和生产机械的功能与生产工艺有密切联系，所以，还要详细了解生产工艺对设备的各种要求。

（2）阅读主电路

其一，看主电路里有哪些负载。若有电动机，要看是直流还是交流的电动机；若有电磁铁，要看是直流还是交流的电磁铁；等等。其二，看每台电动机有无启动措施，若有，是哪种启动方式；看每台电动机有无制动措施，若有，是什么制动方法；看每台电动机有无调速要求，若有，是采取哪种调速方法；等等。其三，看主电路里有哪些触点，各属于哪种电器。其四，在主电路中还设有各种保护措施，要注意各种保护是通过什么元件实现的。

（3）阅读控制电路

其一，一般主电路中各触点的动作，是由控制电路中电器的工作状态决定的，所以不能孤立地阅读控制电路。要先将主电路中各种电器的触点与控制电路中的电器一一对号，弄清当控制电路中某电器通、断电时，主电路中哪个负载会有相应动作。其二，分析控制电路中的各接触器、时间继电器、行程开关、中间继电器等，相互有什么联系。其三，观察控制电路中有无工艺触点。与生产工艺相关的工艺触点与生产过程的进程密切相关，读图时，要与工艺过程联系起来阅读。

阅读控制电路的功能时，一般是先分析各负载的启动控制过程。要观察启动过程中，主电路各负载在启动过程中有否顺序和时间上的约束。再分析各负载的停机控制过程，注意各负载停机时有否顺序和时间上的要求。

（4）阅读保护措施

一般控制系统中都设置各种保护措施。除了对电路实施短路、过载和失压保护之外，为防止某些装置的压力、温度等超标影响系统的安全，也设置了相关的保护措施。

对复杂的控制电路，可以先将其分解成若干个小环节。基本读懂每个环节后，再整体地联系起来阅读。

下面以图1.20为例，练习阅读控制电路的功能。

在图1.20的主电路中，有一台他励直流电动机，有两个接触器的线圈和两个电阻。显然，KM3和KM4必须是直流的接触器。

在图1.20可见，当电阻R_S与电枢串联时，可实现电动机电枢串电阻降压启动。待电动机启动并开始运行后，应及时将电阻R_S短接。当电阻R_B与电动机电枢连接时，可实现电动机的能耗制动。在电动机制动期间，要确保电阻R_B与电枢可靠连接。当制动结束时，电阻R_B应自动脱离电枢，为下次电动机启动做好准备。

在图1.20的主电路中，接触器KM4的常开触点与电阻R_S并联，当KM4的常开触点闭合时可以将电阻R_S短接掉。显然，接触器KM4与电动机的启动过程相关联。接触器KM3的常开触点与控制电路中的接触器KM2的线圈串联，而接触器KM2的常开触点与电阻R_B串联。当KM3和KM2的线圈均通电时，能使电阻R_B与电动机电枢连接。显然，接触器KM3和KM2与电动机的制动过程相关联。

在图1.20的控制电路中，有接触器KM1和KM2（KM1和KM2可以是直流、也可以是交流的接触器）的线圈，有一个启动按钮和一个停车按钮。显然，电动机启动和运行过程中，接触器KM1的线圈应处于通电状态，在电动机制动期间，KM1的线圈应处于断电状态。

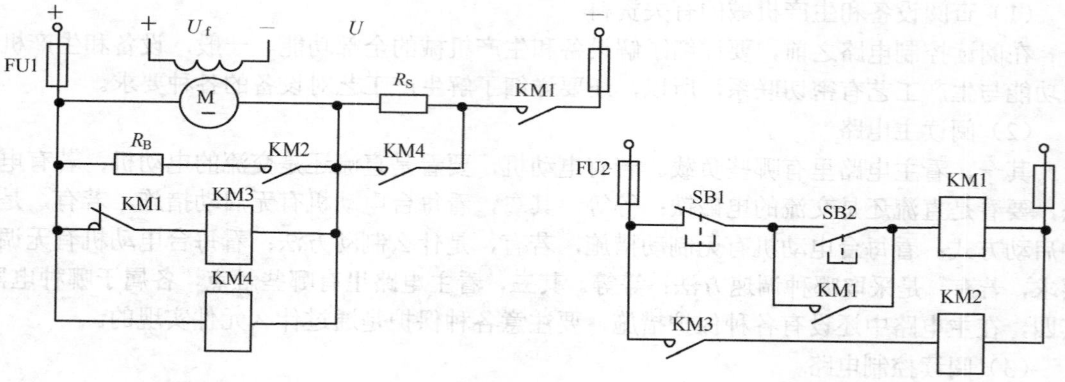

(a) 主电路　　　　(b) 控制电路

图1.20　他励直流电动机启动和制动控制电路

图1.20控制电路的功能分析如下。

启动过程：首先接通主电路里电枢和励磁绕组的电源。按一下启动按钮SB2，接触器KM1的线圈通电并自锁，电阻R_S与电动机电枢串联开始启动。由于励磁绕组的磁通U_f保持恒定，所以在电动机转速升高的过程中，电枢的反电动势逐渐增大。当反电动势增大到足以使接触器KM4的电磁机构动作时，KM4的常开触点闭合将电阻R_S短接，至此电动机的启动结束并开始全压运行。在电动机运行过程中，接触器KM4的线圈能一直保持通电。由于接触器KM3、KM2的线圈均断电，确保电阻R_B不会与电枢连接。

制动过程：按一下停止按钮SB1，接触器KM1的线圈断电，使电枢脱离电源。与线圈KM3串联的常闭触点KM1恢复闭合。由于转速不突变，电枢的反电动势足以使接触器KM3的电磁机构动作，而使接触器KM2的线圈通电，于是制动电阻R_B与电枢接通，制动开始。

随着转速的下降，反电动势不断减小。当反电动势减小到一定程度时，接触器 KM4 和 KM3 的电磁机构复位，常开触点 KM3 断开，线圈 KM2 即随之断电，常开触点 KM2 断开，使电阻 R_B 自动脱离电枢，至此制动结束。

通过以上各节的讨论可见，继电器控制电路设计的关键，是学会灵活、巧妙地组合与配搭多种电器的各个组成部分，以期完成不同的控制功能。

本章介绍的继电接触器控制，是一种传统的控制方式。继电器控制的优点是：控制电路直观、易懂，操作比较方便。相对使用微机控制，其投资较小。

随着工业生产对自动化程度要求的不断提高，继电接触器控制已难于胜任。继电接触器控制的弊端主要表现在以下几个方面。

（1）可靠性差

在继电接触器控制系统中，需要使用大量的接触器、各种开关、电磁阀等电器元件。由于制作材料和制作工艺的限制，决定了电器元件自身固有的缺点。比如，触点的抖动、器件机械机构偶尔的失灵、电弧对电器触点的损害、触点的熔焊等，况且器件都难免老化。另外，由于控制电路受焊接和组装时制作工艺水平的限制，接点的虚焊或脱焊等现象也时有发生。凡此种种，大大降低了继电接触器控制系统的可靠性。

（2）灵活性差

当今，任何一种产品的换代周期都很短，这就要求其生产线必须随之频繁地变更。生产线发生变动，一般就需要修改控制电路。而修改控制电路，不仅原有的电器元件需更换，甚至原有的控制电路也要被废弃，实际上就要重新设计控制电路。显然，传统的继电器控制对频繁变动的生产线很不适应，这是其致命的缺点。

（3）控制系统的设计周期长

继电接触器控制系统是靠增减电器元件的数量、调整控制电路的接线来改变控制功能的。控制电路的每一种设计方案，都需要经过选件、布线、焊接、组装和调试的过程，而对控制方案每做一点改动，都需要经过这样的过程。而且，控制系统设计的方案，必须结合生产工艺在现场进行调试，一般现场调试的准备工作量也很大。所以，继电器控制系统的设计比较耗费时间。

（4）通用性差

继电器控制系统的控制电路是针对某一设备或生产机械设计的，如果改换设备或生产机械，一般原有的器件和控制电路就完全废弃。

（5）维修工作量大

由于继电接触器控制存在诸多不可靠因素，所以继电器控制系统必须做定期维修。由于维修过程中常需更换电器元件，因此重新焊接、组装等操作是不可避免的。所以，继电器控制系统的维修既耗费人力、物力，而且工作量大、时间长。另外，受维修人员操作技能的影响，维修后的控制电路也难免出现新的不可靠因素。不仅如此，由停产维修所造成的损失也是不可估量的。

由于继电接触器控制存在以上缺点，所以更完备的控制装置就应运而生，它就是下一章开始要介绍的可编程控制器。

习　题

1. 在图 1.11 中，如果将 SB2 换成不能自动复位的开关，那么电路是否有失压保护作用？

在图 1.18 中采用了一个复合按钮作启动按钮，这有什么好处？在图 1.19 中，停车按钮是一个复合按钮，有什么好处？

2．在图 1.19 中，采用了什么措施来防止接触器 KM1 和 KM2 同时通电？

3．某机床的主轴和润滑油泵各由一台鼠笼式电动机带动。今要求：

（1）主轴必须在油泵启动后才能启动；

（2）要求主轴能用电器实现正反转，并能单独停车；

（3）有短路、零压及过载保护。

试绘出符合上述全部要求的主电路和控制电路。

4．能在两处控制一台电动机的启、停和点动的控制电路如图所示。

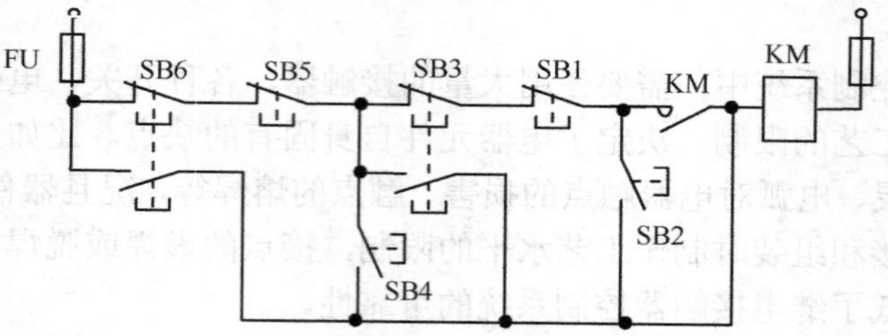

第 4 题的图

（1）试画出相应的主电路的电路图。

（2）简述在各处启、停、点动电动机的操作方法。

（3）该控制电路有无零压和过载保护？

（4）该图做怎样的修改，可以在 3 处对一台电动机实现上述控制？

5．图中，运动部件 A 由电动机 M 拖动，其原位和终点各设置行程开关 ST1 和 ST2。其主电路同电动机正反转的主电路。试回答下列问题：

（1）简述电路对部件 A 实现何种控制；

（2）说明电路有哪些保护措施，各由何种电器实现。

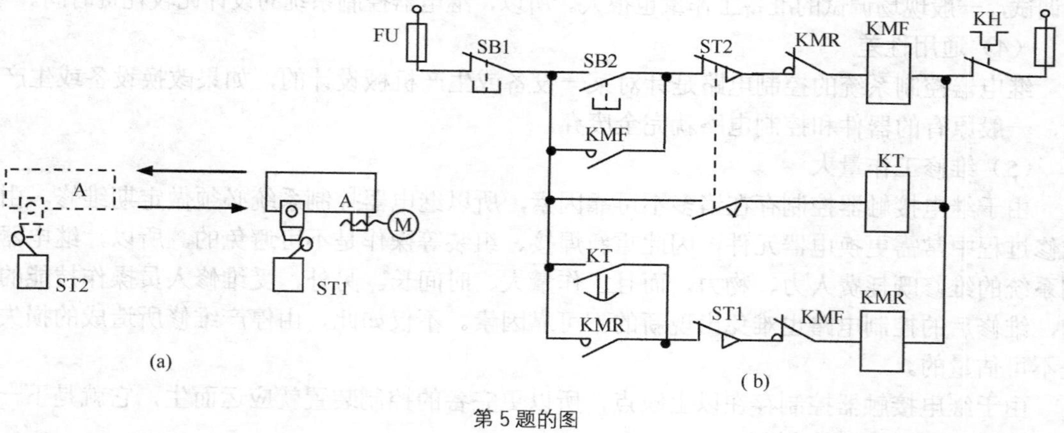

第 5 题的图

6．M1 和 M2 为三相异步电动机。对控制要求（1）和（2），试分别画出满足要求的主电路和控制电路。

（1）M1 启动后 M2 才能启动，M2 并能点动；

（2）M1 先启动，经过一定延时后 M2 能自行启动，M2 启动后 M1 立即停车。

7. 图中，M 为三相异步鼠笼电动机，R 为大功率电阻。试回答下列问题：

（1）指出其电路对电动机实现何种控制功能；

（2）说明电路中有哪些保护措施，各由何种电器实现的。

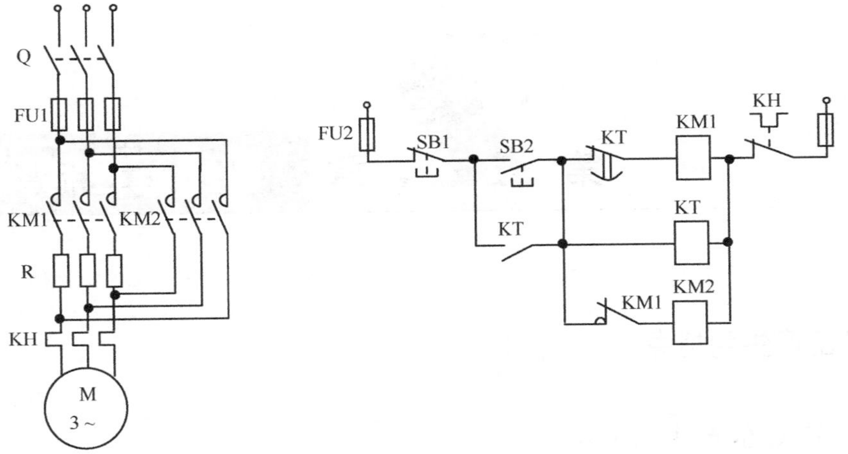

第 7 题的图

8. 如图所示为电动葫芦的控制电路。电动葫芦是一种小型起重设备，它可以被方便地移动到需要的场所。全部按钮均装在一个按钮盒中，操作员可手持按钮盒进行现场操作。试回答下列问题：

（1）提升、下放、前移、后移各怎样操作？

（2）图中采用了哪些互锁措施？

（3）该电路完全采用点动控制，从实际操作的角度考虑有何好处？

（4）图中的几个行程开关各起什么作用？

（5）两个热继电器的常闭触点串联使用有何作用？

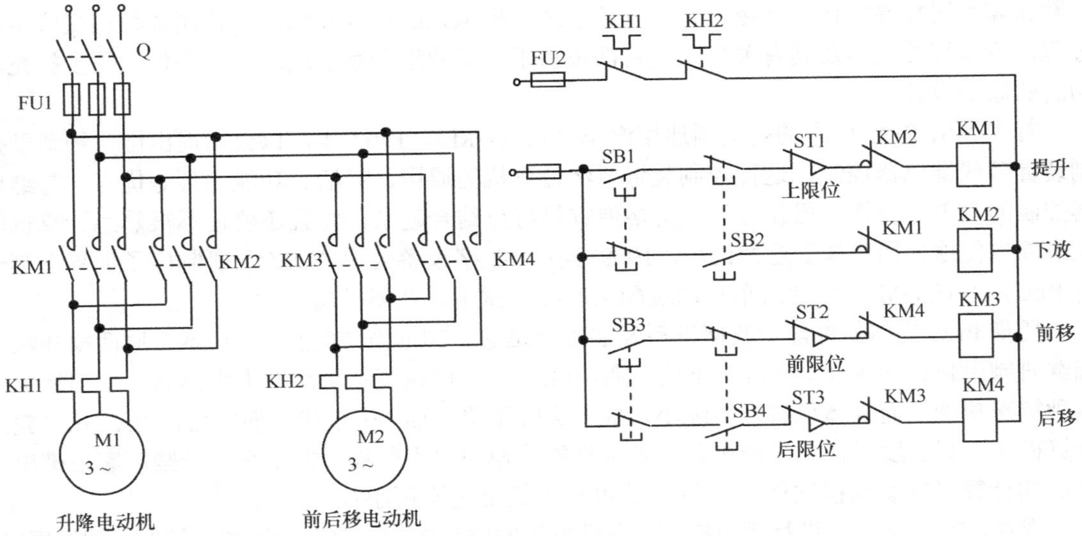

第 8 题的图

第 2 章 可编程控制器概述

2.1 PLC 的产生与特点

2.1.1 PLC 的产生与发展

可编程控制器是以自动控制技术、微计算机技术和通信技术为基础发展起来的新一代工业控制装置。早期的可编程控制器只能进行计数、定时以及对开关量的逻辑控制，因此被称为可编程逻辑控制器（Programmable Logic Controller，PLC）。后来，可编程控制器用微处理器作为其控制核心，功能远远超过了逻辑控制的范畴，于是人们又将其称为 Programmable Controller，简称 PC。但是个人计算机也常简称 PC，为了避免混淆，可编程控制器仍被称为 PLC。

1987 年，国际电工委员会（IEC）在可编程控制器国际标准草案第 3 稿中对可编程控制器的定义是：可编程控制器是一种数字运算操作的电子系统，专为工业环境下应用而设计。可编程控制器采用可编程序的存储器，用来在其内部存储执行逻辑运算、顺序控制、定时、计数和算术运算等操作的指令，并通过数字式、模拟式的输入和输出，控制各种机械或生产过程。可编程控制器及其有关外部设备都按易于与工业控制系统连成一个整体、易于扩充其功能的原则设计。

首先提出 PLC 概念的是美国通用汽车公司（GM）。1968 年，该公司提出用一种新型控制装置替代继电器控制，这种控制装置要将计算机的通用、灵活、功能完备等优点，与继电器控制的简单、易懂、操作方便、价格便宜等特点结合起来，而且还要使不很熟悉计算机的人也能方便地使用。基于这种设想，1969 年美国数字设备公司（DEC）研制出了世界上第一台 PLC，并在 GM 公司的汽车自动装配生产线上试用，获得成功。

凭借 PLC 优越的性能，其问世后发展极为迅速。20 世纪 70 年代，日本、原西德和法国相继研制出自己的 PLC。到 80 年代中期，PLC 的处理速度和可靠性大大提高，不但增加了多种特殊功能，而且体积进一步缩小，成本大幅下降。而 90 年代中期之后，PLC 几乎完全计算机化，其速度更快、功能更强，各种智能化模块也不断被开发出来，一些厂家还推出了 PLC 的计算机辅助编程软件，许多小型 PLC 的性能也不可小视。

现在，PLC 不仅能进行逻辑控制，在模拟量的闭环控制、数字量的智能控制、数据采集、系统监控、通信连网及集散控制等方面都得到广泛的应用。如今大、中型，甚至小型 PLC 都配有 A/D、D/A 转换及算术运算功能，有的还具有 PID 控制功能。这些功能为 PLC 应用于模拟量的闭环控制、运动控制、速度控制等提供了硬件基础；PLC 具有输出和接收高速脉冲的功能，配合相应的传感器及伺服装置，可以实现数字量的智能控制；配合可编程终端设备（PT），PLC 可以实时显示采集到的现场数据及分析结果，为分析、研究系统运行状态提供依据；利用 PLC 的自检信号可实现系统监控；PLC 具有较强的通信功能，可与计算机或其他智能装置进行通信和连网，从而能方便地实现集散控制。功能完备的 PLC 不仅能满足控制的要求，还能满足现代化大生产管理的需要。

为进一步扩大 PLC 在工业自动化领域的应用范围，适应大、中、小型企业的不同需要，PLC 产品大致向两个方向发展：小型 PLC 向体积缩小、功能增强、速度加快、价格低廉的方向发展，使之能更加广泛地取代继电器控制、更便于实现机电一体化；中、大型 PLC 向高可靠性、高速度、多功能、网络化的方向发展，将 PLC 系统的控制功能和信息管理功能融为一体，使之能对大规模、复杂系统进行综合性的自动控制。

2.1.2 PLC 的特点

PLC 优越的性能表现在以下几个方面。

1. 灵活性和通用性强

PLC 是通过存储在机内的程序实现各种控制功能的。因此，只需修改程序即可改变 PLC 控制系统的功能，而 PLC 外部的接线改动极少，甚至不必改动。一台 PLC 可以用于不同的控制系统中，只不过改变了其中的程序罢了。其灵活性和通用性是继电器控制无法比拟的。

2. 抗干扰能力强、可靠性高

在 PLC 控制系统中，大量的开关动作是由无触点的半导体电路完成的，且 PLC 在硬件和软件方面都采取了强有力的措施，使之具有极高的可靠性和抗干扰能力。故此 PLC 可以直接安装在工业现场而稳定地工作，因而 PLC 被誉为“专为适应恶劣的工业环境而设计的计算机”。

PLC 在硬件和软件方面主要采取以下措施来提高可靠性。

（1）硬件方面采取的措施

电源变压器、CPU、编程器等主要部件均采用严格屏蔽措施，以防外界干扰；供电系统及输入电路采用多种形式的滤波，以消除或抑制高频干扰，也削弱了各部分之间的相互影响；PLC 内部所需的+5V 电源采用多级滤波，并采用集成电压调整器，以消除交流电网波动引起的过压或欠压的影响；采用光电隔离措施，有效地隔离了内部与外部电路间的直接电联系，以减少故障和误动作；采用模块式结构的 PLC，一旦某一模块有故障，可以迅速地更换模块，从而尽可能缩短系统的故障停机时间。

（2）软件方面采取的措施

其一，对于掉电、欠电压、后备电池电压过低、强干扰信号等，PLC 通过监控程序定时地进行检测。当检测到故障时，立即把当前状态保存起来，并禁止对程序的任何操作，以防止存储信息被冲掉。故障排除后立即恢复到故障前的状态继续执行程序。其二，PLC 设置了监视定时器，如果程序每次循环的执行时间超过了规定值，表明程序已进入死循环，则立即报警。其三，加强对程序的检查和校验，发现错误立即报警，并停止程序的执行。其四，利用后备电池对用户程序及动态数据进行保护，确保停电时信息不丢失。

3. 编程语言简单易学

虽然 PLC 是以微计算机技术为核心的控制装置，但是不要求使用者精通计算机的硬件和软件知识。大多数 PLC 采用类似继电器控制电路的“梯形图”语言编程，清晰直观，编程方便，简单易学，了解继电器控制的电气技术人员很容易接受。

4. PLC 与外部设备的连接简单、使用方便

用微机控制时，为使微机与控制现场的设备连接起来，要在接口电路上做大量工作。而 PLC 的输入/输出接口已经做好，其输入接口可直接与按钮、传感器等输入设备连接，输出接口具有较强的驱动能力，可直接与接触器、电磁阀等连接，使用非常方便。

5. PLC 的功能强、功能的扩展能力强

其一，PLC 利用程序进行定时、计数、顺序、步进等控制，十分准确可靠。其二，PLC 具有 A/D 和 D/A 转换、数据运算和数据处理、运动控制等功能。因此，PLC 既可对开关量、又可对模拟量进行控制。其三，PLC 具有通信联网功能，因此，PLC 可以控制一台单机、一条生产线、一个机群或多条生产线，既可以现场控制，也可以远距离对生产过程进行监控。

PLC 的功能扩展极为方便，硬件配置相当灵活。改变特殊功能单元的种类和个数、相应地修改用户程序，就可以随时改变系统的控制功能。

6. PLC 控制系统的设计、调试周期短

由于 PLC 是通过程序实现对系统的控制，设计人员可以在实验室里设计和修改程序，并对系统的生产过程进行模拟运行调试，使现场调试的工作量大为减少。

7. PLC 体积小、重量轻、易于实现机电一体化

PLC 内部电路主要采用半导体集成电路，其结构紧凑、体积小、重量轻、功耗低，而且能适应各种恶劣的环境，因而 PLC 已成为机电一体化十分理想的控制装置。

2.2 PLC 的基本组成

根据结构形式的不同，PLC 可分为整体式（也称箱体式）和组合式（也称模块式）两类。整体式 PLC 的基本组成如图 2.1 所示。

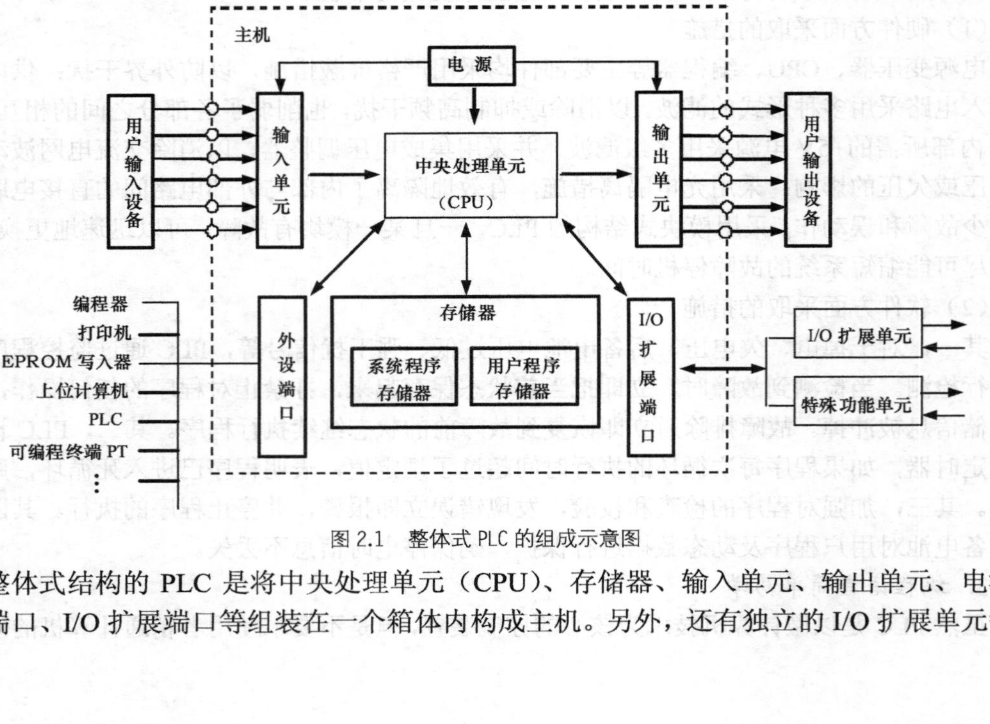

图 2.1 整体式 PLC 的组成示意图

整体式结构的 PLC 是将中央处理单元（CPU）、存储器、输入单元、输出单元、电源、通信端口、I/O 扩展端口等组装在一个箱体内构成主机。另外，还有独立的 I/O 扩展单元等与

主机配合使用。整体式 PLC 的结构紧凑、体积小，小型机常采用这种结构。

组合式 PLC 的组成如图 2.2 所示。

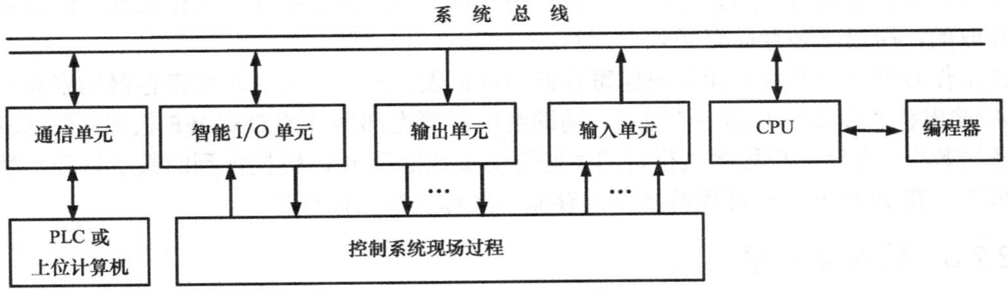

图 2.2　组合式 PLC 的组成示意图

组合式结构的 PLC，是将 CPU、输入单元、输出单元、智能 I/O 单元、通信单元等分别做成相应的电路板或模块，各模块可以插在底板上，模块之间通过底板上的总线相互联系。装有 CPU 的单元称为 CPU 模块，其他单元称为扩展模块。CPU 与各扩展模块之间若通过电缆连接，距离一般不超过 10m。中、大型机常采用组合式。由于组合式的 PLC 系统配置灵活，有的小型机也采用这种结构。

下面介绍 PLC 各组成部分及其作用。

2.2.1　中央处理单元（CPU）

CPU 是 PLC 的核心部件，能指挥 PLC 按照预先编好的用户程序完成各种任务。其作用有以下几点。

① 接收、存储由编程工具输入的用户程序和数据，并可通过显示器显示出程序的内容和存储地址。

② 检查、校验用户程序。对正在输入的用户程序进行检查，发现语法错误立即报警，并停止输入；在程序运行过程中若发现错误，则立即报警或停止程序的执行。

③ 接收、调用现场信息。将接收到现场输入的数据保存起来，在需要该数据的时候将其调出并送到需要该数据的地方。

④ 执行用户程序。当 PLC 进入运行状态后，CPU 根据用户程序存放的先后顺序，逐条读取、解释和执行程序，完成用户程序中规定的各种操作，并将程序执行的结果送至输出端，以驱动 PLC 外部的负载。

⑤ 故障诊断。诊断电源、PLC 内部电路的故障，根据故障或错误的类型，通过显示器显示出相应的信息，以提示用户及时排除故障或纠正错误。

2.2.2　存储器

存储器可以分为以下 3 种。

① 系统程序存储器。系统程序是厂家根据其选用的 CPU 的指令系统编写的，决定了 PLC 的功能。系统程序存储器是只读存储器，用户不能更改其内容。

② 用户程序存储器。根据控制要求而编制的应用程序称为用户程序。不同机型的 PLC，其用户程序存储器的容量可能差异较大。根据生产过程或工艺的要求，用户程序经常需要改动，所以用户程序存储器必须可读写。一般要用后备电池（锂电池）进行掉电保护，以防掉

电时丢失程序。有的 PLC 采用可随时读写的快闪存储器作为用户程序存储器。快闪存储器不需要后备电池，掉电时数据也不会丢失。

③工作数据存储器。用来存储工作数据的区域称为工作数据区。工作数据是经常变化、经常存取的，所以这种存储器必须可读写。

在工作数据区中开辟有元件映像寄存器和数据表。其中，元件映像寄存器用来存储开关量输入/输出状态以及定时器、计数器、辅助继电器等内部器件的 ON/OFF 状态。数据表用来存放各种数据，存储用户程序执行时的某些可变参数值及 A/D 转换得到的数字量和数学运算的结果等。在 PLC 断电时能保持数据的存储器区称为数据保持区。

2.2.3 输入/输出单元

输入/输出单元是 PLC 与外部设备相互联系的窗口。输入单元接收现场设备向 PLC 提供的信号，如由按钮、操作开关、限位开关、继电器触点、接近开关、拨码器等提供的开关量信号。这些信号经过输入电路的滤波、光电隔离、电平转换等处理变成 CPU 能够接收和处理的信号。输出单元将经过 CPU 处理的微弱电信号通过光电隔离、功率放大等处理转换成外部设备所需要的强电信号，以驱动各种执行元件，如接触器、电磁阀、电磁铁、调节阀、调速装置等。

下面介绍几种常用的 I/O 单元的工作原理。

1. 开关量输入单元

按照输入端电源类型的不同，开关量输入单元可分为直流输入单元和交流输入单元。

（1）直流输入单元

直流输入单元的电路如图 2.3 所示，外接的直流电源极性可任意。虚线框内是 PLC 内部的输入电路，框外左侧为外部用户接线。图中只画出对应于一个输入点的输入电路，各个输入点所对应的输入电路均相同。

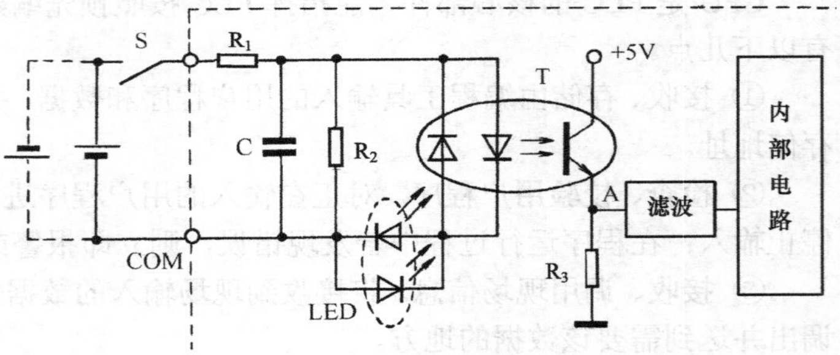

图 2.3 直流输入单元的电路

图中，T 为一个光电耦合器，发光二极管与光电三极管封装在一个管壳中。当发光二极管（LED）中有电流时其发光，此时光电三极管导通。R_1 为限流电阻，R_2 和 C 构成滤波电路，可滤除输入信号中的高频干扰。LED 显示该输入点的状态。

工作原理是：当 S 闭合时光电耦合器导通，LED 点亮，表示输入开关 S 处于接通状态。此时 A 点为高电平，该电平经滤波器送到内部电路中。当 CPU 访问该路信号时，将该输入点对应的输入映像寄存器状态置 1；当 S 断开时光电耦合器不导通，LED 不亮，表示输入开关 S 处于断开状态。此时 A 点为低电平，该电平经滤波器送到内部电路中。当 CPU 访问该路信号时，将该输入点对应的输入映像寄存器状态置 0。

有的 PLC 内部提供 24V 的直流电源，这时直流输入单元无需外接电源，用户只需将开关接在输入端子和公共端子之间即可，这就是所谓无源式直流输入单元。无源式直流输入单元简化了输入端的接线，方便了用户。

（2）交流输入单元

交流输入单元的电路如图 2.4 所示。虚线框内是 PLC 内部的输入电路，框外左侧为外部

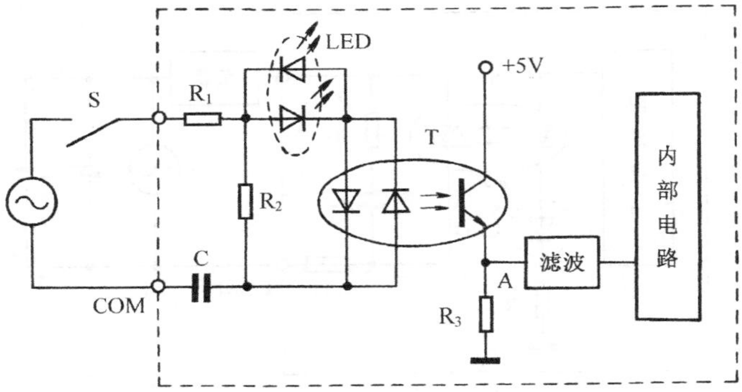

图 2.4　交流输入单元的电路

用户接线。图中只画出对应于一个输入点的输入电路，各个输入点所对应的输入电路均相同。

图中，电容器 C 为隔直电容，对交流相当于短路。R_1 和 R_2 构成分压电路。这里光电耦合器中是两个反向并联的 LED，任意一个二极管发光都可以使光电三极管导通。显示用的两个 LED 也是反向并联的。所以这个电路可以接收外部的交流输入电压，其工作原理与直流输入电路基本相同。

PLC 的输入电路有共点式、分组式、隔离式之别。共点式的输入单元只有一个公共端子（COM），外部各输入元件都有一个端子与 COM 相接；分组式是将输入端子分为若干组，每组各共用一个公共端子；隔离式输入单元中具有公共端子的各组输入点之间互相隔离，可各自使用独立的电源。

2. 开关量输出单元

按输出电路所用开关器件的不同，PLC 的开关量输出单元可分为晶体管输出单元、双向晶闸管输出单元和继电器输出单元。

（1）晶体管输出单元

晶体管输出单元的电路如图 2.5 所示。虚线框内是 PLC 内部的输出电路，框外右侧为外部用户接线。图中只画出对应于一个输出点的输出电路，各个输出点所对应的输出电路均相同。

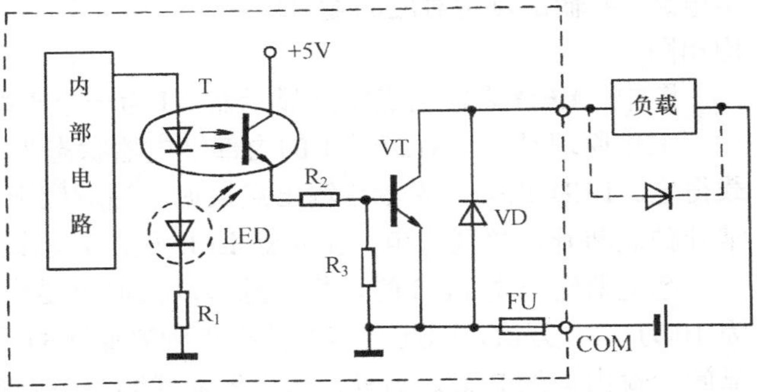

图 2.5　晶体管输出单元的电路

图中，T 为光电耦合器，LED 指示输出点的状态，VT 为输出晶体管，VD 为保护二极管，FU 为熔断器，防止负载短路时损坏 PLC。

工作原理是：当对应于晶体管 VT 的内部继电器的状态为 1 时，通过内部电路使光电耦合器 T 导通，从而使晶体管 VT 饱和导通，因此负载得电。CPU 使与该点对应的输出锁存器为高电平，使 LED 点亮，表示该输出点状态为 1；当对应于 VT 的内部继电器的状态为 0 时，光电耦合器 T 不导通，晶体管 VT 截止，负载失电。如果负载是感性的，则必须与负载并接续流二极管（见图 2.5 中虚线），负载通过续流二极管释放能量。此时 LED 不亮，表示该输出点的状态为 0。

晶体管为无触点开关，所以晶体管输出单元使用寿命长，响应速度快。

（2）双向晶闸管输出单元

在双向晶闸管输出单元中，输出电路采用的开关器件是光控双向晶闸管，电路如图 2.6 所示。虚线框内是 PLC 内部的输出电路，框外右侧为外部用户接线。图中只画出对应于一个输出点的输出电路，各个输出点所对应的输出电路均相同。

图中，T 为光控双向晶闸管（两个晶闸管反向并联），LED 为输出点状态指示，R_2、C 构成阻容吸收保护电路，FU 为熔断器。

工作原理是：当对应于 T 的内部继电器的状态为 1 时，发光二极管导通发光，不论外接电源极性如何都能使双向晶闸管 T 导通，负载得电，同时输出指示灯 LED 点亮，表示该输出点接通；当对应于 T 的内部继电器的状态为 0 时 T 关断，负载失电，指示灯 LED 灭。

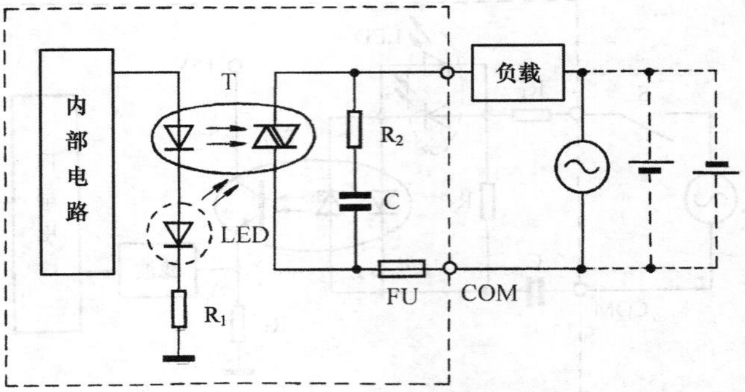

图 2.6　双向晶闸管输出单元的电路

双向晶闸管输出型 PLC 的负载电源可以根据负载的需要选用直流或交流。

（3）继电器输出单元

继电器输出单元的电路如图 2.7 所示。

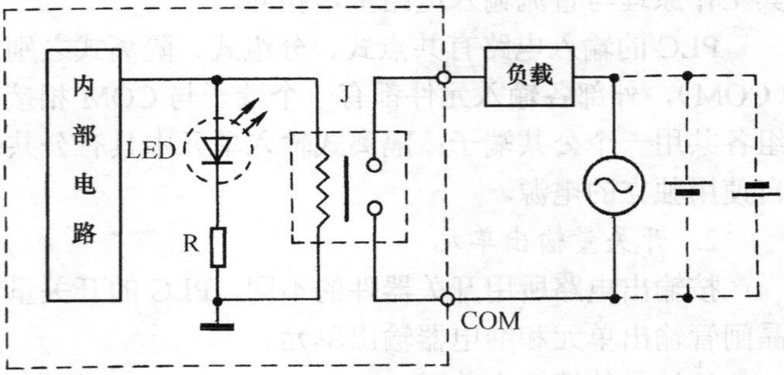

图 2.7　继电器输出单元的电路

图中虚线框内是 PLC 内部的输出电路，框外右侧为外部用户接线。图中只画出对应于一个输出点的输出电路，各输出点所对应的输出电路均相同。

图中，LED 为输出点状态显示器，J 为一个小型直流继电器。

工作原理是：当对应于 J 的内部继电器状态为 1 时，J 得电吸合，其常开触点闭合，负载得电。LED 点亮，表示该输出点接通。当对应于 J 的内部继电器状态为 0 时，J 失电，其常开触点断开，负载失电。指示灯 LED 灭，表示该输出点断开。

继电器输出型 PLC 的负载电源可以根据需要选用直流或交流。继电器触点电气寿命一般为 10 万～30 万次，因此在需要输出点频繁通断的场合（如高频脉冲输出），应选用晶体管或晶闸管输出型的 PLC。另外，继电器从线圈得电到触点动作存在延迟时间，是造成输出滞后于输入的原因之一。

PLC 输出电路也有共点式、分组式、隔离式之别。共点式中输出只有一个公共端子；分组式是将输出端子分为若干组，每组共用一个公共端子；隔离式中具有公共端子的各组输出点之间互相隔离，可各自使用独立的电源。

2.2.4　电源

PLC 中一般配有开关式稳压电源为内部电路供电。开关电源的输入电压范围宽、体积小、重量轻、效率高、抗干扰性能好。有的 PLC 能向外部提供 24V 的直流电源，可给输入单元所连接的外部开关或传感器供电。

2.2.5　扩展端口

大部分 PLC 都有扩展端口。主机可以通过扩展端口连接 I/O 扩展单元来增加 I/O 点数，也可以通过扩展端口连接各种特殊功能单元以扩展 PLC 的功能。

2.2.6　外部设备端口

一般 PLC 都有外部设备端口。通过外部设备端口，PLC 可与各种外部设备连接。例如，连接编程器可以输入、修改用户程序或监控程序的运行；可以连接终端设备 PT 进行程序的设计、调试和系统监控；连接打印机以打印用户程序、打印 PLC 运行过程中的状态、打印故障报警的种类和时间等；连接 EPROM 写入器，将调试好的用户程序写入 EPROM，以免被误改动等；有的 PLC 可以通过外部设备端口与其他 PLC、上位计算机进行通信或加入各种网络等。

2.2.7　编程工具

编程工具是开发应用和检查维护 PLC 以及监控系统运行不可缺少的外部设备。编程工具的主要作用是用来编辑程序、调试程序和监控程序的执行，还可以在线测试 PLC 的内部状态和参数，与 PLC 进行人机对话等。编程工具可以是专用编程器，也可以是配有专用编程软件包的通用计算机。

1. 专用编程器

专用编程器是生产厂家提供的与该厂家 PLC 配套的编程工具。专用编程器分为简易编程器和图形编程器两种。

简易编程器的优点是价格低、体积小、重量轻、方便携带。但简易编程器不能直接输入梯形图程序，只能输入语句表程序。用简易编程器编程时，简易编程器必须与 PLC 相连接。有的简易编程器可以直接插在 PLC 主机的编程器插座上，有的简易编程器必须用专用电缆与 PLC 相连。

图形编程器的优点是屏幕大，显示功能强，但是其价格昂贵。图形编程器可以直接输入梯形图程序。图形编程器分手持式和台式。台式图形编程器具有用户程序存储器，可以把用户输入的程序存放在自己的存储器中，也可以把用户程序下载到 PLC 中。一般还能提供盒式磁带录音机接口和打印机接口，可将用户程序转存到磁带上或打印出来。有的还带有磁盘驱动器，可将程序转存到磁盘上。

专用编程器可以不参与现场运行，所以一台编程器可以供多台 PLC 使用。

2. 计算机辅助编程

许多厂家对自己的 PLC 产品设计了计算机辅助编程软件。当 PLC 与装有编程软件的计算机连接通信时，可进行计算机辅助编程。如今编程软件的功能已经非常强，可以编辑、修改用户的程序，监控系统运行，采集和分析数据，在屏幕上显示系统运行状况，对工业现场和系统进行仿真、实现计算机和 PLC 之间的程序传送，打印文件，等等。

2.2.8　特殊功能单元

一般特殊功能单元本身是一个独立的系统。对于组合式 PLC，特殊功能单元是 PLC 系统中的一个模块，与 CPU 通过系统总线相连接，并在 CPU 的协调管理下独立地进行工作（不参与循环扫描）。对整体式 PLC，主机通过扩展端口与特殊功能单元连接。常用的特殊功能单元有 A/D 单元、D/A 单元、高速计数器单元、位置控制单元、PID 控制单元、温度控制单元、各种通信单元等。

2.3　PLC 的编程语言

各种机型的 PLC 都具有自己的编程语言。一般小型 PLC 常使用梯形图和语句表编程语言，有的大、中型PLC也使用功能块和结构文本编程语言编程。

功能块是一种将处理功能标准化的基本程序单元。功能块由PLC生产厂家以库文件形式提供或由用户自己定义。在设计和调试程序时使用功能块，可提高设计质量、缩短设计周期，并使程序更易于理解。OMRON新型号的PLC（如CS1、CJ1、CP1H等）都支持功能块编程，其库文件可安装在编程软件CX-P（5.0及以上版本）中，使用很方便。

用结构文本编程语言可以处理复杂的运算和控制，如复杂的数学运算、数据处理、图形显示、打印报表等功能，而用梯形图语言描述这些高级功能就不方便了。用结构文本编程，不仅节省时间，而且使程序简洁、清晰、易读，不宜出错。OMRON新型号的PLC（如CS1、CJ1、CP1H等）都配有这种编程语言。编程软件CX-P（5.0及以上版本）支持结构文本编程。

本节介绍小型PLC常用的梯形图和语句表编程语言。

2.3.1 PLC的梯形图编程语言

梯形图编程语言是由若干图形符号组合的图形语言。不同厂家的PLC各有自己的一套梯形图符号。梯形图编程语言具有继电器控制电路的形象、直观的优点。

为了更好地理解PLC的控制原理，下面先将继电器控制中使用的物理继电器与PLC编程语言中的继电器相比较，找出它们的异同。再将继电器控制与PLC控制的梯形图相比较，观察两种梯形图工作原理上的差别。

表2.1所示为物理的继电器与PLC的继电器的梯形图符号。图2.8（a）和（b）都是电动机直接启、停控制的梯形图。其中图（a）是用继电器控制，图（b）是用PLC控制。

表2.1 两种继电器符号对照

		物理的继电器	PLC输出继电器
线圈			
触点	常开		
	常闭		

（1）两种继电器的区别

① 继电器控制电路中使用的物理继电器，各继电器与其他电器间必须用硬接线实现连接；PLC的继电器不是物理的电器，而是PLC内部的寄存器位，常称为“软继电器”。“软继电器”与物理继电器有着相似的功能。例如，当其线圈通电时，其所属的常开触点闭合，常闭触点断开；当其线圈断电时，其所属的常开触点和常闭触点均恢复常态。PLC梯形图中的接线称为“软接线”，这种“软接线”是通过编写程序来实现的。

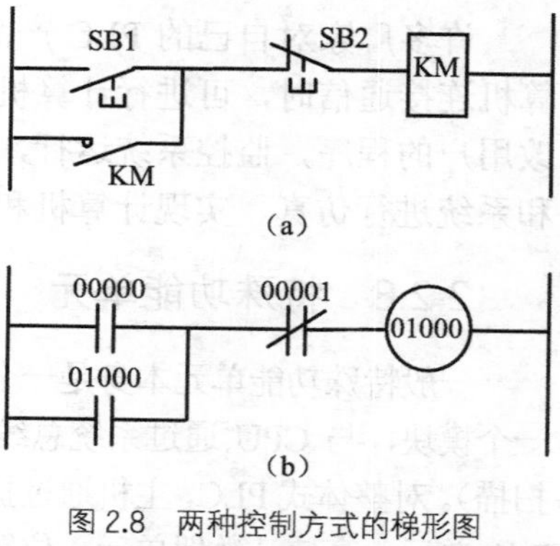

图2.8 两种控制方式的梯形图

② PLC的每一个继电器都对应着内部的一个寄存器位，由于可以无限次地读取某一寄存器位的内容，所以，可以认为PLC的继电器有无数个常开、常闭触点可供用户使用。而物理继电器的触点个数是有限的。

③ PLC的输入继电器是由外部信号驱动的。在梯形图中，只能使用输入继电器的触点，并不出现其线圈。而物理继电器触点的状态取决于其线圈状态（通、断电），若控制电路中不

接继电器线圈而只接其触点，则触点永远不会动作。

（2）两种梯形图的区别

两种梯形图形式很相似，但存在着本质的差别。

① PLC 梯形图左、右边的两条线也称为母线，但与继电器控制电路的两根母线不同。继电器控制电路的母线与电源连接，每一梯级在满足一定条件时将通过两条母线形成电流通路，从而使继电器动作；PLC 梯形图的母线并不接电源，它只表示每一个梯级的起始和终了，且 PLC 的每一个梯级中并没有实际的电流通过。通常说 PLC 的某个线圈通电了，只不过是为了分析问题方便而假设的概念电流通路，且此概念电流只能从左向右流动。这是 PLC 梯形图与继电器控制电路本质的区别。

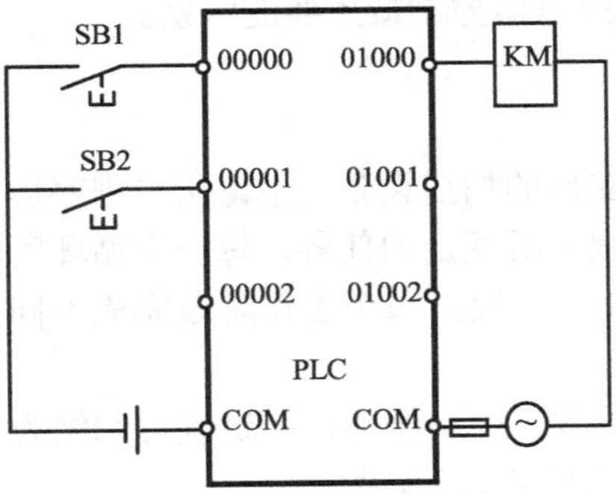

图 2.9　PLC 的外部接线

② 继电器控制是通过改变梯形图中电器间的硬接线来实现不同的控制，而 PLC 是通过编写不同的程序来实现各种控制的。

图 2.9 是对应图 2.8（b）梯形图的 PLC 外部接线图。图中只画出部分输入和输出端子。00000、00001 等是输入端子，01000、01001 等是输出端子，COM 是输入和输出各自的公共端。

现就图 2.9 和图 2.8（b），分析 PLC 控制的原理。

参照图 2.5～图 2.7，图 2.9 中输入/输出设备与输入/输出继电器的关系为：当启动按钮 SB1 闭合时，00000 输入端子对应的输入继电器线圈通电，其触点相应动作；当停止按钮 SB2 闭合时，00001 输入端子对应的输入继电器线圈通电，其触点相应动作。当 01000 输出端子对应的输出继电器线圈通电时，外部负载接触器 KM 的线圈通电。图 2.8（b）启、停电动机的过程如下。

按一下启动按钮 SB1，00000 输入端子对应的输入继电器线圈通电，其常开触点 00000 闭合。由于没有按动 SB2，所以常闭触点 00001 处于闭合状态。因此，输出继电器 01000 线圈通电，使接触器 KM 通电。由于 KM 的主触点接在电动机的主电路中，于是电动机启动。释放启动按钮 SB1 后，由于 01000 线圈通电，其常开触点 01000 闭合起自锁作用。

在电动机运行过程中按一下停止按钮 SB2，00001 输入端子对应的输入继电器线圈通电，其常闭触点 00001 断开，输出继电器 01000 线圈断电，使接触器 KM 断电，电动机停转。

2.3.2 语句表编程语言

这种编程语言类似计算机的汇编语言，用助记符来表示各种指令的功能。对于同样功能的指令，不同厂家的 PLC 使用的助记符一般不同。

指令语句是 PLC 用户程序的基础元素，多条语句的组合构成了语句表。一个复杂的控制功能是用较长的语句表来描述的。

对于图 2.8（b）的梯形图，其语句表为

LD	00000	（常开触点 00000 与左母线连接）
OR	01000	（常开触点 01000 与常开触点 00000 相并联）
AND NOT	00001	（串联一个常闭触点 00001）
OUT	01000	（输出到继电器 01000）

语句表不如梯形图那样形象、直观，但是在使用简易编程器向 PLC 输入用户程序时，必须把梯形图程序转换成语句表才能输入。

2.4 PLC 的工作方式

在继电器控制电路中，当某些梯级同时满足导通条件时，这些梯级中的继电器线圈会同时通电，也就是说，继电器控制电路是一种并行工作方式。PLC 是采用循环扫描的工作方式，在 PLC 执行用户程序时，CPU 对梯形图自上而下、自左向右地逐次进行扫描，程序的执行是按语句排列的先后顺序进行的。这样，PLC 梯形图中各线圈状态的变化在时间上是串行的，不会出现多个线圈同时改变状态的情况，这是 PLC 控制与继电器控制最主要的区别。

2.4.1 PLC 的循环扫描工作方式

PLC 的循环扫描工作方式可以看成是一种由系统软件支持的扫描设备，不论用户程序运行与否，CPU 都要周而复始地进行循环扫描，并执行系统程序所规定的任务。每一个循环所经历的时间称为一个扫描周期。每个扫描周期又分为几个工作阶段，每个工作阶段完成不同的任务。图 2.10 所示为 CPM1A 的扫描工作流程图。

PLC 上电后首先进行初始化，然后进入循环扫描工作过程。一次循环扫描过程可归纳为 5 个工作阶段，如图 2.10（b）所示。循环扫描各阶段完成的任务如下。

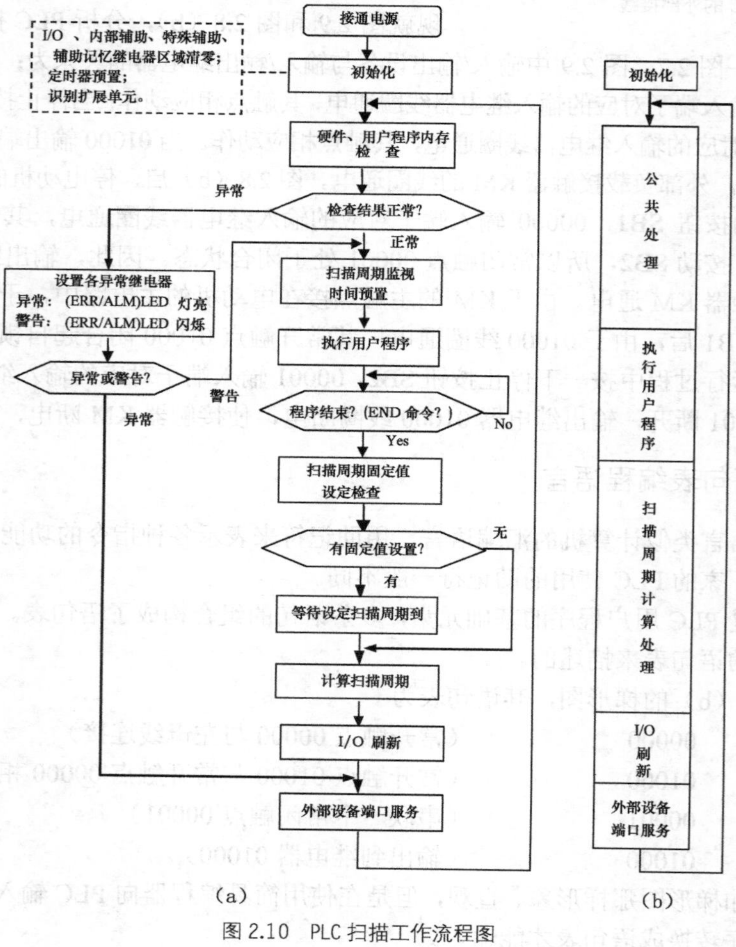

（a）　　　　　　　　（b）

图 2.10　PLC 扫描工作流程图

1. 公共处理阶段

在每一次扫描开始之前，CPU 都要进行监视定时器复位、硬件检查、用户内存检查等操作。如果有异常情况，除了故障显示指示灯亮以外，还判断并显示故障的性质。如果属于一般性故障，则只报警不停机，等待处理。如果属于严重故障，则停止 PLC 的运行。公共处理阶段所用的时间一般是固定的，不同机型的 PLC 有所差异。

2. 执行用户程序阶段

在执行用户程序阶段，CPU 对用户程序按先上后下、先左后右的顺序逐条地进行解释和执行。CPU 从输入映像寄存器和元件映像寄存器中读取各继电器当前的状态，根据用户程序给出的逻辑关系进行逻辑运算，运算结果再写入元件映像寄存器中。

执行用户程序阶段的扫描时间不是固定的，主要取决于以下几方面。

① 用户程序中所用语句条数的多少。用户程序的语句条数多少不同，所用的扫描时间必然不同。因此，为了减少扫描时间，应使所编写的程序尽量简洁。

② 每条指令的执行时间不同。对同一种控制功能，若选用不同的指令进行编程，扫描时间会有很大差异。因为有的指令执行时间只有几微秒，而有的则多达上百微秒。所以在实现同样控制功能的情况下，应选择那些执行时间短的指令来编写程序。

③ 程序中有改变程序执行流向的指令。例如，有的用户程序中安排了跳转指令，当条件满足时某段程序被扫描并执行，否则不对其扫描并且跳过该段程序去执行下面的程序；有的用户程序使用了子程序调用指令，当条件满足时就停止执行当前程序去执行预先编排的子程序，当条件不满足时就不扫描子程序；有的用户程序安排了中断控制程序，当有中断申请信号时就转去执行中断处理子程序，否则就不扫描中断处理子程序，等等。

由此可见，执行用户程序的扫描时间是影响扫描周期长短的主要因素，而且，在不同时段执行用户程序的扫描时间也不尽相同。

3. 扫描周期计算处理阶段

若预先设定扫描周期为固定值（对 CPM1A/CPM2A，可由用户在 DM6619 中设定）则进入等待状态，直至达到该设定值时扫描再往下进行。若设定扫描周期为不定的（即扫描周期取决于用户程序的长短等），则要进行扫描周期的计算。

计算处理扫描周期所用的时间很短，对一般 PLC 都可视为零。

4. I/O 刷新阶段

在 I/O 刷新阶段，CPU 要做两件事情。其一，从输入电路中读取各输入点的状态，并将此状态写入输入映像寄存器中，也就是刷新输入映像寄存器的内容。自此输入映像寄存器就与外界隔离，无论输入点的状态怎样变化，输入映像寄存器的内容都保持不变，直到下一个扫描周期的 I/O 刷新阶段才会写进新内容。这就是说，各输入映像寄存器的状态要保持一个扫描周期不变。其二，将所有输出继电器的元件映像寄存器的状态传送到相应的输出锁存电路中，再经输出电路的隔离和功率放大部分传送到 PLC 的输出端，驱动外部执行元件动作。

I/O 刷新阶段的时间长短取决于 I/O 点数的多少。

5. 外部设备端口服务阶段

这个阶段里，CPU 完成与外部设备端口连接的外围设备的通信处理。

完成上述各阶段的处理后，返回公共处理阶段，周而复始地进行扫描。

图 2.11 所示为信号从 PLC 的输入端子到输出端子的传递过程。

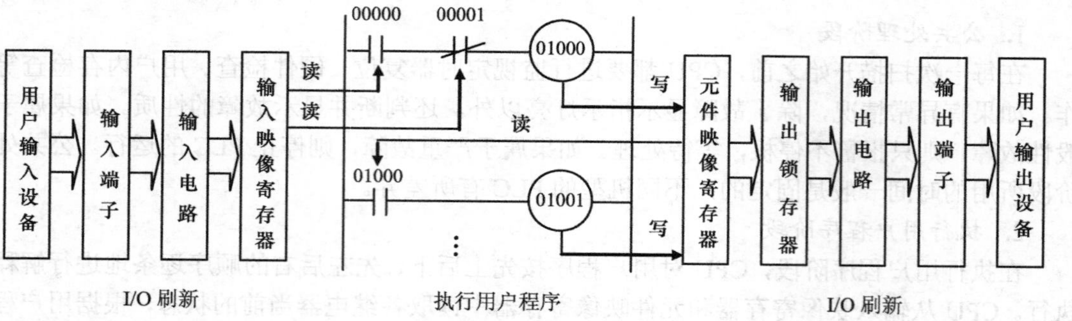

图 2.11 PLC 信号的传递过程

在 I/O 刷新阶段，CPU 从输入电路的输出端读出各输入点的状态，并将其写入输入映像寄存器中。在紧接着的下一个扫描周期执行用户程序阶段，CPU 从输入映像寄存器和元件映像寄存器中读出各继电器的状态，并根据此状态执行用户程序，再将执行结果写入元件映像寄存器中。在 I/O 刷新阶段，将输出映像寄存器的状态写入输出锁存电路，再经输出电路传递到输出端子。

在执行用户程序阶段，要注意所使用的输入和输出数据的问题。设输入数据为 X，输出数据为 Y。在第 n 次扫描执行用户程序时，所依据的输入数据是第 n–1 次扫描 I/O 刷新阶段读取的 X_{n-1}；执行用户程序过程中，元件映像寄存器中的数据既有第 n–1 次扫描存入的数据 Y_{n-1}，也有本次执行程序的中间结果。第 n 次扫描的 I/O 刷新时输出的数据是 Y_n。

如图 2.11 所示，在某一个扫描周期里执行用户程序的具体过程是：执行第 1 个梯级时，CPU 从输入映像寄存器中读出 00000 号输入继电器的状态，设其为 1；再读出 00001 号输入继电器的状态，设其为 0。由 00000 和 00001 的状态结算出 01000 号继电器当前的状态是 1。若此前 01000 的状态是 0，则 CPU 用当前的 1 去改写元件映像寄存器中 01000 对应的位。下一步再执行第 2 个梯级，从元件映像寄存器中读出 01000 号继电器的状态 1（即前一步存入的），结算出 01001 号继电器的状态是 1。若此前 01001 的状态是 0，则 CPU 用当前的 1 去改写元件映像寄存器中 01001 对应的位。本次扫描 I/O 刷新的结果是：01000 为 1，01001 为 1。

由上述分析可以得出执行用户程序扫描阶段的特点。其一，在执行用户程序的过程中，输入映像寄存器的状态不变。其二，元件映像寄存器的内容随程序的执行而改变，前一步的结算结果随即作为下一步的结算条件，这一点与输入映像寄存器完全不同。其三，程序的执行是由上而下进行的，所以各梯级中的继电器线圈不可能同时改变状态。其四，执行用户程序的结果要保持到下一个扫描周期的用户程序执行阶段。在编写应用程序时，务必要注意 PLC 的这种循环扫描工作方式，不少应用程序的错误就是由于忽视了这个问题而造成的。

PLC 的循环扫描工作方式也为 PLC 提供了一条死循环自诊断功能。在 PLC 内部设置了一个监视定时器 WDT，其定时时间可设置为大于用户程序的扫描时间，在每个扫描周期的公共处理阶段将监视定时器复位。正常情况下，监视定时器不会动作。如果由于 CPU 内部故障使程序执行进入死循环，那么扫描周期将超过监视定时器的定时时间。这时监视定时器 WDT 动作使 PLC 运行停止，以提示用户排查故障。

2.4.2 PLC 的 I/O 滞后现象

由于 PLC 采用循环扫描的工作方式，而且对输入和输出信号只在每个扫描周期的 I/O 刷新阶段集中输入并集中输出，所以必然会产生输出信号相对输入信号的滞后现象。扫描周期越长，滞后现象越严重。但是一般扫描周期只有十几毫秒，最多几十毫秒，因此在慢速控制系统中，可以认为输入信号一旦变化就立即能进入输入映像寄存器中，其对应的输出信号也可以认为是及时的；而在要求快速响应的控制中就成了需要解决的问题。

PLC 产生的 I/O 滞后现象。除了上述原因以外，还与下面的因素有关。

① 输入滤波器对信号的延迟作用。由于 PLC 的输入电路中设置了滤波器，滤波器的时间常数越大，对输入信号的延迟作用越强。从输入端 ON 到输入滤波器输出 ON 所经历的时间为输入 ON 延时（CPM1A 系列默认设置时间为 8ms）。有的 PLC 输入电路滤波器的时间常数可以调整。

② 输出继电器的动作延迟。对于继电器输出型的 PLC，把从输出锁存器 ON 到输出触点 ON 所经历的时间称为输出 ON 延时，一般需十几毫秒。所以，在要求输入/输出有较快响应的场合，最好不要使用继电器输出型的 PLC。

③ 用户程序的语句编排。在学习了 PLC 的编程以后就会知道，用户程序的语句编排不当也会影响 I/O 滞后的时间。

以 20 点的继电器输出型的 CPM1A 为例，可以按下面的方法估算 I/O 响应的时间。

设输入 ON 延时为 8ms，公共处理和 I/O 刷新时间为 2ms，执行用户程序时间为 14ms（一般为十几至几十毫秒），输出 ON 延时为 15ms。

① 输入状态经过一个扫描周期在输出得到响应，称为最小 I/O 响应时间。例如，在第 1 个扫描周期的 I/O 刷新阶段，输入点的状态已经在输入电路的输出端反映出来，CPU 将其写入输入映像寄存器，经过程序执行后，结果在第 2 个扫描周期的 I/O 刷新阶段被输出。

最小 I/O 响应时间 = 输入 ON 延时 + 公共处理和 I/O 刷新时间 + 执行程序时间 + 输出 ON 延时 =8 +（2+14）+15 = 39 ms

② 输入状态经过两个扫描周期在输出得到响应，称为最大 I/O 响应时间。例如，在第 1 个扫描周期的 I/O 刷新阶段刚结束，输入点的状态在输入电路的输出端反映出来，由于错过了 I/O 刷新阶段，只能等到第 2 个扫描周期的 I/O 刷新阶段才能被 CPU 读到输入映像寄存器中，经过程序执行后，结果在第 3 个扫描周期的 I/O 刷新阶段被输出。

最大 I/O 响应时间 = 输入 ON 延时+（公共处理和 I/O 刷新时间 +执行程序时间）×2 + 输出 ON 延时 =8 +（2 +14）×2 + 15 = 55 ms

对一般工业控制设备或者对输入信号变化较慢的系统来说，这种滞后现象是完全允许的。若需要输出对输入作出快速响应的场合，则可采用快速响应模块、高速计数模块以及中断处理等措施来尽量减少滞后时间。

2.5 PLC 的主要技术指标

在描述 PLC 的性能时，经常用到以下术语：位（Bit）、数字（Digit）、字节（Byte）及字（Word）。位指二进制数的一位，仅有 1、0 两种取值。一个位对应 PLC 的一个继电器，某位的状态为 1 或 0，分别对应该继电器线圈得电（ON）或失电（OFF）。4 位二进制数构成一个数字，这个数字可以是 0000～1001（十进制数），也可以是 0000～1111（十六进制数）。2 个数字或 8 位二进制数构成一个字节，2 个字节构成一个字。在 PLC 术语中，字也称为通道。一个字含 16 位，即一个通道含 16 个继电器。

PLC 的主要性能指标包括以下几个方面。

1. 存储容量

这里说的存储容量指的是用户程序存储器的容量。用户程序存储器的容量，决定了 PLC

可以容纳用户程序的长短。一般以字为单位来计算，每 1024 个字为 1K 字。小型 PLC 的存储容量一般在几 K 至几十 K 字，中、大型 PLC 的存储容量可在几百 K 字至几 M（1M=1024K）字。也有的 PLC 用存放用户程序的指令条数来描述容量。

2. 输入/输出点数

I/O 点数即 PLC 面板上的输入、输出端子的个数。I/O 点数越多，外部可接的输入器件和输出器件越多，控制规模就越大。因此，I/O 点数是衡量 PLC 性能的重要指标之一。

3. 扫描速度

扫描速度是指 PLC 执行程序的速度，是衡量 PLC 性能的重要指标之一。一般以扫描 1K 字所用的时间来衡量扫描速度。PLC 用户手册一般给出执行各条指令所用的时间，用各种 PLC 执行相同操作所用的时间，可粗略衡量其扫描速度的快慢。

4. 编程指令的种类和条数

编程指令的种类及条数是衡量 PLC 控制能力强弱的重要指标。编程指令的种类及条数越多，处理能力、控制能力就越强。

5. 内部器件的种类和数量

内部器件包括各种继电器、计数器/定时器、数据存储器等。其种类越多、数量越大，存储各种信息的能力和控制能力就越强。

6. 扩展能力

PLC 的扩展能力是衡量 PLC 控制功能的重要指标。大部分 PLC 可以用 I/O 扩展单元进行 I/O 点数的扩展。当今，多数 PLC 可以使用各种特殊功能模块进行各种功能的扩展。

7. 特殊功能单元的数量

PLC 不但能完成开关量的逻辑控制，而且利用特殊功能单元可以完成模拟量控制、位置和速度控制以及通信联网等功能。特殊功能单元种类的多少和功能的强弱是衡量 PLC 产品水平高低的一个重要指标。特殊功能单元的种类日益增多，功能越来越强。

习　题

1. 物理继电器与 PLC 的继电器有何区别？
2. 与继电器控制相比，简述 PLC 控制的主要优点。
3. 整体式和组合式 PLC 主要由哪几个部分组成？
4. PLC 的 CPU 有何作用？
5. PLC 有几种存储器？各有何作用？
6. PLC 的外部设备端口和扩展端口各有何作用？
7. 在 PLC 输入和输出电路中，为什么要设置光电隔离器？
8. PLC 的编程工具有哪几种？
9. PLC 的梯形图和语句表编程语言各有何特点？
10. 继电器控制与 PLC 控制的梯形图有何区别？
11. 什么是 PLC 的扫描周期？扫描过程分为哪几个阶段？各阶段完成什么任务？
12. 扫描周期的长短主要取决于哪些因素？
13. 执行用户程序阶段的特点是什么？
14. 什么是 PLC 的输入/输出滞后现象？造成这种现象的主要原因是什么？

第3章 PLC的系统组成

CPM1A/CPM2A是OMRON的小型可编程控制器，在小规模控制系统中已被广泛应用。CPM1A和CPM2A的系统组成基本相同，本章以CPM1A为样机介绍PLC的系统组成及主要功能，并介绍CPM2A所提升的功能。

3.1 CPM1A的基本组成

3.1.1 CPM1A的主机

1. 主机的规格

CPM1A的主机按I/O点数分，有10点、20点、30点、40点4种；按使用电源的类型分，有AC型和DC型两种；按输出方式分，有继电器输出型和晶体管输出型两种。表3.1所示为CPM1A系列主机的规格。

表3.1 CPM1A系列主机的规格

类　型	型　号	输出形式	电　源
10点 I/O 输入：6点 输出：4点	CPM1A-10CDR-A	继电器	AC 100～240 V
	CPM1A-10CDR-D	继电器	DC 24V
	CPM1A-10CDT-D	晶体管（NPN）	DC 24V
	CPM1A-10CDT1-D	晶体管（PNP）	
20点 I/O 输入：12点 输出：8点	CPM1A-20CDR-A	继电器	AC 100～240 V
	CPM1A-20CDR-D	继电器	DC 24V
	CPM1A-20CDT-D	晶体管（NPN）	DC 24V
	CPM1A-20CDT1-D	晶体管（PNP）	
30点 I/O 输入：18点 输出：12点	CPM1A-30CDR-A	继电器	AC 100～240 V
	CPM1A-30CDR-D	继电器	DC 24V
	CPM1A-30CDT-D	晶体管（NPN）	DC 24V
	CPM1A-30CDT1-D	晶体管（PNP）	

续表

类　型	型　号	输出形式	电　源
40点 I/O 输入：24点 输出：16点	CPM1A-40CDR-A	继电器	AC 100～240 V
	CPM1A-40CDR-D	继电器	DC 24V
	CPM1A-40CDT-D	晶体管（NPN）	DC 24V
	CPM1A-40CDT1-D	晶体管（PNP）	

注：晶体管NPN型的输出COM端接DC电源的“–”极，PNP型的输出COM端接DC电源的“+”极，见附录B。

2. 主机的面板结构

图3.1所示为CPM1A系列10点、20点、30点、40点主机的面板结构。下面以10点的主机为例介绍主机面板的布置及各端子和接口的作用。

（1）电源输入端子

电源输入端子用来接入电源。AC电源型的主机，其电源电压为AC 100～240 V；DC电源型的主机，其电源电压为DC 24V。

（2）功能接地端子（仅AC电源型）

在有严重噪声干扰时，功能接地端子必须接地。功能接地端子和保护接地端子可连在一起接地，但不可与其他设备接地线或建筑物金属结构连在一起，接地电阻应小于等于100Ω。

（3）保护接地端子

为了防止触电，保护接地端子必须接地。保护接地端子和功能接地端子可连在一起接地，但不可与其他设备接地线或建筑物金属结构连在一起，接地电阻应小于等于100Ω。

（4）输出DC 24V电源端子

DC 24V电源端子（仅AC电源型）对外部提供DC 24V电源，可作为输入设备或现场传感器的服务电源。

（5）输入端子

输入端子用于连接输入设备。10点、20点、30点、40点的主机，其输入点各不相同，如10点I/O型的主机有6个输入点，其编号为00000～00005，共用一个COM端子。

当00000～00002作为高速计数输入端子时，计数输入端00000、00001的计数频率单相最高为5kHz，两相最高为3.5kHz。复位输入端子00002的响应时间是：ON为100μs、OFF为500μs以上。

当00003～00006作为中断输入端子时，从输入点ON到执行中断子程序的响应时间为0.3ms以下（10点I/O型的主机只有00003和00004是中断输入端子）。

（6）输出端子

输出端子用于连接输出设备。例如，10点I/O型有4个输出点，编号为01000～01003。01000、01001各用一个COM端子，01002、01003则共用一个COM端子。

（7）工作状态显示LED

主机面板的中部有4个工作状态显示LED，其作用介绍如下。

① PWR（绿）：电源的接通或断开指示。电源接通时亮，电源断开时灭。

② RUN（绿）：PLC的工作状态指示。PLC处在运行或监控状态时亮，处在编程状态或运行异常时灭。

③ ERR/ALM（红）：严重错误和警告性错误指示。这两种显示共用一个LED。PLC出

现严重错误时 LED 常亮，此时 PLC 停止工作且不执行程序；PLC 出现警告性错误时，LED 闪烁，但 PLC 继续执行程序；运行正常时该 LED 灭。

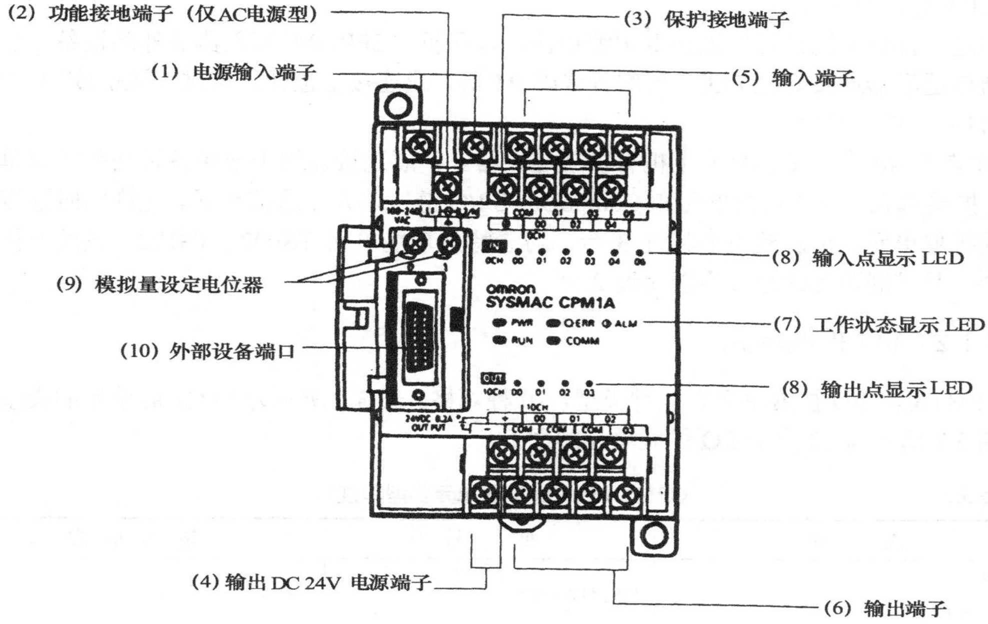

（a）10 点的主机

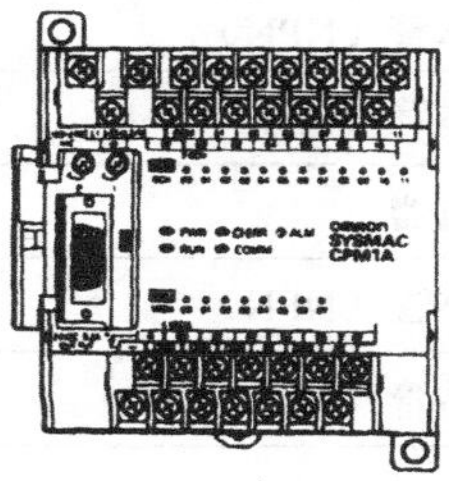

（b）20 点的主机

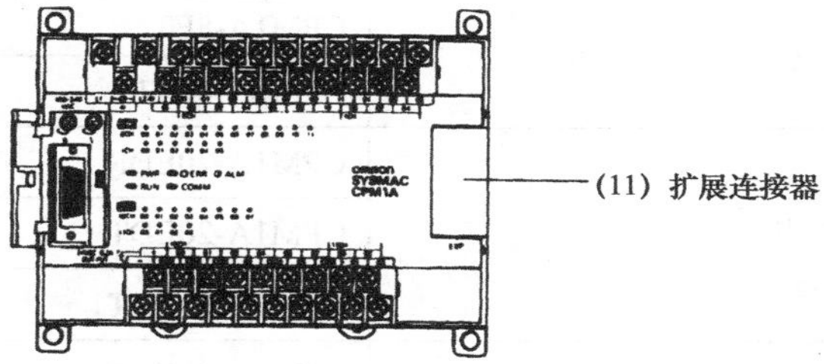

（c）30 点的主机

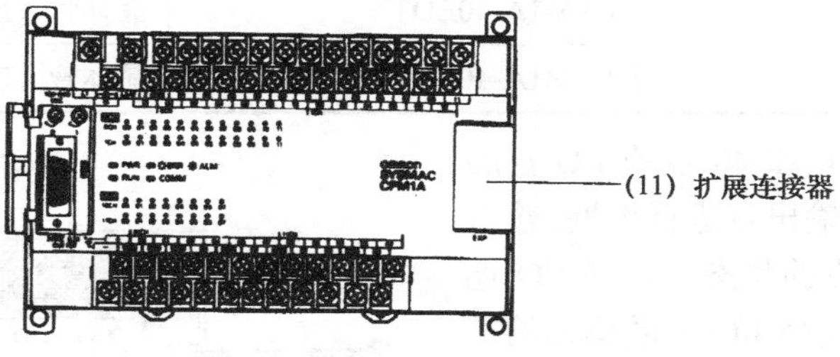

（d）40 点的主机

图 3.1　CPM1A 的主机面板图

④ COMM（橙）：通信指示灯。PLC 与外部设备通信时亮，不通信时灭。

（8）输入/输出点显示 LED

每个输入点都对应一个 LED，当某个输入点的 LED 亮时，表示该点的状态为 ON。

每个输出点都对应一个 LED，当某个输出点的 LED 亮时，表示该点的状态为 ON。

I/O 点的 LED 指示为调试程序、检查运行状态提供了方便。

（9）模拟量设定电位器

两个模拟量设定电位器位于面板的左上角，可用于预置参数，范围为0～200（BCD）。

（10）外部设备端口

通过外部设备端口可以连接专用编程器、打印机、EPROM 写入器等外部设备，也可以通过通信适配器连接其他PLC、可编程终端PT等，或连接上位计算机进行通信或加入网络。

（11）扩展连接器

30点和40点的CPM1A主机有扩展连接器。扩展连接器用于连接各种功能扩展单元，如I/O扩展单元、特殊功能单元和CompoBus/S I/O链接单元等通信单元。允许同时连接不同类型的扩展单元，但总数不能超过3台。对于特殊功能单元TS002、TS102，只能连接其中的一个，且扩展单元的总数不能超过2台。

3.1.2 I/O扩展单元

CPM1A的I/O扩展单元有4种类型，10种规格。表3.2所示为I/O扩展单元的类型和规格，图3.2所示为20点的I/O扩展单元的面板。

表3.2　　CPM1A的I/O扩展单元类型和规格

类　型	型　号	输出形式
8点型 输入：8点	CPM1A-8ED	—
8点型 输出：8点	CPM1A-8ER	继电器
	CPM1A-8ET	晶体管（NPN）
	CPM1A-8ET1	晶体管（PNP）
20点型 输入：12点 输出：8点	CPM1A-20EDR	继电器
	CPM1A-20EDT	晶体管（NPN）
	CPM1A-20EDT1	晶体管（PNP）
40点型 输入：24点 输出：16点	CPM1A-40EDR	继电器
	CPM1A-40EDT	晶体管（NPN）
	CPM1A-40EDT1	晶体管（PNP）

CPM1A系列20点和40点的I/O扩展单元可以同时对输入/输出点进行扩展。输入/输出LED指示I/O点的状态。扩展I/O连接电缆可连在主机或其他I/O扩展单元的扩展连接器上。右侧的扩展连接器可再连接其他扩展单元。

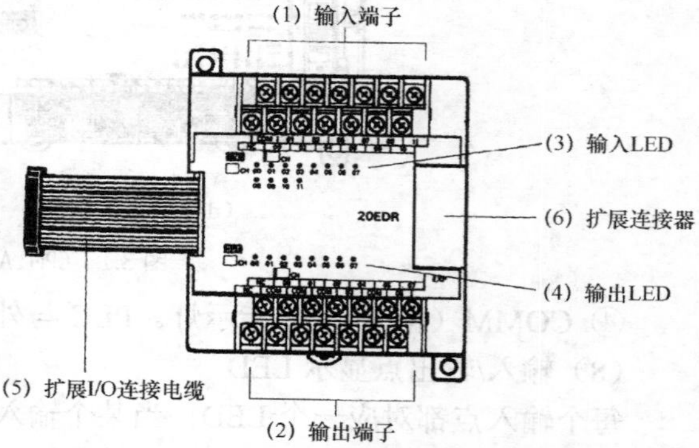

图3.2　20点I/O扩展单元的面板图

CPM1A系列10点和20点的主机没有扩展连接器。30点、40点的主机有扩展连接器，但最多能连接3台I/O扩展单元。40点的主机连接3台40点的I/O扩展单元时最多能组成160个I/O点，因此CPM1A的I/O

点可在 10～160 之间进行配置。

图 3.3 所示为 30 点和 40 点的主机 I/O 扩展的配置和 I/O 点的编号。

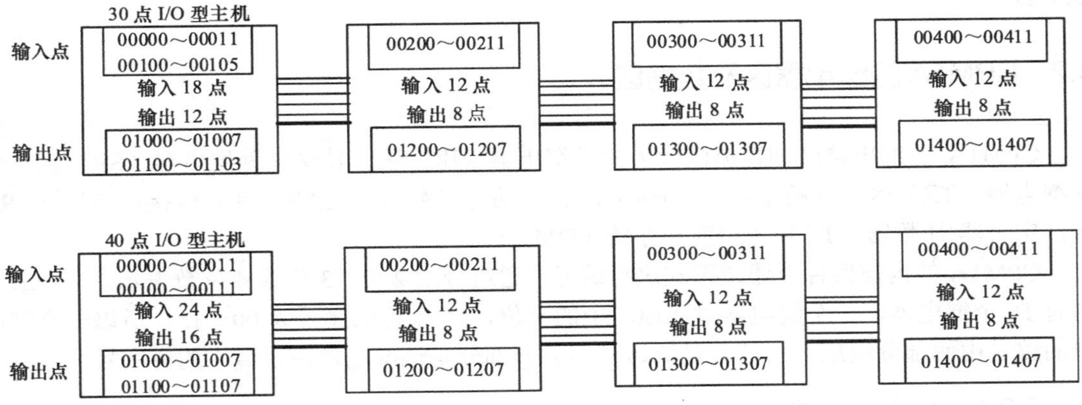

图 3.3 CPM1A 的 I/O 扩展配置及 I/O 点编号

3.1.3 编程工具

CPM1A 的编程工具有两种，即专用编程器和装有专用编程软件的个人计算机。

专用编程器有 CQM1-PRO01 和 C200H-PRO27 两种型号。CQM1-PRO01 编程器本身带 2m 长的电缆，可直接连在主机的外部设备端口上。C200H-PRO27 编程器需用 C200H-CN222 或 C200H-CN422 专用电缆与主机连接。

个人计算机要通过 RS232C 通信适配器 CPM1-CIF01 或专用电缆 CQM1-CIF01/CIF02 与 PLC 连接。各种编程工具与主机的连接如图 3.4 所示。

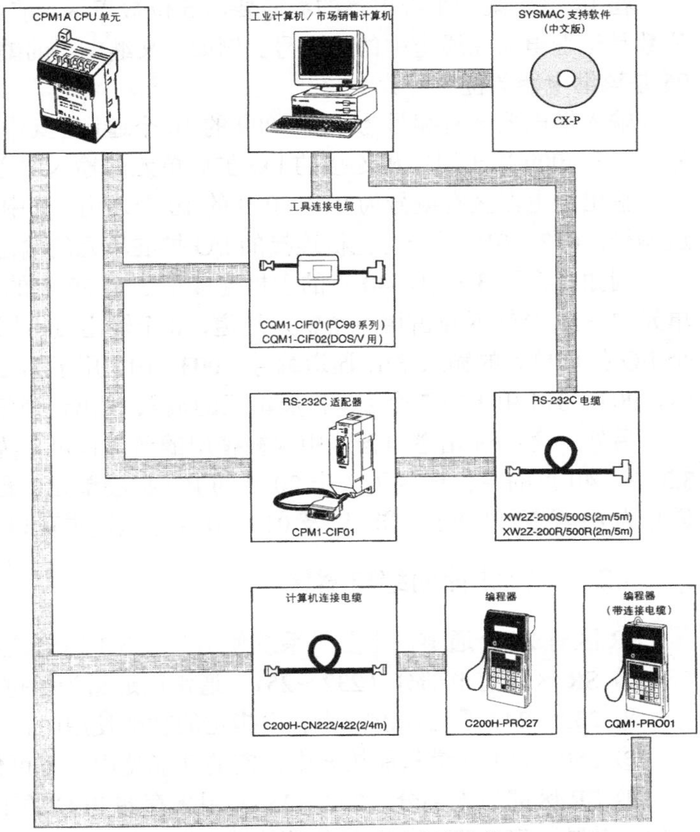

图 3.4 编程工具与主机的连接

3.1.4 特殊功能单元

CPM1A 的特殊功能单元有模拟量 I/O 单元、温度传感器和模拟量输出单元以及温度传感器单元等。CPM1A 特殊功能单元的规格见附录 B。

CPM1A 的通信单元有 RS232C 通信适配器、RS422 通信适配器、CompoBus/S I/O 链接单元、Devicenet I/O 链接单元等。各通信单元的规格见附录 B。

用户根据需要，可以选择使

用一种或几种特殊功能单元。但是与主机连接的特殊功能单元总数不能超过3台。在使用温度传感器单元TS002和TS102时，只能连接其中的一个，且同时使用的扩展单元总数不能超过2台。

3.2 CPM1A的继电器区及数据区

CPM1A 的继电器区和数据区分为内部继电器（IR）区、特殊辅助继电器（SR）区、暂存继电器（TR）区、保持继电器（HR）区、辅助记忆继电器（AR）区、链接继电器（LR）区、定时器/计数器（TC）区和数据存储（DM）区。

CPM1A 的内部器件以通道形式进行编号，通道号用2位、3位或4位数表示。一个通道内有16个继电器，一个继电器对应通道中的一位，16个位的序号为00～15。所以一个继电器的编号由两部分组成，一部分是通道号，另一部分是该继电器在通道中的位序号。

3.2.1 内部继电器区

IR区分为两部分，一部分是供输入/输出用的输入/输出继电器区，该区的通道号为000～019；另一部分是供用户编写程序使用的内部辅助继电器区，该区的通道不能直接对外输出。内部辅助继电器区有编号为200～231的32个通道，每个通道有16位（点），故共有512点。在编写用户程序时，内部继电器区的通道使用频率很高，要记住其编号范围。

在IR区，某一个继电器的编号要用5位数表示。前3位是该继电器所在的通道号，后2位数是该继电器在通道中的位序号。例如，某继电器的编号是00105，其中的001是通道号，05是该继电器的位序号。

输入继电器区有编号为000～009的10个通道，其中000、001用来对主机的输入通道编号，002～009用于对主机连接的I/O扩展单元的输入通道编号。

输出继电器区有编号为010～019的10个通道，其中010、011通道用来对主机的输出通道编号，012～019用于对主机连接的I/O扩展单元的输出通道编号。

例如，在图3.3中，40点的主机连接了3个20点的I/O扩展单元。在20点的I/O扩展单元中，12个输入点占用一个输入通道，8个输出点占用一个输出通道。002、012用于第1个I/O扩展单元的输入/输出通道编号，003、013用于第2个I/O扩展单元的输入/输出通道编号，004、014用于第3个I/O扩展单元的输入/输出通道编号。

另外，输入/输出继电器区中未被使用的通道也可作为内部辅助继电器使用。例如，在图3.3中，40点的主机连接了3个20点的I/O扩展单元，最大输入通道号为004，最大输出通道号为014，所以005～009以及015～019这些通道可以作为辅助继电器使用。

3.2.2 特殊辅助继电器区

SR区有24个通道，主要供系统使用。表3.3列出该继电器的功能，现说明如下。

① SR区的前半部分（232～251）通常以通道为单位使用，其功能见表。

② 232～249通道在没作为表中指定的功能使用时，可作为内部辅助继电器使用。

③ 250、251通道只能按表中指定的功能使用，不可作为内部辅助继电器使用。

④ SR区的后半部分（252～255）用来存储PLC的工作状态标志、发出工作启动信号、产生时钟脉冲等。除25200外的其他继电器，用户程序只能利用其状态而不能改变其状态，

或者说用户程序只能用其触点，而不能将其作输出继电器用。

⑤ 25200 是高速计数器的软件复位标志位，其状态可由用户程序控制，当其为 ON 时，高速计数器被复位，高速计数器的当前值被置为 0000。

⑥ 25300～25307 是故障码存储区。故障码由用户编号，范围为 01～99。执行故障诊断指令后，故障码存到 25300～25307 中，其低位数字存放在 25300～25303 中，高位数字存放在 25304～25307 中。

表 3.3 特殊辅助继电器功能

通道号	继电器号	功能	
232～235		宏指令输入区。不使用宏指令的时候，可作为内部辅助继电器使用	
236～239		宏指令输出区。不使用宏指令的时候，可作为内部辅助继电器使用	
240		存放中断 0 的计数器设定值	输入中断使用计数器模式时的设定值（0000～FFFF）。输入中断不使用计数器模式时，可作为内部辅助继电器使用
241		存放中断 1 的计数器设定值	
242		存放中断 2 的计数器设定值	
243		存放中断 3 的计数器设定值	
244		存放中断 0 的计数器当前值-1	输入中断使用计数器模式时的计数器当前值-1（0000～FFFF）。输入中断不使用计数器模式时，可作为内部辅助继电器使用
245		存放中断 1 的计数器当前值-1	
246		存放中断 2 的计数器当前值-1	
247		存放中断 3 的计数器当前值-1	
248～249		存放高速计数器的当前值。不使用高速计数器时，可作为内部辅助继电器使用	
250		存放模拟电位器 0 设定值	设定值为 0000～0200（BCD 码）
251		存放模拟电位器 1 设定值	
252	00	高速计数器复位标志（软件设置复位）	
	01～07	不可使用	
	08	外部设备通信口复位时为 ON（使用总线无效），之后自动回到 OFF 状态	
	09	不可使用	
	10	系统设定区域（DM6600～6655）初始化的时候为 ON，之后自动回到 OFF 状态（仅编程模式时有效）	
	11	强制置位/复位的保持标志 OFF：编程模式与监控模式切换时，解除强制置位/复位的接点 ON：编程模式与监控模式切换时，保持强制置位/复位的接点	
	12	I/O 保持标志 OFF：运行开始/停止时，输入/输出、内部辅助继电器，链接继电器的状态被复位 ON：运行开始/停止时，输入/输出、内部辅助继电器，链接继电器的状态被保持	
	13	不可使用	
	14	故障履历复位时为 ON，之后自动回到 OFF	
	15	不可使用	
253	00～07	故障码存储区，故障发生时将故障码存入 故障报警（FAL/FALS）指令执行时，FAL 号被存储 FAL00 指令执行时，故障码存储区复位（成为 00）	
	08	不可使用	

续表

通道号	继电器号	功　能
	09	当扫描周期超过 100ms 时为 ON
	10～12	不可使用
	13	常 ON
	14	常 OFF
	15	PLC 上通电后的第一个扫描周期内为 ON，常作为初始化脉冲
254	00	输出 1min 时钟脉冲（占空比 1：1）
	01	输出 0.02s 时钟脉冲（占空比 1：1），当扫描周期大于 0.01s 时不能正常使用
	02	负数标志（N 标志）
	03～05	不可使用
	06	微分监视完了标志（微分监视完了时为 ON）
	07	STEP 指令中一个行程开始时，仅一个扫描周期为 ON
	08～15	不可使用
255	00	输出 0.1s 时钟脉冲（占空比 1：1），当扫描周期大于 0.05s 时不能正常使用
	01	输出 0.2s 时钟脉冲（占空比 1：1），当扫描周期大于 0.1s 时不能正常使用
	02	输出 1s 时钟脉冲（占空比 1：1）
	03	ER 标志（执行指令时，出错发生时为 ON）
	04	CY 标志（执行指令时结果有进位或借位发生时为 ON）
	05	>标志（执行比较指令时，第 1 个比较数大于第 2 个比较数时，该位为 ON）
	06	=标志（执行比较指令时，第 1 个比较数等于第 2 个比较数时，该位为 ON）
	07	<标志（执行比较指令时，第 1 个比较数小于第 2 个比较数时，该位为 ON）
	08～15	不可使用

3.2.3　暂存继电器区

CPM1A 有编号为 TR0～TR7 共 8 个暂存继电器，暂存继电器的编号要冠以 TR。在编写用户程序时，暂存继电器用于暂存复杂梯形图中分支点之前的 ON/OFF 状态。同一编号的暂存继电器在同一程序段内不能重复使用，在不同的程序段可重复使用。

3.2.4　保持继电器区

该区有编号为 HR00～HR19 的 20 个通道，每个通道有 16 位，共有 320 个继电器。保持继电器的使用方法同内部辅助继电器一样，但保持继电器的通道编号必须冠以 HR。

保持继电器具有断电保持功能，其断电保持功能通常有两种用法：其一，当以通道为单位用作数据通道时，断电后再恢复供电时数据不会丢失；其二，以位为单位与 KEEP 指令配合使用或作成自保持电路时，断电后再恢复供电时该位能保持掉电前的状态。

3.2.5　辅助记忆继电器区

辅助记忆继电器区共有 AR00～AR15 的 16 个通道，通道编号前要冠以 AR 字样。该继电器区具有断电保持功能。

AR 区用来存储 PLC 的工作状态信息，如扩展单元连接的台数、断电发生的次数、扫描周期最大值及当前值，以及高速计数器、脉冲输出的工作状态标志、通信出错码、系统设定区域异常标志等，用户可根据其状态了解系统运行状况。表 3.4 所示为辅助记忆继电器的功能。

表 3.4　辅助记忆继电器功能

<table>
<tr><th>通道号</th><th>继电器号</th><th colspan="2">功　能</th></tr>
<tr><td>AR00～AR01</td><td></td><td colspan="2">不可使用</td></tr>
<tr><td rowspan="3">AR02</td><td>00～07</td><td colspan="2">不可使用</td></tr>
<tr><td>08～11</td><td colspan="2">扩展单元连接的台数</td></tr>
<tr><td>12～15</td><td colspan="2">不可使用</td></tr>
<tr><td>AR03～AR07</td><td></td><td colspan="2">不可使用</td></tr>
<tr><td rowspan="4">AR08</td><td>00～07</td><td colspan="2">不可使用</td></tr>
<tr><td>08～11</td><td colspan="2">外部设备通信出错码（BCD 码）
0：正常终了
1：奇偶出错
2：格式出错
3：溢出出错</td></tr>
<tr><td>12</td><td colspan="2">外围设备通信异常时为 ON</td></tr>
<tr><td>13～15</td><td colspan="2">不可使用</td></tr>
<tr><td>AR09</td><td></td><td colspan="2">不可使用</td></tr>
<tr><td>AR10</td><td>00～15</td><td colspan="2">电源断电发生的次数（BCD 码），复位时用外围设备写入 0000</td></tr>
<tr><td rowspan="10">AR11</td><td>00</td><td>1 号比较条件满足时为 ON</td><td rowspan="8">高速计数器进行区域比较时，各编号的条件符合时成为 ON 的继电器</td></tr>
<tr><td>01</td><td>2 号比较条件满足时为 ON</td></tr>
<tr><td>02</td><td>3 号比较条件满足时为 ON</td></tr>
<tr><td>03</td><td>4 号比较条件满足时为 ON</td></tr>
<tr><td>04</td><td>5 号比较条件满足时为 ON</td></tr>
<tr><td>05</td><td>6 号比较条件满足时为 ON</td></tr>
<tr><td>06</td><td>7 号比较条件满足时为 ON</td></tr>
<tr><td>07</td><td>8 号比较条件满足时为 ON</td></tr>
<tr><td>08～14</td><td>不可使用</td><td rowspan="2"></td></tr>
<tr><td>15</td><td>脉冲输出状态
0：停止中
1：输出中</td></tr>
<tr><td>AR12</td><td></td><td colspan="2">不可使用</td></tr>
<tr><td rowspan="7">AR13</td><td>00</td><td colspan="2">DM6600～6614（电源为 ON 时读出的 PLC 系统设定区域）中有异常时为 ON</td></tr>
<tr><td>01</td><td colspan="2">DM6615～6644（运行开始时读出的 PLC 系统设定区域）中有异常时为 ON</td></tr>
<tr><td>02</td><td colspan="2">DM6645～6655（经常读出的 PLC 系统设定区域）中有异常时为 ON</td></tr>
<tr><td>03～04</td><td colspan="2">不可使用</td></tr>
<tr><td>05</td><td colspan="2">在 DM6619 中设定的扫描时间比实际扫描时间大的时候为 ON</td></tr>
<tr><td>06～07</td><td colspan="2">不可使用</td></tr>
<tr><td>08</td><td colspan="2">在用户存储器（程序区域）范围以外存在有继电器区域时为 ON</td></tr>
</table>

续表

通道号	继电器号	功　能
AR13	09	高速存储器发生异常时为 ON
	10	固定 DM 区域（DM6144～6599）发生累加和校验出错时为 ON
	11	PLC 系统设定区域发生累加和校验出错时为 ON
	12	在用户存储器（程序区）发生累加和校验出错、执行不正确指令时为 ON
	13～15	不可使用
AR14	00～15	扫描周期最大值（BCD 码 4 位）（×0.1ms） 运行开始以后存入的最大扫描周期 运行停止时不复位，但运行开始时被复位
AR15	00～15	扫描周期当前值（BCD 码 4 位）（×0.1ms） 运行中最新的扫描周期被存入 运行停止时不复位，但运行开始时被复位

3.2.6　链接继电器区

链接继电器区共有编号为 LR00～LR15 的 16 个通道，通道编号前要冠以 LR 字样。

当 CPM1A 与本系列 PLC 之间，与 CQM1、CPM1、SRM1 以及 C200HS、C200HX/HG/HE 之间进行 1∶1 链接时，要使用链接继电器与对方交换数据。在不进行 1∶1 链接时，链接继电器可作内部辅助继电器使用。

3.2.7　定时器/计数器区

该区总共有 128 个定时器/计数器，编号范围为 000～127。定时器、计数器又各分为两种，即普通定时器 TIM 和高速定时器 TIMH，普通计数器 CNT 和可逆计数器 CNTR。

定时器/计数器统一编号（称为 TC 号），一个 TC 号既可分配给定时器，又可分配给计数器，但所有定时器或计数器的 TC 号不能重复。例如，000 已分配给普通定时器，则其他的普通定时器、高速定时器、普通计数器、可逆计数器便不能再使用 TC 号 000。

定时器无断电保持功能，电源断电时定时器复位。计数器有断电保持功能。

3.2.8　数据存储区

数据存储区用来存储数据。该区共有 1536 个通道，每个通道 16 个位。通道编号用 4 位数且冠以 DM 字样，其编号为 DM0000～DM1023、DM6144～DM6655。对数据存储区的几点说明如下。

① 数据存储器区只能以通道为单位使用，不能以位为单位使用。

② DM0000～DM0999、DM1022～DM1023 为程序可读写区，用户程序可自由读写其内容。在编写用户程序时，这个区域经常使用，要记住这些编号范围。

③ DM1000～DM1021 主要用作故障履历存储器（记录有关故障信息），如果不用作故障履历存储器，也可作普通数据存储器使用。是否作为故障履历存储器由 DM6655 的 00～03 位来设定。

④ DM6144～DM6599 为只读存储区，用户程序可以读出但不能用程序改写其内容，利

用编程器可预先写入数据内容。

⑤ DM6600～DM6655 称为系统设定区，用来设定各种系统参数。通道中的数据不能用程序写入，只能用编程器写入。DM6600～DM6614 仅在编程模式的时候设定，DM6615～DM6655 可在编程模式或监控模式的时候设定。

⑥ 数据存储器区 DM 有掉电保持功能。

在 DM 区开辟了一块系统设定区域，其功能如表 3.5 所示。系统设定区域的内容反应 PLC 的某些状态，可以在下述时间定时读出其内容。

- DM6600～DM6614：当电源为 ON 时，仅一次读出。
- DM6615～DM6644：运行开始时（执行程序），仅一次读出。
- DM6645～DM6655：当电源为 ON 时，经常被读出。

若系统设定区域的设定内容有错，则在该区的定时读出时会产生运行出错（故障码 9B）信息，此时反应设定通道有错的辅助记忆继电器 AR1300～AR1302 将为 ON。对于有错误的设定只有用初始化来处理。

表 3.5　　系统设定区的功能

通道号	位	功能	默认值	定时读出
DM6600	00～07	电源为 ON 时 PLC 的工作模式 00：编程　01：监控　02：运行	根据编程器的模式设定开关	电源为 ON 时
	08～15	电源为 ON 时工作模式设定 00：编程器的模式设定开关 01：电源断电之前的模式 02：用 00～07 位指定的模式		
DM6601	00～07	不可使用		
	08～11	电源为 ON 时 IO M 保持标志，保持/非保持设定 0：非保持　1：保持	非保持	
	12～15	电源为 ON 时 S/R 保持标志，保持/非保持设定 0：非保持　1：保持		
DM6602	00～03	用户程序存储器可写/不可写设定 0：可写 1：不可写（除 DM6602）	可写	
	04～07	编程器的信息显示用英文/用日文设定 0：用英文 1：用日文	英文	
	08～15	不可使用		
DM6603～6614		不可使用		
DM6615～6616		不可使用		运行开始时
DM6617	00～07	外部设备通信端口服务时间的设定 对扫描周期而言，服务时间的比率可在 0%～99%之间（用 BCD 2 位）指定	无效	

续表

通道号	位	功能	默认值	定时读出
DM6617	08～15	外部设备通信端口服务时间设定的有效/无效设定 00：无效（固定为扫描周期的5%） 01：有效（用00～07位指定）	无效	
DM6618	00～07	扫描监视时间的设定 设定值范围为00～99（BCD码），时间单位用08～15位设定		
	08～15	扫描周期监视有效/无效设定 00：无效（120ms固定） 01：有效、单位时间10ms 02：有效、单位时间100ms 03：有效、单位时间1s 监视时间＝设定值×单位时间	120ms固定	
DM6619		扫描周期可变/不可变设定 0000：可变 0001～9999：不可变，为固定时间（单位为ms）	扫描时间可变	
DM6620	00～03	00000～00002的输入滤波器时间常数设定	0：默认值（8ms） 1：1ms 2：2ms 3：4ms 4：8ms 5：16ms 6：32ms 7：64ms 8：128ms	运行开始时
	04～07	00003～00004的输入滤波器时间常数设定		
	08～11	00005～00006的输入滤波器时间常数设定		
	12～15	00007～00011的输入滤波器时间常数设定		
DM6621	00～07	001CH的输入滤波器时间常数设定	0：默认值（8ms）	
	08～15	002CH的输入滤波器时间常数设定		
DM6622	00～07	003CH的输入滤波器时间常数设定		
	08～15	004CH的输入滤波器时间常数设定		
DM6623	00～07	005CH的输入滤波器时间常数设定		
	08～15	006CH的输入滤波器时间常数设定		
DM6624	00～07	007CH的输入滤波器时间常数设定		
	08～15	008CH的输入滤波器时间常数设定		
DM6625	00～07	009CH的输入滤波器时间常数设定		
	08～15	不可使用		
DM6626～6627		不可使用		
DM6628	00～03	输入号00003的中断输入设定	0：通常输入 1：中断输入 2：快速输入 通常输入	
	04～07	输入号00004的中断输入设定		
	08～11	输入号00005的中断输入设定		
	12～15	输入号00006的中断输入设定		
DM6629～6641		不可使用		
DM6642	00～03	高速计数器模式设定 4：递增计数模式　　0：相位差计数模式	不使用计数器	
	04～07	高速计数器的复位方式设定 0：Z相信号+软件复位　1：软件复位		

续表

<table>
<tr><th>通 道 号</th><th>位</th><th colspan="2">功 能</th><th>默 认 值</th><th>定时读出</th></tr>
<tr><td>DM6642</td><td>08～15</td><td colspan="2">高速计数器使用设定
00：不使用 01：使用</td><td>不使用计数器</td><td rowspan="2">运行开始时</td></tr>
<tr><td>DM6643～6644</td><td></td><td colspan="2">不可使用</td><td></td></tr>
<tr><td>DM6645～6649</td><td></td><td colspan="2">不可使用</td><td></td><td rowspan="4">电源为 ON 时经常读出</td></tr>
<tr><td rowspan="3">DM6650</td><td>00～07</td><td>上位链接总线</td><td>外围设备通信端口通信条件标准格式设定
00：标准设定 启动位：1 位
字 长：7 位
奇偶校：偶
停止位：2 位
比 特 率 ：9600bit/s
01：个别设定 DM6651 的设定
其他：系统设定异常 （AR1302 为 ON）</td><td rowspan="3">外围设备通信端口设定为上位链接</td></tr>
<tr><td>08～11</td><td>1∶1 链接（主动方）</td><td>外围设备通信端口 1∶1 链接区域设定
0：LR00～LR15</td></tr>
<tr><td>12～15</td><td>全模式</td><td>外围设备通信端口使用模式设定
0：上位链接
2：1∶1 链接从动方
3：1∶1 链接主动方
4：NT 链接
其他：系统设定异常 （AR1302 为 ON）</td></tr>
<tr><td rowspan="2">DM6651</td><td>00～07</td><td>上位链接</td><td>外围设备通信端口比特率设定
00：1200 01：2400 02：4800
03：9600 04：19200（可选）</td><td rowspan="2"></td><td rowspan="2">电源为 ON 时经常读出</td></tr>
<tr><td>08～15</td><td>上位链接</td><td>外围设备通信端口的帧格式设定
启动位 字长 停止位 奇偶校
00： 1 7 1 偶校验
01： 1 7 1 奇校验
02： 1 7 1 无校验
03： 1 7 2 偶校验
04： 1 7 2 奇校验
05： 1 7 2 无校验
06： 1 8 1 偶校验
07： 1 8 1 奇校验
08： 1 8 1 无校验
09： 1 8 2 偶校验
10： 1 8 2 奇校验
11： 1 8 2 无校验
其他：系统设定异常 （AR1302 为 ON）</td></tr>
</table>

续表

通道号	位	功能		默认值	定时读出
DM6652	00～15	上位链接	外围设备通信的发送延时设定 设定值：0000～9999（BCD）、单位 10ms 其他：系统设定异常（AR1302 为 ON）		电源为 ON 时经常读出
DM6653	00～07	上位链接	外围设备通信时，上位 LINK 模式的机号设定 设定值：00～31（BCD） 其他：系统设定异常（AR1302 为 ON）		
	08～15	不可使用			
DM6654	00～15	不可使用			
DM6655	00～03	故障履历存入法的设定 0：超过 10 个记录则移位存入 1：存到 10 个记录为止（不移位） 其他：不存入		移位方式	
	04～07	不可使用			
	08～11	扫描周期超出检测。 0：检测 1：不检测		检测	
	12～15	不可使用			

3.3 CPM1A 功能简介

CPM1A 的主要功能简介如下。

1. 丰富的指令系统

CPM1A 具有较丰富的指令系统。除基本逻辑控制指令、定时器/计数器指令、移位寄存器指令外，还有算术运算指令、逻辑运算指令、数据移位指令、数据传送指令、数据比较指令、数据转换指令、高速计数器控制指令、脉冲输出控制指令、中断控制指令、子程序控制指令、步进控制指令、故障诊断指令等。

2. 模拟量设定功能

在主机面板的左上角有两个模拟量设定电位器。用螺丝刀旋转电位器时，可将 0～200（BCD）的数值自动送到特殊辅助继电器区域。模拟量设定电位器 0 的数值存放在 SR250 通道，模拟量设定电位器 1 的数值存放在 SR251 通道。使用模拟量设定电位器可以方便地对系统中某些设定值进行调整。例如，若定时器/计数器的设定值取自 SR250 通道或 SR251 通道的内容，其设定值可以随 SR250 或 SR251 通道的内容而改变。

使用时应注意，模拟设定电位器的设定值可能随环境温度的变化而产生误差，对设定值精度要求很高的场合不要使用。

3. 输入时间常数设定功能

CPM1A 输入电路设有滤波器，可减少外部干扰对其工作可靠性的影响。滤波器时间常数的范围为 1ms/2ms/4ms/8ms/16ms/32ms/64ms/128ms（默认设置为 8ms），可根据需要设置其大小。图 3.5 所示为输入滤波器作用的示意图，τ 为输入滤波器时间常数。由图可见，经过输入滤波后干扰脉冲将被滤掉。

欲修改滤波器的时间常数时，可在系统设置区域的 DM6620～DM6625 中进行设置，如表 3.5 所示。

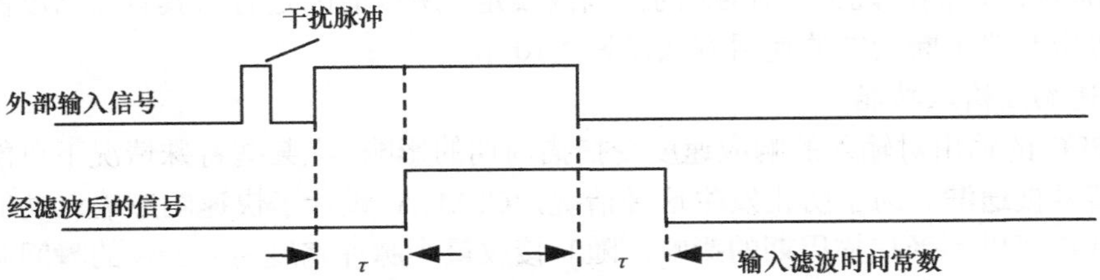

图 3.5 输入滤波的作用示意图

4. 高速计数器功能

CPM1A 有一个高速计数器，包括两种计数模式，即递增计数和相位差计数。在递增计数时，计数脉冲输入端为 00000，计数频率最高为 5kHz；在相位差计数时，计数脉冲输入端为 00000（A 相）和 00001（B 相）、复位输入端为 00002（Z 相），计数频率最高为 3.5kHz。

高速计数器还具有中断控制功能。配合相关的指令，可以实现目标值比较中断或区域比较中断。

使用高速计数器功能时，必须对系统设定区域的 DM6642 进行设置（见表 3.5），否则使用无效。高速计数器的计数及中断功能详见 4.8 节。

5. 外部输入中断功能

外部输入中断功能是解决快速响应问题的措施之一，性能较强的 PLC 一般都有中断功能。在 CPM1A 系列中，10 点 I/O 型主机的 00003、00004 输入点以及 20 点、30 点、40 点 I/O 型主机的 00003～00006 输入点是外部输入中断的输入点。

外部输入中断有两种模式，即输入中断模式和计数器中断模式。

输入中断模式是在输入中断脉冲的上升沿时刻响应中断，停止执行主程序而转去执行中断处理子程序，子程序执行完毕再返回断点处继续执行主程序，如图 3.6（a）所示。

计数器中断模式是对中断输入点的输入脉冲进行高速计数，每输入一定脉冲数时就产生一次中断，停止执行主程序而转去执行中断处理子程序，子程序执行完毕再返回断点处继续执行主程序，如图 3.6（b）所示。计数次数可在 0～65 535（0～FFFF）范围内设定，计数频率最高为 1kHz。

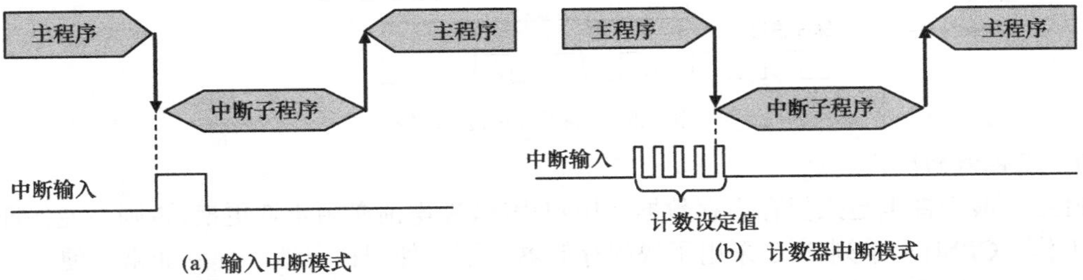

图 3.6 外部输入中断

在使用外部输入中断功能时，必须对系统设定区域的 DM6628 进行设定（见表 3.5），否则使用无效。外部输入中断功能的详细使用方法详见 4.10 节。

6. 间隔定时器中断功能

CPM1A 有一个间隔定时器，具有两种模式的中断功能：其一，当间隔定时器达到设定的时间时产生一次中断，立即停止执行主程序而转去执行中断子程序，称为单次中断模式；其二，每隔一段时间（即设定时间）就产生一次中断，称为重复中断模式。间隔定时时间可在 0.5～319 968 ms（时间间隔为 0.1ms）的范围内设定，所以间隔定时器具有高精度的中断处理功能。间隔定时器中断功能的使用方法详见 4.10 节。

7. 快速响应输入功能

由于 PLC 的输出对输入的响应速度受扫描周期的影响，在某些特殊情况下可能使一些瞬间的输入信号被遗漏。为了防止发生这种情况，CPM1A 设计了快速响应输入功能。有了这个功能，PLC 可以不受扫描周期的影响，随时接收最小脉冲宽度为 0.2ms 的瞬间脉冲。快速响应的输入点内部具有缓冲，可将瞬间脉冲记忆下来并在规定的时间响应。

快速响应输入功能的作用如图 3.7 所示。

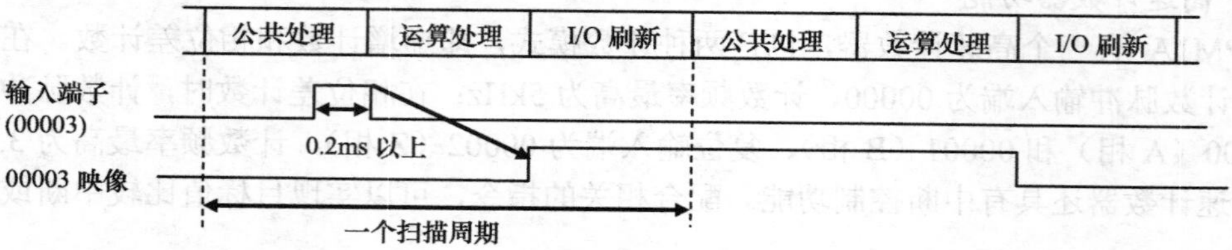

图 3.7　快速响应输入功能的作用

CPM1A 的外部中断输入点也是快速响应输入点。在使用快速响应输入功能时，应对系统设置区域的 DM6628 进行设定，否则使用无效。

8. 脉冲输出功能

CPM1A 系列晶体管型 PLC 能输出频率为 20Hz～2kHz、占空比为 1∶1 的单相脉冲，输出点为 01000 或 01001（两个点不能同时输出）。输出脉冲的数目、频率分别由 PULS、SPED 指令控制。图 3.8 所示为利用 CPM1A 的脉冲输出功能，配合步进电机的驱动电源实现步进电机的速度和位置控制的例子。脉冲输出功能的使用方法详见 4.9 节。

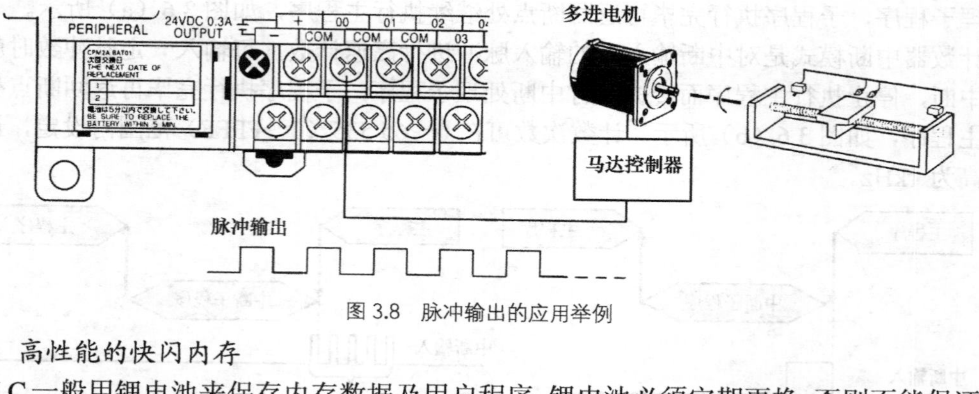

图 3.8　脉冲输出的应用举例

9. 高性能的快闪内存

PLC 一般用锂电池来保存内存数据及用户程序，锂电池必须定期更换，否则不能保证 PLC 正常工作。CPM1A 系列 PLC 采用了快闪存储器，不必使用锂电池，使用非常方便。

10. 较强的通信功能

CPM1A 具有较强的通信功能。配合适当的通信适配器，可与个人计算机连接实现 HOST Link 通信；可与本公司的可编程终端 PT 连接进行 NT Link 通信；CPM1A 系列 PLC 之间，

CPM1A 与 CQM1、CPM1、SRM1 或 C200HX/HE/HG/HS 之间可进行 PLC Link 通信；CPM1A 还可以通过连接 CompoBus/S I/O 链接单元加入 CompoBus/S 网等。

在使用 CPM1A 的通信功能时，应在系统设定区进行 PLC 设定（见表 3.5）。

下面简要介绍 CPM1A 在各种通信方式时，PLC 与外部设备的连接方法以及各种通信方式时的主要功能。

（1）HOST Link 通信

图 3.9（a）所示为一台 CPM1A 与一台上位计算机进行 1∶1 HOST Link 通信时的连接方法。上位计算机发出指令信息给 PLC，PLC 返回响应信息给上位计算机。上位计算机可以监视 PLC 的工作状态。例如，可跟踪监测、进行故障报警、采集 PLC 控制系统中的某些数据等。另外，还可以在线修改 PLC 的某些设定值和当前值，改写 PLC 的用户程序等。

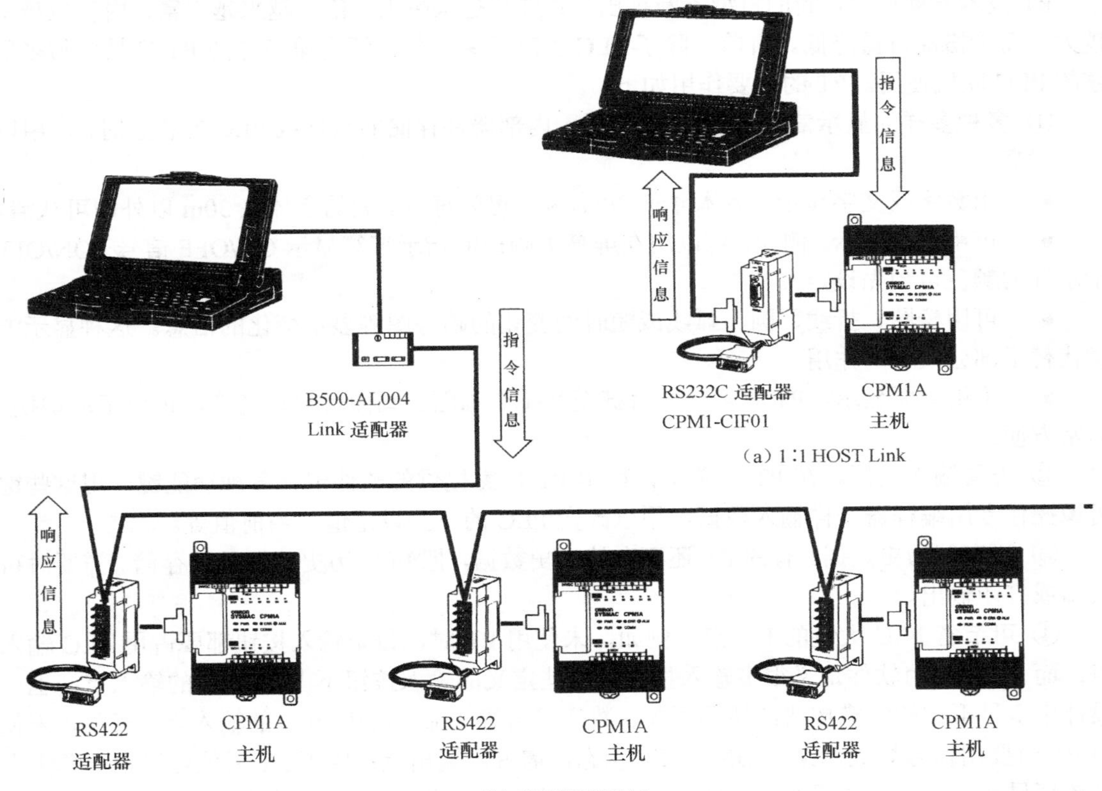

（a）1∶1 HOST Link

（b）1∶*N* HOST Link

图 3.9　HOST Link 通信

CPM1A 的主机没有 RS232C 串行通信端口，它是通过外部设备端口与上位机进行通信。因此，在 1∶1 HOST Link 通信方式下，CPM1A 需配置 RS232C 通信适配器 CPM1-CIF01（其模式开关设置在“HOST”）才能使用。

图 3.9（b）所示为多台 PLC 与一台上位计算机进行 1∶*N* HOST Link 通信的连接方法，一台上位计算机最多可以连接 32 台 PLC。利用 1∶*N* HOST Link 通信方式，可以用一台上位计算机监控多台 PLC 的工作状态，实现集散控制。

在 1∶*N* HOST Link 通信方式时，上位计算机要通过适配器 B500-AL004 与 CPM1A 连接，每台 CPM1A 主机要在外部设备端口配一个 RS422 适配器。

（2）NT Link通信

CPM1A 与本公司的可编程终端PT连接称为NT Link通信。图3.10所示为一台CPM1A通过RS232C通信适配器（CPM1-CIF01）与OMRON的可编程终端PT进行1∶1 NT Link通信时的连接方法。

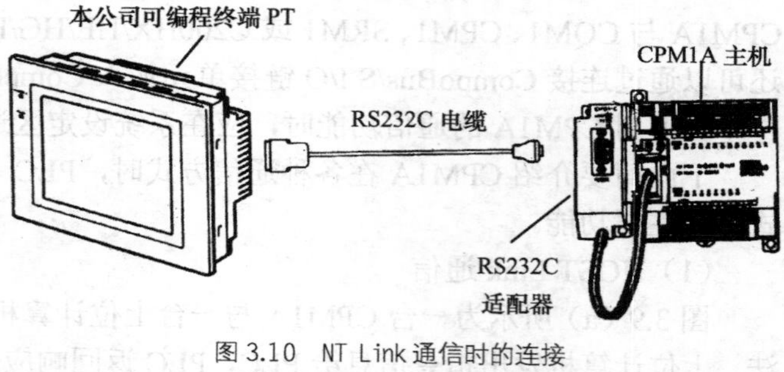

图3.10　NT Link通信时的连接

在专用软件的支持下，PT强大的功能可以得到充分的发挥，可以实时显示PLC的继电器区、数据区的内容及PLC的各种工作状态信息，并对PLC控制系统进行监控。

PT技术发展很快，新的机型不断推出。其屏幕越来越大，色彩越来越丰富，内存也越来越大，而价格却日益降低。目前，除了PLC生产厂家之外，还有第三方的PT产品可与多厂家的PLC联机使用。PT的主要作用如下。

① 多种多样的显示信息方式。用PT显示内部器件存储的数据或PLC的状态时，可用以下方式显示。

- 用数字或文字显示。字体可变，可加粗、可闪烁等。大的字体在30m以外即可认清。
- 可用图形显示。例如，可以用在屏幕上画出的指示灯等显示ON/OFF信号（ON/OFF指示灯的颜色可预先设定）。
- 可用棒图、折线、圆、弧线或随时间变化的趋势图等显示变化的信息。这种显示方式代替了部分仪表的作用。
- 可用画面显示。PT有多达几百甚至几千个画面。画面可自动切换，也可手动切换，非常方便。

② 方便输入数据。在PT屏幕上，可用PT厂家提供的软件定义各种功能键，用这些键可像操作专用编程器一样输入数据，用以改变PLC的一些设定值、当前值等。

③ 可存储历史数据。有的PT还可存储历史数据，把PLC历史数据予以存储。需要时可读出或打印输出。

④ 可节省PLC大量的I/O点。例如，未使用PT时，每个输入按钮都要占用PLC输入点；而PT允许用软件定义很多输入按钮，这些定义的输入按钮不占用PLC的输入点；也可设计出多种形式的触摸按钮或拨码开关、数字键盘等，都不占用PLC的输入点。又如，未使用PT时要用信号灯显示某些ON、OFF状态，需占用输出点；用了PT后就可以用屏幕上定义的灯显示了，不必占用PLC的输出点。可见用PT可节省PLC大量的I/O点。

⑤ 有利于设备的机电一体化。由于用PT时不仅可少用一些按钮、开关、指示灯等输入/输出设备，还可用图形、棒图、折线或随时间变化的趋势图等显示数据或PLC的状态，免去了不少仪表的设计和安装，这样进一步减小了控制柜的体积，更有利于设备的机电一体化。

⑥ 还有的PLC允许连接多台PT，以便对系统实施多点、异地监控。

使用PT虽看似增加了资金投入，但从PLC的操作调试方便、人机界面好、可节省I/O点、可简化控制柜和仪表等的设计、易实现机电一体化等方面看，都会得到很大回报。

（3）1∶1 PLC Link通信

1∶1 PLC Link通信是两台PLC之间的通信。例如，CPM1A系列PLC之间，CPM1A与CQM1、CPM1、SRM1或C200HX/HE/HG/HS之间都可以进行1∶1 PLC Link通信。在进行

这种通信时，一个 PLC 作为主单元，另一个作为从单元。每台 PLC 都要配置 RS232C 适配器，如图 3.11 所示。

两台 PLC 可利用 LR 区交换数据，实现信息共享。LR 区只有 16 个通道（LR00～LR15）。当 CPM1A 与其他 PLC 进行 1∶1 链接时，只能使用这 16 个通道。

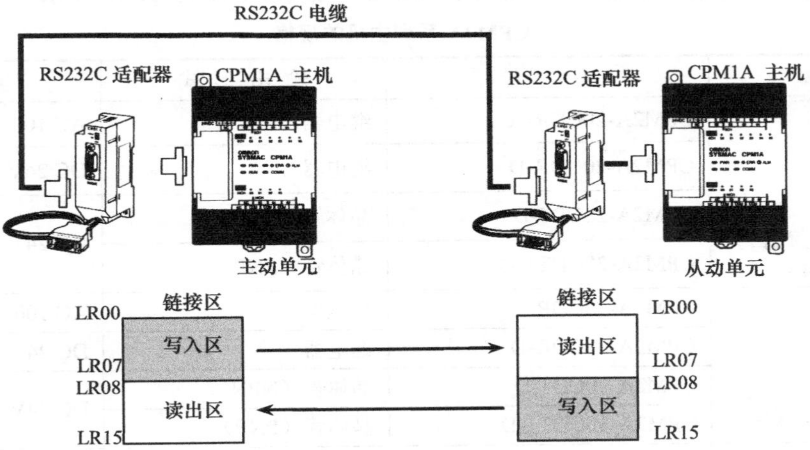

图 3.11　CPM1A 的 1∶1 PC Link

（4）CompoBus/S I/O 链接通信

当连接 CompoBus/S I/O 链接单元（CPM1A-SRT21）后，CPM1A 可作为一个从单元接入 CompoBus/S 网，如图 3.12 所示。该链接单元允许主单元和 CPM1A 之间有 8 点输入和 8 点输出。在 CPM1A 最多能连接的 3 个扩展单元中，其中只能有一个是 CompoBus/S 的 I/O 链接单元。

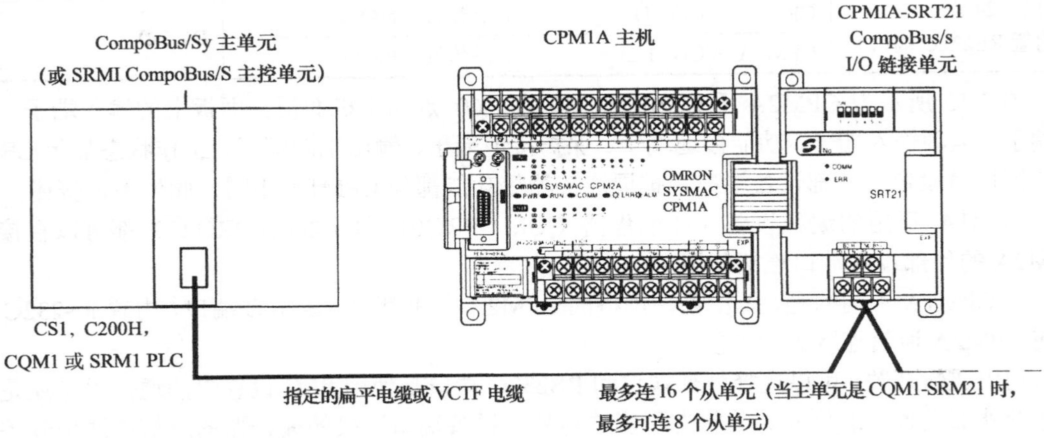

图 3.12　CPM1A 接入 CompoBus/S 网中

3.4　CPM2A 简介

CPM2A 是 CPM1A 的升级产品。CPM2A 在工作速度、功能扩展能力、高速计数器功能、高速脉冲输出控制功能、快速响应功能、通信联网功能等方面都有大幅提升。CPM2A 与 CPM1A 的性能比较见附录 C。

3.4.1 CPM2A 的主机及 I/O 扩展单元

1. CPM2A 的主机

CPM2A 的主机按 I/O 点数分有 20、30、40 和 60 点；按使用电源的类型分有 AC 型和 DC 型；按输出方式分有继电器输出型和晶体管输出型。表 3.6 所示为 CPM2A 系列主机的规格。

表 3.6 CPM2A 系列主机的规格

I/O 点数	型 号	输出形式	电 源
20 点 输入：12 点 输出：8 点 （内置 RS232C 端口）	CPM2A-20CDR-A	继电器	AC 100～240 V
	CPM2A-20CDR-D	继电器	DC 24V
	CPM2A-20CDT-D	晶体管（NPN）	DC 24V
	CPM2A-20CDT1-D	晶体管（PNP）	
30 点 输入：18 点 输出：12 点 （内置 RS232C 端口）	CPM2A-30CDR-A	继电器	AC 100～240 V
	CPM2A-30CDR-D	继电器	DC 24V
	CPM2A-30CDT-D	晶体管（NPN）	DC 24V
	CPM2A-30CDT1-D	晶体管（PNP）	
40 点 输入：24 点 输出：16 点 （内置 RS232C 端口）	CPM2A-40CDR-A	继电器	AC 100～240 V
	CPM2A-40CDR-D	继电器	DC 24V
	CPM2A-40CDT-D	晶体管（NPN）	DC 24V
	CPM2A-40CDT1-D	晶体管（PNP）	
60 点 输入：36 点 输出：24 点 （内置 RS232C 端口）	CPM2A-60CDR-A	继电器	AC 100～240 V
	CPM2A-60CDR-D	继电器	DC 24V
	CPM2A-60CDT-D	晶体管（NPN）	DC 24V
	CPM2A-60CDT1-D	晶体管（PNP）	

图 3.13 所示为 CPM2A 系列 30 点、40 点、60 点的主机面板。面板上的输入端子、输出端子、电源输入端子、功能接地端子、保护接地端子、输出电源端子、工作状态显示 LED、两点模拟量设定、外部设备端口、扩展连接器等功能都与 CPM1A 相同，此处不再赘述。

CPM1A 适用的编程设备（如编程器 CQM1-PRO01 和 C200H-PRO27）都可以直接与 CPM2A 的外部设备端口连接使用。

与 CPM1A 不同的是，无论哪种规格的 CPM2A 主机都有 RS232C 端口。内置 RS232C 端口使 CPM2A 通信连网更为方便。

利用通信开关，可以选择外部端口和 RS232C 端口是使用 PLC 设置中的通信设定还是使用标准外部设备。通信开关的状态不影响与外部设备端口连接的编程器的通信。通信开关的状态如下。

OFF：外部设备端口和 RS232C 端口都按 PLC 设置中的通信设定进行工作。

ON：外部设备端口和 RS232C 端口都按标准通信设定进行工作（上位链接通信、9 600bit/s、1 个起始位、7 位数据、2 个停止位、奇偶校验）。

2. CPM2A 的 I/O 扩展单元

CPM2A 可以使用 CPM1A 所有的 I/O 扩展单元。60 点的 CPM2A 连接 3 个 40 点的 I/O 扩展单元可以配置到 180 个 I/O 点，所以 CPM2A 的 I/O 点可以在 20～180 点之间配置。

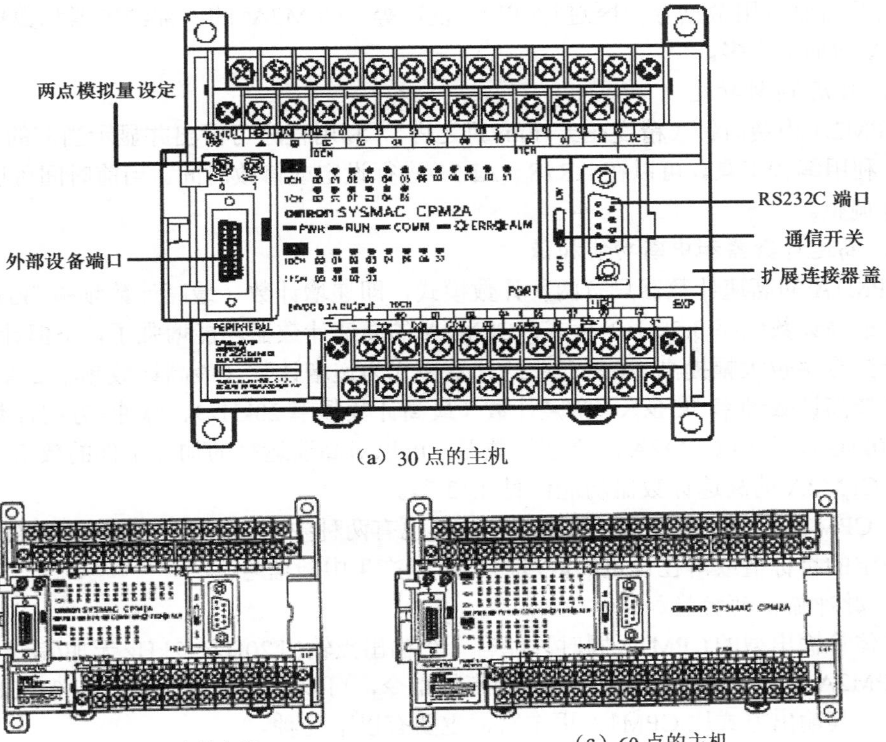

（a）30 点的主机

（b）40 点的主机　　（c）60 点的主机

图 3.13　CPM2A 系列主机的面板

3.4.2　CPM2A 功能简介

CPM2A 兼容 CPM1A 具有的全部功能。例如，CPM2A 可使用 CPM1A 的模拟量 I/O 单元、温度传感器单元等进行功能扩展；可连接模拟量 I/O 单元，并用指令 PID 实现模拟量输入/输出控制；可通过 CompoBus/S I/O 链接单元加入 CompoBus/S 网等。CPM2A 可同时连接不同类型的扩展单元，但与主机连接的扩展单元总数不能超过 3 台，且其中只能有一个是 CompoBus/S I/O 链接单元。由于电源的限制，当一个 NT-AL001 适配器与 RS232C 端口连接时，只能连接一个扩展单元。

CPM2A 有以下几方面性能的提升。

1. 工作速度提升

CPM2A 的工作速度较 CPM1A 大有提高。例如，CPM1A 执行 LD 指令为 1.72μs，执行 MOV 指令为 16.3μs，而 CPM2A 执行 LD 指令为 0.64μs，执行 MOV 指令为 7.8μs。

2. 较丰富的指令系统

CPM2A 的基本指令与 CPM1A 相同，但应用指令增加到 105 种、185 条（见附录 C），加强了 CPM2A 的数据比较、数据转换、数据控制、表格数据操作、高速计数器、脉冲输出控制和通信等功能。另外，CPM2A 进一步丰富了指令 INI、INT、PRV、CTBL、CPED、PULS 的功能（详见 4.13 节），从而加强了 CPM2A 的控制能力。

3. 内部继电器和数据存储区增加

CPM2A 的功能增加了，需要占用许多内部继电器区和数据存储区作状态标志或 PV 值设定，以及需要占用数据存储区进行 PLC 设定等。CPM2A 的内部继电器和数据存储区都比 CPM1A 增加了许多。

4. 日历/时钟功能

CPM2A 内装时钟（精度在±1min/月之内），利用程序可读出并显示当前的年、月、日和时间。利用编程工具，可以在 AR18～AR21 进行设定或修改时间。当前时间可以根据标准报时进行调整。

5. 高速计数器和中断功能加强

CPM1A 的高速计数器只有两种计数模式，即递增计数（最高计数频率 5kHz）和相位差计数（最高计数频率 3.5kHz）模式。CPM2A 的高速计数器功能增强了，不但计数模式增加，而且计数频率也大幅提高。CPM2A 的计数模式为递增计数（最高计数频率 20kHz）、相位差计数（最高计数频率 5kHz）、增/减计数（最高计数频率 20kHz）、脉冲+方向计数（最高计数频率 20kHz）。利用 CPM2A 的高速计数器，可以对高速运行的加工工件的数量、长度等进行测量。CPM2A 的高速计数器功能详见 4.13 节。

与 CPM1A 一样，CPM2A 的高速计数器也有两种中断方式，当高速计数器的计数当前值达到预定的目标值或落在设定的区域时，可以产生中断信号。

6. 脉冲输出的功能加强

晶体管输出型的CPM1A同时只能有一个输出点输出20Hz～2kHz无加/减速的单相脉冲。

CPM2A 通过 PLC 的设定、配合相应的指令，可以由输出点 01000 和 01001 同时输出高速脉冲。其输出方式比 CPM1A 更丰富，主要有以下几种。

① 无加/减速的高速脉冲（10Hz～10kHz，占空比为 50%）。

② 占空比可调的高速脉冲（0.1Hz～999.9kHz，占空比为 0～100%）。

③ 有梯形加/减速变化的高速脉冲（占空比为 50%）。

CPM2A 的高速计数功能配合脉冲输出功能还可以实现同步脉冲控制，即输出脉冲的频率是输入脉冲频率的一定倍数。CPM2A 的脉冲输出功能及应用详见 4.13 节。

7. 更强的高速处理功能

CPM2A 的高速处理功能更强。CPM2A 具有 50μs 的快速响应输入点（也是中断输入点），其扫描速度可达 500 步/ms。图 3.14 所示为应用高速处理功能的例子。图中，利用 CPM2A 检测高速滚动的标签纸上的标签标记。

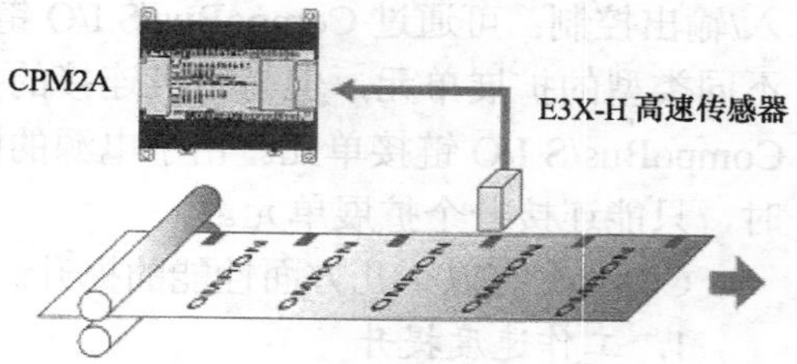

图 3.14 CPM2A 快速响应功能的应用

8. 通信功能增强

与 CPM1A 一样，CPM2A 的外部设备端口也可以用 RS232C 或 RS422 适配器进行转换。但由于 CPM2A 带有 RS232C 端口，使其通信连网更加方便。CPM2A 支持的通信功能有 HOST Link、PLC Link、NT Link 和无协议通信。与 CPM1A 一样，CPM2A 连接 CompoBus/S I/O 链接单元可加入 CompoBus/S 网（可参阅图 3.12，将其中的 CPM1A 换成 CPM2A）。

图 3.15 所示为 CPM2A 实现各种通信功能时与外部设备的连接。

图 3.15（a）所示为一台 PLC 通过 RS232C 端口与上位计算机进行 1∶1 HOST Link 通信；图 3.15（b）所示为一台上位计算机与多台 PLC 进行 1∶*N* HOST Link 通信；图 3.15（c）所示为两台 CPM2A 间进行 1∶1 PLC Link 通信；图 3.15（d）所示为 CPM2A 连接本公司可编

程终端 PT 的 1∶1 NT Link 通信；图 3.15（e）所示为 CPM2A 连接条形码阅读器（也可以连接串行打印机或其他串行设备）的无协议通信。

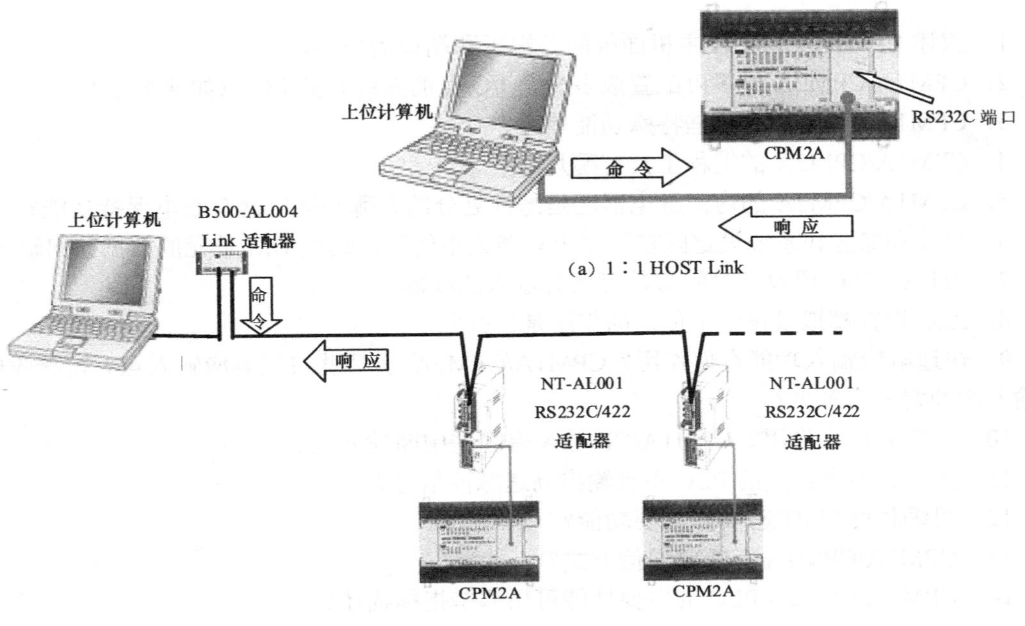

（a）1∶1 HOST Link

（b）1∶N HOST Link

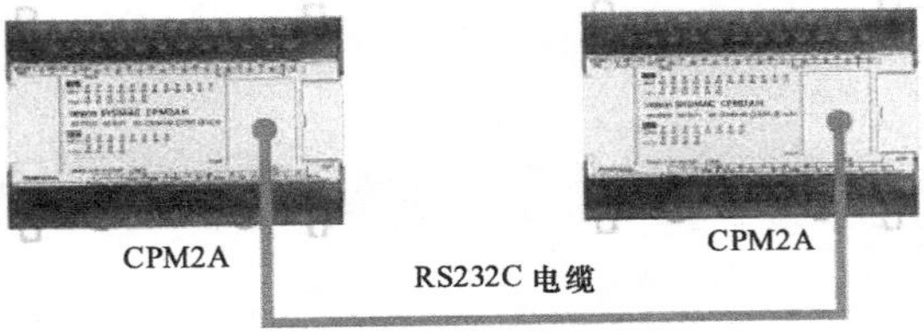

（c）1∶1 PLC Link

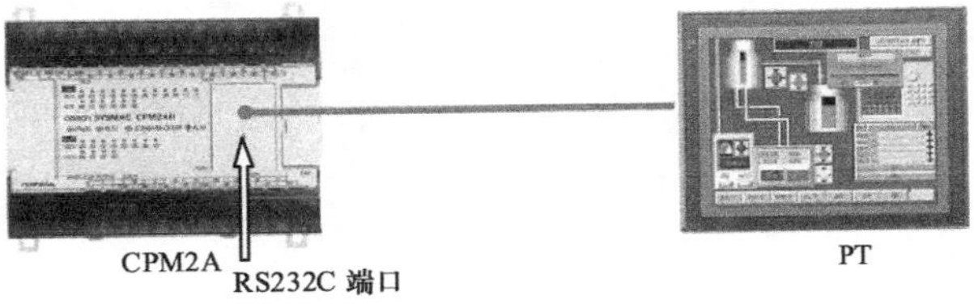

（d）1∶1 NT Link

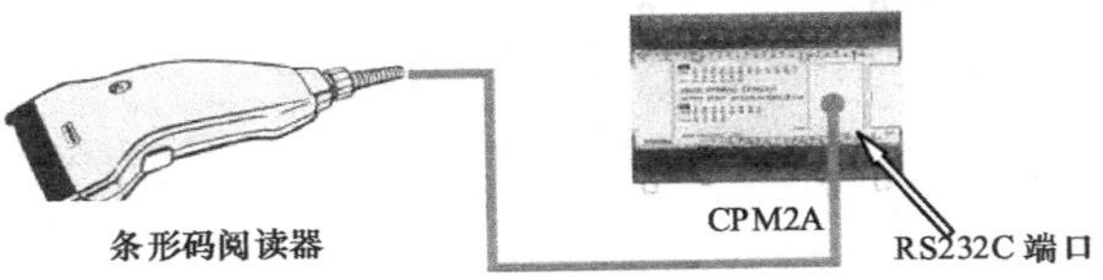

（e）无协议通信

图 3.15　CPM2A 的通信功能

习　题

1．叙述CPM1A/CPM2A主机面板的各端子和端口的作用。

2．CPM1A/CPM2A最多可配置成多少个I/O点的系统？其I/O点如何编号？

3．CPM1A/CPM2A有哪些特殊功能单元？

4．CPM1A/CPM2A的编程工具有哪几种？

5．CPM1A/CPM2A的内部继电器区是怎样划分的？哪些继电器有断电保持功能？

6．只读存储区和系统设定区在程序中只能读不能写，这些DM单元的数据如何输入？

7．为什么PLC要设计时间常数可调的输入滤波器？

8．PLC设置模拟量设定电位器的作用是什么？

9．快速响应输入功能有何作用？CPM1A/CPM2A 有哪些快速响应输入点？可接收的最窄输入脉冲宽度为多少？

10．中断有什么作用？CPM1A/CPM2A有哪些中断输入点？

11．为什么继电器型的PLC不宜输出高速脉冲信号？

12．可编程终端PT有哪些主要功能？

13．CPM1A/CPM2A有哪些通信方式？

14．CPM1A/CPM2A PLC的主要性能可用哪些指标描述？

第4章 PLC的指令系统

PLC是通过程序实现控制的，因此一种机型的指令系统反映了其控制功能的强弱。虽然CPM1A/CPM2A属于小型机，但是指令系统很丰富。在理解指令的含义、掌握其使用方法以后，恰当地利用其丰富的指令，可以发挥PLC强大的控制功能。

本章首先介绍CPM1A/CPM2A共有的指令。限于篇幅，不逐一介绍CPM2A增加的26种指令，在4.13节介绍CPM2A对部分共有指令功能的扩展以及CPM2A部分特有指令的功能。实践证明，掌握一种机型PLC的指令和编程，对学习其他机型的PLC有触类旁通的作用。

4.1 概述

CPM1A/CPM2A指令的表示方式中梯形图和指令语句并重。

1. 指令的分类

按指令功能的不同，可分为基本指令和应用指令两类。基本指令是直接对输入和输出点进行操作的指令，如输入、输出及逻辑“与”、“或”、“非”等操作。应用指令是进行数据传送、数据处理、数据运算、程序控制等操作的指令。应用指令的多少关系到PLC功能的强弱。

2. 指令的格式

指令的格式可以表示为

助记符(指令码)　操作数1
　　　　　　　　操作数2
　　　　　　　　操作数3

（1）助记符表示指令的功能，指明了执行该指令所完成的操作。助记符常用英文或其缩写来表示。对不同生产厂家的PLC，相同功能的指令其助记符可能不同。

（2）指令码是指令的代码，用两位数（00～99）表示。大部分基本指令没有指令码，而应用指令几乎都有指令码。

（3）操作数提供了指令执行的对象或数据。各种指令的操作数个数不同，有的指令不带操作数，有的指令带1个操作数，有的指令带2个或3个操作数。有关操作数的说明如下。

① 操作数可以是继电器号、通道号或常数。为了区别一个操作数是常数还是通道号，在作为操作数的常数前要加前缀#。

例如，计数器指令可表示为

CNT000
　　SV

其中，000 是计数器的编号，SV 是操作数。若 SV=200 时，表明 000 号计数器的设定值是 200 通道中的数据；若 SV=#0200 时，表明计数器的设定值是常数 200。

② 操作数为常数时，可以是十进制或十六进制，这取决于指令的要求。

③ 间接寻址的操作数用*DM××××表示。这种操作数是以 DM××××中的数据为地址的另一个 DM 通道中的数据。DM××××中的内容必须是 BCD 码，并且不得超出 DM 区的范围。

指令的梯形图和语句表之间的对应关系将在以下各节中逐一介绍。

3. 执行指令对标志位的影响

在表 3.3 中，SR 区的 25503～25507 是指令执行结果的标志位，要记住各标志位的含义。有的指令执行后不影响标志位，有的指令执行后可能影响标志位。在下面介绍每一条指令时将说明其执行后是否影响标志位、影响哪些标志位，并指出可能使这些标志位置位的原因。其中，ER（25503）是最常用的标志位，若 25503 为 ON，表示当前执行的程序出错且停止执行程序。

4. 指令的微分、非微分形式

指令分为微分型和非微分型两种形式，CPM1A 系列的应用指令多数兼有这两种形式。微分型指令要在其助记符前加标记@。两种指令的区别是：对非微分型指令，只要其执行条件为 ON，则每个扫描周期都将执行该指令；微分型指令仅在其执行条件由 OFF 变为 ON 的那个扫描周期才执行一次。如果执行条件不发生变化，或者从上一个扫描周期的 ON 变为 OFF，则该指令都不执行。

4.2 基本指令

编写应用程序时，使用频率最高的是基本指令。初学者要从学习这些简单的指令入手，逐步了解其他各种指令的功能和使用方法。

4.2.1 常用的基本指令

有一些基本指令，几乎所有的程序都必须使用。表 4.1 列出了这些常用的基本指令的格式、梯形图符号、操作数的含义及范围、指令功能及执行指令对标志位的影响。

1. LD、LD NOT、AND、AND NOT、OR、OR NOT、OUT、OUT NOT 指令

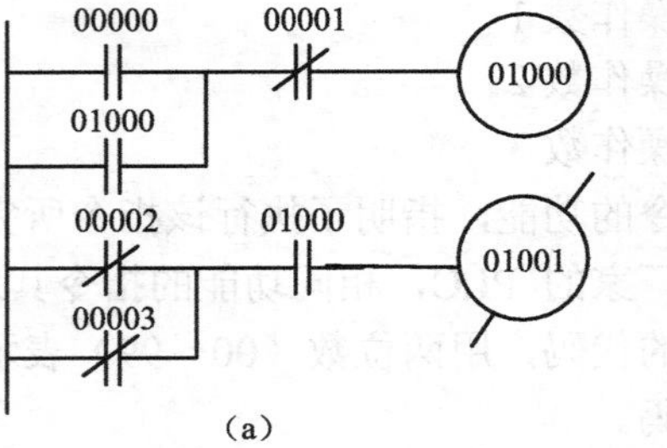

（a）

LD	00000
OR	01000
AND NOT	00001
OUT	01000
LD NOT	00002
OR NOT	00003
AND	01000
OUT NOT	01001

（b）

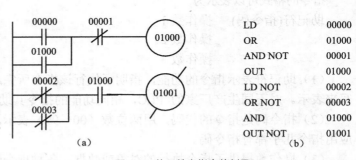

图 4.1 使用基本指令的例子

图 4.1 使用了部分基本指令，其中图（a）是梯形图，图（b）是语句表。

在分析梯形图程序时，常开和常闭触点的状态（ON/OFF）是由对应的继电器的状态来确定的。例如，在图 4.1 中，若 00000 号输入继电器为 ON，则常开触点 00000 为 ON（触点闭合），否则为 OFF；如果 00001 号输入继电器为 ON，则常闭触点 00001 为 OFF（触点断开），否则为 ON。在以后分析程序时，上述原则不再重申。

在图 4.1 中，常开触点 01000 与 00000 并联，是逻辑“或”的关系。两者只要有一个为 ON，则并联结果为 ON。常闭触点 00001 与左面的并联部分相串联，两者是逻辑“与”的关系。常闭触点 00001 与并联部分的结果都为 ON 时串联结果才为 ON，此结果输出到继电器 01000 使之为 ON，否则 01000 为 OFF。常闭触点 00002 与常闭触点 00003 中，只要有一个为 ON 且常开触点 01000 也为 ON 时，则输出继电器 01001 为 OFF，否则 01001 为 ON。显然，OUT NOT 指令是把前面结算的结果取反再送到继电器 01001 中。

表 4.1　　常用的基本指令

格　　式	梯形图符号	操作数的含义及范围	指令功能及执行指令对标志位的影响
LD N	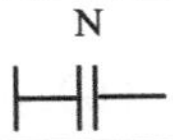	N 的范围是 IR、SR、HR、AR、LR、TC、TR 以位为单位进行操作	常开触点与左侧母线相连接的指令 指令执行结果不影响标志位
LD NOT N			常闭触点与左侧母线相连接的指令 指令执行结果不影响标志位
AND N	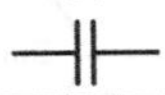	N 的范围是 IR、SR、HR、AR、LR、TC 以位为单位进行操作	常开触点与其他程序段相串联的指令 指令执行结果不影响标志位
AND NOT N			常闭触点与其他程序段相串联的指令 指令执行结果不影响标志位
OR N	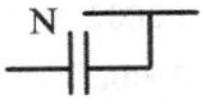		常开触点与其他程序段相并联的指令 指令执行结果不影响标志位
OR NOT N			常闭触点与其他程序段相并联的指令 指令执行结果不影响标志位
OUT N	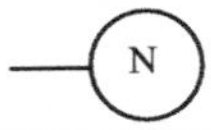	N 的范围是 IR、SR、HR、AR、LR、TC、TR（除了 IR 中已作为输入通道的位） 以位为单位进行操作	把结算结果输出到某个继电器的指令 指令执行结果不影响标志位
OUT NOT N	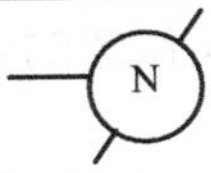		把结算结果求反输出到某个继电器中 指令执行结果不影响标志位
NOP(00)	无	无操作数	空操作指令 该指令不执行任何操作
END(01)			程序结束指令 指令时程序不被执行，且有出错显示 执行 END 指令时影响标志位：ER、CY、GR、EQ、LE 将被置为 OFF

2. END 指令

程序的结尾处一定要安排 END 指令，因为 CPU 扫描到 END 指令时即认为程序到此结束，END 后面的程序一概不执行，并马上返回到程序的起始处再次扫描程序。若程序结束时没有写 END 指令，在程序运行和查错时将显示出错信息“NO END INST”。在调试程序时可以将 END 指令插在各段程序之后，对程序进行分段调试，调试结束时再删除插在中间各段程序之后的 END 指令。

图 4.2 中使用了 END 指令，注意 END 指令的梯形图画法和语句的写法。在图 4.2 中，常闭触点 00003 与上一行并联后再与常开触点 00002 串联而形成一个触点组，00004 与上面的触点组再并联。00004 与上面的触点组两者中有一个为 ON，01002 即为 ON。

3. NOP 指令

NOP 指令常用来修改程序。例如，用 NOP 代替 AND N 语句，可把 AND 语句中的触点 N 短接；用 NOP 代替 OR N 语句，可把 OR 语句中的触点 N 断掉等。但是要注意，用 NOP 修改程序时可能会引起程序出错。例如，用 NOP 代替 OUT N 语句时，将造成该梯级无输出。因此，用 NOP 指令修改后的程序要注意检查。用 NOP 修改部分语句时，其他语句的地址号不变。

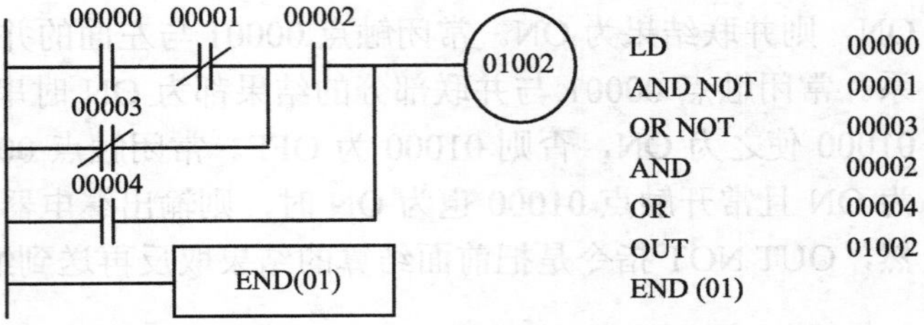

图 4.2　使用 END 指令的例子

图 4.3 所示为使用 NOP 指令的例子。欲将图 4.3（a）变成图 4.3（b）的梯形图，将图 4.3（a）语句表中的 AND 00001 改写成 NOP（00）即可。若欲去掉 LD 00000，不仅要把第 1 条语句改写成 NOP（00），还要将下一条语句 AND 00001 改写成 LD 00001，否则会出现语法错误。

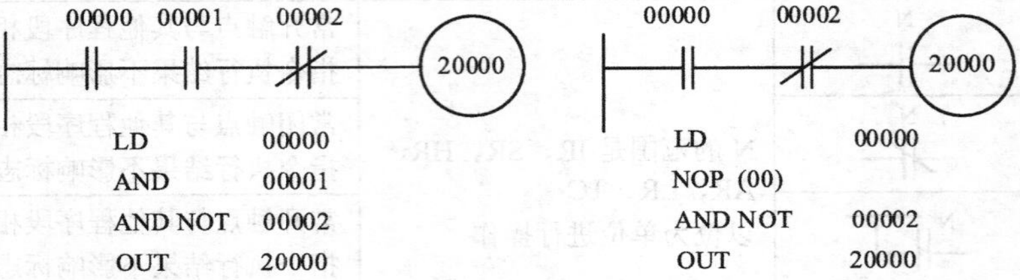

（a）　　　　（b）

图 4.3　使用 NOP 指令的例子

4.2.2　AND LD 和 OR LD 指令

表 4.2 列出了 AND LD 和 OR LD 指令的格式、梯形图符号、操作数的含义及范围、指令功能及执行指令对标志位的影响。

表 4.2　**AND LD 和 OR LD 指令**

格　式	梯形图符号	操作数的含义及范围	指令功能及执行指令对标志位的影响
AND LD	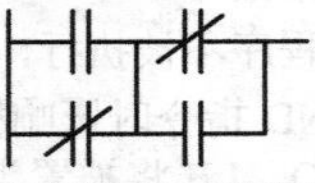	无操作数	并联触点组相串联连接的指令 指令执行结果不影响标志位
OR LD	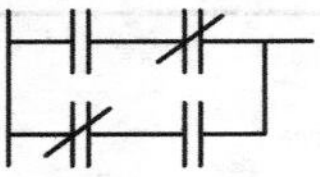		串联触点组相并联连接的指令 指令执行结果不影响标志位

1. AND LD 指令

图 4.4 中有 3 个并联的触点组相串联。使用 AND LD 指令时，语句表有如图 4.4 所示的两种不同的编写方法。方法 2 是把 AND LD 指令集中在一起编写，但方法 2 中 AND LD 指令之前的触点组个数应小于等于 8，而方法 1 对此没有限制。

2. OR LD 指令

图 4.5 所示为 3 个串联的触点组相并联。使用 OR LD 指令时，语句表有如图 4.5 所示的两种不同的编写方法。同样，在方法 2 中 OR LD 指令之前的触点组个数应小于等于 8，而方

法 1 对此没有限制。

方法 1

```
LD        00000
AND       00001
OR NOT    00002
LD        00003
OR        00004
AND LD
LD        00005
OR NOT    00006
AND LD
OUT       20000
```

方法 2

```
LD        00000
AND       00001
OR NOT    00002
LD        00003
OR        00004
LD        00005
OR NOT    00006
AND LD
AND LD
OUT       20000
```

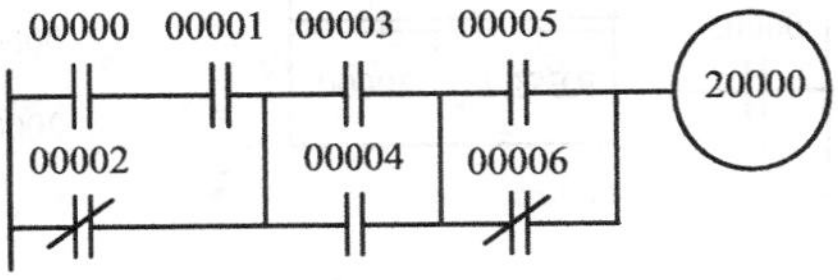

图 4.4 使用 AND LD 的例子

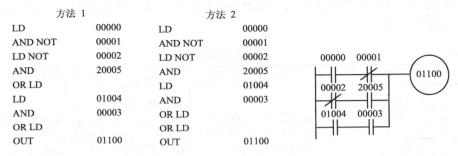

方法 1

```
LD        00000
AND NOT   00001
LD NOT    00002
AND       20005
OR LD
LD        01004
AND       00003
OR LD
OUT       01100
```

方法 2

```
LD        00000
AND NOT   00001
LD NOT    00002
AND       20005
LD        01004
AND       00003
OR LD
OR LD
OUT       01100
```

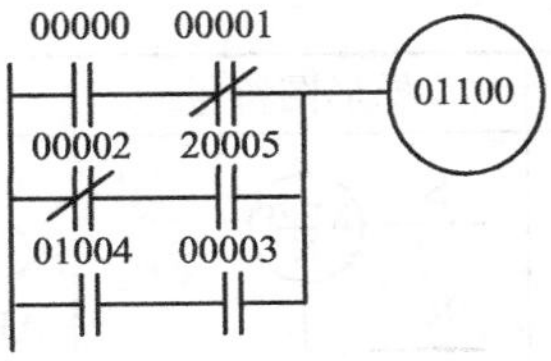

图 4.5 使用 OR LD 指令的例子

4.2.3 SET 和 RESET 指令

SET 和 RESET 指令分别称为置位和复位指令。表 4.3 列出了这两个指令的格式、梯形图符号、操作数的含义及范围、指令功能及执行指令对标志位的影响。

表 4.3　　SET 和 RESET 指令

格　　式	梯形图符号	操作数的含义及范围	指令功能及执行指令对标志位的影响
SET N	─[SET N]	N 的范围是 IR、SR、HR、AR、LR 以位为单位进行操作	当执行条件为 ON 时，将指定的继电器置为 ON 且保持 指令执行结果不影响标志位
RESET N	─[RESET N]		当执行条件为 ON 时，将指定的继电器置为 OFF 且保持 指令执行结果不影响标志位

在简易编程器面板上有这两个指令的对应按键，输入这两个指令时要按以下顺序操作：按“FUN”键→按“SET（或 RESET）”键→按数字键→按“WRITE”键。

SET 和 RESET 指令常成对使用，一般用 SET 指令将某继电器置为 ON，再用 RESET 指令将其置为 OFF。也可以单独用 RESET 指令将已为 ON 的继电器置为 OFF。

SET、RESET 指令的执行条件常使用短信号（脉冲信号）。这两条指令的语句之间可以插入其他指令语句。

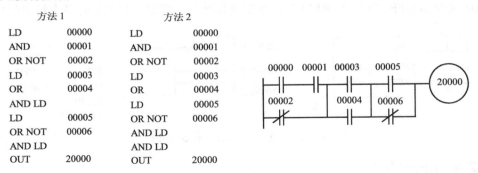

图 4.6 所示为使用这两个指令的例子，其中图（b）是其工作波形。在图 4.6 中，00000 是 SET 指令的执行条件，当 00000 为 ON 时，20000 被置为 ON 并保持，即使 00000 又变为

OFF；00003 是 RESET 指令的执行条件，当 00003 为 ON 时，20000 被置为 OFF 并保持，即使 00003 又变为 OFF。当 SET、RESET 指令的操作数是保持继电器 HR 时具有掉电保持功能。

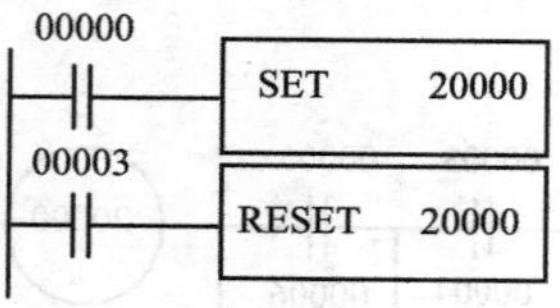

（a）

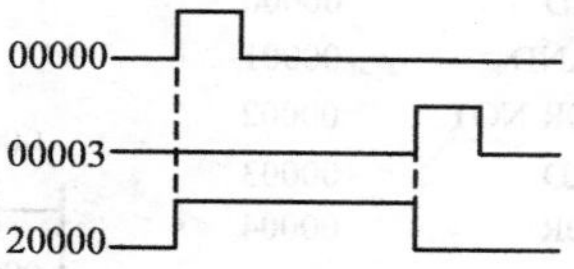

（b）

LD	00000
SET	20000
LD	00003
RESET	20000

（c）

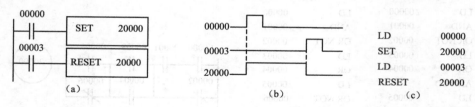

图 4.6　使用 SET 和 RESET 指令的例子

4.2.4　KEEP 指令

表 4.4 列出了 KEEP 指令的格式、梯形图符号、操作数的含义及范围、指令功能及执行指令对标志位的影响。

表 4.4　　**KEEP 指令**

格　式	梯形图符号	操作数的含义及范围	指令功能及执行指令对标志位的影响
KEEP(11)	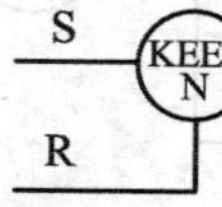 S 为置位端 R 为复位端 S、R 端可用短信号	N 的范围是 IR、SR、HR、AR、LR（除了 IR 中已作为输入通道的位） 以位为单位进行操作	锁存继电器指令 当 S 端输入为 ON 时，继电器 N 被置为 ON 且保持；当 R 端输入为 ON 时，N 被置为 OFF 且保持；当 S、R 端同时为 ON 时，N 为 OFFN 为 HR 区继电器时有掉电保持功能 指令的执行结果不影响标志位

图 4.7 所示为使用 KEEP 指令的例子，注意用该指令编程时语句表的写法。

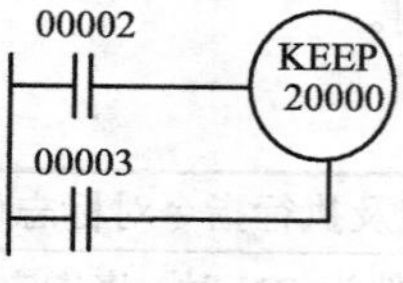

（a）

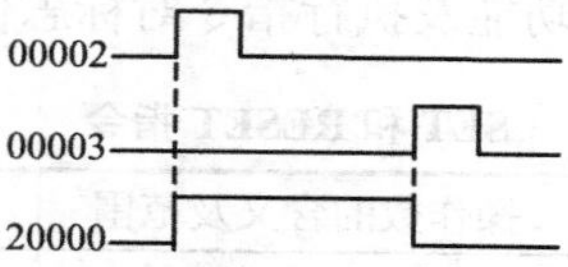

（b）

LD	00002
LD	00003
KEEP (11)	20000

（c）

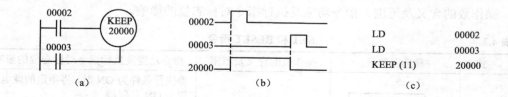

图 4.7　使用 KEEP 指令的例子

在图 4.7 中，00002 是置位端的输入条件，00003 是复位端的输入条件。当 00002 由 OFF 变 ON 时，20000 被置为 ON 并保持，即使 00002 又变为 OFF；当 00003 由 OFF 变为 ON 时，20000 被复位为 OFF 并保持，即使 00003 又变为 OFF。

比较图 4.6（b）和图 4.7（b）的波形可以看出，两个程序对 20000 都具有启保停控制功能。图 4.8 所示也为实现启保停控制的程序。3 幅图的功能相同，区别在于：用 KEEP 指令编程时，需用 3 条语句，当使用保持继电器 HR 作输出时，具有掉电保持的功能；用 SET 和 RESET 指令编程时，需用 4 条语句，但 SET 和 RESET 指令语句之间可插入其他指令，使用比较灵活，当 SET 指令的操作数是保持继电器 HR 时具有掉电保持功能；对于图 4.8，编程时需要 4 条语句，用 OUT 指令输出时无掉电保持功能。

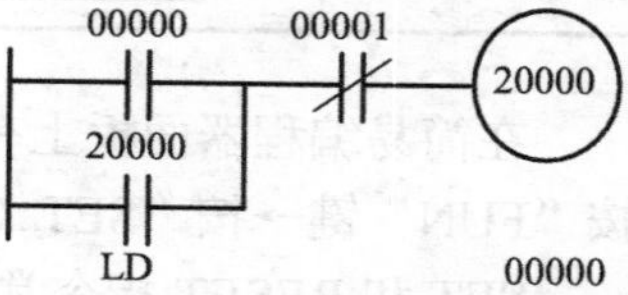

LD	00000
OR	20000
AND NOT	00001
OUT	20000

图 4.8　启保停控制程序

4.2.5 DIFU 和 DIFD 指令

表 4.5 列出了上升沿微分 DIFU 和下降沿微分 DIFD 指令的格式、梯形图符号、操作数的含义及范围、指令功能及执行指令对标志位的影响。

表 4.5 **DIFU 和 DIFD 指令**

格　式	梯形图符号	操作数的含义及范围	指令功能及执行指令对标志位的影响
DIFU(13)　N	DIFU(13)　N	N 的范围是 IR、SR、HR、AR、LR（除了 IR 中已作为输入通道的位） 以位为单位进行操作	当执行条件由 OFF 变为 ON 时，使指定的继电器接通一个扫描周期 指令的执行结果不影响标志位
DIFD(14)　N	DIFD(14)　N		当执行条件由 ON 变为 OFF 时，使指定的继电器接通一个扫描周期 指令的执行结果不影响标志位

使用 DIFU 和 DIFD 指令时要注意：在第 n 次扫描时检测到输入条件为 OFF、第 n+1 次扫描检测到输入条件为 ON 时，DIFU 指令才会被执行。如果开机时的执行条件已为 ON，则 DIFU 指令不执行。同样，开机时的执行条件已为 OFF，则 DIFD 指令也不执行。

图 4.9 使用了 DIFU 和 DIFD 指令，图中 T_S 是扫描周期。在图 4.9 中，00005 是 DIFU 和 DIFD 指令的执行条件。从触点 00005 由 OFF 变为 ON 开始，继电器 20000 只接通一个扫描周期；从触点 00005 由 ON 变为 OFF 开始，保持继电器 HR0000 只接通一个扫描周期。

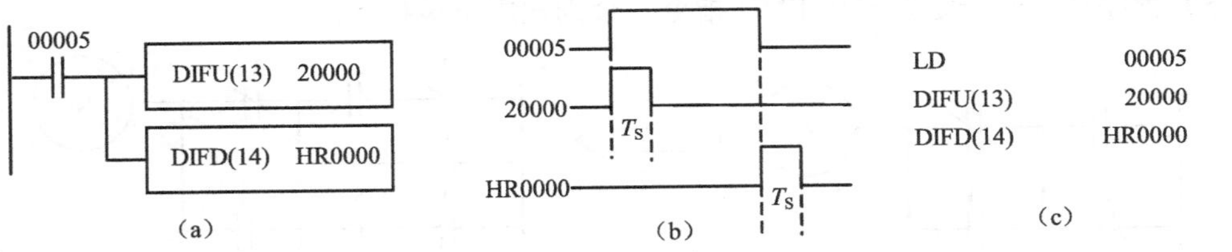

图 4.9　使用 DIFU 和 DIFD 指令的例子

DIFU 和 DIFD 指令常用在下面的几种场合。

（1）利用 DIFU 和 DIFD 指令的操作位作为某指令的执行条件，使某条指令只在该操作位由 OFF 变为 ON 或由 ON 变为 OFF 时执行一次。

（2）利用 DIFU 和 DIFD 指令产生脉冲信号。

4.2.6 基本编程规则和编程方法

掌握了 PLC 的基本编程指令之后，就可以根据控制要求编写简单的应用程序了。为了提高编程质量和编程效率，必须首先了解编写梯形图程序的基本规则和基本编程方法。下面介绍编写梯形图程序的基本编程规则和编程方法。

1. 基本编程规则

（1）梯形图中的每一行都是从左侧母线开始画起，线圈或指令画在最右边，线圈或指令右边只能画右母线（OMRON PLC 梯形图的右母线省略）。

（2）线圈或指令不能直接与左侧母线连接（除极少数没有执行条件的指令，如 END 等）。如果必须时，可以通过特殊辅助继电器 25313（常 ON）的触点连接，如图 4.10 所示。

（3）用 OUT 指令输出时，同一编号的继电器线圈在同一程序中使用两次以上称为双线圈输出。双线圈输出容易引起误动作或逻辑混乱，因此一般要避免出现这种情况。

例如，在图 4.11（a）中，设 00000 为 ON 、00005 为 OFF。由于 PLC 是按扫描方式执行程序的，执行第 1 行时 01000 为 ON，而执行第 2 行时 01000 为 OFF。在 I/O 刷新阶段 01000 的输出状态只能是 OFF。显然前面的输出无效，最后一次输出才是有效的。

又如，在图 4.11（b）中，设 00000 为 ON、00001 为 OFF。在执行第 1 行程序后 01000 为 ON，执行第 2 行后 01001 为 ON，执行第 3 行后 01000 为 OFF。因此，在 I/O 刷新阶段，01001 为 ON，01000 为 OFF。但从第 2 行看，01000 和 01001 的状态应该一致。这就是双线圈输出造成的逻辑混乱。

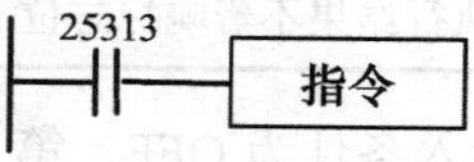

图 4.10　使用 25313 的例子

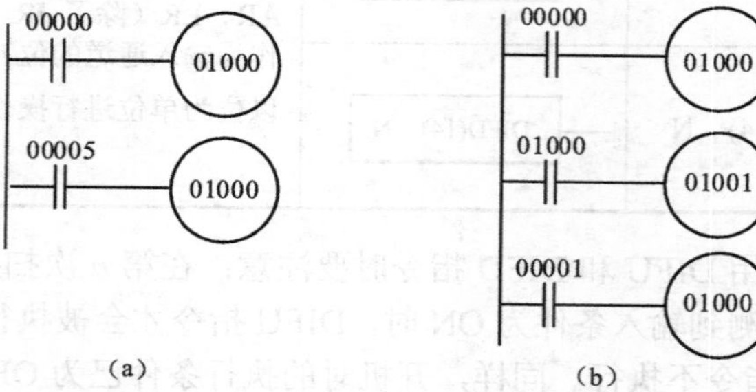

图 4.11　双线圈输出的例子

（4）梯形图必须按照从左到右、从上到下的顺序编写，不允许在两行之间垂直连接触点。如果不符合上述顺序，就要进行转换。图 4.12（a）若转换成图 4.12（b）即符合顺序要求。

（5）程序结束时一定要安排 END 指令，否则程序不被执行。

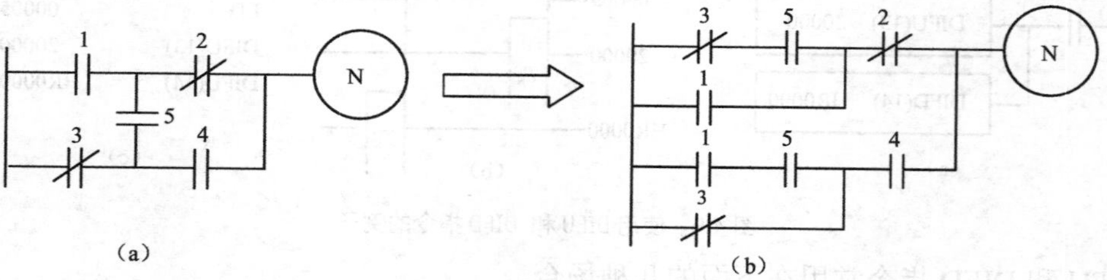

图 4.12　梯形图的顺序转换

2. 基本编程方法

（1）两个或两个以上的线圈或指令可以并联输出，图 4.9 所示就属于这种编程方法。当然，可以把图 4.9 中的 DIFD 或 DIFU 指令换成继电器线圈等。

（2）触点组与单个触点相并联时，应将单个触点放在下面。例如，图 4.13（a）变成图 4.13（b）后，从语句表看出节省了一个 OR LD 语句。

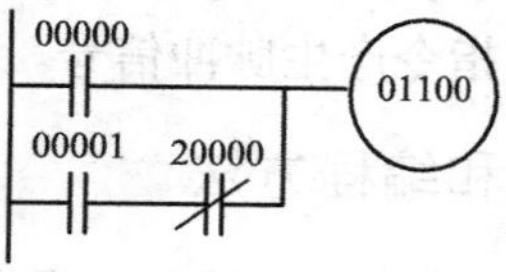

LD	00000
LD	00001
AND NOT	20000
OR LD	
OUT	01100

（a）

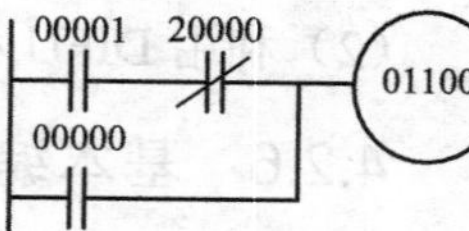

LD	00001
AND NOT	20000
OR	00000
OUT	01100

（b）

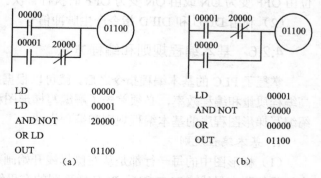

图 4.13　编程方法示例之一

（3）并联触点组与几个触点相串联时，应将并联触点组放在左边。例如，图 4.14（a）变成图 4.14（b）后，从语句表看出节省了一个 AND LD 语句。

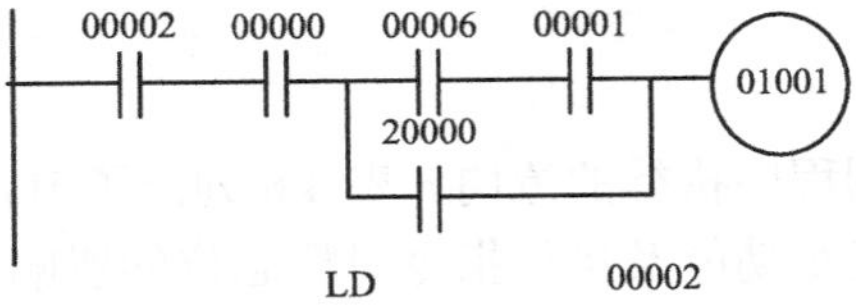

LD	00002
AND	00000
LD	00006
AND	00001
OR	20000
AND LD	
OUT	01001

（a）

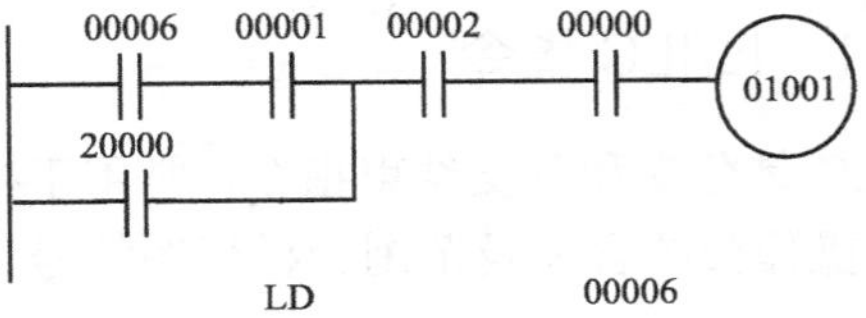

LD	00006
AND	00001
OR	20000
AND	00002
AND	00000
OUT	01001

（b）

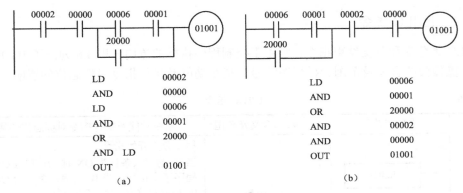

图 4.14　编程方法示例之二

（4）如果一条指令只需在 PLC 上电之初执行一次，可以用 SR 区的 25315 作为其执行条件。由于 25315 只在 PLC 上电后的第 1 个扫描周期处于 ON 状态，因此，以 25315 为执行条件的指令只在上电后的第 1 个扫描周期被执行。这种用法常出现在 PLC 的初始化程序段上。

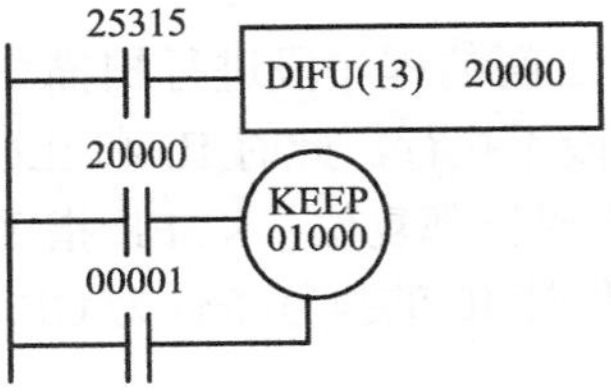

LD	25315
DIFU(13)	20000
LD	20000
LD	00001
KEEP(11)	01000

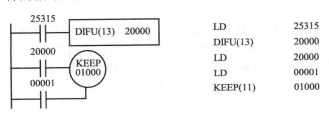

图 4.15　使用 25315 的例子

图 4.15 中，在 PLC 上电后的第 1 个扫描周期，20000 被置为 ON，20000 又作为 KEEP 指令的置位输入条件，从而使 01000 被置为 ON。此后，如果 00001 变为 ON 使 01000 复位，则在 PLC 本次上电期间，01000 不会再被置位。

此例中，可以用 25315 直接作 KEEP 指令的置位条件，之所以使用 DIFU 指令，是为了顺便说明该指令的用法。

（5）有些梯形图难以用 AND LD、OR LD 等基本逻辑指令编写语句表，这时可重新安排梯形图的结构。图 4.16（a）若改画成图 4.16（b）即可使用 OR LD 指令编程。

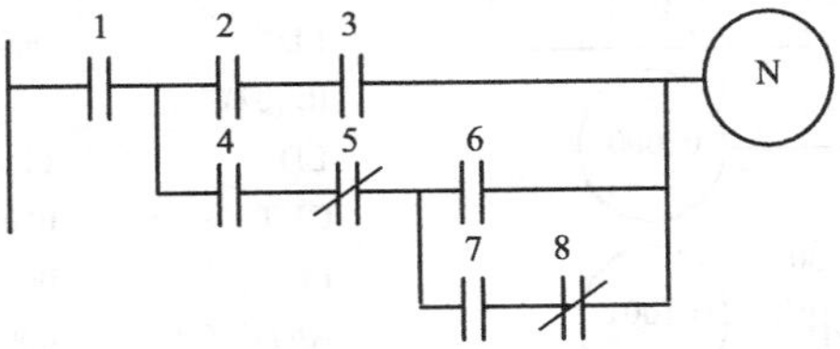

（a）

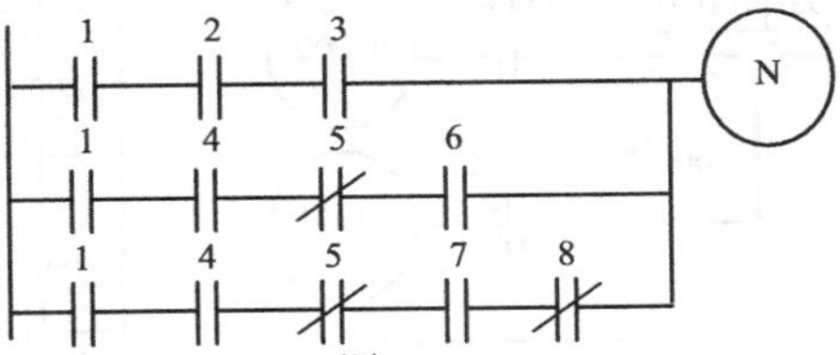

（b）

图 4.16　编程方法示例之三

（6）当某梯级有两个分支时，若其中一条分支从分支点到输出线圈之间无触点，该分支应放在上方，这样可以使语句表的语句更少（详见 4.3 节）。

（7）尽量使用那些操作数少、执行时间短的指令编程，以缩短扫描周期，从而提高 I/O 响应速度。

4.3　常用的应用指令

编写复杂一点的程序离不开应用指令。有些应用指令在编程时使用频率很高，本节先介绍这些应用指令的功能和使用方法。

4.3.1 IL/ILC 指令

IL/ILC 是分支和分支结束指令，常用于控制程序执行的流向。表 4.6 列出了 IL/ILC 指令的格式、操作数的含义及范围、梯形图符号、指令功能及执行指令对标志位的影响。

表 4.6　　IL/ILC 指令

格　式	梯形图符号	操作数的含义及范围	指令功能及执行指令对标志位的影响
IL(02)	IL(02)	无操作数	程序分支开始指令 当 IL 的输入条件为 ON 时，IL 和 ILC 之间的程序正常执行；当 IL 的输入条件为 OFF 时，IL 和 ILC 之间的程序不执行 指令的执行结果不影响标志位
ILC(03)	ILC(03)		程序分支结束指令 指令的执行结果不影响标志位

使用 IL/ILC 指令时应注意以下几点。

（1）不论 IL 的输入条件是 ON 还是 OFF，CPU 都要对 IL/ILC 之间的程序段进行扫描。

（2）如果 IL 的执行条件为 OFF，则位于 IL 和 ILC 之间的程序段不执行，此时 IL 和 ILC 之间各内部器件的状态是：所有 OUT 指令的输出位为 OFF；所有定时器都复位；KEEP 指令的操作位、计数器、移位寄存器以及 SET 和 RESET 指令的操作位都保持 IL 的执行条件为 OFF 以前的状态。

（3）IL 和 ILC 指令可以成对使用，也可以多个 IL 指令配一个 ILC 指令，但不准嵌套使用，如 IL—IL—ILC—ILC。

图 4.17（a）中 A 为分支点，A 右侧有两个分支，且每个分支都有触点控制。这时要使用分支指令编程。图 4.17（a）也可以画成图 4.17（b）的结构，图 4.17（c）是语句表。

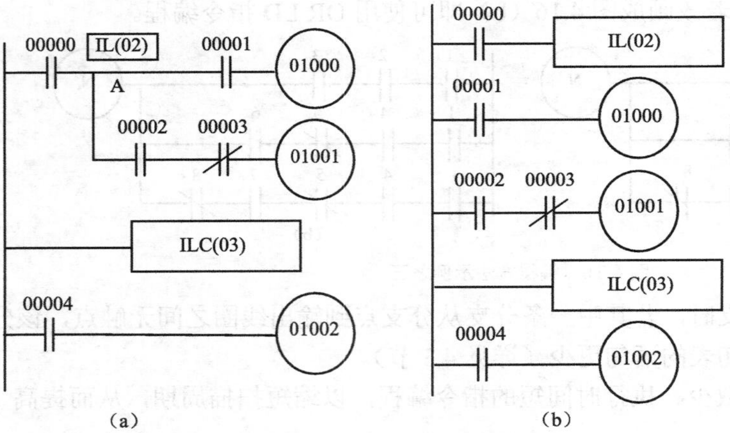

LD	00000
IL (02)	
LD	00001
OUT	01000
LD	00002
AND NOT	00003
OUT	01001
ILC (03)	
LD	00004
OUT	01002

（c）

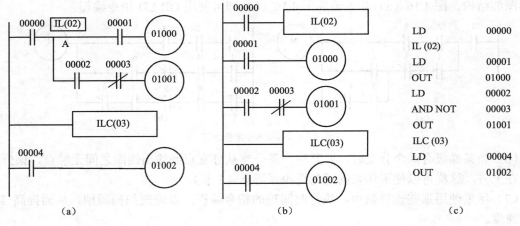

图 4.17　使用 IL/ILC 指令的例子

图 4.17 中，当 00000 为 OFF 时，IL 和 ILC 之间的程序不执行，01000、01001 都处于 OFF 状态。当 00000 为 ON 时，IL 和 ILC 之间的程序执行，01000、01001 的状态取决于各自分支上的控制触点的状态。

在图 4.17 中，若 A 右侧的第 1 分支中没有控制触点 00001，则不必用分支指令编程。但是如果把没有触点控制的分支放在下面，那么也必须用分支指令编程。这就是 4.2.6 小节基本编程方法中（6）指出的问题。

图 4.18（a）中的程序有两次分支，图 4.18（a）也可以画成图 4.18（b）的结构，两图的功能是一样的。图 4.18（c）是语句表。在语句表中，多个 IL 指令只用一个 ILC 指令，在程序检查时会有出错信息显示，但不影响程序的正常执行。

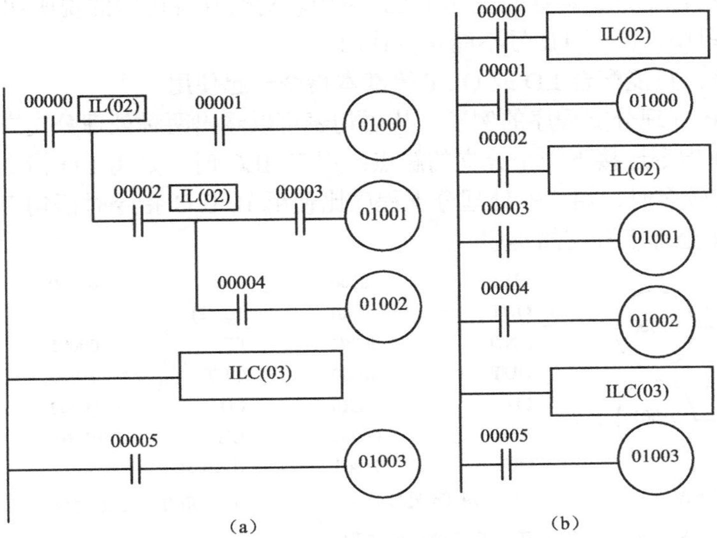

（a）　　（b）

LD	00000
IL (02)	
LD	00001
OUT	01000
LD	00002
IL (02)	
LD	00003
OUT	01001
LD	00004
OUT	01002
ILC (03)	
LD	00005
OUT	01003

（c）

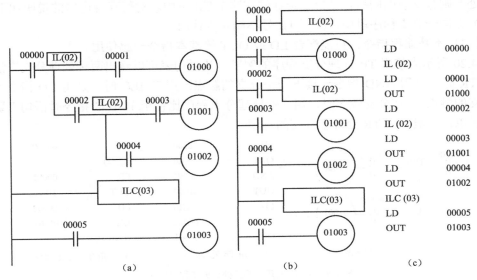

图 4.18　IL/ILC 指令使用方法举例

到此为止已经介绍了多种输出方式，归纳起来可以分为并联输出、连续输出和复合输出 3 种结构。这 3 种输出方式的梯形图结构和语句表如图 4.19 所示，注意各种输出方式语句表的写法。

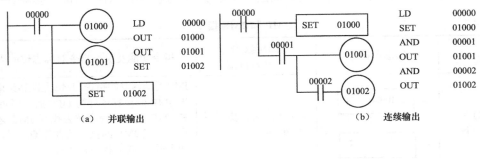

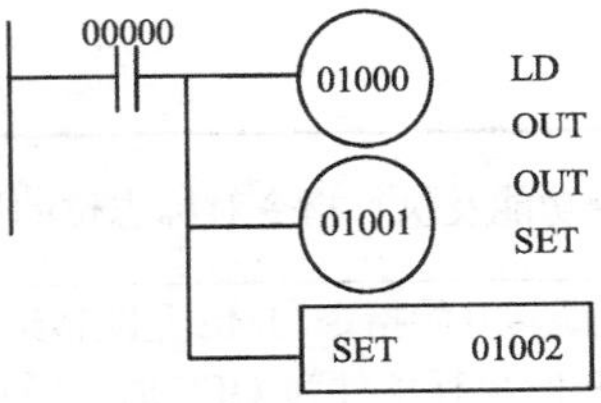

LD	00000
OUT	01000
OUT	01001
SET	01002

（a）　并联输出

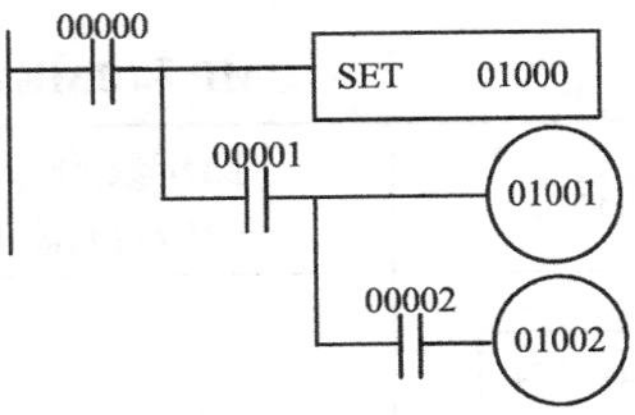

LD	00000
SET	01000
AND	00001
OUT	01001
AND	00002
OUT	01002

（b）　连续输出

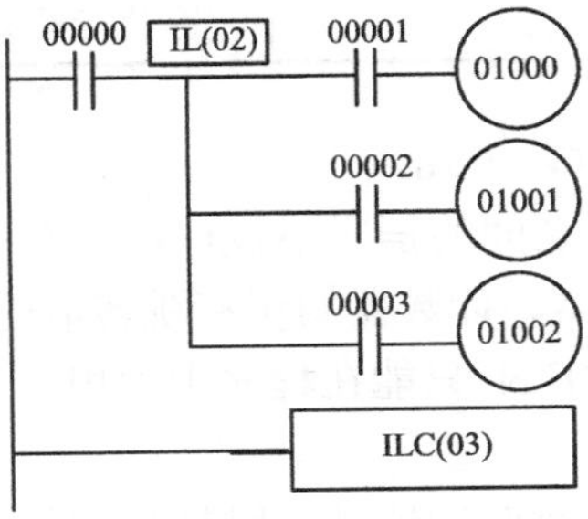

LD	00000
IL(02)	
LD	00001
OUT	01000
LD	00002
OUT	01001
LD	00003
OUT	01002
ILC(03)	

（c）　复合输出

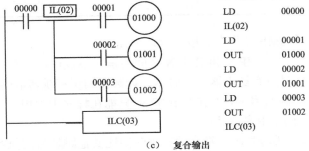

图 4.19　并联输出、连续输出和复合输出的程序结构

4.3.2　用暂存继电器处理分支程序

暂存继电器（TR）可用来暂存当前指令执行的结果，所以处理梯形图的分支还有另外一种方法，即使用 TR。

CPM1A/CPM2A 有编号为 TR0～TR7 的 8 个暂存继电器。如果某个 TR 位被设置在一个分支点处，则分支前面的执行结果就会存储在这个 TR 位中。对暂存继电器的说明如下。

（1）在同一分支程序段中，同一 TR 号不能重复使用。

（2）TR 不是编程指令，只能配合 LD 或 OUT 等基本指令一起使用。

图 4.20 所示为使用 TR 处理分支程序的例子。从语句表可以看出两种处理分支方法的区别：用 TR 时，是用 AND 指令连接下一个分支的触点；用 IL/ILC 时，是用 LD 指令连接下一个分支的触点。 在分支较多时，用 TR 处理分支程序比使用 IL/ILC 指令时语句表要烦琐一些。所以，一般不用 TR 处理多分支的程序。

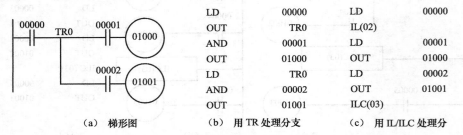

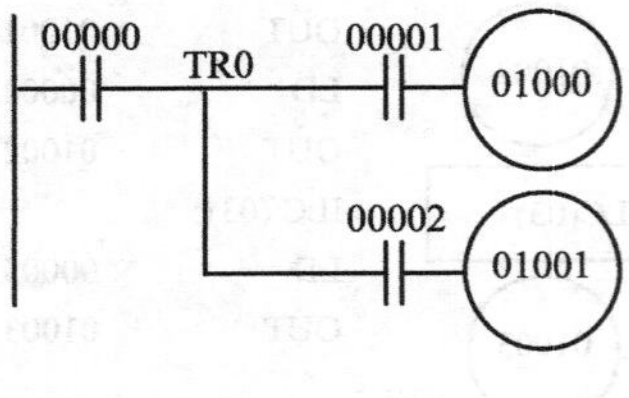

（a） 梯形图

LD	00000
OUT	TR0
AND	00001
OUT	01000
LD	TR0
AND	00002
OUT	01001

（b） 用 TR 处理分支

LD	00000
IL(02)	
LD	00001
OUT	01000
LD	00002
OUT	01001
ILC(03)	

（c） 用 IL/ILC 处理分

图 4.20　用 TR 与用 IL/ILC 处理分支程序的区别

4.3.3　JMP/JME 指令

JMP/JME 是跳转和跳转结束指令，常用于控制程序执行的流向。表 4.7 列出了这对指令的格式、梯形图符号、操作数的含义及范围、指令功能及执行指令对标志位的影响。

表 4.7　　　　**JMP 和 JME 指令**

格　式	梯形图符号	操作数的含义及范围	指令功能及执行指令对标志位的影响
JMP(04) N JME(05) N	JMP(04)　N JME(05)　N	N 为跳转号，其范围为 00～49	JMP 是跳转开始指令，JME 是跳转结束指令 当 JMP 的执行条件为 OFF 时，跳过 JMP 和 JME 之间的程序转去执行 JME 之后的程序；当 JMP 的执行条件为 ON 时，JMP 和 JME 之间的程序被执行 指令执行结果不影响标志位

使用 JMP N 和 JME N 指令时应注意以下几点。

（1）发生跳转时，JMP N 和 JME N 之间的程序不执行，且不占用扫描时间。

（2）发生跳转时所有继电器、定时器、计数器均保持跳转前的状态不变。

（3） 对同一个跳转号 N，JMP N/JME N 只能在程序中使用一次；但当 N 取 00 时，JMP 00/JME 00 可以在程序中多次使用。

（4）以 00 作为跳转号时，指令的执行时间比其他跳转号的执行时间长，因为 CPU 要花时间去寻找下一个 JME 00。

（5）跳转指令可以嵌套使用，但必须是不同跳转号的嵌套，如 JMP 00—JMP 01—JME 01—JME 00 等。

图 4.21 所示为使用跳转指令的例子。00000 是 JMP 00 的执行条件，当 00000 为 OFF 时，JMP 00 到 JME 00 之间的程序不执行，而转去执行 JME 00 之后的程序，这时 01000 和 01100 保持跳转前的状态。例如，若跳转前 01000 为 OFF，则跳转期间也为 OFF，即使 00001 为 ON；当 00000 为 ON 时，JMP 00 到 JME 00 之间的程序才被执行。

与 IL/ILC 指令一样，多个 JMP 可以共用一个 JME，如图 4.22 所示。尽管在进行程序检查时会出现错误信息“JMP—JME ERR”，但程序还会正常执行。

在两段程序切换时，常用到跳转指令。例如，在图 4.23 中，当输入 00000 为 ON 时，执行手动程序而不执行自动程序；当 00000 为 OFF 时，跳过手动程序转去执行自动程序，注意 JMP/JME 的这种用法。

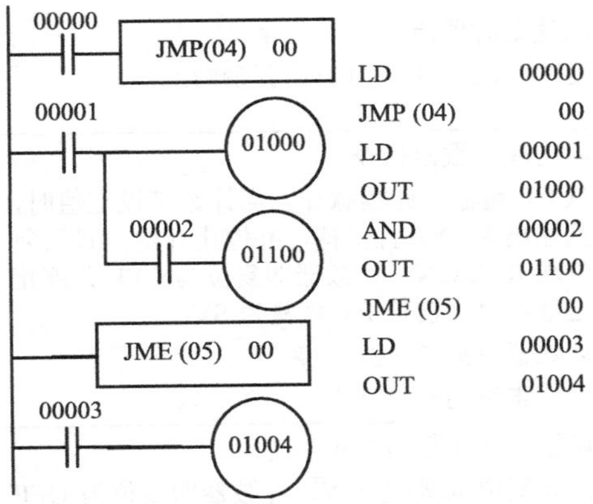

图 4.21 使用 JMP/JME 的例子

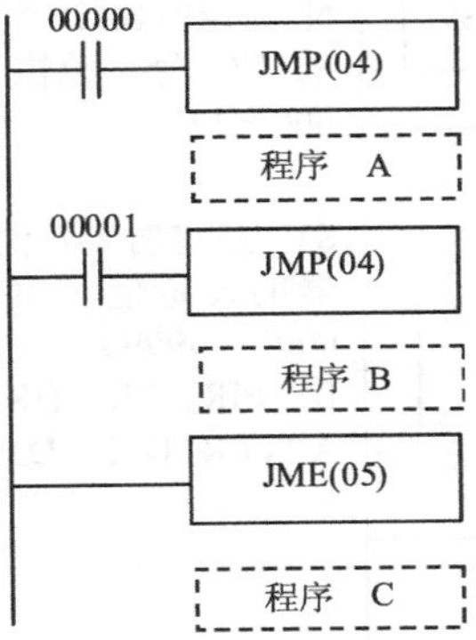

图 4.22 多个 JMP 共用一个 JME

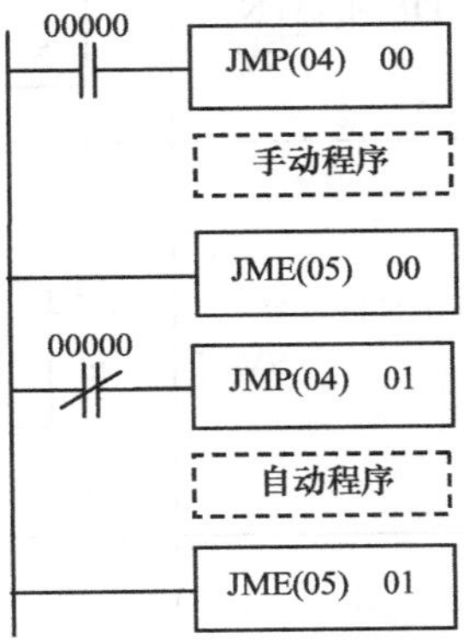

图 4.23 跳转指令的用法

4.3.4 定时器/计数器指令

表 4.8 列出了定时器/计数器指令的格式、梯形图符号、操作数的含义及范围、指令功能及执行指令对标志位的影响。

使用定时器/计数器时应注意以下几点。

（1）定时器和计数器同在一个 TC 区，CPM1A 共用编号 000～127，CPM2A 共用编号 000～255。所以在同一程序中，定时器和计数器的编号不能重复使用。

（2）当 SV 为通道时（通道内数据必须是 BCD 数），改变通道内的数据，其设定值即改变。注意这种用法。

（3）间接寻址 DM 通道不存在，是指以 DM 的内容为地址的通道不存在。

（4）定时器没有掉电保持功能，计数器有掉电保持功能。

（5）当扫描时间 $T_s > 0.1s$ 时，定时器 TIM 会不准确；当 $T_s > 0.01s$ 时，定时器 TIMH 会不准确。

图 4.24 所示为 CNT 的工作波形，图 4.25 所示为 CNTR 加计数和减计数的工作波形。注意观察各种计数器的计数方式、计数器的输出方式、复位时的当前值，并注意 CNTR 的循环计数过程。

表 4.8　　定时器/计数器指令

格　式	梯形图符号	操作数的含义及范围	指令功能及执行指令对标志位的影响
TIM N SV	TIM N SV	N 是定时器/计数器的 TC 号，范围为 000～127 SV 是定时器/计数器的设定值（BCD 0000～9999），其范围为 IR、SR、HR、AR、LR、DM、*DM、#	接通延时 ON 定时器指令 从输入条件为 ON 时开始定时（定时时间为 SV×0.1s）。定时时间到，定时器的输出为 ON 且保持；当输入条件变为 OFF 时，定时器复位，输出变为 OFF，并停止定时，其当前值 PV 恢复为 SV 定时器无掉电保持功能 当 SV 不是 BCD 数或间接寻址 DM 不存在时，25503 为 ON
TIMH(15) N SV	TIMH(15) N SV		高速定时器指令 定时时间为 SV×0.01s，其余同上
CNT　N SV	CP R CNT N SV		单向减计数器指令 从 CP 端输入计数脉冲，当计数满设定值时，其输出为 ON 且保持，并停止计数。只要复位端 R 为 ON，计数器即复位为 OFF 并停止记数，且当前值 PV 恢复为 SV 计数器有掉电保持功能 对标志位的影响同上
CNTR(12) N SV	ACP SCP R CNTR(12) N SV		可逆循环计数器指令 只要复位 R 端为 ON，计数器即复位为 OFF 并停止记数，且不论加计数还是减计数，其 PV 均为 0。从 ACP 端和 SCP 端同时输入计数脉冲则不计数 从 ACP 端输入计数脉冲为加计数；从 SCP 端输入计数脉冲为减计数；加/减计数有进/借位时，输出 ON 一个计数脉冲周期 可逆计数器有掉电保持功能 对标志位的影响同上

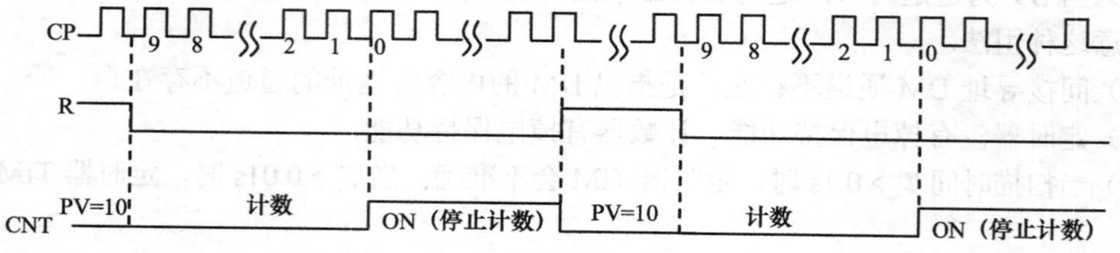

图 4.24　SV=10 CNT 的工作波形

由图 4.25 可知，用可逆计数器 CNTR 计数时，每个循环内计数的实际值比设定值多 1。

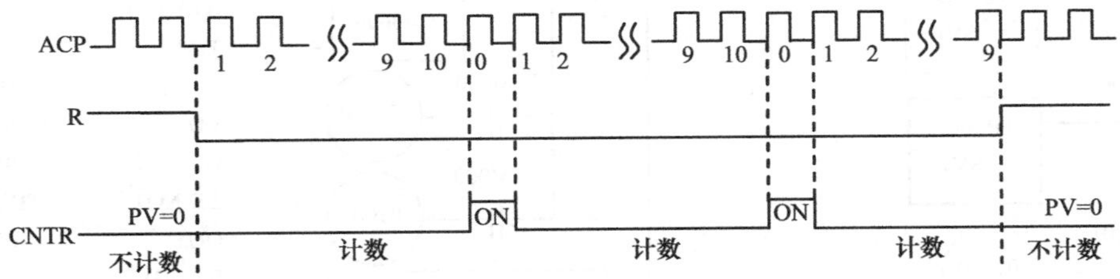

（a） SCP=0　SV=10 加法计数波形

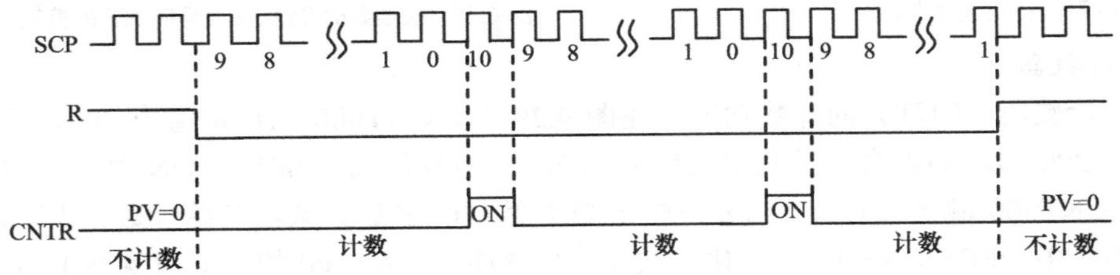

（b） ACP=0　SV=10 减法计数波形

图 4.25　CNTR 的工作波形

下面举例说明 TIM、CNT、CNTR 指令的使用方法。

1. 定时器

（1）定时器（TIM）的使用方法。在图 4.26 中，定时器 TIM000 的设定值为#0050，当 00000 为 OFF 时，TIM000 为复位状态，当前值 PV=0050；自 00000 为 ON 起 TIM000 开始定时，其 PV 值从 0050 开始每隔 0.1s 减去 1，减 50 次（5s）时，PV 值减为 0000，此时 TIM000 输出为 ON，其常开触点闭合，使 01000 为 ON。若 00000 一直为 ON，则 TIM000 的状态也一直保持 ON。若 00000 变为 OFF，则 TIM000 复位，PV 值恢复为设定值 0050，01000 变为 OFF。

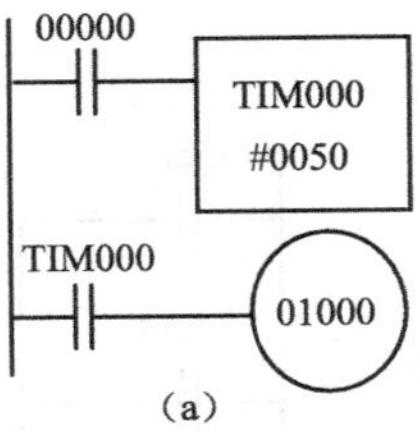

（a）

```
LD      00000
TIM     000
        # 0050
LD      TIM000
OUT     01000
```

（b）

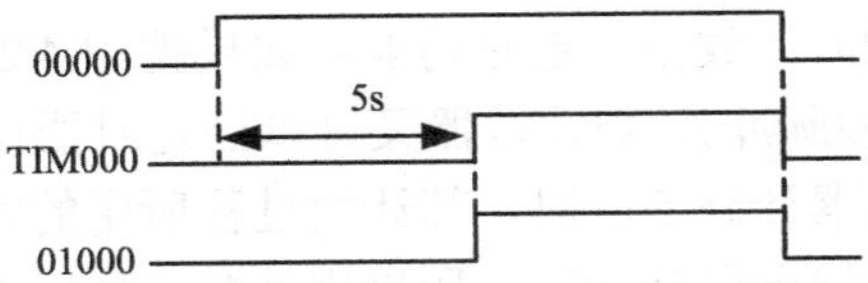

（c）

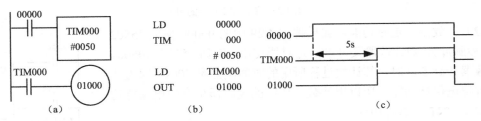

图 4.26　使用 TIM 指令的例子

（2）定时器定时时间的扩展。一个定时器 TIM 的最大定时时间是 999.9s，若几个定时器连用，则可获得更长的定时时间。例如，图 4.27 中以 TIM000 的常开触点作为定时器 TIM001 的执行条件，可以实现定时器容量的扩展，总的定时时间为两个定时器 SV 值的和。

（3）定时器的定时方式。虽然 TIM 是接通延时 ON 型的定时器，但是经过合理的编程，也可以实现接通延时 OFF、断开延时 ON、断开延时 OFF 的控制。在图 4.28 中，从 00000 为 ON 开始，01000 经过 60s 被接通（接通延时 ON），而 01001 则是经过 60s 被断开（接通延时 OFF）。配合其他指令，读者可以练习用 TIM 指令编写出断开延时 ON 或断开延时 OFF 的定时控制程序。

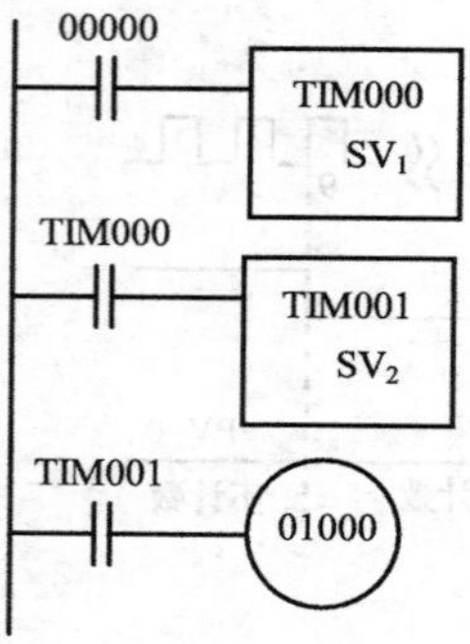

图 4.27　TIM 容量的扩展

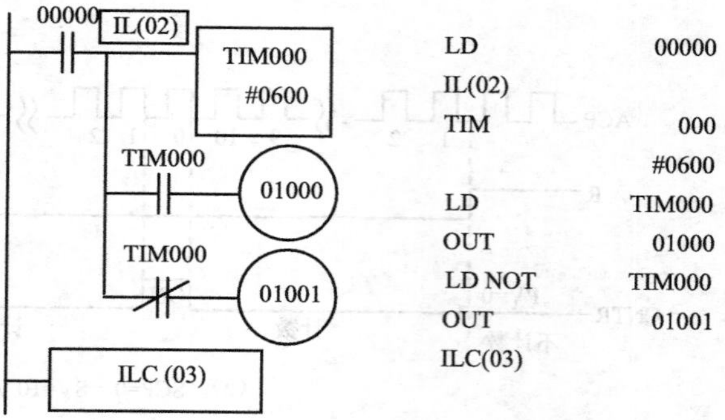

图 4.28　接通延时 ON 和接通延时 OFF 的控制

2. 计数器

（1）计数器（CNT）的计数功能。在图 4.29 中，CNT000 的设定值为 200，表示设定值的数据是 200 通道的内容（设其中数据为 0050）。当复位端 00001 为 ON 时，计数器处于复位状态，CNT000 输出为 OFF。当复位端由 ON 变为 OFF 后计数器开始计数。其计数过程是：每当 00000 由 OFF→ON→OFF 变化一次（一个脉冲），CNT000 的当前值就减 1。在 PV 值减到 0000 时，即计满 50 个脉冲时停止计数，此时 CNT000 的输出变为 ON 且保持，其常开触点闭合，使 01000 为 ON 且保持。若在计数过程中或在计满数以后，00001 由 OFF 变为 ON，则计数器立即复位并停止计数。由于计数器 CNT000 复位，因此 01000 也变为 OFF。

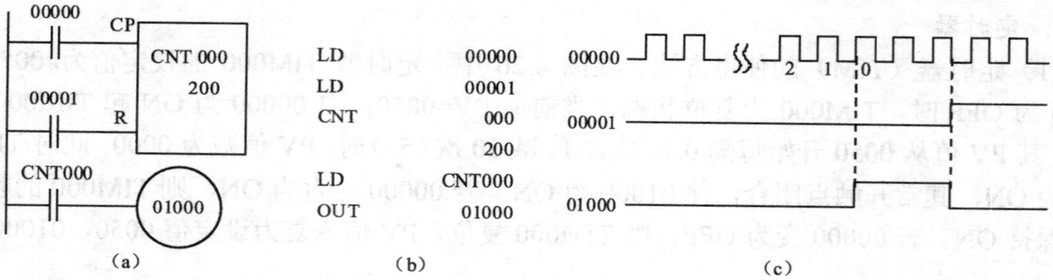

图 4.29　使用 CNT 指令的例子

（2）计数器的定时功能。如果把图 4.29 中的 00000 换成 25502（产生秒脉冲），则计数器又可以当定时器使用。例如，SV 为#0500，当计数器计满 500 时，其计数过程所用的时间刚好是 500s。因为计数器有掉电保持功能，所以用计数器作成的定时器也有掉电保持功能，注意 CNT 的这种用法。

（3）计数器容量的扩展。用一个计数器的常开触点作为另一个计数器的计数输入，即两个计数器连用，就可以实现计数器容量的扩展，总的计数器容量为两个计数器 SV 值的乘积，如图 4.30 所示。在图 4.30 中，用 25315 对两个计数器进行初始复位，计数过程中 CNT000 能自复位。

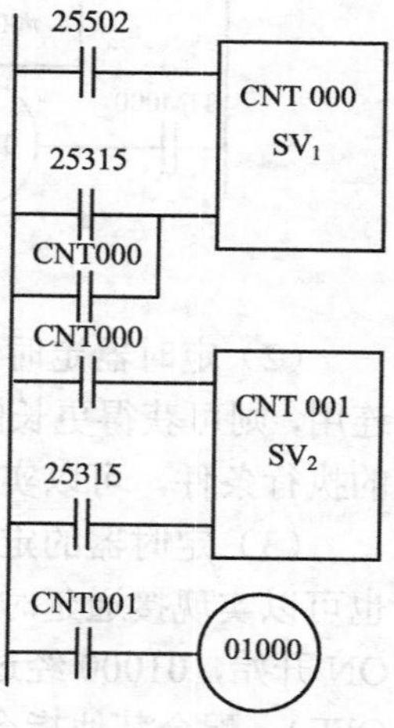

图 4.30　CNT 容量的扩展

3. 可逆计数器

（1）可逆计数器（CNTR）的计数功能。如图 4.31 所示，当复位端 00003 为 ON 时 CNTR 046 复位，当前值变为 0000，此时既不进行加计数，也不进行减计数。当 00003 变为 OFF 时计数器开始计数，其计数过程介绍如下。

若 00002 为 OFF、由 00001 输入计数脉冲时为加计数器。00001 每输入一个计数脉冲，CNTR 046 的当前值加 1。当 PV=0200 时，再输入一个计数脉冲时，PV 值变为 0000（有进位），同时 CNTR 046 的输出变为 ON。若再来一个计数脉冲时，PV=1， CNTR 046 的输出变为 OFF，且开始下一个循环的计数。

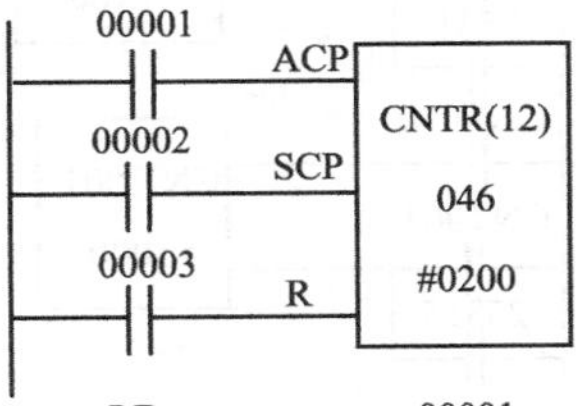

LD	00001
LD	00002
LD	00003
CNTR(12)	046
	#0200

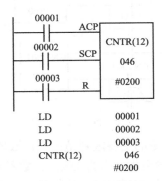

图 4.31　使用 CNTR 的例子

若 00001 为 OFF、由 00002 输入计数脉冲时为减计数器。00002 每输入一个计数脉冲，CNTR 046 的当前值减 1，当 PV=0000 时，再输入一个计数脉冲时，PV 变为 0200（有借位），同时 CNTR 046 的输出变为 ON。若再来一个计数脉冲时，PV=0199，且 CNTR 046 的输出变为 OFF，并开始下一个循环的计数。

当 00001 和 00002 同时输入计数脉冲时，计数器不计数。

（2）可逆计数器的循环定时功能。在图 4.32 中，SCP 端以 25314（常 OFF）作为输入条件，所以 CNTR000 作为加计数器使用。ACP 端以 25502 与 20000 的串联作为输入条件，由 25502 产生的秒脉冲作为计数脉冲输入，此时计数器可作为定时器使用。R 端以 00001 与 25315 的并联作为复位条件，使 CNTR 000 在 PLC 上电后的第 1 个扫描周期被复位。图中若 00001 为 OFF，HR00 中的数据是 0500，请读者自行分析该图的功能。

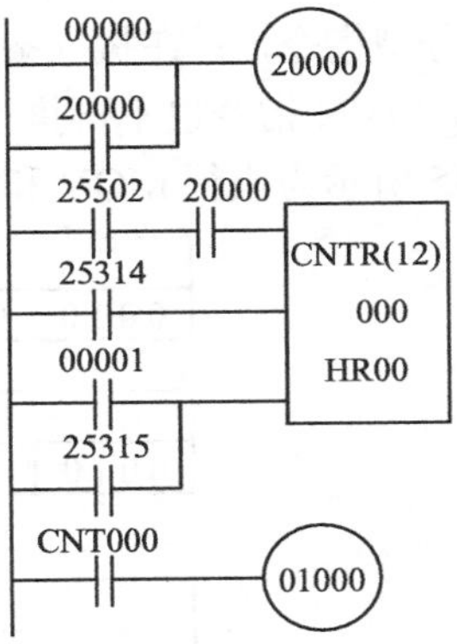

LD	00000
OR	20000
OUT	20000
LD	25502
AND	20000
LD	25314
LD	00001
OR	25315
CNTR (12)	000
	HR00
LD	CNT000
OUT	01000

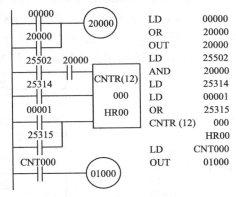

图 4.32　CNTR 的循环定时功能

（3）循环计数器容量的扩展。在图 4.33 中，CNTR 000 的常开触点连到 CNT001 的计数脉冲输入端，就可以构成大容量的循环计数器。例如，CNTR 000 指令的 HR00 中若为#9999，CNT 001 的 SV 为#1000，则每经过 10000×1000s，CNT001 的输出就会 ON 一次。注意 CNT 和 CNTR 的编号方法。

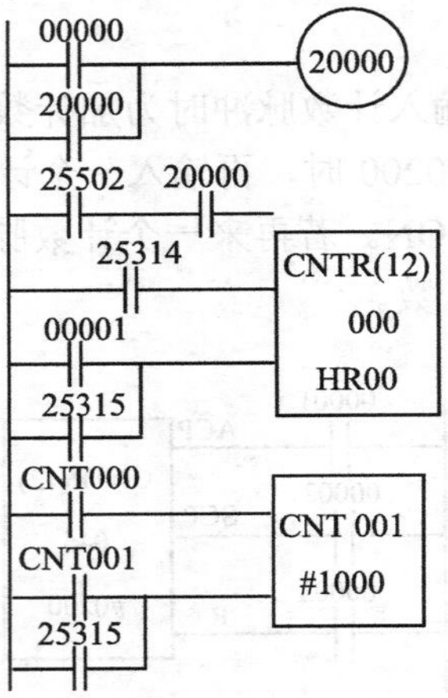

图 4.33 CNTR 容量的扩展

综上所述，CNT 和 CNTR 指令的主要区别是：当计数器 CNT 达到设定值后，只要不复位，即使计数脉冲仍在输入，其输出也一直为 ON；计数器 CNTR 达到设定值后，其输出为 ON，只要不复位，在下一个计数脉冲到来时，计数器 CNTR 立即变为 OFF，且开始下一轮计数，即 CNTR 是一个循环计数器。

4.4 数据传送和数据比较指令

4.4.1 数据传送指令

表 4.9 列出了数据传送指令的格式、梯形图符号、操作数的含义及范围、指令功能及执行指令对标志位的影响。下面举例说明几个常用的传送指令的使用方法。

1. 传送指令（MOV/@MOV）和求反传送指令（MVN/@MVN）

图 4.34 中使用了 MOV 和@MVN 指令，00000 是两个指令的执行条件。MOV 是非微分型指令，如果 00000 一直为 ON，每个扫描周期 MOV 指令都执行。执行 MOV 指令时，把常数 2000 传送到通道 HR00 中去。@MVN 是微分型指令，只在执行条件 00000 由 OFF 变为 ON 时执行一次，此后，即使 00000 一直为 ON，@MVN 指令也不再执行。执行@MVN 指令把 BCD 数 2001 按位求反后再送到 HR01 中。图 4.35 所示为执行 MOV 和 MVN 指令的示意图。

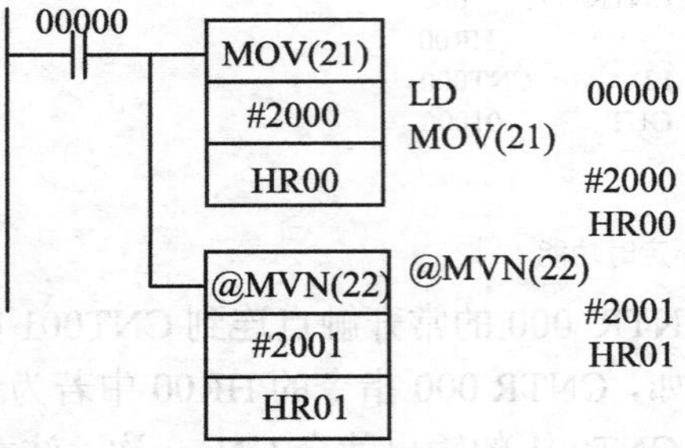

图 4.34 使用 MOV 和@MVN 指令的例子

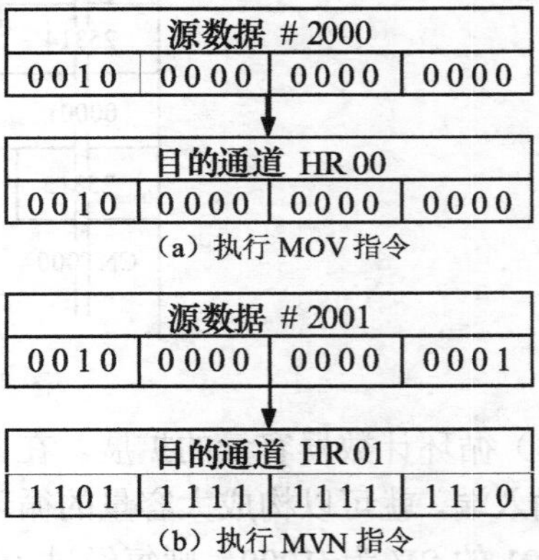

图 4.35 执行 MOV 和@MVN 指令

图 4.36 所示为使用 MOV 指令修改定时器设定值的程序。当 00000 由 OFF 变为 ON、00001 为 OFF 时，执行一次 MOV 指令，将常数 0100 传送到 LR00 中。此时 TIM000 的设定值为 10s 并开始定时。定时时间到，TIM000 的输出变为 ON，01000 也变为 ON。

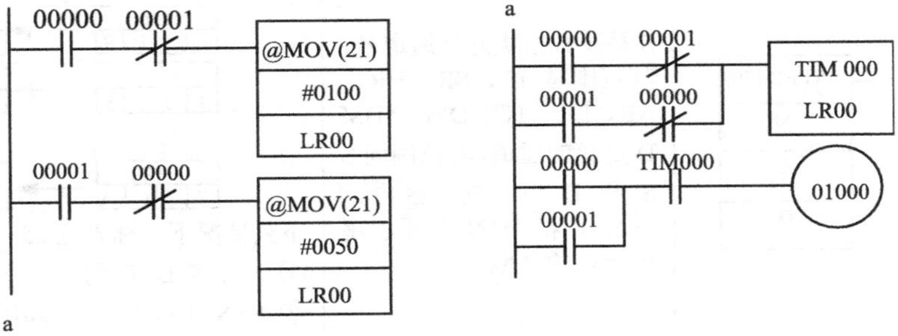

图 4.36 用 MOV 指令修改 TIM 的设定值

当需要改变定时器的定时值时，可令 00000 为 OFF、00001 由 OFF 变为 ON，执行一次 MOV 指令将 #0050 传送到 LR00 中，于是 TIM000 的设定值就变为 5s。

由本例可见，当 TIM 用通道设置设定值时，在程序执行过程中可以改变其设定值，注意这种用法。

2. 块设置指令（BSET/@BSET）

由表 4.9 中块设置指令的功能可知，执行一次 BSET/@BSET 指令，相当于执行了多次 MOV/@MOV 指令。因此，当用 BSET/@BSET 指令向某个数据区传送#0000 时，可将该区清零。

表 4.9　数据传送指令

格　式	梯形图符号	操作数的含义及范围	指令功能及执行指令对标志位的影响
MOV(21) S D @MOV(21) S D	MOV(21) S D @MOV(21) S D	S 是源数据，其范围是 IR、SR、HR、AR、LR、TC、DM、*DM、# D 是目的通道，其范围是 IR、SR、HR、AR、LR、DM、*DM	MOV 和@MOV 是传送指令 当执行条件为 ON 时，将源数据 S 传送到通道 D 中 对标志位的影响 ① 当间接寻址 DM 通道不存在时，25503 为 ON ② 执行指令后若 D 中数据为 0000，25506 为 ON
MVN(22) S D @MVN(22) S D	MVN(22) S D @MVN(22) S D		MVN 和@MVN 是取反传送指令 当执行条件为 ON 时，将源数据 S 按位取反后传送到通道 D 中 对标志位的影响同上
XFER(70) N S D	XFER (70) N S D	N 是通道数（必须是 BCD 码），其范围是 IR、SR、HR、AR、LR、TC、DM、*DM、#	块传送指令 当执行条件为 ON 时，将几个连续通道中的数据对应传送到另外几个连续通道中去，例如

续表

格 式	梯形图符号	操作数的含义及范围	指令功能及执行指令对标志位的影响
@XFER(70) N S D	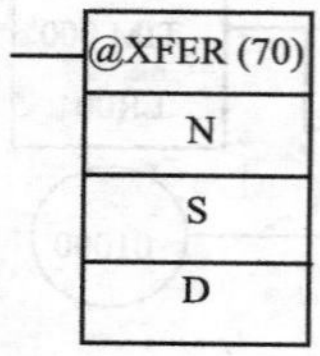	S 是源数据块开始通道号，其范围是 IR、SR、HR、AR、LR、TC、DM、*DM D 是目的通道，其范围同 S S 和 D 可在同一区内，S+N−1 和 D+N−1 不能超出所在的区域	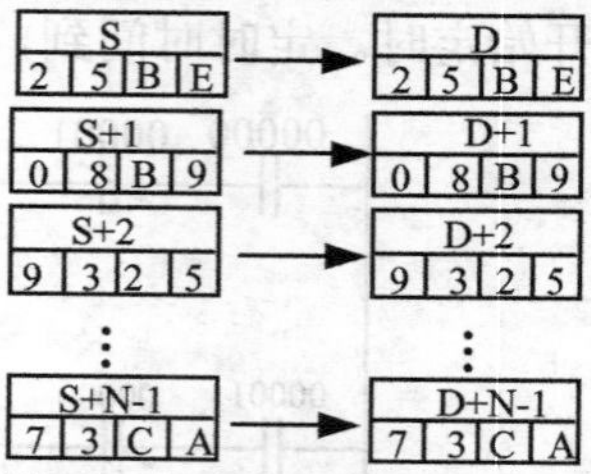下列情况下，标志位 25503 为 ON ① N 不是 BCD 码 ② S+N−1 或 D+N−1 超出所在的区域 ③ 间接寻址 DM 通道不存在
BSET(71) S St E @BSET(71) S St E	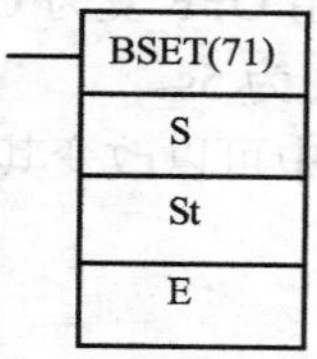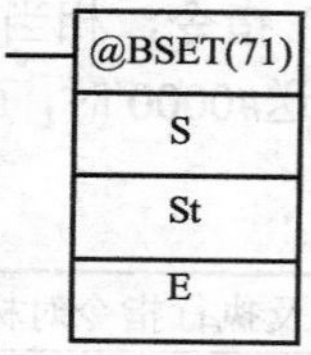	S 是源数据，其范围是 IR、SR、HR、AR、LR、TC、DM、*DM、# St 是开始通道号，其范围是 IR、SR、HR、AR、LR、TC、DM、*DM E 是结束通道号，其范围同 St St 和 E 必须在同一区域，且 St≤E	块设置指令 当执行条件为 ON 时，将源数据 S 传送到从 St 到 E 的所有通道中去，例如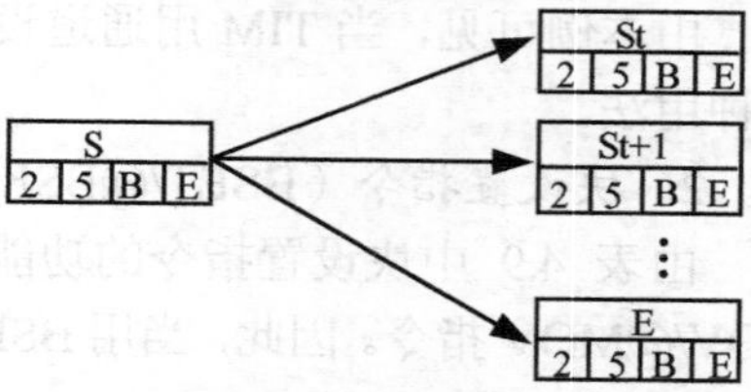下列情况下，标志位 25503 为 ON ① St 和 E 不在同一区域 ② St >E ③ 间接寻址 DM 通道不存在
MOVB(82) S C D @MOVB(82) S C D	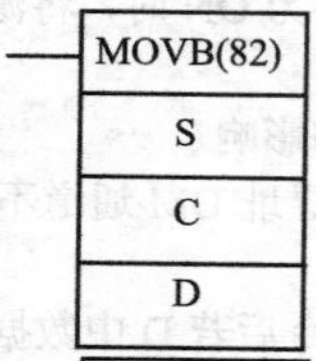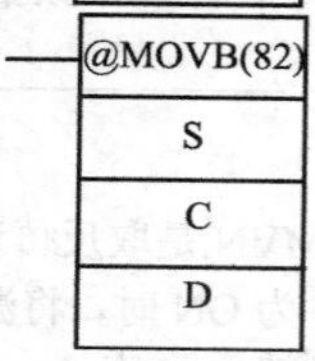	S 是源数据，范围是 IR、SR、HR、TC、AR、LR、DM、*DM、# C 是控制数据（BCD），范围同 S D 是目的通道，范围是 IR、SR、HR、AR、LR、DM、*DM	位传送指令 当执行条件为 ON 时，根据 C 的内容，将 S 中指定的某一位传送到 D 的指定位中 C 的 bit00～bit07 指定 S 中的位号，bit08～bit15 指定 D 中的位号 下列情况下，标志位 25503 为 ON ① C 指定的位不存在 ② 间接寻址 DM 通道不存在
MOVD(83) S C D	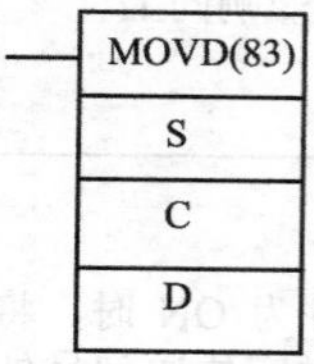	S 是源数据，范围是 IR、SR、HR、TC、AR、LR、DM、*DM、# C 是控制数据（BCD），范围同 S C 的含义如下 bit0～bit3：S 中欲传送的第一个数字位的位号（BCD：0～3）	数字传送指令 当执行条件为 ON 时，根据 C 的内容，将 S 中指定的数字传送到 D 中指定的数字位中，例如

续表

格　式	梯形图符号	操作数的含义及范围	指令功能及执行指令对标志位的影响
@MOVD(83) S C D	@DIST(83) S C D	Bit4～bit7：S 中欲传送的数字位的位数（0 为 1 位；1 为 2 位；2 为 3 位；3 为 4 位） bit8～bit11：D 中接收第一个数字的位号 bit12～bit15 不用 D 是目的通道，范围比 S 缺少#和 TC	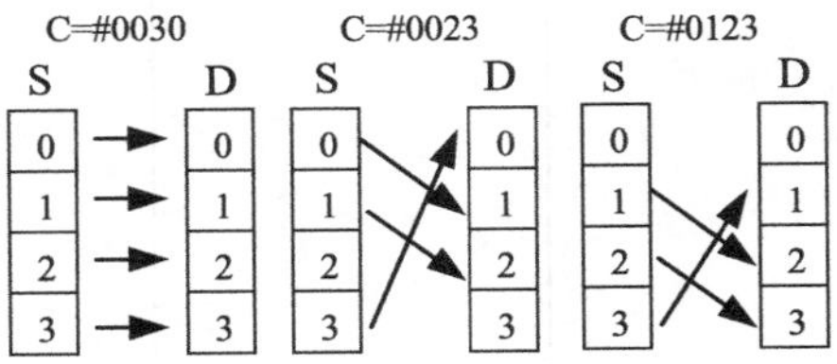
DIST(80) S DBs C @DIST(80) S DBs C	DIST(80) S DBs C @DIST(80) S DBs C	S 是源数据，范围是 IR、SR、HR、TC、AR、LR、DM、*DM、# DBs 是目标基准通道，范围比 S 少一个# C 是控制数据（BCD），范围同 S C 的含义是：bit12～bit15 的内容≤8 时，进行单字数据分配 bit12～bit15 的内容=9 时，进行进栈操作	单字分配指令 当执行条件为 ON 时，根据 C 的内容，进行单字数据分配或堆栈的进栈操作，堆栈的深度由 C 的低 3 位确定 （1）单字数据分配 将 S 的内容送到（DBs+C）确定的通道中 （2）进栈操作 执行该指令生成一个堆栈，以 C 的低 3 位数（000～999）确定栈区的通道数，以 DBs 为堆栈指针进行进栈操作，将 S 的内容复制到（DBs+堆栈指针+1）确定的栈区通道中，然后指针加 1 对标志位的影响 当 S 的内容为 0000 时，25506 为 ON 下列情况之一时，标志位 25503 为 ON ① C 的最高位是 9 时，DBs 和（DBs+C-9000）不在同一数据区，或堆栈指针超出堆栈深度 ② C 的低 3 位不是 BCD 码 ③ 间接寻址 DM 通道不存在 ④ C 的最高位≤8 时，DBs 和（DBs+C）不在同一数据区
XCHG(73) E1 E2 @XCHG(73) E1 E2	XCHG(73) E1 E2 @XCHG(73) E1 E2	E1 是交换数据 1，其范围是 IR、SR、HR、TC、AR、LR、DM、*DM E2 是交换数据 2，其范围同 E1	数据交换指令 当执行条件为 ON 时，将 E1 与 E2 的内容进行交换 对标志位的影响 当间接寻址 DM 通道不存在时，25503 为 ON

续表

格　式	梯形图符号	操作数的含义及范围	指令功能及执行指令对标志位的影响
COLL(81) SBs C D @COLL(81) SBs C D	COLL(81) SBs C D @COLL(81) SBs C D	SBs 是基准通道，其范围是 IR、SR、HR、TC、AR、LR、DM、*DM C 是控制数据（BCD），范围比 SBs 多一个# D 是目的通道，范围与 SBs 相同	数据调用指令 当执行条件为 ON 时，根据 C 的内容进行调用数据或堆栈的出栈操作。堆栈的深度由 C 的低 3 位确定 （1）调用数据 当 C=0000～6655 时，将 SBs+C 的内容送到 D 通道中 （2）出栈操作 ① C=9000～9999 时，以 SBs 为堆栈指针，按先入先出的原则将堆栈中的数据取出送到 D 中，然后堆栈指针减 1 ② C=8000～8999 时，以 SBs 为堆栈指针，按后入先出的原则将堆栈中的数据复制到 D 中（堆栈中的内容不变），然后堆栈指针减 1 例如，SBs=DM0000、C=#9007、D=200 时，先入先出的出栈过程如下 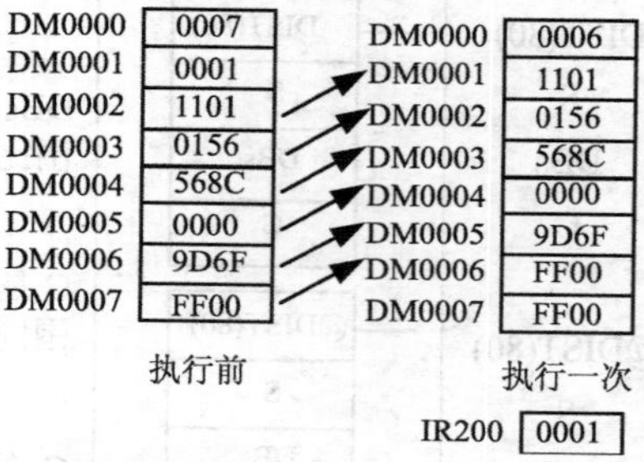 对标志位的影响 当 S 的内容为 0000 时 25506 为 ON 下列情况下之一时标志位 25503 为 ON ① C 的最高位是 8 或 9，DBs 与 DBs +（C 的低 3 位）不在同一数据区，或堆栈指针超出堆栈深度 ② C 的低 3 位不是 BCD 码 ③ 间接寻址 DM 通道不存在 ④ C 的最高位<7 时，DBs 和（DBs+C）不在同一数据区

图 4.37 是使用@BSET 指令的例子。图中@BSET 指令的第二、第三操作数都是 TIM000，说明执行@BSET 指令时，只把数据传送到 TIM000 中。此处@BSET 指令相当于@MOV 指令的作用。该段程序的功能如下：

在 00001 为 OFF、00000 由 OFF 变为 ON 时，执行一次 MOV 指令将#0100 传送到通道 HR00 中。自此定时器 TIM000 就以设定值 10s 开始定时。经过 10s，TIM000 的输出为 ON 且保持，使 01000 也变为 ON 且保持。

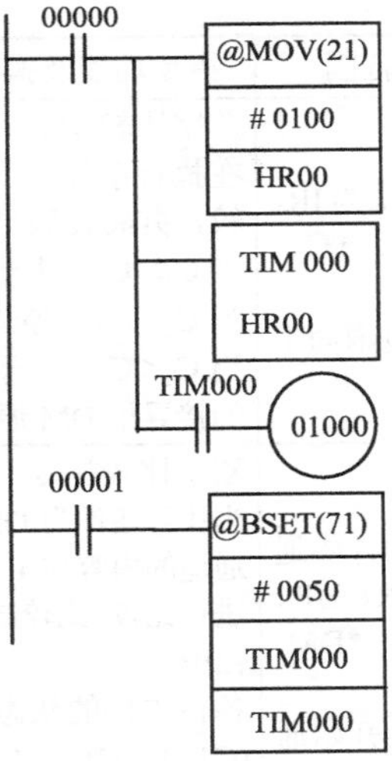

LD	00000
@MOV(21)	
	#0100
	HR00
TIM	000
	HR00
AND	TIM000
OUT	01000
LD	00001
@BSET(71)	
	#0050
	TIM 000
	TIM 000

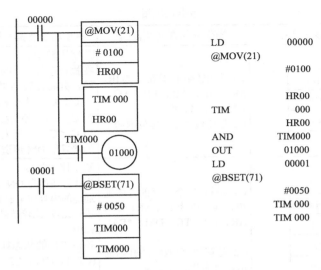

图 4.37　使用@BSET 指令的例子

在程序执行过程中，当需要改变定时器 TIM000 的当前值时，可通过令触点 00001 ON 一次，使@BSET 指令执行来实现。例如，在 TIM000 的当前值为 0089 时 00001 ON 一次，执行一次@BSET 指令将 0050 传送到 TIM000 中，TIM000 的当前值立即变为 0050。自此，TIM000 从 0050 开始每隔 0.1s 当前值减 1，直到当前值减为 0000 为止。由于 HR00 中的数据没有改变，在下一次定时器 TIM000 工作时，其定时值仍然是 0100。本例中，执行@BSET 指令只是改变了 TIM000 的当前值。

用@BSET 指令也可以改变 TIM 的设定值。本例中，若@BSET 指令的操作数不是 TIM000，而是 HR00，则执行@BSET 指令后，TIM000 的设定值变为 0050。

综上所述，MOV 和 BSET 指令的区别如下。

（1）执行一次 MOV 指令，只能向一个通道传送一个字；执行一次 BSET 指令，可以向多个通道传送同一个字。

（2）当用通道对 TIM / CNT 进行设定时，用 MOV 和 BSET 指令都可以改变 TIM / CNT 的设定值。但使用@BSET 指令还可以改变 TIM/CNT 的当前值，而 MOV 指令却没有这个功能，因为 MOV 指令不能向 TC 区传送数据。

表 4.9 中其他指令的使用方法，将在以下各节的例子中陆续介绍。

表中的 DIST(80)指令有双重功能，可以传送数据，也可以对数据进行进栈操作。COLL(81)指令也有双重功能，可以传送数据，也可以对数据进行出栈操作。当系统运行过程中有许多数据需保存且随时需调用某些数据时，可以用这两个指令建立堆栈，并根据控制字的要求进行进栈或出栈操作。

用位传送指令 MOVB(82)或数字传送指令 MOVD(83)可传送通道中的某一位或某一位数字。

4.4.2　数据比较指令

表 4.10 列出了 CPM1A/CPM2A 共有的数据比较指令的格式、梯形图符号、操作数的含义及范围、指令功能及执行指令对标志位的影响。CPM2A 增加的数据比较指令见附录 A。下面举例说明几种比较指令的使用方法。

表 4.10　　　　数据比较指令

格　式	梯形图符号	操作数的含义及范围	指令功能及执行指令对标志位的影响
CMP(20) C1 C2	CMP(20) C1 C2	C1是比较数1，其范围为IR、SR、HR、AR、LR、TC、DM、*DM、# C2是比较数2，其范围同上	单字比较指令 在执行条件为ON时将C_1和C_2进行比较，并将比较结果送到各标志位 当$C_1>C_2$，大于标志位25505为ON 当$C_1=C_2$，等于标志位25506为ON 当$C_1<C_2$，小于标志位25507为ON 间接寻址DM通道不存在时25503为ON
CMPL(60) C1 C2 000	CMPL(60) C1 C2 000	C1 是第 1 个双字的开始通道，其范围为IR、SR、HR、AR、LR、TC、DM、*DM C2 是第 2 个双字的开始通道，其范围同C1	双字比较指令 当执行条件为ON时，将C1+1、C1两个通道的内容与C2+1、C2两个通道的内容进行比较，比较结果放在SR区的相关标志位中 各标志位的状态如下 (C1+1、C1)> (C2+1、C2)，25505为ON (C1+1、C1)= (C2+1、C2)，25506为ON (C1+1、C1)< (C2+1、C2)，25507为ON 间接寻址DM通道不存在时25503为ON
BCMP(68) CD CB R @BCMP(68) CD CB R	BCMP(68) CD CB R @BCMP(68) CD CB R	CD是比较数据，范围为IR、SR、HR、AR、LR、TC、DM、*DM、# CB 是数据块的起始通道，其范围为IR、SR、HR、LR、TC、DM、*DM R 是比较结果通道，其范围为IR、SR、HR、AR、LR、TC、DM、*DM	块比较指令 比较块分16个区域，每个区域由两个通道组成，一个通道存下限数据，另一个通道存上限数据 在执行条件为ON时，将数据CD与每一个区域进行比较，若CD处在某个区域中，则与该区域对应的R通道的位为ON，R的对应位如下 CB≤CD≤CB+1　　R的bit00 CB+2≤CD≤CB+3　　R的bit01 CB+4≤CD≤CB+5　　R的bit02 ⋮　　⋮　　⋮ CB+28≤CD≤CB+29　　R的bit14 CB+30≤CD≤CB+31　　R的bit15 当比较块超出所在区的范围或间接寻址DM通道不存在时，25503为ON
TCMP(85) CD TB R @TCMP(85) CD TB R	TCMP(85) CD TB R @TCMP(85) CD TB R	CD 是比较数据，其范围为IR、SR、HR、AR、LR、TC、DM、*DM、# TB是比较表的起始通道，其范围为IR、SR、HR、LR、TC、DM、*DM R 是比较结果通道，其范围为IR、SR、HR、AR、LR、TC、DM、*DM	表比较指令 在执行条件为ON时，将数据CD与比较表中的数据进行比较，若CD与比较表中某个通道的数据相同，则与该通道对应的R 通道的位为 ON，对应关系如下（设CD=0005） 比较表　　结果通道　对应位状态 HR00　0101　　HR1900　　0 HR01　0151　　HR1901　　0 HR02　0005 →　HR1902　　1 ⋮　　　　　⋮　　　　⋮ HR15　0605　　HR1915　　0 当比较表超出所在区的范围或间接寻址DM通道不存在时，25503为ON

1. 单字比较指令（CMP）

图 4.38 中使用了单字比较指令 CMP。执行指令 CMP 时，将 TIM000 的当前值与常数 0200 进行比较。程序的功能是：在 00000 为 ON 时，TIM000 开始定时、CMP 指令开始执行。由于每隔 0.1s TIM000 当前值减 1，所以在 00000 为 ON 之后的一段时间内，若 TIM000 的当前值大于 0200 时，25505、20000 为 ON；当 TIM000 的当前值为 0200 时，25506、20001 为 ON；当 TIM000 的当前值小于 0200 时，25507、20002 为 ON；当 TIM000 的当前值等于 0000 时，20002 和 20003 为 ON。由本例可见，配合指令 CMP，用一个定时器可以控制多个输出位。

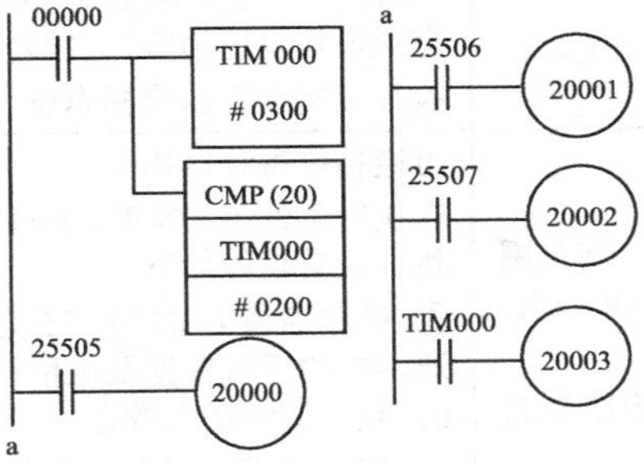

LD	00000	OUT	20000
TIM	000	LD	25506
	#0300	OUT	20001
CMP(20)		LD	25507
	TIM000	OUT	20002
	#0200	LD	TIM000
LD	25505	OUT	20003

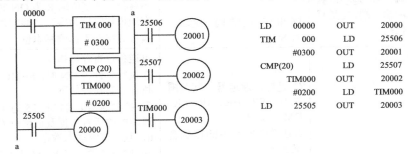

图 4.38　使用单字比较指令 CMP 的例子

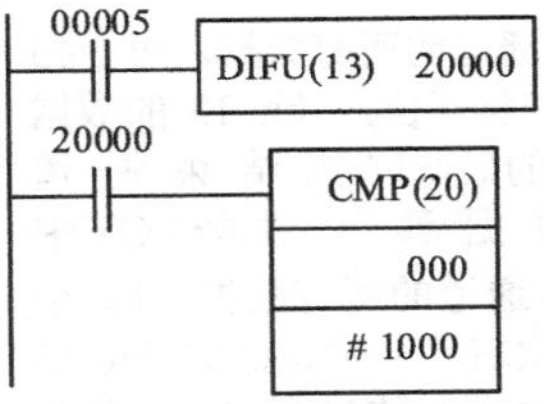

图 4.39　CMP 指令只执行一次

在执行条件为 ON 时，如果希望 CMP 指令只执行一次，可以使用 DIFU 或 DIFD 指令。例如，在图 4.39 中，当 00005 由 OFF 变为 ON 时，20000 ON 一个扫描周期，在此扫描周期里 CMP 指令执行。此后，即使 00005 继续 ON，CMP 指令也不执行。

2. 块比较指令（BCMP /@BCMP）

图 4.40 中使用了@BCMP 指令，图（b）是执行 @BCMP 指令后的结果。本例中比较块由 DM0000～DM0031 组成。由于比较数据#1450 在 1401～1500 之间，所以与其对应的 HR0514 为 ON。

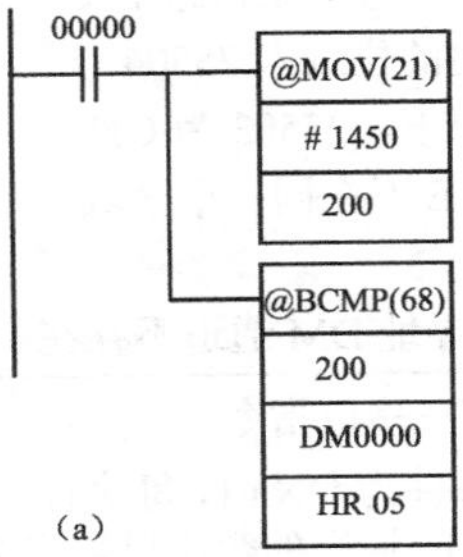

（a）

（b）

下限		上限		HR05	
DM0000	0000	DM0001	0100	HR0500	0
DM0002	0101	DM0003	0200	HR0501	0
DM0004	0201	DM0005	0300	HR0502	0
DM0006	0301	DM0007	0400	HR0503	0
DM0008	0401	DM0009	0500	HR0504	0
DM0010	0501	DM0011	0600	HR0505	0
DM0012	0601	DM0013	0700	HR0506	0
DM0014	0701	DM0015	0800	HR0507	0
DM0016	0801	DM0017	0900	HR0508	0
DM0018	0901	DM0019	1000	HR0509	0
DM0020	1001	DM0021	1100	HR0510	0
DM0022	1101	DM0023	1200	HR0511	0
DM0024	1201	DM0025	1300	HR0512	0
DM0026	1301	DM0027	1400	HR0513	0
DM0028	1401	DM0029	1500	HR0514	1
DM0030	1501	DM0031	1600	HR0515	0

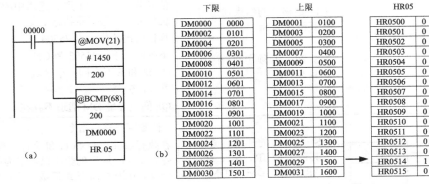

图 4.40　使用@BCMP 指令的例子

4.5　数据移位和数据转换指令

4.5.1　数据移位指令

表 4.11 列出了数据移位指令的格式、梯形图符号、操作数的含义及范围、指令功能及执行指令对标志位的影响。本小节主要说明几种常用的数据移位指令的使用方法。

表 4.11　　　　　　数据移位指令

格　式	梯形图符号	操作数的含义及范围	指令功能及执行指令对标志位的影响
SFT(10) St E	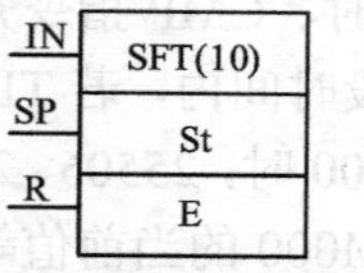 IN 是数据输入端，SP 是移位脉冲输入端，R 是复位端	St 是移位的开始通道号，其范围是 IR、SR、HR、AR、LR E 是移位的结束通道号，其范围同上 St 和 E 必须在同一区域，且 St≤E	移位寄存器指令 当复位端 R 为 OFF 时，在 SP 端的每个移位脉冲的上升沿时刻，St 到 E 通道中的所有数据按位依次左移一位。E 通道中数据的最高位溢出丢失，St 通道中的最低位则移进 IN 端的数据；SP 端没有移位脉冲则不移位；当复位端 R 为 ON 时，St 到 E 所有通道均复位为零，且移位指令不执行 执行该指令不影响标志位
SFTR(84) C St E @SFTR(84) C St E	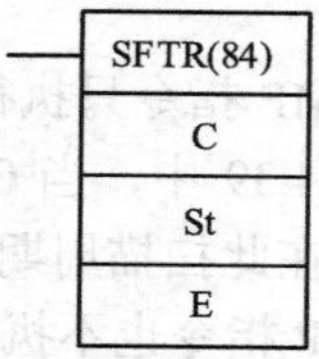 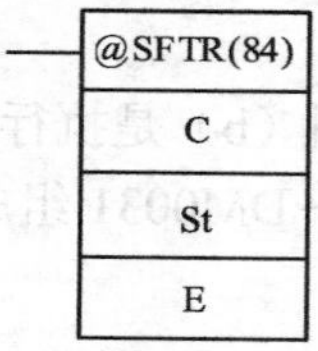	C 是控制通道号，其范围是 IR、SR、HR、AR、LR、DM、*DM C 通道中 bit12～bit15 的含义如下 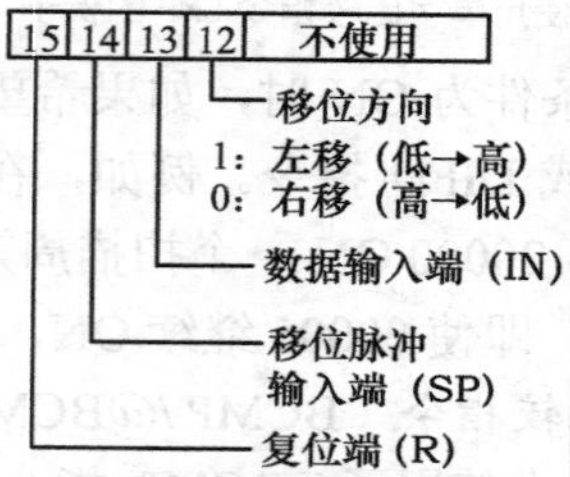 St 是移位的开始通道号，其范围是 IR、SR、HR、AR、LR、DM、*DM E 是移位的结束通道号，其范围同 St St 和 E 必须在同一区域，且 St≤E	可逆移位寄存器指令 在执行条件为 ON 时，SFTR/@SFTR 指令执行。其功能如下 ① 控制通道 C 的 bit 15 为 1 时，St 到 E 通道中的所有数据及进位位 CY 全部清为 0，且不接收输入数据 ② 控制通道 C 的 bit 15 为 0 时，在移位脉冲的作用下，根据 C 的 bit12 状态进行左移或右移 左移：从 St 到 E 通道的所有数据，每个扫描周期按位依次左移一位， bit 13 的数据移入开始通道 St 的最低位中，结束通道 E 最高位的数据移入进位位 CY 中 右移：从 E 到 St 通道的所有数据，每个扫描周期按位依次右移一位，C 之 bit 13 的数据移入结束通道 E 的最高位中，开始通道 St 最低位的数据移入进位位 CY 中 在执行条件为 OFF 时停止工作，此时复位信号若为 ON，St 到 E 通道中的数据及进位位 CY 也保持原状态不变 移位溢出的位进入 25504 下列情况下，25503 为 ON ① St 和 E 不在同一个区域 ② St>E ③ 间接寻址 DM 通道不存在
SLD(74) St E @SLD(74) St E	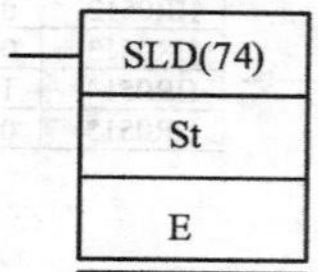 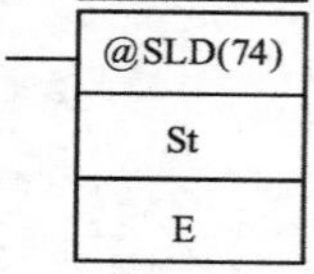	St 是移位的开始通道号，其范围是 IR、SR、HR、AR、LR、DM、*DM E 是移位的结束通道号，其范围同 St St～E 必须在同一区域，且 St≤E	1 位数字左移位指令 在执行条件为 ON 时，每执行一次 SLD 指令，St～E 通道的数据以数字为单位左移一次。0 进入 St 的最低数字位，E 中的最高位数字溢出丢失 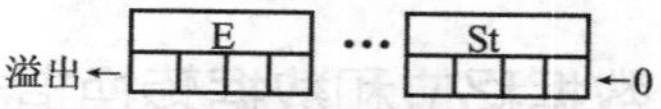 下列情况下，出错标志位 25503 为 ON ① St～E 不在同一区域 ② St>E ③ 间接寻址 DM 通道不存在

续表

格　式	梯形图符号	操作数的含义及范围	指令功能及执行指令对标志位的影响
SRD(75) St E @SRD(75) St E	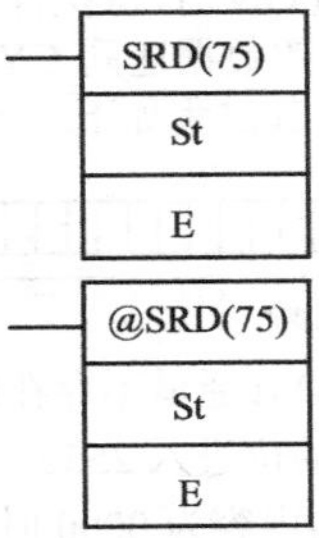	St 是移位的开始通道号，其范围是 IR、SR、HR、AR、LR、DM、*DM E 是移位的结束通道号，其范围同 St St～E 必须在同一区域，且 St≤E	1 位数字右移位指令 在执行条件为 ON 时，每执行一次 SRD 指令，St～E 通道的数据以数字为单位右移一次，0 进入 E 的最高位，St 中的最低位数字溢出丢失 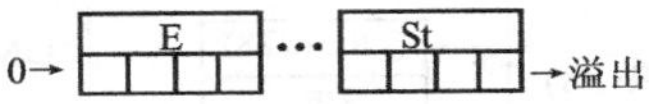 下列情况下，25503 为 ON ① St～E 不在同一区域 ② St>E ③ 间接寻址 DM 通道不存在
ASL(25) Ch @ASL(25) Ch	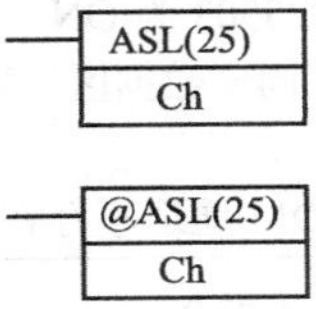	Ch 是移位通道号，范围是 IR、SR、HR、AR、LR、DM、*DM	算术左移位指令 当执行条件为 ON 时，每执行一次移位指令，将 Ch 通道中的数据按位左移一位，最高位移到 CY 中，0 移进最低位 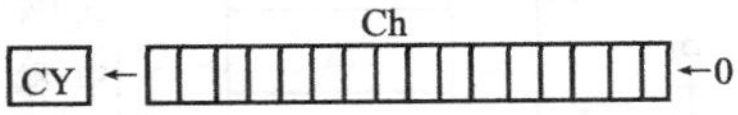 对标志位的影响 ① 间接寻址 DM 通道不存在时 25503 为 ON ② 移位溢出的位进入 25504 ③ 当 Ch 中的内容为 0000 时 25506 为 ON
ASR(26) Ch @ASR(26) Ch	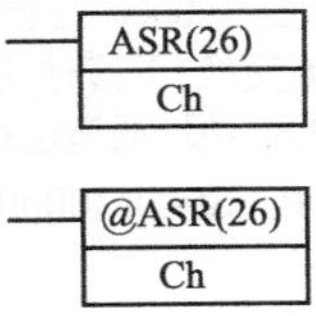	Ch 是移位通道号，范围是 IR、SR、HR、AR、LR、DM、*DM	算术右移位指令 当执行条件为 ON 时，每执行一次移位指令，将 Ch 通道中的数据按位右移一位，最低位移到 CY 中，0 移进最高位 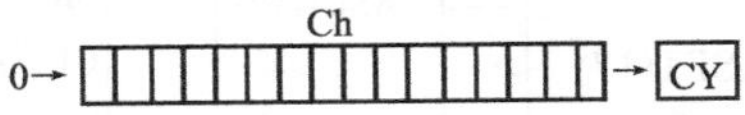 对标志位的影响 ① 间接寻址 DM 通道不存在时 25503 为 ON ② 移位溢出的位进入 25504 ③ 当 Ch 中的内容为 0000 时 25506 为 ON
ROL(27) Ch @ROL(27) Ch	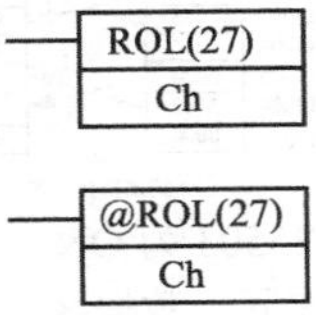	Ch 是移位通道号，范围是 IR、SR、HR、AR、LR、DM、*DM	循环左移位指令 当执行条件为 ON 时，每执行一次移位指令，将 Ch 通道中的数据连同 CY 的内容按位循环左移一位，其过程如下 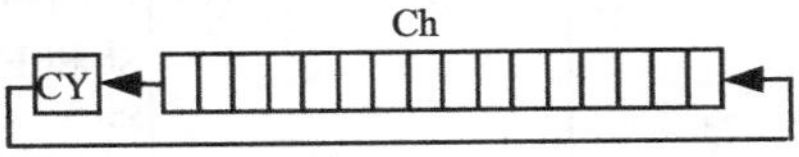 对标志位的影响 ① 间接寻址 DM 通道不存在时 25503 为 ON ② 移位溢出的位进入 25504 ③ 当 Ch 中的内容为 0000 时 25506 为 ON

续表

格 式	梯形图符号	操作数的含义及范围	指令功能及执行指令对标志位的影响
ROR(28) Ch @ROR(28) Ch	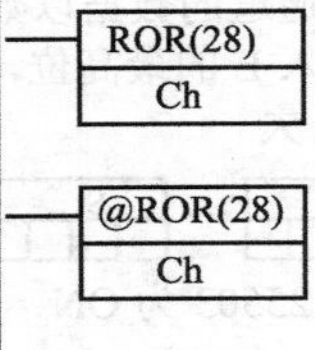	Ch 是移位通道号，范围是 IR、SR、HR、AR、LR、DM、*DM	循环右移位指令 当执行条件为 ON 时，每执行一次移位指令，将 Ch 通道中的数据连同 CY 的内容按位循环右移一位，其过程如下 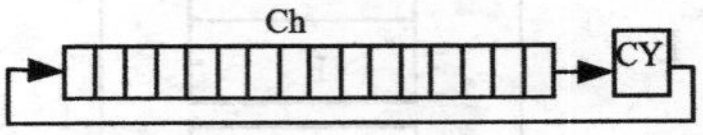 对标志位的影响 ① 间接寻址 DM 通道不存在时 25503 为 ON ② 移位溢出的位进入 25504 ③ 当 Ch 中的内容为 0000 时 25506 为 ON
WSFT(16) St E @WSFT(16) St E	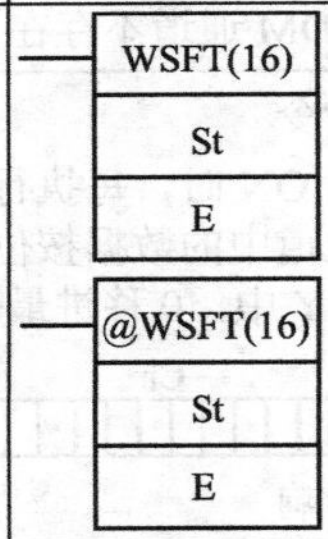	St 是移位的开始通道号，其范围是 IR、SR、HR、AR、LR、DM、*DM E 是移位的结束通道号，其范围同 St St 和 E 必须在同一区域，且 St≤E	字移位指令 当执行条件为 ON 时，每执行一次移位指令，St～E 通道中的数据以字为单位左移一位，0000 进入 St，E 中数据溢出丢失 下列情况下，25503 为 ON ① St～E 不在同一数据区 ② St>E ③ 间接寻址 DM 通道不存在
ASFT(17) C St E @ASFT(17) C St E	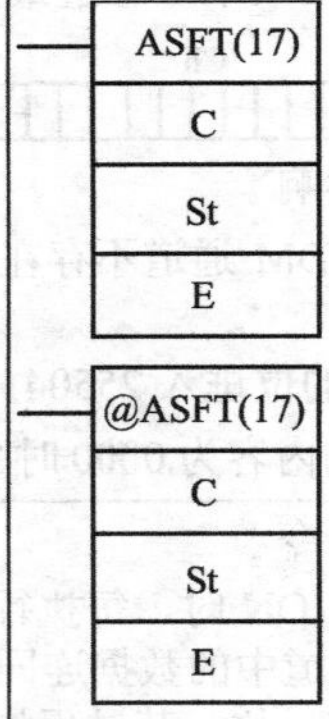	C 是控制数据，其范围是 IR、SR、HR、AR、LR、DM、*DM、# C 的含义如下 bit13：移位方向 （1 为下移；0 为上移） bit14：是否允许移位 （1 为允许；0 为不允许） bit15：是否复位 （1 为复位；0 为正常操作） 其余位为 0 St 是移位的开始通道号，其范围是 IR、SR、HR、AR、LR、DM、*DM E 是移位的结束通道号，其范围同 St St 和 E 必须在同一区域，且 St<E	异步移位寄存器指令 由 St 和 E 之间的通道组成移位寄存器。当执行条件为 ON 时，每执行一次移位指令，根据 C 的内容，将所有数据为 0000 的通道与相邻通道进行数据交换，若两者都为 0000 则不交换；最后将所有 0000 集中在寄存器的上半部分或下半部分 上移时，所有数据为 0000 的通道与紧邻的高地址通道进行数据交换；下移时，所有数据为 0000 的通道与紧邻的低地址通道进行数据交换 例如，C=#6000，St=DM0000，E=DM0007，移位过程如下 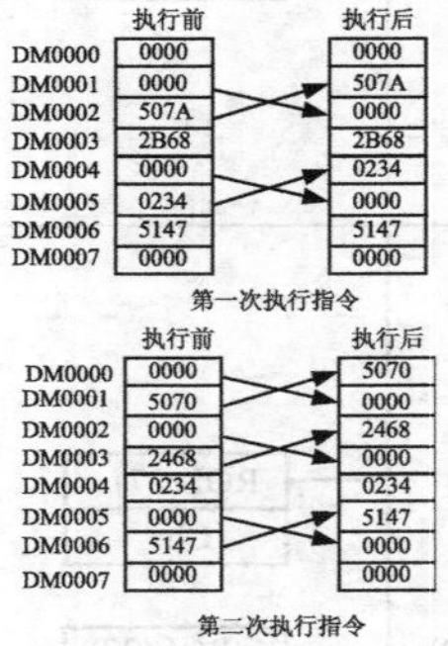 下列情况下，25503 为 ON ① St 和 E 不在同一数据区 ② St>E ③ 间接寻址 DM 通道不存在

1. 移位寄存器指令（SFT）

图 4.41 是使用 SFT 指令的例子。SFT 指令的首通道和末通道都是 200，说明移位是在 200 通道内进行。25502 产生的秒脉冲作为移位脉冲，00000 的 ON、OFF 状态作为输入数据。在 PLC 上电后的第一个扫描周期由 25315 对移位寄存器进行复位。在移位过程中，只要 00001 为 ON，移位寄存器即复位。下面结合图 4.41（c）所示的工作波形说明执行 SFT 指令的移位过程。

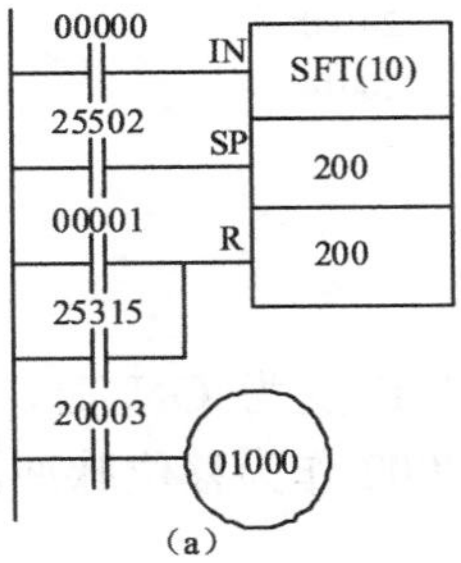

（a）

```
LD        00000
LD        25502
LD        00001
OR        25315
SFT(10)     200
            200
LD        20003
OUT       01000
```
（b）

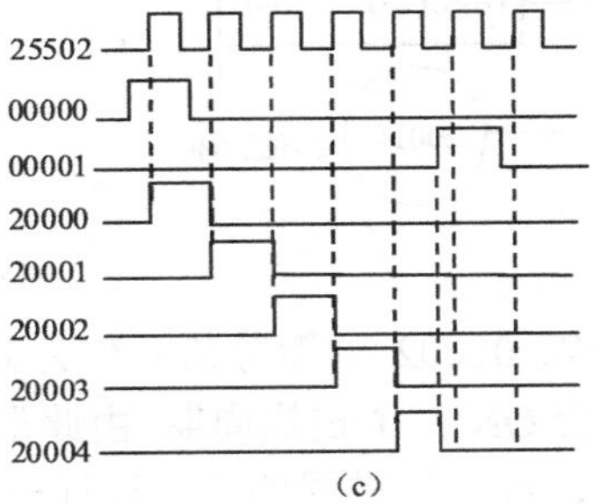

（c）

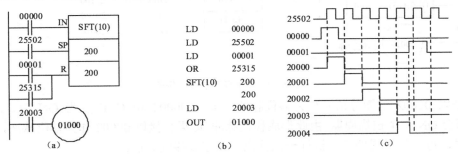

图 4.41 使用 SFT 指令的例子

PLC 上电之初，200 通道内各位均为 OFF。当 00001 为 OFF 后，在 SP 端输入的第一个移位脉冲前沿时刻，00000 的 ON 状态移入 20000，使 20000 变为 ON，20000 原来的 OFF 态移入 20001，以下类推。在第二个移位脉冲前沿时刻，由于 00000 已为 OFF，所以 20000 为 OFF，而 20000 原来的 ON 状态移入 20001，依此类推。在第四个移位脉冲前沿时刻 20003 变为 ON，使 01000 为 ON。在第五个移位脉冲时 20003 为 OFF，01000 也变为 OFF。在第六个移位脉冲到来之前 00001 为 ON，将 200 通道全部复位。

在图 4.41 中，将常开触点 20003 与 00000 并联，自行分析移位过程。

图 4.42 所示为 SFT 指令的另一种用法。数据输入端接的是 25314（常 OFF），移位数据是通过@MOV 指令传送的。在 00000 由 OFF 变为 ON 时刻执行一次@MOV 指令，将数据#0001 传送到 200 通道中去，使 20000 为 ON，其余位均为 OFF。对应每一个移位脉冲，20000 的 ON 状态依次向高位移动。该图的移位过程与图 4.41 类似，可以自行分析。

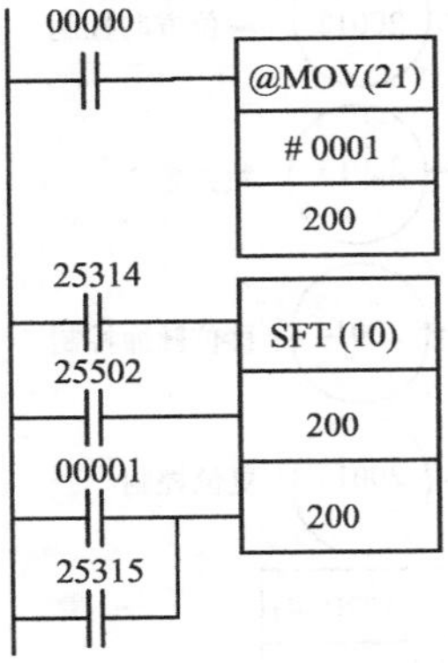


```
LD           00000
@MOV (21)
             # 0001
               200
LD           25314
LD           25502
LD           00001
OR           25315
SFT (10)
               200
               200
```

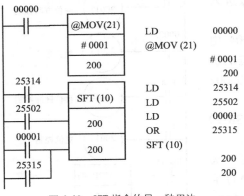

图 4.42 SFT 指令的另一种用法

2. 可逆移位寄存器指令（SFTR/@SFTR）

图 4.43 是使用 SFTR 指令的例子。图中 00004 是 SFTR 指令的执行条件，IR200 是控制通道，LR10～LR11 组成可逆移位寄存器。当 00004 为 ON 时，SFTR 指令执行移位操作；当 00004 为 OFF 时，SFTR 指令不执行，此时控制通道的控制位不起作用，LR10～LR11 及 CY 位的数据保持不变。

控制通道 IR200 的 bit12～bit15 的状态是由 00000～00003 控制的，其作用如下。

若 00000 为 ON，则 20012 为 1，执行左移位操作；若 00000 为 OFF，则 20012 为 0，执行右移位操作。

若 00001 为 ON，则 20013 为 1，即输入数据为 1；若 00001 为 OFF，则 20013 为 0，即输入数据为 0。

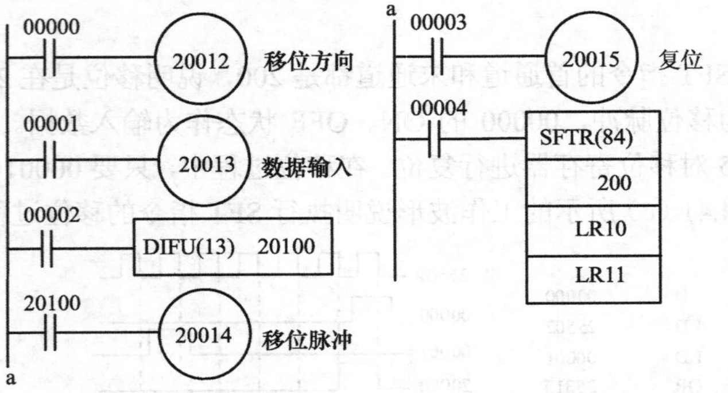


```
LD          00000        LD          00003
OUT         20012        OUT         20015
LD          00001        LD          00004
OUT         20013        SFTR (84)
LD          00002                    200
DIFU (13)   20100                    LR10
LD          20100                    LR11
OUT         20014
```

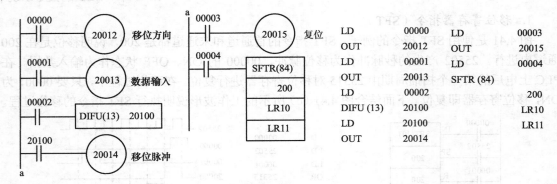

图 4.43　使用 SFTR 指令的例子

此处以 00002 的微分信号作为移位脉冲。每当 00002 由 OFF 变为 ON 时，20100 和 20014 都会 ON 一个扫描周期，由此形成移位脉冲。如果直接以 00002 作为移位脉冲，当 00002 为 ON 时，每个扫描周期都要执行一次移位，将造成移位失控。

若 00003 为 ON，则 20015 为 ON，可逆移位寄存器 LR10～LR11 及 CY 位清零；若 00003 为 OFF，则 20015 为 OFF，此时根据 20012 的状态将执行左移或右移操作。

若 20015 为 OFF，00004 由 OFF 变为 ON，执行左移或右移操作时，其移位过程如下。

若 20012 为 1，每当 00002 由 OFF 变为 ON 时，LR10～LR11 中的数据按位依次左移一位。20013 的状态进入 LR1000，LR1115 的数据进入 CY 位。

若 20012 为 0，每当 00002 由 OFF 变为 ON 时，LR10～LR11 中的数据按位依次右移一位。20013 的状态进入 LR1115，LR1000 的数据进入 CY 位。

图 4.44 中使用的是微分型指令@SFTR。在 00004 由 OFF 变为 ON 时只执行一次移位，控制通道各控制位的状态只在一个扫描周期中有效，所以图中可以直接使用 00002 进行移位控制。该图的工作情况与图 4.43 相同。

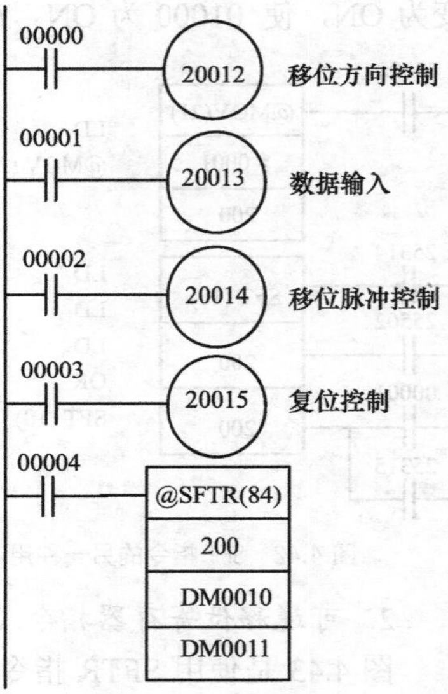

图 4.44　@SFTR 指令举例

3. *数字左移位（SLD/@SLD）和右移位（SRD/@SRD）指令*

图 4.45 是使用@SLD 指令的例子。图（b）是执行一次@SLD 指令后的结果通道的状态。@ SLD 指令的执行条件是 00001，其数据 St 和 E 均为 HR00，说明移位是在 HR00 通道内进行。该图的功能如下：

当 00000 由 OFF 变为 ON 时，执行一次 MOV 指令，将#0003 传送到 HR00 通道中。由图 4.45（b）可见，只有 HR0000 和 HR0001 为 ON，所以 01000 和 01001 立即变为 ON。当 00001 由 OFF 变为 ON 时，执行一次左移位。第一次移位后，由图（b）可见，HR0000 和 HR0001 变为 OFF、HR0004 和 HR0005 变为 ON，于是 01000 和 01001 变为 OFF，01002 和 01003 变为 ON。此后，每当 00001 由 OFF 变为 ON 时，就执行一次左移位。HR00 各位的状态可以被用在相应的控制程序中。

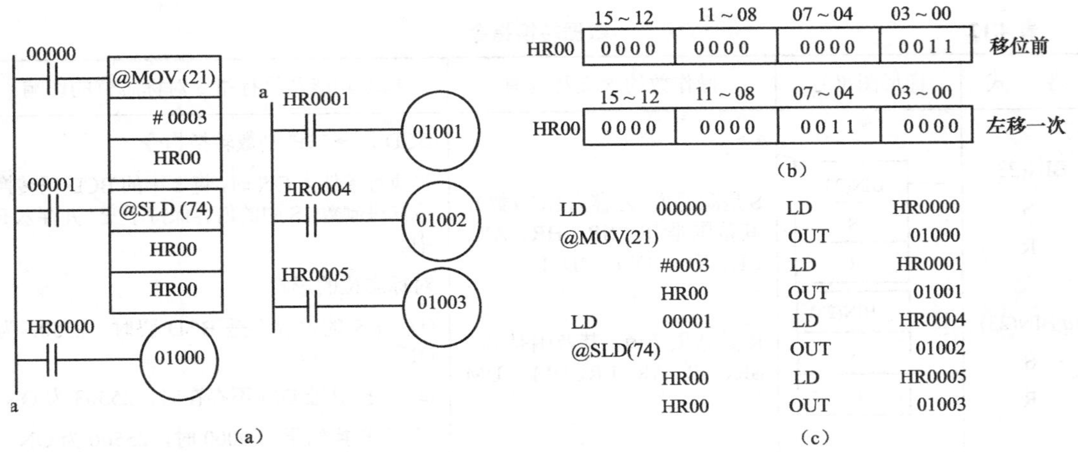

图 4.45 使用@SLD 指令的例子

4. 字移位指令（WSFT/@WSFT）

图 4.46 是使用@WSFT 指令的例子。图（b）只画出执行一次@WSFT 指令前后 HR00 和 HR01 两个通道的状态。

在图 4.46 中，当 00000 由 OFF 变为 ON 时，执行一次 MOV 指令向 HR00 中传送数据#0846。每当 00001 由 OFF 变为 ON 时，执行一次@WSFT 指令。可以推知，经过执行 4 次@WSFT 指令，#0846 就被移到 HR04 中，而 HR00～HR03 全部为 0000。

在使用移位指令时，要根据以下几方面的需要，选择不同的移位指令。

（1）需要位移位、数字移位、还是字移位。

（2）需要单向移位、还是循环移位。

（3）是否需要标志位 CY 参与移位。

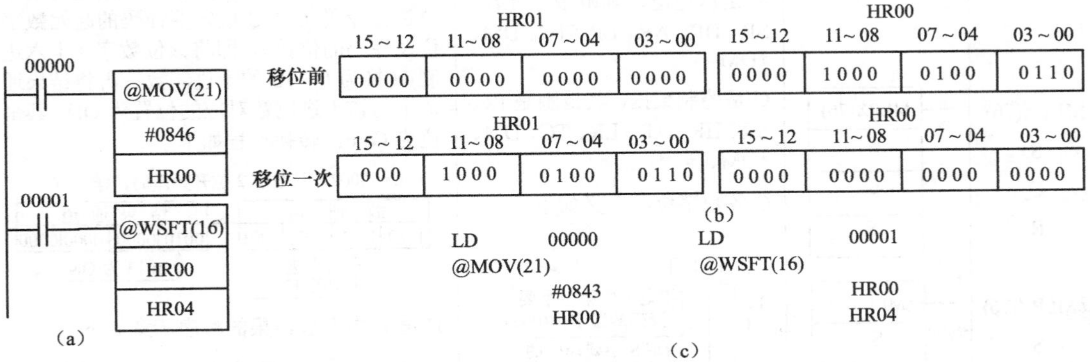

图 4.46 使用@WSFT 指令的例子

4.5.2 数据转换指令

表 4.12 列出了数据转换指令的格式、梯形图符号、操作数的含义及范围、指令功能及执行指令对标志位的影响。

表 4.12　　数据转换指令

<table>
<tr><th>格　式</th><th>梯形图符号</th><th>操作数的含义及范围</th><th>指令功能及执行指令对标志位的影响</th></tr>
<tr><td>BIN(23)
S
R

@BIN(23)
S
R</td><td>BIN(23)
S
R

@BIN(23)
S
R</td><td>S是源通道（内容为BCD数），其范围是IR、SR、HR、AR、LR、TC、DM、*DM

R是结果通道，其范围是IR、SR、HR、AR、LR、DM、*DM</td><td>BCD码→二进制数转换指令
当执行条件为ON时，将S中的BCD码转换成二进制数（S中的内容保持不变）并存入R中
对标志位的影响
① 当S的内容不是BCD码时，25503为ON
② 间接寻址DM不存在时，25503为ON
③ 当转换结果为0000时，25506为ON</td></tr>
<tr><td>BCD(24)
S
R

@BCD(24)
S
R</td><td>BCD(24)
S
R

@BCD(24)
S
R</td><td>S 是源通道（内容为二进制数），其范围是IR、SR、HR、AR、LR、DM、*DM

R是结果通道，其范围同S</td><td>二进制数→BCD码转换指令
当执行条件为ON时，将S中的二进制数转换成BCD码（S中的内容保持不变）并存入R中
对标志位的影响
① 当转换后的BCD数大于9999时，25503为ON
② 间接寻址DM不存在时，25503为ON
③ 当转换结果为0000时，25506为ON</td></tr>
<tr><td>MLPX(76)
S
C
R

@MLPX(76)
S
C
R</td><td>MLPX(76)
S
C
R

@MLPX(76)
S
C
R</td><td>S是源通道，其范围是IR、SR、HR、AR、LR、TC、DM、*DM
C是控制数据，其范围是IR、SR、HR、AR、LR、TC、DM、*DM、#
C各数字位的含义如下
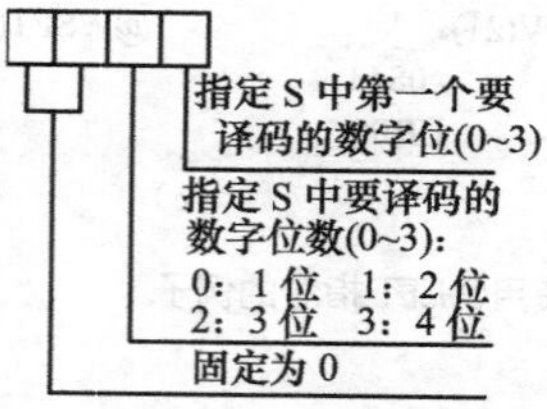
R是结果开始通道，其范围是IR、SR、HR、AR、LR、DM、*DM</td><td>译码指令
当执行条件为ON时，对S中指定的数字位进行译码（由C确定要译码的起始数字位及译码的位数），即将该位数字（十六进制转换为0~15的十进制数，再将结果通道中与该十进制数对应的位置为ON，其余位为OFF。转换过程如下
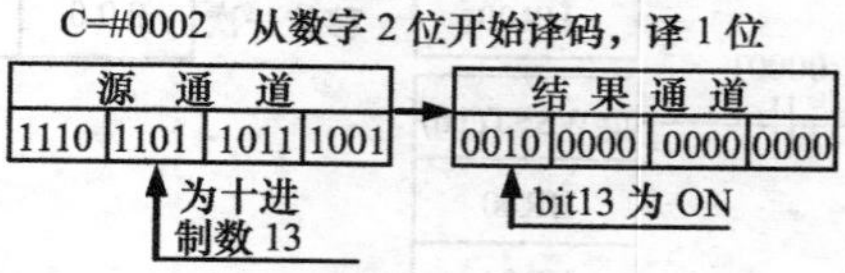
通道R中存放结果的顺序示意如下
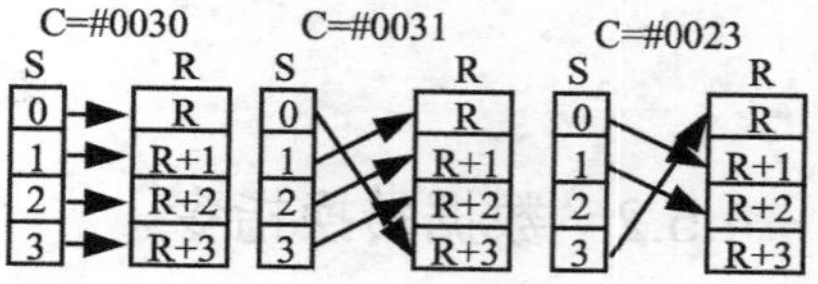
下列情况下，25503为ON
① R+3超出数据区范围
② 间接寻址DM通道不存在</td></tr>
</table>

续表

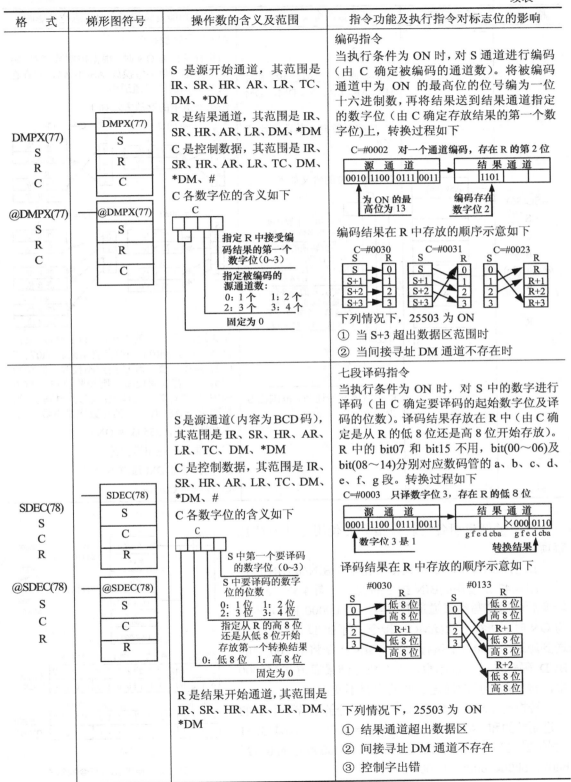

格　式	梯形图符号	操作数的含义及范围	指令功能及执行指令对标志位的影响
DMPX(77) S R C @DMPX(77) S R C	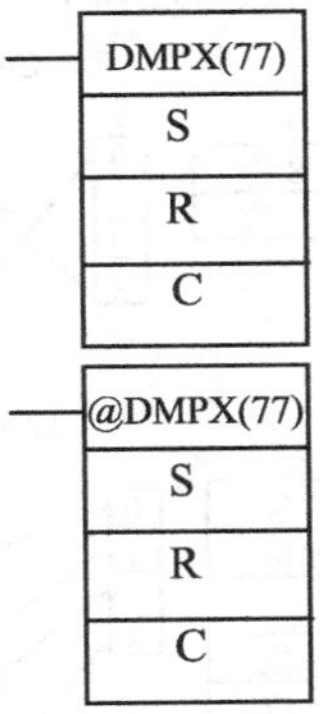	S 是源开始通道，其范围是 IR、SR、HR、AR、LR、TC、DM、*DM R 是结果通道，其范围是 IR、SR、HR、AR、LR、DM、*DM C 是控制数据，其范围是 IR、SR、HR、AR、LR、TC、DM、*DM、# C 各数字位的含义如下 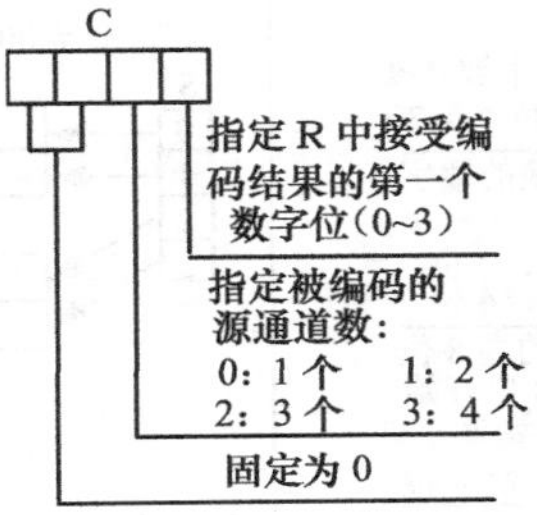	编码指令 当执行条件为 ON 时，对 S 通道进行编码（由 C 确定被编码的通道数）。将被编码通道中为 ON 的最高位的位号编为一位十六进制数，再将结果送到结果通道指定的数字位（由 C 确定存放结果的第一个数字位)上，转换过程如下 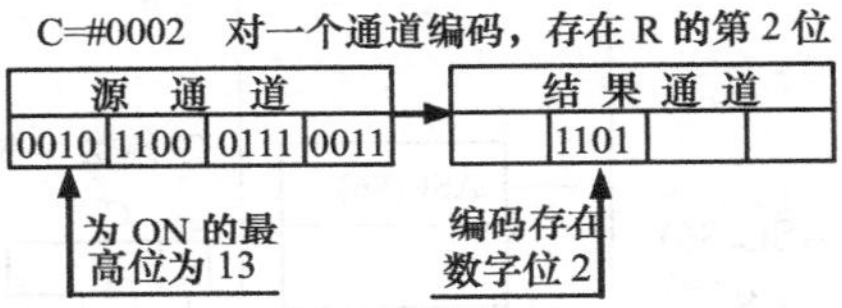 编码结果在 R 中存放的顺序示意如下 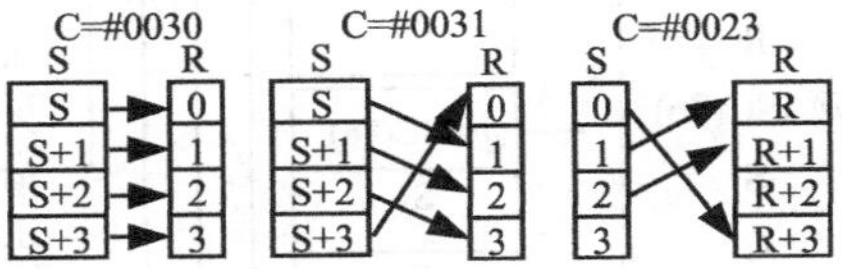 下列情况下，25503 为 ON ① 当 S+3 超出数据区范围时 ② 当间接寻址 DM 通道不存在时
SDEC(78) S C R @SDEC(78) S C R	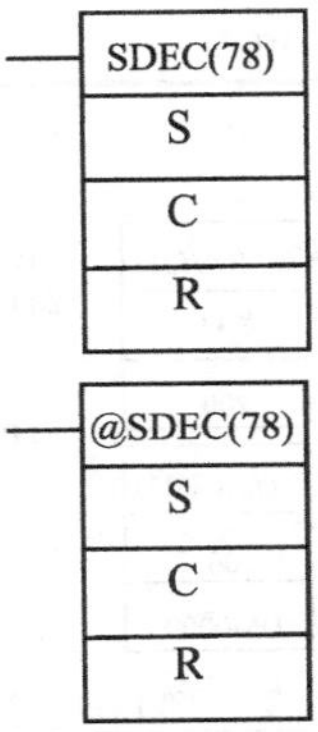	S 是源通道(内容为 BCD 码)，其范围是 IR、SR、HR、AR、LR、TC、DM、*DM C 是控制数据，其范围是 IR、SR、HR、AR、LR、TC、DM、*DM、# C 各数字位的含义如下 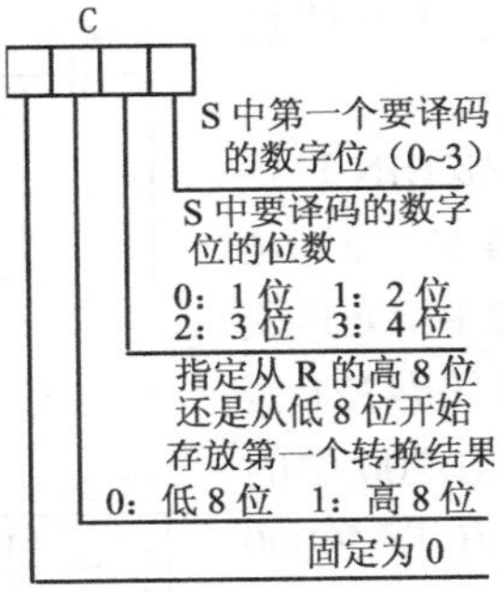 R 是结果开始通道，其范围是 IR、SR、HR、AR、LR、DM、*DM	七段译码指令 当执行条件为 ON 时，对 S 中的数字进行译码（由 C 确定要译码的起始数字位及译码的位数）。译码结果存放在 R 中（由 C 确定是从 R 的低 8 位还是高 8 位开始存放）。R 中的 bit07 和 bit15 不用，bit(00～06)及 bit(08～14)分别对应数码管的 a、b、c、d、e、f、g 段。转换过程如下 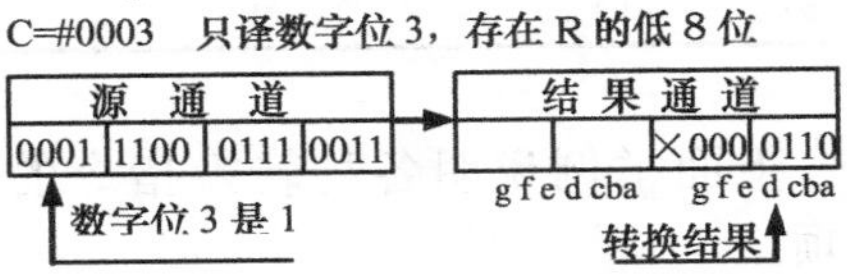 译码结果在 R 中存放的顺序示意如下 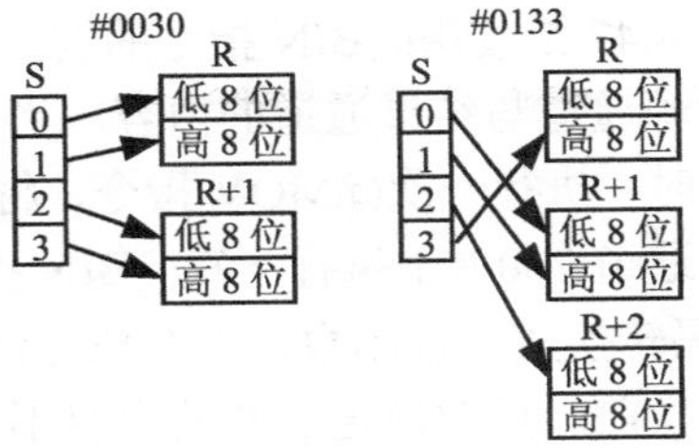 下列情况下，25503 为 ON ① 结果通道超出数据区 ② 间接寻址 DM 通道不存在 ③ 控制字出错

续表

格 式	梯形图符号	操作数的含义及范围	指令功能及执行指令对标志位的影响
ASC(86) S C R @ASC(86) S C R	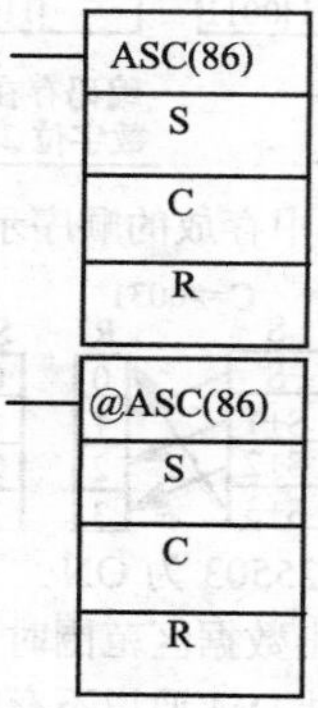	S 是源通道，范围是 IR、SR、HR、AR、LR、TC、DM、*DM C 是控制数据，其范围比 S 多# C 各数字位的含义如下 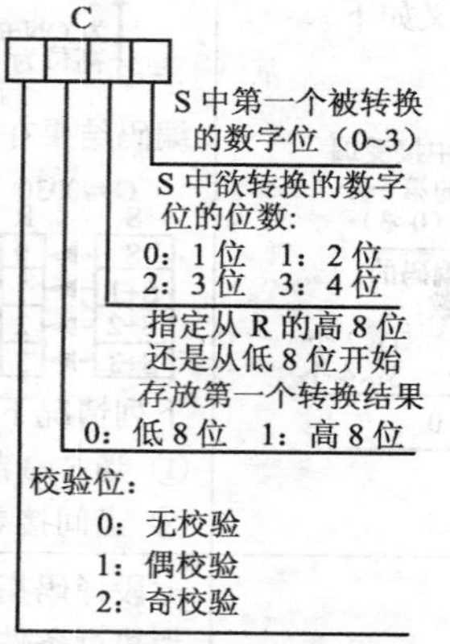 R 是结果开始通道，范围比 S 少 TC	ASCII 码转换指令 当执行条件为 ON 时，根据控制数据 C，将 S 中指定的数字转换成 ASCII 码，并存在从 R 开始的结果通道中 结果通道中的存放方法如下 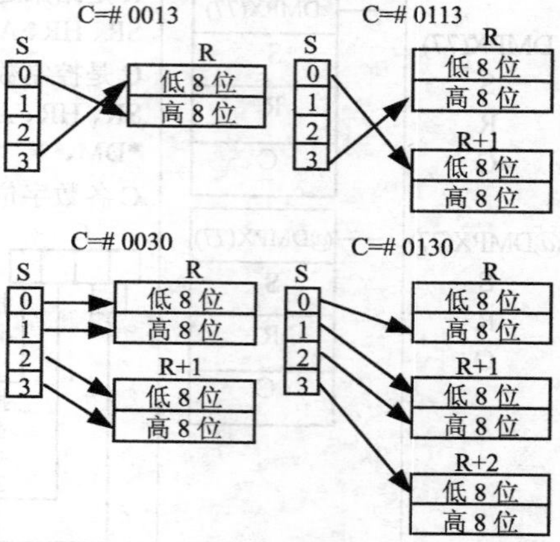 结果通道低 8 位的 bit(00～06)存放结果，高 8 位的 bit(08～14)存放结果。bit07 和 bit15 是校验位。若 C 指定不校验，则校验位为 0；若为偶校验，则校验位与 ASCII 码中 1 的总数应是偶数；若为奇校验，则校验位与 ASCII 中 1 的总数应是奇数 下列情况下，25503 为 ON ① 结果通道超出数据区 ② 间接寻址 DM 通道不存在 ③ 控制字 C 出错

下面举例说明各种转换指令的使用方法及注意事项。

1. BCD 码→二进制数转换指令（BIN/@BIN）

图 4.47 是使用@BIN 指令的例子。图 4.47（c）是转换后源通道与结果通道的内容。当 00000 由 OFF 变为 ON 时，执行一次@MOV 指令，将 BCD 码#4321 传送到源通道 200 中；执行一次@BIN 指令将 IR200 中的 BCD 码转换成二进制数，并存放在结果通道 DM0000 中。转换前、后源通道 200 的内容不变。

转换的原理是：4 位 BCD 码可以分解成若干个 2^n 的十进制数的和，4321 可分解为 4321= 4096+128+64+32+1 $=2^{12}+2^7+2^6+2^5+2^0$。因此，结果通道 DM0000 中的 bit12、bit07、bit06、bit05、bit00 应为 1。

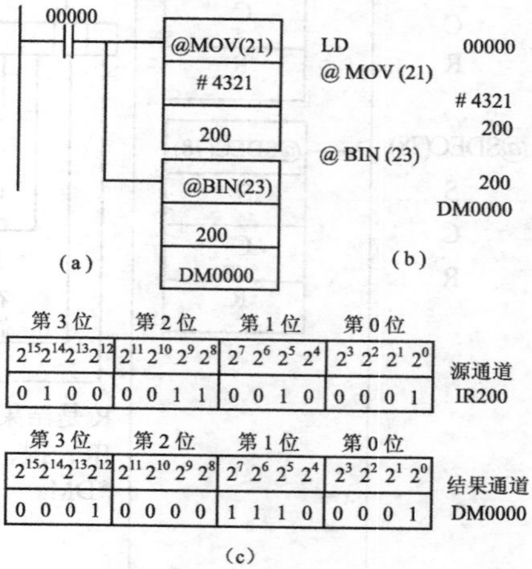

图 4.47 使用@BIN 指令的例子

2. 二进制数→BCD 码转换指令（BCD/@BCD）

图 4.48 是使用@BCD 指令的例子。二进制数 0001 0000 1110 0001 用十六进制数表示为 10E1。当 00000 为 ON 时，执行一次@MOV 指令，将 10E1 传送到源通道 HR00 中，执行一次@BCD 指令后将 HR00 中的二进制数转换成 BCD 码，并存放在结果通道 HR01 中。图 4.48（c）是转换后源通道与结果通道的内容。

转换的原理是：二进制数 0001 0000 1110 0001 对应的十进制数为 $2^{12}+2^7+2^6+2^5+2^0=4321$。将 4321 用 BCD 码表示，因此，转换后结果通道 HR01 中的各数字位从高到低依次为 0100、0011、0010、0001，如图 4.48（c）所示。

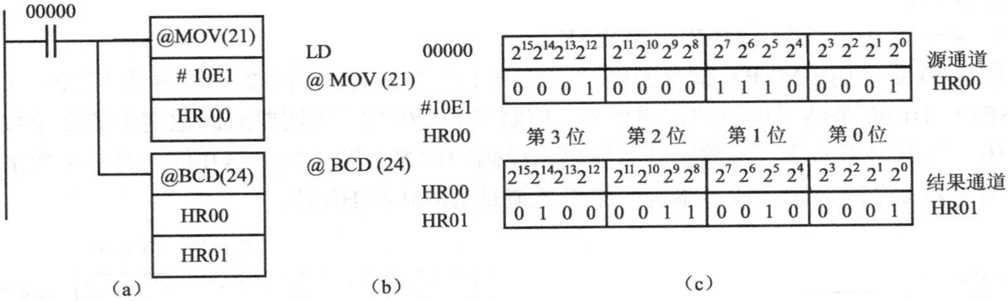

图 4.48　使用 BCD 指令的例子

3. 16→4 编码器指令（DMPX/@DMPX）

图 4.49 是使用@DMPX 指令的例子。图 4.49 中，编码指令的首源通道为 HR00，结果通道为 DM0000，以 IR220 中的内容（0013）作为控制字，表明要对 2 个源通道进行编码，从结果通道的第 3 位数字位开始存放结果。对 2 个源通道进行编码有 2 个结果，所以只占用结果通道的 2 个数字位。

设 HR00 中的内容为 A8E7，HR01 中的内容为 01BF。编码的原理是：首通道 HR00 的内容 A8E7（1010 1000 1110 0111），为 1 的最高位的位号是 15，其十六进制编码为 F，这个结果要放在结果通道 DM0000 的第 3 位数字位；HR01 的内容 01BF（0000 00001 1011 1111）中为 1 的最高位的位号是 8，其十六进制编码为 8，这个结果要放在结果通道 DM0000 的第 0 位数字位中。图 4.49（c）是转换后源通道与结果通道的内容。

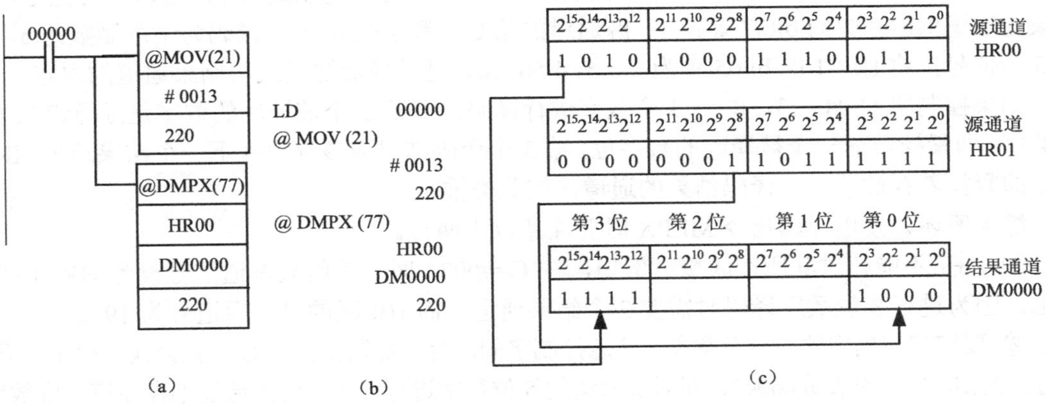

图 4.49　使用 DMPX 指令的例子

对于图 4.49，如果 IR220 中的内容为 0023，即对 3 个源通道进行编码，第 3 个被编码的源通道应该是 HR02，即紧挨着前一个被编码的通道，第 3 个编码结果应该存放在结果通道 DM0000 的第 1 位数字位，即紧挨着前一个编码结果的存放位，依此类推。

综上所述，使用编码指令 DMPX 时要注意以下两点。

① S+3 不能超过其所在区域。例如，在控制字 C=#0023 时，若首源通道设为 HR18 就会出错。因为要对 3 个通道进行编码，而 HR 区只有 HR18 和 HR19 这 2 个通道可以供编码了。

② 要牢记控制字的内容及意义，并注意控制字的内容不能写错。由于一个结果通道只能存放 4 个转换结果，所以一次只能对 4 个源通道进行编码。若 C 设置错误，程序将无法执行。例如，若 C 设为#0042，即对 5 个源通道进行编码，会产生 5 个编码结果，一个结果通道是无法存放的。

4. 4→16 译码指令（MLPX/@MLPX）

图 4.50 是使用@MLPX 指令的例子。在图 4.50 中，译码指令的源道号为 IR200 （内容为 78F5），HR00 是结果通道的首通道号。控制字 C=#0013，表明要对源通道中的 2 个数字进行译码，从源通道的第 3 位数字开始译码，译码的顺序为第 3 位→第 0 位。对 2 个数字译码的结果需要 2 个通道来存放，本例中结果通道是 HR00 和 HR01。

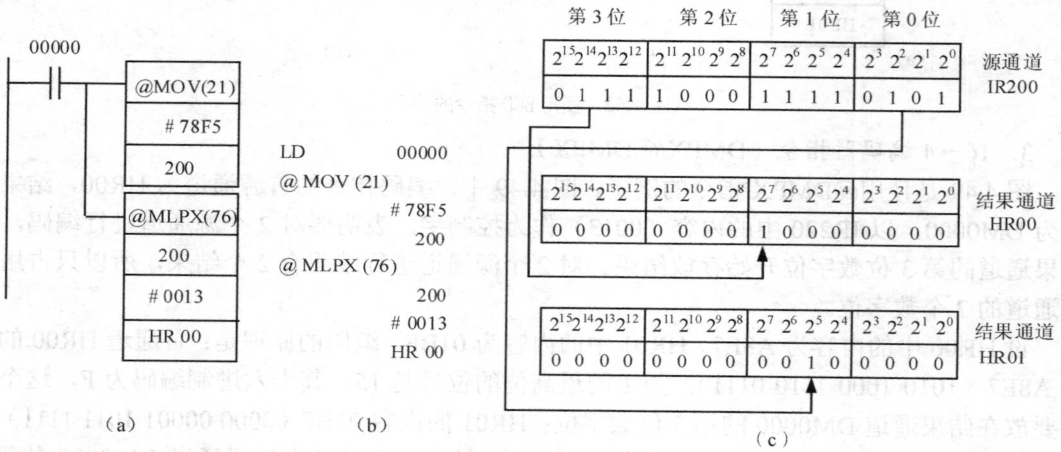

图 4.50 使用@MLPX 指令的例子

译码的原理是：源通道的第 3 位数字是 0111，译码为十进制数的 7，则以 7 为位号，将结果首通道 HR00 中的 bit07 置为 1；源通道的第 0 位数字是 0101，译码为十进制数的 5，则以 5 为位号，将 HR01 的 bit05 置为 1。图 4.50（c）是转换后源通道与结果通道的内容。

如果控制字 C=#0023，即对 3 个数字进行译码，则第 3 个被译码的数字是源通道的第 1 位数字，即紧挨着前一个被译码的数字位，第 3 个译码结果应该存放在下一个结果通道 HR02 中，即紧挨着存放前一个译码结果的通道，依此类推。

综上所述，使用译码指令 MLPX 时要注意以下两点。

① R+3 不能超过其所在区域。例如，在 C=#0023 时，若结果首通道号设为 HR18 就会出错。因为进行 3 位数字译码时需要 3 个结果通道，而 HR 区的最大通道号为 19 。

② 要牢记控制字的内容及意义，注意控制字的内容不能写错，若 C 设置错误，程序将无法执行。例如，C 被设置成#0042，即对源通道的 5 位数字进行译码，而源通道不存在第 5 位数字。

5. 七段译码指令（SDEC/@SDEC）

图 4.51 是使用七段译码指令@SDEC 的例子。图 4.51（c）是译码后源通道与结果通道的

内容，图 4.51（d）是七段数码管各段与结果通道各位的对应关系，图 4.51（e）是译码后 HR01 中第 1 位数字和第 3 位数字所对应的数码管显示的数字。

图 4.51 中，指令的源通道号为 HR00，结果通道为 HR01。控制字 C=#0013，表明从源通道的第 3 位数字开始，对 2 个数字进行译码，译码的顺序为第 3 位数字→第 0 位数字；从结果通道的低 8 位开始接受第一个转换结果，每个结果占 8 位，所以只占用一个结果通道。

译码的原理是：当 00000 为 ON 时，执行@SDEC 指令对 HR00 中的数据（为 1673）进行七段译码。源通道中的第 3 位数字是 0001，经过七段译码后，七段数码管应该显示数字 1，即七段数码的 b、c 段应该是 1。第一个译码结果要存放在结果通道的低 8 位，所以 HR01 的低 8 位是 0000 0110（bit7 固定为 0）；源通道中的第 0 位数字的内容为 0011，经过七段译码后，七段数码管应该显示数字 3，即七段数码的 a、b、c、d、g 段应该是 1。第二个译码结果要存放在结果通道的高 8 位，所以 HR01 的高 8 位是 0100 1111（bit15 固定为 0）。

本例中，若 C=#0113 时，虽然也是对 2 个数字进行译码，但需要两个结果通道。这时结果通道应是以 HR01 为首通道的两个连续通道。第一个译码结果存放在 HR01 的高 8 位，第二个译码结果存放在 HR02 的低 8 位。

执行七段译码指令 SDEC 时，若源通道的内容有数码 A～F，七段数码管也可以显示出数码 A～F。

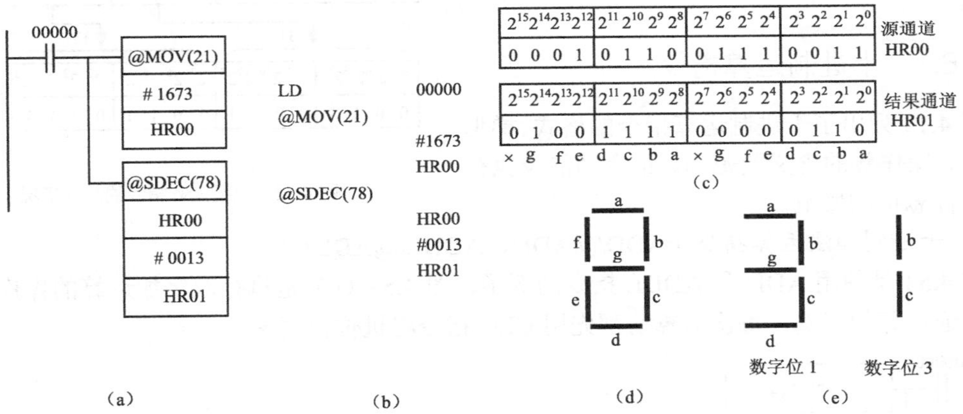

图 4.51 使用@SDEC 指令的例子

综上所述，使用 SDEC 指令要注意以下两点。

① 结果通道不能超过其所在区域。例如，在控制字 C=#0113 时，若结果通道数据为 HR19 就会出错。因为第一个结果要存放在 HR19 的高 8 位，显然第二个译码结果无处存放。

② 一次最多只能对 4 个数字进行译码。若 C 设置错误，程序将无法执行。例如，C 设置为#0042，即对 5 个数字进行译码，这显然是错误的。

6. ASCII 转换指令（ASC/@ASC）

图 4.52 所示为执行 ASC 指令的几种情况。图 4.52（a）中 C=#0011，表示从源通道 S 的数字位 1 开始转换，转换 2 位，转换结果从结果通道 R 的低 8 位开始存放，不校验。

源通道 S 的数字位 1 是 BCD 数 3，转换成 ASCII 是 33（见附录 D），数字位 2 是 BCD 数 1，转换成 ASCII 是 31。由于 C 指定不校验，所以 bit07 和 bit15 都写 0。

图 4.52（b）中 C=#1010，示意从源通道 S 的数字位 0 开始转换，转换 2 位，转换结果从结果通道 R 的低 8 位开始存放，偶校验。

源通道 S 的数字位 0 和 1 是 BCD 数 3 和 1，转换成 ASCII 是 33 和 31，由于 C 指定为偶校验，在 R 的低 8 位中，ASCII 里 1 的个数已是偶数，所以 bit07 写 0；在 R 的高 8 位中，ASCII 里 1 的个数不是偶数，所以 bit15 写 1。

图 4.52（c）中 C=#2010，指定为奇校验，在 R 的低 8 位中，ASCII 里 1 的个数不是奇数，所以 bit07 写 1；在 R 的高 8 位中，ASCII 里 1 的个数已是奇数，所以 bit15 写 0。

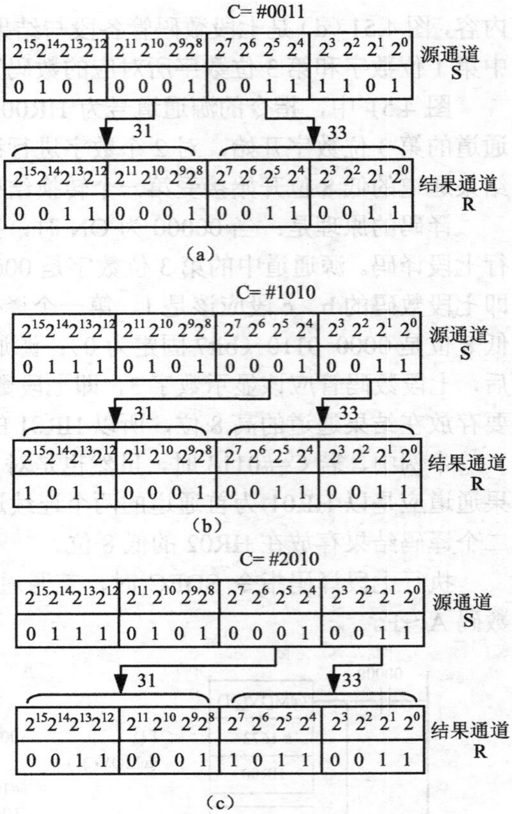

图 4.52 执行 ASC 指令的几种情况

4.6 数据运算指令

数据运算指令包括对十进制和二进制数的加、减、乘、除运算以及数据的逻辑运算等。因为进行加、减运算时进位位也参与运算，所以对进位位置 1 和置 0 的指令 STC 和 CLC 也将在本节介绍。

4.6.1 十进制运算指令

表 4.13 列出了十进制运算指令的格式、梯形图符号、操作数的含义及范围、指令功能及执行指令对标志位的影响。

1. 十进制加法运算指令（ADD/@ADD、ADDL/@ADDL）

图 4.53 是使用 ADD 和 ADDL 指令的例子，图 4.53（c）是执行双字加运算的操作过程。为了保证运算的正确，每次运算前都先用 CLC 指令将进位位清零。

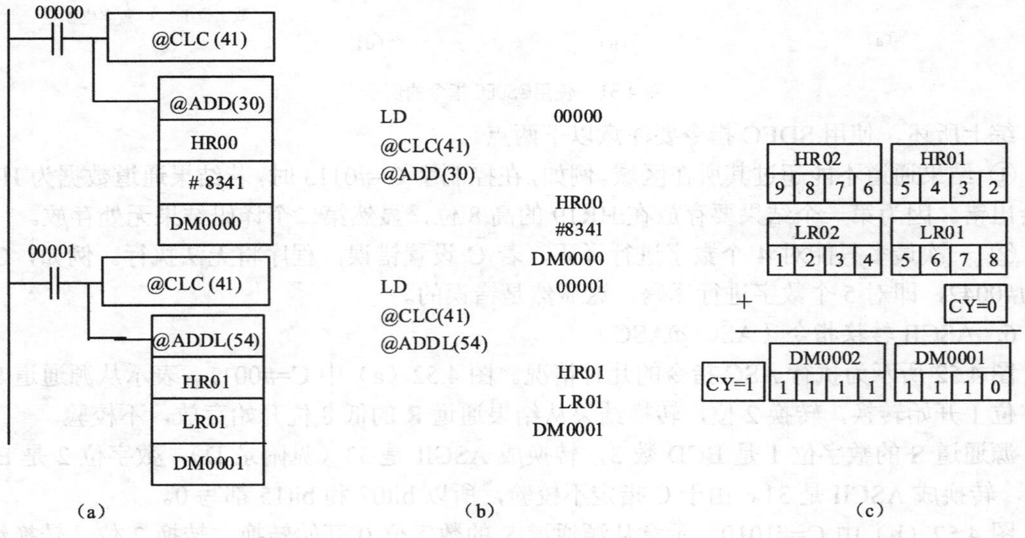

图 4.53 使用 BCD 加法指令的例子

图 4.53 中，当 00000 为 ON 时，执行@CLC 指令清进位位，执行@ADD 指令，将 HR00（#1234）与#8341 及 CY 相加，结果存放在 DM0000 中；当 00001 为 ON 时，执行@CLC 指令清进位位，执行@ADDL 指令，将双字 HR02（#9876）HR01（#5432）与 LR02（#1234）LR01（#5678）及 CY 相加，结果存放在 DM0002 和 DM0001 中。

图 4.54 是使用 ADD 指令修改 TIM 设定值的例子。TIM000 的设定值是由 DM0010 通道提供的。程序运行前用编程器向 DM0010 写入初始数据#0300。这里使用 ADD 指令是为了方便多次修改 TIM 的设定值。

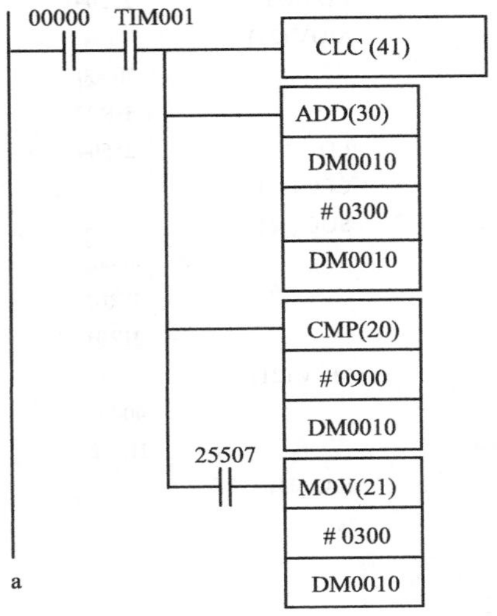

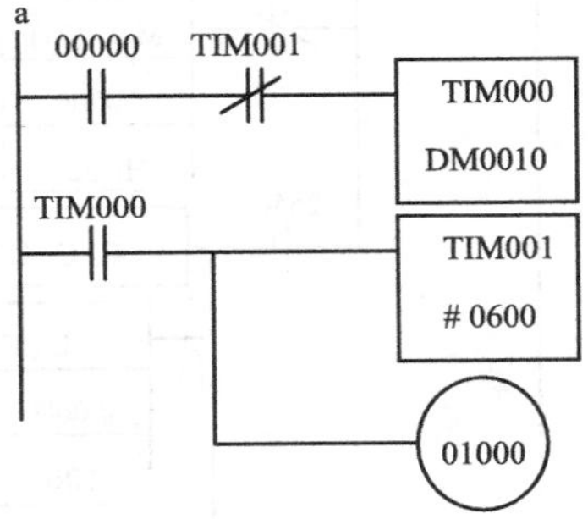


```
LD        00000        MOV (21)
AND       TIM001                   #0300
CLC (41)                           DM0010
ADD (30)               LD          00000
          DM0010       AND NOT     TIM001
          #0300        TIM         000
          DM0010                   DM0010
CMP (20)               LD          TIM000
          #0900        TIM         001
          DM0010                   #0600
AND       25507        OUT         01000
```

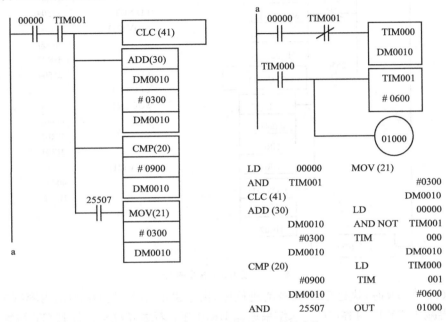

图 4.54　使用 ADD 指令修改 TIM 的设定值

该段程序中，每当 TIM001 为 ON（ON 一个扫描周期）时执行 ADD 指令，将 DM0010 中的数据加#0300，即 TIM000 的设定值增加 30s。当 DM0010 中的数据大于#0900 时，执行 CMP 指令后 25507 为 ON，从而使 MOV 指令得以执行，再将#0300 传送给 DM0010，即令 TIM000 的设定值恢复为 30s。

该段程序对 01000 实现了循环间歇 OFF、ON 的控制。01000 每次 ON 的时间保持不变，而每次 OFF 的时间依次增加 30s（但不超过 90s）。00000 对应一个自锁开关，程序实现的控制功能如下：

00000 ON → 01000 OFF 30s → 01000 ON 60s → 01000 OFF 60s
↓（01000 OFF 60s）　↑（01000 OFF 30s）
01000 ON 60s ← 01000 OFF 90s ← 01000 ON 60s

01000 每次都 ON 60s，是由 TIM001 控制的；01000 第一次 OFF 的时间是 30s，以后 OFF 的时间依次增加 30s，这是通过执行 ADD 指令改变 TIM000 的设定值实现的；01000 OFF 的最长时间不超过 90s，是由 CMP 指令控制的。当然，实现上述控制并不是仅此一个方案。

2. 十进制减法运算指令（SUB/@SUB）

图 4.55 是使用减法运算指令 SUB 指令的例子。被减数在 HR00 中，减数在 DM0000 中，结果存入 HR01 中，进位位状态存入 HR02 中。

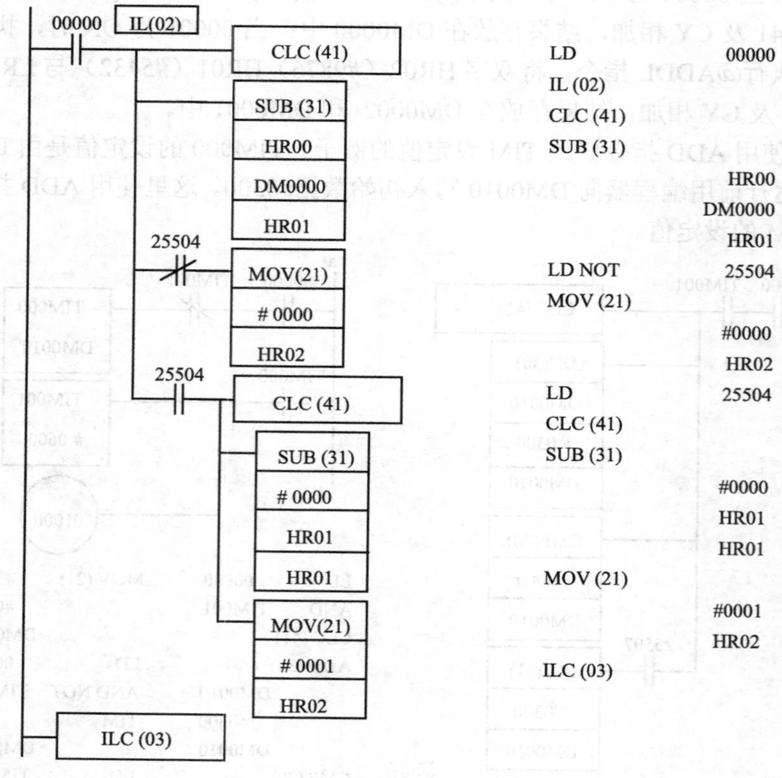

图 4.55　使用 SUB 指令的例子

当 00000 为 ON 时，执行 CLC 指令清进位位。执行 SUB 指令，用 HR00 的内容减去 DM0000 的内容，再减去 CY 的内容，差存入结果通道 HR01 中。若运算没有借位时 CY 被置 0，25504 为 OFF，HR02 为 0；若运算有借位时，则结果通道中的内容是差的十进制补码，故需进行第二次减法运算。此时 CY 为 1，25504 为 ON，于是第二次执行减法运算，结果存入 HR01 中，同时把 HR02 置 1。两次减法运算的操作过程如下：

	HR00		DM0000		CY			HR01	CY
第一次相减：	1000	–	2000	–	0	→	1000＋（10000－2000）＝	9000	1
	HR01				CY			HR01	CY
第二次相减：	0000	–	9000	–	0	→	0000＋（10000－9000）＝	1000	1

3．十进制递增（INC/@INC）、递减指令（DEC/@DEC）及乘（MUL/@MUL）、除法（DIV/@DIV）运算指令

由于两个最大的单字 BCD 数相乘，即 9999×9999= 99980001，运算结果不发生进位，同样两个最大的双字 BCD 数相乘结果也不发生进位，所以乘、除运算都不涉及进位位 CY。

图 4.56 中使用了递增指令@INC、乘法运算指令@MUL、除法运算指令@DIV。当程序运行时先令 00000 ON 一次，将 DM0000～DM0004 清零，为进行各种运算做好准备。

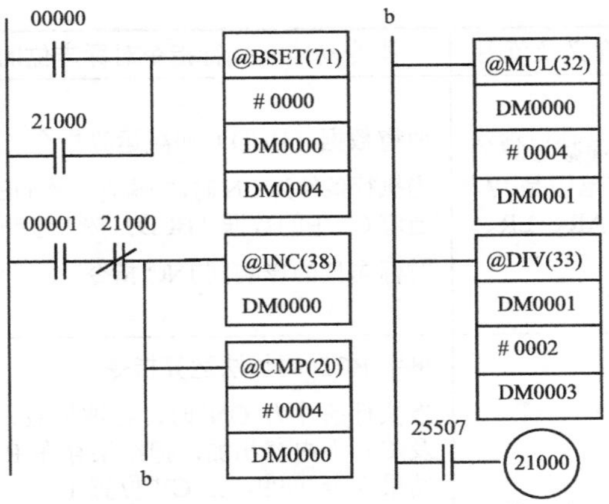


```
LD          00000           DM 0000
OR          21000     @ MUL (32)
@ BSET (71)                 DM0000
            # 0000          # 0004
            DM 0000         DM0001
            DM 0004   @ DIV (33)
LD          00001           DM0001
AND NOT     21000           # 0002
@ INC (38 )                 DM0003
            DM 0000   LD    25507
@ CMP (20)            OUT   21000
            # 0004
```

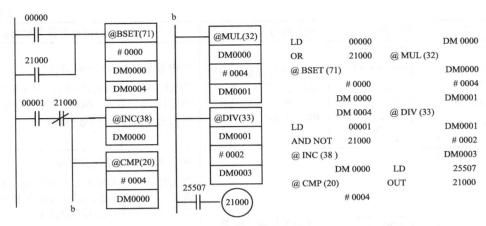

图 4.56 使用 INC、MUL、DIV 指令的例子

每当 00001 为 ON 时，要执行以下几个指令：执行@INC 指令，将 DM0000 中当前的内容加 1；执行 CMP 指令，将 DM0000 中的内容与#0004 比较，若 DM0000 的内容比#0004 大，则将 21000 置为 ON；执行@MUL 指令，将 DM0000 中的内容与#0004 相乘，结果存入 DM0001 和 DM0002 中；执行@DIV 指令，将 DM0001 和 DM0002 中的内容与#0002 相除，商存入 DM0003 中，余数存入 DM0004 中。00001 第 1 次到第 4 次为 ON，DM0000～DM0004 的内容如下：

00001 ON 的次数	DM0000	DM0001	DM0002	DM0003	DM0004
第 1 次	0001	0004	0000	0002	0000
第 2 次	0002	0008	0000	0004	0000
第 3 次	0003	0012	0000	0006	0000
第 4 次	0004	0016	0000	0008	0000

从 00001 第 5 次 ON 开始，以后将重复上面的过程。

表 4.13　　　　十进制数据运算指令

格　式	梯形图符号	操作数的含义及范围	指令功能及执行指令对标志位的影响
STC(40) @STC(40)	STC(40) @STC(40)	无操作数	进位位置 1 指令 当执行条件为 ON 时，将进位标志位 25504 置 1
CLC(41) @CLC(41)	CLC(41) @CLC(41)	无操作数	进位位置 0 指令 当执行条件为 ON 时，将进位标志位 25504 置 0
INC(38) Ch @INC(38) Ch	INC(38) Ch @INC(38) Ch	Ch 是进行递增运算的通道号，其范围是 IR、SR、HR、AR、LR、DM、*DM	通道数据（BCD）递增运算指令 当执行条件为 ON 时，每执行一次 INC 指令，通道 Ch 中的数据（BCD）按十进制递增 1 对标志位的影响 ① 执行结果不影响进位位 25504 ② 通道内容为 0000 时 25506 为 ON ③ 当通道内容不是 BCD 数或间接寻址 DM 不存在时，25503 为 ON

续表

格　式	梯形图符号	操作数的含义及范围	指令功能及执行指令对标志位的影响
DEC(39) Ch @DEC(39) Ch	DEC(39) Ch @DEC(39) Ch	Ch 是进行递减运算的通道号，其范围是 IR、SR、HR、AR、LR、DM、*DM	通道数据（BCD）递减运算指令 当执行条件为 ON 时，每执行一次 DEC 指令，通道 Ch 中的数据（BCD）按十进制递减 1 对标志位的影响同 INC 指令
ADD(30) Au Ad R @ADD(30) Au Ad R	ADD(30) Au Ad R @ADD(30) Au Ad R	Au 为被加数（BCD），其范围是 IR、SR、HR、AR、LR、TC、DM、*DM、# Ad 为加数（BCD），其范围同 Au R 是结果通道，其范围是 IR、SR、HR、AR、LR、DM、*DM	单字 BCD 码加法运算指令 当执行条件为 ON 时，将被加数、加数以及 CY 中内容相加，把结果存在 R 中。若结果大于 9999，则 CY 位置 1 加法运算的过程如下 Au Ad + CY CY　R 对标志位的影响 ① 当 Au 和 Ad 的内容有非 BCD 数时，25503 为 ON ② 间接寻址 DM 不存在时，25503 为 ON ③ 加运算结果超出 4 位 BCD 数时，25504 为 ON ④ 当和为 0000 时，25506 为 ON
SUB(31) Mi Su R @SUB(31) Mi Su R	SUB(31) Mi Su R @SUB (31) Mi Su R	Mi 是被减数（BCD），其范围是 IR、SR、HR、AR、LR、TC、DM、*DM，# Su 是减数（BCD），其范围同 Mi R 是结果通道，其范围是 IR、SR、HR、AR、LR、DM、*DM	单字 BCD 码减法运算指令 当执行条件为 ON 时，将被减数减去减数、再减去 CY 的内容，把结果存在 R 中 若被减数小于减数，则 CY 位置 1，此时 R 中的内容为结果的十进制补码。欲得到正确的结果，应先清 CY 位，再用 0 减去 R 及 CY 的内容，并将结果存在 R 中 减法运算的过程如下 Mi Su − CY CY　R 对标志位的影响 ① 当 Mi 和 Su 的内容有非 BCD 数时，25503 为 ON ② 间接寻址 DM 不存在时，25503 为 ON ③ 当被减数小于减数时，25504 为 ON ④ 当差为 0000 时，25506 为 ON

续表

格　式	梯形图符号	操作数的含义及范围	指令功能及执行指令对标志位的影响
ADDL(54) Au Ad R @ADDL(54) Au Ad R	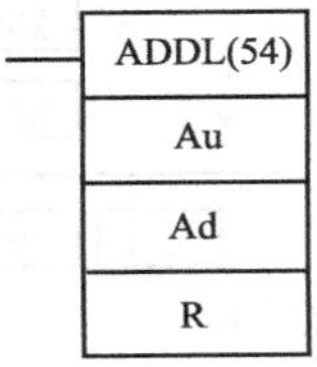 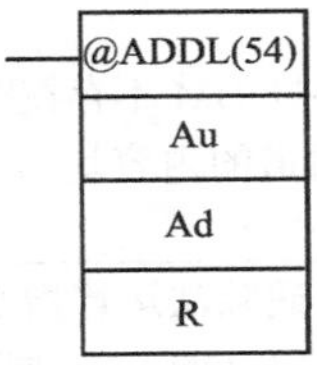	Au 为被加数开始通道（BCD），其范围是 IR、SR、HR、AR、LR、TC、DM、*DM Ad 为加数开始通道（BCD），其范围同 Au R 是结果开始通道，其范围是 IR、SR、HR、AR、LR、DM、*DM	双字 BCD 码加法运算指令 当执行条件为 ON 时，将被加数、加数以及 CY 中的内容相加，把结果存在从 R（存放低 4 位）开始的结果通道中。若结果大于 99999999，则 CY 位置 1 双字加法运算的过程如下 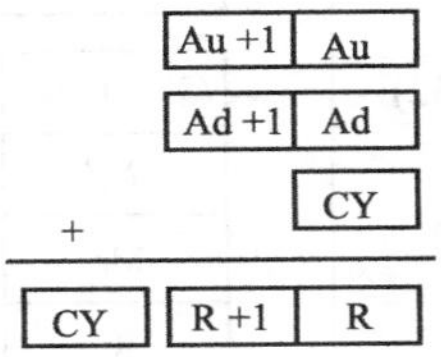 对标志位的影响 ① 被加数和加数有非 BCD 数时，25503 为 ON ② 间接寻址 DM 不存在时，25503 为 ON ③ 加运算结果超出 8 位 BCD 数时，25504 为 ON ④ 结果通道的内容均为 0000 时，25506 为 ON
SUBL(55) Mi Su R @SUBL(55) Mi Su R	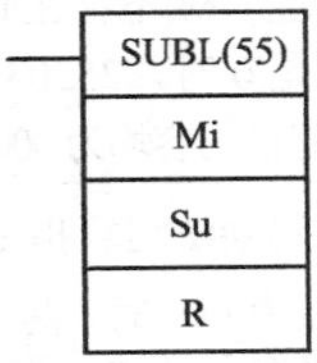 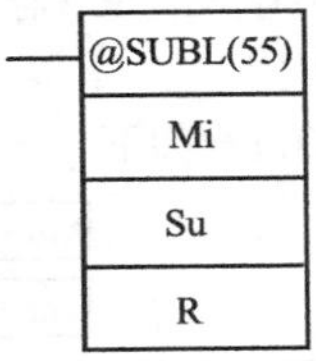	Mi 为被加数开始通道（BCD），其范围是 IR、SR、HR、AR、LR、TC、DM、*DM Su 为加数开始通道（BCD），其范围同 Mi R 是结果开始通道，其范围是 IR、SR、HR、AR、LR、DM、*DM	双字 BCD 码减法运算指令 当执行条件为 ON 时，用被减数减去减数，再减去 CY 的内容，结果存入从 R（存放低 4 位）开始的结果通道中。若被减数小于减数，则 CY 位置 1，此时结果通道中的内容为结果的十进制补码，要得到正确结果，需进行第二次减法运算，应先清 CY，再用 0 减去结果通道的内容，将结果存在 R+1 和 R 中 减法运算的过程如下 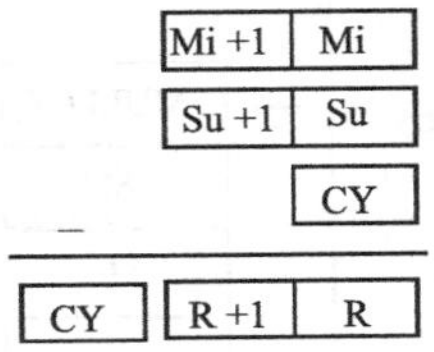 对标志位的影响 ① 当被减数和减数有非 BCD 数时，25503 为 ON ② 间接寻址 DM 不存在时，25503 为 ON ③ 运算有借位时，25504 为 ON ④ 结果通道的内容均为 0000 时，25506 为 ON

续表

格　式	梯形图符号	操作数的含义及范围	指令功能及执行指令对标志位的影响
MUL(32) Md Mr R @MUL(32) Md Mr R	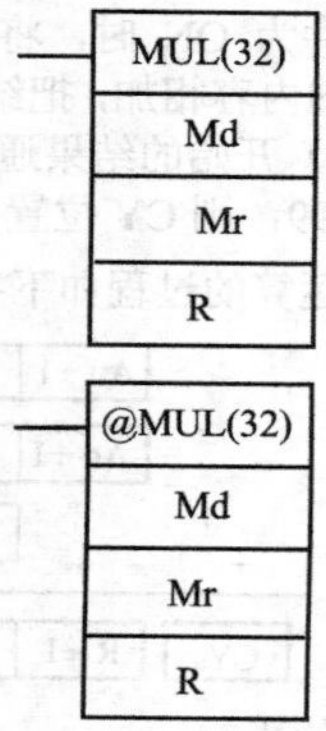	Md 是被乘数（BCD），其范围是 IR、SR、HR、AR、LR、TC、DM、*DM、# Mr 是乘数（BCD），其范围同 Md R 是结果开始通道，其范围是 IR、SR、HR、AR、LR、DM、*DM	单字 BCD 码乘法运算指令 当执行条件为 ON 时，将 Md 和 Mr 的内容相乘，结果存入从 R（存放低 4 位）开始的结果通道中 乘法运算的过程如下 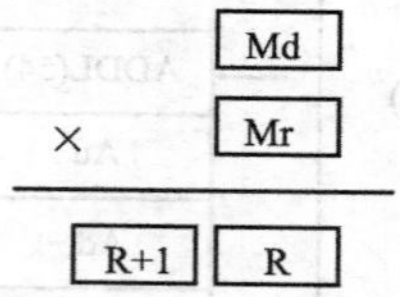 对标志位的影响 ① 当被乘数和乘数有非 BCD 数时，25503 为 ON ② 间接寻址 DM 不存在时，25503 为 ON ③ 结果通道的内容均为 0000 时，25506 为 ON
DIV(33) Dd Dr R @DIV(33) Dd Dr R	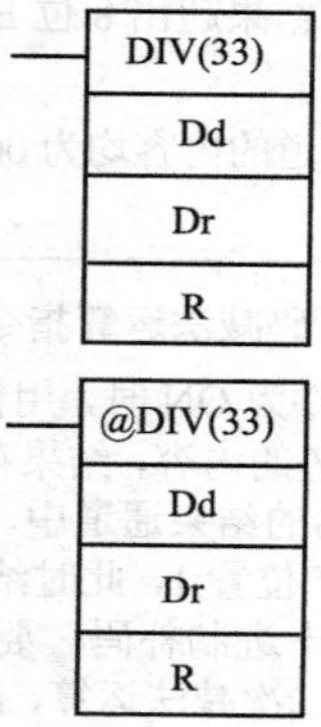	Dd 是被除数（BCD），其范围是：IR、SR、HR、AR、LR、TC、DM、*DM、# Dr 是除数（BCD），其范围同 Dd R 是结果开始通道，其范围是 IR、SR、HR、AR、LR、DM、*DM	单字 BCD 码除法运算指令 当执行条件为 ON 时，被除数除以除数，结果存入 R（存商）和 R+1（存余数）通道中 除法运算的过程如下 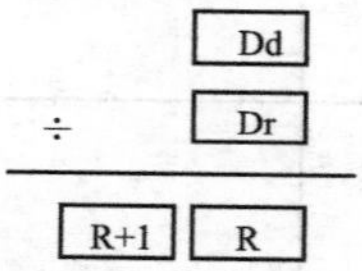 对标志位的影响 ① 当被除数和除数有非 BCD 数时，25503 为 ON ② 间接寻址 DM 不存在时，25503 为 ON ③ 当除数是 0 时，25503 为 ON ④ 结果通道的内容均为 0000 时，25506 为 ON
MULL(56) Md Mr R @MULL(56) Md Mr R	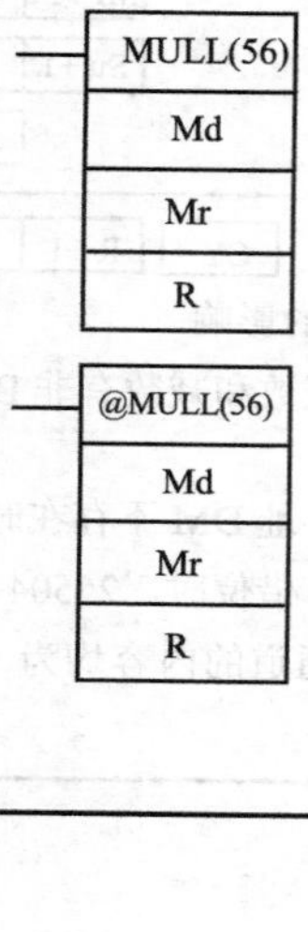	Md 是被乘数（BCD）的开始通道，其范围是 IR、SR、HR、AR、LR、TC、DM、*DM Mr 是乘数（BCD）的开始通道，其范围同 Md R 是结果的开始通道，其范围是 IR、SR、HR、AR、LR、DM、*DM	双字 BCD 码乘法运算指令 当执行条件为 ON 时，两个 8 位的 BCD 数相乘，结果存入从 R（存放低 4 位）开始的结果通道中 乘法运算的过程如下 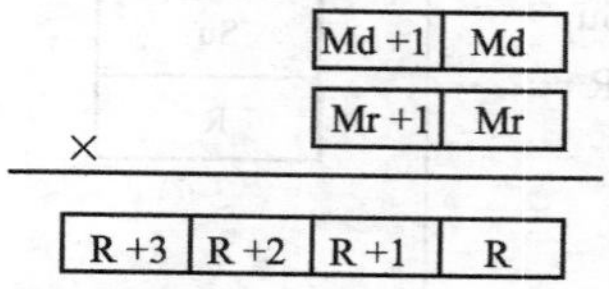 对标志位的影响 ① 当被乘数和乘数有非 BCD 数时，25503 为 ON ② 间接寻址 DM 不存在时，25503 为 ON ③ 当结果通道的内容均为 0000 时，25506 为 ON

续表

格 式	梯形图符号	操作数的含义及范围	指令功能及执行指令对标志位的影响
DIVL(57) Dd Dr R @DIVL(57) Dd Dr R	DIVL(57) Dd Dr R @DIVL(57) Dd Dr R	Dd 是被除数（BCD）的开始通道，其范围是 IR、SR、HR、AR、LR、TC、DM、*DM Dr 是除数（BCD）的开始通道，其范围同 Dd R 是结果的开始通道，其范围是 IR、SR、HR、AR、LR、DM、*DM	双字 BCD 码除法运算指令 当执行条件为 ON 时，两个 8 位的 BCD 数相除，商存入 R（低 4 位）和 R+1（高 4 位）中，余数存入 R+2（低 4 位）和 R+3（高 4 位）中 除法运算的过程如下 Dd +1 | Dd ÷ Dr +1 | Dr R +3 | R +2 | R +1 | R 对标志位的影响 ① 当被除数和除数有非 BCD 数时，25503 为 ON ② 间接寻址 DM 不存在时，25503 为 ON ③ 当除数是 0 时，25503 为 ON ④ 当结果通道的内容均为 0000 时，25506 为 ON

4.6.2 二进制运算指令

二进制数据运算指令都是单字运算指令。表 4.14 列出了二进制运算指令的格式、梯形图符号、操作数的含义及范围、指令功能及执行指令对标志位的影响。

表 4.14 二进制运算指令

格 式	梯形图符号	操作数的含义及范围	指令功能及执行指令对标志位的影响
ADB(50) Au Ad R @ADB(50) Au Ad R	ADB(50) Au Ad R @ADB(50) Au Ad R	Au 为被加数（二进制），其范围是 IR、SR、HR、AR、LR、TC、DM、*DM、# Ad 为加数（二进制），其范围同 Au R 是结果通道，其范围是 IR、SR、HR、AR、LR、DM、*DM	单字二进制加法运算指令 当执行条件为 ON 时，将被加数、加数以及 CY 相加，把结果存在 R 中。若结果大于 FFFF，则将 CY 位置 1 对标志位的影响 ① 当间接寻址 DM 不存在时，25503 为 ON ② 当加运算结果超出 FFFF 数时，25504 为 ON ③ 当和为 0000 时，25506 为 ON
SBB(51) Mi Su R @SBB(51) Mi Su R	SBB(51) Mi Su R @SBB (51) Mi Su R	Mi 是被减数（二进制），其范围是 IR、SR、HR、AR、LR、TC、DM、*DM、# Su 是减数（二进制），其范围同 Mi R 是结果通道，其范围是 IR、SR、HR、AR、LR、DM、*DM	单字二进制减法运算指令 当执行条件为 ON 时，将被减数减去减数，再减去 CY 的内容，结果存入 R 中。若被减数小于减数，则 CY 位置 1，此时 R 中的内容为结果的二进制补码，要清 CY 后再用 0 减去 R 及 CY 的内容，结果存入 R 中 对标志位的影响 ① 间接寻址 DM 不存在时，25503 为 ON ② 有借位时，25504 为 ON ③ 差为 0000 时，25506 为 ON

续表

格　式	梯形图符号	操作数的含义及范围	指令功能及执行指令对标志位的影响
MLB(52) Md Mr R @MLB(52) Md Mr R	MLB(52) Md Mr R @MLB(52) Md Mr R	Md 是被乘数（二进制），其范围是 IR、SR、HR、AR、LR、TC、DM、*DM、# Mr 是乘数（二进制），其范围同 Md R 是结果开始通道，其范围是 IR、SR、HR、AR、LR、DM、*DM	单字二进制乘法运算指令 当执行条件为 ON 时，将 Md 和 Mr 的内容相乘，结果存入从 R（低 4 位）开始的结果通道中 对标志位的影响 ① 当间接寻址 DM 不存在时，25503 为 ON ② 当结果通道的内容均为 0000 时，25506 为 ON
DVB(53) Dd Dr R @DVB(53) Dd Dr R	DVB(53) Dd Dr R @DVB(53) Dd Dr R	Dd 是被除数（二进制），其范围是 IR、SR、HR、AR、LR、TC、DM、*DM、# Dr 是除数（二进制），其范围同 Dd R 是结果开始通道，其范围是 IR、SR、HR、AR、LR、DM、*DM	单字二进制除法运算指令 当执行条件为 ON 时，两个二进制数相除，结果存入 R（存商）和 R+1（存余数）通道中 对标志位的影响 ① 间接寻址 DM 不存在或除数为 0 时，25503 为 ON ② 结果通道的内容为 0000 时，25506 为 ON

图 4.57 是使用二进制运算指令完成（250×8－1000）/50 运算的例子。当 00000 为 ON、00001 为 OFF 时，执行@BSET 指令将 DM0000～DM0004 清零。当 00001 为 ON、00000 为 OFF 时，执行如下操作：

执行@MOV 指令将#00FA（十进制的 250）传送到 HR00 中；执行@MLB 指令将 HR00 的内容与#0008 相乘，把结果的低位 07D0（十进制的 2000）存入 DM0000 中，结果的高位 0000 存入 DM0001 中；执行@CLC 指令将 CY 清零，以准备进行相减运算。执行@SBB 指令，以 DM0000 的内容为被减数与#03E8（十进制的 1000）相减，结果#03E8 存入 DM0002 中；执行@DVB 指令，将 DM0002 中的内容除以#0032（十进制的 50），把商#0014（十进制的 20）存入 DM0003 中，余数#0000 存入 DM0004 中。执行各种指令和运算的结果如表 4.15 所示。

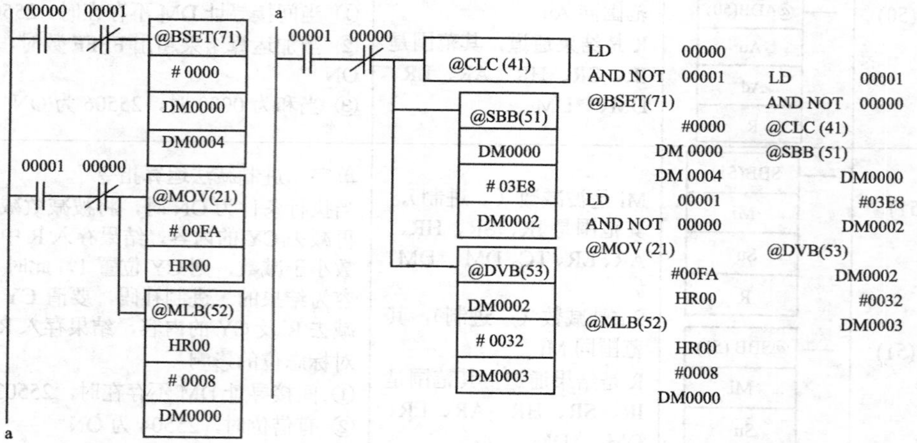

图 4.57　使用二进制运算指令的例子

表 4.15　　执行各种指令和运算的结果

执行指令	HR00	DM0000	DM0001	DM0002	DM0003	DM0004	CY
@BSET	—	0000	0000	0000	0000	0000	—
@MOV	00FA	0000	0000	0000	0000	0000	—
@MLB	00FA	07D0	0000	0000	0000	0000	—
@CLC	00FA	07D0	0000	0000	0000	0000	0
@SBB	00FA	07D0	0000	03E8	0000	0000	0
@DVB	00FA	07D0	0000	03E8	0014	0000	—

若需进行双字二进制数运算时，可用移位和单字相加指令编程实现两个双字二进制数相乘运算。用此方法编程时，要先清积的单元，设定操作循环次数为 32，设置运算状态。用算术左移指令将乘数的低位通道内容左移一位，用循环左移指令将乘数的高位通道内容左移一位，用可逆移位指令将积左移一位。若乘数移出的位是 1，则将被乘数加到积上，且循环次数减 1。当循环次数减为 0 时，运算结束并解除运算状态。

4.6.3　逻辑运算指令

表 4.16 列出了逻辑运算指令的格式、梯形图符号、操作数的含义及范围、指令功能及执行指令对标志位的影响。

图 4.58 是使用逻辑指令的例子。在 00000 为 ON、00001 为 OFF 时，执行@BSET 指令将所有存放结果的通道都清零。当 00001 为 ON、00000 为 OFF 时，执行如下各种逻辑运算指令：执行@ANDW 指令，将 008F 与 0081 进行逻辑“与”运算，结果 0081 存入 DM0000 中；执行@ORW 指令，将通道 DM0000 的内容与 0073 进行逻辑“或”运算，结果 00F3 存入 DM0001 中；执行@XORW 指令，将 DM0000 与 DM0001 两个通道的内容进行逻辑“异或”运算，结果 0072 存入 DM0002 中。执行各种逻辑运算的过程如图 4.59 所示。

用逻辑指令不仅可以进行通道清零，还可以将通道中的某些位屏蔽而保留另外一些位的状态，根据欲保留和欲屏蔽位的情况设定一个常数，用 ANDW 指令将通道数据与该常数相“与”即可。例如，欲保留 HR00 中的 bit0、bit3、bit4、bit7、bit10 的状态而屏蔽其余位的状态时，可以用#0499 与 HR00 进行逻辑“与”来实现这个操作。

表 4.16　　逻辑运算指令

格　式	梯形图符号	操作数的含义及范围	指令功能及执行指令对标志位的影响
COM(29) Ch @COM(29) Ch	COM(29) Ch @COM(29) Ch	Ch 为被求反的通道号，其范围是 IR、SR、HR、AR、LR、DM、*DM	通道数据按位求反指令 当执行条件为 ON 时，将通道中的数据按位求反，并存放在原通道中 对标志位的影响 ① 当间接寻址 DM 不存在时，25503 为 ON ② 当结果为 0000 时，25506 为 ON
ANDW(34) I1 I2 R @ANDW(34) I1 I2 R	ANDW(34) I1 I2 R @ANDW(34) I1 I2 R	I1 是输入数据 1，其范围是 IR、SR、HR、AR、LR、TC、DM、*DM、# I2 是输入数据 2，其范围同 I1 R 是结果通道，其范围是 IR、SR、HR、AR、LR、DM、*DM	字逻辑与运算指令 当执行条件为 ON 时，将输入数据 1 和输入数据 2 按位进行逻辑与运算，并把结果存入通道 R 中 对标志位的影响 ① 当间接寻址 DM 不存在时，25503 为 ON ② 当结果为 0000 时，25506 为 ON

续表

格　式	梯形图符号	操作数的含义及范围	指令功能及执行指令对标志位的影响
ORW(35) I1 I2 R @ORW(35) I1 I2 R	ORW(35) I1 I2 R @ORW(35) I1 I2 R		字逻辑或运算指令 当执行条件为 ON 时，将输入数据 I1 和输入数据 I2 按位进行逻辑或运算，并把结果存入通道 R 中 对标志位的影响同上
XORW(36) I1 I2 R @XORW(36) I1 I2 R	XORW(36) I1 I2 R @XORW(36) I1 I2 R	I1 是输入数据 1，其范围是 IR、SR、HR、AR、LR、TC、DM、*DM、# I2 是输入数据 2，其范围同 I1 R 是结果通道，其范围是 IR、SR、HR、AR、LR、DM、*DM	字逻辑异或运算指令 当执行条件为 ON 时，将输入数据 I1 和输入数据 I2 按位进行逻辑异或运算，并把结果存入通道 R 中 对标志位的影响同上
XNRW(37) I1 I2 R @XNRW(37) I1 I2 R	XNRW(37) I1 I2 R @XNRW(37) I1 I2 R		字逻辑同或运算指令 当执行条件为 ON 时，将输入数据 I1 和输入数据 I2 按位进行逻辑同或运算，并把结果存入通道 R 中 对标志位的影响同上

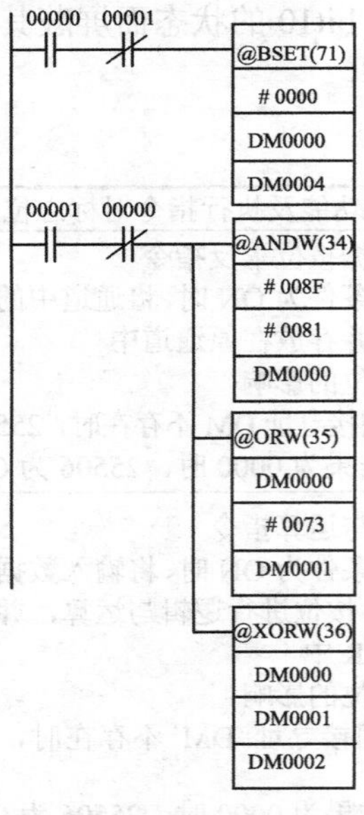

图 4.58　使用逻辑运算指令的例子

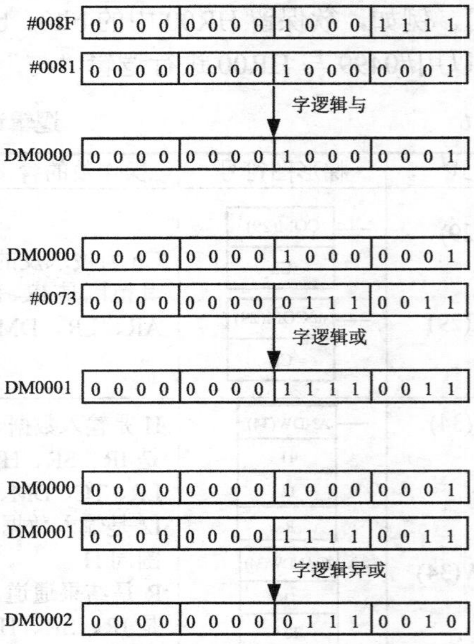

图 4.59　执行逻辑运算的过程

4.7 子程序控制指令

在编写应用程序时，有的程序段需多次重复使用。这样的程序段可以编成一个子程序，在满足一定条件时，中断主程序而转去执行子程序，子程序执行完毕，再返回断点处继续执行主程序。另外，有的程序段不但要多次使用，而且要求程序段的结构不变，但每次输入和输出的操作数不同。对这样的程序段也可以编成一个子程序，在满足执行条件时，中断主程序的执行而转去执行子程序，并且每次调用时赋予该子程序不同的输入和输出操作数，子程序执行完毕再返回断点处继续执行主程序。

调用子程序与前面介绍的跳转指令都能改变程序执行的流向，利用这类指令可以实现某些特殊的控制，并具有简化编程、减少程序扫描时间的作用。

表 4.17 列出了子程序控制指令的格式、梯形图符号、操作数的含义及范围、指令功能及执行指令对标志位的影响。

表 4.17　　子程序控制指令

格　式	梯形图符号	操作数的含义及范围	指令功能及执行指令对标志位的影响
SBS(91)　N @SBS(91)　N	SBS(91)　N @SBS(91)　N	N 是子程序编号，其取值为 000～049	子程序调用指令 在执行条件为 ON 时，调用编号为 N 的子程序 在下列情况之一时，25503 为 ON ① 被调用的子程序不存在 ② 子程序自调用 ③ 子程序嵌套超过 16 级
SBN(92)　N RET(93)	SBN(92)　N RET(93)		子程序定义和返回指令 SBN 和 RET 指令不需要执行条件，两条指令要成对使用。SBN 指令定义子程序的开始，RET 表示子程序结束，RET 指令不带操作数 执行该指令不影响标志位
MCRO(99) N I1 O1 @MCRO(99) N I1 O1	MCRO(99) N I1 O1 @MCRO(99) N I1 O1	N 是子程序编号，范围为 000～049 I1 是第一个输入字，其范围是 IR、SR、HR、AR、LR、TC、DM、*DM O1 是第一个输出字，其范围是 IR、SR、HR、AR、LR、DM、*DM	宏指令 用一个子程序 N 代替数个具有相同结构但操作数不同的子程序。当执行条件为 ON 时，停止执行主程序，将输入数据 I1～I1+3 的内容复制到 SR232～SR235 中，将输出数据 O1～O1+3 的内容复制到 SR236～SR239 中，然后调用子程序 N。子程序执行完毕，再将 SR236～SR239 中的内容传送到 O1～O1+3 中，并返回到 MCRO 指令的下一条语句，继续执行主程序 在下列情况之一时，25503 为 ON ① 被调用的子程序不存在 ② 子程序自调用 ③ 操作数超出数据区 ④ 间接寻址 DM 不存在

4.7.1 子程序调用、子程序定义/子程序返回指令

SBS 是子程序调用指令，SBN 和 RET 是子程序定义和子程序返回指令。所编写的子程序应该在指令 SBN 和 RET 之间。主程序中，在需要调用子程序的地方安排 SBS 指令。若使用非微分指令 SBS，在执行条件满足时，每个扫描周期都调用一次子程序。若使用@SBS，只在执行条件由 OFF 变 ON 时调用一次子程序。

所有子程序必须放在主程序之后和 END 之前。若子程序之后安排了主程序，则该段主程序不被执行。因为 CPU 扫描用户程序时，只要见到 SBN 则认为主程序结束，在编写程序时一定要注意这一点。图 4.60 是子程序调用程序的结构及两次调用子程序的执行过程示意图。这段程序的执行过程如下：

在执行主程序段 1 时，若 SBS（91）000 的执行条件为 ON，则立即停止执行主程序，而转去执行 SBN（92）000 与 RET（93）之间的 000 号子程序。该子程序执行完毕，返回到调用子程序指令 SBS（91）000 的下一条指令，继续执行主程序段 2。

在执行主程序段 2 时，若 SBS（91）001 的执行条件为 ON，则立即停止执行主程序，而转去执行 SBN（92）001 与 RET（93）之间的 001 号子程序。该子程序执行完毕，返回调用子程序指令 SBS（91）001 的下一条指令，继续执行主程序段 3。

图 4.60 使用非微分指令 SBS，只要 SBS 的执行条件为 ON，每个扫描周期都调用一次子程序。

图 4.61 是调用子程序的一个例子。00100 是调用子程序指令的执行条件。主程序的内容包括传送数据、用 KEEP 指令产生秒脉冲、调用子程序 005。

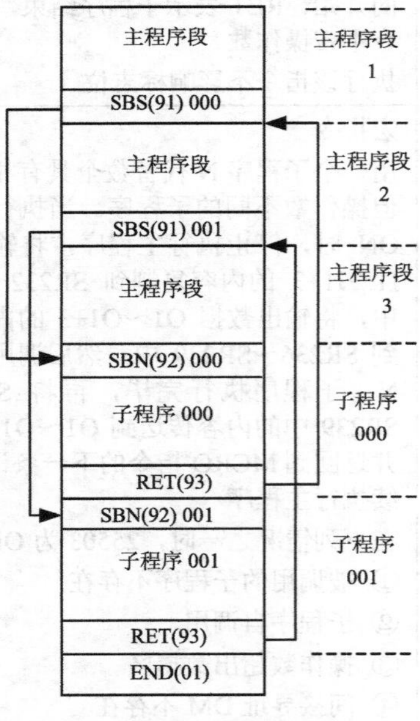

图 4.60 调用子程序的过程

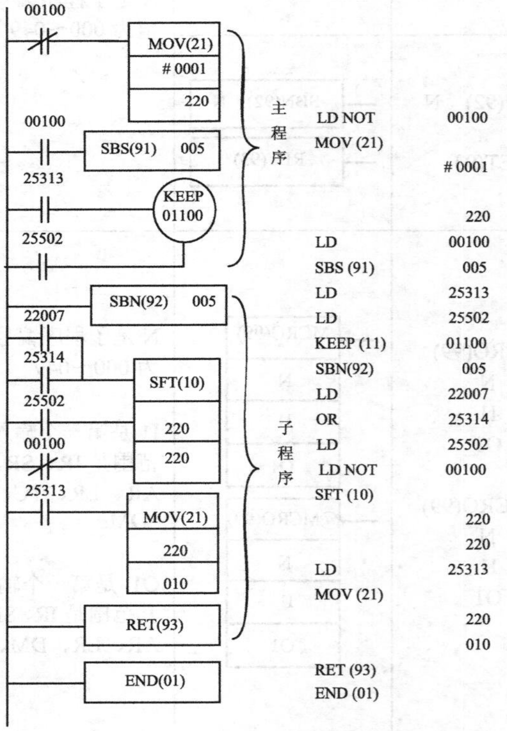

图 4.61 子程序调用举例之一

当00100为OFF时，执行MOV指令将# 0001传送到220 通道，使22000 为ON，其余各位均为OFF。继续执行KEEP指令，由01100输出秒脉冲。若00100为ON时，立即转去执行005号子程序。

005 号子程序有两个内容。其一，移位寄存器指令的数据输入端是 25314，所以 22000的ON状态每隔1s向高位移1位。若00100一直为ON，每个扫描周期都调用子程序，移位将持续进行。当22007变为ON且下一个移位脉冲到来时，22000又成为ON并重复上述的移位过程。其二，执行MOV指令把220通道的内容传送到010通道。

在子程序执行过程中，若00100为OFF时，立即停止子程序的执行。例如，当22005为ON时，令00100为OFF，则01005仍保持ON状态，但不移位（子程序不再执行）。这时主程序中的MOV指令又将#0001传送到220通道。当00100再次为ON，又调用子程序005时，01005立即变为OFF。再执行SFT指令时，仍是将22000的ON状态依次向高位移位。

图4.62也是子程序调用的例子。PLC上电后经过4s，CNT000 ON一个扫描周期，使01000 ON（ON 2s）并第一次调用子程序。

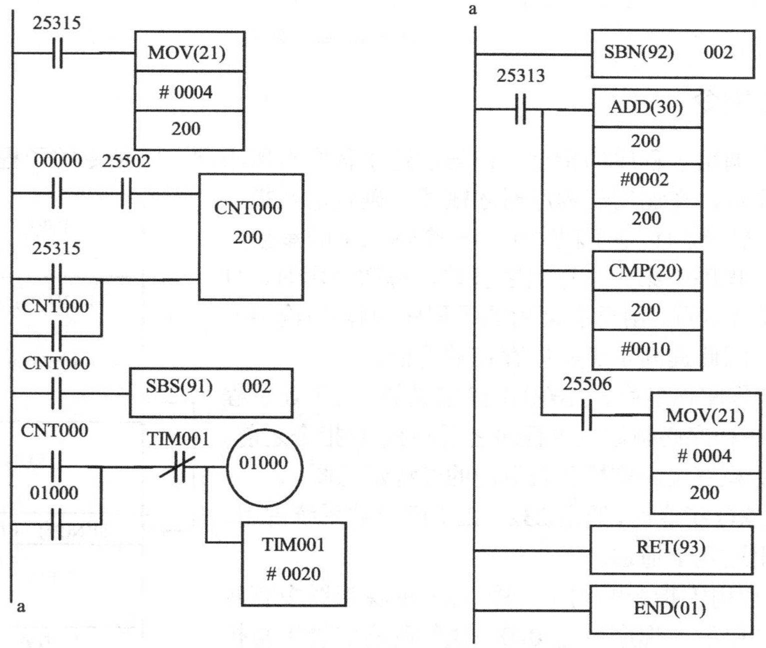

图4.62 子程序调用举例之二

子程序002有两个内容。其一，将200通道的内容加#0002。其二，将200通道的内容与#0010比较，若等于#0010，则向200通道传送#0004。由此可知，每当CNT000 ON时，其设定值就加#0002。因此，01000的ON时间总是2s，而OFF时间依次增加2s。当第4次调用子程序时，CNT000的设定值又变为#0004，且重复前面程序的执行过程。

图4.63是子程序嵌套调用的例子。DM0000中已写入0100。每当CNT000为ON时调用子程序010。执行子程序010，将DM0000的内容减1并与#0000比较，当DM0000的内容是0000时，再调用子程序011。执行子程序011，使21001变为ON，返回主程序使01001变为ON，并使CNT000复位。读者可以自行分析该程序的功能。

实现此例功能的编程并不是仅此一种，这里只是为了说明子程序嵌套的程序结构形式。

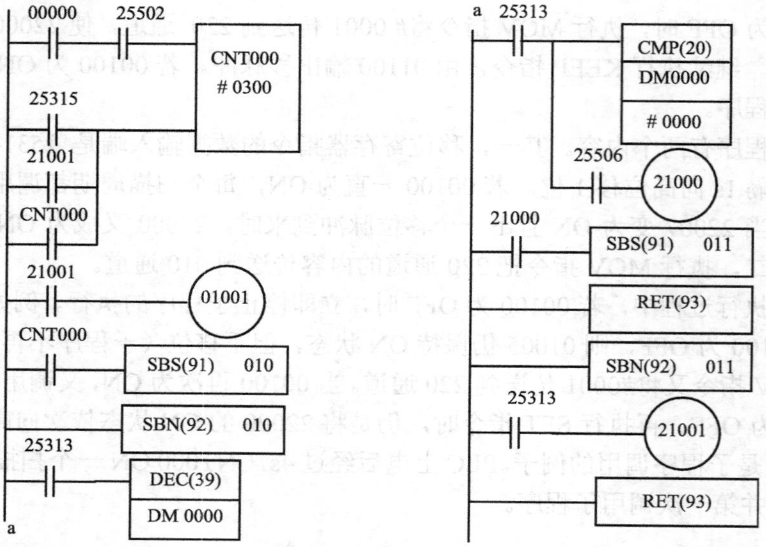

图 4.63 子程序调用举例之三

4.7.2 宏指令

宏指令也是调用子程序的指令，但与前述子程序有所不同。宏指令的子程序的操作数只是形式上的操作数，在调用子程序时才赋予其确定的数据。MCRO 指令的操作数 I1 是子程序中第一个输入字的参数，操作数 O1 是子程序中第一个输出字参数，每次调用时，I1 和 O1 的数据可以不同。由于宏调用的子程序中输入/输出的数据可以变换，因此提高了子程序存在的价值。

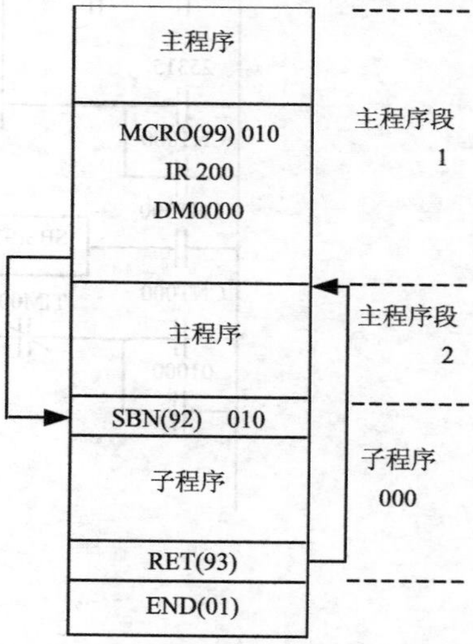

图 4.64 宏指令调用的过程

宏调用的子程序也是用 SBN/RET 来定义的。与上述子程序的安排相同，子程序必须放在主程序之后和 END 指令之前。图 4.64 是宏指令程序段的安排和宏调用的过程示意图。

在使用 MCRO 指令时，通道 232～239 已经被系统占用，用户不要再使用这几个通道。

图 4.65 是使用宏指令的例子。图（a）的梯形图中有两次宏调用，被调用的子程序号是 040。执行两次宏调用与执行图（b）程序的功能完全相同。

对于图 4.65，当 00100 由 OFF 变为 ON 时执行一次宏调用，第一个输入字是 IR200，第一个输出字是 HR00。当 00101 由 OFF 变为 ON 时又执行一次宏调用，第一个输入字 IR201，第一个输出字是 HR10。总之，每次宏调用，子程序的结构不变，只是输入/输出的参数在变化。

综上所述，编写子程序调用程序时要注意以下几点。

（1）所有子程序都必须放在主程序之后和 END 指令之前。

（2）主程序调用各子程序的次数没有限制。

（3）子程序可以嵌套调用，即子程序中又调用其他子程序。但是嵌套不能超过 16 级，且子程序不能自调用。

（4）要特别注意子程序执行完毕的返回地址。

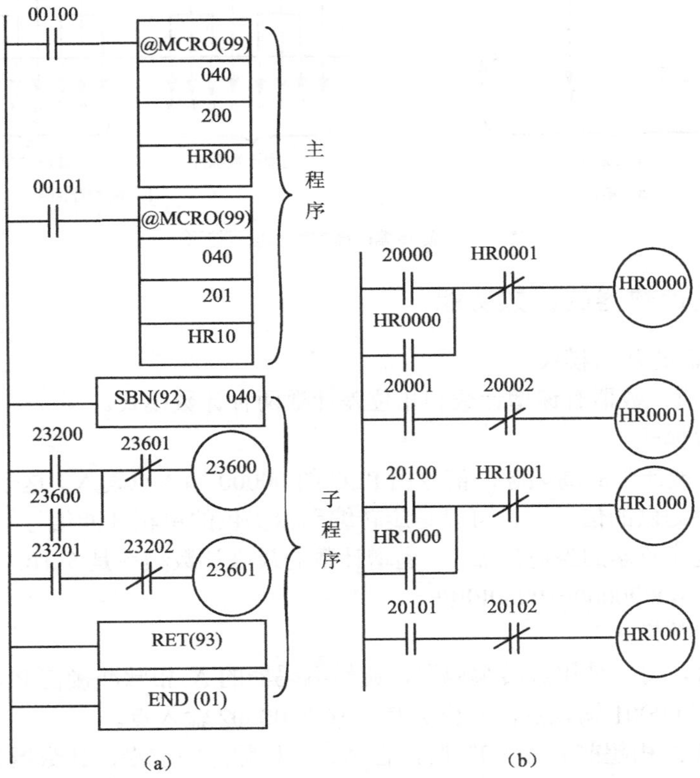

图 4.65 使用宏指令的例子

4.8 高速计数器控制指令

普通计数器 CNT 的计数脉冲频率受扫描周期及输入滤波器时间常数的限制，所以不能对高频脉冲信号进行计数。对高频脉冲信号的计数，大、中型 PLC 是采用特殊功能单元来处理的。小型 PLC（如 CPM1A/CPM2A 等）设置了高频脉冲信号的输入点，配合相关的指令及必要的设定，也可以处理高频脉冲信号的计数问题。本节仅介绍 CPM1A 的高速计数器及其功能。CPM2A 的高速计数器及相关指令见 4.13 节。

4.8.1 旋转编码器

PLC 在进行高速计数时，有时会用到旋转编码器。旋转编码器能输出脉冲信号，高速计数器配合使用旋转编码器，可以用于测量、处理转动或位移信号等。

不同型号的旋转编码器输出的脉冲也不相同，有的旋转编码器能产生单相脉冲信号，如图 4.66（a）所示，其最高频率是几十 kHz，对应每个脉冲信号的前沿，高速计数器计数；有的旋转编码器能产生相位差为 90° 的两相脉冲信号，如图 4.66（b）所示，其最高频率是几十 kHz。至于 A 相和 B 相脉冲的超前和滞后问题，取决于旋转编码器的旋转方向。对应每个脉冲信号的前沿和后沿高速计数器计数。有的旋转编码器还能产生一个复位 Z 信号。

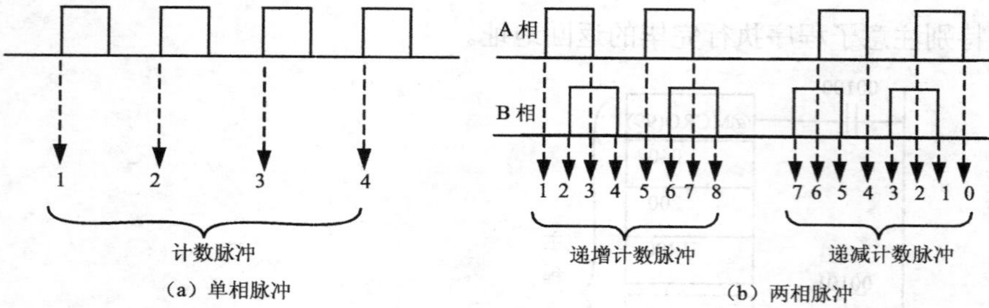

图 4.66　旋转编码器的输出信号波形

4.8.2　高速计数器的计数功能

1. 高速计数器的计数模式

CPM1A 的高速计数器有递增计数和相位差计数两种计数模式。

（1）递增计数模式

递增计数时，被计数的高频脉冲信号由 PLC 的 00000 输入点输入。这个脉冲信号可以是外部被计数的事件提供的信号，也可以是旋转编码器提供的单相脉冲信号。在输入计数脉冲信号的前沿，高速计数器的当前值加 1。递增计数的最高计数频率是 5kHz，递增计数的计数范围是 0～65535（00000000～0000FFFF）。

（2）相位差计数模式

相位差计数时，可以使用旋转编码器，旋转编码器的 A 相脉冲接在 PLC 的 00000 输入点，B 相脉冲接在 00001 输入点，复位 Z 信号接在 00002 输入点。

递增计数：当 A 相超前 B 相 90° 时，在 A、B 相脉冲的前沿，计数器的当前值加 1。

递减计数：当 B 相超前 A 相 90° 时，在 A、B 相脉冲的前沿，计数器的当前值减 1。

相位差计数的最高计数频率是 2.5kHz，计数范围是−32767～+32767（F0007FFF～00007FFF，第一位的 F 表示负数）。

2. 高速计数器的复位方式

高速计数器复位时，其当前值 PV＝0。高速计数器有两种复位方式。

（1）硬件复位 Z 信号 + 软件复位

这种复位分两种情况：其一，若高速计数器的复位标志位 25200 先为 ON，则在复位 Z 信号 ON 的前沿时刻，高速计数器复位；其二，若复位 Z 信号先为 ON，在 25200 为 ON 后一个扫描周期时，高速计数器复位，如图 4.67（a）所示。其中，T_s是扫描周期。

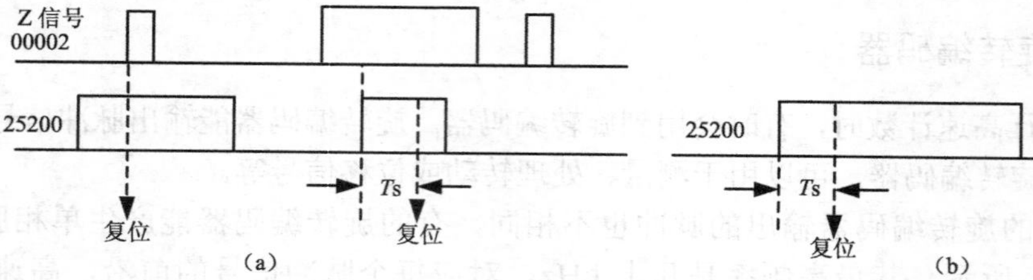

图 4.67　高速计数器的复位方式

（2）软件复位

当 25200 为 ON 一个扫描周期后高速计数器复位，如图 4.67（b）所示。另外，当 PLC 断电再上电时高速计数器会自动复位。

3. 高速计数器的设定

使用高速计数器前，必须在数据存储区进行 PLC 设定。其设定值放在 DM6642 中，编程时可用编程器预先写入设定值。不经过设定高速计数器是不工作的。 DM6642 的内容和含义如表 4.18 所示。

表 4.18 高速计数器的设定

通道号	位号	各位数字的含义
DM6642	00～03	高速计数器的计数模式设定（ 4：递增计数 0：相位差计数）
	04～07	高速计数器的复位方式设定（ 0：Z 信号 + 软件复位 1：软件复位）
	08～15	高速计数器使用/不使用设定（ 00：不使用 01：使用）

4. 高速计数器的溢出

当高速计数器计数时，若从上限值开始进行递增计数就会发生上溢出，其当前值为 0FFF FFFF；若从下限开始进行递减计数就会发生下溢出，其当前值为 FFFF FFFF 。发生溢出时计数器停止计数。重新复位高速计数器时，将清除溢出状态。

5. 高速计数器的当前值存储区

高速计数器的当前值都存放在 SR248 和 SR249 中。SR248 存放当前值的低 4 位，SR249 存放当前值的高 4 位。

4.8.3 高速计数器的中断功能

所谓中断，是指在外部或内部触发信号的作用下，中断主程序的执行而转去执行一个预先编写的子程序，即中断处理子程序（也称为中断服务程序），中断处理子程序执行完毕再返回断点处继续执行主程序的现象。中断程序的结构和执行流程如图 4.68 所示。中断功能具有非常重要的意义，因为在实际控制过程中，控制系统中有些随时可能发生的情况需要 PLC 处理，具有中断功能的 PLC 可以不受扫描周期的影响，及时地把这种随机的信息输入到 PLC 中，从而提高了 PLC 对外部信息的响应速度。

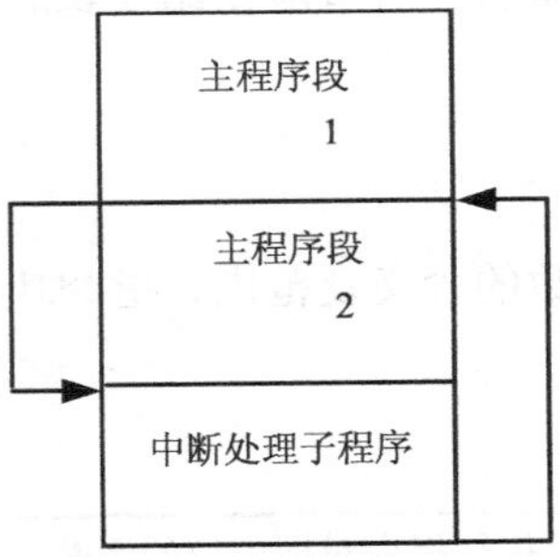

图 4.68 中断程序示意图

高速计数器有两类中断方式，即目标值比较中断和区域比较中断。

1. 目标值比较中断

在采取目标值比较中断时，要建立一个目标值比较表，如图 4.69（a）所示。目标值比较表占用一个区域的若干个通道，其中首通道存放目标值个数（BCD 数）。比较表中最多放 16 个目标值，每个目标值占 2 个通道（各存放目标值的低 4 位和高 4 位）。每个目标值对应一个中断子程序号，存放 16 个子程序号需 16 个通道，所以目标值比较表最多占用 48 个通道。目标值比较表中的数据可用编程器预先写入。

目标值比较中断的执行过程是：在高速计数器计数过程中，若其当前值与比较表中某个目标值相同，则停止执行主程序而转去执行与该目标值对应的子程序。子程序执行完毕，返回到断点处继续执行主程序。

2. 区域比较中断

在采取区域比较中断时，要建立一个区域比较表，如图 4.69（b）所示。区域比较表分 8

个区域，每个区域占 5 个通道，其中两个通道用来存放下限值的低 4 位和高 4 位，两个通道用来存放上限值的低 4 位和高 4 位，一个通道存放与该区域对应的中断子程序号。8 个区域要占 40 个通道。当实际使用的比较区域不满 8 个时，要把其余区域存放上、下限值的通道都置为 0，将存放子程序号的通道都置为 FFFF。区域比较表中的数据可用编程器预先写入。

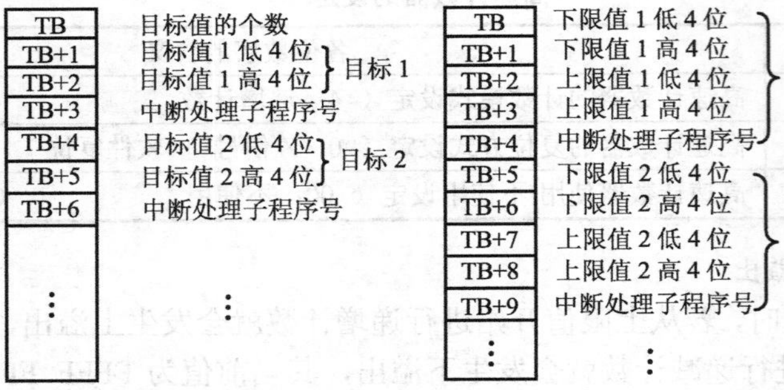

（a）目标值比较表　　（b）区域比较表

图 4.69　两种比较表的结构

区域比较中断的执行过程是：在高速计数器计数过程中，若其当前值落在区域比较表中某个区域时，即下限值 ≤高速计数器 PV 值≤上限值，则停止执行主程序而转去执行与该区域对应的中断处理子程序。子程序执行完毕，返回到断点处继续执行主程序。

执行区域比较中断时，比较结果存放在 AR1100～AR1107 中。例如，当高速计数器的当前值落在区域比较表的区域 1 中时，AR1100 置为 ON，当高速计数器的当前值落在比较表的区域 2 中时，AR1101 置为 ON，依此类推。

4.8.4　高速计数器的控制指令

表 4.19 列出了高速计数器控制指令的格式、梯形图符号、操作数的含义及范围、指令功能及执行指令对标志位的影响。

表 4.19　　**高速计数器的控制指令**

格　式	梯形图符号	操作数的含义及范围	指令功能及执行指令对标志位的影响
CTBL(63) P C TB @CTBL(63) P C TB	CTBL(63) P C TB @CTBL(63) P C TB	P 是端口定义，固定为 000 C 是控制数据，其含义如下： 000：登录一个目标值比较表，并启动比较 001：登录一个区域比较表，并启动比较 002：登录一个目标值比较表，用 INI 启动比较 003：登录一个区域比较表，用 INI 启动比较 TB 是比较表开始通道，其范围是 IR、SR、HR、AR、LR、DM、*DM	比较表登录指令 当执行条件为 ON 时，根据 C 的内容，登录一个目标值比较表或区域比较表；根据 C 的内容，决定启动比较的方式 下列情况之一时，25503 为 ON ① 高速计数器的设置有错误 ② 间接寻址 DM 通道不存在 ③ 比较表超出数据区或比较表的设置有错误 ④ 当主程序执行脉冲 I/O 或高速计数器指令时，中断子程序中执行了 INI 指令

续表

格　式	梯形图符号	操作数的含义及范围	指令功能及执行指令对标志位的影响
INI(61) P C P1 @INI(61) P C P1	INI(61) P C P1 @INI(61) P C P1	P 是端口定义，固定为 000 P1 是设定值开始通道，其范围是 IR、SR、HR、AR、LR、DM、*DM C 是控制数据，其含义如下 000：启动 CTBL 比较表 001：停止 CTBL 比较表 （上述取值时 P1 固定为 000） 002：改变高速计数器的当前值，将 P1+1（高 4 位）、P1（低 4 位）的内容传送到 IR248、249 中，作为高速计数器新的当前值 003：停止脉冲输出（此时 P1 固定为 000）	操作模式控制指令 当执行条件为 ON 时，根据 C 的内容作如下操作：启动或停止比较表的比较；更新高速计数器的当前值；停止由 01000 和 01001 脉冲输出（关于脉冲输出的内容参见 4.9 节） 下列情况之一时，25503 为 ON ① 操作数设置错误 ② 间接寻址 DM 通道不存在 ③ C=002 时，P1+1 超出取值区 ④ 当主程序执行脉冲 I/O 或高速计数器指令时，中断子程序中执行了 INI 指令
PRV(62) P C D @PRV(62) P C D	PRV(62) P C D @PRV62) P C D	P 是端口定义，固定为 000 C 是控制数据，固定为 000 D 是目的开始通道，其范围是 IR、SR、HR、AR、LR、DM、*DM	当前值读出指令 当执行条件为 ON 时，将高速计数器的当前值读出并传送到目的通道 D（放低 4 位）和 D+1（放高 4 位）中去 下列情况之一时，25503 为 ON ① 操作数设置错误 ② 间接寻址 DM 通道不存在 ③ D+1 超出取值区 ④ 当主程序执行脉冲 I/O 或高速计数器指令时，中断子程序中执行了 INI 指令

下面举例说明利用高速计数器控制指令编写各种中断控制程序的方法。

（1）高速计数器的目标值比较中断

图 4.70 是采用高速计数器目标值比较中断的例子，图 4.70（b）是目标值比较表的内容。编写高速计数器中断处理子程序时，也要把子程序放在主程序之后和 END 之前。

程序运行前要向 DM6642 写入设定值，以确定高速计数器的计数方式、复位方式及是否使用高速计数器等。本例中，DM6642 的内容为 0104，表示使用高速计数器、递增计数方式、复位方式采用 Z 信号+软复位。

图 4.70（a）中，CTBL 指令的操作数 P 固定为 000，C 为 000 表示登录一个目标值比较表并开始进行比较，DM0000 是比较表的开始通道。图 4.70（b）的目标值比较表中设了 2 个目标值。

图 4.70（a）中，若高速计数器的当前值等于目标值 1 时，中断主程序而执行 010 号中断子程序，把#5000 传送到 HR00 中。子程序执行完毕返回断点处继续执行主程序（本例没写其他主程序）。高速计数器的当前值等于目标值 2 时，中断主程序而执行 011 号中断子程序，将 HR00 与 HR10 中的内容进行一次比较，若 HR00 的内容大于 HR10 时，01101 为 ON。子程序执行完毕返回断点处继续执行主程序。若 00100 为 ON 且有 Z 信号时，高速计数器复位。

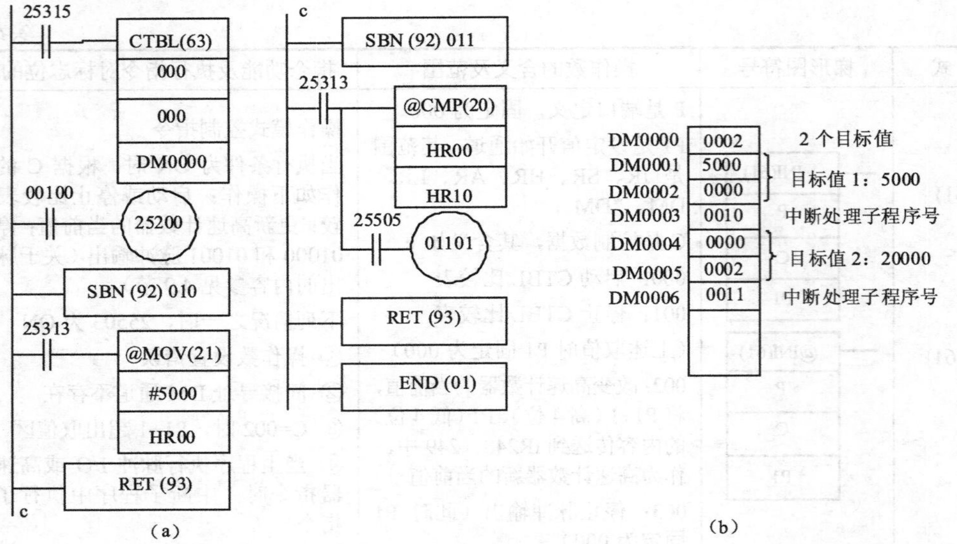

图 4.70　高速计数器目标值比较中断的例子

（2）高速计数器的区域比较中断

图 4.71 是高速计数器区域比较中断的例子，图 4.71（b）是区域比较表的内容。

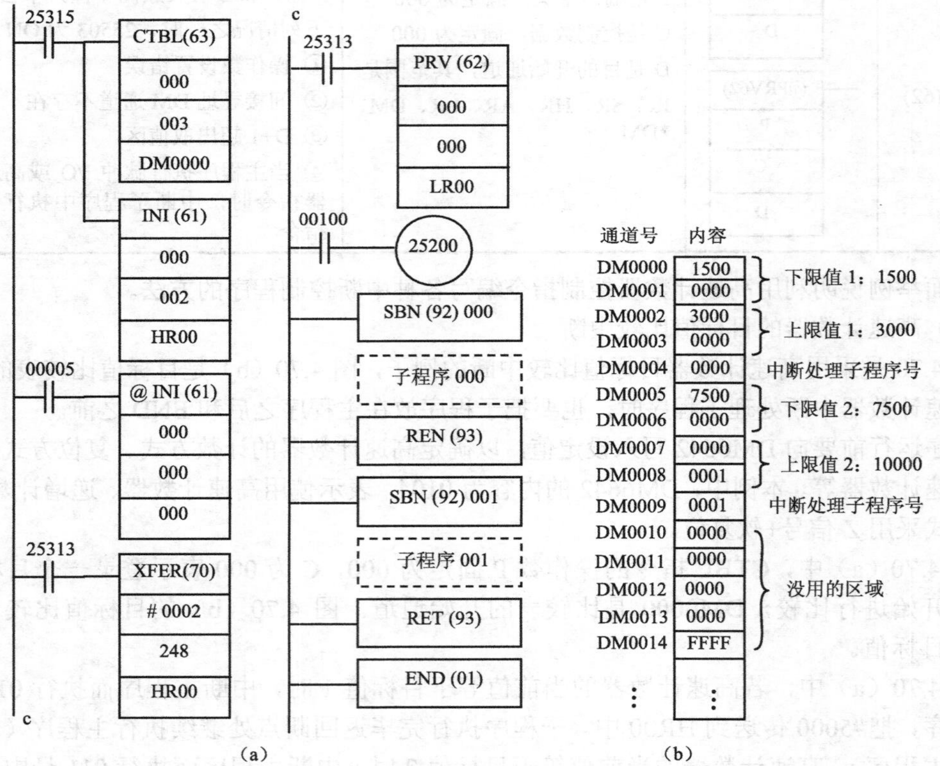

图 4.71　高速计数器区域比较中断的例子

程序运行前要设置 DM6642 的内容。本例 DM6642 的内容为 0100，表示使用高速计数器、相位差计数方式、复位方式采用 Z 信号+软复位。

图中 CTBL 指令的操作数 P 是固定值 000，C 为 003，表示登录一个区域比较表，并用 INI 指令启动比较，DM0000 是区域比较表的开始通道。

图中用了两个 INI 指令。其中的非微分型 INI 指令执行的操作是：在 PLC 上电的第一个扫描周期中，将 HR00 和 HR01 两个通道的内容（PLC 断电前瞬时的高速计数器的当前值）传送到高速计数器的当前值寄存器 248、249 中，以作为高速计数器的新当前值。这样做的目的是，使 PLC 上电前、后高速计数器的当前值连续，这种作法在控制中有一定的实际意义。微分型 INI 指令用来启动比较。在 00005 由 OFF 变为 ON 时执行一次 INI 指令，使高速计数器的当前值开始与 CTBL 指令所登录的区域比较表进行比较，即 CTBL 指令所登录的区域比较表在 00005 为 ON 时才开始启动比较。

图 4.71（b）的区域比较表设在 DM0000～DM0039 这 40 个通道中，本例表中只设定了 2 个比较区域，因此其余 6 个区域中存放上、下限值的通道都置为 0000，存放子程序号的通道都置为 FFFF。

本例的中断执行过程是：若高速计数器的当前值落在区域 1 中时，中断主程序，转去执行 000 号中断子程序，执行完毕返回断点处继续执行主程序；若高速计数器的当前值落在区域 2 中时，中断执行主程序，转去执行 001 号中断子程序，执行完毕返回断点处继续执行主程序。

图中还使用了块传送指令 XFER(70)，执行该指令是将高速计数器的当前值寄存器 248 和 249 两个通道的内容传送到 HR00 和 HR01 中。这样做的目的是，一旦 PLC 掉电，高速计数器的当前值能被保存在 HR00 和 HR01 中，再上电时通过执行第一个 INI 指令，就可以把掉电前的当前值传送到高速计数器的当前值通道 248、249 中，以作为高速计数器的新当前值，使 PLC 上电前、后高速计数器的当前值连续。图中还使用当前值读出指令 PRV，目的是随时将 248、249 中的当前值读到 LR00 中去。

若 00100 为 ON 且有 Z 信号，则高速计数器复位。

综上所述，高速计数器具有高速计数和中断功能，归纳如下。

（1）使用高速计数器前必须进行设定，设定数据存放在 DM6642 中，以确定高速计数器的使用/不使用、复位方式、计数模式等。

（2）使用高速计数器时，SR248 和 SR249 通道已经被占用，不能再作他用。

（3）使用高速计数时，00000～00002 这 3 个输入点被占用，不能再作他用。

（4）高速计数器有计数功能。递增计数时，计数脉冲可以是外部输入的信号或旋转编码器输出的单相脉冲。相位差计数时，可用旋转编码器的输出脉冲作为计数脉冲，旋转编码器正转时为递增计数，反转时为递减计数。

（5）高速计数器具有中断功能。在使用其中断功能时，要用 CTBL 指令登录一个目标值比较表或区域比较表。所登录的比较表可以立即启动比较，也可以用 INI 启动比较。

（6）高速计数器的中断处理子程序与普通子程序的编写规则相同。

4.9 脉冲输出控制指令

CPM1A/CPM2A 晶体管输出型的 PLC 有脉冲输出功能。本节仅介绍 CPM1A 的脉冲输出功能及相关指令，CPM2A 的脉冲输出功能见 4.13 节。

CPM1A 可由 01000 或 01001 输出 20Hz～2kHz 的单相脉冲，如图 4.72 所示。脉冲输出

可以设置成连续模式或独立模式。在设置成独立模式时，当输出脉冲个数达到指定数目（1~16777215）时脉冲输出自动停止；在设置成连续模式时，需用指令停止脉冲输出。

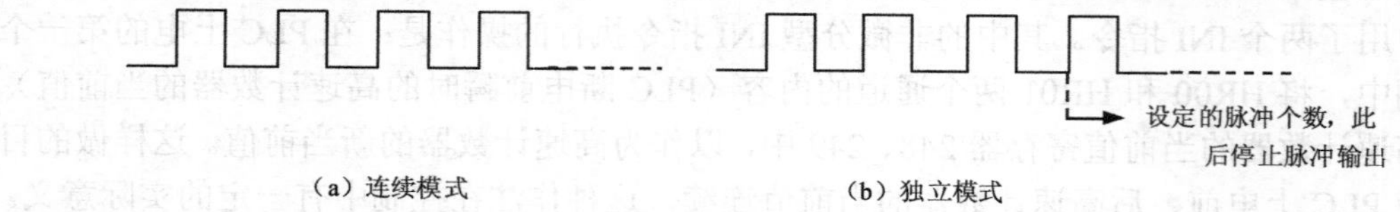

图 4.72　脉冲输出的两种模式

表 4.20 列出了脉冲输出控制指令的格式、梯形图符号、操作数的含义及范围、指令功能及执行指令对标志位的影响。

（1）连续模式脉冲输出

图 4.73 是连续模式脉冲输出的例子。SPED 指令的操作数 P 为 000，表示脉冲从 01000 输出；M 为 001，表示为连续模式；F 为 0150，表示输出脉冲的频率是 1500Hz。INI 指令的操作数 P、P1 固定为 000，C 为 003，表示当其执行条件为 ON 时停止脉冲输出（见表 4.19），该图的控制功能是：

当执行条件 00000 由 OFF 变为 ON 时，执行@SPED 指令启动脉冲输出，从 01000 输出 1500Hz 的连续脉冲信号。当执行条件 00001 由 OFF 变为 ON 时，执行@INI 指令停止脉冲输出。

（2）独立模式脉冲输出

图 4.74 是独立模式脉冲输出的例子。指令 PULS 的操作数表示设置的脉冲个数存放在 DM0000 中。指令 SPED 的操作数表示脉冲从 01001 输出、独立模式、输出脉冲的频率是 500Hz。

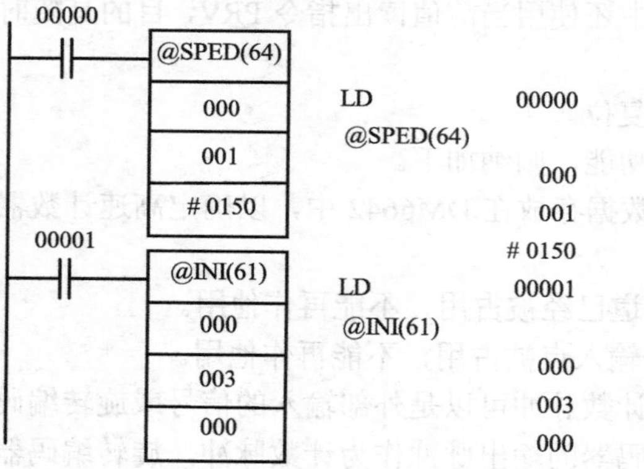

图 4.73　连续模式脉冲输出的例子

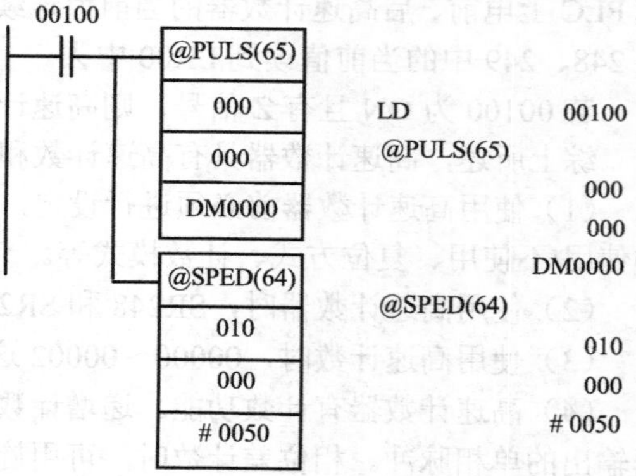

图 4.74　独立模式脉冲输出的例子

对图 4.74，当脉冲输出指令的执行条件 00100 由 OFF 变为 ON 时，执行@PULS 指令设置输出脉冲的个数（DM0000 的内容），执行@SPED 指令启动脉冲输出，从 01001 输出 500Hz 的脉冲信号。当输出脉冲达到设定的脉冲个数时，自动停止脉冲输出。

在使用脉冲输出指令时，要注意以下几点。

① 同一时刻只能从一个输出点（01000 或 01001）输出脉冲。

② 正在输出脉冲时，不能用 PULS 指令改变输出脉冲的个数。

③ 独立模式时，当达到指定脉冲数时停止脉冲输出；在连续输出模式时，将 SPED 指令的 F 设为 0000 或将 INI 指令的 C 设为 003，都可以使脉冲输出停止。

表 4.20　　　　　　　　　　　脉冲输出控制指令

格　式	梯形图符号	操作数的含义及范围	指令功能及执行指令对标志位的影响
PULS(65) 000 000 N @PULS(65) 000 000 N	PULS(65) 000 000 N @PULS(65) 000 000 N	N 是存放设置脉冲个数（8 位 BCD）的首通道。N 存放设置脉冲个数的低 4 位，N+1 存放设置脉冲个数的高 4 位 其范围是 IR、SR、HR、AR、LR、DM、*DM	设置脉冲指令 当执行条件为 ON 时，设定独立模式脉冲输出的脉冲个数 在下列情况之一时，25503 为 ON ① 指令的设置有错误 ② 操作数超出数据区范围 ③ 间接寻址 DM 通道不存在 ④ 当主程序中执行脉冲 I/O 或高速计数器指令时，中断子程序中执行了 PULS 指令
SPED(64) P M F @SPED(64) P M F	SPED(64) P M F @SPED(64) P M F	P 是脉冲输出点区分符 000 ：由 01000 输出 010 ：由 01001 输出 M 是脉冲输出模式 000 ：独立模式 001 ：连续模式 F 是脉冲输出频率 设定 0002～0200，对应频率为 20～2000 Hz	速度输出指令 当执行条件为 ON 时，设定脉冲的输出点、输出的模式以及脉冲的频率。在脉冲输出过程中，改变操作数 F 的数值，即可改变脉冲输出的频率 在下列情况之一时，25503 为 ON ① 指令的设置有错误 ② 间接寻址 DM 通道不存在 ③ 间隔定时器运行时执行了 SPED 指令 ④ 当主程序中执行脉冲 I/O 或高速计数器指令时，中断子程序中执行了 SPED 指令

4.10　中断控制指令

CPM1A/CPM2A 的中断功能比较完备。在 4.8 节已介绍了中断的概念及高速计数器的中断功能，此外还有外部输入中断和间隔定时器中断的功能。本节介绍外部输入中断和间隔定时器中断的控制指令及程序的编写方法。

4.10.1　外部输入中断功能

1. 外部输入中断的输入点

CPM1A 的 20、30、40 点主机，00003～00006 是外部输入中断输入点（10 点主机是 00003 和 00004）。CPM2A 的 00003～00006 是外部输入中断输入点。当不使用中断功能时，这些点作为普通输入点使用。外部事件所产生的信号通过中断输入点送入 PLC，当某个中断输入点为 ON 或 ON 一定次数时会产生中断请求信号。各中断输入点的编号如下：

00003 ：　中断输入 0　　　　00004 ：　中断输入 1

00005 ：　中断输入 2　　　　00006 ：　中断输入 3

2. 外部输入中断的优先级

若几个中断输入点同时为 ON，则执行中断的优先顺序为中断输入 0→中断输入 1→中断输入 2→中断输入 3。

3. 外部输入中断的模式

外部输入中断有输入中断和计数器中断两种模式。

（1）输入中断模式

在非屏蔽情况下，只要中断输入点接通则产生中断响应。若在屏蔽情况下，即使中断输入点接通也不能产生中断响应，但该中断信号被记忆下来，待屏蔽解除后立即产生中断。若屏蔽解除后不希望响应所记忆的中断，可用指令清除该记忆。

（2）计数器中断模式

这种模式的中断是对中断输入点接通的次数进行高速计数（减计数），当达到设定的次数时产生中断，且计数器停止计数、中断被屏蔽。若想再产生中断需使用指令进行设定。计数器的计数范围为0～65535，计数频率最高为1kHz。

计数模式的中断规定用通道SR（240～243）存放计数器设定值，通道SR（244～247）存放计数器当前值−1的数据。各输入点与上述通道的对应关系如表4.21所示。

4. 外部输入中断的子程序

中断处理子程序的结构与4.8节的介绍相同，也是用SBN定义其开始，用RET定义其结束，而且中断处理子程序也必须放在主程序之后和END之前。

表4.21　各输入点与通道的对应关系

中断输入点	存放计数器设定值的通道	存放计数器（当前值–1）的通道
输入点0003	SR240	SR244
输入点0004	SR241	SR245
输入点0005	SR242	SR246
输入点0006	SR243	SR247

外部输入点对应的中断处理子程序编号是固定的，其对应关系如下：

① 中断输入0（输入点00003）：子程序号为000。

② 中断输入1（输入点00004）：子程序号为001。

③ 中断输入2（输入点00005）：子程序号为002。

④ 中断输入3（输入点00006）：子程序号为003。

当不使用中断功能时，这些子程序号可以作为普通子程序编号使用。

5. 外部输入中断的设定

在外部输入中断使用之前，要用编程器对DM6628进行设定，若不进行设定就没有中断功能。DM6628设定的内容和含义如下：

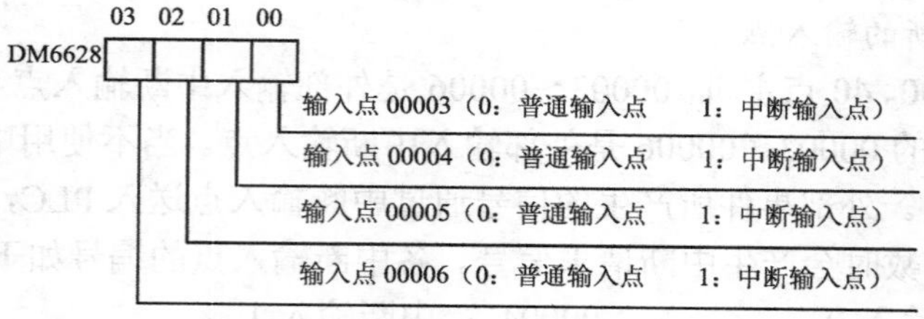

4.10.2 间隔定时器的中断功能

1. 间隔定时器

CPM1A系列PLC有一个间隔定时器，是一个递减计数器（从设定值开始按一定的时间间隔进行减计数），当其定时时间到时，可以不受扫描周期的影响，停止执行主程序并建立断点，立即转去执行中断处理子程序，从而实现高精度的定时中断处理。

间隔定时器有两种工作模式，即单次模式和重复模式，因此由间隔定时器产生的中断也有两种模式。

2. 间隔定时器的中断模式

（1）单次中断模式

当间隔定时器的定时时间到时，停止定时并产生中断信号，但只执行一次中断。至于是否启动单次中断、其设定值是多少、中断子程序的编号等，都要由 STIM 指令来确定。

（2）重复中断模式

这种中断模式是每隔一定的时间产生一次中断，因此是循环地执行中断，直到定时器停止计数为止。与单次中断不同的是，在执行中断子程序的同时，定时器的当前值又恢复为设定值并重新开始定时。至于是否启动重复中断、其设定值是多少、中断处理子程序的编号等，都要由 STIM 指令来确定。

3. 间隔定时器的中断处理子程序

不论是单次中断模式还是重复中断模式，其子程序号都由 STIM 指令来确定，其范围为 000～049。

编写中断处理子程序应注意以下几点。

①在中断处理子程序内部可以定义新的中断，也可以解除中断。

②在中断处理子程序内部不可以调用其他中断处理子程序。

③在中断处理子程序内部不可以调用普通子程序。

④在普通子程序中不可以调用中断处理子程序。

4.10.3 中断的优先级

CPM1A 系列 PLC 有高速计数器中断、外部输入中断、间隔定时器中断等几种中断功能，执行各种中断的优先级顺序如下：

外部输入中断 0→外部输入中断 1→外部输入中断 2→外部输入中断 3→间隔定时器中断→高速计数器中断。

例如，在执行某中断处理子程序时发生了优先级更高的中断，就停止执行当前的中断处理子程序，而转去执行新的中断处理子程序，新子程序执行完毕再返回原中断处理子程序中的断点处继续执行该程序。如果同时发生了几个中断请求信号，则先执行优先级高的中断。

4.10.4 中断控制指令

表 4.22 列出了中断控制指令的格式、梯形图符号以及操作数的含义、指令功能及执行指令对标志位的影响。下面举例说明各种中断模式时程序的编写方法。

1. 外部输入中断模式

图 4.75 是外部输入中断模式的例子。设置 DM6628 为 0011，即设定 00003 和 00004 为中断输入端子。

图 4.75 中，当 00003 接通时产生中断，停止执行主程序，转去执行中断处理子程序 000，则 20000 为 ON，返回主程序使 01000 为 ON；当 00004 接通产生中断时，转去执行中断处理子程序 001，则 20001 为 ON，返回主程序使 01000 为 OFF。若 00003 和 00004 两个输入点

同时接通，则 00003 产生的中断优先执行。

表 4.22　　中断控制指令

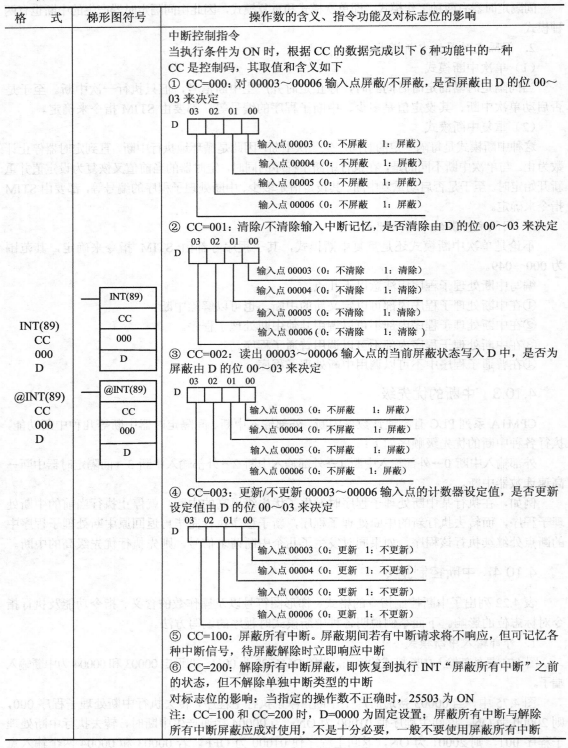

格　式	梯形图符号	操作数的含义、指令功能及对标志位的影响
INT(89) CC 000 D @INT(89) CC 000 D	INT(89) CC 000 D @INT(89) CC 000 D	中断控制指令 当执行条件为 ON 时，根据 CC 的数据完成以下 6 种功能中的一种 CC 是控制码，其取值和含义如下 ① CC=000：对 00003～00006 输入点屏蔽/不屏蔽，是否屏蔽由 D 的位 00～03 来决定 D 03 02 01 00 输入点 00003（0：不屏蔽　1：屏蔽） 输入点 00004（0：不屏蔽　1：屏蔽） 输入点 00005（0：不屏蔽　1：屏蔽） 输入点 00006（0：不屏蔽　1：屏蔽） ② CC=001：清除/不清除输入中断记忆，是否清除由 D 的位 00～03 来决定 D 03 02 01 00 输入点 00003（0：不清除　1：清除） 输入点 00004（0：不清除　1：清除） 输入点 00005（0：不清除　1：清除） 输入点 00006（0：不清除　1：清除） ③ CC=002：读出 00003～00006 输入点的当前屏蔽状态写入 D 中，是否为屏蔽由 D 的位 00～03 来决定 D 03 02 01 00 输入点 00003（0：不屏蔽　1：屏蔽） 输入点 00004（0：不屏蔽　1：屏蔽） 输入点 00005（0：不屏蔽　1：屏蔽） 输入点 00006（0：不屏蔽　1：屏蔽） ④ CC=003：更新/不更新 00003～00006 输入点的计数器设定值，是否更新设定值由 D 的位 00～03 来决定 D 03 02 01 00 输入点 00003（0：更新　1：不更新） 输入点 00004（0：更新　1：不更新） 输入点 00005（0：更新　1：不更新） 输入点 00006（0：更新　1：不更新） ⑤ CC=100：屏蔽所有中断。屏蔽期间若有中断请求将不响应，但可记忆各种中断信号，待屏蔽解除时立即响应中断 ⑥ CC=200：解除所有中断屏蔽，即恢复到执行 INT“屏蔽所有中断”之前的状态，但不解除单独中断类型的中断 对标志位的影响：当指定的操作数不正确时，25503 为 ON 注：CC=100 和 CC=200 时，D=0000 为固定设置；屏蔽所有中断与解除所有中断屏蔽应成对使用，不是十分必要，一般不要使用屏蔽所有中断

续表

格　式	梯形图符号	操作数的含义、指令功能及对标志位的影响
STIM(69) C1 C2 C3 @STIM(69) C1 C2 C3	STIM(69) C1 C2 C3 @STIM(69) C1 C2 C3 C1是控制码，C2、C3是设定值	间隔定时器中断指令 当执行条件为ON时，根据C1的数据完成以下4种功能中的一种 C2、C3的取值根据C1的状态来决定 （1）C1=000　启动单次中断模式 ① C2若为常数（BCD 0000～9999）时，则为定时器的设定值。时间间隔固定为1ms，实际定时时间即为该常数值，单位为毫秒（ms） C3为子程序号 ② C2若为通道号，则其内容（BCD 0000～9999）为定时器的设定值。时间间隔由C2+1的内容（BCD 0005～0320，对应0.5～32 ms）确定，实际定时时间为[C2的内容×（C2+1）的内容]×0.1ms，故实际定时时间的范围是0.5～319968 ms C3为子程序号 （2）C1=003　启动重复中断模式 C2、C2+1、C3的意义及定时时间的计算同上 （3）C1=006　读出定时器的当前值 可读出计数器减1的次数、时间间隔、从上一次减1到当前时刻的时间，读出的数据分别放在C2、C2+1、C3中，由此计算出定时开始到当前时刻的时间为[C2的内容×（C2+1）的内容+C3的内容] ×0.1ms （4）C1=010　停止间隔定时器工作 此时C2、C3固定为000 对标志位的影响：当指定的操作数不正确时，25503为ON

2. 外部输入的计数中断模式

图4.76是外部输入的计数中断模式的例子。设置DM6628为0010，即设定00004为中断输入点。在PLC上电后的第一个扫描周期，执行一次MOV指令，将#00FA（十进制的250）传送到存放00004中断输入点计数设定值的241通道；执行一次INT指令，设置输入中断1为计数中断模式，设定00004输入点为非屏蔽。所以，当00004输入点接通250次时将产生中断，停止执行主程序并转去执行中断处理子程序001。执行子程序001使20000为ON，返回主程序使TIM000开始定时。经过5s TIM000变为ON，使01000为ON。

图4.77是说明INT指令各种设定时程序的编写方法。将DM6628设为0001，指定00003是中断输入点。该图的功能简介如下。

PLC上电后只要00005先接通，00003输入点就被屏蔽，中断输入点00003产生的中断不能被响应，只有断开00005才能响应中断。

PLC上电后，当00005和00001断开时，若00000接通一次，则确定00003为中断输入点，且为计数中断模式，计数设定值是#0030。当00003接通30次时产生中断，转去执行中断处理子程序000，使20000为ON，于是01000开始输出秒脉冲。

PLC上电后，当00005和00000断开时，若00001接通一次，则00003输入点的计数设定值更新为#0050。所以当00003接通50次时产生中断。

在程序运行过程中若欲查看各中断输入点的屏蔽情况，可接通00006，并用通道监视功能观察DM0000的内容，此时编程器的显示屏上就显示出4位十六进制数，其最低位数字表示各中断输入点的屏蔽状态。例如，DM0000的内容是000C，则表示输入点00003和00004为非屏蔽，而00005和00006是屏蔽的。

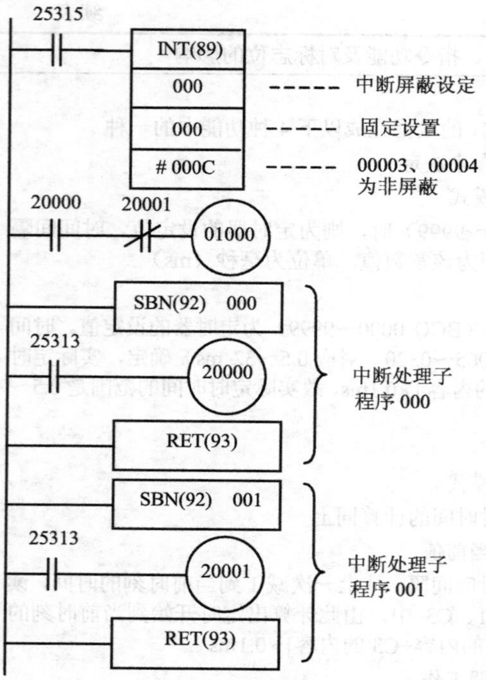

图 4.75 外部输入中断的例子

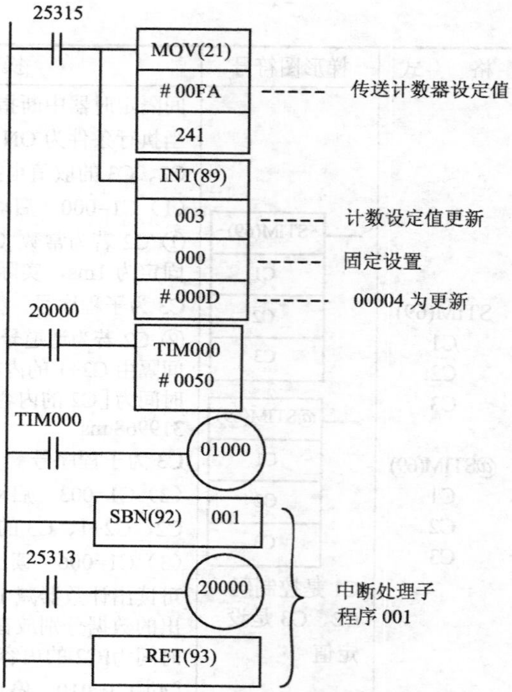

图 4.76 外部输入计数中断的例子

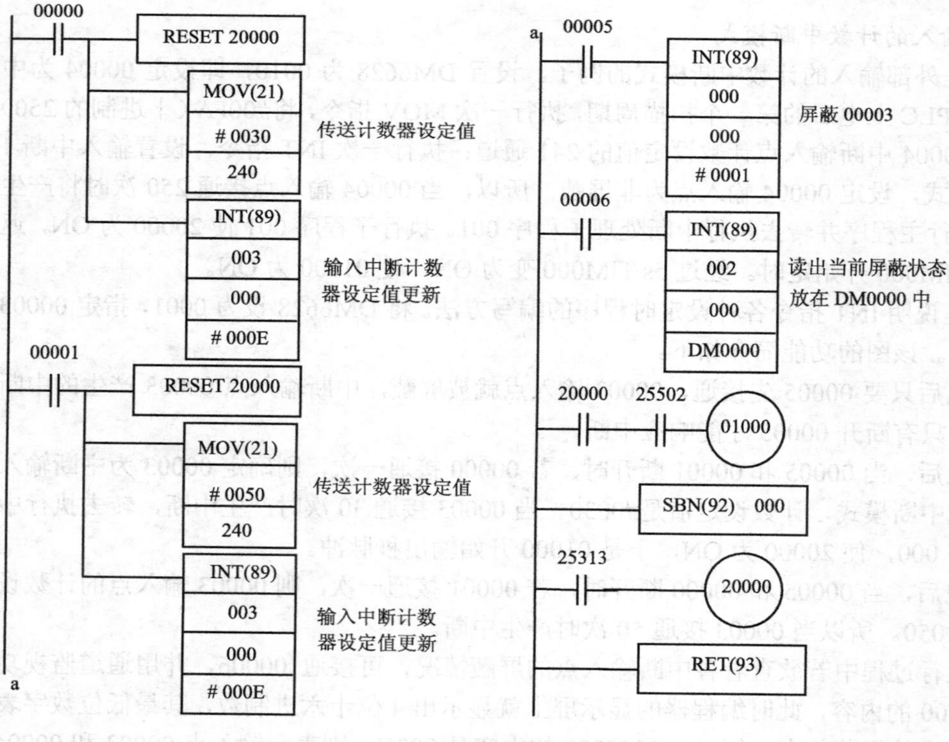

图 4.77 INT 指令几种设定时的程序举例

3. 间隔定时器单次中断模式

图 4.78 是间隔定时器单次中断模式的例子，使用 STIM 指令确定中断模式、设定间隔定时器的定时时间、确定子程序编号。执行 STIM 指令后，确定间隔定时器是单次中断模式，间隔定时器的实际定时值为 200×10×0.1=200ms，子程序号为 010。

当 PLC 上电后，在 STIM 指令的执行条件 00000 为 ON 时，启动间隔定时器开始定时。当达到设定值时间 200ms 时产生中断并转去执行 010 号中断处理子程序，使 20000 为 ON。返回去执行主程序使 01000 为 ON、TIM000 开始定时，5s 后 01000 为 OFF。

4. 间隔定时器重复中断模式

图 4.79 是间隔定时器重复中断模式的例子。本例中执行 STIM 指令后确定间隔定时器为重复中断模式，间隔定时器的实际定时值为 50ms，子程序号为 005。

当 PLC 上电后，间隔定时器开始定时。当达到设定值时间 50ms 时产生中断并转去执行 005 号中断处理子程序，同时定时器的当前值又恢复为设定值并重新开始定时，再过 50 ms 时又产生中断。第一次中断执行子程序时 20001 为 ON、20000 为 OFF，返回去执行主程序使 01001 保持 ON 50ms、01000 为 OFF。第二次中断执行子程序时 20000 为 ON、20001 为 OFF，所以 01000 保持 ON 50ms、01001 为 OFF。可见该段程序的功能是 01000 和 01001 均能产生 0.1s 的脉冲（占空比 1∶1），直到间隔定时器停止计数为止。

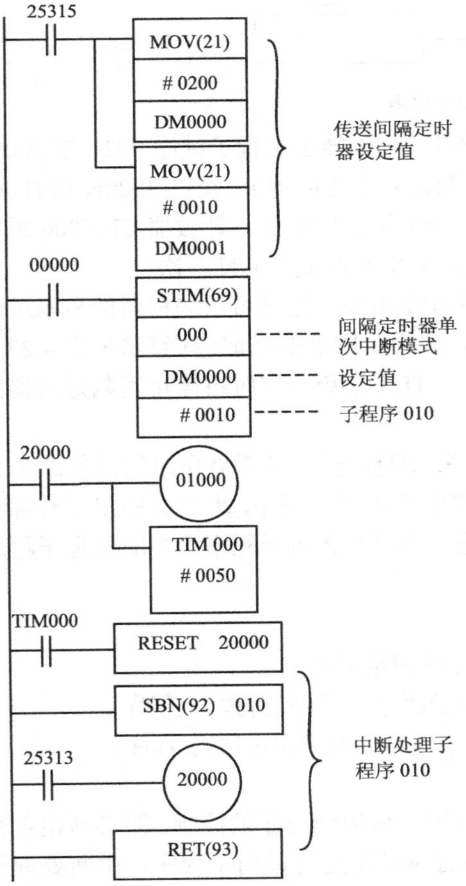

图 4.78　间隔定时器单次中断的例子

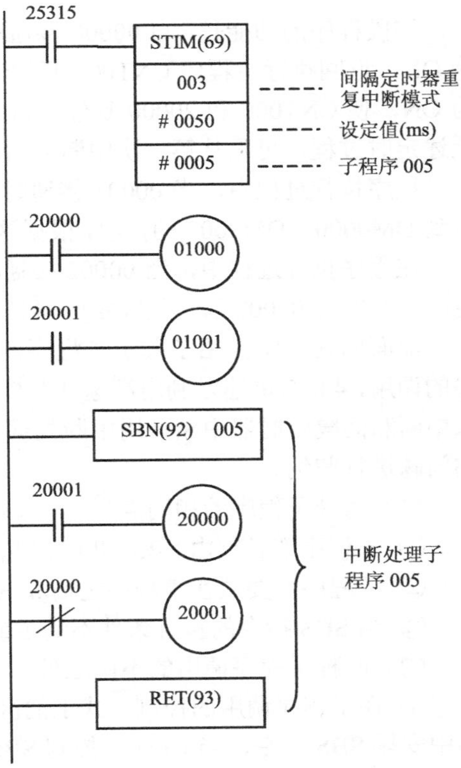

图 4.79　间隔定时器重复中断的例子

间隔定时器的定时时间最小可达0.5ms，所以用间隔定时器可实现高精度的定时中断控制。

图4.80是STIM指令几种设定时的编程举例。图中使用了3个STIM指令，用00000控制的STIM指令是启动间隔定时器重复中断模式，用00001控制的STIM指令是读出定时器当前值，用00002控制的STIM指令是停止间隔定时器的定时。

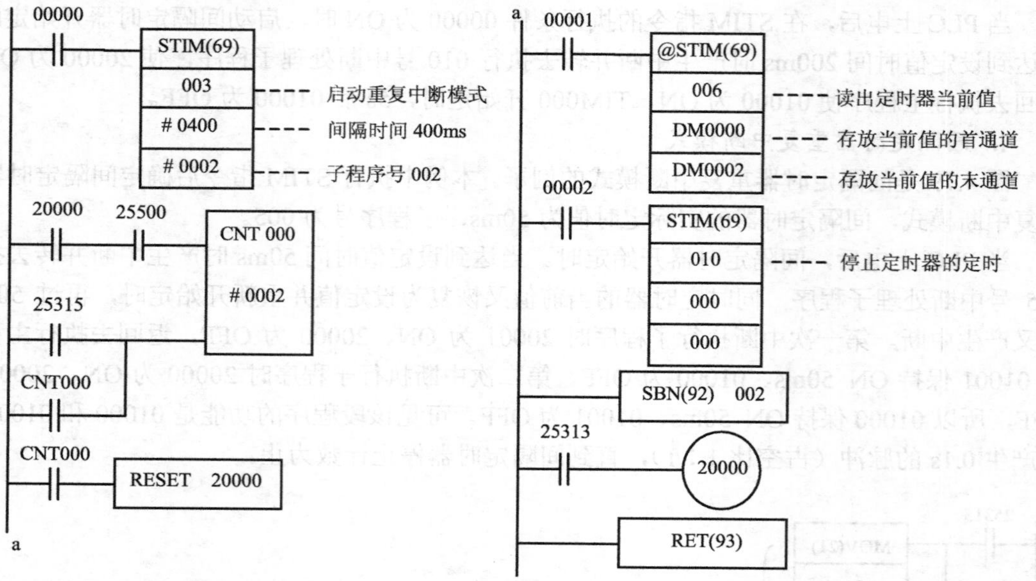

图4.80 STIM指令设定时的编程

该段程序的功能是：自00000接通后过400ms产生中断，转去执行子程序002，使20000为ON，返回执行主程序CNT000开始计数（此处计数器是个定时器）。经过200ms CNT000为ON，使CNT000和20000复位。自此再过200ms产生第二次中断，计数器CNT000重复上述定时过程。可见从第一次中断之后，每过200ms，CNT000变为ON一次。

程序执行过程中，当00001接通时执行第二个STIM指令，这时可从编程器的显示屏上看到DM0000～DM0002的内容，根据这些内容可以计算出定时器的当前值（算法见表4.22）。

在程序执行过程中，当00002接通时执行第三个STIM指令，这时将停止间隔定时器的定时。在断开00002后，间隔定时器又恢复工作。

前面的几节中介绍了关于子程序的概念及子程序的编程方法。4.7节介绍的是普通子程序的调用，4.8节讲述是利用高速计数器中断功能调用中断处理子程序，本节又引出了外部输入中断和间隔定时器中断调用中断处理子程序的问题。下面对普通子程序与中断处理子程序的问题进行归纳。

（1）两种子程序的相同点

① 子程序都必须由SBN和RET指令来定义其开始和结束。

② 子程序都要放在主程序之后和END之前，即子程序之后不能再写主程序。

③ 当SBS指令的执行条件不满足或没有产生中断时，CPU都不扫描子程序。

（2）两种子程序调用的不同之处

① 在子程序调用的控制方式上的区别。普通子程序的调用受程序的控制，即必须在主程序中安排SBS指令，当CPU扫描到SBS指令且其执行条件满足时调用子程序。中断处理子程序的调用不是由程序直接控制的，在中断控制指令设定之后，是否调用子程序取决于有无

中断请求信号。而且，对于外部输入中断，若中断被屏蔽，即使有中断请求信号也不能立即执行中断处理子程序。

② 两种子程序执行完毕返回地址的区别。用 SBS 指令调用子程序时，其返回地址只能是与 SBS 指令相邻的下一条指令。中断处理子程序执行完毕也要返回断点处，但其断点地址是随机的。

③ 用 SBS 调用的各子程序之间没有优先级的问题，而由于各种中断存在优先级，因此与各种中断对应的中断处理子程序在执行时有优先顺序。

（3）注意的问题

① 在中断处理子程序内部不可使用 SBS 指令，即中断处理子程序不可调用普通子程序。

② 不可用 SBS 指令去调用中断处理子程序，即普通子程序不可调用中断处理子程序。

③ 中断处理子程序内部不可以调用其他中断处理子程序。

4.11 步进控制指令

在实际控制中有这样一类情况，其整个控制过程可以分成若干个子过程。当一个子过程结束时立即启动下一个子过程。各子过程的执行像接力一样按一定的顺序进行。对这类控制编写程序时，可以把较大的程序分成若干个程序段，一个程序段称为一步，每步对应一个实际的子过程，用指令来控制各步执行的顺序。步进指令 SNXT、STEP 就是用于对各步设置断点并执行步进程序的。当执行步进程序时，在执行完上一步、启动下一步之前，将上一步使用的定时器和数据区复位。这样在各步程序中还可以重复使用 PLC 的部分资源。

表 4.23 列出了步进控制指令的格式、梯形图符号、操作数的含义及范围、指令功能及执行指令对标志位的影响。

表 4.23　　　　步进控制指令

格　式	梯形图符号	操作数的含义及范围	指令功能及执行指令对标志位的影响
SNXT(09)　B STEP(08)　B	—[SNXT(09)　B] —[STEP(08)　B]	B 是步的控制位号，其范围是 IR、HR、AR、LR	SNXT 是步启动指令，STEP 是定义步开始的指令，该指令无执行条件 当 SNXT 指令的执行条件为 ON 时，结束上一步的执行，并复位上一步用过的定时器和数据区，同时启动以 B 为控制位的且以 STEP　B 定义的下一步
STEP(08)	—[STEP(08)]	无操作数	步结束指令，无执行条件 当所有步都执行完毕时，要安排 SNXT(09) B（B 是虚控制位）和 STEP 指令以结束步程序

4.11.1 步进程序的结构及程序的编写规则

1. 步进程序的基本结构

步进控制程序是由多个步组成的，每一步都是由有执行条件的指令 SNXT（09）B 开始的，其后是无执行条件的且用来定义步开始的指令 STEP（08）B，两者的 B 相同。STEP（08）B 指令之后是步的内容。各步编写完毕，要安排一个有执行条件的 SNXT（09）B 指令，指令中的B无任何意义，可以是程序中没有使用过的某一个位号。紧随其后再写一条无执行条件且无操作数的STEP（08）指令，用以表示全部步的结束。在无操作数的STEP（08）指令之后还可以安排普通程序。步进程序的基本结构如图4.81所示。

2. 步进程序结构的类型

步进程序的结构可以分为3种类型，即顺序执行类、选择分支执行类、并行分支执行类。图4.82所示为这3种类型的步进程序的结构示意图，也称步进程序的流程图。

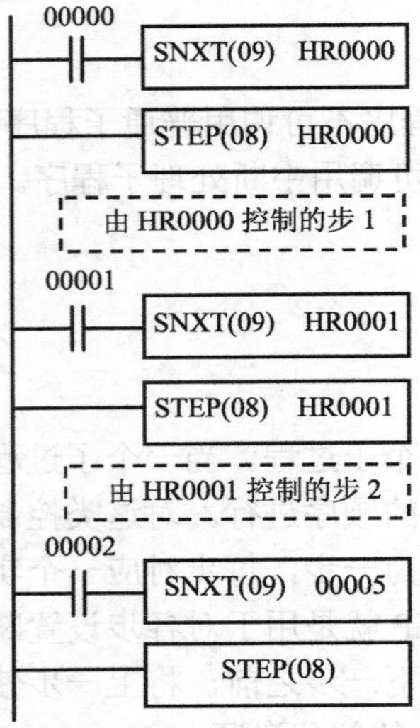

图4.81 步进程序的基本结构

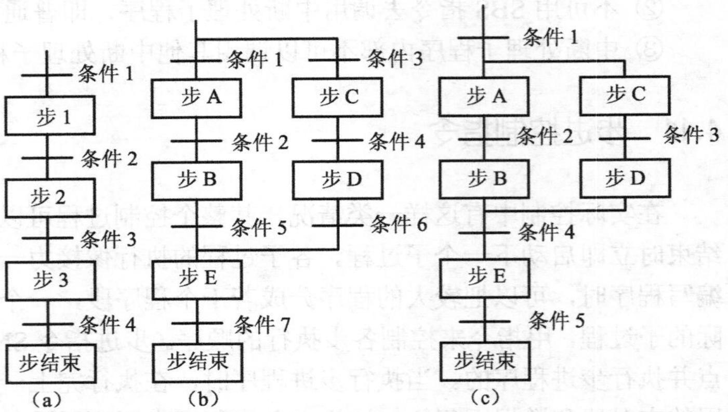

图4.82 步进程序的结构示意图

图4.82（a）所示为顺序执行类的步进程序结构示意图。这种结构的程序中无分支，前一步结束被清除、复位，后一步即被启动并开始执行，如此一步接一步地按顺序执行。图4.81就属于这一类的结构。

图4.82（b）所示为选择分支执行类的步进程序结构示意图。这种结构的程序有几个分支，每个分支可能有若干步。在同一时刻只能执行其中的一个分支，因此几个分支中首步的启动条件一定是互锁的。至于执行哪个分支，要看哪个分支满足了执行条件。每个分支执行完毕都要去执行同一步，如步E。

图4.82（c）所示为并行分支执行类的步进程序结构示意图。这种结构的程序有几个分支，每个分支可能有若干步。与选择分支类不同的是，在满足某个条件时几个分支将同时被启动，如条件1满足时，步A和步C同时启动。当几个分支都执行完毕时，被同一个执行条件所清除，同时进入下一步。例如，步B和步D执行完毕，被条件4复位并同时进入步E。

3. 编写步进程序时注意的问题

（1）各步的控制位必须同在一个区，并且前后步的控制位最好连续。

（2）步程序段内不能使用END、IL/ILC、JMP/JME、SBN指令。

（3）当SNXT（09）B执行时，将结束前一步（B-1）的执行，并复位前一步使用的定时器和数据区。此时前一步使用的定时器和数据区的状态分别是：IR、HR、AR、LR为OFF，定时器复位，移位寄存器、计数器及KEEP、SET、RESET等指令的输出位保持。

（4）若步的控制位使用HR、AR，则具有掉电保护功能。

（5）各步必须以前一步的结束及清除为启动条件，即不能先启动中间的步。在下一步开始执行后，若前一步的执行条件再次满足，前一步可再启动。如果不希望前一步再启动，应采取措施。

（6）各步的执行条件是脉冲信号，所以 PLC 上电即 ON 的执行条件无效。

另外，当执行 STEP（08）B 指令时，标志位 25407 保持 ON 一个扫描周期，编程时可以利用。CPU 对被启动的步进行扫描，而不对未启动的步进行扫描。步进程序的前后都可以安排普通程序。

4.11.2 步进程序的执行过程

1. *顺序执行类步进程序的执行过程*

以图 4.81 为例，说明顺序执行类步进程序的执行过程。当执行条件 00000 由 OFF→ON→OFF 时，执行指令 SNXT（09）HR0000，则由 HR0000 为控制位的步 1 被启动并执行；当 00001 由 OFF→ON→OFF 时，执行指令 SNXT（09）HR0001，停止执行步 1 并复位步 1 所使用的定时器及数据区，并启动由 HR0001 控制的步 2；当 00002 由 OFF→ON→OFF 时，执行指令 SNXT（09）00005（00005 无意义）和 STEP（08），停止执行步 2 并复位步 2 所使用的定时器及数据区，步程序全部结束。

2. *选择分支执行类步进程序的执行过程*

以图 4.83 为例，说明选择分支执行类的步进程序的执行过程。图 4.83（b）是图 4.83（a）的步程序流程图。从流程图可以看出这是有两个分支的步进程序，每个分支各有两步。无论是哪个分支，最后都要执行步 E。当 00000 由 OFF→ON→OFF 时，程序的执行顺序是 A→B→E；当 00001 由 OFF→ON→OFF 时，程序的执行顺序是 C→D→E。其执行过程如下：

对 A→B→E 分支，当 00000 由 OFF→ON→OFF 时，执行指令 SNXT（09）HR0000，启动并执行步 A，使 01000 为 ON；在 00002 由 OFF→ON→OFF 时，结束、复位步 A 同时启动步 B，使 01000 为 OFF、01001 为 ON；在 00003 由 OFF→ON→OFF 时，结束、复位步 B 并启动步 E，使 01001 为 OFF、01000 为 ON；当 00006 由 OFF→ON→OFF 时，结束、复位步 E，使 01000 为 OFF，该分支步程序结束。

对 C→D→E 分支，当 00001 由 OFF→ON→OFF 时，执行指令 SNXT（09）HR0002，启动并执行步 C，使 01002 为 ON；在 00004 由 OFF→ON→OFF 时，结束、复位步 C 并启动步 D，使 01002 为 OFF、01001 为 ON。在 00005 由 OFF→ON→OFF 时，结束、复位步 D 并启动步 E，使 01001 为 OFF、01000 为 ON。当 00006 由 OFF→ON→OFF 时，结束、复位步 E，使 01000 为 OFF，该分支步程序结束。

本例是选择分支步程序，所以两个分支中首步的启动条件互锁。

程序中，以 00005 为执行条件的指令 SNXT（09）HR0004 与 STEP（08）HR0004 相邻，这与前面介绍的步进程序的结构形式相符；而以 00003 为执行条件的指令 SNXT（09）HR0004 与 STEP（08）HR0004 相隔较远，这种编写法是允许的。

3. *并行分支执行类步进程序的执行过程*

图 4.84 是并行分支类的步进程序。图 4.84（b）是图 4.84（a）的流程图。从流程图可以看出，这是由两个分支的步进程序和一段普通程序组成的程序段。步进程序中每个分支各有两步。当 00000 由 OFF→ON→OFF 时步程序启动，分支 A→B 与分支 C→D 同时开始执行。当 00003 由 OFF→ON→OFF 时，两个分支同时进入步 E。其执行过程如下：

普通程序的执行不受步程序的制约。在 PLC 上电后，无论 00000～00004 是何种状态，01000 和 01005 的状态只取决于 00100。

当 00000 由 OFF→ON→OFF 时，执行指令 SNXT（09）20000 和 SNXT（09）20002，同时启动并执行步 A 和步 C。对分支 A→B，在 00001 由 OFF→ON→OFF 时，结束、复位步 A 并启动步 B；对分支 C→D，在 00002 由 OFF→ON→OFF 时，结束、复位步 C 并启动步 D。当 00003 由 OFF→ON→OFF 时，结束、复位步 B 和步 D，启动并执行步 E。在 00004 由 OFF→ON→OFF 时，结束、复位步 E，步程序结束。

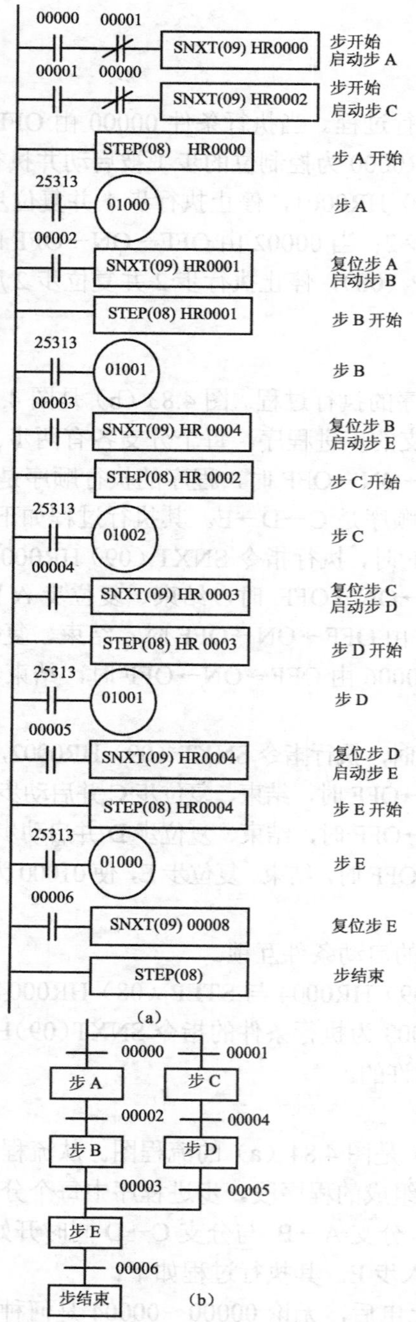

图 4.83　选择分支执行类的步进程序

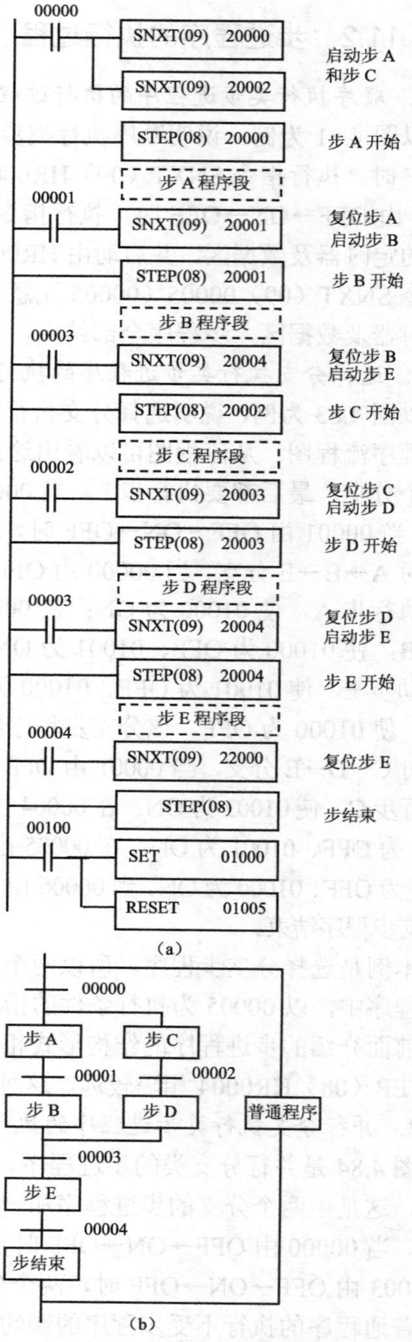

图 4.84　并行分支执行类的步进程序

程序中，以 00003 为执行条件的指令 SNXT（09）20004 在两处出现过。一个是用来清除步 B、启动步 E 的，另一个是用来清除步 D、启动步 E 的。

本例中，在步进程序段的末尾安排了一段普通程序，其执行不受步程序的制约。同样在步进程序段之前也可以安排普通程序。

与用其他指令编写的有相同功能的程序相比，用步进控制指令编写的程序语句比较多，但是这种程序的优点是逻辑关系清楚，程序编写过程中不易出差错，而且程序可读性好。

4.12 特殊指令

特殊指令包括故障诊断、信息显示、I/O 刷新等。表 4.24 列出了这些指令的格式、梯形图符号、操作数及其含义、指令功能及执行指令对标志位的影响。

表 4.24　　特殊指令

格　式	梯形图符号	操作数及其含义	指令功能及执行指令对标志位的影响
FAL(06) N1 @FAL(06) N1	FAL(06) N1 @FAL(06) N1	N1 是故障代码，其取值为 00～99	可继续运行故障指令 当执行条件为 ON 时，将故障代码 N1 传送到 FAL 的输出区 SR（25300～25307）中，同时使主机面板上的 ALM 指示灯闪烁，程序可继续执行 当 N1 为 00 时，执行 FAL(06) 00 可以将前一个故障代码清除，将下一个故障代码存入 FAL 的输出区
FALS(07) N2	FALS(07) N2	N2 是故障代码，其取值为 01～99	停止运行故障指令 当执行条件为 ON 时，将故障代码 N2 传送到 FAL 的输出区 SR25300～25307 中，同时使主机面板上的 ERR 指示灯常亮，RUN 指示灯灭，停止执行程序，所有输出均复位 能使程序再启动的方法如下 ① 清除故障后，将 PLC 的工作方式转换到 PROGRAM，再转换回 RUN 或 MONITOR 方式 ② 清除故障后，将 PLC 关机再开机
MSG (46) FM @MSG (46) FM	MSG (46) FM @MSG (46) FM	FM 是存放信息的开始通道，其范围是 IR、SR、HR、AR、LR、TC、DM、*DM	信息显示指令 当执行条件为 ON 时，从 FM 开始的 8 个通道中读取 ASCII 码，并把对应的字符在显示屏上显示出来。若出现非 ASCII，则该码以后的信息将不被显示 执行 FAL(06)00 指令时可清除当前显示的信息 对标志位的影响 当间接寻址 DM 不存时，25503 为 ON
IORF(97) St E @IORF(97) St E	IORF(97) St E @IORF(97) St E	St 为开始通道，其范围是 IR000～IR019 E 为结束通道，其范围是 IR000～IR019	I/O 刷新指令 当执行条件为 ON 时，刷新从 St 开始到 E 之间的全部通道 对标志位的影响 当开始通道 St 大于结束通道 E 时，25503 为 ON

续表

格　式	梯形图符号	操作数及其含义	指令功能及执行指令对标志位的影响
BCNT(67) N S D @BCNT(67) N S D	BCNT(67) N S D @BCNT(67) N S D	N 是通道数（BCD），其范围是 IR、SR、HR、AR、LR、TC、DM、*DM、# S 是源开始通道，其范围是 IR、SR、HR、AR、LR、TC、DM、*DM D 是目的通道，其范围同上	位计数指令 当执行条件为 ON 时，计算 S～S+(N−1)之间的所有通道中为 1 的位数有多少，并将结果以 BCD 码的形式存在 D 中 在下列情况之一时，25503 为 ON ① N 不是 BCD 数 ② N 是 0000 ③ S+(N−1)超出数据区 ④ S～S+(N−1)之间的所有通道中为 1 的位数超过 9999 ⑤ 间接寻址 DM 通道不存在 当 D 的内容为 0000 时，25506 为 ON

4.12.1　故障诊断指令

故障诊断指令有两种，一种是可继续运行的故障诊断指令 FAL，另一种是停止运行的故障诊断指令 FALS。

1. 可继续运行的故障诊断指令（FAL/@FAL）

在系统运行中产生非严重故障时发出一个信号，使 FAL 指令执行，这时主机面板上的 ALM 指示灯闪烁，以提醒用户检查故障原因并及时排除，但程序继续执行。

2. 停止运行的故障诊断指令（FALS）

在系统运行中产生严重故障时发出一个信号，使 FALS 指令执行，这时主机面板上的 ERR 指示灯（与 ALM 是同一个指示灯）常亮，以提醒用户检查故障原因并及时排除，同时停止执行程序。在排除故障后，可以通过关掉电源再开机，或先把工作方式转换到编程再转换回运行或监控状态的方法，清除故障显示信息并使程序继续执行。

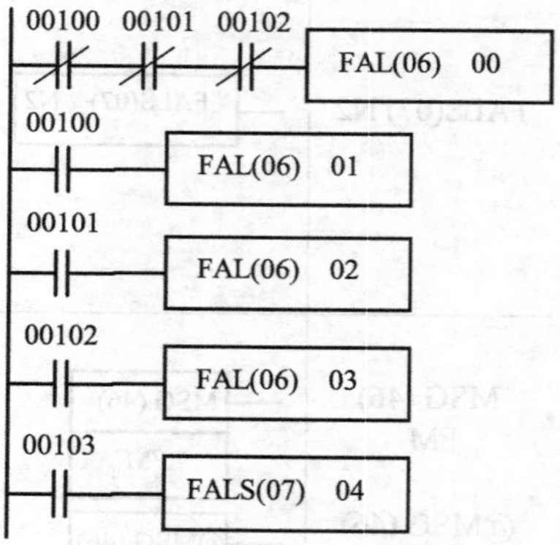

图 4.85　使用 AFL 指令的例子

图 4.85 是使用故障报警指令的例子。图中设置了 3 个非严重故障码 01、02、03 和 1 个严重故障码 04。当 00100 为 ON 时，表示发生了故障码是 01 的非严重故障，执行 FAL（06）01 指令后，主机面板上的 ALM 指示灯闪烁。当用户排除故障后，00100 又变为 OFF，则执行 FAL（06）00 指令清除 01 号故障码、ALM 指示灯灭并存入下一个故障码。当 00101 或 00102 为 ON 时，表示发生了故障码为 02 或 03 的非严重故障，指令执行情况同上。当 00103 为 ON 时，表示发生了一个故障码为 04 的严重故障，执行 FALS（07）04 指令后，主机面板上的 ERR 指示灯常亮、RUN 指示灯灭并停止执行程序。当用户排除故障后，需将 PLC 的工作方式转换到 PROGRAM，再转换回到 RUN 或 MONITOR 方式；也可将 PLC 关机再开机，ERR 指示灯灭，RUN 指示灯亮并重新开始执行程序。

4.12.2　信息显示指令

信息显示指令 MSG 的操作数 FM 是存放 ASCII 码的开始通道。每个 ASCII 的字符是 2

个数字（见附录D）。从FM开始的8个通道中最多存放16个ASCII（即一个MSG信息）。FM中的内容是根据需要预先写入的。在执行了MSG指令后，编程器的显示屏上将显示出相应的ASCII码字符。

1. 存放ASCII的顺序

ASCII按顺序存放在以FM为首地址的连续通道中。例如，以FM为首地址的3个通道存放ASCII的顺序如下：

FM通道中存放两个ASCII的字符： | 第一个字符 | 第二个字符 |

FM+1通道中存放两个ASCII字符： | 第三个字符 | 第四个字符 |

FM+2通道中存放两个ASCII字符： | 第五个字符 | 第六个字符 |

在存放ASCII码的连续通道中，若其中有一个通道不是ASCII，则该通道之后的信息将不被显示。

2. 显示MSG信息的顺序

信息显示缓冲区最多能存放3个MSG信息（24个通道，存放48个ASCII字符），而编程器的显示屏上每次只能显示1个 MSG信息，因此就有了优先显示哪个信息的问题。被显示信息的优先级取决于存放该信息的存储区的优先级，其顺序如下：

（1）LR→I/O→IR（除I/O外）→HR→AR→TC→DM/*DM；

（2）同一区域内地址小的优先，间接寻址时，DM地址小的优先。

被显示信息是按优先级的高低存入信息显示缓冲区的，优先级高的先存入，所以按照先进先出的顺序显示各信息。

3. 清除当前显示的MSG信息

欲清除当前显示的MSG信息而显示下一个MSG信息时，可在程序中安排FAL（06）00指令与显示指令配合使用。

在图4.86（a）中，若DM0100和DM0000中都有信息码，则只能显示DM0000中的信息，因为地址号小的信息优先显示。

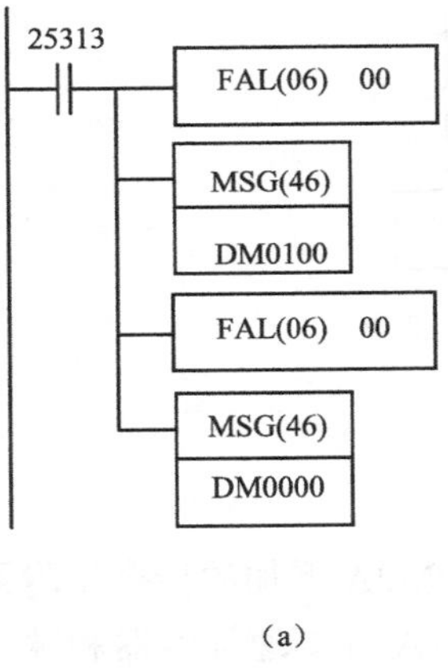

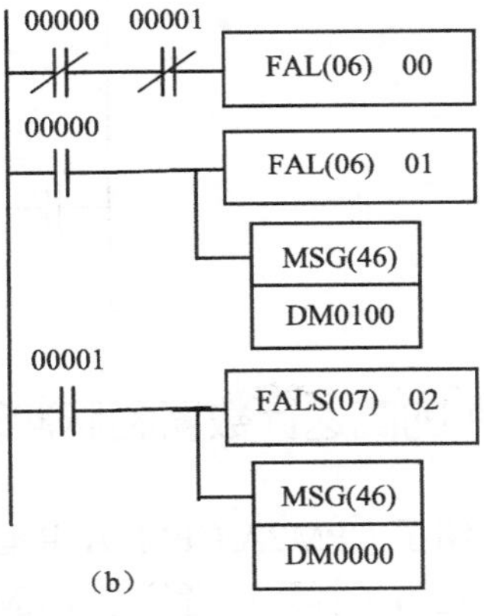

图4.86 使用MSG指令的例子

在图4.86（b）中，当00000为ON时，表示发生了非严重故障，执行FAL（06）01指令后主机面板上的ALM指示灯闪烁。执行MSG指令后，显示DM（0100～0102）中的内容。例如，DM（0100～0102）中的内容为4755 4F52 4521时，屏幕将显示出GUO RE!（过热!）。当清除故障后00000为OFF，此时执行FAL（06）00指令，显示立即被清除；当00001为

ON时，表示发生了严重故障，执行FALS（07）02指令后主机面板上的ERR指示灯常亮，RUN指示灯灭并停止执行程序。执行MSG指令后，显示DM0000～DM0002中的内容。例如，DM（0000～0002）中的内容为4755 4F59 4121时，屏幕显示出GUOYA！（过压！）。排除故障后重新启动程序即可继续运行，显示的故障信息也被清除。

4.12.3 I/O刷新指令

PLC在一个扫描周期中只对I/O进行一次刷新，这种集中输入、集中输出的工作方式是造成输出滞后于输入的原因之一。为了弥补这个不足，CPM1A系列设置了I/O刷新指令。在程序运行过程中，执行该指令可以随时对指定的通道进行I/O刷新，从而提高了I/O响应速度。图4.87是使用@IORF指令的例子。当20000为ON时执行一次IORF指令，将000通道进行刷新。HR0000和HR0001的状态则取决于该次刷新后的00005和00006的状态。

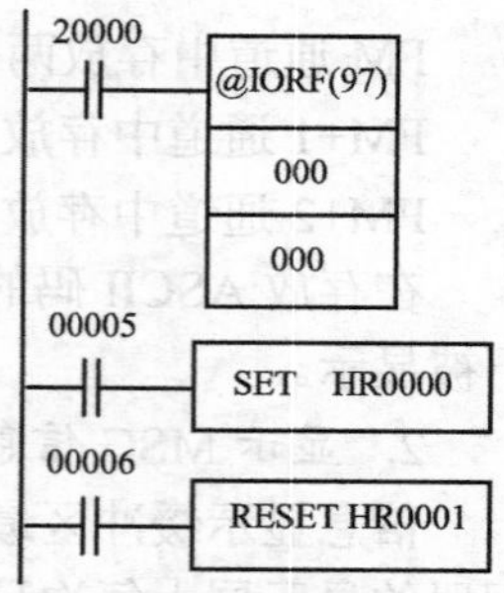

图4.87 使用IORF指令的例子

4.12.4 位计数指令

利用位计数指令可以随时统计出某个通道中为ON的位数。图4.88是使用位计数指令的例子。

PLC上电后每个扫描周期都执行BCNT指令，随时统计HR0000通道中为ON的位数，并把统计结果存在200通道中；每个扫描周期都执行比较指令，当HR0000中的ON位超过8位时，25505为ON并执行指令FALS（07）01，ERR指示灯亮，停止执行程序。

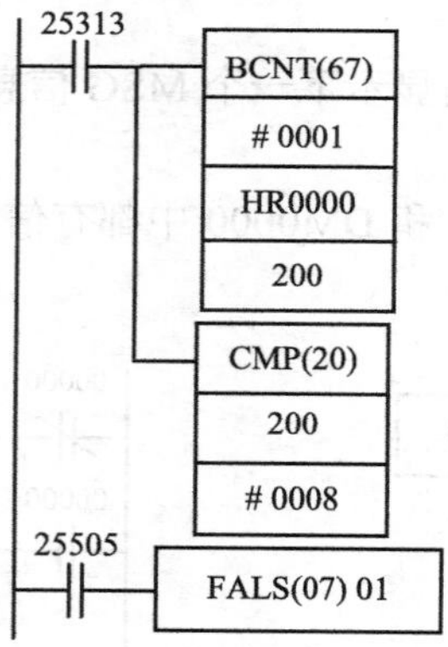

图4.88 使用BCNT指令的例子

4.13 CPM2A的高速计数器和脉冲输出

前面各节介绍了CPM2A/CPM1A共有的指令，CPM2A增加的指令见附录A。

本节的内容是为了提醒读者注意CPM2A与CPM1A在高速计数器和脉冲输出功能方面的差异，同时指出CPM2A与CPM1A共有的部分指令在功能上的扩展，还介绍几条与CPM2A的脉冲输出功能相关的新指令。

在CPM2A使用高速计数器和脉冲输出功能时，必须在数据存储区进行PLC设定，如表4.25所示。（注意与CPM1A作比较）

在使用高速计数器和脉冲输出功能时，需要有一定数量的内部继电器区作为存放工作状

态标志等使用，如表 4.26 所示。（注意与 CPM1A 作比较）

表 4.25　CPM2A 高速计数器和脉冲输出的 PLC 设定

<table>
<tr><th>字</th><th>位</th><th colspan="2">设　定</th></tr>
<tr><td rowspan="2">DM6629</td><td>00～03</td><td>脉冲 0 PV 值坐标系</td><td rowspan="2">0：相对坐标系
1：绝对坐标系</td></tr>
<tr><td>04～07</td><td>脉冲 1 PV 值坐标系</td></tr>
<tr><td rowspan="3">DM6642</td><td>00～03</td><td colspan="2">高速计数器输入模式设定
0：相位差模式（5kHz）
1：脉冲+方向模式（20kHz）
2：增/减模式（20kHz）
3：递增模式（20kHz）</td></tr>
<tr><td>04～07</td><td colspan="2">高速计数器复位方式设定
0：Z 相信号+软件复位
1：软件复位</td></tr>
<tr><td>08～15</td><td colspan="2">高速计数器使用设定
00：不使用
01：作高速计数器使用
02：作同步脉冲控制使用（10Hz～500Hz）
03：作同步脉冲控制使用（20Hz～1kHz）
04：作同步脉冲控制使用（300Hz～20kHz）</td></tr>
</table>

表 4.26　CPM2A 高速计数器和脉冲输出的监控数据区

<table>
<tr><th>字</th><th>位</th><th>功　能</th><th>说　明</th></tr>
<tr><td>SR228</td><td>00～15</td><td>脉冲输出 0 PV 值的低 4 位</td><td rowspan="4">即使不作脉冲输出使用，也不能作为工作位使用</td></tr>
<tr><td>SR 229</td><td>00～15</td><td>脉冲输出 0 PV 值的高 4 位</td></tr>
<tr><td>SR 230</td><td>00～15</td><td>脉冲输出 1 PV 值的低 4 位</td></tr>
<tr><td>SR 231</td><td>00～15</td><td>脉冲输出 1 PV 值的高 4 位</td></tr>
<tr><td>SR 248</td><td>00～15</td><td>高速计数器 PV 值的低 4 位</td><td rowspan="2">高速计数器不使用时，可作为工作位使用</td></tr>
<tr><td>SR 249</td><td>00～15</td><td>高速计数器 PV 值的高 4 位</td></tr>
<tr><td rowspan="3">SR 252</td><td>00</td><td>高速计数器复位位</td><td>该位为 ON 时高速计数器的 PV 值清零</td></tr>
<tr><td>04</td><td>脉冲输出 0 PV 值的复位位</td><td>该位为 ON 时脉冲输出 0 的 PV 值清零</td></tr>
<tr><td>05</td><td>脉冲输出 1 PV 值的复位位</td><td>该位为 ON 时脉冲输出 1 的 PV 值清零</td></tr>
<tr><td rowspan="4">AR11</td><td>00～07</td><td>高速计数器区域比较结果标志位</td><td>00 ON：计数器的 PV 值在比较区域 1 内
01 ON：计数器的 PV 值在比较区域 2 内
02 ON：计数器的 PV 值在比较区域 3 内
03 ON：计数器的 PV 值在比较区域 4 内
04 ON：计数器的 PV 值在比较区域 5 内
05 ON：计数器的 PV 值在比较区域 6 内
06 ON：计数器的 PV 值在比较区域 7 内
07 ON：计数器的 PV 值在比较区域 8 内</td></tr>
<tr><td>08</td><td>高速计数器的比较进行/停止标志位</td><td>ON：进行　　OFF：停止</td></tr>
<tr><td>09</td><td>高速计数器 PV 值的上溢出/下溢出标志位</td><td>ON：上溢出/下溢出　　OFF：正常</td></tr>
<tr><td>10</td><td colspan="2">未使用</td></tr>
</table>

续表

字	位	功能	说明	
AR11	11	脉冲输出0的输出状态	ON：加速/减速	OFF：恒速
	12	脉冲输出0 PV值的溢出标志位	ON：溢出	OFF：正常
	13	脉冲输出0的脉冲个数是否被指定	ON：指定	OFF：未指定
	14	脉冲输出0的输出是否完成	ON：完成	OFF：未完成
	15	脉冲输出0的输出是否在进行中	ON：进行中	OFF：已停止
AR12	00～11	未使用		
	12	脉冲输出1 PV值的溢出标志位	ON：溢出	OFF：正常
	13	脉冲输出1的脉冲个数是否被指定	ON：指定	OFF：未指定
	14	脉冲输出1的输出是否完成	ON：完成	OFF：未完成
	15	脉冲输出1的输出是否在进行中	ON：进行中	OFF：已停止

4.13.1 CPM2A的高速计数器

与CPM1A一样，使用CPM2A高速计数器时占用输入点00000～00002。当不使用高速计数器时，这些点可作普通输入点使用。

CPM2A与CPM1A的高速计数器的主要区别有4点。其一，CPM2A的高速计数器具有4种计数模式，比CPM1A多两种。其二，几条与高速计数器相关的指令在CPM2A中功能都有扩展。其三，与CPM1A一样，CPM2A高速计数器也有目标值比较中断和区域比较中断，但两种中断的比较方式与CPM1A有区别。其四，CPM2A的高速计数器计数频率远比CPM1A高。读者需注意以上几点。

与CPM1A相同，CPM2A高速计数器的复位方式也是Z相信号+软件复位及软件复位。

1. CPM2A高速计数器的计数模式

（1）递增模式

递增模式时，脉冲信号由00000输入。递增模式的最高计数频率是20kHz，计数范围是0～16 777 215。在输入脉冲信号的上升沿，高速计数器的当前值加1。递增模式时的脉冲输入信号如图4.89所示。

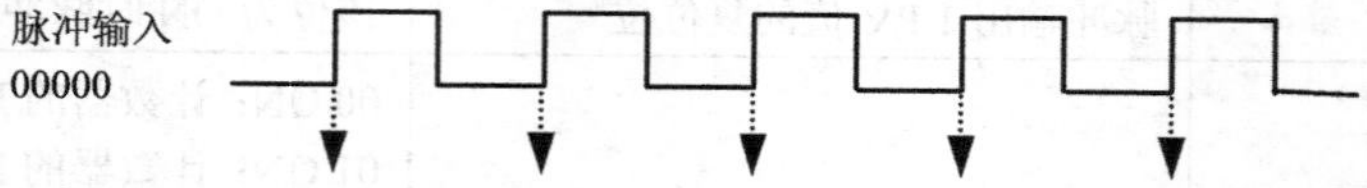

图4.89　递增模式的输入信号

（2）相位差模式

相位差模式时，A相脉冲由00000输入，B相脉冲由00001输入，复位Z相信号由00002输入。相位差模式计数的最高频率是5kHz，计数范围是−8388608～+8388607。相位差模式的输入信号如图4.90所示。

当A相超前B相90°时，在A、B相脉冲的上升沿和下降沿处计数器的当前值加1。

当B相超前A相90°时，在A、B相脉冲的上升沿和下降沿处计数器的当前值减1。

（3）增/减模式

CW脉冲由00000输入，CCW脉冲由00001输入。增/减模式的最高计数频率是20kHz，计数范围是−8388608～+8388607。增/减模式的输入信号如图 4.91 所示。

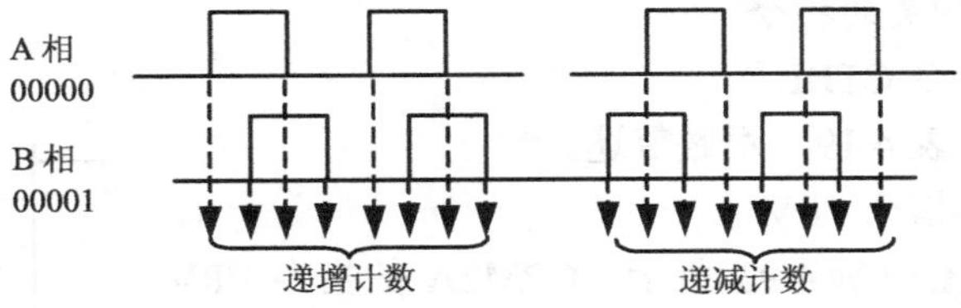

图 4.90 相位差模式的输入信号

使用增/减模式时，当 CW 信号出现时为递增计数，在 CW 脉冲的上升沿高速计数器的当前值加 1。CCW 信号出现时为递减计数，在 CCW 脉冲的上升沿高速计数器的当前值减 1。

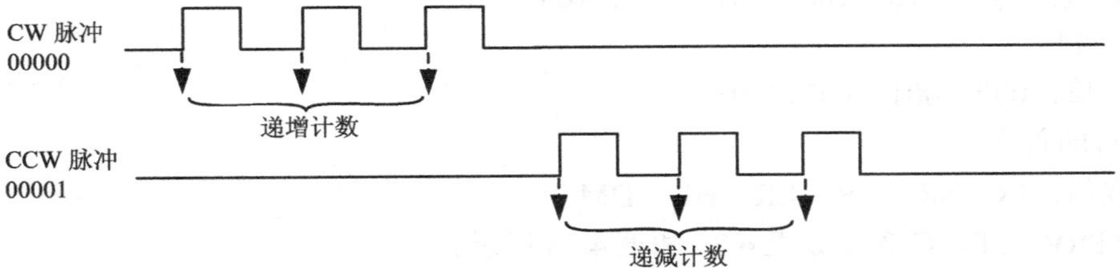

图 4.91 增/减模式的输入信号

（4）脉冲+方向模式

计数脉冲信号由 00000 输入，方向信号由 00001 输入。脉冲+方向模式的最高计数频率为 20kHz，计数范围是−8388608～+8388607。脉冲+方向模式的输入信号如图 4.92 所示，当方向信号是 OFF 时为递增计数，当方向信号是 ON 时为递减计数。

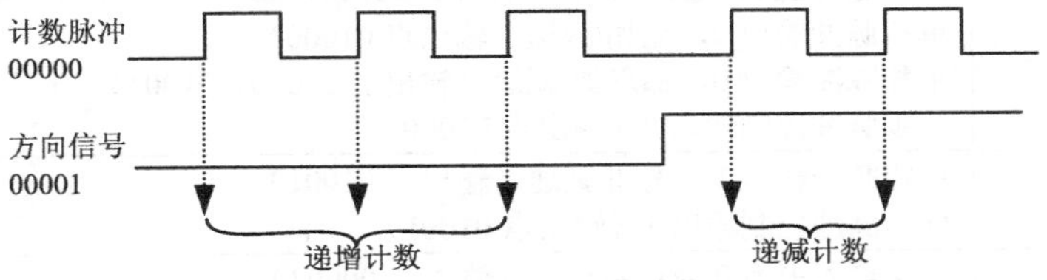

图 4.92 脉冲+方向模式的输入信号

2. 高速计数器的比较中断功能

CPM2A 的高速计数器有目标值比较和区域比较两种中断功能，要建立目标值比较表和区域比较表。

（1）目标值比较中断

目标值比较表最多登录 16 个目标值。启动比较后，高速计数器的 PV 值与表中所有的目标值进行比较，所以目标值必须各不相同，否则将出现一个错误。

与目标值对应的中断子程序编号要随计数模式而定。递增计数时用 0000～0049，递减计数时用 F000～F049。不需要中断时可设置未定义的子程序编号（如 FFFF）。

（2）区域比较中断

区域比较表最多可登录 8 个目标区域。各区域的上限数字值要大于下限数字值，目标区域的范围可重叠。当高速计数器 PV 值落在几个区域内时，执行最靠近比较表开头区域对应的中断子程序。

与目标区域对应的中断子程序编号为 0000～0049。目标区域不足 8 个时，其余子程序编号设为 FFFF。

3. 与高速计数器相关的指令

（1）比较表登录指令 CTBL

该指令的功能可查表 4.19，不做赘述。

（2）高速计数器读指令 PRV

指令 PRV 的梯形图如图 4.93 所示。CPM2A 的指令 PRV 与表 4.19 有所不同，其功能被扩展（注意在脉冲输出时也要用到该指令）。指令各操作数的含义如下：

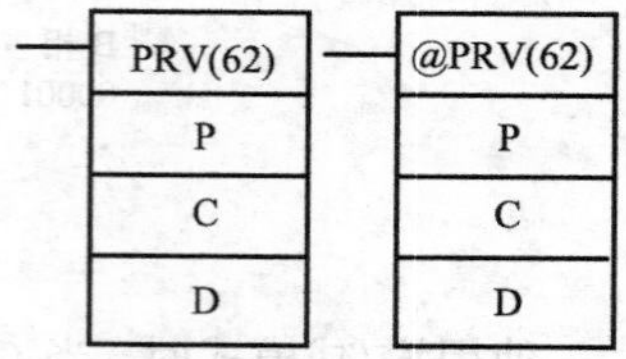

图 4.93 指令 PRV 的梯形图

P：端口指定。

取值：000、010、100、101、102、103

C：控制字。

取值：000、001、002、003

D：目的首字。

取值：IR、SR、AR、LR、HR、DM

指令 PRV 的 P、C 含义如表 4.27 和表 4.28 所示。

指令功能：读高速计数器 PV 值、脉冲输出 PV 值、中断输入（计数模式）PV 值或同步脉冲控制的输入频率。

表 4.27 指令 PRV 端口指定 P 的含义

P	功 能
000	高速计数器的输入（输入点 00000、00001、00002） 同步脉冲控制的输入频率（输入点 00000、00001、00002） 单相脉冲输出 0，无加/减速（输出点 01000） 单相脉冲输出 0，梯形加/减速（输出点 01000、01001） 同步脉冲控制输出 0（输出点 01000）
010	单相脉冲输出 1，无加/减速（输出点 01001） 同步脉冲控制输出 1（输出点 01001）
100	定义输入中断 0 为计数模式（输入点 00003）
101	定义输入中断 1 为计数模式（输入点 00004）
102	定义输入中断 2 为计数模式（输入点 00005）
103	定义输入中断 3 为计数模式（输入点 00006）

表 4.28 指令 PRV 控制字 C 的含义

C	功 能	目的字
000	读高速计数器的 PV 值、中断输入（计数模式）的 PV 值或同步脉冲控制的输入频率	D 和 D+1
001	读高速计数器或脉冲输出的状态	D
002	读区域比较的结果	D
003	读脉冲输出的 PV 值	D 和 D+1

控制字 C 取不同的值时，对应的操作如下。

① C=000 时，PRV 读取高速计数器、中断输入（计数模式）的 PV 值或同步脉冲控制的输入频率。

● 当 P=000 时，PRV 读取高速计数器的 PV 值，或读同步脉冲控制的输入频率，同时将 8 位 BCD 数写入 D+1 和 D 中。

● 当 P=100～103 时，PRV 读取指定中断输入 0～3（计数模式）的 PV 值，同时将 4 位十六进制的值写于 D 中。

② C=001 时，PRV 读取高速计数器或脉冲输出的状态，并将数据写入 D 中。

● 当 P=000 时，PRV 读取高速计数器或脉冲输出 0 的状态，D 中各位的含义如表 4.29 所示。

● 当 P=010 时，PRV 读取脉冲输出 1 的状态，D 中 05～09 各位的含义同表 4.29 所示。

③ C=002 时，PRV 读取高速计数器的 PV 值及与 8 个区域值的比较结果，并将结果写入 D 中。D 中的位 00～07 为区域 1～8 的比较结果标志（0–不在区域内，1–在区域内）。

④ C=003 时，PRV 读脉冲输出 PV 值，并将 8 位 BCD 值写到 D+1、D 中。D+1 为 PV 值的高 4 位，D 为 PV 值的低 4 位。

表 4.29　　指令 PRV 目的字 D 的含义

使　用	D 中的位	功　能
高速计数器	00	高速计数器比较状态（0–停止，1–比较）
	01	高速计数器上溢/下溢（0–正常，1–上溢/下溢）
脉冲输出	05	脉冲输出 0 指定的脉冲数（0–未指定，1–指定）
	06	脉冲输出 0 完成（0–未完成，1–完成）
	07	脉冲输出 0 状态（0–停止，1–输出）
	08	脉冲输出 0 PV 值上溢/下溢（0–正常，1–上溢/下溢）
	09	脉冲输出 0 加速（0–不变，1–加速或减速）

（3）操作模式控制指令 INI

指令 INI 的梯形图如图 4.94 所示。CPM2A 的指令 INI 与表 4.19 有所不同，其功能被扩展（注意在脉冲输出时也要用到该指令）。指令各操作数的含义如下。

P：端口指定。

取值：000、010、100、101、102、103

C：控制字。

取值：000、001、002、003、004、005

P1：PV 的首字。

取值：IR、SR、AR、LR、HR、DM

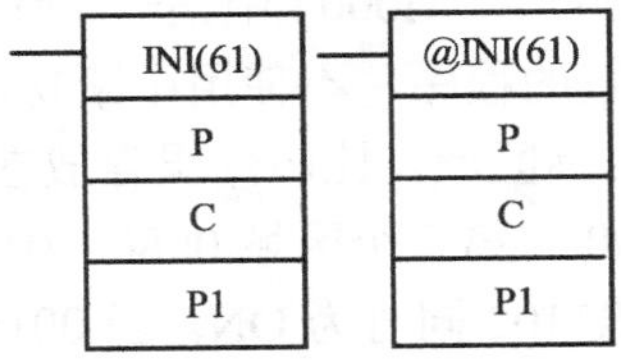

图 4.94　指令 INI 的梯形图

指令 INI 的 P、C、P1 的含义如表 4.30 和表 4.31 所示。

表 4.30 指令 INI 端口指定 P 的含义

P	功　能
000	高速计数器输入（输入点 00000，00001，00002） 单相脉冲输出 0，无加/减速（输出点 01000） 单相脉冲输出 0，梯形加/减速（输出点 01000，01001）
010	单相脉冲输出 1，无加/减速（输出点 01001）
100	定义输入中断 0 为计数模式（输入点 00003）
101	定义输入中断 1 为计数模式（输入点 00004）
102	定义输入中断 2 为计数模式（输入点 00005）
103	定义输入中断 3 为计数模式（输入点 00006）

表 4.31 指令 INI 控制字 C 的含义

C	P1	功　能
000	000	启动由指令 CTBL 登录的比较表
001	000	停止由指令 CTBL 登录的比较表
002	新 PV 值	改变高速计数器的 PV 值或中断输入（计数模式下）的 PV 值 ①P=000 时，将 P1+1、P1 通道中的内容传送到当前值寄存器 249、248 通道中，作为高速计数器的新当前值。P1+1 为高 4 位数，P1 为低 4 位 ②P=100～103 时，用 P1 中的 4 位十六进制数改变中断输入（计数模式）的 PV 值
003	000	停止脉冲输出
004	新 PV 值	改变脉冲输出的 PV 值 当脉冲输出正在进行时，不能改变当前值
005	000	停止同步脉冲控制输出

指令功能：控制高速计数器的运行，如改变高速计数器的 PV 值或中断输入（计数模式下）的 PV 值；改变脉冲输出的 PV 值或停止脉冲输出。

图 4.95 是高速计数器目标值比较中断的程序。当高速计数器的 PV 值与比较表中任一目标值相符时，执行中断子程序，将 DM0000～DM0003 中某一单元的内容递增 1。

图 4.96 是高速计数器区域比较中断的程序。当高速计数器的 PV 值落在比较表中任一区域时，执行中断子程序，将 DM0000～DM0004 中某一单元的内容递增 1。

图 4.97 是高速计数器区域比较的程序，不使用中断功能，由 00000、00001 输入相位差计数脉冲。比较表中设置了 3 个目标区域。比较结果存放在 AR1100、AR1101、AR1102 中。比较表中的第二个区域 0075～0100 与第三个区域 0080～0150 有重叠部分。当高速计数器的 PV 值落在重叠区时，AR1101、AR1102 同时为 ON。当 00100 接通时，高速计数器复位，PV 值清零。程序中使用了指令 CTBL、INI、PRV，注意这些指令的使用方法。

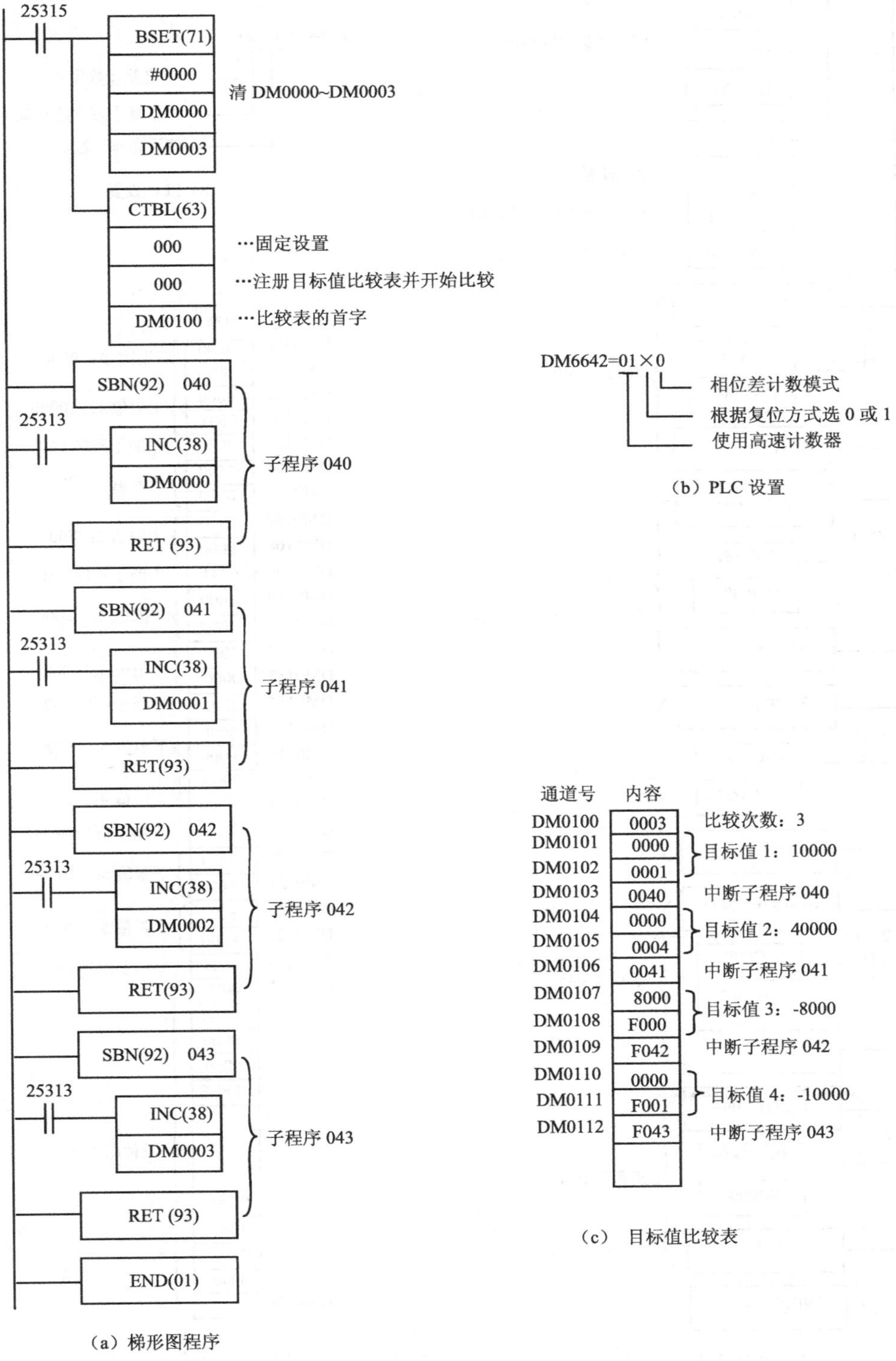

图 4.95 CPM2A 的高速计数器目标值比较中断

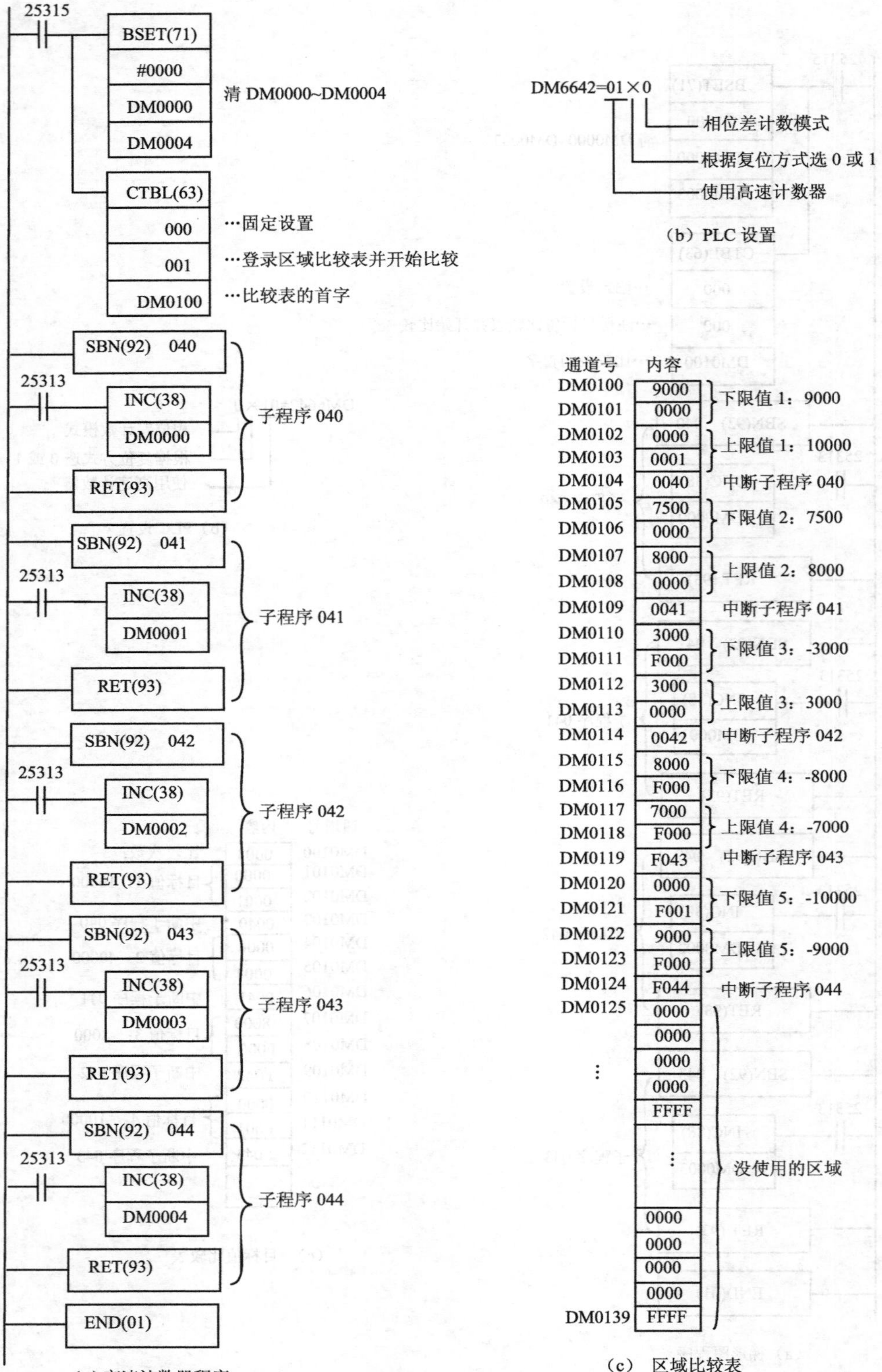

(a) 高速计数器程序

图 4.96 CPM2A 的高速计数器区域比较中断

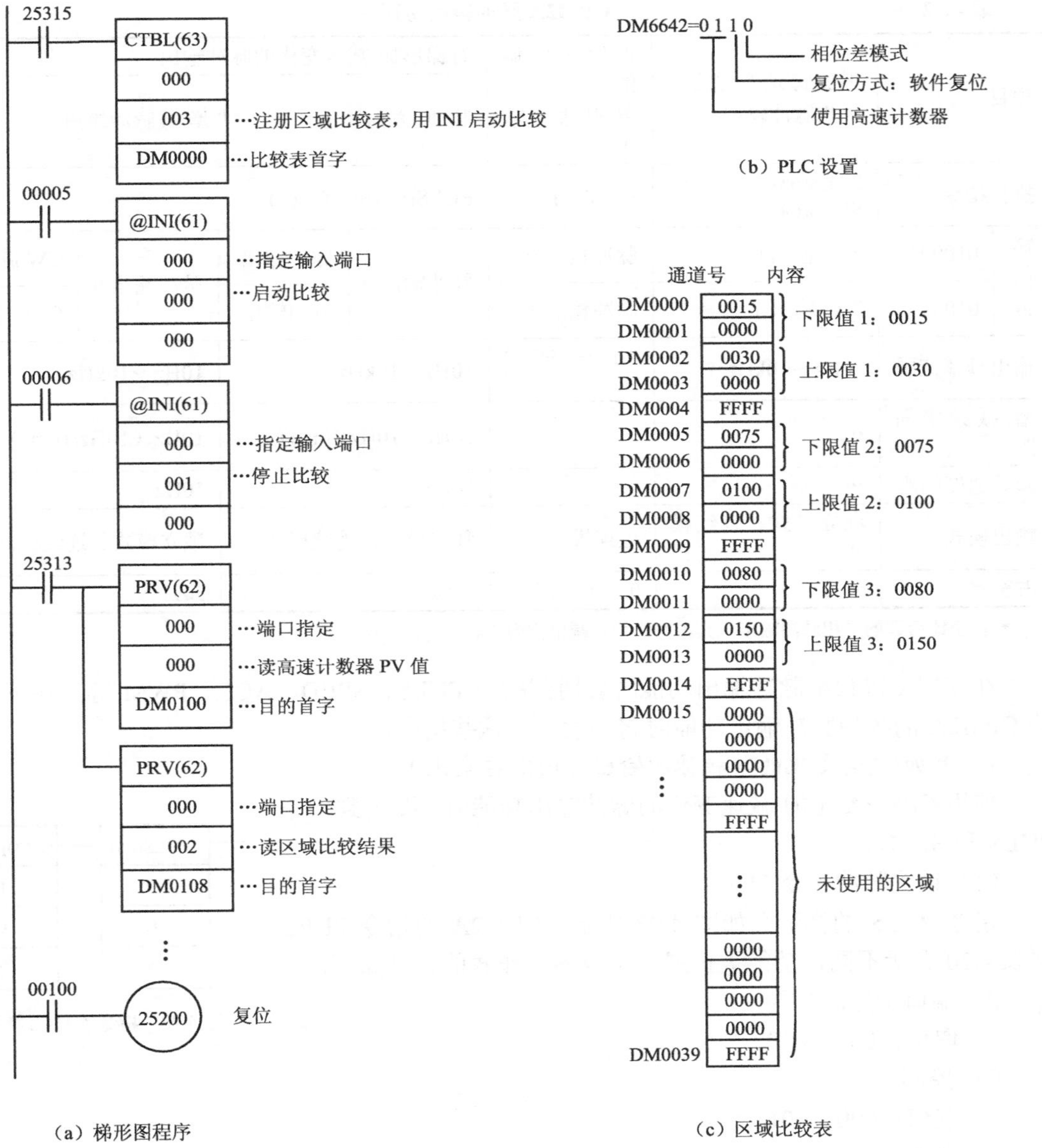

图4.97 CPM2A的高速计数器区域比较

4.13.2 CPM2A的脉冲输出

晶体管输出型的CPM2A可以输出高速脉冲，其脉冲输出功能远比CPM1A丰富。CPM2A可以输出无加/减速变化的单相脉冲、占空比可调的单相脉冲、有梯形加/减速变化的脉冲。

脉冲输出可设置为两种模式：一种是独立模式，即当输出达到指定的脉冲数后则停止输出；另一种是连续模式，由指令控制脉冲输出的停止。

CPM2A的脉冲输出功能如表4.32所示。

表 4.32　　　　CPM2A 脉冲输出功能

<table>
<tr><td colspan="2" rowspan="2">项目</td><td rowspan="2">无加/减速变化的单相脉冲输出</td><td rowspan="2">占空比可调的单相脉冲输出</td><td colspan="4">有梯形加/减速变化的脉冲输出</td></tr>
<tr><td colspan="2">脉冲+方向输出</td><td colspan="2">增/减脉冲输出</td></tr>
<tr><td colspan="2">执行指令</td><td>PULS(65) 和 SPED(64)</td><td>PWM(−)</td><td colspan="4">PULS(65)和 ACC(−)</td></tr>
<tr><td rowspan="2">输出点</td><td>01000</td><td>脉冲输出 0</td><td>脉冲输出 0</td><td rowspan="2">脉冲输出 0</td><td>脉冲输出</td><td rowspan="2">脉冲输出 0</td><td>CW 脉冲</td></tr>
<tr><td>01001</td><td>脉冲输出 1</td><td>脉冲输出 1</td><td>方向输出</td><td>CCW 脉冲</td></tr>
<tr><td colspan="2">输出频率范围</td><td>10Hz～10kHz</td><td>0.1 ～ 999.9 Hz</td><td colspan="2">10Hz～10kHz</td><td colspan="2">10Hz～10kHz</td></tr>
<tr><td colspan="2">增/减频率间距</td><td>…</td><td>…</td><td colspan="2">10Hz（10Hz/10ms）</td><td colspan="2">10Hz（10Hz/10ms）</td></tr>
<tr><td colspan="2">起始速度间距</td><td>…</td><td>…</td><td colspan="2">10Hz</td><td colspan="2">10Hz</td></tr>
<tr><td colspan="2">输出模式</td><td>独立模式、连续模式</td><td>连续模式</td><td colspan="2">独立模式、连续模式</td><td colspan="2">独立模式、连续模式</td></tr>
<tr><td colspan="2">占空比</td><td>50%</td><td>0～100% *</td><td colspan="2">50%</td><td colspan="2">50%</td></tr>
</table>

* 占空比可调的单相脉冲输出，其占空比增、减单位为 1%。

在使用 CPM2A 脉冲输出功能时要用到指令 PULS、SPED、ACC、PWM 等。在下面讨论 CPM2A 的各种脉冲输出功能时将陆续介绍这些指令。

1. *无加/减速变化的单相脉冲输出（固定占空比）*

使用 CPM2A 无加/减速变化的脉冲输出功能时，要用到指令 PULS 和 SPED。

（1）设置脉冲指令 PULS

指令 PULS 的梯形图如图 4.98 所示。CPM2A 的指令 PULS 与表 4.20 有所不同，功能被扩展。指令各操作数的含义如下。

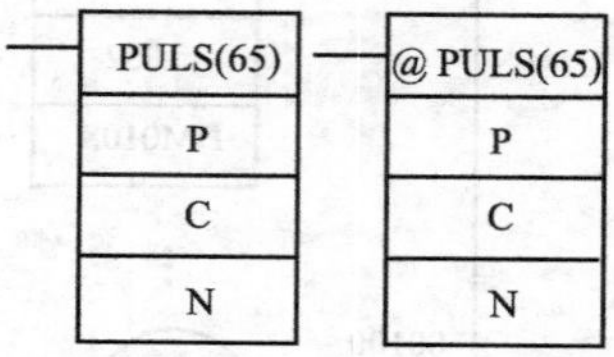

图 4.98　指令的 PULS 梯形图

P：端口指定。

取值：000、010

C：控制字。

取值：000、001

N：输出脉冲数。

取值；IR、SR、AR、LR、HR、DM

N 设定独立模式下输出脉冲数（8 位 BCD）。N+1、N 分别存放脉冲数的高 4 位和低 4 位。取值范围为−16777215～16777215。N+1 第 15 位如下：

0（正）：0～16777215（00000000～16777215）

1（负）：−16777215～0（96777215～80000000）

指令 PULS 的 P、C 含义如表 4.33 和表 4.34 所示。

指令功能：当以独立模式输出脉冲时，用 PULS 设定输出脉冲的数目，用指令 SPED 或 ACC 启动脉冲输出。

表 4.33　　指令 PULS 操作数 P 的含义

P	脉冲输出类型	输 出 端 口
000	无加/减速单相脉冲输出 0	01000
	有梯形加/减速单相脉冲输出 0	01000 和 01001
010	无加/减速单相脉冲输出 1	01001

表 4.34　　指令 PULS 操作数 C 的含义

C	脉冲 PV 值坐标系	脉冲输出个数
000	相对坐标系（相对脉冲输出）	脉冲输出个数 SV=脉冲输出个数
001	绝对坐标系（绝对脉冲输出）	脉冲输出个数 SV=脉冲输出个数−PV

注意：

① PLC 设定要与指令 PULS 的控制字 C 的设置一致。如果 DM6629 设置为相对坐标系（见表 4.25），而指令的控制字 C 选 001，则指令 PULS 不执行。

② 在执行指令 PULS 后，不能用指令 INI 以改变脉冲输出的 PV。

③ 如果计算的脉冲输出个数 SV 为 0，指令 PULS 将不执行，且 SR25503 置为 ON。

④ 当无加/减速的脉冲输出在独立模式下执行，输出脉冲数为负时，将使用脉冲输出个数 SV 的绝对值。

（2）速度输出指令 SPED

指令 SPED 的梯形图如图 4.99 所示。指令各操作数的含义如下。

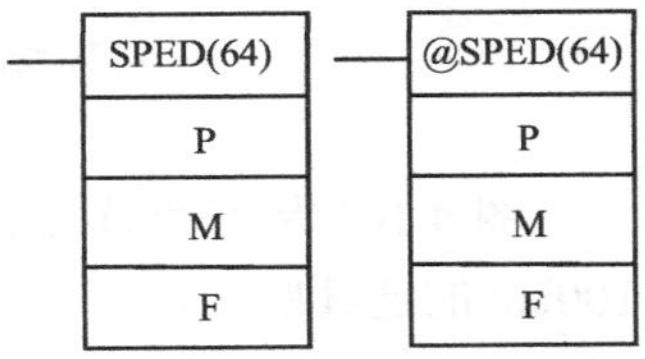

图 4.99　指令 SPED 的梯形图

P：端口指定。

　000：无加/减速的单相脉冲输出 0，输出口为 01000

　010：无加/减速的单相脉冲输出 1，输出口为 01001

M：输出模式设定。

　000：独立模式

　001：连续模式

F：输出脉冲频率。

　取值：IR、SR、AR、LR、HR、DM、#

输出脉冲频率为 4 位 BCD 数，设定以 10Hz 为单位的脉冲频率，设定值为 0001～1000（对应频率为 10Hz～10kHz）。若 F 设为#0000，执行指令 SPED 后将停止脉冲输出。

指令功能：SPED 设定脉冲输出端口、输出模式和脉冲输出频率，并启动输出。

注意：

① 脉冲可以同时或独立地从两个输出端口输出。

② 当脉冲已从指令 ACC 或 PWM 指定的输出位输出时，不可用 SPED 来改变频率，否则 SR25503 置为 ON。

③ 独立模式下，在执行 SPED 之前，必须先执行 PULS 来指定输出脉冲数，否则脉冲将不会被输出。当输出的脉冲数达到 PULS 指定的数目时，脉冲输出会自动停止。

④ 在连续模式下，脉冲按定义的频率输出。停止脉冲输出有两种办法：一种是再次执行 F=0000 的指令 SPED，另一种是执行 C=003 的指令 INI。

图 4.100 是独立模式下无加/减速的脉冲输出程序。由输出端口 01000 输出频率为 100 Hz

的脉冲 10000 个。在 DM0001、DM0000 中已分别写入数据 0001 和 0000，当输出脉冲数达到 10000 时，脉冲输出自动停止。脉冲输出波形如图 4.100（a）所示。

使用脉冲输出时，必须首先在数据设定区作如下 PLC 设置：

DM6629 的位 03～00 设为 0 ——脉冲输出端口 0 设为相对坐标系。

DM6642 的位 15～08 设为 00——不使用高速计数器。

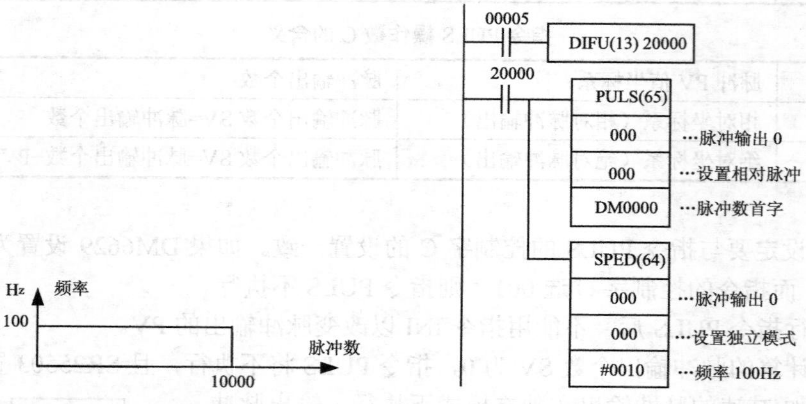

（a） 脉冲输出的工作波形　　（b）程序

图 4.100　独立模式下无加/减速脉冲输出

图 4.101 是连续模式下无加/减速变化的脉冲输出程序。由输出端口 01000 或 01001 输出 100Hz 的连续脉冲。

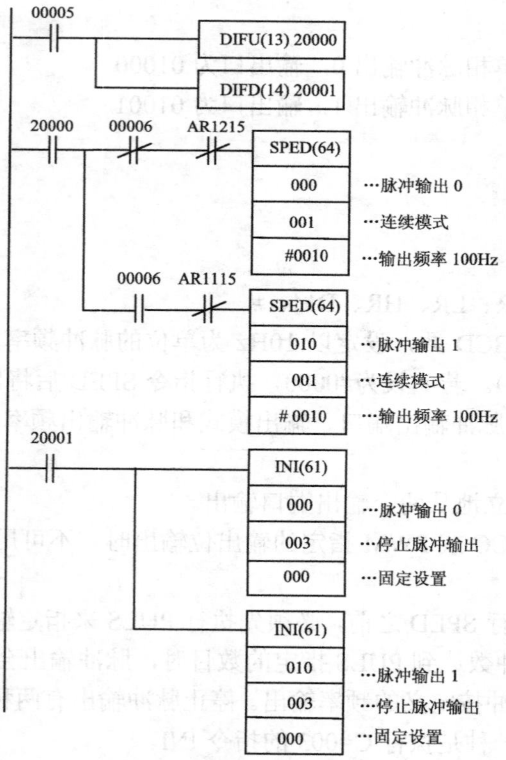

图 4.101　连续模式下无加/减速脉冲输出程序

控制执行条件 00006 的 ON 或 OFF 状态，可以实现脉冲输出在端口 01000 和 01001 之间切换。

当 00005 由 OFF 变为 ON 时，IR20000 保持 ON 一个扫描周期。此时若输入点 00006 断开就执行第一个 SPED 指令，确定输出模式为连续模式、输出端口为 01000，脉冲频率为 100 Hz。于是脉冲由端口 01000 输出；若输入点 00006 接通就执行第二个 SPED 指令，脉冲由端口 01001 输出。

当 00005 由 ON 变为 OFF 时，执行两个 INI 指令，使两个端口的脉冲输出都停止。

使用脉冲输出功能时，必须首先在数据设定区进行 PLC 设置：DM6629 的位 07～00 设为 00，即脉冲输出端口 0 和 1 都设为相对坐标系：DM6642 的位 15～08 设为 00，即不使用高速计数器。

2. 占空比可调的单相脉冲输出

使用 CPM2A 改变输出脉冲的占空比功能时，需要使用可变占空比脉冲指令 PWM。指令 PWM 的梯形图如图 4.102 所示。指令各操作数的含义如下。

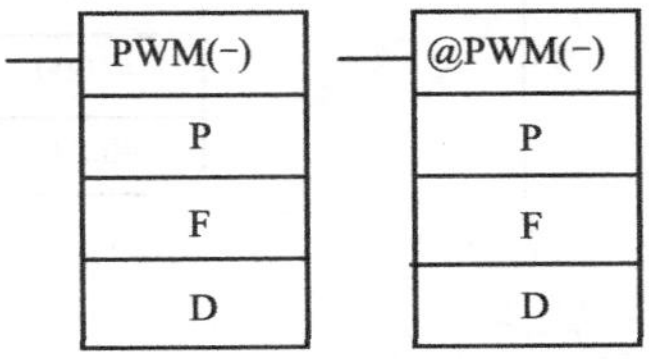

图 4.102 指令 PWM 的梯形图

P：端口指定。

000：无加/减速的单相脉冲输出 0，输出口为 01000

010：无加/减速的单相脉冲输出 1，输出口为 01001

F：输出频率。

取值：IR、SR、AR、LR、HR、DM、#

输出脉冲频率为 4 位 BCD 数，设定值为 0001～9999，对应频率为 0.1～999.9 Hz。

D：占空比。

4 位 BCD 数，设定值为 0001～0100，对应占空比为 1%～100%。

指令功能：PWM 设定脉冲输出端口、输出频率和占空比，并启动脉冲输出。

注意：

① 脉冲可以同时或独立地从两个输出位输出。

② 当占空比可变的脉冲正从一个输出位输出时，带不同占空比的指令 PWM 对此输出位再次执行时，脉冲将以新的占空比输出，而原有的频率不能改变。

③ 当脉冲从指令 SPED 或 ACC 指定的输出位输出时，不可用指令 PWM 来对该位进行操作，否则 SR25503 置为 ON。

④ 若需停止脉冲输出，可执行 C=003 的指令 INI。

图 4.103 是同时从两个端口输出占空比可调的脉冲的程序。当 00000 从 OFF 变为 ON 时，同时从两个端口输出脉冲；当 00001 从 OFF 变为 ON 时，改变两路脉冲的占空比。当 00002 从 OFF 变为 ON 时，两路脉冲输出停止。

图 4.103 的 PLC 设置如下：

DM6629 的位 00～07 设为 00——脉冲输出 0、1 设为相对坐标系。

DM6642 的位 08～15 设为 00——不使用高速计数器。

图 4.104 是用模拟量设定电位器来改变脉冲输出的占空比的程序。模拟量设定电位器 0 中的数据是 0～200BCD，除以 2 变成 0～100 的 BCD 数，存放在 DM0000 中作为占空比设定。

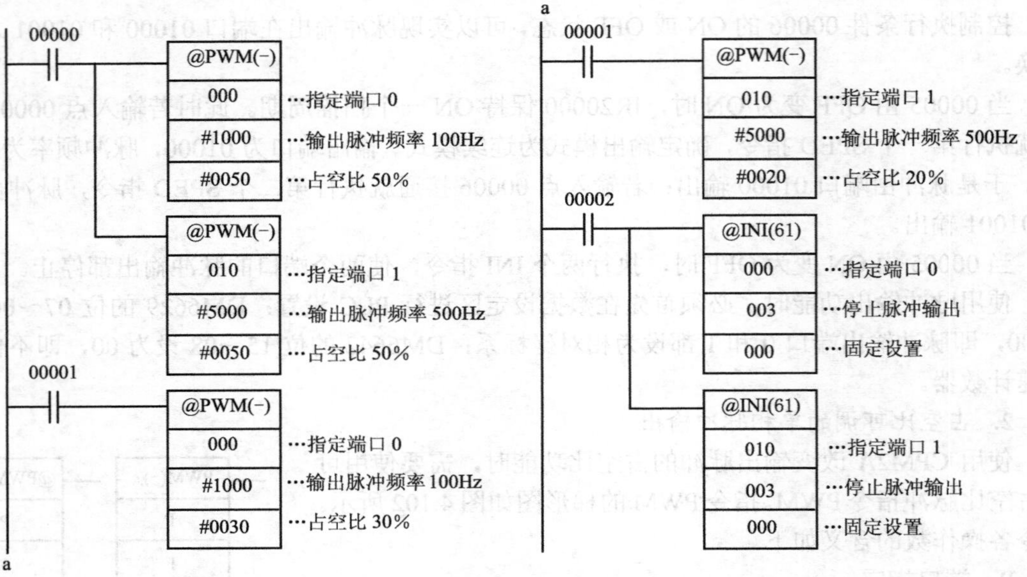

图 4.103　输出可变占空比脉冲的程序

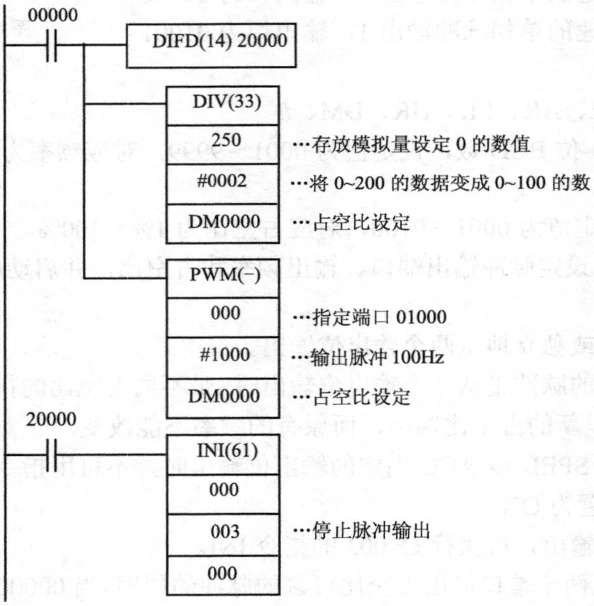

图 4.104　用模拟量设定电位器改变占空比的程序

3. 有梯形加/减速变化的脉冲输出

使用 CPM2A 带有梯形加/减速变化的脉冲输出功能时，需使用加/减速控制指令 ACC。指令 ACC 的梯形图如图 4.105 所示。指令中各操作数的含义如下。

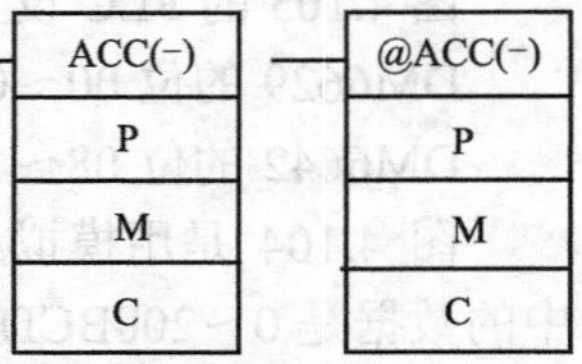

图 4.105　指令 ACC 的梯形图

P：端口指定。

取值：000（输出端口 0）

M：输出模式。

取值：000、002、010～013

C：控制字。

取值：IR、SR、AR、LR、HR、DM

C、C+1、C+2 这 3 个字分别指定加速率、目标频率和开始频率。频率是 10 Hz 的倍数。

M 和 C 的含义如表 4.35 和表 4.36 所示。

指令功能：ACC 设定带梯形加/减速度的脉冲输出，指定加/减速的速率，并启动输出。

注意：

① 执行指令 ACC 时将启动输出脉冲，输出脉冲频率每 10ms 增加一个 C 中设定的量，当达到 C+1 中定义的目标频率时停止加速，以恒定频率持续输出脉冲。

② 当脉冲从指令 SPED 或 PWM 指定的输出位输出时，不可用指令 ACC 进行操作，否则 SR25503 置为 ON。

表 4.35 输出模式 M 的含义

M	模　式	含　义
000	独立模式和增/减脉冲输出模式	…
002	独立模式和脉冲+方向输出模式	…
010	CW（连续模式和增/减脉冲输出模式）	CW：顺时针方向 CCW：逆时针方向
011	CCW（连续模式和增/减脉冲输出模式）	
012	CW（连续模式和脉冲+方向输出模式）	
013	CCW（连续模式和脉冲+方向输出模式）	

表 4.36 控制字 C 的含义

字	功　能
C	C 的内容指定加/减速率 在加/减速期间，输出脉冲频率每 10ms 增加/减少一个 C 中设定的量 C 必须是 0001～1000 的 BCD 数，对应频率为 10 Hz～10 kHz
C+1	C+1 的内容指定目标频率值 C+1 必须是 0001～1000 的 BCD 数，对应频率为 10 Hz～10 kHz
C+2	C+2 的内容指定开始频率 C+2 必须是 0001～1000 的 BCD 数，对应频率为 10 Hz～10 kHz

③ ACC 控制的脉冲输出需要两个输出位，如图 4.106 所示。

④ 出现下列 3 种情况之一时，由指令 ACC 启动的脉冲输出停止。

- 执行 C=003 的 INI 指令。
- 在独立模式下，当输出脉冲数达到 PULS 确定的数值时，停止脉冲输出。
- 执行目标频率（C+1 中）为 0000 的指令 ACC 时，输出以指定的减速率减速到停止。

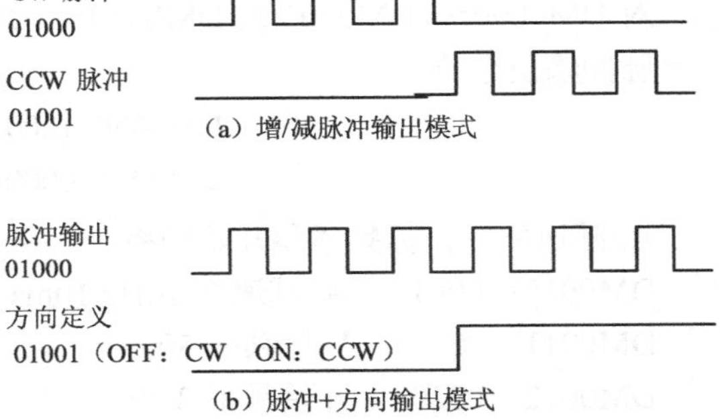

图 4.106　ACC 控制的脉冲输出

⑤ 在停止脉冲输出后，执行 C=004 的指令 INI，可以改变脉冲输出的 PV 值。

（1）独立模式下有梯形加/减速变化的脉冲输出

独立模式下有梯形加/减速变化的脉冲输出如图 4.107 所示。图中的加速率和减速率相同，加速点和减速点由加/减速率、脉冲个数以及脉冲输出的开始频率和目标频率确定。当脉冲输出达到预置的数目时，脉冲输出将停止。

独立模式下，执行指令 ACC 之前必须用指令 PULS 确定脉冲输出数，否则不能输出脉冲。

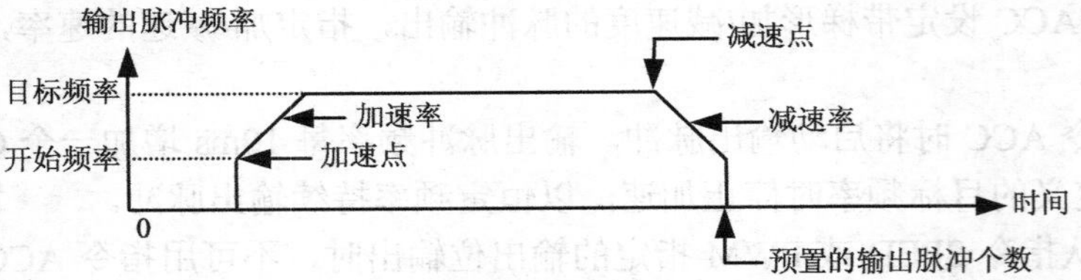

图 4.107　独立模式下有梯形加/减速变化的脉冲输出

图 4.108 为独立模式下有梯形加/减速变化的脉冲输出程序。输出脉冲的频率变化参见图 4.107。当执行条件 00005 为 ON 时，有 1000 个脉冲从端口 01000 输出。其开始频率是 200Hz，目标频率是 500Hz，加/减速率是 10Hz/10ms。

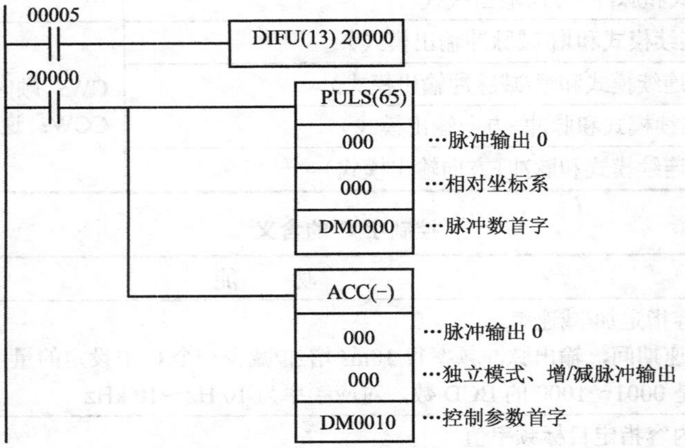

图 4.108　独立模式下有梯形加/减速的脉冲输出程序

对图 4.108 的程序作 PLC 设置：

DM6629 的 00～03 位为 0——端口 0 为相对坐标系；

DM6642 的 08～15 位为 00——未使用高速计数器。

对 DM0000～ DM0001 及 DM0010～ DM0012 作如下设置：

脉冲输出个数：

$$\left.\begin{array}{l}\text{DM0000:1000}\\\text{DM0001:0000}\end{array}\right\}\text{脉冲个数为1000}$$

加/减速率、目标频率和开始频率：

DM0010：0001　　加/减速率 10Hz/10ms

DM0011：0050　　目标频率 500Hz

DM0012：0020　　开始频率 200Hz

（2）连续模式下有梯形加/减速变化的脉冲输出。

连续模式下脉冲输出频率的变化如图 4.109 所示。

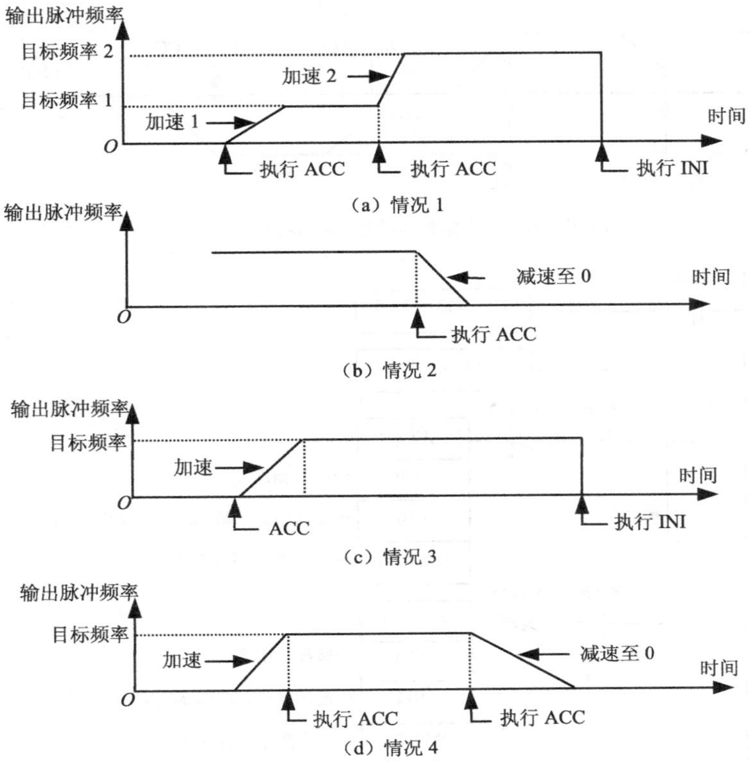

图 4.109　连续模式下有梯形加/减速变化的脉冲输出

注意：

① 连续模式下，脉冲按设定的加速率从开始频率递增到目标频率，然后保持目标频率持续输出。当执行 C=003 的 INI 指令时，脉冲输出立即停止；若再次执行目标频率（C+1 中）设定为 0000 的 ACC 指令，脉冲频率按再次指定的减速率递减到 0，脉冲输出停止。

② 脉冲输出处在加速或减速阶段时执行 ACC 无效。

③ 脉冲在连续模式下输出，处在恒速阶段时，执行 ACC 后，频率能以设定的加/减速率变为新的目标频率。

④ 脉冲在独立模式下输出，处在恒速阶段时，执行目标频率（C+1 中）设定为 0000 的 ACC 指令时，不管输出脉冲数是否达到预设的值，脉冲输出将被减速到停止。

⑤ 执行 ACC 之前应检查脉冲输出的状态。AR1115 是脉冲输出进行标志位，AR1111 是脉冲输出加/减速或恒速标志位。

图 4.110（b）是按图 4.110（a）输出脉冲频率变化要求设计的程序。当 00005 由 OFF 变为 ON 时开始脉冲连续输出，脉冲输出频率递加，加速率为 10Hz/10ms。开始频率为 200Hz，目标频率为 500Hz。用 00006 控制脉冲从端口 01000（CW）或 01001（CCW）输出。当执行条件 00005 由 ON 变为 OFF 时，脉冲输出频率递减至 0，减速率为 10Hz/10ms。

对图 4.110（b）的程序作 PLC 设置：

DM6629 的 00～03 位为 0——端口 0 为相对坐标系；

DM6642 的 08～15 位为 00——未使用高速计数器。

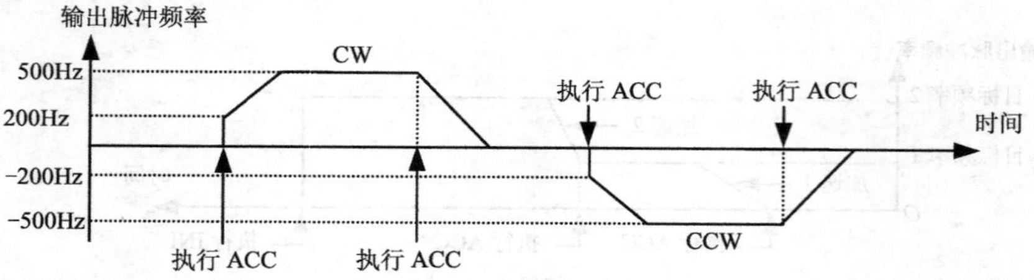

（a）连续模式下有梯形加/减速变化的输出脉冲

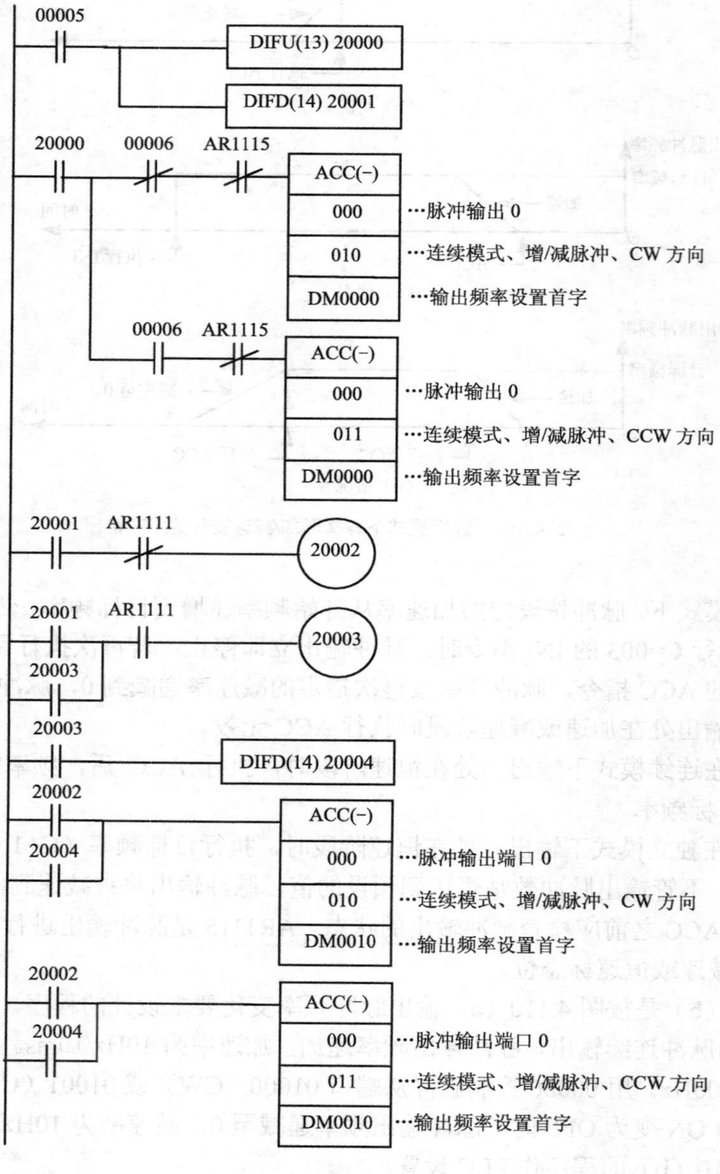

（b）控制程序

图 4.110　连续模式下有梯形加/减速变化的脉冲输出

对图 4.110（b）中的 DM0000～ DM0002 及 DM0010～ DM0012 作如下设置：

设置加速率、目标频率和开始频率：

DM0000：0001　加速率 10Hz/10ms

DM0001：0050　目标频率 500Hz

DM0002：0020　开始频率 200Hz

设置减速率、目标频率：

DM0010：0001　减速率 10Hz/10ms

DM0011：0000　目标频率 0Hz

DM0012：0000

对于图 4.110（b）的程序，在没有脉冲输出（AR1115 ON）且 00005 由 OFF 变为 ON 的情况下，执行 ACC 开始连续脉冲输出。此时若 00006 变为 OFF，则脉冲从端口 01000（CW）输出；若 00006 为 ON，则脉冲从端口 01001（CCW）输出。

当 00005 由 ON 变为 OFF 时，执行 ACC 停止脉冲输出，从 500Hz 开始减速，减速率为 10Hz/10ms，当达到目标频率 0Hz 时将停止脉冲输出。这里有两种情况：

- 当脉冲输出处在恒速阶段（AR1111 OFF）时，只要 00005 由 ON 变为 OFF，就立即执行 ACC；
- 当脉冲输出处在加速阶段（AR1111 ON）时，00005 由 ON 变为 OFF 并不能立即执行 ACC，而是等待加速结束达到 500Hz（进入恒速阶段），AR1111 由 ON 变为 OFF 后才能执行 ACC。

以上对 CPM2A 的脉冲输出功能作了全面介绍。下面对脉冲输出的监控方法作简要说明。

（1）在 CPM2A 设置有脉冲输出监控数据区，可查看脉冲输出的 PV 值或工作状态，见表 4.26；还可用指令 PRV 读取脉冲输出的 PV 值或工作状态。

（2）可用指令 INI 改变脉冲输出 PV 值等。

（3）可执行 INI、SPED 或 ACC 停止脉冲输出（INI 的操作数 C 取 003、P1 取 000；SPED 的 F 设为 0000；ACC 的目标频率设为 0000）。

4.13.3 CPM2A 的同步脉冲控制

晶体管输出型的 CPM2A 具有同步脉冲控制功能，即输出脉冲的频率为输入脉冲频率指定的倍数。输出频率范围为 10Hz～10kHz（精度为 10Hz），频率比例系数为 1%～1000%，同步控制周期为 10ms。CPM2A 的同步脉冲控制功能如表 4.37 所示。

表 4.37　CPM2A 的同步脉冲控制功能

项　目		输入模式			
		相位差	脉冲+方向	增/减	递增
输入端口号	00000	A 相输入	计数输入	CW 方向输入	计数输入
	00001	B 相输入	方向输入	CCW 方向输入	普通输入
输入方式		相位差 4×	单相输入	单相输入	单相输入
输入频率范围	10Hz～500Hz（精度为±1Hz） 20Hz～1kHz（精度为±1Hz） 300Hz～20kHz（精度为±25Hz；当小于 10Hz 时，精度为±10Hz）				
输出端口号	01000	脉冲输出端口 0			
	01001	脉冲输出端口 1			

同步脉冲控制时为单相脉冲输出，输出频率为 10Hz～10kHz（精度为 10 Hz），频率比例系数为 1%～100%，同步控制周期为 10ms。

同步脉冲控制功能在机械传动系统中很有用。图 4.111 是使用 CPM2A 同步脉冲控制系统的示意图，输送带速度与包装机械主电机转速之间有一个比例关系。旋转编码器将主电机的转速转换为计数脉冲输入到 PLC 中，通过同步脉冲控制作用，PLC 根据输入脉冲的频率输出一个指定频率的脉冲给输送带电机驱动器，使输送带的速度与包装机械主电机的转速相匹配。

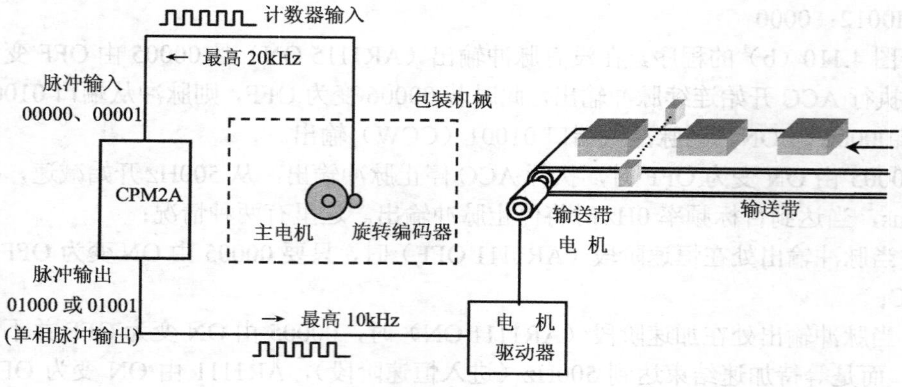

图 4.111　CPM2A 同步脉冲控制系统

1. 使用同步脉冲控制功能时需用的指令

CPM2A 的同步脉冲控制功能需使用指令 SYNC。指令 SYNC 的梯形图如图 4.112 所示。指令中各操作数的含义如下。

P1：输入端口指定。

取值：000

P2：输出端口指定。

000：同步脉冲输出 0，输出端口为 01000

010：同步脉冲输出 1，输出端口为 01001

C：比例因子。

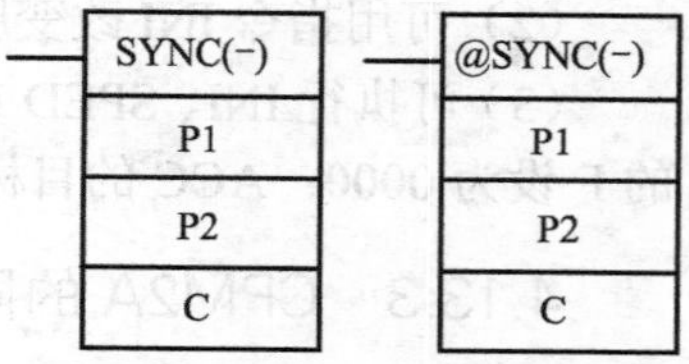

图 4.112　指令 SYNC 的梯形图

取值：IR、SR、AR、LR、HR、DM、#

比例因子为 4 位 BCD 数，设定值为 0001～1000（1%～1000%）。

指令功能：指令 SYNC 通过高速计数器输入获取输入脉冲的频率，将其与一个固定的比例因子相乘，结果作为输出频率，在指定的输出位上输出脉冲。

输出频率 = 输入频率×比例因子/100

注意：

① 同步脉冲输出时，两个输出端口不能同时输出，只能使用其中之一。

② 输出频率范围为 10Hz～10kHz，如果计算的输出频率值小于 10Hz 则取为 10Hz，频率值大于 10kHz 时取为 10kHz。

③ 同步脉冲控制功能不能与脉冲输出功能或高速计数器功能同时使用，否则 SR25503 置为 ON。

④ 在同步脉冲控制操作期间，可再次执行带不同比例因子的指令 SYNC 改变输出频率，但在操作期间不能改变输出口定义。

2. 使用同步脉冲控制功能时的 PLC 设置

使用同步脉冲控制功能时要进行 PLC 设置，如表 4.25 所示。DM6642 的第 03～00 位设置计数脉冲的输入模式，DM6642 的第 15～08 位必须设定为同步脉冲控制，否则同步脉冲输出控制将不被执行。如果 DM6642 没有设定为同步脉冲控制，则执行 SYNC 时 SR25503 置为 ON。

3. 同步脉冲输出的监控

执行同步脉冲控制时，输入脉冲频率的 PV 值、脉冲输出的状态等，可用指令 PRV 读取，也可直接查看监控数据区（见表 4.25）。可用指令 INI 控制同步脉冲输出停止。

图 4.113 是 CPM2A 同步脉冲输出的程序。

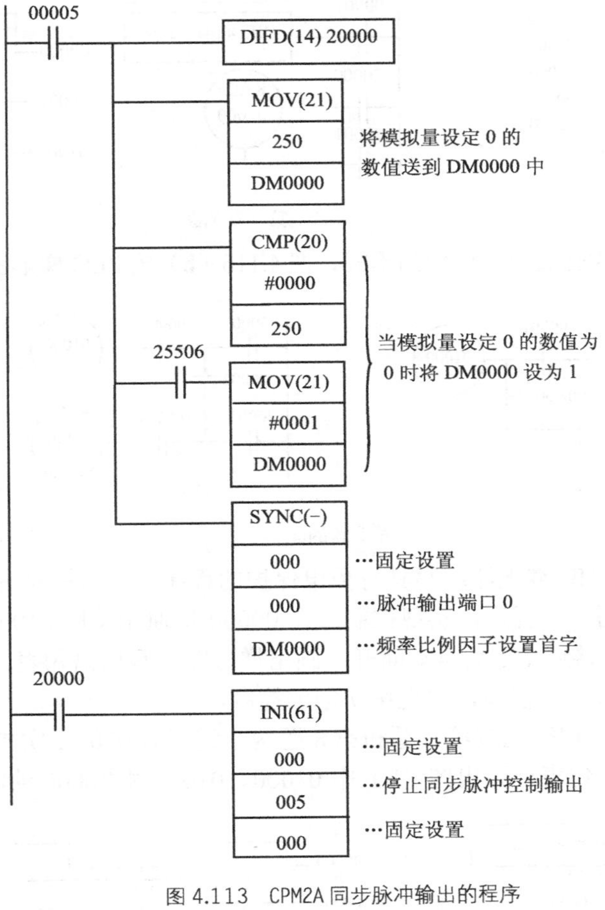

图 4.113 CPM2A 同步脉冲输出的程序

在图 4.113 中，当执行条件 00005 由 OFF 变为 ON 时，启动同步脉冲控制，由输出端口 01000 输出与输入频率成比例的脉冲；当执行条件 00005 由 ON 变为 OFF 时，同步脉冲输出停止。脉冲的频率比例系数通过模拟量设定 0 来改变。

对图 4.113 的程序进行 PLC 设定：DM6642 的 08～15 设为 03——输出频率范围为 20Hz～1kHz。

在图 4.113 中，当模拟量设定 0 的数值为 0 时，将 DM0000 置为 0001，即频率比例因子为 1%。调整模拟量设定电位器 0 的数值，可以方便地改变频率比例因子。

习 题

1．执行微分型指令和非微分型指令时有什么区别？什么情况下需使用微分型指令？

2．什么是间接寻址？什么是间接寻址 DM 通道不存在？

3．分别画出图示两个语句表的梯形图。

4．写出图示梯形图的语句表，并画出 01000 的工作波形。

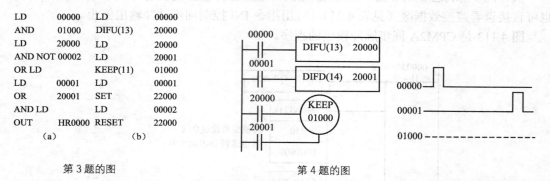

LD	00000	LD	00000
AND	01000	DIFU(13)	20000
LD	20000	LD	20000
AND NOT	00002	LD	20001
OR LD		KEEP(11)	01000
LD	00001	LD	00001
OR	20001	SET	22000
AND LD		LD	00002
OUT	HR0000	RESET	22000
（a）		（b）	

第 3 题的图

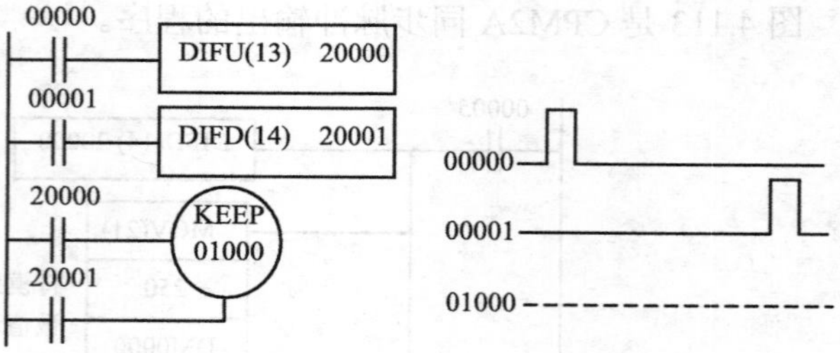

第 4 题的图

5．把图 4.116（a）改画成节省语句的形式，把 4.116（b）按 PLC 梯形图的规则进行转换。

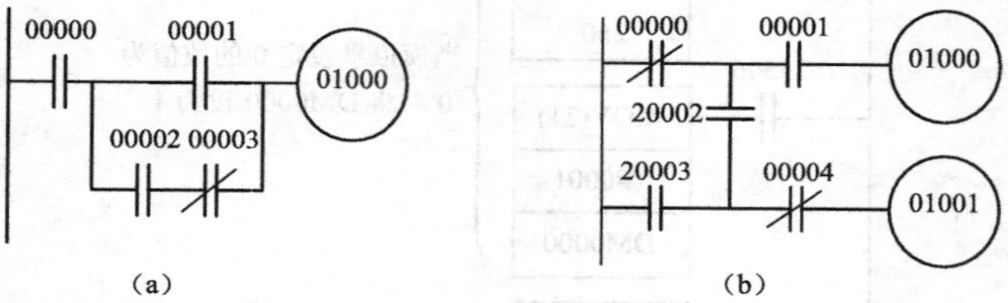

第 5 题的图

6．用 KEEP 指令和 HR 继电器编写具有掉电保护的程序，画出梯形图，写出语句表。

7．用 TIM 指令编写一个程序，实现控制：在 00000 接通 10s 后 01001 接通并保持，定时器则立即复位。01001 接通 10s 后自动断开。画出梯形图，写出语句表。

8．用 CNT 指令编写一个程序，实现第 7 题的控制。

画出梯形图，写出语句表。比较第 7 题和第 8 题两个程序对 010 01 实施的控制有何区别。

9．写出图（a）的语句表，画出图（b）中 01000、01001 和 20000 的波形图。

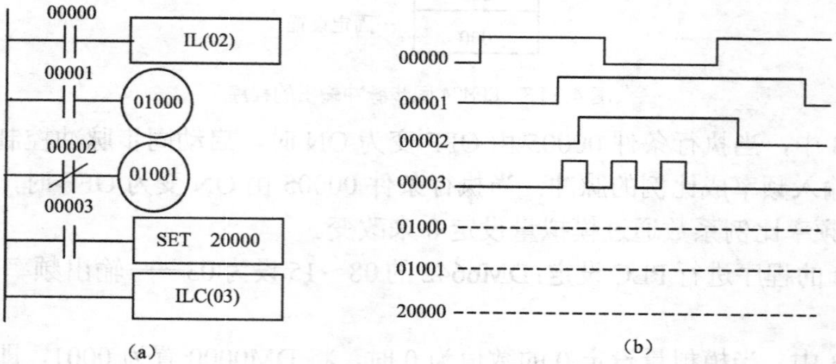

第 9 题的图

10．写出图示梯形图的语句表，并画出 01000 和 01001 的波形图。

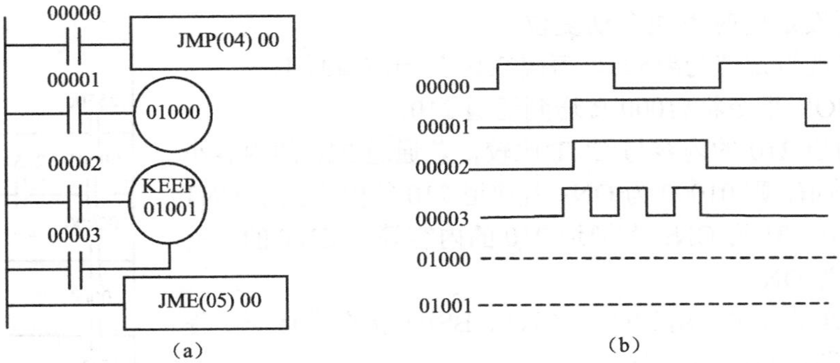

第 10 题的图

11．按下面的要求，用 JMP/JME 指令编写一个程序：当闭合控制开关时，灯 1 和灯 2 亮，经过 10s 两灯均灭。当断开控制开关时，灯 3 和灯 4 开始闪烁（亮 1s、灭 1s）。经过 10s 两灯均灭。

12．用 CNT 指令编写一个能记录 1 万个计数脉冲的计数器程序，画出梯形图。

13．分别用 CNTR 的加、减计数指令编写一个能记录 1 万个计数脉冲的循环计数器程序，画出梯形图，写出语句表。

14．写出图示梯形图的语句表，并画出各指定的波形图。

15．用图示的梯形图可以测量用户程序的扫描周期，试说明其工作原理（提示：用编程器的监控方式观察计数器 10s 内记录的脉冲数）。

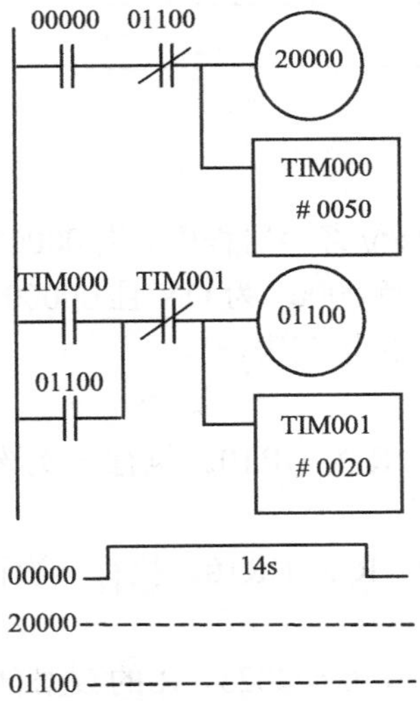

第 14 题的图

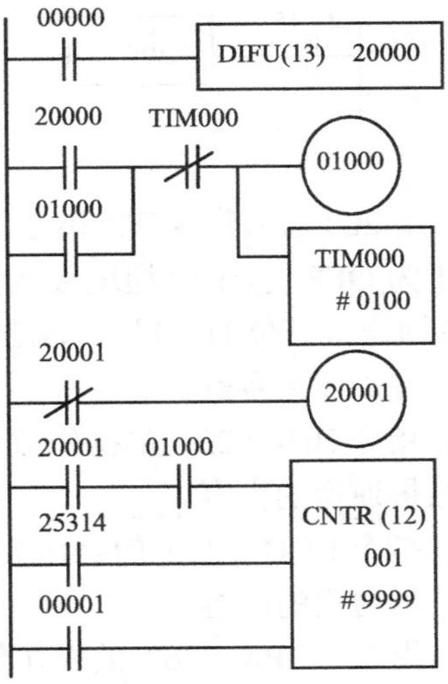

第 15 题的图

16．在图示梯形图中，当 00000 为 OFF 且 00001 为 ON 时是连续移位；当 00001 为 OFF 时，可用 00000 进行手动移位。试分析两种情况下移位过程的区别，并画出连续移位时 200 通道相关位的波形。

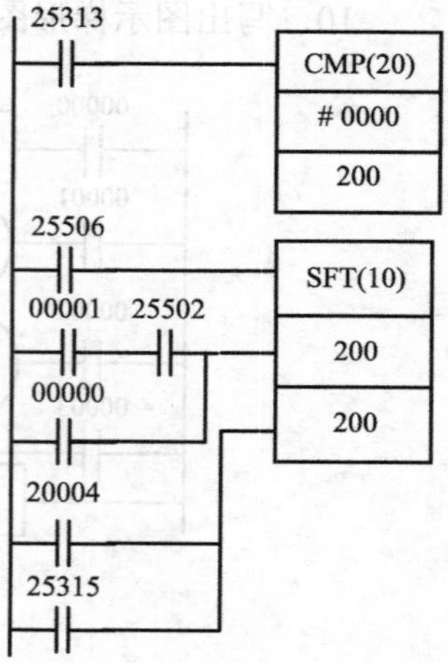

第 16 题的图

17．按如下要求设计一个程序，画出梯形图，写出语句表。

（1）在 PLC 上电的第一个扫描周期，计数器能自动复位，当计数器达到设定值时也能自动复位。

（2）CNT 的设定值为#1500，每隔 0.1s 其当前值减 1。

（3）用 MOV 指令将#1000 传送到通道 210。

（4）将通道 210 的内容与 CNT 比较，若通道 210 的内容小于 CNT 的当前值，则 01000 为 ON；若通道 210 的内容大于 CNT 的当前值，则 01001 为 ON；若通道 210 的内容等于 CNT 的当前值，则 01002 为 ON。

18．按下面的要求，用 MOV、CNT、BSET 指令设计一个程序。画出梯形图，写出语句表。

（1）将计数器的设定值#0500 传送到 HR00 中。

（2）00000 每接通一次，计数器的当前值减 1，计数器达到设定值时能自复位。

（3）计数过程中随时可以改变计数器的当前值。

19．画出图示梯形图中 010 通道各输出位的波形图。

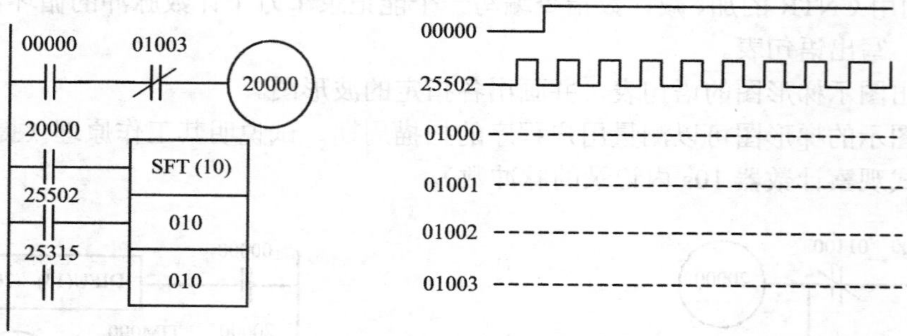

第 19 题的图

20．用 200 通道作 SFTR 指令的控制位，设计一个可逆移位寄存器程序。当 00000 为 ON 且 00001 为 OFF 时，010 通道最低位的“1”每秒左移 1 位；当 00001 为 ON 且 00000 为 OFF 时，010 通道最高位的“1”每秒右移 1 位。画出梯形图，写出语句表。

21．完成下列各题。

（1）指令 BIN（23）的操作数 S 为 220（内容为 0318），R 为 HR10。执行一次该指令，试写出结果通道的内容。

（2）指令 BCD（24）的操作数 S 为 220（内容为 010E），R 为 HR10。执行一次该指令，试写出结果通道的内容。

（3）指令 MLPX（76）的操作数 S 为 220（内容为 E563），C=#0023，R 的数据自定。执行一次该指令，试写出结果通道的内容。

（4）指令 DMPX（77）的操作数 S 为 220（220 中为 0C1A、221 中为 182D），R 的数据自定，C=#0013。执行一次该指令，试写出结果通道的内容。

（5）指令 SDEC（78）的操作数 S 为 220（内容为 E562），C=#0113，R 的数据自定。执行一次该指令，试写出结果通道的内容，并指出应显示的数码。

22．下面各指令操作数的设置是否正确？若有错误则指出错误的原因。

（1）指令 BIN（23）的操作数 S 为#98BE，R 为 DM0000。

（2）指令 MLPX（76）的操作数 S 为 220，C=#0043，R 为 HR17。

（3）指令 DMPX（77）的操作数 S 为 HR18，C=#0023，R 为 DM0000。

23．分别编写一个程序完成下列各运算，并画出梯形图，写出语句表。

（1）HR01 的内容为#3210，HR00 的内容为#7601。用 ADD 指令完成（3210+7601）的运算，结果放在 DM0000 中，进位放在 DM0001 中。

（2）HR01 的内容为#3210，HR00 的内容为#7601。用 SUB 指令完成（3210–7601）的运算，结果放在 DM0000 中，进位放在 DM0001 中。

（3）用十进制运算指令编写一个程序，完成(200–100) ×2/10 的运算，运算结果放在 DM 数据区。

24．用二进制运算指令编写一个程序，完成[(250×8+200)–1000]/5 的运算，运算结果放在 DM 数据区。试画出梯形图，写出语句表。

25．用逻辑运算指令分别编写能实现下列各要求的程序，结果放在 DM 数据区。试画出梯形图，写出语句表。

（1）将 200 通道全清零。

（2）保留 200 通道中低 8 位的状态，其余为 0。

（3）令 200 通道中是 1 的位变为 0，是 0 的位变为 1。

（4）将 200 通道各位全置为 1。

26．用子程序控制指令分别编写能实现下列控制要求的程序。画出梯形图，写出语句表。

（1）某系统中，当温度传感器发出信号时，A、B 两台电动机就按下面的规律运行一次：A 电动机运行 5min 后，B 电动机自行启动并运行 3min 后停车； A 电动机在运行 10min 时自行停车。

（2）两个计数器分别记录两个加工站的产品数量。每过 15min 要进行一次产品数量的累计（设 15min 内每个加工站的产品数量都不超过 100)，经过 8h 计数器停止计数。

27．CPM1A/CPM2A 的高速计数各有几种输入模式？频率各是多少？高速计数器使用前怎样进行 PLC 设定？

28．用 CPM1A 的高速计数器分别编写能实现下列控制要求的程序，并进行必要的设定。画出梯形图，写出语句表。

（1）当高速计数器的当前值为 1500 时，启动 A 电动机运行 5min 后自停；当高速计数器的当前值为 15000 时，启动电动机 B 并运行 10min 后自停。

（2）当高速计数器的当前值大于 25500 而小于 25550 时，停止升降机的运行。

29．CPM1A/CPM2A 有哪些中断功能？中断优先级怎样规定？外部输入中断和间隔定时器中断各有几种模式？使用中断控制之前应怎样进行设定？

30．用中断控制指令分别编写一个能实现下列各要求的控制程序，并进行必要的设定。画出梯形图，写出语句表。

（1）只要 00003 输入了一个信号，则立即启动 CNT001 开始计数。

（2）当 00004 输入了 100 个信号时，则立即启动 CNT001 开始计数。

（3）当电磁阀的线圈接通 200ms 时，启动电动机运行。

（4）每 500ms 中，电磁阀线圈接通 400ms，断 100 ms。

31．CPM1A 和 CPM2A 各从哪个点输出脉冲？CPM1A 怎样改变脉冲频率？怎样启动和停止脉冲输出？CPM2A 的脉冲输出功能比 CPM1A 更丰富，表现在哪些方面？

32．按下面的要求，分别设计一个报警程序，并画出梯形图，写出语句表。

（1）某产生线中装有检测次品的传感器，当每小时的次品数达到 5 个时，应发出不停机故障报警信号；若 10min 之内不能排除故障，则发出停机报警信号，并立即停机。

（2）某系统中设置了 3 种报警，两个非停机报警，一个停机报警，并能显示出各种报警的内容。当故障排除后，能自动清除显示（自设报警内容）。

（3）某系统中设置了两种报警，一个非停机报警，一个停机报警。当每小时的非停机报警数达到 5 次时，应发出停机报警，且停止系统运行。

33．用位计数指令设计一个表决程序。参与表决的人数为 11，若赞成的人数超过半数时，被表决的事件为通过，表决的事件通过时指示灯亮。画出梯形图，写出语句表。

34．用位传送指令将 001 通道中的第 15 位数据传送到通道 HR00 的 12 位中。画出梯形图，写出语句表。

35．用数字传送指令将 001 通道中的第 12～15 位的数据传送到通道 HR00 的 12～15 位中。画出梯形图，写出语句表。

36．每过 1min HR00 中的内容加 1，设 HR00 中原数据为 0。用 DIST 指令编写一个程序，将 HR00 前两次变化的内容压入堆栈，并画图说明进栈过程。

37．用 COLL 指令编写一个程序，使堆栈（栈区为 DM0011～DM0014，内容自定）中的数据按先进先出的顺序出栈，并画图说明出栈过程。

38．通道 HR10 中的内容是 10AB。用 ASC 指令将通道 HR10 中的第 0 位数字和第 1 位数字转换成 ASCII 码，结果放在 DM0000 开始的通道中。要求进行偶校验，转换结果从 DM0000 通道的高 8 位开始存放。画出梯形图，写出语句表，并画出转换前后 HR10 和 DM0000 等通道数据的对应关系。

第5章 PLC控制系统的设计

PLC控制系统的设计包括3个重要的环节，其一是通过对控制任务的分析，确定控制系统的总体设计方案；其二是根据控制要求确定硬件构成方案；其三是设计出满足控制要求的应用程序。要想顺利地完成PLC控制系统的设计，必须不断地学习和实践。本章介绍控制系统设计的基本步骤和应用程序设计的基本方法。

5.1 概述

5.1.1 PLC控制系统设计的基本步骤

PLC控制系统的设计一般包括下面几个基本步骤。

1. 对控制任务做深入的调查研究

在着手设计之前，要详细了解工艺过程和控制要求。例如，知道哪些信号需输入PLC，是模拟量还是开关量，应采取什么方式、选用什么元件输入信号；哪些信号需输出到PLC外部，通过什么执行元件去驱动负载；知道整个工艺过程各个环节相互的联系；了解机械运动部件的驱动方式，如液压、气动或电动，运动部件与各电气执行元件之间的联系；了解系统的控制是全自动还是半自动的，控制过程是周期性还是单周期运行，是否有手动调整要求等。另外，还要注意哪些量需要监控、报警、显示，是否需要故障诊断，需要哪些保护措施，等等。

2. 确定系统总体设计方案

这是最为重要的一步。若总体方案的决策有误，会使整个设计任务不能顺利地完成，甚至失败并造成很大的投资浪费。要在全面深入了解控制要求的基础上确定电气控制方案。

3. 根据控制要求确定输入/输出元件，选择PLC机型

在确定电气控制方案之后，可进一步研究系统的硬件构成。要选择合适的输入和输出元件；确定主回路各电器及保护器件；选择报警和显示元件等。根据所选用的电器或元件的类型和数量，计算所需PLC的I/O点数，并参照其他方面要求选择合适的PLC机型。

4. 确定PLC的I/O点分配

明确各输入电器与PLC输入点的对应关系，各输出点与各输出执行元件的对应关系，做出PLC的I/O分配表。

5. 设计应用程序

在完成上述工作之后可开始控制系统的程序设计。程序设计的质量关系到系统运行的稳

定性和可靠性。应根据控制要求拟订几个设计方案，经认真比较后选择出最佳编程方案。当控制系统较复杂时，可将其分成多个相对独立的子任务，最后将各子任务的程序合理地连接在一起。

6. 调试应用程序

对编好的程序，可以先利用模拟实验板模拟现场信号进行初步的调试。经反复调试修改后，使程序基本满足控制要求。

7. 制作电气控制柜和控制盘

在系统硬件构成方案确定之后，可以考虑电气控制柜及控制盘（或称操作盘）的设计和制作。在动手制作之前，要画出电气控制主回路电路图。在设计主回路时要全面地考虑各种保护和连锁等问题。在控制柜布置和敷线时，要采取有效的措施抑制各种干扰信号，同时注意防尘、防静电、防雷电等问题。

8. 连机调试程序

连机调试可以发现程序存在的实际问题和不足，通过调试和修改后，使程序完全符合控制要求。调试前要制定周密的调试计划，以免由于工作的盲目性而隐藏了应该发现的问题。另外，程序调试完毕必须经过一段时间运行实践的考验，才能确认程序是否达到控制要求。

9. 编写技术文件

这部分工作包括整理程序清单并保存程序，编写元件明细表，绘制电气原理图及主回路电路图，整理相关的技术参数，编写控制系统说明书等。

5.1.2 PLC的应用程序

1. 应用程序的内容

应用程序应最大限度地满足系统控制功能的要求，在构思程序主体的框架后，要以其为主线，逐一编写实现各控制功能或各子任务的程序，经过不断地调整和完善，使程序能完成指定的功能。通常应用程序还应包括以下几个方面的内容。

（1）初始化程序。在PLC上电后，一般都要做一些初始化的操作。其作用是为启动做必要的准备，并避免系统发生误动作。初始化程序的主要内容包括将某些数据区、计数器进行清零；使某些数据区恢复所需数据；对某些输出位置位或复位；显示某些初始状态等。

（2）检测、故障诊断、显示程序。应用程序一般都设有检测、故障诊断和显示程序等内容。这些内容可以在程序设计基本完成时再进行添加。有时，这些内容也是相对独立的程序段。

（3）保护、连锁程序。在各种应用程序中，保护和连锁是不可缺少的部分，可以杜绝由于非法操作而引起的控制逻辑混乱，保证系统的运行更安全、可靠，因此要认真考虑保护和连锁的问题。通常在PLC外部也要设置连锁和保护措施。

2. 应用程序的质量

对同一个控制要求，即使选用同一个机型的PLC，用不同设计方法所编写的程序，其结构也可能不同。尽管几种程序都可以实现同一控制功能，但是程序的质量却可能差别很大。程序的质量可以由以下几个方面来衡量。

（1）程序的正确性。应用程序的好坏，最根本的一点就是正确。正确的程序必须能够经得起系统运行实践的考验，离开这一点对程序所做的评价都是没有意义的。

（2）程序的可靠性好。好的应用程序可以保证系统在正常和非正常（短时掉电再复电、某些被控量超标、某个环节有故障等）工作条件下都能安全可靠地运行，也可保证在出现非法操作（如按动或误触动了不该动作的按钮）等情况下不至于出现系统控制失灵。

（3）参数的易调整性好。PLC 控制的优越性之一就是灵活性好，容易通过修改程序或参数而改变系统的某些功能。例如，有的系统在一定情况下需要变动某些控制量的参数（如定时器或计数器的设定值等），在设计程序时必须考虑怎样编写才能易于修改。

（4）程序要简练。编写的程序应尽可能简练，减少程序的语句，一般可以减少程序扫描时间、提高 PLC 对输入信号的响应速度。当然，如果过多地使用那些执行时间较长的指令，有时虽然程序的语句较少，但是执行时间不一定短。

（5）程序的可读性好。程序不仅仅是给编者自己看，系统的维护人员也要读。为了有利于交流，要求程序有一定的可读性。

要想顺利地完成控制系统的设计，不仅要熟练掌握各种指令的功能及使用规则，还要学习如何编程，下面将介绍常用的几种编程方法。为了能突出对一种编程方法的说明，以下各节所举的例子中，控制功能都比较简单，目的是避免用过多的笔墨去分析复杂的控制逻辑，而扰乱了讲解一个设计方法的思路和头绪。

5.2　逻辑设计法

当主要对开关量进行控制时，使用逻辑设计法比较好。逻辑设计法的基础是逻辑代数。在程序设计时，对控制任务进行逻辑分析和综合，将控制电路中元件的通、断电状态视为以触点通、断状态为逻辑变量的逻辑函数，对经过化简的逻辑函数，利用 PLC 的逻辑指令可以顺利地设计出满足要求的且较为简练的控制程序。这种方法设计思路清晰，所编写的程序易于优化，是一种较为实用可靠的程序设计方法。下面以一个简单的控制为例介绍这种编程方法。

例 5.1　某系统中有 4 台通风机，要求在以下几种运行状态下应发出不同的显示信号：3 台及 3 台以上开机时，绿灯常亮；两台开机时，绿灯以 5Hz 的频率闪烁；一台开机时，红灯以 5Hz 的频率闪烁；全部停机时，红灯常亮。

由控制任务可知，这是一个对通风机运行状态进行监视的问题。显然，必须把 4 台通风机的各种运行状态的信号输入到 PLC 中（由 PLC 外部的输入电路来实现）；各种运行状态对应的显示信号是 PLC 的输出。

为了讨论问题方便，设 4 台通风机分别为 A、B、C、D，红灯为 F1，绿灯为 F2。由于各种运行情况所对应的显示状态是唯一的，故可将几种运行情况分开进行程序设计。

1. 红灯常亮的程序设计

当 4 台通风机都不开机时红灯常亮。设灯常亮为“1”、灭为“0”，通风机开机为“1”、停为“0”（下同）。其状态表为

A	B	C	D	F1
0	0	0	0	1

由状态表可得 F1 的逻辑函数：

$$F1=\overline{A}\,\overline{B}\,\overline{C}\,\overline{D} \tag{5-1}$$

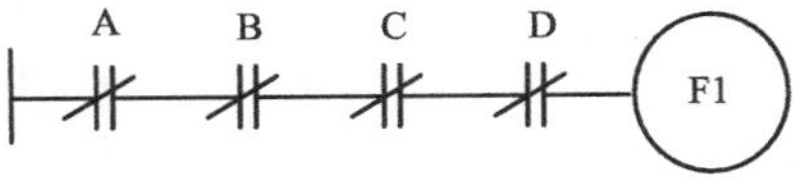

图 5.1　红灯常亮的梯形图

根据逻辑函数（5-1）容易画出其梯形图，如图 5.1 所示。

2. 绿灯常亮的程序设计

能引起绿灯常亮的情况有 5 种，列状态表为

A	B	C	D	F2
0	1	1	1	1
1	0	1	1	1
1	1	0	1	1
1	1	1	0	1
1	1	1	1	1

由状态表可得 F2 的逻辑函数为

$$F2=\overline{A}BCD+A\overline{B}CD+AB\overline{C}D+ABC\overline{D}+ABCD \quad (5\text{-}2)$$

根据这个逻辑函数直接画梯形图时，梯形图会很烦琐，所以要先对逻辑函数式（5-2）进行化简。例如，将式（5-2）化简成下式：

$$F2 = AB(D+C)+CD(A+B) \quad (5\text{-}3)$$

再根据式（5-3）画出的梯形图，如图 5.2 所示。

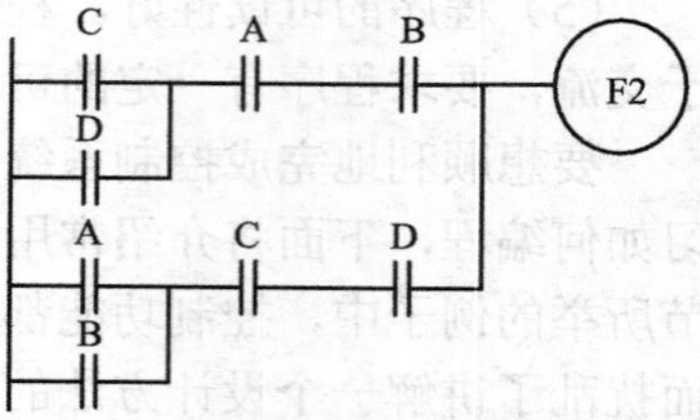

图 5.2　绿灯常亮的梯形图

3. 红灯闪烁的程序设计

设红灯闪烁为“1”，列状态表为

A	B	C	D	F1
0	0	0	1	1
0	0	1	0	1
0	1	0	0	1
1	0	0	0	1

由状态表可得 F1 的逻辑函数为

$$F1=\overline{A}\,\overline{B}\,\overline{C}D+\overline{A}\,\overline{B}C\overline{D}+\overline{A}B\overline{C}\,\overline{D}+A\overline{B}\,\overline{C}\,\overline{D} \quad (5\text{-}4)$$

将式（5-4）化简为

$$F1=\overline{A}\,\overline{B}\left(\overline{C}D+C\overline{D}\right)+\overline{C}\,\overline{D}\left(\overline{A}B+A\overline{B}\right) \quad (5\text{-}5)$$

由式（5-5）画出的梯形图如图 5.3 所示。其中，25501 能产生 0.2s（即 5Hz）的脉冲信号。

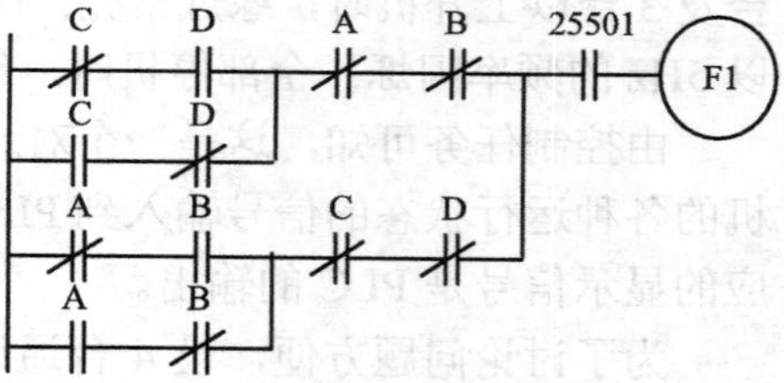

图 5.3　红灯闪烁的梯形图

4. 绿灯闪烁的程序设计

设绿灯闪烁为“1”，列状态表为

A	B	C	D	F2
0	0	1	1	1
0	1	0	1	1
0	1	1	0	1
1	0	0	1	1
1	0	1	0	1
1	1	0	0	1

由状态表可得 F2 的逻辑函数为

$$F2=\overline{A}\,\overline{B}CD+\overline{A}B\overline{C}D+\overline{A}BC\overline{D}+A\overline{B}\,\overline{C}D+A\overline{B}C\overline{D}+AB\overline{C}\,\overline{D} \quad (5\text{-}6)$$

将式（5-6）化简为

$$F2=(\bar{A}B+A\bar{B})(\bar{C}D+C\bar{D})+AB\bar{C}\bar{D}+\bar{A}\bar{B}CD \qquad (5\text{-}7)$$

根据式（5-7）画出其梯形图，如图 5.4 所示。

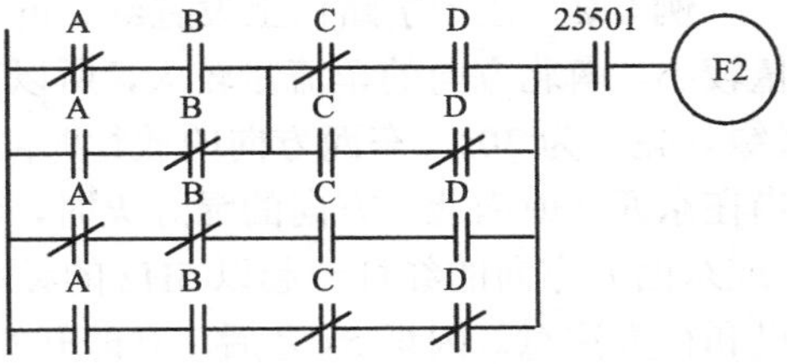

图 5.4 绿灯闪烁的梯形图

5. 选择 PLC 机型、作 I/O 点分配

本例只有 A、B、C、D 共 4 个输入信号，F1、F2 两个输出信号，若系统选择的机型是 CPM1A，则 I/O 分配如表 5.1 所示。

表 5.1 **I/O 分配**

输入				输出	
A	B	C	D	F1	F2
00101	00102	00103	00104	01101	01102

由 I/O 分配及图 5.1、图 5.2、图 5.3、图 5.4 可以得到总梯形图，如图 5.5 所示。

逻辑设计法归纳如下。

（1）用不同的逻辑变量来表示各输入、输出信号，并设定对应输入、输出信号各种状态时的逻辑值。

（2）根据控制要求，列出状态表或画出时序图。

（3）由状态表或时序图写出相应的逻辑函数，并进行化简。

（4）根据化简后的逻辑函数画出梯形图。

（5）上机调试，使程序满足要求。

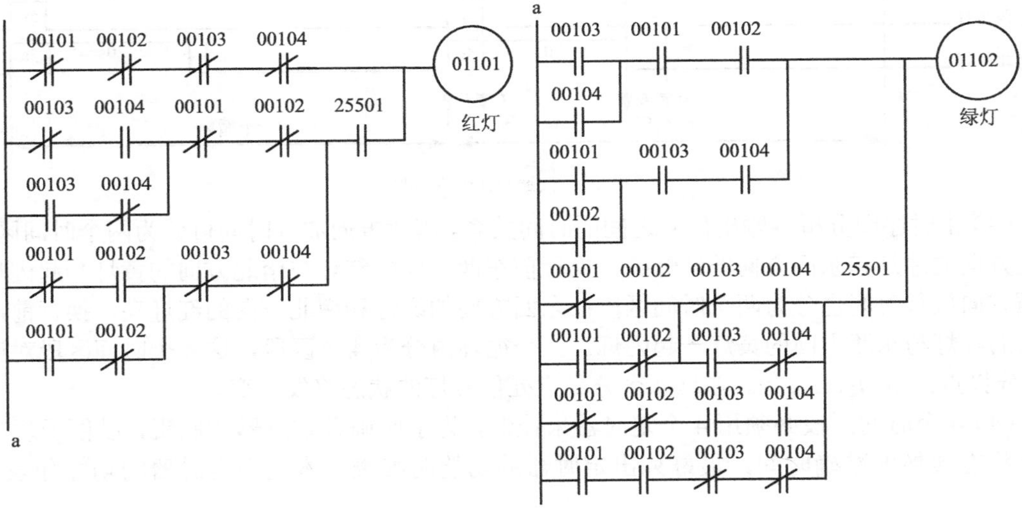

图 5.5 通风机运行状态显示的梯形图

5.3 时序图设计法

如果 PLC 各输出信号的状态变化有一定的时间顺序，可用时序图法设计程序。因为在画出各输出信号的时序图后，容易理顺各状态转换的时刻和转换的条件，从而建立清晰的设计思路。下面通过一个例子说明这种设计方法。

例 5.2 在十字路口上设置红、黄、绿交通信号灯，如图 5.6 所示。由于东西方向的车流量较小、南北方向的车流量较大，所以南北方向的放行时间（绿灯亮）为 30s，东西方向的放行时间（绿灯亮）为 20s。当在东西（或南北）方向的绿灯灭时，该方向的黄灯与南北（或东西）方向的红灯一起以 5Hz 的频率闪烁 5s，以提醒司机和行人注意。闪烁 5s 之后，立即开始另一个方向的放行。要求只用一个控制开关对系统进行启停控制。

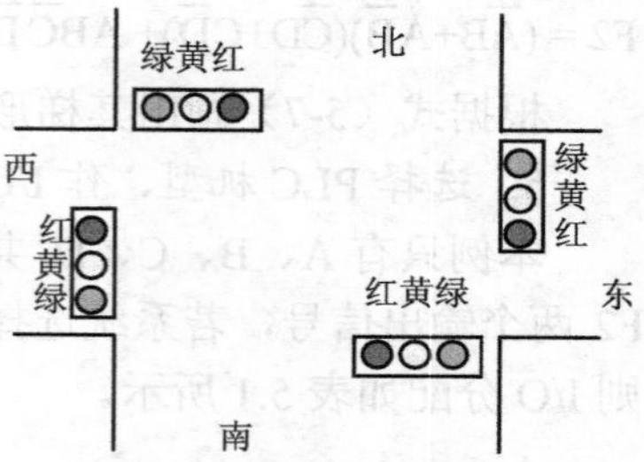

图 5.6 交通灯布置图

下面介绍用时序图法编程的思路。

（1）分析 PLC 的输入和输出信号，以作为选择 PLC 机型的依据之一。在满足控制要求的前提下，应尽量减少占用 PLC 的 I/O 点。由上述控制要求可见，由控制开关输入的启、停信号是输入信号。由 PLC 的输出信号控制各指示灯的亮、灭。在图 5.6 中，南北方向的三色灯共 6 盏，同颜色的灯在同一时间亮、灭，所以可将同色灯两两并联，用一个输出信号控制。同理，东西方向的三色灯也按此设置，只占 6 个输出点。

（2）为了明确各灯之间亮、灭的时间关系，根据控制要求，可以先画出各方向三色灯的工作时序图。本例的时序如图 5.7 所示。

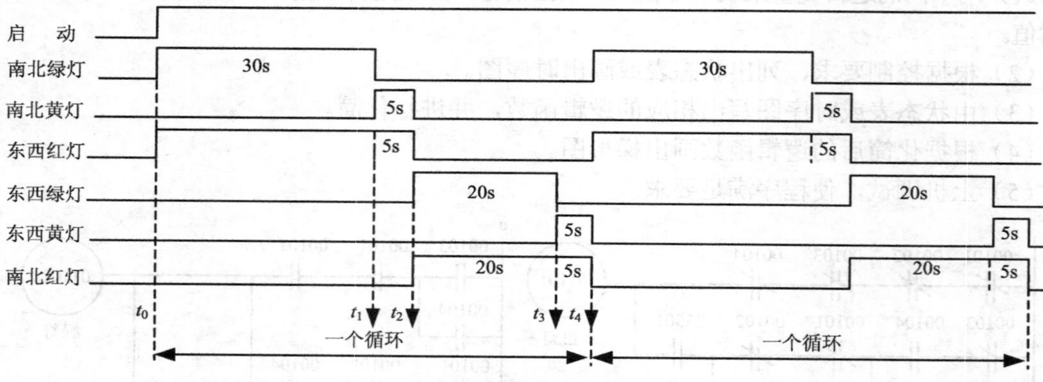

图 5.7 交通灯工作时序图

（3）由时序图分析各输出信号之间的时间关系。南北方向放行时间可分为两个时间区段：南北方向的绿灯和东西方向的红灯亮，换行前东西方向的红灯与南北方向的黄灯一起闪烁。东西方向放行时间也分为两个时间区段：东西方向的绿灯和南北方向的红灯亮，换行前南北方向的红灯与东西方向的黄灯一起闪烁。一个循环内分为 4 个区段，这 4 个时间区段对应着 4 个分界点：t_1、t_2、t_3、t_4。在这 4 个分界点处信号灯的状态将发生变化。

（4）4 个时间区段必须用 4 个定时器来控制，为了明确各定时器的职责，以便于理顺各色灯状态转换的准确时间，最好列出定时器的功能明细表。本例中定时器的功能如表 5.2 所示。

表 5.2　　各定时器一个循环中的功能明细表

定时器	t_0	t_1	t_2	t_3	t_4
TIM000 定时 30s	开始定时 南北绿灯、东西红灯开始亮	定时到，输出 ON 且保持 南北绿灯灭；南北黄灯、东西红灯开始闪	ON	ON	开始下一个循环的定时

续表

定时器	t_0	t_1	t_2	t_3	t_4
TIM001 定时 35s	开始定时	继续定时	定时到，输出 ON 且保持 南北黄灯、东西红灯灭；东西绿灯、南北红灯开始亮	ON	开始下一个循环的定时
TIM002 定时 55s	开始定时	继续定时	继续定时	定时到，输出 ON 且保持 东西绿灯灭；东西黄灯、南北红灯开始闪	开始下一个循环的定时
TIM003 定时 60s	开始定时	继续定时	继续定时	继续定时	定时到，输出 ON，随即自复位且开始下一个循环的定时 东西黄灯、南北红灯灭；南北绿灯、东西红灯开始亮

（5）进行 PLC 的 I/O 分配。使用 CPM1A 时，I/O 分配如表 5.3 所示。

表 5.3　　I/O 分配

输　入	输　出					
控制开关	南北绿灯	南北黄灯	南北红灯	东西绿灯	东西黄灯	东西红灯
00000	01000	01001	01002	01003	01004	01005

（6）根据定时器功能明细表和 I/O 分配，画出的梯形图如图 5.8 所示。对图 5.8 的设计意图及功能简要分析如下。

① 程序用 IL/ILC 指令控制系统启停，当 00000 为 ON 时程序执行，否则不执行。

② 程序启动后 4 个定时器同时开始定时，且 01000 为 ON，使南北绿灯亮、东西红灯亮。

③ 当 TIM000 定时时间到时，01000 为 OFF 使南北绿灯灭；01001 为 ON 使南北黄灯闪烁（25501 以 5Hz 的频率 ON、OFF），东西红灯也闪烁。

④ 当 TIM001 定时时间到时，01001 为 OFF 使南北黄灯、东西红灯灭；01003 为 ON 使东西绿灯、南北红灯亮。

⑤ 当 TIM002 定时时间到时，01003 为 OFF 使东西绿灯灭；01004 为 ON 使东西黄灯闪烁，南北红灯也闪烁。

⑥ TIM003 记录一个循环的时间。当 TIM003 定时时间到时，01004 为 OFF 使东西黄灯、南北红灯灭；TIM000～TIM003 全部复位，并开始下一个循环的定时。由于 TIM000 为 OFF，所以南北绿灯亮、东西红灯亮，并重复上述过程。

时序图设计法归纳如下。

（1）详细分析控制要求，明确各输入/输出信号个数，合理选择机型。

（2）明确各输入和输出信号之间的时序关系，画出各输入和输出信号的工作时序图。

（3）把时序图划分成若干个时间区段，确定各区段的时间长短。找出区段间的分界点，明确分界点处各输出信号状态的转换关系和转换条件。

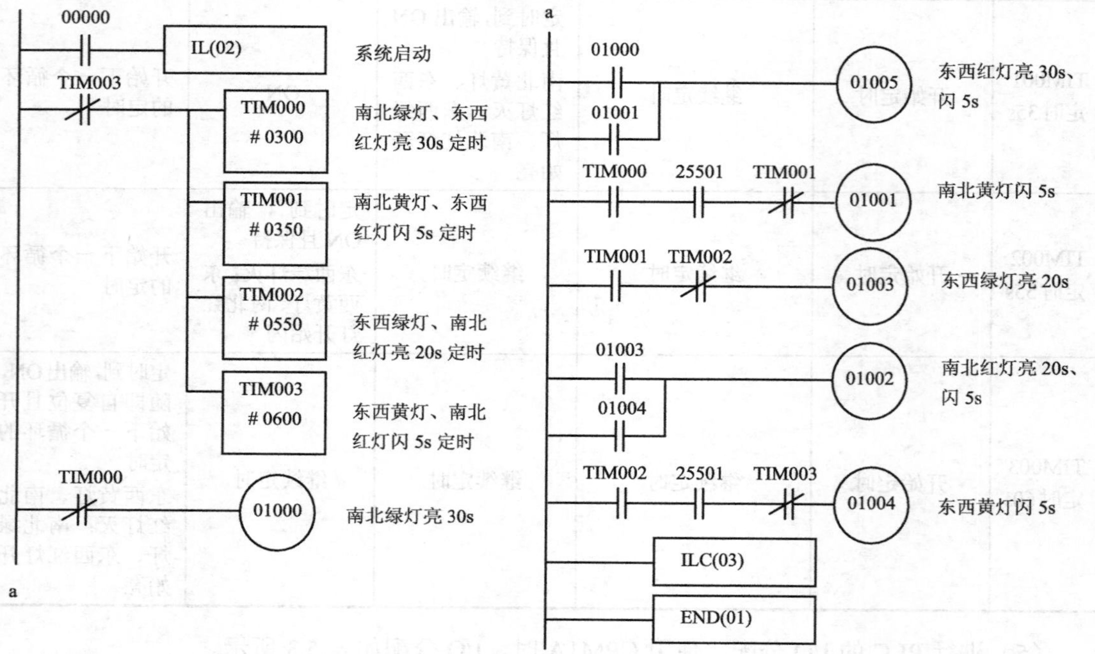

图 5.8　交通信号灯控制梯形图

（4）根据时间区段的个数确定需要几个定时器，分配定时器号，确定各定时器的设定值，明确各定时器开始定时和定时时间到这两个关键时刻对各输出信号状态的影响。

（5）对 PLC 进行 I/O 分配。

（6）根据定时器的功能明细表、时序图和 I/O 分配画出梯形图。

（7）作模拟运行实验，检查程序是否符合控制要求，进一步修改程序。

对一个复杂的控制系统，若某个环节属于这类控制，就可以用这个方法去处理。

5.4　经验设计法

在熟悉继电器控制电路设计方法的基础上，如果能透彻地理解 PLC 各种指令的功能，凭着经验能比较准确地选择使用 PLC 的各种指令而设计出相应的程序。这种方法没有固定模式可循，设计出的程序质量与编者的经验有很大关系。下面通过例子说明经验法的大体步骤。

例 5.3　有一部电动运输小车供 8 个加工点使用。对小车的控制有以下几点要求。

（1）PLC 上电后，车停在某加工点（下称工位），若没有用车呼叫（下称呼车），则各工位的指示灯亮，表示各工位可以呼车。

（2）若某工位呼车（按本位的呼车按钮）时，各位的指示灯均灭，则此后再呼车无效。

（3）停车位呼车则小车不动。当呼车位号大于停车位号时，小车自动向高位行驶，当呼车位号小于停车位号时，小车自动向低位行驶。当小车到达呼车位时自动停车。

（4）小车到达某位时应停留 30s 供该工位使用，不应立即被其他工位呼走。

（5）临时停电后再复电，小车不会自行启动。

对本例的控制要求，可参照下面的步骤进行程序设计。

（1）确定输入、输出电器。每个工位应设置一个限位开关和一个呼车按钮，系统要有用于启动和停机的按钮，这些是 PLC 的输入元件；小车要用一台电动机拖动，电动机正转时小车驶向高位，反转时小车驶向低位，电动机正转和反转各需要一个接触器，是 PLC 的执行元件。另外，各工位还要有指示灯作呼车显示。电动机和指示灯是 PLC 的控制对象。

各工位的限位开关和呼车按钮的布置如图 5.9 所示，图中 ST 和 SB 的编号也是各工位的编号。ST 为滚轮式行程开关，可自动复位。

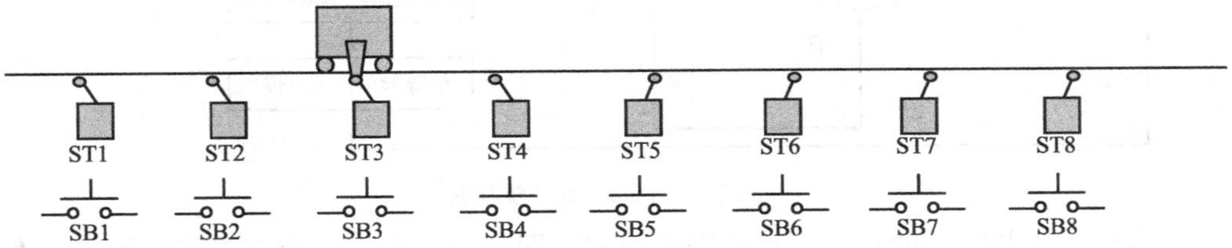

图 5.9 各加工位的限位开关、呼车按钮布置图

（2）确定输入和输出点的个数，选择 PLC 机型，作出 I/O 分配。为了尽量减少占用 PLC I/O 点的个数，对本例，由于各工位的呼车指示灯状态一致，因此可选用小电流的发光元件并联在一起，然后接在一个 PLC 输出点上。使用 CPM1A 时所作的 I/O 分配如表 5.4 所示。

表 5.4 I/O 分配

输入				输出	
限位开关 ST1	00001	呼车按钮 SB1	00101	呼车指示灯	01107
限位开关 ST2	00002	呼车按钮 SB2	00102	电动机正转接触器线圈	01000
限位开关 ST3	00003	呼车按钮 SB3	00103	电动机反转接触器线圈	01001
限位开关 ST4	00004	呼车按钮 SB4	00104		
限位开关 ST5	00005	呼车按钮 SB5	00105		
限位开关 ST6	00006	呼车按钮 SB6	00106		
限位开关 ST7	00007	呼车按钮 SB7	00107		
限位开关 ST8	00008	呼车按钮 SB8	00108		
系统启动按钮	00000				
系统停止按钮	00010				

（3）为了分析问题方便，可先做出系统动作过程的流程图，如图 5.10 所示。

（4）选择 PLC 指令并编写程序。选择指令是一个经验问题。对于本例的控制要求，一般会想到用 MOV 指令和 CMP 指令，即先把小车所在的工位号传送到一个通道中，再把呼车的工位号传送到另一个通道中，然后将这两个通道的内容进行比较。若呼车的位号大于停车的位号，则小车向高位行驶；若呼车的位号小于停车的位号，则小车向低位行驶。对小车的这种控制是本例程序设计的主线。

（5）编写其他控制要求的程序。其一，若有某位呼车则应立即封锁其他位的呼车信号；其二，小车行驶到位后应在该位停留一段时间，即延迟一定时间再解除对呼车信号的封锁；其三，失压保护程序；其四，呼车显示程序。

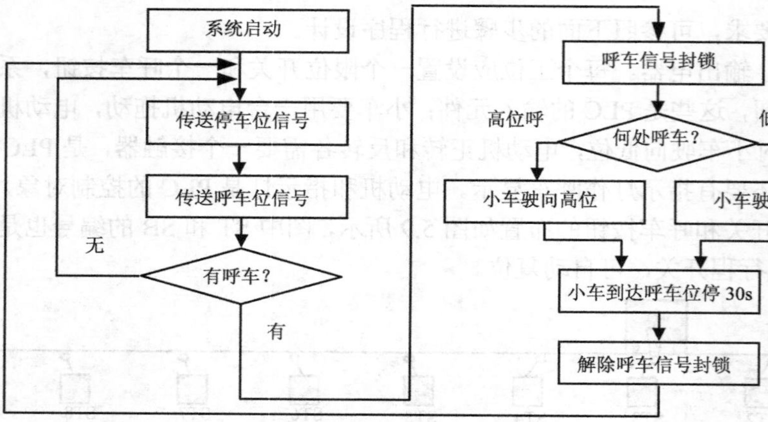

图 5.10　例 5.3 的系统流程图

（6）将对各环节编写的程序合理地联系起来，即得到一个满足控制要求的程序。本例设计的程序如图 5.11 所示。

对图 5.11 所示的程序设计意图和控制功能简要分析如下。

① 用 MOV 指令分别向 DM0000 通道传送车位信号，向 DM0001 通道传送各位的呼车信号。没有呼车时，20100 为 OFF，01107 为 ON，各位的指示灯亮，示意各工位可以呼车。

② 本例用 KEEP 指令进行呼车封锁和解除封锁的控制。只要某位呼车，就执行 KEEP 指令，将 20100 置为 ON，从而使其他传送呼车信号的 MOV 指令不能执行，实现先呼车的位优先用车。同时指示灯灭，示意其他位不能呼车，即呼车封锁开始。

③ 执行 CMP 指令可以判别呼车位号比停车位号大还是小，从而决定小车的行驶方向。若呼车位号比停车位号大，则 01000 为 ON，小车驶向高位。在行车途中经由各位时必然要压动各位的限位开关，即行车途中 000 通道的内容随时改变，但由于其位号都比呼车位号小（001 中的呼车位号不变），故可继续行驶直至到达呼车位。若呼车位号比停车位号小，则小车驶向低位。在行车途中要压动各位的限位开关，但其位号都比呼车位号大，故可继续行驶直至到达呼车位。

④ 当小车到达呼车位时，其一，使 25505 或 25507 变为 OFF，使 01000 或 01001 为 OFF，小车停在呼车位；其二，使 25506 变为 ON，则立即启动 TIM000 开始定时，使小车在呼车位停留 30s。30s 到，使 20100 复位，指示灯亮并解除呼车封锁。此后各工位又可以开始呼车。

⑤ 若系统运行过程中掉电再复电时，不按下启动按钮程序是不会执行的。另外，在 PLC 外部也设置失压保护措施，所以掉电再复电时，小车不会自行启动。

例 5.4　保留例 5.3 的全部要求，但把第 4 个控制要求修改为给位号高的加工位以优先用车的机会，8 号位优先权最高。

虽然只进行了小小的修改，但是图 5.11 的程序就无效了。欲区别呼车位的位号大小，如果使用比较指令将会使程序非常烦琐。但使用编码指令和译码指令，程序就会简练得多。因为编码指令只对被编码通道的最高位进行编码，因此使用编码指令编程时，能实现给高位号的工位获得优先用车的机会。

编写这个程序的思路是：在呼车封锁解除的时间内，用编码指令随时对呼车信号通道 001 进行编码。假定几个工位都按住呼车按钮不放，一直按到下一次呼车封锁（看到呼车指示灯灭），则高位号的工位就可以优先用车了。编码之后再进行译码，把译码结果通道 201 的内容与停车位信号通道 000 的内容进行比较，就可以决定小车的行驶方向。

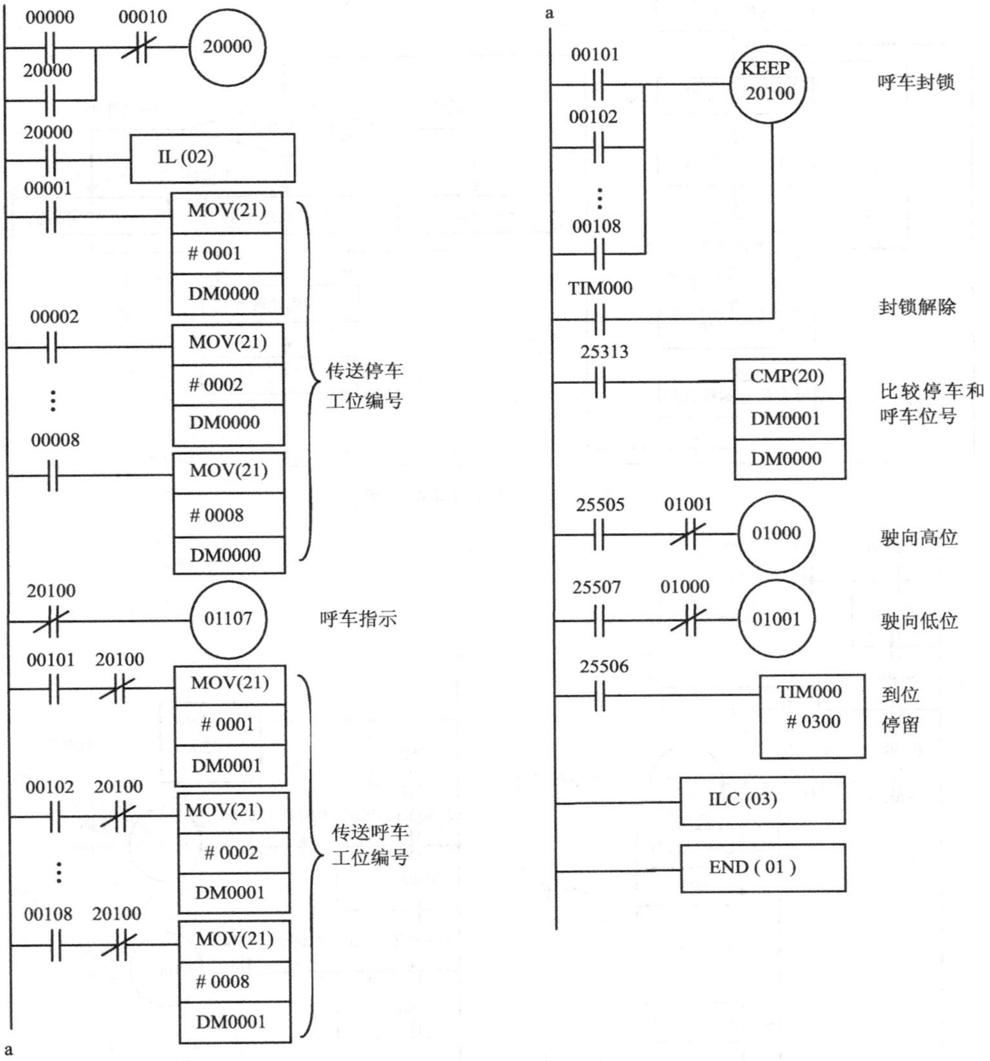

图 5.11 例 5.3 的小车自动控制程序

鉴于上述构思，完成系统功能流程图，如图 5.12 所示。

根据流程图和 I/O 分配（同例 5.3）设计的控制程序如图 5.13 所示。对图 5.13 所示的控制功能简要分析如下。

（1）PLC 上电后按一下启动按钮，程序即开始执行。由于小车停在某位没有启动，01000 和 01001 为 OFF，所以呼车指示灯亮示意各位可以呼车。

（2）执行 DMPX 指令对呼车信号 001 通道进行编码，编码结果放在 200 中；执行 MLPX 指令对 200 通道进行译码，译码结果放在 201 中；执行 CMP 指令把通道 001 的内容与#0000 进行比较以查看是否有呼车，若有则进行下一步，若无则等待呼车。

（3）如果有呼车则 25505 为 ON，使 20200 为 ON 并保持。随之执行下一个 CMP 指令，把通道 000（停车位号）与 201（呼车位号）的内容进行比较。当呼车的位号大于或小于停车位号时，启动定时器开始定时 30s（呼车等待时间），前一次呼车的位继续用车。此间指示灯仍亮，各位仍可呼车，即 201 通道中的内容可变。

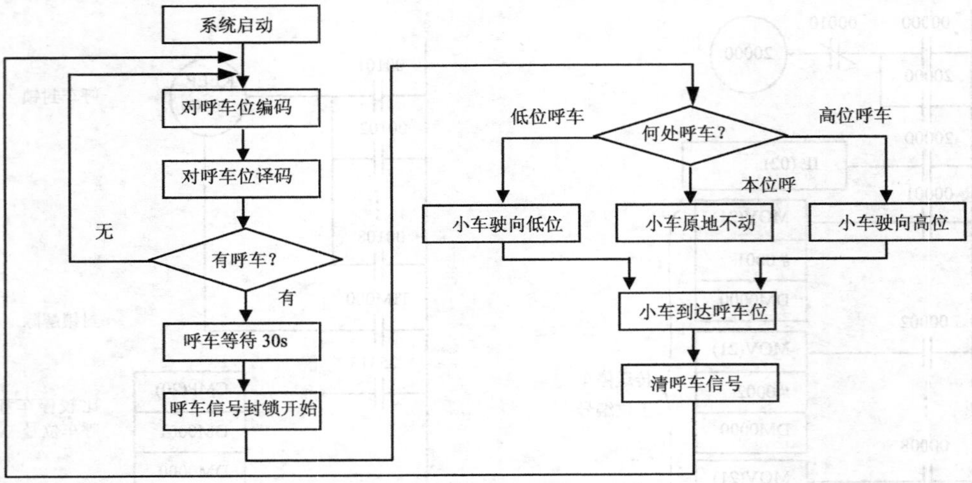

图 5.12　例 5.4 系统流程图

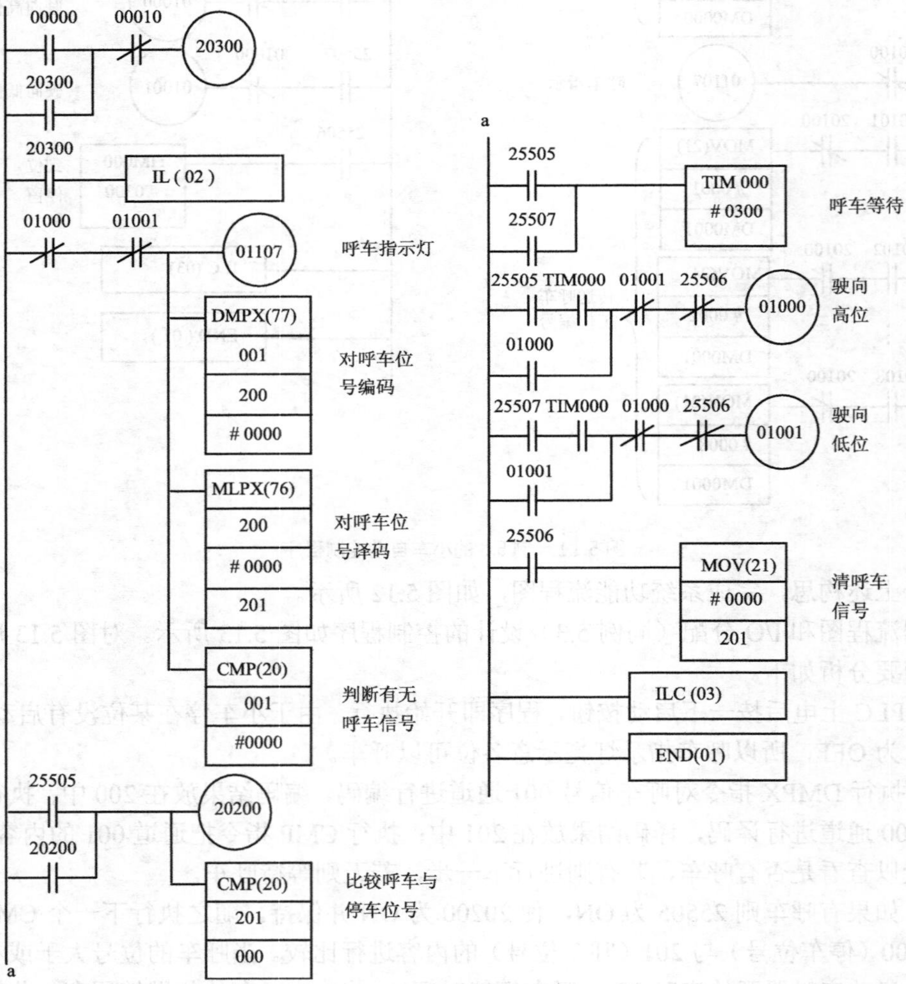

图 5.13　例 5.4 小车控制梯形图

（4）当呼车等待时间到且 TIM000 为 ON 时，若最后一次呼车的位号大于停车的位号则 01000 为 ON，小车驶向高位；若最后一次呼车的位号小于停车的位号则 01001 为 ON，小车驶向低位。不论 01000 还是 01001 为 ON，其作用都有两个：其一，使 01107 为 OFF，指示灯灭，示意各位不能再呼车，即开始呼车封锁；其二，编码指令和译码指令都停止执行，即此后一直到封锁解除的时间内，201 通道中的内容不变。

（5）若小车驶向高位，在行车途中经由各位，必然要压动各位的限位开关（000 通道的内容可改变），但其位号都比呼车位号小（201 通道中呼车位号不变），所以可继续前进直至达到呼车位。若小车驶向低位，在行车途中压动各位的限位开关，但其位号都比呼车位号大，所以可继续前进直至达到呼车位。

（6）当小车到达呼车位时，25506 为 ON，其作用有 4 点：其一，使 01000 或 01001 为 OFF，则小车停在呼车位；其二，执行 MOV 指令将呼车信号通道 201 清零；其三，01107 为 ON，指示灯亮，示意各位可以呼车；其四，又开始对呼车位号进行编码和译码。

例 5.3 和例 5.4 的呼车方式有所不同。例 5.3 是先呼车者优先用车，例 5.4 则分两种情况区别对待。其一，在封锁解除的时间内，相继呼车的各工位后呼车者先用车。因为最后一次执行编码指令时只能对最后呼车的工位进行编码。其二，呼车封锁解除时间到（指示灯灭的瞬时），同时呼车的各工位中位号大的先用车。这样，急于用车的工位按住呼车按钮不放，则位号大的呼车位会获得优先用车的机会。

5.5 顺序控制设计法

对那些按动作的先后顺序进行控制的系统，非常适宜使用顺序控制设计法编程。顺序控制设计法规律性很强，虽然编出的程序偏长，但是程序结构清晰、可读性好。

5.5.1 顺序功能图

在用顺序控制设计法编程时，顺序功能图是很重要的工具。顺序功能图能清楚地表现出系统各工作步的功能、步与步之间的转换顺序及其转换条件。

1. 顺序功能图的组成

以下面简单的控制为例来说明顺序功能图的组成。

某动力头的运动状态有 3 种，即快进→工进→快退。各状态的转换条件是：快进到一定位置压限位开关 ST1 则转为工进，工进到一定位置压限位开关 ST2 则转为快退，退回原位压 ST3，动力头自动停止运行。对这样的控制过程画出的顺序功能图如图 5.14 所示。

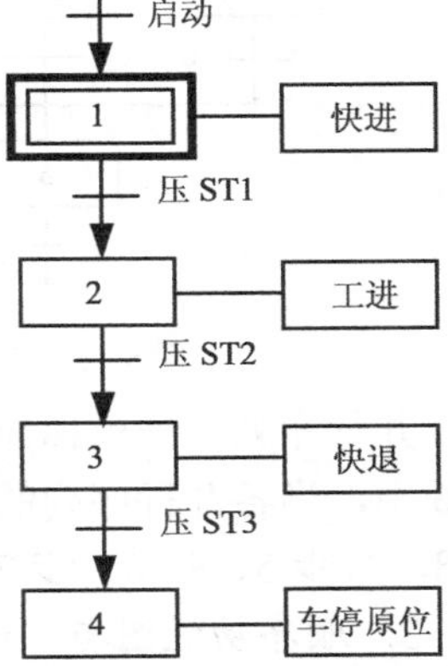

图 5.14 动力头控制顺序功能图

顺序功能图是由步、有向连线、转换条件和动作内容说明等组成的。用矩形框表示各步，框内的数字是步的编号。初始步使用双线框，图 5.14 中步 1 就是初始步，每个顺序功能图都有一个初始步。每步的动作内容放在该步旁边的框中，如步 1 的动作是快进等。步与步之间用有向线段相连，箭头表示步的转换方向（简单的顺序功能图可不画箭头）。步与步之间的短横线旁标注转换条件。正在执行的步称为活动步，当前一步为活动步且转换条件满足时，将启动下一步并终止前一步的执行。

2. 顺序功能图的类型

顺序功能图从结构上来分，可分为单序列结构、选择序列结构和并行序列结构3种。

（1）单序列结构

图5.14所示的是单序列结构类型。这种结构的顺序功能图没有分支，每步后只有一步，步与步之间只有一个转换条件。

（2）选择序列结构

图5.15所示为选择序列结构的顺序功能图。选择序列的开始称为分支，如步1之后有3个分支（或更多），各选择分支不能同时执行。例如，当步1为活动步且条件a满足时则转向步2；当步1为活动步且条件b满足时则转向步3；当步1为活动步且条件c满足时则转向步4。无论步1转向哪个分支，当其后续步成为活动步时，步1自动变为不活动步。

若已选择了转向某一个分支，则不允许另外几个分支的首步成为活动步，所以应该使各选择分支之间联锁。

选择序列的结束称为合并。在图5.15中，无论哪个分支的最后一步成为活动步，当转换条件满足时都要转向步5。

（3）并行序列结构

图5.16是并行序列结构的顺序功能图。并行序列的开始也称为分支，为了区别于选择序列结构的顺序功能图，用双线来表示并行序列分支的开始，转换条件放在双线之上。例如，图中的步1之后有3个并行分支（或更多），当步1为活动步且条件a满足时，则步2、步3、步4同时被激活变为活动步，而步1变为不活动步。图中步2和步5、步3和步6、步4和步7是3个并行的单序列。

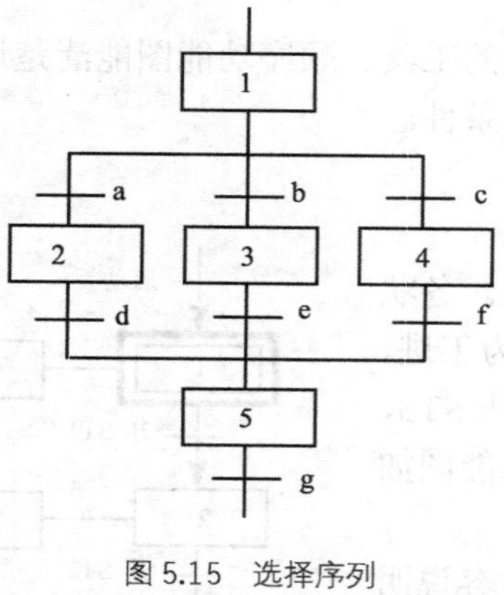

图5.15 选择序列

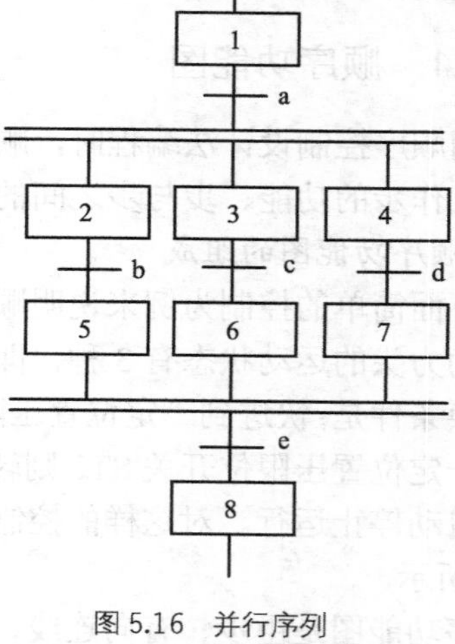

图5.16 并行序列

并行序列的结束称为合并，用双线表示并行序列的合并，转换条件放在双线之下。在图5.16中，当各并行序列的最后一步即步5、6、7都为活动步且条件e满足时，将同时转换到步8，且步5、步6、步7同时都变为不活动步。

3. 顺序功能图与梯形图的对应关系

由第4章介绍的步进控制指令的使用方法可以联想到，每步可设置一个控制位，当某步的控制位为ON时，该步成为活动步（激活下一步的条件之一），同时与该步对应的程序开始执行；当转换条件满足时（激活下一步的条件之二），下一步的控制位为 ON，而上一步的控制位变为 OFF，且上一步对应的程序停止执行。显然，只要在顺序上相邻的控制位之间进行联锁，就可以实现这种步进控制。

图 5.17 所示为步程序的结构。线圈 S_i、S_{i+1}、S_{i+2} 等是各步的控制位，C_i、C_{i+1} 是各步的转换条件。由上述分析可知，某一步成为活动步的条件是：前一步是活动步且转换条件满足。所以图中将常开触点 S_{i-1} 、C_i 以及 S_i 、C_{i+1} 相串联作为步启动的条件。由于转换条件是短信号，因此每步要加自锁。当后续步成为活动步时，前一步要变为不活动步，所以图中将常闭触点 S_{i+1} 和 S_{i+2} 与前一步的控制位线圈相串联。

当某一步成为活动步时，其控制位为 ON，这个 ON 信号可以控制输出继电器以实现相应的控制，如图 5.17 中的 B1、B2。

4. 根据顺序功能图画梯形图的方法

图 5.18 所示的顺序功能图总体上是并行的，其中包括了一个单序列和一个选择序列。下面以该图为例，说明由顺序功能图画梯形图的方法。

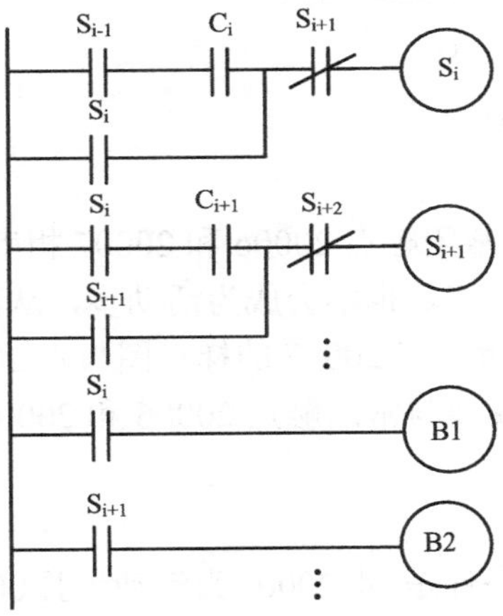

图 5.17　步的梯形图

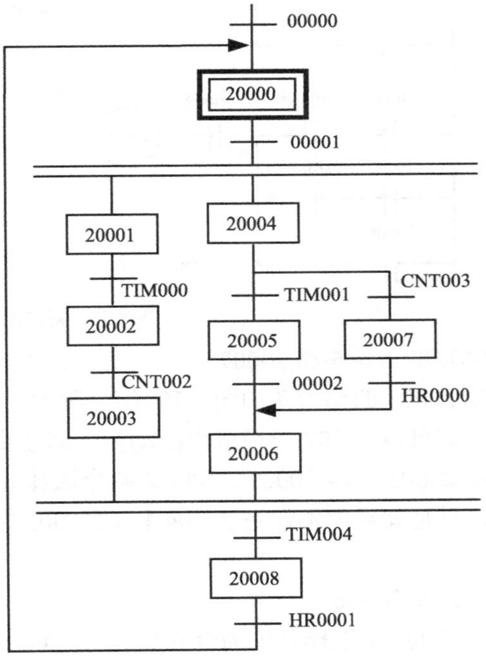

图 5.18　顺序功能图

（1）步 20000

该步为初始步，是前面两个选择分支的合并步。因此，使 20000 成为活动步的条件是：00000 为 ON，或步 20008 为活动步且 HR0001 为 ON。当步 20001 和 20004 成为活动步时，步 20000 变为不活动步。所以把常闭触点 20001 或 20004 与步 20000 的控制位线圈相串联，再加上本位的自锁，画出的梯形图如图 5.19（a）所示。

（2）步 20001、步 20002 和步 20003

20001 是单序列的开始步，成为活动步的条件是：步 20000 为活动步且转换条件 00001 为 ON。当步 20002 成为活动步时，步 20001 变为不活动步，所以把常闭触点 20002 与步 20001 的线圈相串联，再加上本位的自锁，画出的梯形图如图 5.19（b）所示。

步 20002 和步 20003 的梯形图与步 20001 相似，读者自己练习画出梯形图。

（3）步 20004

步 20004 是选择序列的开始，该步后续是两个选择分支。步 20004 的梯形图与步 20001 相似，但其线圈要与常闭触点 20005 和 20007 相串联。这是因为，无论选择了哪个分支，即不论步 20005 还是步 20007 成为活动步，步 20004 都要成为不活动步。画出梯形图，如图 5.19（c）所示。

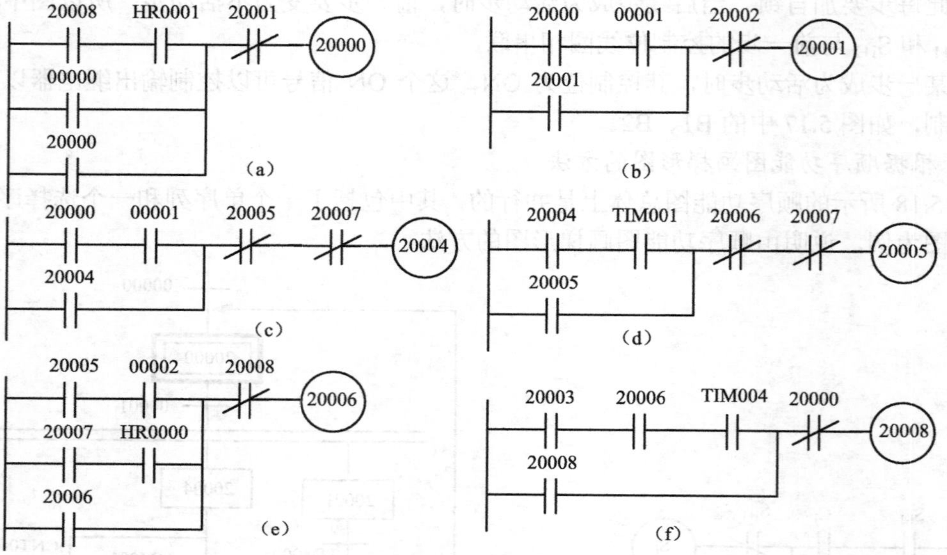

图 5.19　对应图 5.18 各步的梯形图

（4）步 20005 和 20007

步 20005 的梯形图如图 5.19（d）所示。线圈 20005 与常闭触点 20006 和 20007 相串联，这样，如果步 20007 已经成为活动步，即使步 20005 的条件满足也不会成为活动步，从而实现了步 20005 和步 20007 之间（即两个选择分支之间）的联锁。步 20007 的梯形图与步 20005 相似，只是其转换条件是 20004 和 CNT003 的串联，其线圈要与常闭触点 20006 和 20005 相串联。

（5）步 20006

步 20006 是选择分支的合并步。步 20006 成为活动步的条件是：步 20005 为活动步且 00002 为 ON，或 20007 为活动步且 HR0000 为 ON，所以这两个条件之间是“或”的关系。当 20008 为活动步时，步 20006 要变为不活动步，所以 20006 的线圈要与常闭触点 20008 串联。画出梯形图，如图 5.19（e）所示。

（6）步 20008

步 20008 是并行序列的合并步，其成为活动步的条件是：步 20003 和步 20006 均为活动步，且 TIM004 为 ON，3 个条件是“与”的关系。当 20000 成为活动步时其变为不活动步，所以 20008 的线圈要与常闭触点 20000 串联。画出梯形图，如图 5.19（f）所示。

5.5.2　用顺序控制设计法编写程序

用顺序控制设计法编程的基本步骤如下。

（1）分析控制要求，将控制过程分成若干个工作步，明确每个工作步的功能，明确步的转换是单向进行（单序列）还是多向进行（选择或并行序列），确定步的转换条件（可能是多个信号的“与”、“或”等逻辑组合）。必要时可画一个工作流程图，对理顺整个控制过程的进程以及分析各步的相互联系有很大作用。

（2）为每步设定控制位。控制位最好使用同一个通道的若干连续位。若用定时器/计数器的输出作为转换条件，则应确定各定时器/计数器的编号和设定值。

（3）确定所需输入和输出点的个数，选择 PLC 机型，作出 I/O 分配。

（4）在前两步的基础上，画出顺序功能图。

（5）根据顺序功能图画梯形图。

（6）添加某些特殊要求的程序。

下面举例说明顺序控制设计法。

例 5.5 某电液控制系统中有两个动力头，其工作流程图如图 5.20 所示。控制要求如下。

（1）系统启动后，两个动力头便同时开始按流程图中的工步顺序运行。从两个动力头都退回原位开始延时 10s 后，又同时开始进入下一个循环的运行。

（2）若断开控制开关，各动力头必须将当前的运行过程结束（即退回原位）后才能自动停止运行。

（3）各动力头的运动状态取决于电磁阀线圈的通、断电，对应关系如表 5.5 和表 5.6 所示。表中的“+”表示该电磁阀的线圈通电，“−”表示该电磁阀的线圈不通电。

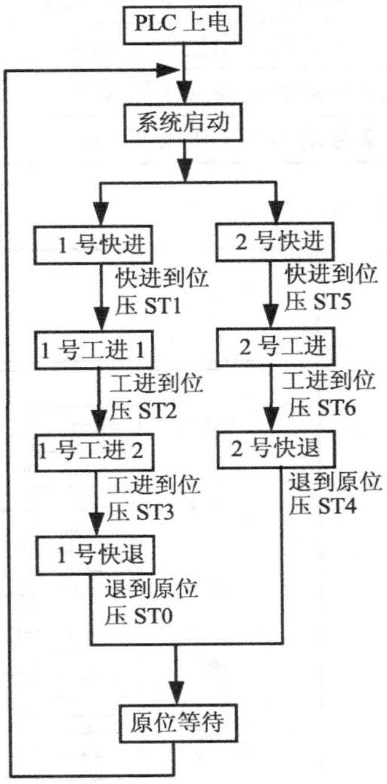

图 5.20 动力头工作流程图

由工作流程图可知各动力头的工作步数和转换条件。每个动力头的步与步之间的转换是单向进行的，最后转换到同一个步上。由于两个动力头退回原位的时间存在差异，所以要设置原位等待步。这样，只有两个动力头都退回原位时定时器才开始计时，确保两个动力头同时进入下一个循环的运行。因此，画两个动力头的控制过程顺序功能图时，应是并行序列结构。

表 5.5 **1 号动力头**

动作	YV1	YV2	YV3	YV4
快进	−	+	+	−
工进 1	+	+	−	−
工进 2	−	+	+	+
快退	+	−	+	−

表 5.6 **2 号动力头**

动作	YV5	YV6	YV7
快进	+	+	−
工进	+	−	+
快退	−	+	+

由工作流程图可以看出，本例需要一个启/停控制开关、7 个限位开关，都是 PLC 的输入元件。由表 5.5 和表 5.6 可知，需要 7 个电磁阀，都是 PLC 的输出执行元件。

选择机型为 CPM1A 时，所作的 I/O 分配如表 5.7 所示。

利用 200 通道中的位做各工作步的控制位，画出顺序功能图，如图 5.21 所示。

表 5.7 I/O 分配

输入		输出	
系统启动控制开关	00000	电磁阀 YV1 线圈	01001
1 号动力头原位限位 ST0	00100	电磁阀 YV2 线圈	01002
1 号动力头快进限位 ST1	00101	电磁阀 YV3 线圈	01003
1 号动力头工进 1 限位 ST2	00102	电磁阀 YV4 线圈	01004
1 号动力头工进 2 限位 ST3	00103	电磁阀 YV5 线圈	01005
2 号动力头原位限位 ST4	00104	电磁阀 YV6 线圈	01006
2 号动力头快进限位 ST5	00105	电磁阀 YV7 线圈	01007
2 号动力头工进限位 ST6	00106		

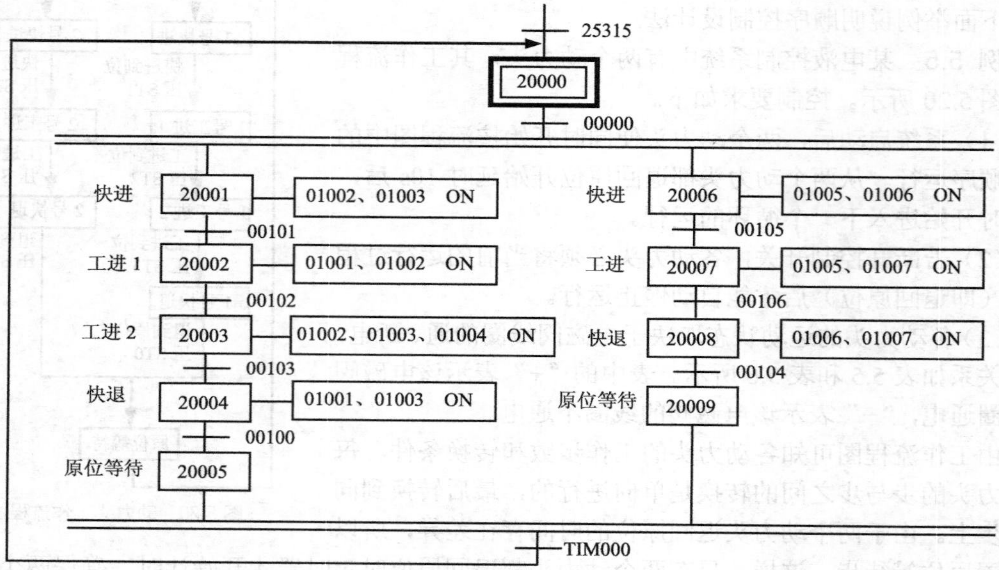

图 5.21 例 5.5 的顺序功能图

由顺序功能图，按照前面介绍的方法很容易画出各步的梯形图。再根据各步应该接通的电磁阀线圈号，确定对应各步时电磁阀线圈的置位或复位状态，可画出如图 5.22 的梯形图。

下面简要介绍程序编写的思路。

（1）在 PLC 上电后的第一个扫描周期 25315 为 ON，使初始步 20000 为 ON，为系统启动做好准备。

（2）在一个循环的过程结束时，两个动力头一起在原位停留 10s 后，步 20000 应能自动成为活动步，以使系统进入下一个循环的过程，所以将 TIM000（原位等待定时器）的常开触点与 25315 并联。

（3）因为步 20001 和步 20006 是两个并行序列的首步，所以这两个步的活动条件都是 20000 和 00000 的“与”。在一个循环的过程结束且 20000 成为活动步时，由于 00000 始终为 ON，从而使步 20001 和步 20006 自动成为活动步，并开始重复前一个循环的过程。

（4）当两个动力头都回到原位且等待步 20005 和 20009 都成为活动步时，TIM000 才开始计时。在定时时间到且步 20000 成为活动步时，等待步 20005 和 20009 才变为不活动步。

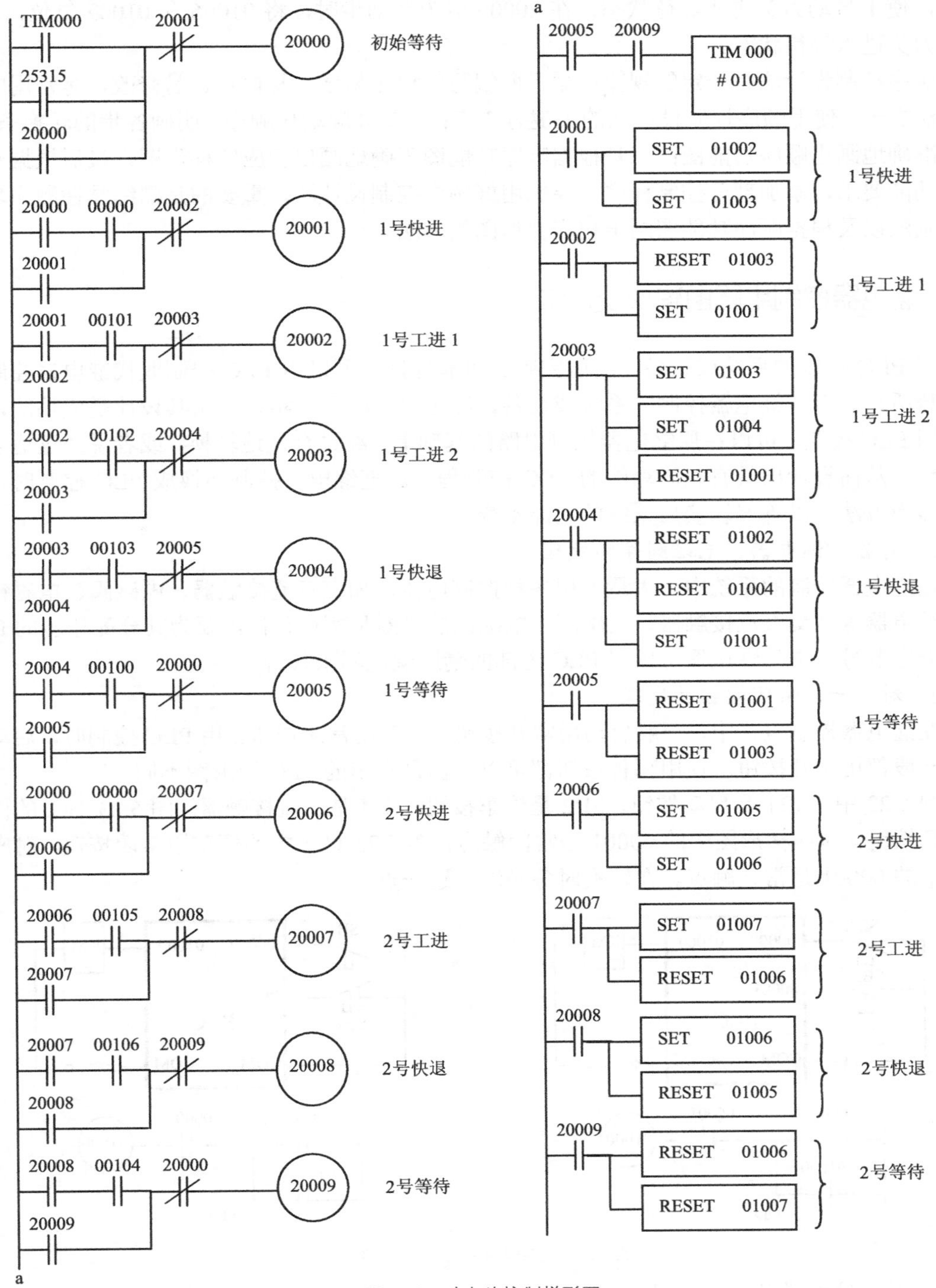

图 5.22 动力头控制梯形图

（5）对应每一个工作步，要对控制相关电磁阀的输出位进行置位或复位。例如，在 20001 成为活动步时，要将 01002 和 01003 置位（电磁阀 YV2、YV3 线圈通电），使 1 号动力头快进。在等待步 20005 和 20009 为活动步时，将相关电磁阀线圈的输出位进行复位，以保证下一个循环时动力头不会发生错误的动作。例如，在 20005 成为活动步时，将 01001 和 01003

复位，使 1 号动力头进入等待状态，在 20009 成为活动步时，将 01006 和 01007 复位，使 2 号动力头进入等待状态。

顺序控制设计法有一定的规律可循，所编写的程序易读、易检查、易修改，是常用的设计方法之一。使用顺序控制设计法的关键有 3 点：一是理顺动作顺序，明确各步的转换条件；二是准确地画出顺序功能图；三是根据顺序功能图正确地画出相应的梯形图，最后根据某些特殊功能要求，添加部分控制程序。要想用好顺序控制设计法，重要的是熟练掌握顺序功能图的画法以及根据顺序功能图画出相应梯形图的方法。

5.6 继电器控制电路图转换设计法

用 PLC 控制的系统或设备，功能完善、可靠性好，所以用 PLC 控制取代继电器控制已是大势所趋。有些继电器控制的系统或设备，经过多年的运行实践证明其设计是成功的，若欲改用 PLC 控制，可以在原继电器控制电路的基础上，经过合理地转换，或者说经过适当地“翻译”，从而设计出具有相同功能的 PLC 控制程序。把继电器控制转换成 PLC 控制时，要注意转换方法，以确保转换后系统的功能不变。

1. 对各种继电器、电磁阀等的处理

在继电器控制的系统中，大量使用各种控制电器，如交直流接触器、电磁阀、电磁铁、中间继电器等。交直流接触器、电磁阀、电磁铁的线圈是执行元件，要为其分配相应的 PLC 输出继电器号。中间继电器可以用 PLC 内部的辅助继电器来代替。

2. 对常开、常闭按钮的处理

在继电器控制电路中，一般启动用常开按钮，停车用常闭按钮。用 PLC 控制时，启动和停车一般都用常开按钮。使用哪种按钮都可以，但是画出的 PLC 梯形图不同。

图 5.23 中，SB1 是启动按钮，SB2 是停车按钮，KM 是交流接触器。图 5.23（a）的停车用常开按钮，对应梯形图中的 00001 是常闭触点；图 5.23（b）中的停车用常闭按钮，对应梯形图中的 00001 是常开触点。在转换时务必注意这一点。

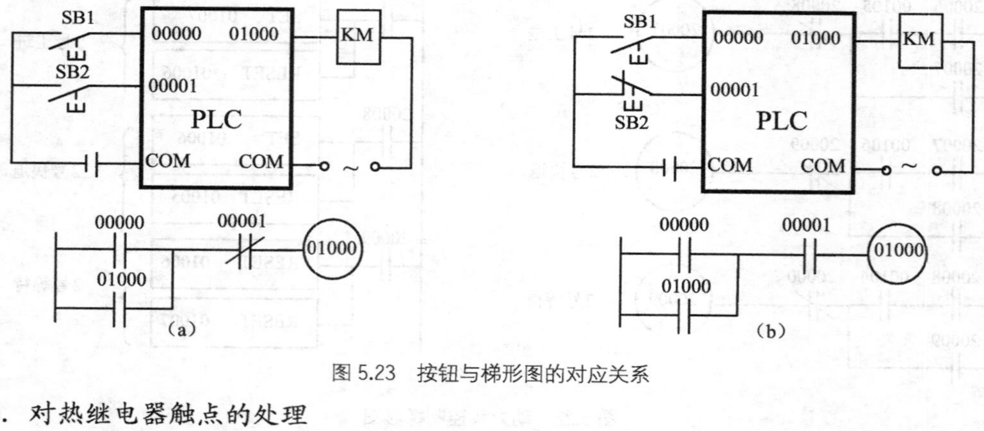

图 5.23 按钮与梯形图的对应关系

3. 对热继电器触点的处理

若 PLC 的输入点较富裕，热继电器的常闭触点可占用 PLC 的输入点；若输入点较紧张，热继电器的信号可不输入 PLC 中，而接在 PLC 外部的控制电路中。

4. 对时间继电器的处理

物理的时间继电器可分为通电延时型和断电延时型两种。通电延时型时间继电器延时动作的触点有通电延时闭合和通电延时断开两种。断电延时型时间继电器延时动作的触点有断电延时闭合和断电延时断开两种。用 PLC 控制时，时间继电器可以用 PLC 的定时器/计数器来代替。PLC 定时器的触点只有接通延时闭合和接通延时断开两种，但是通过编程，可以设计出满足要求的时间控制程序。

在图 5.24（a）的控制电路中，时间继电器是通电延时型的。当过流继电器 KA 的常开触点接通时，时间继电器开始定时，延时后 KM 线圈得电，该图对 KM 实现了延时接通的控制。对图 5.24(a)中的各电器作 I/O 分配：KA 对应 PLC 输入点为 00000，KM 对应输出点为 01000。KT 用 TIM000 代替。PLC 的梯形图如 5.24（b）所示。

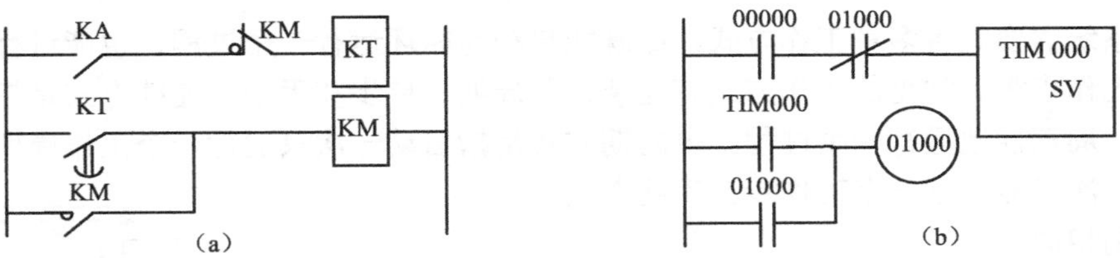

图 5.24 通电延时接通的控制

5. 处理电路的连接顺序

在转换成 PLC 的梯形图时，一般要把控制电路图作一点调整，方便转换。

例如，将图 5.25（a）转换成 PLC 梯形图时，要先对图 5.25（a）中电路图的部分接线进行调整。线圈 KM2 和 K 之间连接着常开触点 KM2，PLC 的梯形图不允许有这种结构，对这种接线图要进行调整。K 接通的条件有两个，一是 KM2 接通，二是时间继电器的常开触点 KT 闭合，两者具备其中之一即可。所以，应将 KM2 的常开触点与 KT 的延时闭合的常开触点并联作为 K 的接通条件。根据这个原则，画出调整后的控制电路，如图 5.25（b）所示。对图 5.25（b）的电路作 I/O 分配如图 5.25（c）所示，中间继电器用 20000 来代替，时间继电器用 TIM000 来代替。由 I/O 分配画出 PLC 的梯形图，如图 5.25（d）所示。

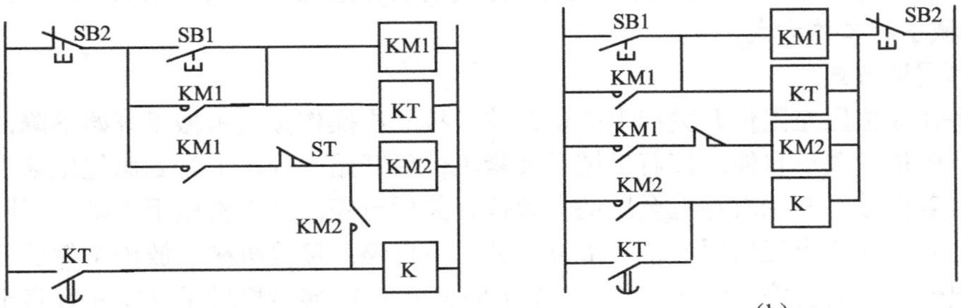

I/O 分配表

输　　入		输　　出	
SB1	00000	KM1	01000
SB2	00001	KM2	01001
ST	00002		

（c）

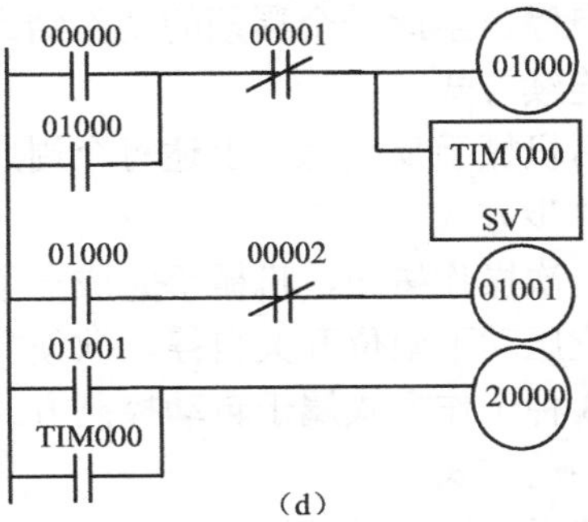

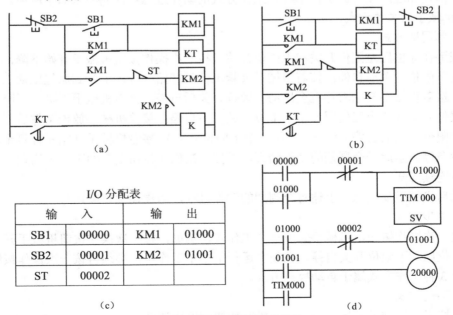

图 5.25 控制电路图接线的调整

由继电器控制电路转换成PLC梯形图后，一定要仔细校对、认真调试，以保证其控制功能与原图相符。

本节所举的例子只是控制电路的局部。对复杂的控制电路可以划整为零，先进行局部的转换，最后综合起来。当控制电路很复杂时，大量的中间继电器、时间继电器、计数器等都可以用PLC的内部器件来取代，复杂的控制逻辑可用程序来实现。这时，用PLC取代继电器控制的优越性就显而易见了。

5.7 具有多种工作方式的系统的编程方法

很多系统需要具备多种工作方式，如既能自动地循环运行一个过程，也能进行手动操作运行一个工作步等。常见的工作方式有连续、单周期、单步和手动。连续方式是指系统启动后连续地、周期性地运行一个过程；单周期方式是指启动一次只运行一个工作周期；单步方式是启动一次只能运行一个工作步；手动方式与点动控制相似。

对于一个设备，几种工作方式不能同时运行。所以在设计这类程序时，可以对几种工作方式的程序分别进行处理，最后综合起来，这样可以简化程序的设计。下面通过一个例子说明多种工作方式的程序设计问题。在本例中，还提出了编写误操作禁止程序的实际问题。

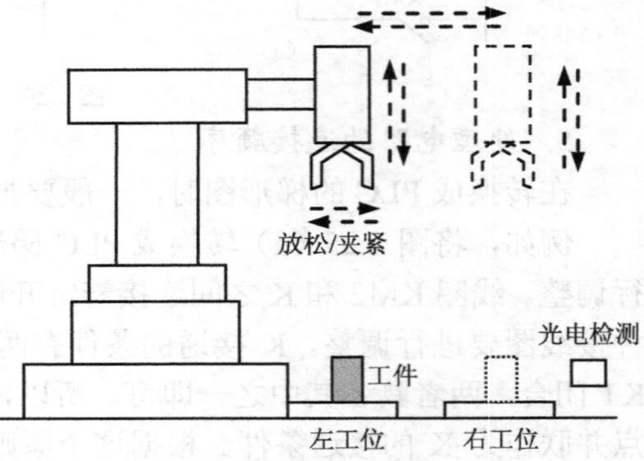

图5.26 机械手动作示意图

例 5.6 采用液压控制的搬运机械手，其任务是把左工位的工件搬运到右工位，图5.26是其动作示意图。机械手的工作方式分为手动、单步、单周期和连续4种。机械手各种工作方式的动作过程及控制要求如下所述。

1. 机械手的工作方式

（1）单周期方式

机械手在原位压左限位开关和上限位开关。按一次操作按钮机械手开始下降，下降到左工位压动下限位开关后自停；接着机械手夹紧工件后开始上升，上升到原位压动上限位开关后自停；接着机械手开始右行直至压动右限位开关后自停；接着机械手下降，下降到右工位压动下限位开关（两个工位用一个下限位开关）后自停；接着机械手放松工件后开始上升直至压动上限位开关后自停（两个工位用一个上限位开关）；接着机械手开始左行直至压动左限位开关后自停。至此一个周期的动作结束，再按一次操作按钮则开始下一个周期的运行。

（2）连续方式

启动后机械手反复运行上述每个周期的动作过程，即周期性连续运行。

（3）单步方式

每按一次操作按钮，机械手完成一个工作步。例如，按一次操作按钮机械手开始下降，下到左工位压动下限位开关自停，欲使之运行下一个工作步，必须再按一次操作按钮等。

以上3种工作方式属于自动控制方式。

（4）手动方式

按下按钮则机械手开始一个动作，松开按钮则停止该动作。

2. 对机械手每个工作步的控制要求

（1）上升和下降

机械手上升或下降的动作都要到位，否则不能进行下一个工作步。本例使用上、下限位开关进行控制。上升/下降的动作用一个双线圈的电磁阀控制。

（2）夹紧和放松

机械手夹紧和放松的动作必须在两个下工位处进行，且夹紧和放松的动作都要到位。

为了确保夹紧和放松动作的可靠性，本例对夹紧和放松动作进行定时，并设置夹紧和放松指示。夹紧和放松动作由单线圈的电磁阀控制。

（3）左行和右行

自动方式时，机械手的左、右运动必须在压动上限位开关后才能进行；机械手的左/右运动都必须到位，以确保在左工位取到工件并在右工位放下工件。本例利用上限位开关、左限位开关和右限位开关进行控制。左/右行的动作由双线圈的电磁阀控制。

3. 自动方式下误操作的禁止

自动方式（连续、单周期、单步）时，按一次操作按钮自动运行方式开始，此后再按操作按钮属于错误操作，程序对错误操作不予响应。

另外，当机械手到达右工位上方时，下一个工作步就是下降。为了确保在右工位没有工件时才能开始下降，应在右工位设置有无工件检测装置。本例使用的是光电检测装置。

根据上述控制要求，操作盘上要设置：一个 PLC 的电源开关（不占输入点）；一个工作方式选择开关和一个动作方式选择开关，通过这两个开关选择工作方式和动作方式；操作按钮和停车按钮各一个，这两个按钮的其他作用见操作盘面板。操作盘面板的布置如图 5.27 所示。

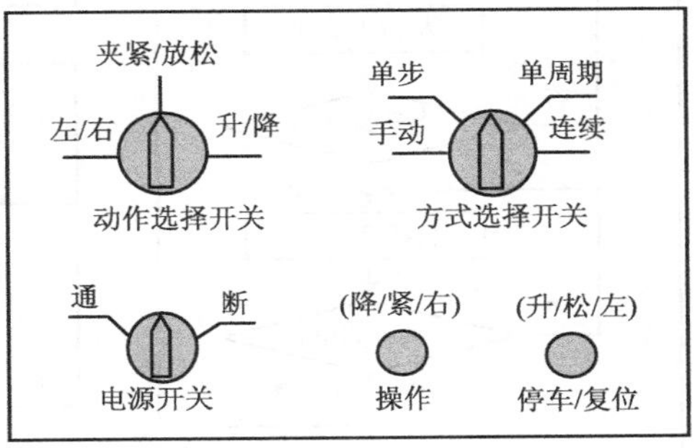

图 5.27　操作盘示意图

依据控制要求，需要 14 个输入点、8 个输出点，在选用 CPM1A 时，作 I/O 分配，如表 5.8 所示。

表 5.8　　I/O 分配

输　入				输　出	
操作按钮	00000	升/降选择	00100	下降电磁阀线圈	01000
停车按钮	00001	紧/松选择	00101	上升电磁阀线圈	01001
下降限位	00003	左/右选择	00102	紧/松电磁阀线圈	01002
上升限位	00004	手动方式	00103	右行电磁阀线圈	01003
右行限位	00005	单步方式	00104	左行电磁阀线圈	01004
左行限位	00006	单周期方式	00105	原位指示灯	01005
光电开关	00007	连续方式	00106	夹紧指示灯	01006
				放松指示灯	01007

在进行程序设计之前，先画出机械手的动作流程图，如图 5.28 所示。在流程图中，能清楚地看到机械手每一步的动作内容及步间的转换关系。

根据流程图，设计出应用程序的总体方案，如图 5.29 所示。在图 5.29 中，把整个程序分为两大块，即手动和自动两部分。当选择开关拨到手动方式时，输入点 00103 为 ON，其常开触点接通，开始执行手动程序；当选择开关拨在单步、单周期或连续方式时，输入点 00103 断开，其常闭触点闭合，开始执行自动程序。至于执行自动方式的哪一种，则取决于方式选择开关是拨在单步、单周期还是连续的位置上。

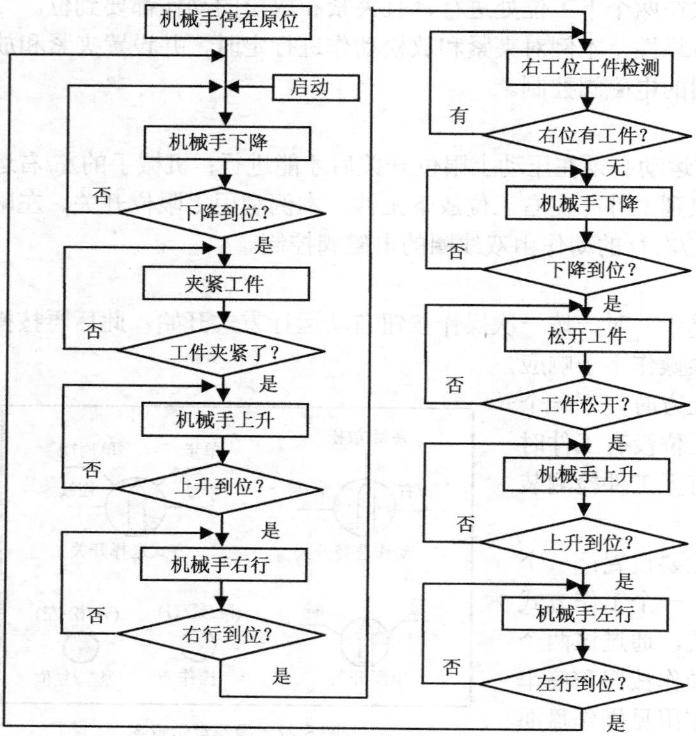

图 5.28 机械手自动运行流程图

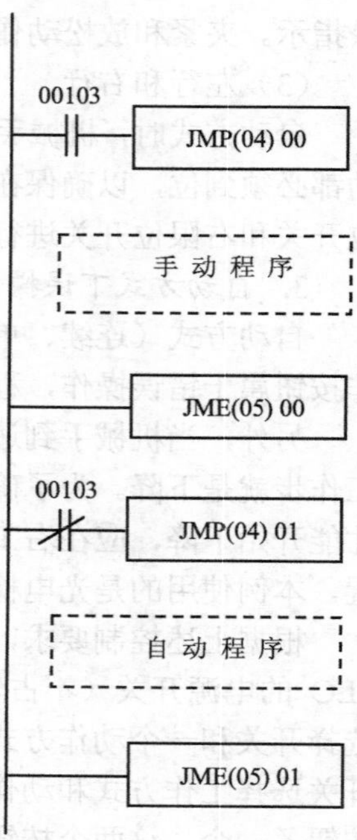

图 5.29 程序总体方案

图 5.30 是根据要求设计的手动控制程序的梯形图，对其功能作如下分析。

（1）上升/下降控制（工作方式选择开关拨在手动位）

手动控制机械手的升/降、左/右行、工件的夹紧/放松操作，是通过方式开关、操作和停车按钮的配合来完成的。

欲进行机械手升/降操作时，要把选择开关拨在升/降位，使 00100 接通。

下降操作：按下操作按钮时输入点 00000 接通，则 01000（下降电磁阀线圈）接通使机械手下降，松开按钮则机械手停。当按住操作按钮不放时，机械手下降到位压动下限位开关 00003 时自停。

上升操作：按下停车按钮时输入点 00001 接通，则 01001（上升电磁阀线圈）接通使机械手上升，松开按钮时机械手停。当按住停车按钮不放时，机械手上升到位压动上限位开关 00004 后自停。

（2）夹紧、放松控制（工作方式选择开关拨在手动位）

只有机械手停在左或右工作位且下限位开关 00003 受压（其常开触点接通）时，夹紧/放松的操作才能进行。要把动作选择开关拨在夹紧/放松位，使输入点 00101 接通。

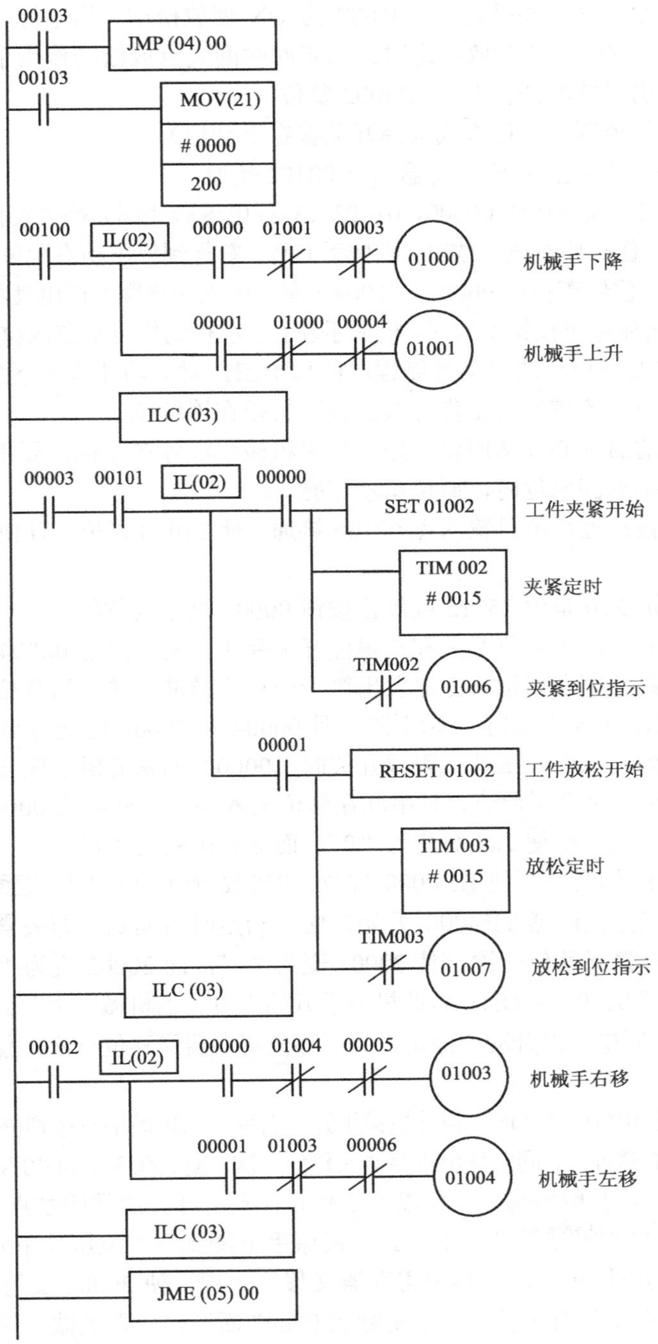

图 5.30　机械手的手动控制梯形图

若机械手停在左工作位且此时有工件时，当按住操作按钮时如下动作开始：其一，01002 被置位，机械手开始夹紧工件；其二，01006 为 ON，夹紧动作指示灯亮，表示正在进行夹紧的动作；其三，TIM002 开始夹紧定时。当定时时间到且夹紧动作指示灯灭时，方可松开按钮。此时 01002 仍保持接通状态，TIM002 被复位。

若机械手停在右工作位且夹有工件时，当按住停车按钮时如下动作开始：其一，01002

被复位，机械手开始放松工件；其二，01007 为 ON 使放松动作指示灯亮，表示正在进行放松的动作；其三，TIM003 开始放松定时。当定时时间到且放松动作指示灯灭时，方可松开按钮，此时 01002 仍保持断开状态，TIM003 复位。

（3）左行、右行控制（工作方式选择开关拨在手动位）

把动作选择开关拨在左/右位，使输入点 00102 接通。

右行的操作：按住操作按钮 00000，01003（右行电磁阀线圈）得电使机械手右行，松开按钮则机械手停。当按住操作按钮不放时，机械手右行，右行到位压动右限位开关 00005 时自停。

左行的操作：按住停车按钮 00001，01004（左行电磁阀线圈）得电使机械手左行，松开按钮则机械手停。当按住停车按钮不放时，机械手左行，左行到位压动左限位开关 00006 时自停。

图 5.31 是根据要求设计的自动控制程序的梯形图，对其功能作如下分析。

（1）连续运行方式的控制（工作方式选择开关扳在连续位）

连续运行方式的启动必须从原位开始。如果机械手没停在原位，要用手动操作让机械手返回原位。当机械手返回原位时，原位指示灯亮。

方式选择开关拨在连续位且输入点 00106 接通，使 21000 置位，且使 SFT 的移位脉冲输入端接通。

移位寄存器通道 200 是由 25315 或停止按钮 00001 进行复位的。

由于机械手在原位，上限位开关和左限位开关受压，常开触点 00004 和 00006 都闭合，因此按一下操作按钮，则向移位寄存器发出第一个移位脉冲。第一次移位使 20000 为“1”，从而使 01000 为 ON，自此机械手开始下降，且 00004 和 00006 均变为 OFF。

当机械手下降到左工位并压动下限位开关时，00003 的常开触点闭合，于是移位寄存器移位一次。由于机械手离开了原位，且串联在移位输入端的常开触点 00000、00004 和 00006 都是断开的，所以这次移位使 20000 变为“0”，而 20001 变为“1”。

20001 为“1”的作用是：使 HR0000 置位，01002 为 ON，工件夹紧动作开始；使夹紧动作指示灯亮；使夹紧定时器 TIM000 开始定时。当定时时间到（即夹紧到位）时，夹紧指示灯灭，而移位寄存器又移位一次，使 20001 变为“0”，而 20002 变为“1”。

20002 为“1”使 01001 为 ON，自此机械手开始上升。当机械手上升到原位时压上限位开关 00004，使 01001 断电，上升动作停止，同时移位寄存器又移位一次，使 20002 变为“0”，而 20003 变为“1”。

20003 为“1”使 01003 为 ON，自此机械手开始右移。当机械手右移到位压右限位开关 00005 时，使 01003 断电，右移停止，同时移位寄存器又移位一次，使 20003 变为“0”，而 20004 变为“1”。

20004 为“1”时，若检测到右工位没有工件，且光电开关的常闭触点 00007 接通时， 使 01000 再次为 ON，自此机械手开始下降。当机械手下降到右工位压动下限位开关 00003 时，01000 断电，下降动作停止，同时移位寄存器又移位一次，使 20004 变为“0”，而 20005 变为“1”。 若检测到右工位有工件，使常闭触点 00007 断开时，则机械手停在右上方不动。只有拿掉右工位的工件，机械手才开始下降。

20005 为“1”的作用是：使 HR0000 和 01002 复位，工件放松动作开始；使放松动作指示灯亮；放松定时器 TIM001 开始定时。当定时时间到（即放松到位）时，放松指示灯灭，而移位寄存器又移位一次，使 20005 变为“0”，20006 变为“1”。

20006 为“1”使 01001 再次为 ON，自此机械手开始上升。当机械手上升至压动上限位开关 00004 时，01001 断电，上升动作停止，同时移位寄存器又移位一次，使 20006 变为“0”，而 20007 变为“1”。

20007 为“1”使 01004 为 ON，自此机械手开始左移。当机械手左移到位时，压左限位开关 00006，01004 断电，左移停止，移位寄存器又移位一次。由于 20007 和 21000 一直为 ON，所以 SFT 的数据输入端为“1”。这样，本次移位使 20000 又变为“1”，随之开始了下一个周期的运行。

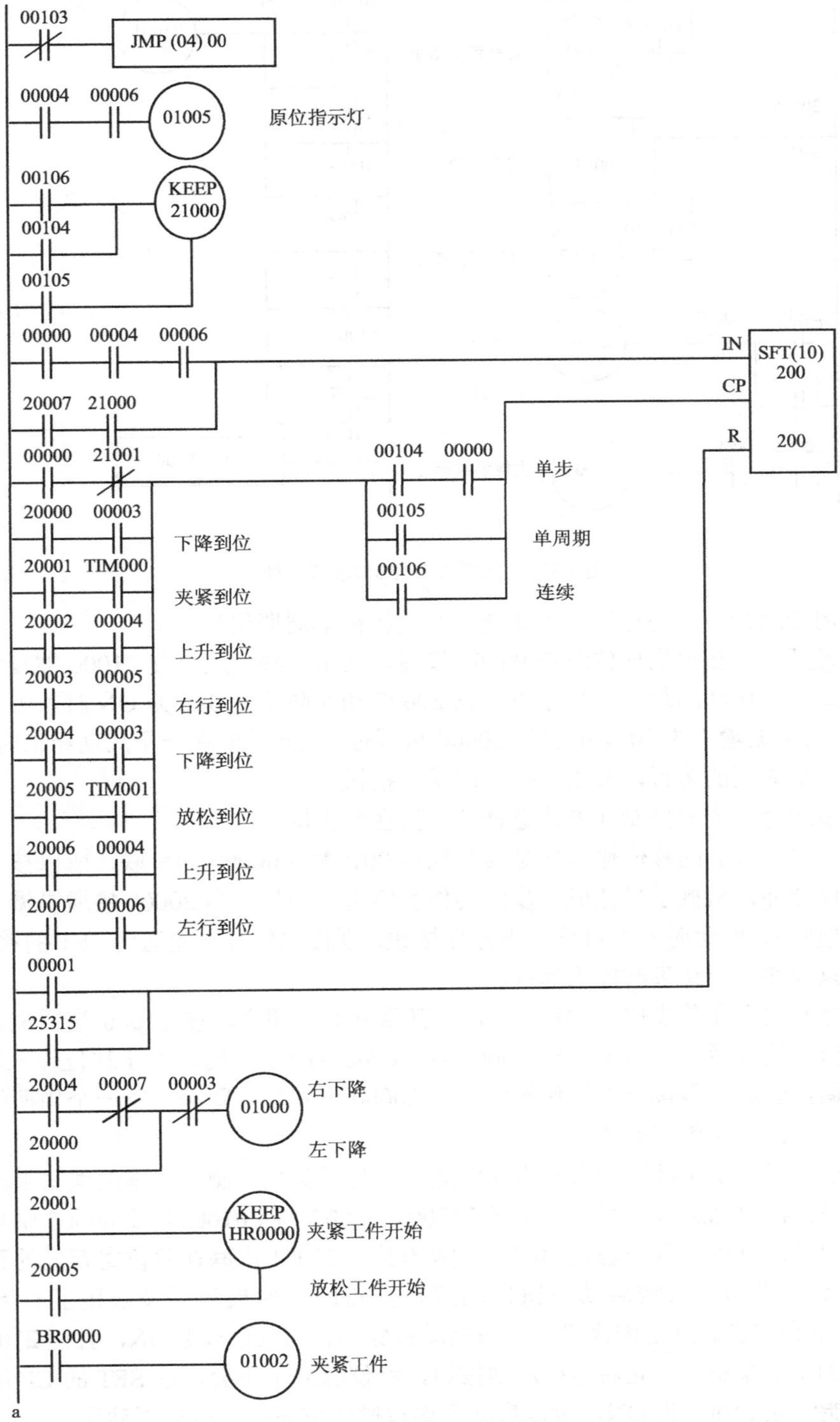

图 5.31 机械手自动控制梯形图

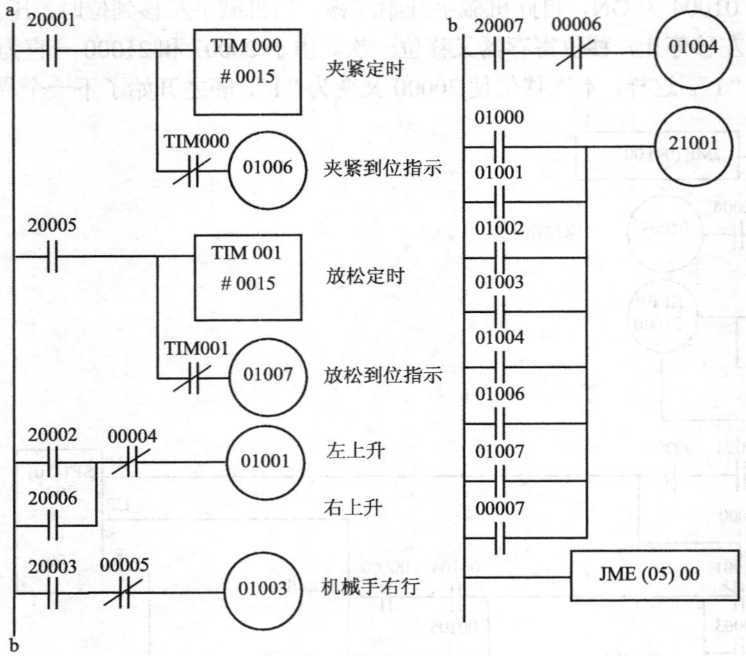

图 5.31　机械手自动控制梯形图（续）

（2）单周期运行方式的控制（方式选择开关拨在单周期位）

方式选择开关拨在单周期位时使 00105 接通，其常开触点闭合使 21000 被复位，所以当机械手运行到一个循环的最后一步结束，且 20007 和左限位 00006 为 ON 时，因 21000 已断开而使 SFT 的数据输入为“0”，不能使 20000 再置位，因此只能在一个周期结束时停止运行。要想进行下一个周期的运行，必须再按一次操作按钮。

（3）单步运行方式的控制（方式选择开关拨在单步位）

单步方式时，SFT 的移位输入端是常开触点 00104 与 00000 的串联，所以按一次操作按钮发一个移位脉冲，机械手只完成一步的动作就停止。例如，当 20000 接通机械手下降到位时，00003 被接通，但此时若不再按一下操作按钮，则移位信号不能送到 SFT 的移位输入端，因此机械手只能在一步结束时停止运行。

方式选择开关拨在单步位，00104 接通，其常开触点闭合，使 21000 被置位。当机械手运行到一个循环的最后一步结束（即 20007 和 00006 为 ON）时，由于移位输入端的 20007 和 21000 接通，因此若再按一次操作按钮能使 20000 再置位，即进入下一个周期的第一步。

（4）自动方式下误操作的禁止

连续、单周期、单步都属于自动方式的运行。为了防止误操作，本例编写了相应的程序段，其原理是：在自动运行过程中，由于 01000～01007（除 01005）及 00007 中总有一个为 ON，使 21001 总为 ON。常开触点 00000 和常闭触点 21001 串联在移位寄存器的移位脉冲输入端，在自动方式第一次按启动按钮自动运行开始后，如果随后又误按了一下启动按钮 00000，程序不会响应。这是因为第一次按启动按钮后，01000 即为 ON，且使 21001 为 ON，其常闭触点 21001 即断开，此后再按启动按钮，移位脉冲也不会送达 SFT 的 CP 端。同理，其他各步也能保证 21001 为 ON，所以启动后误按操作按钮不会造成误动作。

在使用移位寄存器时，如果移位脉冲是通过操作按钮输入的，就要考虑误操作的问题。因为误按操作按钮是难免的，这个问题没处理好，容易发生失控现象。

（5）手动和自动方式转换时的复位问题

由于手动和自动的切换是由 JMP/JME 指令实现的，当 JMP 的执行条件由 ON 变为 OFF 时，JMP 与 JME 之间的各输出状态保持不变。所以在手动方式与自动方式切换时，一般要进行复位操作，以避免出现错误动作。

因为自动运行方式必须是机械手停在原位时才能启动，所以经过手动复位后，使 01000～01007（除 01005）都被复位。在自动运行过程中欲停机，应按一次停车按钮 00001 对 200 通道进行复位，也间接地对 010 通道复位。

在自动运行过程中，若未按停车按钮直接将方式开关（00103）拨到手动位时，200 通道中的状态将保持。当手动操作完毕再转到自动状态时，200 通道的原状态就会导致误动作。为了防止这种现象发生，在手动控制程序中采取了复位措施。由于 200 通道被复位，因此切换时不会出现误动作。

5.8 PLC 的典型控制程序

本节介绍一些典型控制环节程序的设计。熟悉这些典型控制程序，会使编程工作获得事半功倍的效果。限于篇幅，对各种典型控制程序仅举几例，读者可以举一反三。

5.8.1 启/保/停控制程序

图 5.32 所示为启/保/停控制程序。00000 和 00001 分别对应启动和停止按钮。图 5.32（a）用基本指令编写；图 5.32（b）用 KEEP 指令编写，当启动和停止按钮同时被按下时，停止优先；图 5.32（c）用 SET 和 RESET 指令编写，当启动和停止按钮同时被按下时，停止优先。

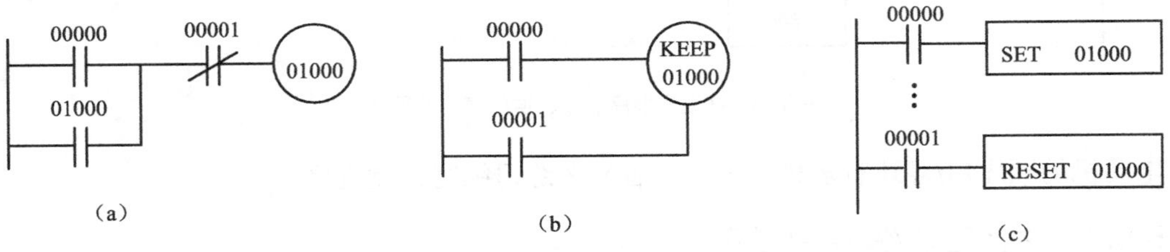

图 5.32　启/保/停控制程序

5.8.2 顺序启/停控制程序

图 5.33 所示为顺序启动、顺序停止程序。00000 和 00001 分别对应 01000 的启动和停止按钮，00002 和 00003 分别对应 01001 的启动和停止按钮。启动时，只有 01000 线圈先通电后，01001 线圈才能通电；停止时只有 01000 线圈先断电后，01001 线圈才能断电。

图 5.34 所示为顺序启动、逆序停止程序。00000、00001 分别是 01000 的启动和停止按钮，00002、00003 分别是 01001 的启动和停止按钮。启动时，只有在 01000 线圈先通电后，01001 线圈才能通电；停止时只有在 01001 线圈先断电后，01000 线圈才能断电。

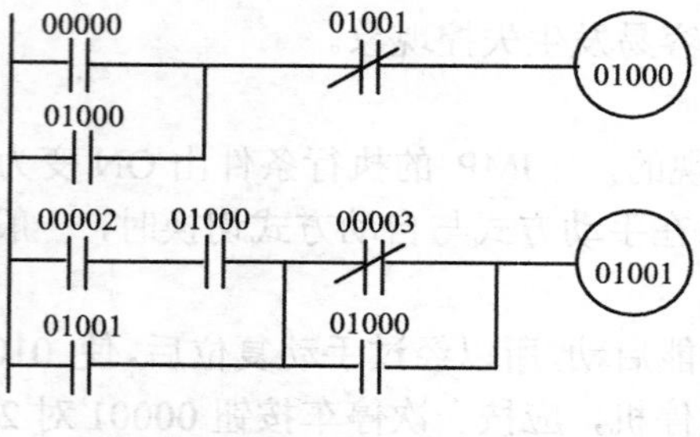

图 5.33　顺序启动、顺序停止程序

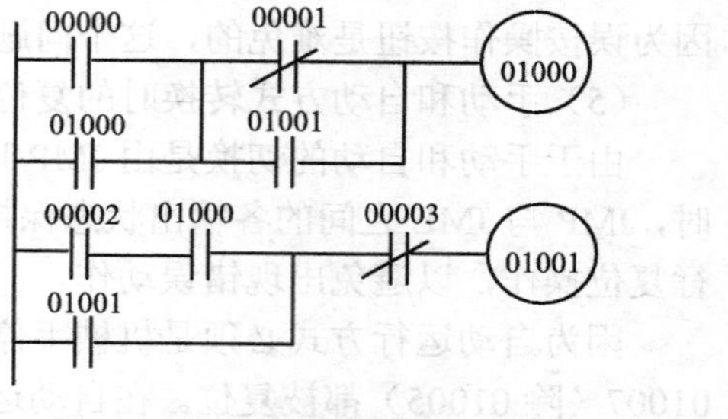

图 5.34　顺序启动、逆序停止程序

图 5.35 所示为按时间顺序启动、逆序停止的控制程序。M0、M1 和 M2 为 3 台电动机，01000、01001 和 01002 分别对应 3 台电动机的接触器线圈。启动顺序是：按下启动按钮（00000 为 ON），则 M0 马上启动，间隔 5s 后 M1 启动，再间隔 4s 后 M2 启动。停车顺序是：按下停止按钮（00001 为 ON），则 M2 马上停车，间隔 5s 后 M1 停车，再间隔 4s 后 M0 停车。

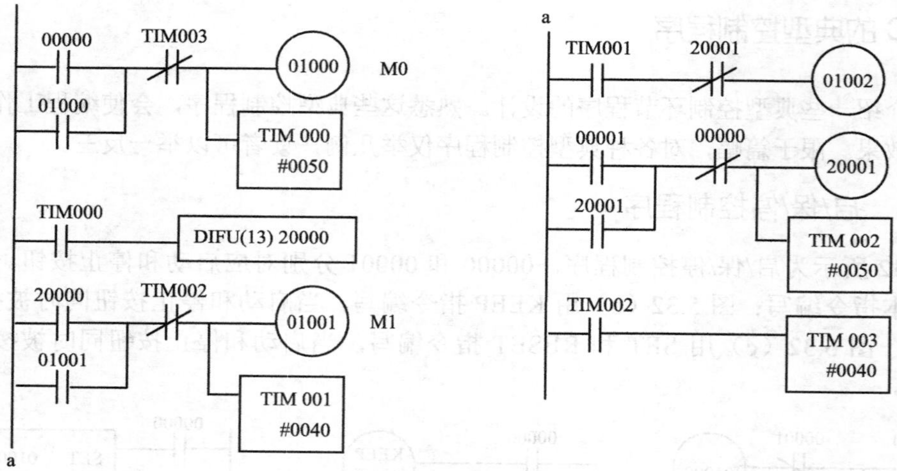

图 5.35　按时间顺序启动、逆序停止的程序

电动机的顺序启/停还有多种方式，读者应多练习编写控制程序。

5.8.3　单按钮启/停控制程序

用一个按钮进行启/停控制，可节省 PLC 的输入点。下面介绍几种编程方案，以供参考。

图 5.36 是用 KEEP 指令设计的单按钮启/停控制程序。输入点 00000 对应启动/停车按钮，01000 对应电动机的接触器线圈。启动时按一次按钮，常开触点 00000 和常开触点 20000 均 ON 一次，于是 01000 线圈 ON 而开机。停止时再按一次按钮，由于此时常开触点 01000 已经 ON，因此使 01000 线圈 OFF 而停机。

图 5.37 是用基本指令设计的单按钮启/停控制程序。输入点 00000 对应启动/停车按钮。启动时按一次按钮，00000 ON 一次，20000 线圈 ON 一次，使 01000 线圈 ON 而开机。停止时再按一次按钮，由于此时常开触点 20000 和 01000 均为 ON，使 20001 线圈 ON，于是 01000 线圈 OFF 而停机。

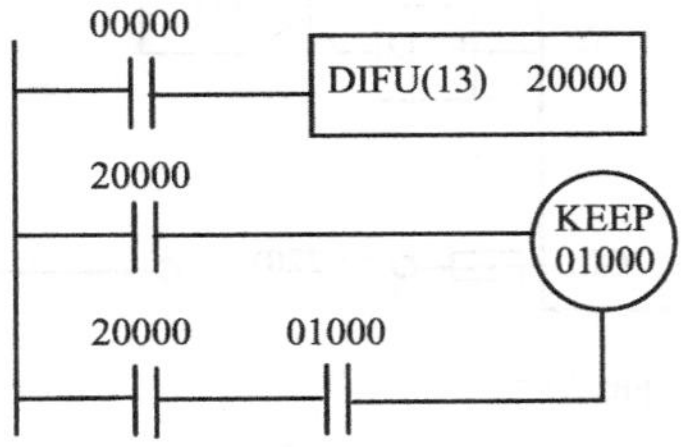

图 5.36 用 KEEP 指令设计单按钮启/停控制

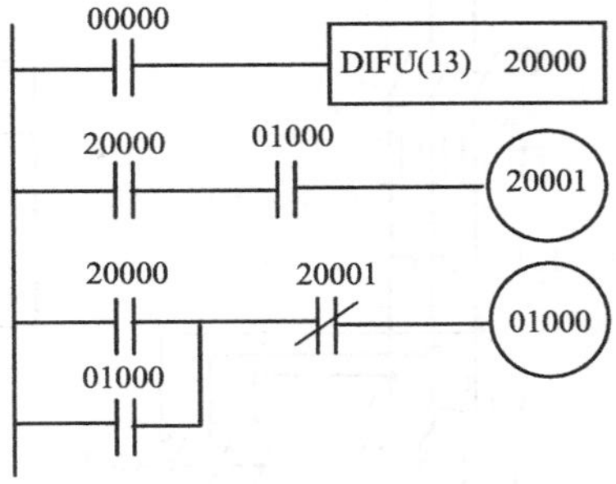

图 5.37 用基本指令设计单按钮启/停控制

图 5.38 是用计数器指令设计的单按钮启/停控制程序，输入点 00000 对应启动/停车按钮。PLC 上电后的第一个扫描周期计数器被复位（计数器当前值为 2）。启动时按一下按钮，执行指令 DIFU 后 20000 线圈 ON 一个扫描周期，故计数器计一个数，当前值减为 1；在第三梯级中，由于常开触点 20000 ON、CNT127 常闭触点 ON，故 01000 线圈 ON 并自保。停止时按一下按钮，执行指令 DIFU 后 20000 线圈 ON 一个扫描周期，故计数器再计一个数，其当前值减为 0，计数器 CNT127 线圈 ON，使 CNT127 常闭触点 OFF，故 01000 线圈 OFF。在下一个扫描周期，计数器 CNT127 复位，为下一次启动做好准备。

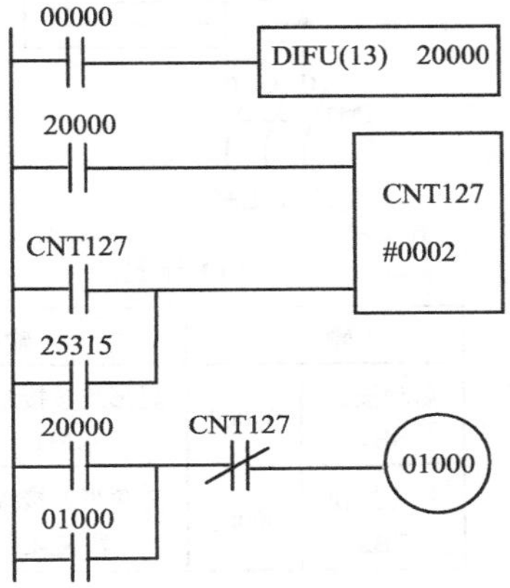

图 5.38 用计数器指令设计单按钮启/停控制

5.8.4 电动机 Y-△换接启动控制程序

用继电器控制电动机 Y-△换接启动时，有的线路用 3 个接触器，有的用 2 个接触器。下面说明用 2 个接触器时编写的 Y-△换接启动程序。

图 5.39 是用两个接触器实现电动机 Y-△换接启动的例子。其中，图 5.39（a）为电动机的主电路，图 5.39（b）为 PLC 的外部接线，图 5.39（c）为控制程序。

在主电路中串联了热继电器 KH 的发热元件，热继电器的常闭触点在 PLC 外部与接触器的线圈相串联。这样做是为了节省 PLC 的输入点。

在图 5.39 的程序中，定时器 TIM001 对电动机绕组星形连接启动的时间进行定时，定时器 TIM002（设定时间很短）是 Y-△换接期间的等待时间，使星形连接启动结束后过一点时间再实现绕组的三角形连接。其目的是使接触器 KM1 的电磁机构完全释放后，再让接触器 KM2 的线圈通电。这样，保证了两个接触器不会同时接通，以确保 Y-△换接启动安全、可靠。读者自行阅读程序。

图 5.40 是用两个接触器实现电动机 Y-△换接启动的另一种程序设计。本例的主电路、PLC 的外部接线、I/O 分配都与图 5.39 相同。

图 5.40 的程序比图 5.39 少用了一个定时器，Y-△换接时没有等待时间。注意，尽管程序中 01001 和 01002 有互锁，但是在 PLC 的外部接线中接触器 KM1 和接触器 KM2 的互锁仍是很必要的，否则在 Y-△换接时有可能出现两个接触器同时吸合而造成电源短路。实际上无论怎样编写程序，为了系统的安全可靠，PLC 外部总是使用接触器的常闭触点进行互锁。

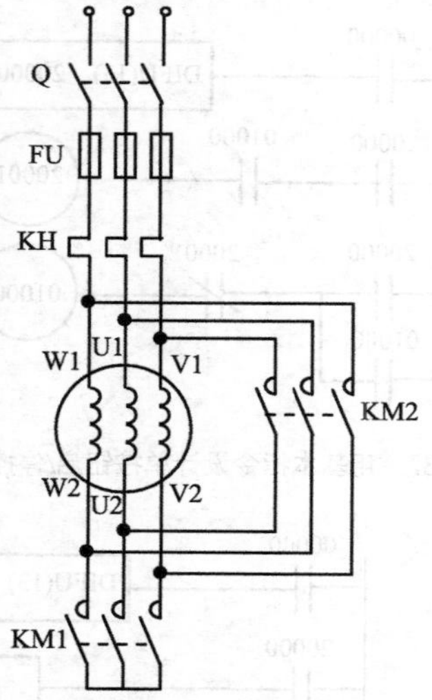

（a）主电路

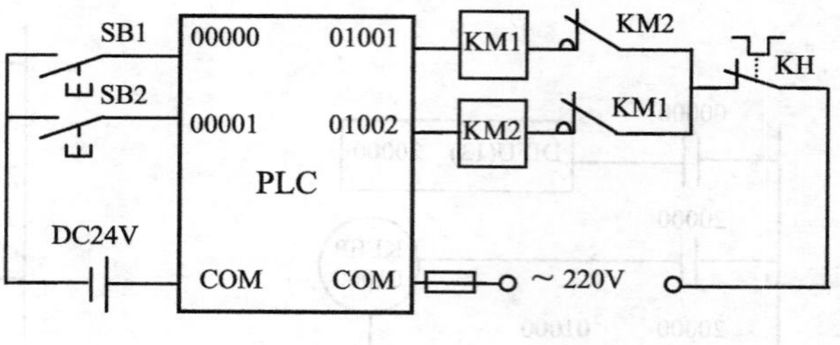

（b）PLC 的外部接线

I/O 分配

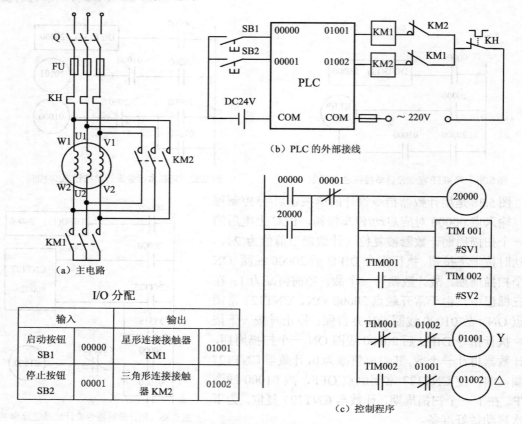

输入		输出	
启动按钮 SB1	00000	星形连接接触器 KM1	01001
停止按钮 SB2	00001	三角形连接接触器 KM2	01002

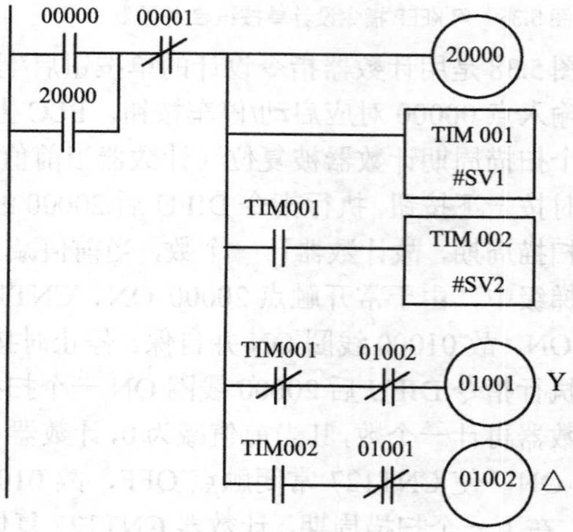

（c）控制程序

图 5.39　两个接触器的 Y-△换接启动

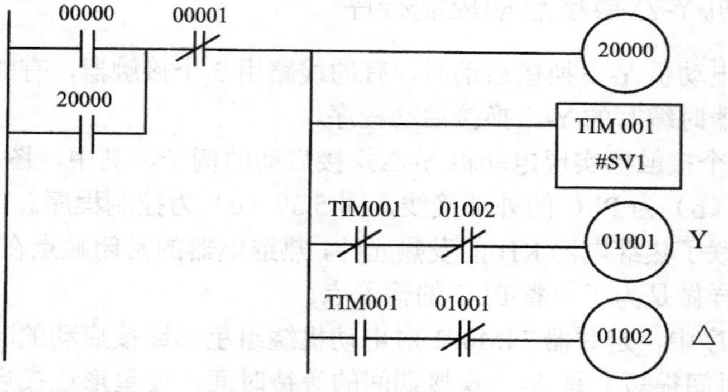

图 5.40　两个接触器的 Y-△换接启动另一种方案

5.8.5　点动/长动控制程序

图 5.41（a）、（b）都是用基本指令设计的点动/长动控制程序。触点 00000 对应点动按钮，触点 00001 对应长动按钮，触点 00002 对应停止按钮，01000 对应电动机的接触器线圈。

在图 5.41 中，需要点动时按下点动按钮不放，常开触点 00000 ON、常闭触点 00000 OFF，使 20000 线圈 OFF、01000 线圈 ON；释放点动按钮时，01000 线圈 OFF（无自保）。需要连续运行时按一下长动按钮，常开触点 00001 ON，使 20000 线圈 ON 并自保，01000 线圈 ON 并自保；需停止时按一下停止按钮，常闭触点 00002 OFF，使 20000 线圈 OFF、01000 线圈 OFF。

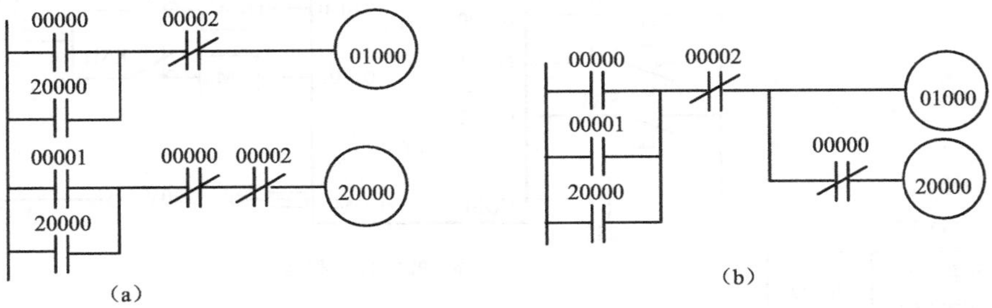

图 5.41 用基本指令实现点动/长动控制

图 5.42 是用 KEEP 指令设计的点动/长动程序。触点 00000 对应点动按钮，触点 00001 对应长动按钮，触点 00002 对应停止按钮。

在图 5.42 中，需点动时按住点动按钮不放，01000 线圈置为 ON；释放点动按钮时，01000 线圈置为 OFF。需连续运行时按一下长动按钮，使 01000 线圈置为 ON 并自保；需停止时按一下停止按钮，使 01000 线圈置为 OFF。

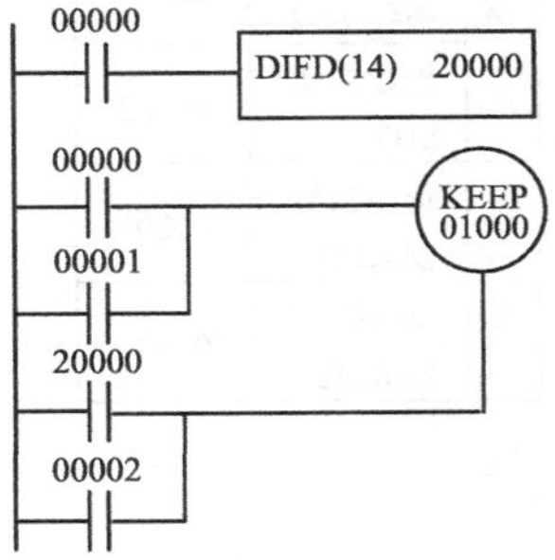

图 5.42 用 KEEP 指令实现点动/长动控制

5.8.6 异地控制程序

所谓异地控制，就是在两个或两个以上的地点都能控制同一台设备的运行。

图 5.43 是用 3 个按钮实现三地控制一盏灯亮/灭的程序。按常规继电器控制，三地控制一盏灯的亮/灭需要 6 个按钮。这里只用了 3 个按钮，显然节约了 PLC 的 3 个输入点。

在图 5.43 中，触点 00001、00002 和 00003 分别对应甲地、乙地、丙地的 3 个按钮。无论是在甲地、乙地还是在丙地，当设备正处于运行状态时，按下按钮设备即停；当设备处于停止状态时，按下按钮设备即开始运行。

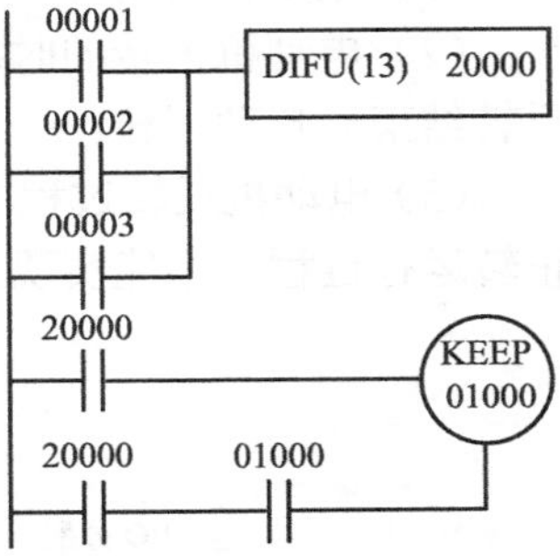

图 5.43 3 个按钮三地控制一盏灯

5.8.7 电动机正反转控制程序

经常需要对电动机进行正反转控制，下面举几个例子，以供参考。

图 5.44 为电动机最基本的正反转控制。热继电器的发热元件接在电动机的主电路中，其常闭触点 KH 在 PLC 外部与接触器线圈串联。在 PLC 外部设置接触器触点互锁。

图 5.44 的程序功能如下。

（1）电动机启动时，既可以先启动正转，也可以先启动反转。

（2）电动机正转过程中误按下反转启动按钮时不会反转，电动机反转过程中误按下正转启动按钮时不会正转。

（3）电动机正转或反转过程中欲改变运行方向，必须先按停车按钮，再按反方向的启动按钮方可改变运行方向。

I/O 分配

输入	正转启动按钮 SB1	00000
	反转启动按钮 SB2	00001
	停止按钮 SB3	00002
输出	正转接触器 KM1	01000
	反转接触器 KM2	01001

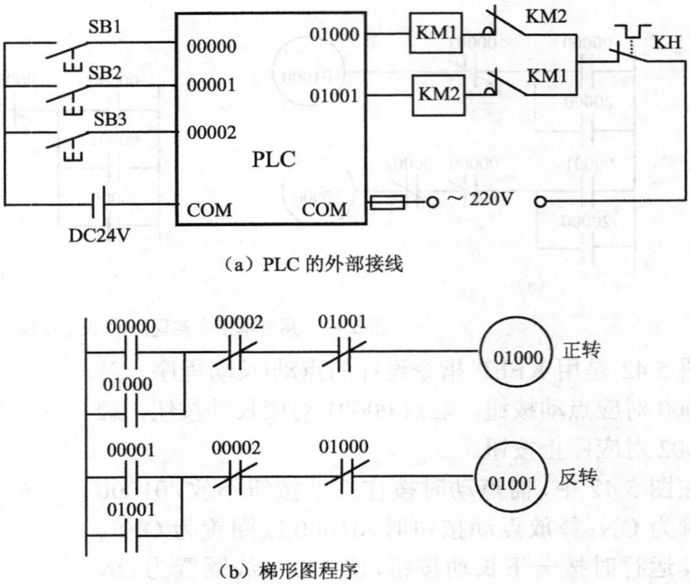

（a）PLC 的外部接线

（b）梯形图程序

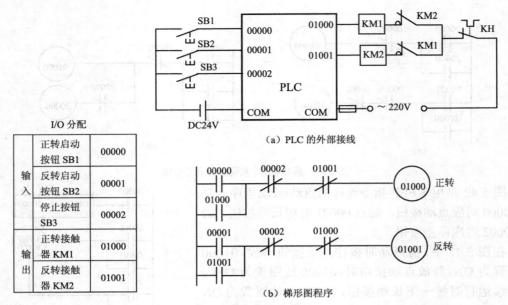

图 5.44　基本的电机正反转控制

图 5.45 是电动机按一定时间间隔自动正反转的控制程序。

图 5.45 的程序功能如下。

（1）电动机启动时，只能先启动正转，不能先启动反转。

（2）电动机正转的时间是 SV1×0.1 s，正转结束后自动反转；反转的时间是 SV2×0.1 s，反转结束后自动正转。

（3）电动机反转过程中欲正转运行时，必须先按停车按钮，再按启动按钮使之正转运行。正转运行过程中不能实现立即反转，必须按时间顺序自动进入反转。

I/O 分配

输入	启动按钮 SB1	00000
	停止按钮 SB2	00001
输出	正转接触器 KM1	01000
	反转接触器 KM2	01001

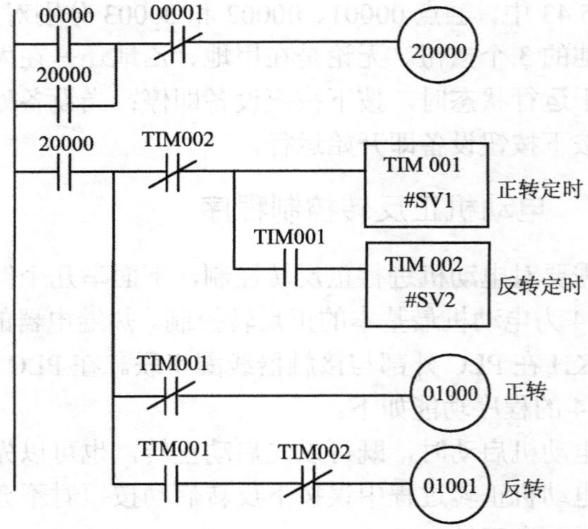

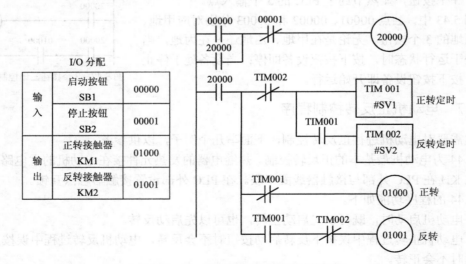

图 5.45　按一定时间间隔自动正反转的程序

图 5.46 是既可以手动控制又可以自动按一定时间间隔正反转的控制程序。

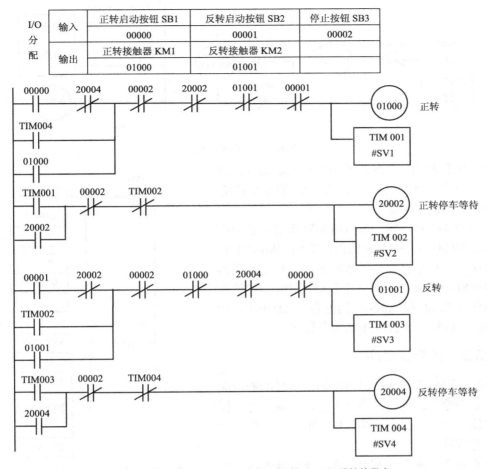

I/O分配	输入	正转启动按钮 SB1	反转启动按钮 SB2	停止按钮 SB3
		00000	00001	00002
	输出	正转接触器 KM1	反转接触器 KM2	
		01000	01001	

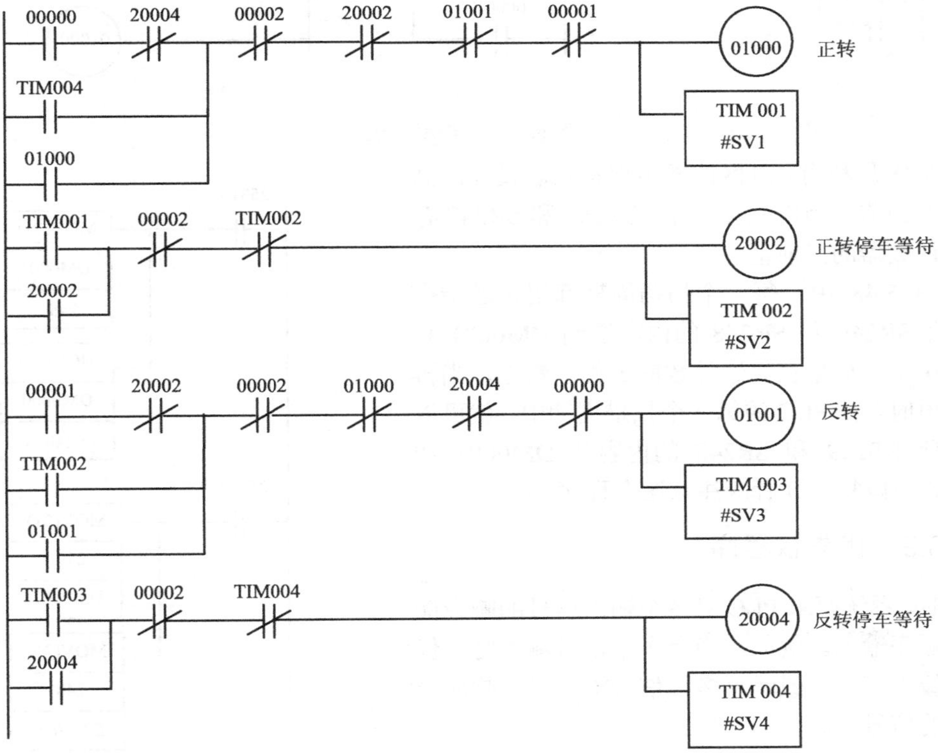

图 5.46　既可手动控制又可自动按一定时间间隔正反转的程序

图 5.46 的程序功能如下。

（1）电动机启动时，既可以先启动正转，也可以先启动反转。

（2）电动机正转的时间是 SV1×0.1s，正转结束后经过 SV2×0.1s 能自动反转。反转的时间是 SV3×0.1s，反转结束后经过 SV4×0.1s 能自动正转。电动机在一个方向运行时，断电后要间隔一小段时间（SV2 或 SV4）再启动另一个方向运行，目的在于使电动机转速下降到一定值后再换向。

（3）电动机运行过程中按下正转或反转按钮不起作用，欲改变运行方向，必须先按停车按钮，再按正转或反转启动按钮。

5.8.8　断电保持程序

控制系统运行过程中发生断电时，有些运行状态或参数需要保持，所以要编写具有断电保持功能的程序。

图 5.47 所示为几种断电保持程序。其中，图 5.47（c）用计数器实现断电保持功能。读者自行分析程序。

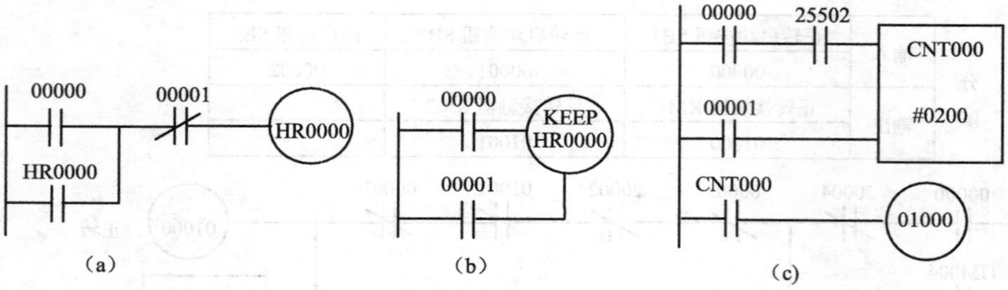

图 5.47　断电保持程序

图 5.48 是利用 DM 区的断电保持功能设计的高速计数器当前值断电保存程序。SR249 和 SR248 存放高速计数器的当前值。

在图 5.48 中，每一个扫描周期都用传送指令 MOV 将 SR249 和 SR248 的内容送到 DM0001 和 DM0000 中。如果在高速计数的过程中断电，当再恢复供电时，在 PLC 的第一个扫描周期中，就可以将断电前 RS249 和 SR248 的内容从 DM0001 和 DM0000 中恢复。读者应注意这个程序。

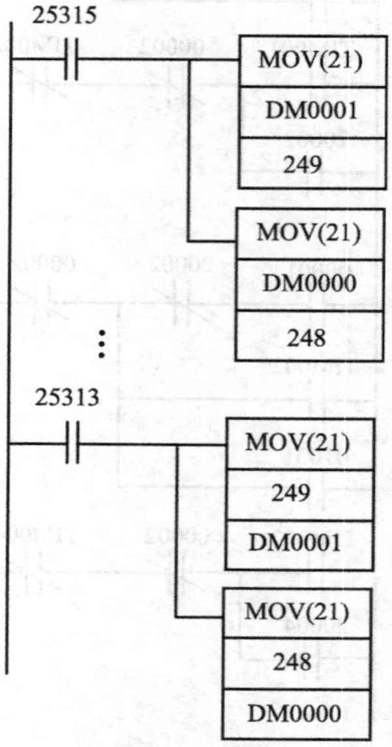

图 5.48　高速计数器的当前值断电保持程序

5.8.9　优先权程序

有时，系统要求 PLC 对多个输入信号的响应能按一定顺序输入。例如，当有多个信号输入时，优先响应级别高的；或者有多个信号输入时，响应最先输入的信号等。

图 5.49 是一种优先权程序的方案，使级别高的信号得到优先响应。设有 4 个输入信号 00000～00003，其优先级别从高到低的顺序为 00000、00001、00002、00003。

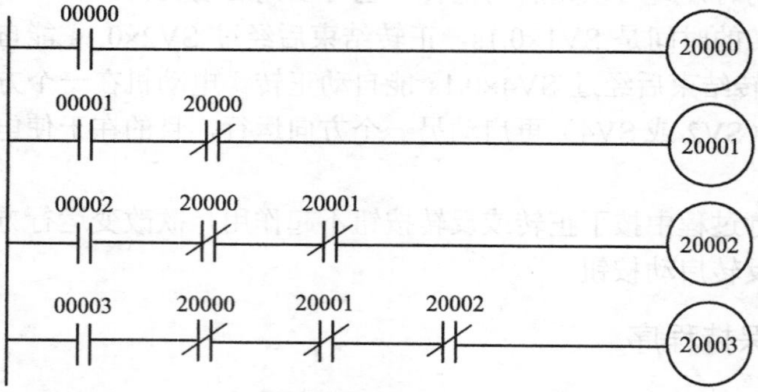

图 5.49　级别高的信号优先响应

图 5.49 的程序功能如下。

（1）设 4 个信号 00000～00003 同时输入，根据 PLC 的扫描工作原理，只有 20000 线圈为 ON，其余的线圈都不能 ON。实现级别高的输入信号优先响应。

（2）若某个级别低的信号先输入了，此后又有级别更高的信号输入，则级别更高的信号可以立即得到响应，同时封锁对级别低的信号的响应。

图 5.50 的程序可以使最先出现的事件得到优先响应。在 4 个输入信号 00000～00003 中，无论首先出现了哪个信号都将被响应，之后其余的信号即使出现了也得不到响应。读者自行分析程序的功能。

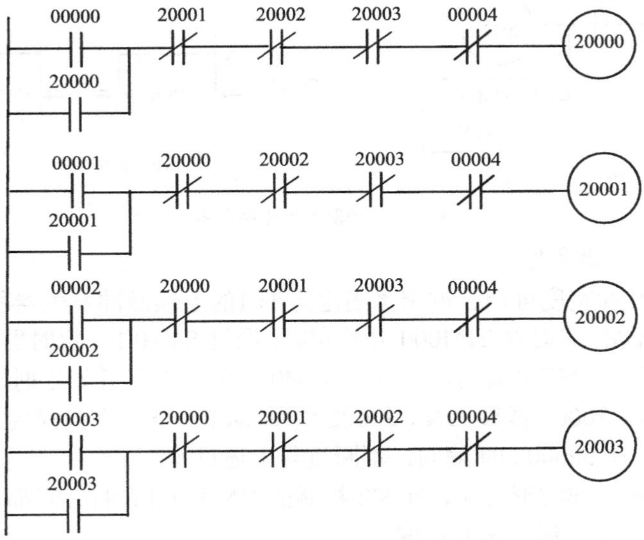

图 5.50　优先响应先输入的信号

5.8.10　分频器程序

图 5.51 是二分频器程序。当输入信号 00000 第一次由 OFF 变为 ON 时，20000 线圈 ON 一个扫描周期，20002 线圈 ON 并自保。当 00000 第二次由 OFF 变为 ON 时，20000 线圈 ON 一个扫描周期，20001 线圈 ON，20001 常闭触点 OFF，使 20002 线圈 OFF。上述过程循环进行。从图 5.51（b）可以看出，20002 的频率为 00000 频率的一半。

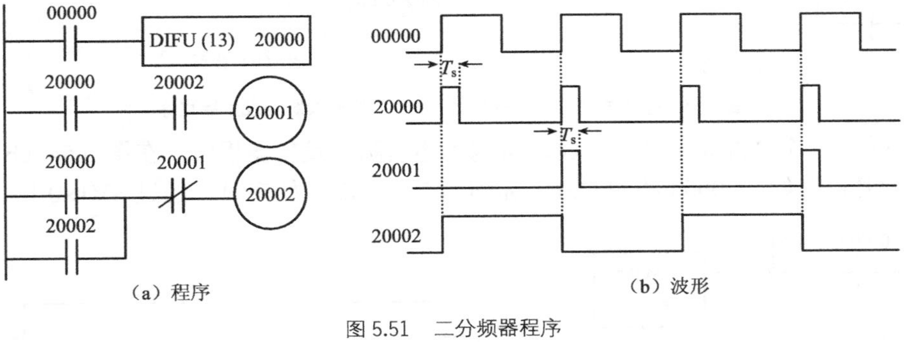

图 5.51　二分频器程序

在二分频器程序的基础上，很容易设计四分频器的程序。

5.8.11　脉冲发生器程序

（1）单脉冲发生器程序

图 5.52 是单脉冲发生器程序。在图 5.52 中，每当出现输入信号 00000 的上升沿时，20001 线圈 ON 并自保，定时器 TIM000 开始定时。经过 SV×0.1 s，定时器 TIM000 ON，TIM000

常闭触点 OFF，使 20001 线圈 OFF，定时器复位。可见不论触点 00000 ON 多长时间，由 20001 输出的单脉冲的宽度都是 SV×0.1 s。改变 SV 就可以调整脉冲宽度。

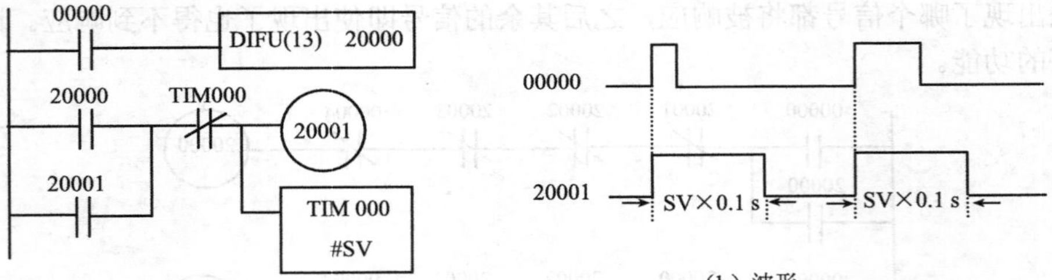

（a）程序　　（b）波形

图 5.52　单脉冲发生器程序

（2）连续脉冲发生器程序

图 5.53 是一个脉冲宽度可调、占空比固定为 1∶1的连续脉冲发生器程序。在图 5.53 中，从 00000 的上升沿开始，定时器 TIM000 开始定时，经过 SV×0.1s，定时器 TIM000 ON，20002 线圈 ON 并自保。下一个扫描周期，定时器 TIM000 复位并又开始定时。经过 SV×0.1s，定时器 TIM000 又 ON，20001 线圈 ON，20002 线圈 OFF。下一个扫描周期，定时器 TIM000 复位并又开始定时。在 00000 ON 期间，不断重复上述过程。

由图 5.53（b）的工作波形可见，20002 线圈的 ON 和 OFF 的时间都是 SV×0.1s，占空比固定为 1∶1，调整 SV 即可调整脉冲宽度。

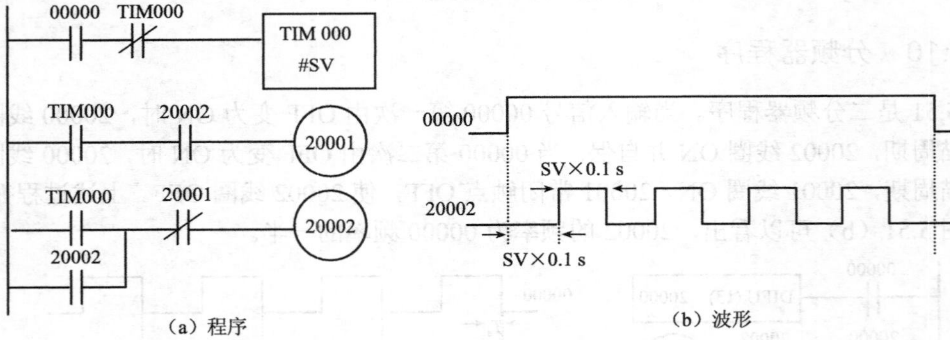

（a）程序　　（b）波形

图 5.53　脉冲宽度可调、占空比为 1∶1 的连续脉冲发生器程序

图 5.54 是一个脉冲宽度和占空比均可调的连续脉冲发生器程序。在图 5.54（b）中，从 00000 的上升沿开始，20000 线圈 OFF，定时器 TIM000 开始定时。经过 SV1×0.1 s，定时器

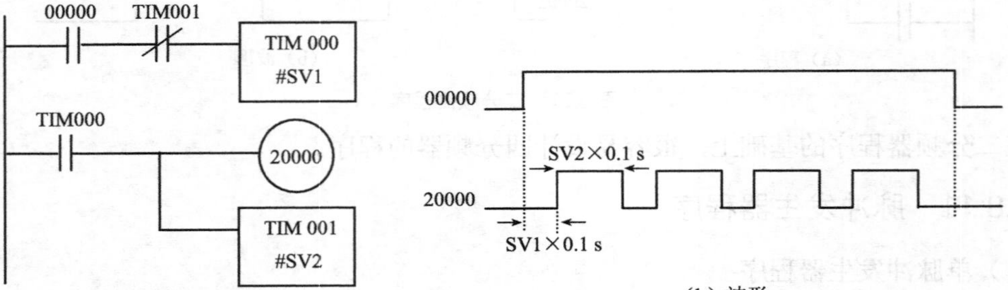

（a）程序　　（b）波形

图 5.54　脉冲宽度和占空比均可调的连续脉冲发生器程序

TIM000 ON，使 20000 线圈 ON，且定时器 TIM001 开始定时。经过 SV2×0.1 s，定时器 TIM001 ON，20000 线圈 OFF，定时器 TIM000 复位，定时器 TIM001 也复位，定时器 TIM000 又开始定时。此后在 00000 ON 期间不断重复上面的过程，由 20000 输出连续脉冲，调整两个定时器的设定值就可以改变脉冲信号的宽度和占空比。

5.8.12 长定时程序

PLC 单个定时器的定时时间是有限的。例如，普通定时器最大的定时时间仅为 999.9s，工程上常需要长时间的定时器，如几小时、几天、几个月甚至几年。实现长定时的程序有许多种，如将两个或两个以上的定时器或计数器级连起来或使用长定时指令等。其中，用计数器指令编写的程序可以实现具有断电保持的长定时功能。

图 5.55 是用两个定时器级连实现长定时的程序，总的定时时间是 SV1+SV2，最大为 1999.8s。根据实际需要，可以用更多的定时器级连以实现更长的定时。

图 5.56 是用两个计数器设计的具有断电保持功能的长定时器程序。第一个 CNT100 用来产生计数脉冲，25400 为分钟脉冲，由 CNT100 产生的计数脉冲周期为 SV1 min。第二个 CNT101 对 CNT100 产生的脉冲进行计数，计满 SV2 个数时，20000 线圈通电。总的定时时间为 SV1×SV2 min，最大值为 9999×9999=99980001min，即 69430 天或 190 年。只要 PLC 开机，程序运行，就开始累计时间。由于计数器具有断电保持功能，因此该程序可对 PLC 控制系统总的工作时间进行累计。

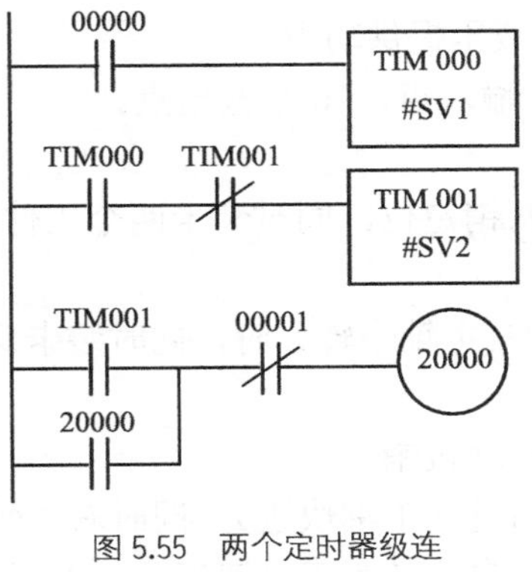

图 5.55 两个定时器级连

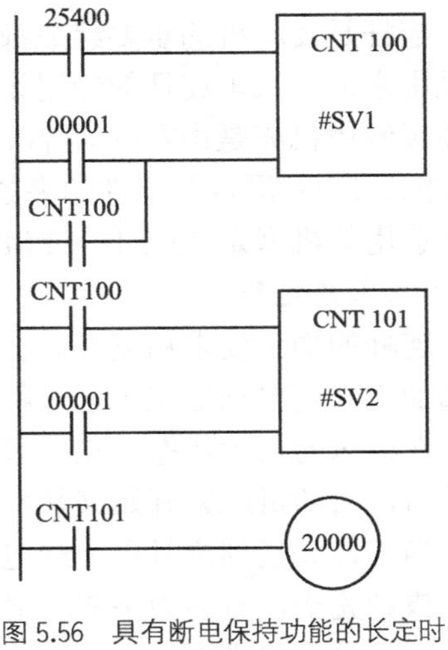

图 5.56 具有断电保持功能的长定时

有的 PLC 有长定时指令 TIML，如 OMRON CPM2A/CPM2C。其定时最大值 99990s，实际使用时由控制字 C（第二个操作数）确定其定时范围。当 C=000 时，定时范围是 0～9999s，定时单位是 1s；当 C=001 时，定时范围是 0～99990 s，定时单位是 10s。

图 5.57（a）为一个长定时器指令 TIML 编写的程序。当 C=001、SV=9000 时，定时时间是 90000s（25h）。

图 5.57（b）是用两个长定时器指令 TIML 级连设计的长定时程序，定时时间为 SV1+SV2，最长定时时间为 55.55h。

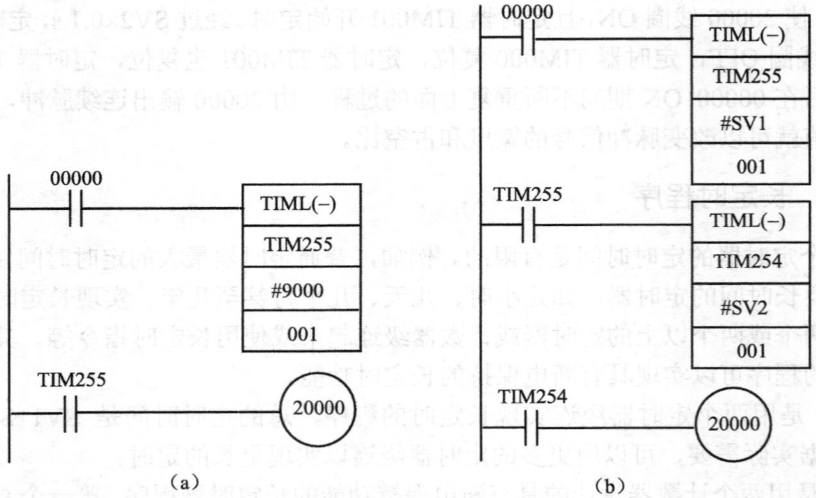

图 5.57 长定时器指令设计的长定时程序

5.9 PLC 应用程序举例

PLC 广泛地被应用于对各种机床的控制，下面介绍的半精镗专用机床就是使用 PLC 控制的实例。

汽车连杆是发动机的重要组成部件，直接影响到发动机及汽车的性能指标。半精镗专用机床就是用来加工汽车连杆的专用设备。

半精镗专用机床是由左/右滑台、左/右动力头、工件定位夹具、液压站、左/右主轴电动机等组成的。左/右滑台及工件的夹紧和放松动作都由液压提供动力。

本例选用的机型是 40 点的 CPM1A。该机有 24 个输入点，16 个输出点。

1. 加工工艺过程

汽车连杆的加工要求精度高。在加工时，要一面两销定位，同时装卡两个工件，使两个工件一起加工。其自动加工工艺过程如下。

（1）在机床的初始状态（左/右滑台停在原位、左/右主轴停转）时，同时装卡两个工件，人工认销后，启动机床并开始夹紧两工件。

（2）当工件夹紧到位且压力继电器动作时，开始自动拔销。

（3）拔销完毕，右动力头在右滑台的带动下快速前进（下称快进），同时右主轴启动。

（4）当右滑台快进到位时，压迫液压行程调速阀，自动转为工进速度，开始对工件右面的两个大孔和两个小孔进行加工。工进速度行进到终点，4 孔同时倒角。

（5）倒角延时完毕，右滑台快退回原位自停，同时右主轴停转。

（6）接着左动力头在左滑台的带动下快进，同时左主轴启动。

（7）当左滑台快进到位时，压迫液压行程调速阀，自动转为工进速度，开始对工件左面的两个大孔和两个小孔进行加工。工进速度行进到终点，4 孔同时倒角。

（8）撞死铁且保压达到压力后，左滑台快退回原位自停，同时左主轴停转。

（9）进行自动插销的操作，当插销到位时自动开始放松工件。

（10）工件放松到位时，人工取下工件，一次加工过程结束。此时，机床处于初始状态。

欲进行下一次加工，要重复上述过程。

自动加工工艺过程可用图 5.58 的流程图表示。

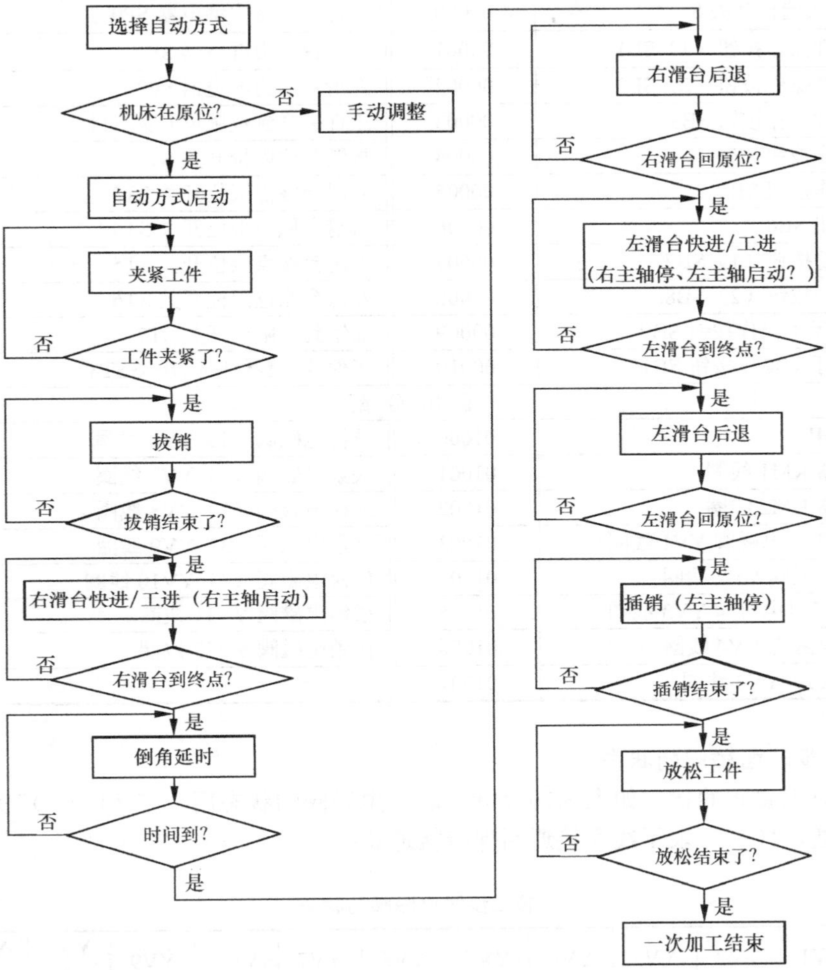

图 5.58　半精镗专用机床的自动控制流程图

2. 设备的控制要求

（1）该机床要求设有手动和自动两种控制方式。加工工件是在自动方式下进行的，两个动力头位置的调整、插销/拔销等操作有时需用手动方式。

（2）机床必须处于初始状态时，自动方式才可以启动。所以，应设置机床的初始状态显示，给操作人员以提示。

（3）为了有效地防止误操作，在启动自动运行方式时，必须同时按住两个按钮才能启动。在手动夹紧工件时，也需同时按住两个按钮才有效。

（4）在自动运行过程中，若误按其他按钮时不应影响程序的正常执行。

（5）启动自动运行时，处于插销状态下不能启动右滑台前进，必须在拔销后才能启动。

（6）当自动方式结束一个循环且对两件连杆加工完后，机床应处于初始状态。

3. PLC 的 I/O 分配

该设备占用 PLC 的 22 个输入点、15 个输出点，I/O 分配如表 5.9 所示。

表 5.9　　　　I/O 分配

输入分配			
自动/手动方式选择开关 S	00000	工件夹紧压力继电器 SP0	00101
手动夹紧工件操作按钮（1）SB1	00001	右滑台压力继电器 SP1	00102
手动夹紧工件操作按钮（2）SB2	00002	左滑台压力继电器 SP2	00103
手动放松工件操作按钮 SB3	00003	工件夹紧到位限位开关 ST1	00104
手动插销操作按钮 SB4	00004	拔销到位限位开关 ST2	00105
手动拔销操作按钮 SB5	00005	右滑台终点限位开关 ST3	00106
启动主轴按钮 SB6	00006	右滑台原位限位开关 ST4	00107
自动方式启动按钮（1）SB7	00007	左滑台终点限位开关 ST5	00108
自动方式启动按钮（2）SB8	00008	左滑台原位限位开关 ST6	00109
左/右滑台进手动操作按钮 SB9	00009	插销到位限位开关 ST7	00110
左/右滑台退手动操作按钮 SB10	00010	工件放松到位限位开关 ST8	00111
输出分配			
原位指示灯 HL	01000	放松电磁阀（1）YV6 线圈	01100
右主轴接触器 KM1 线圈	01001	夹紧电磁阀（2）YV7 线圈	01101
左主轴接触器 KM2 线圈	01002	放松电磁阀（2）YV8 线圈	01102
右滑台快进/工进电磁阀 YV1 线圈	01003	夹紧电磁阀（3）YV9 线圈	01103
右滑台快退电磁阀 YV2 线圈	01004	放松电磁阀（3）YV10 线圈	01104
左滑台快进/工进电磁阀 YV3 线圈	01005	拔销电磁阀 YV11 线圈	01105
左滑台快退电磁阀 YV4 线圈	01006	插销电磁阀 YV12 线圈	01106
夹紧电磁阀（1）YV5 线圈	01007		

4. 各工步时电磁阀的状态

各工步时电磁阀的状态如表 5.10 所示。表中电磁阀的状态用“+”和“(+)”来表示，“+”表示线圈接通，“(+)”表示线圈接通后保持接通状态。

表 5.10　　　　各工步时电磁阀的状态

	YV1	YV2	YV3	YV4	YV5	YV6	YV7	YV8	YV9	YV10	YV11	YV12
夹　紧					+		+		+			
拔　销					(+)		(+)		(+)		+	
右快进	+				(+)		(+)		(+)			
右工进	(+)				(+)		(+)		(+)			
右快退		+			(+)		(+)		(+)			
左快进			+		(+)		(+)		(+)			
左工进			(+)		(+)		(+)		(+)			
左快退				+	(+)		(+)		(+)			
插　销					(+)		(+)		(+)			+
松　开						+		+		+		

5. 各压力继电器的状态

SP0：工件夹紧到位开始的全部加工过程中一直保压，其触点动作。放松工件时触点复位。

SP1：右工进达到一定压力时其触点动作，右快退时触点复位。

SP2：左工进达到一定压力时其触点动作，左快退时触点复位。

6. 半精镗专用机床 PLC 控制程序

图 5.59 所示为半精镗专用机床的 PLC 控制梯形图。

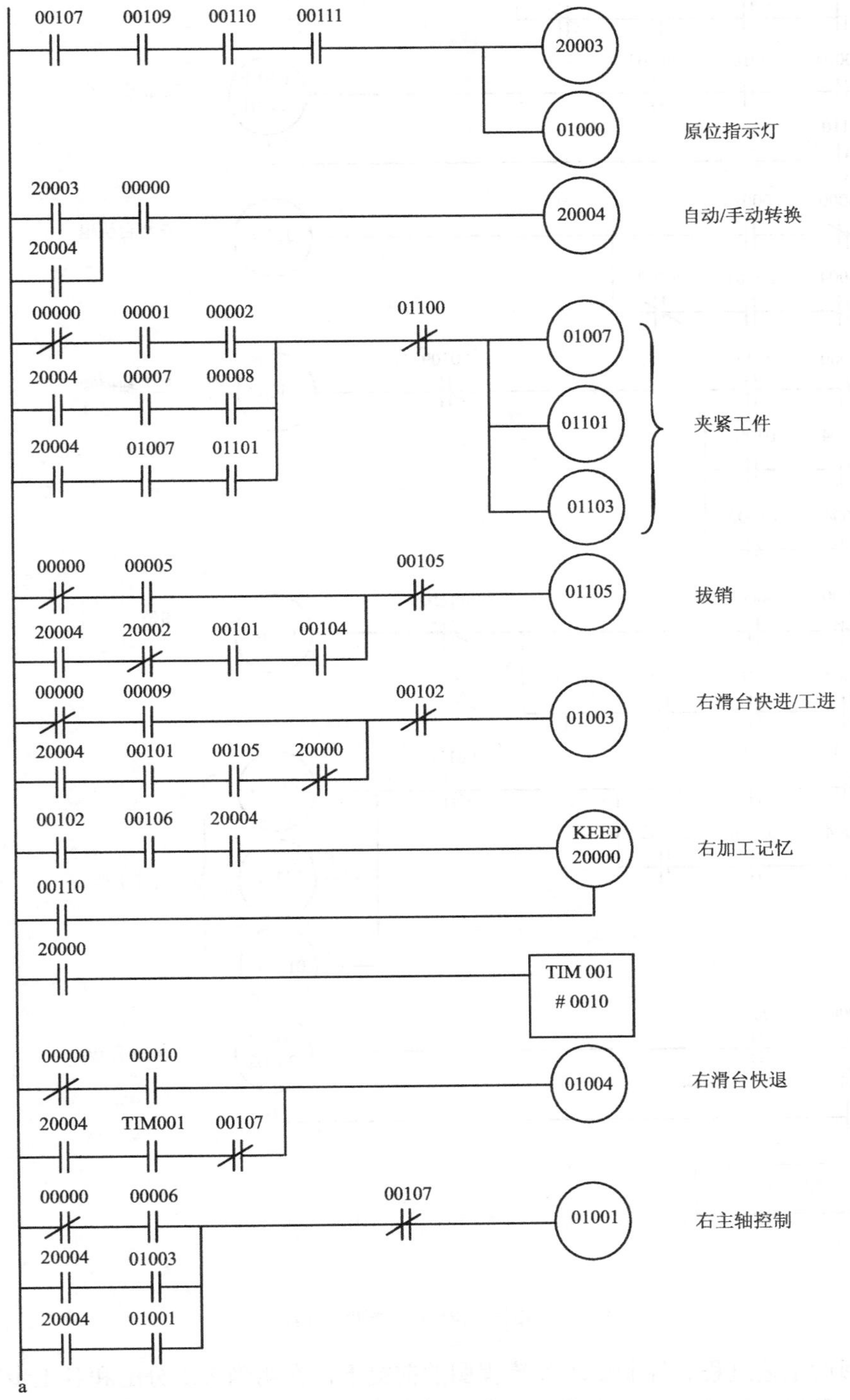

图 5.59 半精镗专用机床控制程序

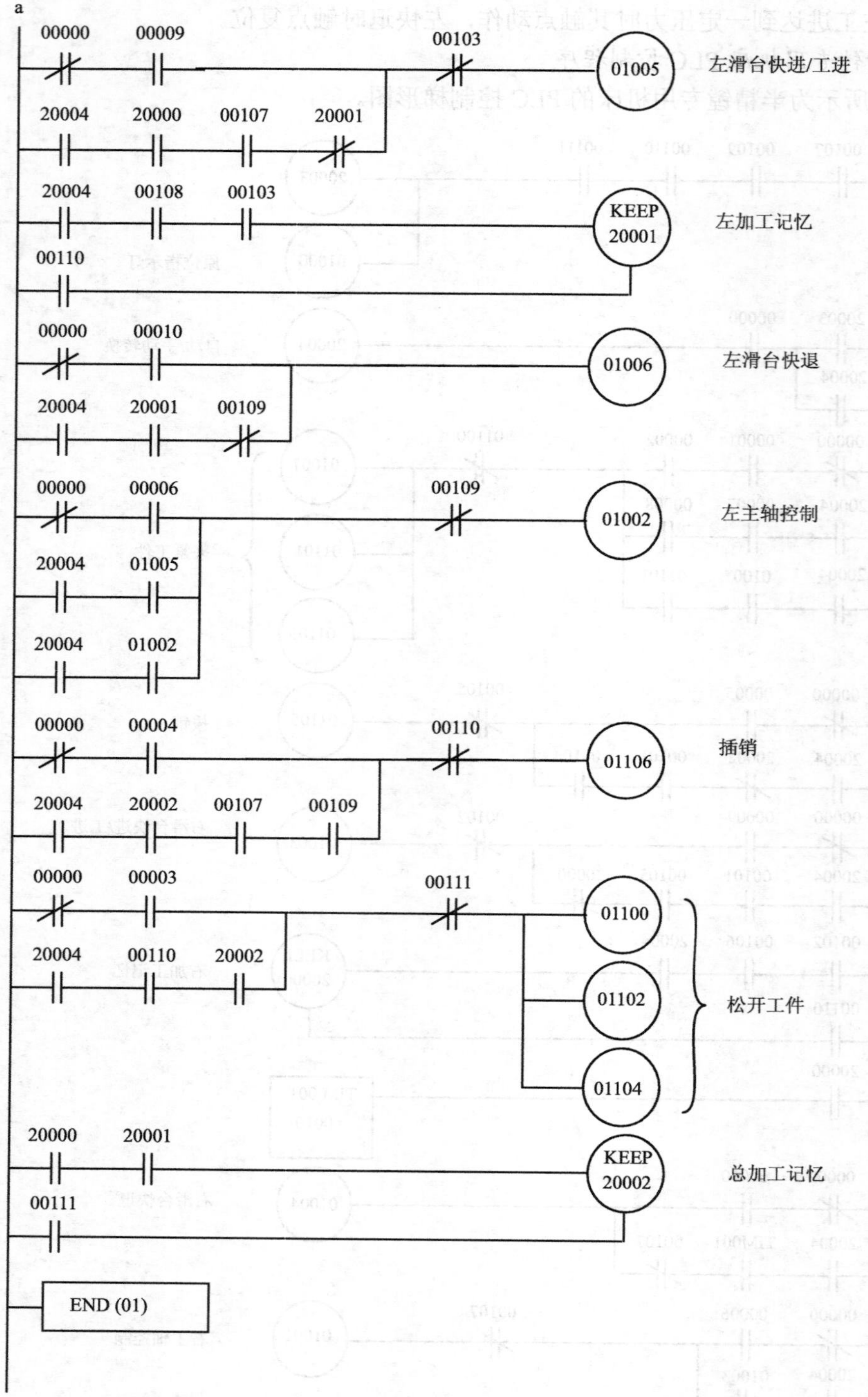

图 5.59　半精镗专用机床控制程序（续）

在仔细阅读工艺过程、控制要求和流程图的前提下，在明确 I/O 分配和各工步时电磁阀的状态后，参考以下阅读提纲，读者可以自行阅读图 5.59 的程序。

（1）机床的自动运行方式必须在初始状态下才能启动，程序怎样实现这个要求？

（2）工件夹紧动作是整个加工过程的第一步，程序怎样实现工件夹紧的自动和手动操作？

（3）夹紧之后要拔销才能进行加工，程序怎样实现工件的自动和手动拔销？

（4）拔销到位后，右滑台快进，右主轴启动，程序怎样实现这个动作的自动和手动操作？

（5）右加工完毕，右滑台应自动后退，程序怎样实现这个动作的自动和手动操作？

（6）右滑台退回原位时，左滑台快进，左主轴启动，程序怎样实现这个动作的自动和手动操作？

（7）左加工完毕，左滑台应自动后退，程序怎样实现这个动作的自动和手动操作？

（8）欲卸下工件，应先插销，后放松才能取下工件，程序怎样实现自动和手动插销？

（9）插销到位后应能自动放松夹具，程序怎样实现自动和手动放松夹具的操作？

（10）自动运行方式时，插销状态下不允许右滑台快进，程序是怎样实现这个控制的？

（11）自动运行方式时，程序是怎样避免左、右滑台不能同时快进的？

（12）在自动运行过程中，若误按其他按钮时不会影响程序的正常执行。程序是怎样实现这种控制要求的？

习 题

1．3 台电动机 M1、M2、M3 按下面的顺序启动和停车：启动时，M1、M2 同时启动，此后 10min M3 才能启动；停车时，M3 必须先停，M3 停后 5min M1、M2 同时停。

按上述要求，提出所需控制电器元件，选择 PLC 机型（CPM1A/CPM2A 系列），作 I/O 分配，画出 PLC 外部的接线图及电动机的主电路图，设计一个满足要求的梯形图程序。

2．4 台电动机的运行状态用 L1、L2、L3 共 3 个指示灯显示。要求：只有一台电动机运行时 L2 亮；两台电动机运行时 L1 亮；3 台以上电动机运行时 L3 亮；都不运行时 3 个灯都不亮。

按上述要求，提出所需控制电器元件，选择 PLC 机型（CPM1A/CPM2A 系列），作 I/O 分配，画出 PLC 外部的接线图及电动机的主电路图，用逻辑设计法设计一个满足要求的梯形图程序。

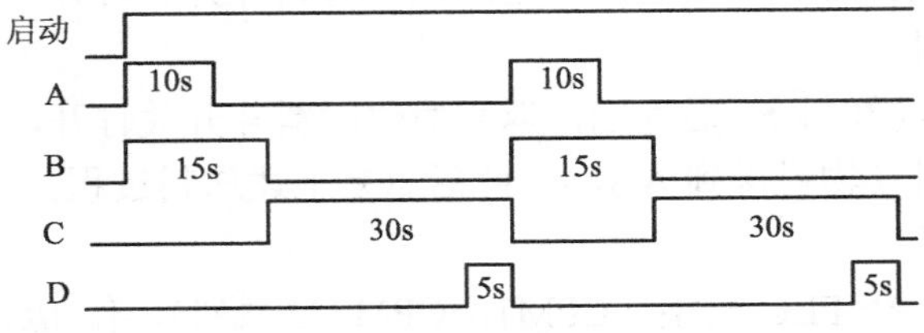

第 3 题的图

3．4 个电磁阀的线圈 A、B、C、D 按图示的时序循环通（高电平为通）断电。使用时序图和逻辑设计法各设计一个实现该控制的梯形图程序。

4．在本章的交通灯控制程序中，东西黄灯和南北黄灯的闪烁是通过什么方式控制的？东西绿灯亮时，怎样确保东西红灯不亮？南北绿灯亮时，怎样确保南北红灯不亮？

5．在本章的交通灯控制要求基础上，增加一个控制要求：若有紧急情况，能手动控制信号灯停止当前状态的显示，让急车通过。急车过后，信号灯能连续停止前的状态继续指挥交通。作出 PLC 的 I/O 分配，编写一个梯形图程序。

6．当光电开关检测到空包装箱放在指定位置时，按一下启动按钮，包装机按下面的动作顺序开始运行：

（1）料斗开关打开，物料落进包装箱。当箱中物料达到规定重量时，重量检测开关动作使料斗开关关闭，并启动封箱机对包装箱进行 5s 的封箱处理。封箱机用单线圈的电磁阀控制。

（2）当搬走处理好的包装箱再搬上一个空箱时（均为人工搬），又重复上述过程。

（3）当成品包装箱满50个时，包装机自动停止运行。

按上述要求，提出所需控制电器元件，选择PLC机型（CPM1A/CPM2A系列），作I/O分配，画出PLC外部的接线图和控制电路的主电路图，设计一个满足要求的梯形图程序。

7. 根据图示的顺序功能图，画出PLC的梯形图程序。

8. 皮带传输机用了M1、M2、M3、M4共4台电动机，4号为编号最大。控制要求如下：

（1）启动顺序：编号最大的先启动，号大的启动5s后，相邻低位号的才能启动；

（2）停车顺序：编号最小的先停止，号小的停5s后，相邻高位号的才能停。

按上述要求，提出所需控制电器元件，选择PLC机型（CPM1A/CPM2A系列），作I/O分配，画出PLC的外部接线图及电动机的主电路图，利用顺序功能图设计一个满足要求的梯形图程序。

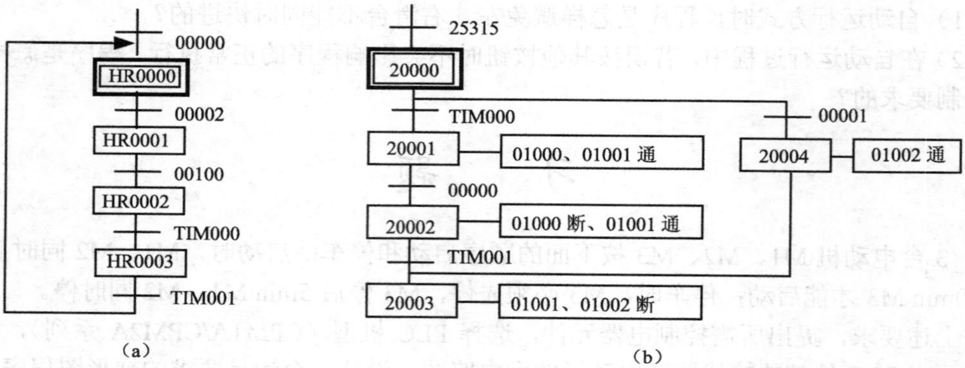

第7题的图

9. 电动机拖动的运输小车可以向A、B、C这3个工作位运送物料，其动作过程如下。

（1）第一次，小车把物料送到A处并自动卸料5s后返回，返回原位时料斗开关打开，装料10s后，料斗开关关闭并启动第二次送料。

（2）第二次，小车把物料送到B处并自动卸料5s后返回，返回原位时料斗开关打开，装料10s后，料斗开关关闭并启动第三次送料。

（3）第三次，小车把物料送到C处并自动卸料5s后返回，返回原位时料斗开关打开，装料10s后，料斗开关关闭并启动第四次送料（物料送到A处），此后重复上述送料过程。

要求有手动、单周期、连续3种工作方式。

按上述要求，提出所需控制电器元件，选择PLC机型（CPM1A/CPM2A系列），作I/O分配，画出PLC外部的接线图和操作盘的面板布置图，画出小车电动机的主电路图，设计一个满足要求的梯形图程序。

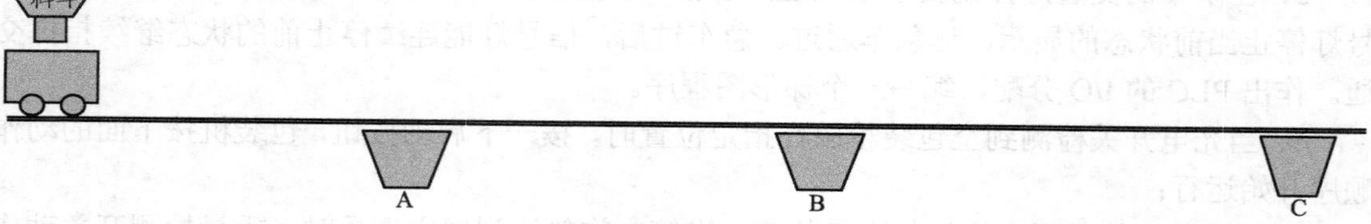

第9题的图

10. 物品分选系统的布置如图所示，传送带由电动机拖动。电动机每转过一定角度时 PH1 就发出一个脉冲（下称步脉冲），对应物品在传送带上移动一定的距离。

系统的控制要求如下。

（1）传送带上的物品经过 A 处时，检测头 PH2 对物品进行检验。若属于次品，在物品到达 B 处（B 与 A 处相距 4 个步脉冲）时，电磁铁线圈接通并动作，将次品推入次品箱。次品经过光电开关 PH3 使之发出信号，记录次品个数，并使电磁铁线圈断电。若一小时之内次品超出 5 个时，应发出不停机的故障报警。

（2）若物品属于正品，则继续前行到 C 处并落入正品箱。正品经过光电开关 PH4 时使之发出信号，以记录正品的数量。

（3）正品箱中满 100 个物品时传送带自停，并启动封箱机（液压电磁阀控制）封箱。人工搬走成品箱并更换空箱，两操作限时 15s。之后传送带又自行启动，并循环上述过程。

按上述要求，提出所需控制电器元件，选择 PLC 机型（CPM1A/CPM2A 系列），作 I/O 分配，画出 PLC 的外部接线图及电动机的主电路图，设计一个满足要求的梯形图程序。

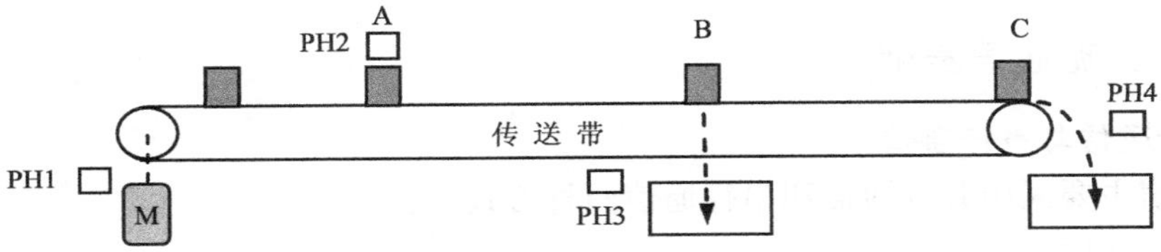

第 10 题的图

第 6 章 PLC 的通信与网络

6.1 通信的基础知识

6.1.1 数据通信基础

1. 并行通信与串行通信

数据通信主要采用并行通信和串行通信两种方式。

（1）并行通信

并行通信时数据的各个位同时传送，可以字或字节为单位并行进行。并行通信速度快，但用的通信线多、成本高，故不宜进行远距离通信。计算机或 PLC 各种内部总线就是以并行方式传送数据的。另外，在 PLC 底板上，各种模块之间通过底板总线交换数据也以并行方式进行。

（2）串行通信

串行通信时数据是逐位顺序传送的，只用很少几根通信线。串行传送的速度低，但传送的距离可以很长，因此串行通信适用于长距离而速度要求不高的场合。在 PLC 网络中传送数据绝大多数采用串行方式。

从通信双方信息的交互方式看，串行通信方式可以有以下 3 种。

① 单工通信。只有一个方向的信息传送而没有反方向的交互。

② 半双工通信。通信双方都可以发送（接收）信息，但不能同时双向发送。半双工通信线路简单，有两条通信线就行了，这种方式得到广泛应用。

③ 全双工通信。通信双方可以同时发送和接收信息，双方的发送与接收装置同时工作。全双工通信的效率最高，但控制相对复杂一些，系统造价也较高。通信线至少 3 条（其中一条为信号地线）或 4 条（无信号地线）。

单工通信不能实现双方交流信息，故在 PLC 网络中极少使用。而半双工及全双工通信可实现双方数据传送，故在 PLC 网络中应用很多。

串行通信中，传输速率用每秒中传送的位数（比特/秒）来表示，称之为比特率（bit/s）。常用的标准传输速率有 300 bit/s、600 bit/s、1 200 bit/s、2 400 bit/s、4 800 bit/s、9 600 bit/s 和 19 200 bit/s 等。

2. 基带传输与频带传输

通信网络中的数据传输形式基本上可分为两种：基带传输和频带传输。

（1）基带传输

基带传输是按照数字信号原有的波形（以脉冲形式）在信道上直接传输，要求信道具有较宽的通频带。基带传输不需要调制、解调，设备花费少，适用于较小范围的数据传输。

基带传输时，通常对数字信号进行一定的编码，数据编码常用 3 种方法：非归零码 NRZ、曼彻斯特编码和差动曼彻斯特编码。后两种编码不含直流分量，包含时钟脉冲，便于双方自同步，因此，得到了广泛的应用。

（2）频带传输

频带传输是一种采用调制、解调技术的传输形式。在发送端，采用调制手段，对数字信号进行某种变换，将代表数据的二进制“1”和“0”变换成具有一定频带范围的模拟信号，以适应在模拟信道上传输；在接收端，通过解调手段进行相反变换，把模拟的调制信号复原为“1”或“0”。常用的调制方法有频率调制、振幅调制和相位调制。

具有调制、解调功能的装置称为调制解调器，即 Modem。

频带传输较复杂，传送距离较远，若通过市话系统配备 Modem，则传送距离可不受限制。PLC 网一般范围有限，故 PLC 网多采用基带传输。

3. 异步传输与同步传输

（1）异步传输

异步传输时，把被传送的数据编码成一串脉冲。传送一个 ASCII 字符（每个字符有 7 位）的格式如图 6.1 所示，首先发送起始位，接着是数据位、奇或偶校验位，最后为停止位。其中，第 1 位为起始位（低电平“0”），第 2～8 位为 7 位数据（字符），第 9 位为数据位的奇或偶校验位，第 10～11 位为停止位（高电平“1”）。停止位可以用 1 位、1.5 位或 2 位脉宽来表示。因此，一帧信息由 10 位、10.5 位或 11 位构成。

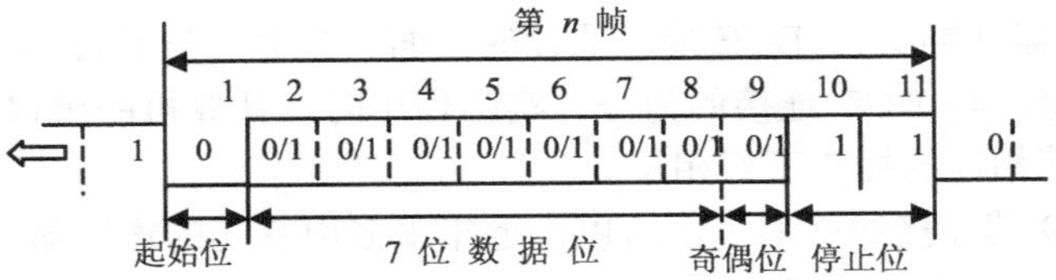

图 6.1 异步传输的数据格式

异步传输就是按照上述约定好的固定格式，一帧一帧地传送。由于每个字符都要用起始位和停止位作为字符开始和结束的标志，因而传送效率低，主要用于中、低速通信的场合。

（2）同步传输

同步传输时，用 1 个或 2 个同步字符表示传送过程的开始，接着是 n 个字符的数据块，字符之间不允许有空隙。发送端发送时，首先对欲发送的原始数据进行编码，如采用曼彻斯特编码或差动曼彻斯特编码，形成编码数据后再向外发送。由于发送端发出的编码自带时钟，实现了收、发双方的自同步功能。接收端经过解码，便可以得到原始数据。

在同步传输的一帧信息中，多个要传送的字符放在同步字符后面。这样，每个字符的起始、停止位就不需要了，额外开销大大减少，故数据传输效率高于异步传输，常用于高速通信的场合，但同步传输的硬件比异步传输复杂。

4. 奇偶校验与循环冗余校验

为了确保传送的数据准确无误，常在传送过程中进行相应的检测，避免不正确数据被误用。

（1）奇偶校验（Parity Check）

奇偶校验可以检验单个字符的错。发送端在每个字符的最高位之后附加一个奇偶校验位。这个校验位可为“1”或“0”，以便保证整个字符为“1”的位数是奇数（称奇校验）或偶数

（称偶校验）。发送端按照奇或偶校验的原则编码后，以字符为单位发送，接收端按照相同的原则检查收到的每个字符中“1”的位数，如果为奇校验，发送端发出的每个字符中“1”的位数为奇数，若接收端收到的字符中“1”的位数也为奇数，则传输正确，否则传输错误。偶校验方法类似，不再赘述。

（2）循环冗余校验（Cyclic Redundancy Check，CRC）

CRC 校验以二进制信息的多项式表示为基础。基本思想是，在发送端给信息报文加上 CRC 校验位，构成一个特定的待传报文，使其所对应的多项式能被一个事先指定的多项式除尽。这个指定的多项式称为生成多项式 $G(x)$。$G(x)$ 由发送方和接收方共同约定。接收方收到报文后，用 $G(x)$ 来检查收到的报文。如果用 $G(x)$ 去除收到的报文多项式，可以除尽就表示传输无误，否则说明收到的报文不正确。

CRC 校验具有很强的检错能力，并可以用集成芯片电路实现，是目前计算机通信中使用最普遍的校验码之一。PLC 网络中广泛使用 CRC 校验码。

5. RS232C、RS422/RS485 串行通信接口

（1）RS232C 串行通信接口

RS232C 是 1969 年由美国电子工业协会（EIA）公布的串行通信接口。RS 是英文“推荐标准”一词的缩写，232 是标识号，C 表示修改的次数。RS232C 规定了终端设备（DTE）和通信设备（DCE）之间的信息交换的方式和功能，当今几乎每台计算机和终端设备都配备了 RS232C 接口。

每个 RS232C 接口有两个物理连接器（插头）。DTE 端（插针的一面）为公，与 DTE 连接的为母；DCE 端（针孔的一面）为母，与 DCE 连接的为公。实际使用时，计算机的串口都是公插头，而 PLC 端为母插头，与其相连的插头正好相反。

连接器规定为 25 芯，实际使用时 9 芯连接线就够了，所以，近年来多用 9 芯的连接器。一般微机多配有两个 RS232C 串口，25 芯或 9 芯。

PLC 上的 RS232C 口有以下 3 种形式。

① PLC 的 CPU 单元内置 RS232C 口，通信由 CPU 管理。

② PLC 的 CPU 外部设备口经通信适配器转换而形成 RS232C 口。

③ PLC 的通信板或通信单元上，设置 RS232C 口。例如，OMRON 的 HOST Link 单元中有的就设置 RS232C 口。

表 6.1～表 6.3 为 IBM-PC 和 OMRON PLC 机的 9 芯 RS232C 口引脚功能分配表。

表 6.1　IBM 9 芯 RS232C 口

脚　号	信　号
1	DCD
2	RXD
3	TXD
4	DTR
5	GND
6	DSR
7	RTS
8	CTS
9	CI

表 6.2　PLC 9 芯 RS232C 口

脚　号	信　号
1	FG
2	SD
3	RD
4	RS
5	CS
6	5V
7	DR
8	ER
9	SG

表 6.3 引脚信号对应关系及定义

信　号	说　明	信　号	说　明
DCD(CD)	载波检测	DSR(DR)	数据设备就绪
RXD(RD)	接收数据	RTS(RS)	请求发送
TXD(SD)	发送数据	CTS(CS)	清除发送
DTR(ER)	数据终端就绪	FG	保护接地
GND(SG)	信号地	CI(RI)	振铃指示

有了 RS232C 口，PLC 与计算机、PLC 与 PLC 可以通信联网。图 6.2（a）所示为 IBM-PC 与 PLC RS232C 口的一种常用的连接方法，图 6.2（b）所示为 PLC 与 PLC RS232C 口的一种常用的连接方法。

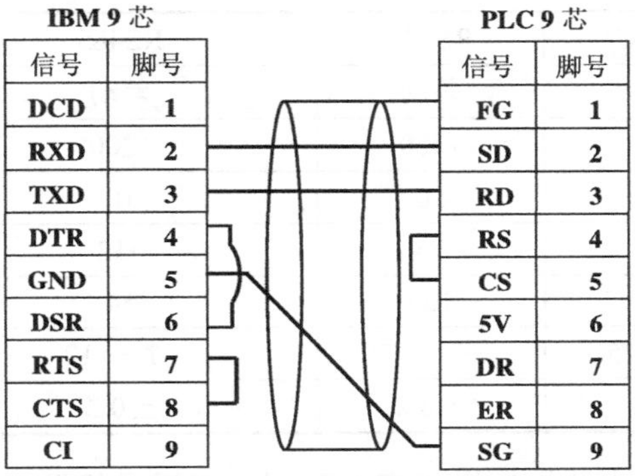

（a）IBM -PC 与 PLC RS232C 口的连接

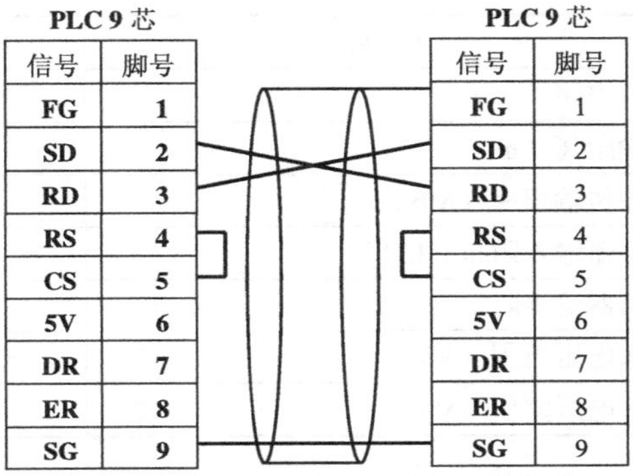

（b）PLC 与 PLC RS232C 口的连接

图 6.2 RS232C 口的连接方法

RS232C 的电气接口是单端、双极性电源供电电路。RS232C 有许多不足之处，如下所述。

① 数据传输速率低，最高为 20kbit/s。

② 传输距离短，最远为 15m。

③ 两个传输方向共用一根信号地线，接口使用不平衡收/发器，可能在各种信号成分间产生干扰。

为了解决这些问题，EIA 推出 RS449 标准，对上述问题加以改进。目前工业环境中广泛应用的 RS422/RS485 就是在此标准下派生出来的。

（2）RS422/RS485 串行通信接口

RS422 和 RS485 电气接口电路采用的是平衡驱动差分接收电路，其收、发不共地，可以大大减少共地所带来的共模干扰。RS422 和 RS485 的区别是前者为全双工型（即收、发可同时进行），后者为半双工型（即收、发分时进行）。

图 6.3 所示为各种接口的电原理图。由图 6.3 可见，由于 RS232C 采用单端驱动非差分接收电路，在收、发两端必须有公共地线，这样当地线上有干扰信号时，则会当作有用信号接收进来，故不适于在长距离、强干扰的条件下使用。RS422/RS485 则采用图 6.3（c）所示的接收电路，其驱动电路相当于两个单端驱动器，当输入同一信号时其输出是反相的，故有共模信号干扰时，接收器只接收差分输入电压，从而大大提高抗共模干扰能力，可以进行长距离传输。

表 6.4 所示为 RS232C、RS422、RS485 性能参数对照表。

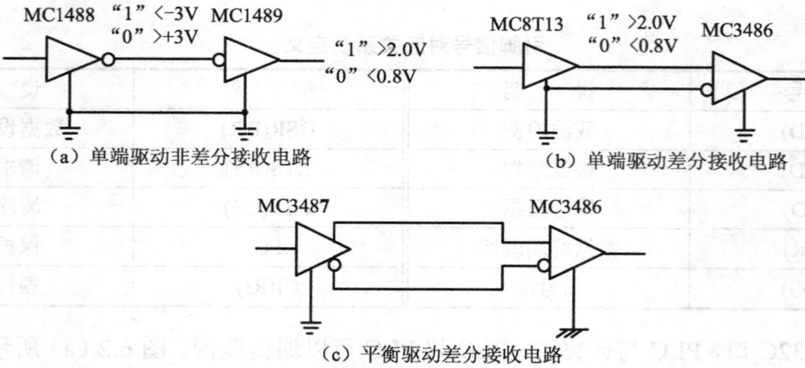

图 6.3　串行通信的 3 种电气接口电路

表 6.4　　　RS232C、RS422、RS485 性能参数对照表

项　目	RS232C	RS422	RS485
接口电路	单端	差动	差动
传输距离（m）	15	1200	1200
最高传输速率（Mbit/s）	0.02	10	10
接收器输入阻抗（kΩ）	3～7	≥4	>12
驱动器输出阻抗（Ω）	300	100	54
输入电压范围（V）	−25～+25	−7～+7	−7～+12
输入电压阈值（V）	±3	±0.2	±0.2

普通微机一般不配备 RS422、RS485 口，但工业控制微机多有配置。普通微机欲配备上述两个通信端口，可通过插入通信板予以扩展。在实际使用中，有时为了把距离较远的两个或多个带 RS232C 接口的计算机系统连接起来进行通信或组成分散型系统，通常用 RS232C/RS422 转换器把 RS232C 转换成 RS422 再进行连接，图 6.4 所示为 RS232C/RS422 转换的电原理图。

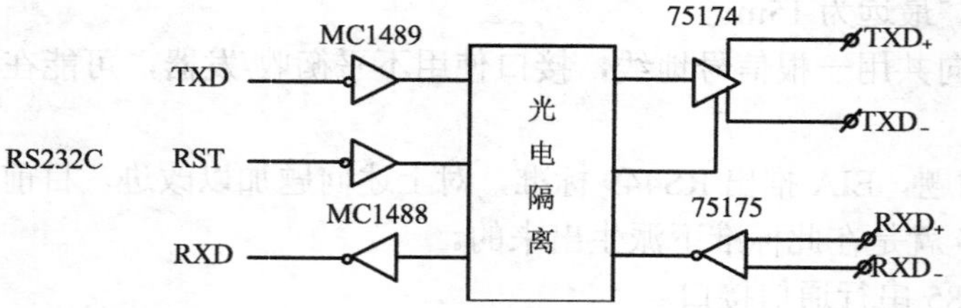

图 6.4　RS232C/RS422 转换的电原理图

利用 RS422 口通信需要 4 根线，原因为 RS422 是全双工的。RS485 口为 RS422 口的简化，只要两根通信线，采用半双工方式。一般情况下，发送和接收没有必要同时进行。

图 6.5 所示为 RS485 两点传输电路，在某一时刻只有一个站点可以发送数据，而另一站点只能接收。发送则由使能端控制。

RS485 用于多站互连时非常方便，可以省掉许多信号线。应用 RS485 可以联网构成分散型系统，图 6.6 为其连接示意图。

PLC 的不少通信单元带有 RS422 口或 RS485 口，如 HOST Link 单元的 LK202 带 RS422 口，PLC Link 单元 LK401 带 RS485 口。

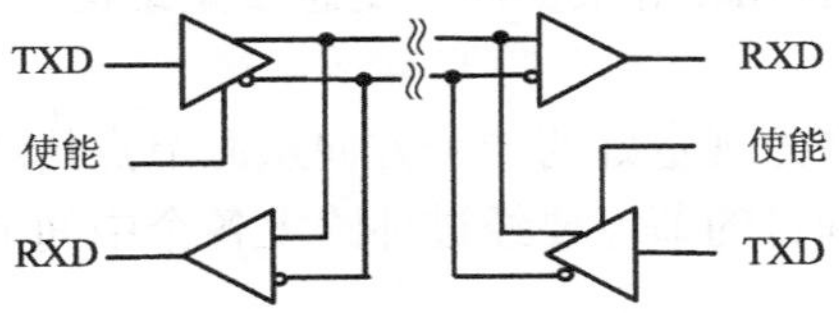

图 6.5　RS485 两点传输电路

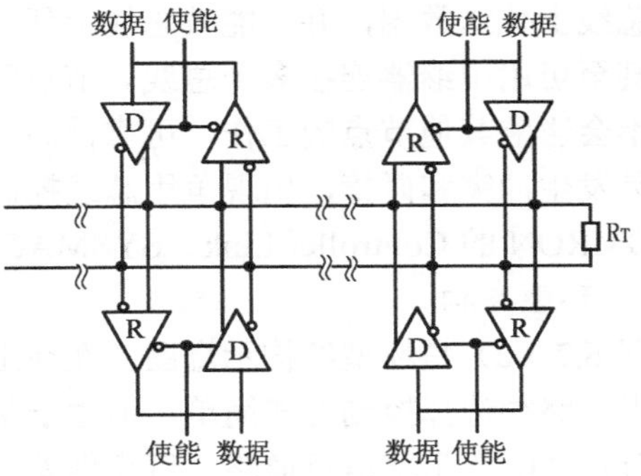

图 6.6　RS485 多站互连系统

6. 通信介质

目前普遍使用的通信介质有双绞线、多股屏蔽电缆、同轴电缆和光纤电缆。

双绞线把两根导线扭绞在一起，可以减少外部电磁干扰，如果用金属织网加以屏蔽，抗干扰能力更强。双绞线成本低、安装简单，RS485 口多用此电缆。

多股屏蔽线把多股导线捆在一起，再加上屏蔽层，RS232C、RS422 口要用此电缆。

同轴电缆共有 4 层。最内层为中心导体，导体的外层为绝缘层，包着中心导体，再向外一层为屏蔽层，继续向外一层为表面的保护皮。同轴电缆可用于基带（50 Ω 电缆）传输，也可用于宽带（75 Ω 电缆）传输。与双绞线相比，同轴电缆传输的速率高、距离远，但成本相对要高。

光纤电缆有全塑光纤电缆（All Plastic Fiber Cable，APF）、塑料护套光纤电缆（Plastic Clad Optical Fiber Cable，PCF）和硬塑料护套光纤电缆（Hard Plastic Clad Optical Fiber Cable，H-PCF）。传送距离以 H-PCF 为最远，PCF 次之，APF 最短。

光缆与电缆相比，价格较高、维修复杂，但抗干扰能力很强，传送距离也远。

OMRON 的 PLC 网络中用到上述各种通信介质。

6.1.2 网络的拓扑结构

网络中通过传输线互连的点称为站点或节点，节点间的物理连接结构称为拓扑。

常用的网络拓扑结构有 3 种：星型、总线型和环型，如图 6.7 所示。

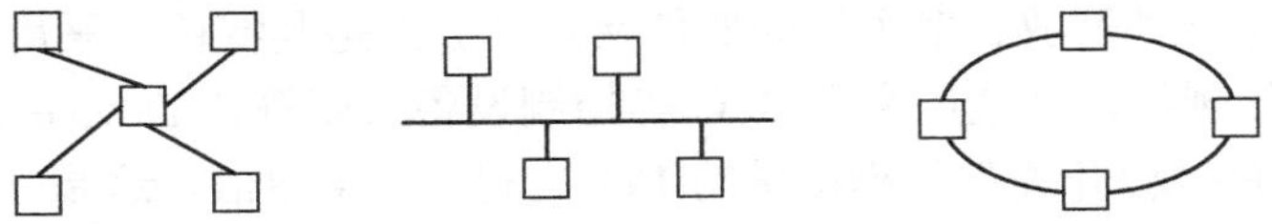

(a) 星型结构　(b) 总线型结构　(c) 环型结构

图 6.7　网络拓扑结构

1. 星型结构

图 6.7（a）是星型结构示意图。这种结构有中心节点，网络上其他节点都与中心节点相连接。通信由中心节点管理，任何两个节点之间通信都要经过中心节点中继转发。这种结构的控制方式简单，但可靠性较低，一旦中心节点出现故障，整个系统就会瘫痪。

OMRON 的 HOST Link 网即为星型结构，计算机为中心节点，通信由计算机控制，PLC 之间的通信要经过计算机。

2. 总线型结构

图 6.7（b）是总线型结构示意图。所有节点连接到一条公共通信总线上。任何节点都可

以在总线上传送数据，并且能被总线上任一节点所接收。这种结构简单灵活，容易加扩新节点，甚至可用中继器连接多个总线。节点间通过总线直接通信，速度快、延迟小。某个节点故障不会影响其他节点的工作，可靠性高。但由于所有节点共用一条总线，总线上传送的信息容易发生冲突和碰撞，出现争用总线控制权、降低传输效率等问题。

OMRON 的 Controller Link、SYSMAC Link、Ethernet 等很多网都是总线型结构。

3. 环型结构

图 6.7（c）是环型结构示意图。在环上数据按事先规定好的一个方向从源节点传送到目的节点，路径选择控制方式简单。但由于从源节点到目的节点要经过环路上各个中间节点，某个节点故障会阻塞信息通路，可靠性差。

6.2 OMRON PLC 网络简介

现代 PLC 的通信功能很强，可以实现 PLC 与计算机、PLC 与 PLC、PLC 与其他智能控制装置之间的通信联网。PLC 与计算机联网，可以发挥各自所长，PLC 用于现场设备的直接控制，计算机用于对 PLC 的编程、监控与管理；PLC 与 PLC 联网，能够扩大控制地域、提高控制规模，还可以实现 PLC 之间的综合协调控制；PLC 与智能控制装置（如智能仪表）联网，可以有效地对智能装置实施管理，充分发挥这些装置的效益。除此之外，联网可极大地节省配线，方便安装，简化系统维护，特别是在分散控制的生产流水线上，效果非常明显。

通信联网是拓展 PLC 应用领域的一个重要方面。现代 PLC 的应用已从单机自动化、生产线自动化扩大到车间及工厂生产综合自动化，以及计算机集成制造系统（CIMS）和智能制造系统（IMS）。世界上各大 PLC 生产厂家都为自己的 PLC 开发了网络通信系统。

图 6.8 所示为 OMRON 公司当前 PLC 网络的拓扑图。

OMRON PLC 网络的结构体系大体分为 3 个层次：信息层、控制层和设备层。

1. 设备层

设备层处于最低层，为现场总线，直接面对现场设备、器件，负责现场信号的采集及执行元件的驱动。

OMRON 设备层的两种典型的网络：CompoBus/D 和 CompoBus/S。

CompoBus/D 是一种开放、多主控的器件网。开放性是其特色，采用了美国 AB 公司制定的 DeviceNet 通信规约，其他厂家的 PLC 等控制设备只要符合 DeviceNet 标准，就可以接入其中。主要功能有远程开关量和模拟量的 I/O 控制及信息通信。这是一种较为理想的控制功能齐全、配置灵活、实现方便的分散控制网络。

CompoBus/S 是一种高速 ON/OFF 系统控制总线，使用 CompoBus/S 专用通信协议。CompoBus/S 的功能虽不及 CompoBus/D，但是实现简单，通信速度更快。主要功能由远程开关量的 I/O 控制。

2. 控制层

控制层位于 3 层网络的中间位置，主要负责完成中间层的 PLC 与 PLC、PLC 与计算机之间的通信。

OMRON 控制层典型的网络是 Controller Link 网，主要功能是大容量数据链接和节点间信息通信。

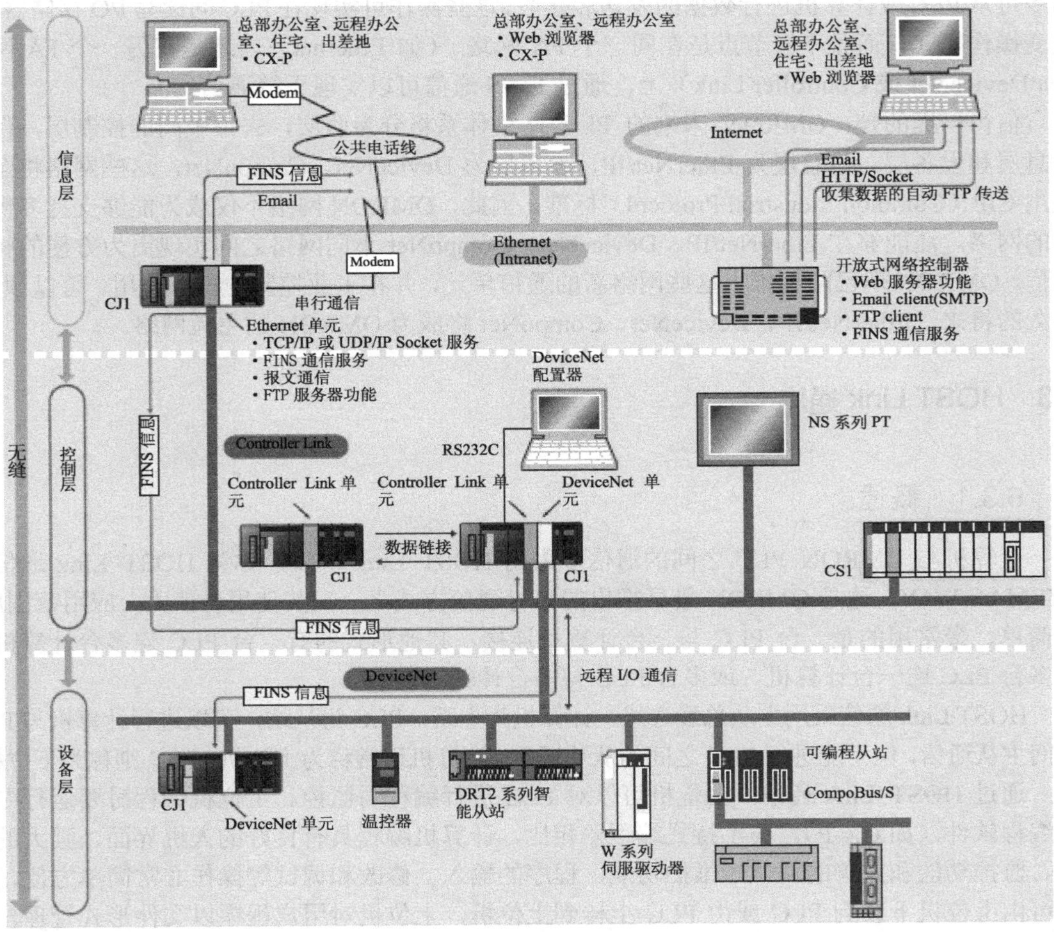

图 6.8 OMRON 当前 PLC 网络的拓扑图

3. 信息层

信息层位于 3 层网络的最高层，负责系统的管理与决策。

OMRON 信息层采用 Ethernet（以太网），信息处理功能很强。以太网支持 FINS 协议，使用 FINS 命令可以进行 FINS 通信、TCP/IP 和 UDP/IP 的 Socket（接驳）服务、FTP 服务、E-mail 服务等。以太网中的 PLC 作为工厂局域网（Intranet）中的一个节点，在网络上的任何一台计算机都可以实现对 PLC 的控制，甚至通过 Internet，远程计算机也可以对 PLC 实施控制。

OMRON 的 Ethernet、Controller Link 和 DeviceNet 这 3 种网络通过 CS1、CJ1 系列 PLC 互连后，使用 SEND/RECV、CMND 指令可以跨网进行信息通信。信息通信的命令和响应能够跨网发送和接收，不同网络节点之间通信和同一网络内节点之间的通信一样方便。网络间通信可以在包括本地网络在内的 8 级网络内进行。

网络通信的核心是 FINS 通信，FINS 是 OMRON 公司为自己的 FA（工厂自动化）网络开发的一种通信协议。FINS 通信使用一组专门的地址（网络号、节点号、单元号），不随 FA 网络的类型而改变，即无论 FA 网络是 Ethernet，或 Controller Link，或 DeviceNet，FINS 地址的表达方式是一样的。

在 Ethernet、Controller Link 和 DeviceNet 三层 FA 网络上通过执行 SEND/RECV、CMND

指令可从PLC或计算机进行数据的发送和接收，这些操作可实现在PLC间读写I/O存储器区、改变操作模式，而且不管节点是在同一个FA网络（如Ethernet）内还是在另一个FA网络（如DeviceNet或Controller Link）上，通过FINS通信可以实现无缝通信。

值得一提的是，OMRON未来的PLC网络体系将分为两层，去掉中间的控制层，保留信息层和设备层。信息层为EtherNet/IP，设备层为DeviceNet、CompoNet，这些网络将全部采用CIP（Common Industrial Protocol）标准，因此，OMRON网络不仅成为能够支持多供应商的网络，还能够在EtherNet/IP、DeviceNet、CompoNet不同网络之间实现更为方便的相互通信。OMRON现已陆续推出这些网络新的通信单元，并在工业控制中推广使用。可以预见，不久的将来，EtherNet/IP、DeviceNet、CompoNet将成为OMRON的主流网络。

6.3 HOST Link 通信

6.3.1 概述

计算机与OMRON PLC之间的通信多采用HOST Link协议，称为HOST Link通信或SYSMAC WAY，这是OMRON最早推出的串行通信方式之一，其使用价值大，应用范围广。最简单、最常用的是一台PLC与一台计算机连接，其他形式的有一台PLC连多台计算机，或多台PLC连一台计算机，或多台PLC与多台计算机连接。

HOST Link通信采用主从总线方式，计算机为主站，PLC为从站，可以进行计算机与PLC之间主从通信，但不能进行PLC之间的从从通信。计算机通常称为上位机，PLC则称为下位机。

通过HOST Link通信，上位机可以对PLC进行编程与监控。上位机编程时要运行专用的编程软件（如CX-P），与手持式编程器相比，计算机编程具有良好的人机界面，强大的显示、监控功能和完善的调试、维护功能，程序的输入、修改和调试等操作非常简单方便，程序可由上位机下载到PLC或由PLC上传到上位机，上位机对用户程序以文件形式管理，可以存储备份，很容易向其他PLC复制传送。使用编程软件可以监控PLC的工作。例如，改变PLC的运行方式，向PLC设置各种系统参数，对PLC的数据区进行读写操作，对PLC的继电器强置ON或OFF等。上位机对PLC数据区的数据以文件的形式管理，也可以存储备份。计算机编程越来越受到用户的欢迎。

通过HOST Link通信，上位机与PLC组成集散控制系统，实现控制与管理的一体化。PLC是控制的执行者，在现场进行实时、可靠的控制。上位机是控制的监督和管理者，并不直接参与现场的控制，而是将各台PLC的数据读取上来，在屏幕上集中显示；或反过来，设置控制参数并下传至PLC。这种情况下，需要在上位机开发相应的监控程序，最常用且较为简便的方法是使用组态软件。例如，国外的INTOUCH、FIX以及国内的亚控组态王、力控等。另外，用户可以使用高级语言，如Visual Basic、Visual C等，自己制作屏幕监控画面及编写通信程序。

1. 通信端口

计算机与PLC主要通过RS232C口或RS422口进行HOST Link通信，有时使用光纤口。

一台计算机与一台PLC通信时，使用RS232C口。一台计算机与多台PLC通信时，要使用RS422口，计算机的RS232C口要通过链接适配器（B500-AL004或3G2A9-AL004-E）转换为RS422口，PLC也要通过适配器形成RS422口。

通信线用光缆时，要配置电缆口与光缆口转换的通信适配器。

普通的计算机配有 RS232C 口，工控计算机上还有 RS422 口。

PLC 的通信端口有下面几种形式。

（1）PLC CPU 单元内置的 RS232C 口

PLC 的 CPU 单元大部分内置 RS232C 口，可方便地与上位机直接通信。通信适配器 NT-AL001 将 PLC 的 RS232C 口转换为 RS422 口。

（2）PLC CPU 单元内置的 USB 口

OMRON 新型号的 CP1 系列，CPU 单元配置了 USB 口，可非常方便地与上位机直接通信。

（3）通信适配器将外部设备口转换为 RS232C 口或 RS422 口

CPM1A、CPM2A、CQM1/CQM1H、C200Hα的外部设备口可通过通信适配器进行转换，形成通信端口，与上位机进行通信。

通信适配器 CPM1-CIF01、转换电缆 CQM1-CIF02 将外部设备口转换成 RS232C 口；通信适配器 CPM1-CIF11 将外部设备口转换为 RS422 口。

（4）通信板/通信单元

CS1 可使用串行通信板或串行通信单元扩展通信口，每个板或单元都提供两个通信口，即 RS232C、RS422/485。通信板安装在 CPU 单元的插槽上，通信单元安装在底板的插槽上。每台 CS1 可同时安装 1 个串行通信板和 16 个串行通信单元，最多扩展出 34 个串行通信口。

（5）机架安装式的 HOST Link 通信单元

C200Hα等模块式 PLC 的机架上可安装 HOST Link 通信单元，由该单元提供 RS232C 口或 RS422 口，有的还提供光纤口。

2. 系统构成

（1）计算机与 PLC 的 1∶1 通信

图 6.9 所示为计算机与 PLC 1∶1 连接通信示意图，图 6.9（a）中的 CPM1A 使用通信适配器 CPM1-CIF01，图 6.9（b）中的 CPM2A 有 RS232C 口，可直接与上位机连接。

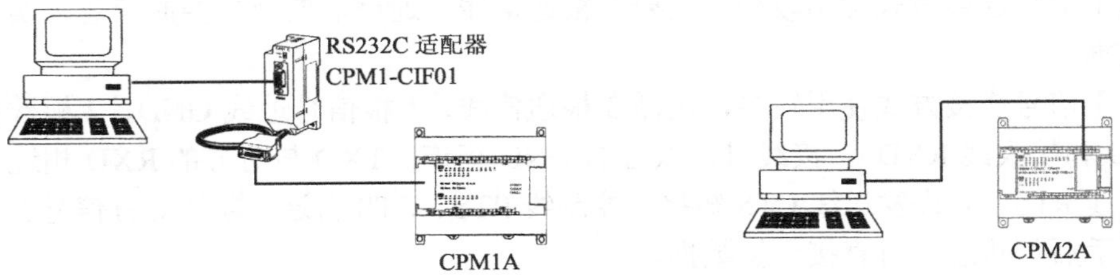

（a）使用通信适配器　　（b）直接连接

图 6.9　计算机与 PLC 1∶1 连接通信

（2）计算机与 PLC 的 1∶*N* 通信

一台计算机与多台 PLC 连接，短距离通信时用电缆，长距离通信时要用光缆。

图 6.10 所示为电缆连接的计算机与 PLC 1∶*N* HOST Link 通信系统，下位机有 CPM1A、CPM2A、CQM1H，计算机最多可连接 32 台 PLC。上位机用了 RS232C 转 RS422 的链接适配器 B500-AL004；CPM1A 无 RS232C 口，必须使用外部设备口转 RS422 口的通信适配器 CPM1-CIF11；CPM2A、CQM1H 既可用 CPM1-CIF11，也可用 RS232C 转 RS422 的通信适配器 NT-AL001。

光缆连接的 HOST Link 通信系统有串行和并行两种结构。串行结构简单，PLC 之间用光缆连接，串行结构的可靠性较低，中间的 PLC 出故障，后续的 PLC 无法与上位机通信；并行结构中增加了链接适配器，各个 PLC 都连到适配器上，PLC 与 PLC 之间不直接连接，当某个 PLC 发生故障时，上位机来的信号通过适配器可传送到后面的 PLC。

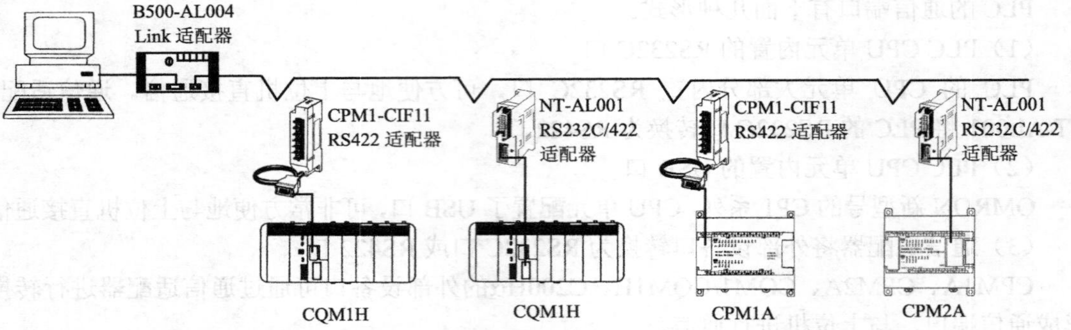

图 6.10 电缆连接的计算机与 PLC 1：N HOST Link 通信系统

6.3.2 HOST Link 通信协议

1. HOST Link 通信要点

HOST Link 通信协议是 OMRON 用于计算机与 PLC 之间通信的协议，该协议仅限于 OMRON 的 PLC，其他厂家的 PLC 不能识别。实际上，各个 PLC 厂家都开发了类似的专用协议用于计算机与 PLC 之间的通信，但不同厂家之间的协议是不相容的。

计算机与 PLC 进行 HOST Link 通信时要注意以下问题。

（1）通信口的连线

计算机与 PLC 能够顺利通信，必须正确接线。

RS232C 口有 25 针和 9 针的，现在多用 9 针的。计算机 RS232C 口各个引脚的定义和 PLC 的并不完全一致，要按 PLC 使用说明书接线。

RS232C 口有两种连接方式：有握手信号连接和无握手信号连接。

有握手信号连接方式使用较少，需要 7 根通信线，通信前要交换控制信息，实现握手后再交换数据。

无握手信号连接方式使用较多，仅需 3 根通信线，1 根信号地线 GND，2 根数据线（发送线 TXD 和接收线 RXD）。接线时，双方的 GND 相连，TXD 与对方的 RXD 相连，各自的请求发送线 RTS、允许发送线 CTS 短接。控制线 RTS、CTS 自连，默认对方信号存在，以确保进入握手后的状态，可直接交换数据。

（2）通信参数的设置

计算机和 PLC 通信时，双方的通信参数（如节点地址、通信比特率、数据格式）应设置一致。

PLC 使用哪一个通信口，就在 PLC 对应的该通信口的系统设定区进行设置。将通信口设置为 HOST Link 模式，节点地址在 00～31 之间选择，通信比特率和数据格式既可指定为默认设置，也可由用户另外设置（为方便起见多采用默认设置）。

上位机运行编程软件或组态软件时，通信参数在菜单中选择；如果自己编程序，则在程序中做相应的考虑。要确定用计算机串口 COM1、COM2 中的哪一个，节点地址、通信比特率和数据格式的设置应与下位机 PLC 的相一致。

（3）通信的方式

HOST Link 采用主从总线式通信方式，一般情况下，通信的主动权在上位机一方，上位机启动通信，首先向 PLC 发出 HOST Link 命令，PLC 收到后会自动识别并加以执行，然后将执行结果返回上位机。上位机以帧的形式发送命令，PLC 也以帧的形式回送执行结果。当命令帧或响应帧很长时，要分成几帧传送，图 6.11 所示为计算机与 PLC HOST Link 通信的应答过程。

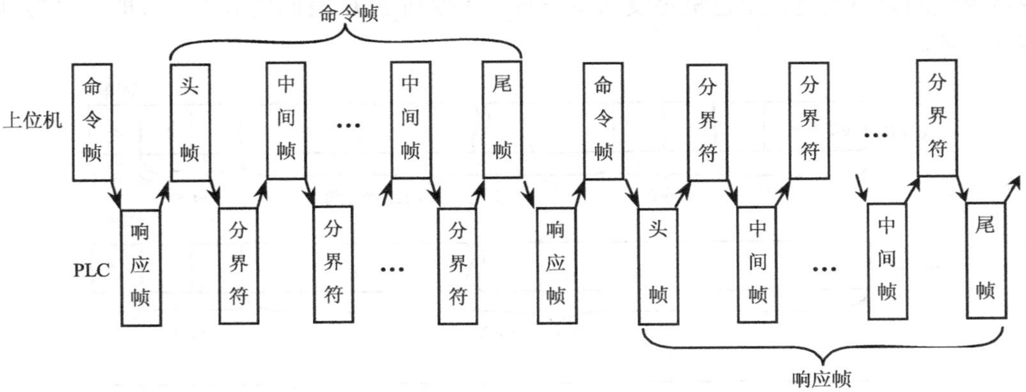

图 6.11　计算机与 PLC HOST Link 通信的应答过程

HOST Link 通信时，要在上位机上设计通信程序，用于向 PLC 发送 HOST Link 命令和接收 PLC 的执行结果，而在 PLC 上则不需要通信程序。因为在 PLC 上已按 HOST Link 通信协议内置了通信程序，只要上位机通信程序发出的命令帧格式完全符合 HOST Link 协议，PLC 就能理解并加以执行。对 PLC 发回的响应帧，上位机按其格式进行拆分、识别，分离出有用的数据及状态信息。

如果通信总是由上位机发起，则 PLC 始终处于被动地位，这种通信机制下，一旦 PLC 出现紧急情况，不能及时向上传数据，实时性会受到限制。OMRON 新型号 PLC 的 HOST Link 命令集增加了一条传送指令 TXD，PLC 利用 TXD 可以主动发起对计算机的通信，向上位机传送数据，而上位机不回送应答。

TXD 指令适用 PLC 与计算机的一对一通信，这时，计算机要打开通信口，准备好通信口中断服务程序。TXD 指令不适用多个 PLC 与一个计算机的通信，因为多个 PLC 若同时在网上发送数据，将出现冲突，计算机无法正确接收数据。

2. 命令/响应的格式

通信时一组传送的数据称为块，是命令或响应的单位，从上位机发送到 PLC 的数据块称为命令块，反过来，从 PLC 发送到上位机的数据块称为响应块。每个块以设备号（节点号）开始，以校验码（FCS）及结束符结束，响应块中还包括反应执行结果的响应码。多点通信时，可作为单帧发送的最大数据块为 131 个字符，因此，当一个数据块含有 132 个或更多字符时，要分成两帧或多帧发送。

（1）多点通信时命令块和响应块的格式

① 命令块内容小于一帧时的格式：多点通信时，单帧最多 131 个字符，如图 6.12 所示，正文最多 122 个字符。

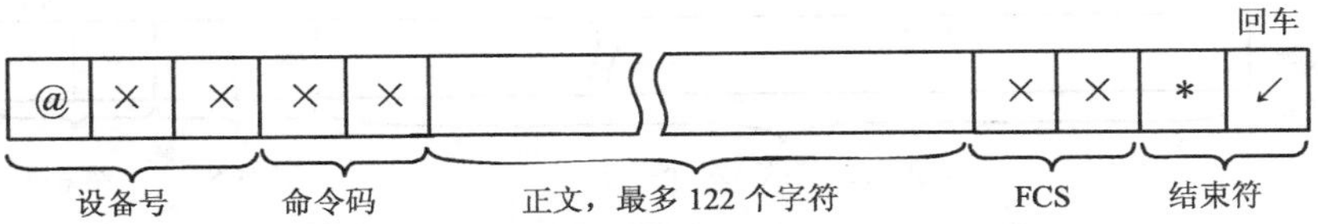

图 6.12　多点通信时命令块内容小于一帧时的格式

② 命令块内容大于一帧时的格式：命令块内容大于一帧时，由起始帧、中间帧及结束帧组成，如图 6.13 所示。起始帧最多 131 个字符，中间帧及结束帧最多 128 个字符。起始帧正文最多 123 个字符。中间帧正文最多 125 个字符，结束帧正文最多 124 个字符。中间帧的数量由命令块的大小确定。上位机每发送完一帧，在收到 PLC 发回的分界符（即“↙”）后再发送下一帧。

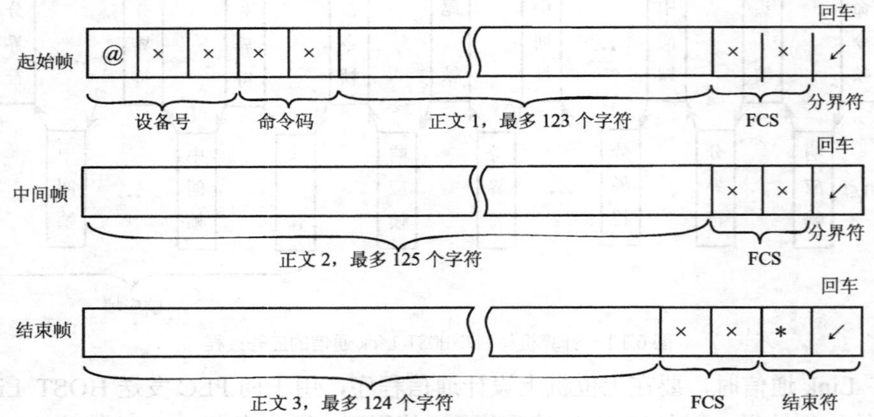

图 6.13　多点通信时命令块内容大于一帧时的格式

③ 响应块内容小于一帧时的格式：如图 6.14 所示，响应块内容小于一帧时，正文最多 120 个字符。

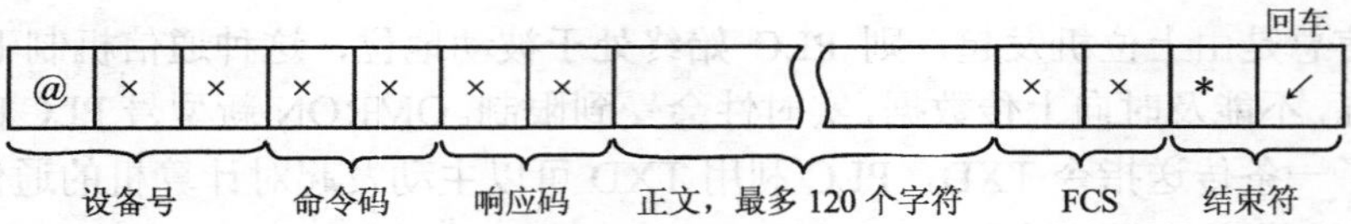

图 6.14　多点通信时响应块内容小于一帧时的格式

④ 响应块内容大于一帧时的格式：如图 6.15 所示，由起始帧、中间帧及结束帧构成。起始帧正文最多 121 个字符，中间帧正文最多 125 个字符，结束帧正文最多 124 个字符。响应块的分帧由 PLC 自动完成。上位机每收到一帧，应发给 PLC 一个分界符（即“↙↙”），PLC 收到分界符后再发送下一帧。

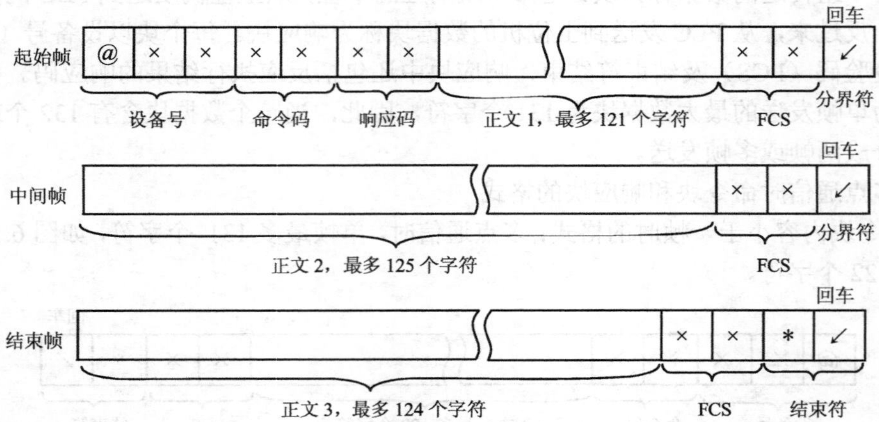

图 6.15　多点通信时响应块内容大于一帧时的格式

（2）点对点通信时命令块和响应块的格式

点对点通信时，块中无设备号和校验码。一帧最多 128 个字符。单帧时的格式如图 6.16 所示。命令块单帧时的正文内容最多 124 个字符，多于一帧时，由起始帧、中间帧、结束帧构成，起始帧正文内容最多 125 个字符，中间帧正文最多 127 个字符，结束帧正文最多 126 个字符。响应块中包含有两位响应码，单帧时的正文内容为 122 个字符，在多帧情况下，起始帧含有两位响应码，正文内容最多 123 个字符，中间帧正文最多 127 个字符，结束帧正文最多 126 个字符。

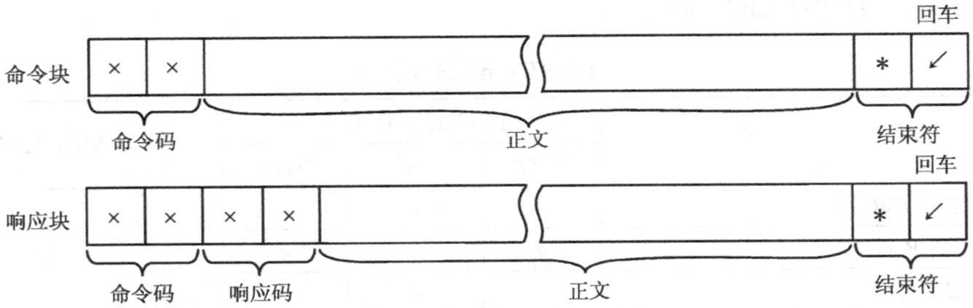

图 6.16 点对点通信时单帧时的格式

实际上，点对点通信时，使用多点通信的数据帧格式，即上位机在命令块的数据帧中加上@、PLC 设备号（地址）和 FCS 也可以实现通信。这时，要保证上位机指定的 PLC 地址和 PLC 设定的地址相一致。

（3）多点通信时校验码的计算

校验码（Frame Checksum，FCS）是 8 位二进制数转换成的 2 位 ASCII 字符。这 8 位数据是将一帧中校验码前所有字符的 ASCII 按位连续异或的结果。转换成字符时，按照 2 位十六进制数转换成对应的数字字符。

例如，一个命令块如下：

@10	RH	0031 0001	58	* ↙
设备号	命令码	正文	FCS	结束符

则 FCS 计算如下：

字符	ASCII	
@	0100 0000	
	XOR	
1	0011 0001	
	XOR	
0	0011 0000	
	XOR	
R	0101 0010	
	XOR	
⋮	⋮	
0	0011 0000	
	XOR	
1	0011 0001	
	0101 1000	计算结果
	↓	按十六进制数转换为 ASCII
	0011 0101 0011 1000	
	5 8	校验码

3. HOST Link 通信命令

OMRON 老型号模块式 PLC（如 C200H/C200HS、C1000H/C2000H 等）的 HOST Link 通信命令分为 3 级。使用时，通过 HOST Link 单元上设定开关的设置来选择等级。新型号的 PLC（如 CPM1A/CPM2A、CQM1/CQM1H、C200Hα）通过外部设备口、CPU 单元内置的 RS232C 口和通信板/通信单元的通信口建立 HOST Link 通信时，通信命令不分等级，可一起使用。

表 6.5 所示为 HOST Link 命令集。

表 6.5　　HOST Link 命令集

命令码	功　能	PLC 的工作方式			适配的 PLC 类型
		运行	监控	编程	
RR	读 IR/SR 区	√	√	√	全部：CPM1A、CPM2A、SRM1、CQM1/CQM1H、C200Hα
RL	读 LR 区	√	√	√	
RH	读 HR 区	√	√	√	
RC	读 PV 值	√	√	√	
RG	读 TC 状态	√	√	√	
RD	读 DM 区	√	√	√	
RJ	读 AR 区	√	√	√	
RE	读 EM 区	√	√	√	CQM1H、C200Hα
WR	写 IR/SR 区	×	√	√	全部
WL	写 LR 区	×	√	√	
WH	写 HR 区	×	√	√	
WC	写 PV 值	×	√	√	
WG	写 TC 状态	×	√	√	
WD	写 DM 区	×	√	√	
WJ	写 AR 区	×	√	√	
WE	写 EM 区	×	√	√	CQM1H、C200Hα
R#	读 SV 值 1	√	√	√	全部
R$	读 SV 值 2	√	√	√	
R%	读 SV 值 3	√	√	√	CQM1/CQM1H、C200Hα
W#	修改 SV 值 1	×	√	√	全部
W$	修改 SV 值 2	×	√	√	
W%	修改 SV 值 3	×	√	√	CQM1/CQM1H、C200Hα
MS	状态读	√	√	√	全部
SC	状态写	√	√	√	
MF	错误读	√	√	√	全部
KS	强迫置位	×	√	√	全部
KR	强迫复位	×	√	√	
FK	多点强迫置位/复位	×	√	√	全部
KC	强迫置位/复位清除	×	√	√	
MM	读取 PLC 型号	√	√	√	全部
TS	测试	√	√	√	全部

续表

命令码	功　　能	PLC 的工作方式			适配的 PLC 类型
		运行	监控	编程	
RP	读出程序	√	√	√	全部
WP	写入程序	×	×	√	
MI	建立 I/O 表	×	×	√	C200Hα
QQ	I/O 读	√	√	√	全部
XZ	中止（仅用于命令）	√	√	√	全部
**	中止（仅用于命令）	√	√	√	
EX	传送（仅用于响应）	√	√	×	CPM2A、CQM1/CQM1H、C200Hα
IC	未定义的命令（仅用于响应）	…	…	…	全部

注：“√”表示在该状态下命令可以执行，“×”表示在该状态下命令不能执行。

不同型号的 PLC 的 HOST Link 命令不尽相同。例如，中型机 C200Hα有建立 I/O 表的命令 MI，而小型机 CQM1H 不需要 I/O 表的操作，因而没有这一条指令，使用时，应根据 PLC 的具体型号加以区分。

HOST Link 命令主要用于对 PLC 的读和写，PLC 有编程、监控和运行 3 种工作状态，一般讲，读操作可在任何工作状态下进行，而写操作限定在编程、监控状态下。但修改 PLC 工作状态操作可在任何状态下进行，向 PLC 写入程序、建立 I/O 表的操作仅在编程状态下进行。

4. *响应码*

PLC 返回上位机的响应块中含有响应码。如果 PLC 正常完成上位机的命令，则响应码为 00；否则，响应码中含有出错信息。例如，响应码为 01，表示 PLC 不能在运行方式下执行上位机发送过来的命令。

6.3.3 程序设计举例

下面举两个例子，介绍在上位机使用 HOST Link 协议编写与 PLC 通信的程序。

1. **向 DM 区写入数据**

向 DM 区写入数据的命令为 WD，其命令/响应格式如下：

命令格式为

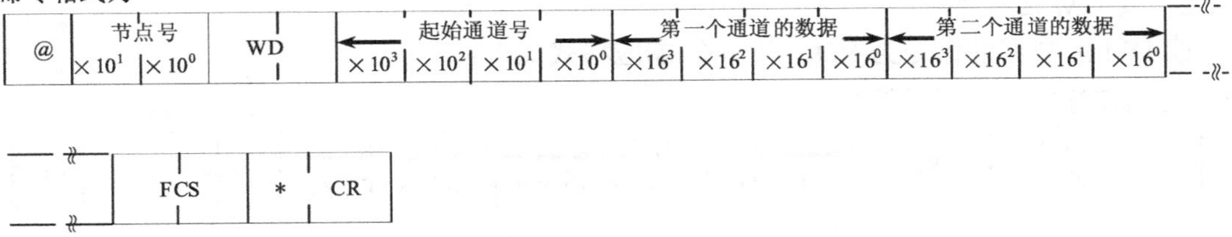

响应格式为

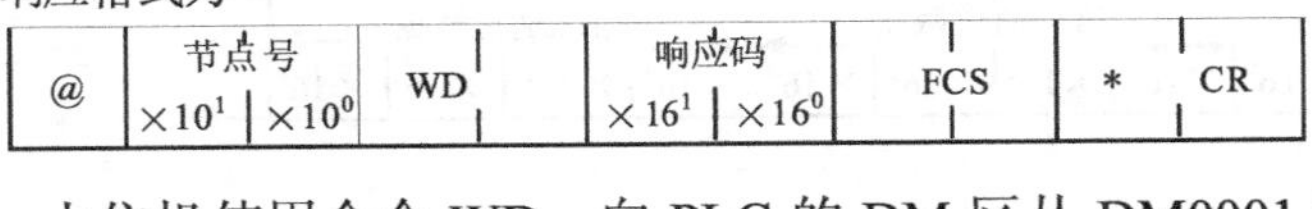

上位机使用命令 WD，向 PLC 的 DM 区从 DM0001 开始依次写入 10 个数据，DM0001 中写入 0001，DM0002 中写入 0002，…，DM0009 中写入 0009，DM0010 中写入 0010，每

个通道写入4个字符。显然，命令块的内容少于131个字符，以单帧的形式发送。

用BASIC编写的程序如下：

```
10  CLOSE #1
20  CLS
30  ON ERROR GOTO 300                    ' 如有错误，转错误处理程序
40  OPEN "COM1: 9600, E, 7,              ' 打开1号通信口
   2, RS, CS, DS, CD" AS  #1
50  TC$ = "@00WD0001"                    ' 创建单元号和标题
60  TD$ = "0001000200030004000500060007000800090010"
70 T$ = TC$ + TD$                        ' 加上正文
80  GOSUB 200                            ' 调校验码计算子程序
90  TXD$ = T$ + FCS$                     ' 产生命令块
100  PRINT #1, TXD$                      ' 向PLC发送命令块
110  INPUT #1, RXD$                      ' 从PLC接收响应块
120  PRINT  "响应块:", RXD$              ' 在屏幕上显示响应块
130  GOTO 310
200  L=LEN (T$)                          ' 校验码计算子程序
210  A=0
220  FOR J=1 TO L                        ' 对T$中字符的ASCII码按位
230  TJ$=MID$ (T$, J, 1)                 ' 异或，计算出8位二进制数
240  A=ASC(TJ$) XOR A
250  NEXT J
260  FCS$=HEX$ (A)
270  IF LEN(FCS$)=1 THEN                 ' 保证FCS$为2个字符
   FCS$= "0" +FCS$
280  RETURN
300  PRINT "ERL="; ERL, "ERR="; ERR
310  CLOSE #1
320  END
```

程序执行后，屏幕显示结果如下：

响应块：@00WD0053*

PLC返回的响应码为00，表明程序正常执行，PLC完成上位机的命令。经检查，DM0001～DM0010中的各个通道都已写入了指定的数据。

2. 读DM区数据

读DM区数据的命令为RD，其命令/响应格式如下：

命令格式为

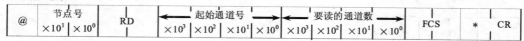

@	节点号		RD	起始通道号				要读的通道数				FCS	*	CR
	$\times10^1$	$\times10^0$		$\times10^3$	$\times10^2$	$\times10^1$	$\times10^0$	$\times10^3$	$\times10^2$	$\times10^1$	$\times10^0$			

响应格式为

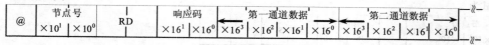

@	节点号		RD	响应码		第一通道数据				第二通道数据				≈
	$\times10^1$	$\times10^0$		$\times16^1$	$\times16^0$	$\times16^3$	$\times16^2$	$\times16^1$	$\times16^0$	$\times16^3$	$\times16^2$	$\times16^1$	$\times16^0$	≈

≈	FCS	*	CR

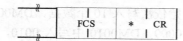

上位机使用命令 RD，从 PLC DM 区的 DM0001 开始依次读入 10 个数据。显然，响应块的内容少于 131 个字符，PLC 以单帧的形式向上位机发送。

用 BASIC 编写的程序如下：

```
10   CLOSE #1
20   CLS
30   ON ERROR GOTO 300                    ' 如有错误，转错误处理程序
40   OPEN “COM1: 9600, E, 7,              ' 打开 1 号通信口
     2, RS, CS, DS, CD” AS  #1
50   TC$ = “@00RD00010010”                ' 创建单元号和标题
60   GOSUB 200                            ' 调校验码计算子程序
70   TXD$ = TC$ + FCS$ + “*”              ' 产生命令块
80   PRINT “命令块:”, TXD$                 ' 在屏幕上显示命令块
90   PRINT #1, TXD$                       ' 向 PLC 发送命令块
100  INPUT #1, RXD$                       ' 从 PLC 读入响应块
110  PRINT RXD$                           ' 在屏幕上显示响应块
120  GOTO 310
200  L=LEN (T$)                           ' 校验码计算子程序
210  A=0
220  FOR J=1 TO L                         ' 对 T$中字符的 ASCII 码按位
230  TJ$=MID$ (T$, J, 1)                  ' 异或，计算出 8 位二进制数
240  A=ASC(TJ$) XOR A
250  NEXT J
260  FCS$=HEX$(A)
270  IF LEN(FCS$)=1 THEN                  ' 保证 FCS$为 2 个字符
     FCS$= “0” +FCS$
280  RETURN
300  PRINT “ERL=”; ERL, “ERR=”; ERR
310  CLOSE #1
320  END
```

执行结果如下：

命令块：@00RD0001010056*

响应块：@00RD0000010002000300040005000600070008000900100A*

6.4 PLC Link 通信

6.4.1 1：1 PLC Link 通信

CQM1/CQM1H、SRM1、CPM1A/CPM2A、CPM2C、C200HS、C200Hα等 PLC 具有 1：1 PLC Link 功能。两台同型号或不同型号的 PLC 之间均可通过 RS232C 口进行 1：1 的 PLC 链接，利用 LR 区交换数据，实现信息的共享。在两台 PLC 中，一方为主站，另一方为从站，如图 6.17 所示。主站和从站的 LR 区分为两部分：写入区和读出区。每台 PLC 的写入区对应另一台 PLC 的读出区，读出区对应另一台 PLC 的写入区。每一方只能向自己的写入区写数据，不能向读

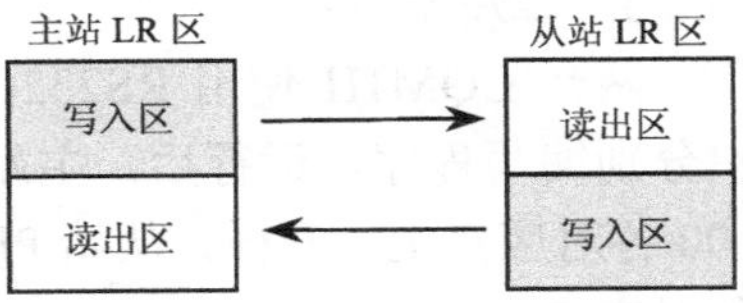

图 6.17　1：1 PLC Link 通信

出区写数据。当一方把数据写到写入区的某一通道时，另一方读出区的相同通道会自动地写入同一数据，PLC 从读出区读出另一台 PLC 写入的数据，实现了相互之间的数据交换。

1∶1 PLC Link 与 PLC 的工作状态无关，一旦两台 PLC 进行了必要的设置，上电后，不管其处在何种工作状态（编程、监控和运行），1∶1 PLC Link 都可自动建立。

下面以 CQM1H 为例，介绍 1∶1 PLC Link 的建立过程和应用举例。

1. RS232C 通信口的链接

CQM1H 的外部设备口不能用作 1∶1 链接。可使用 CPU 单元内置的 RS232C 口或串行通信板上的 RS232C 口（端口 1）或 RS422A/485 口（端口 2）。

通过 RS232C 通信口建立 1∶1 链接，连线方法如图 6.2 所示。

由于 CPM1A 只有外部设备口没有 RS232C 口，两台 CPM1A 1∶1 链接时，每台 PLC 的外部设备口上都要插上 RS232C 通信适配器 CPM1-CIF01，将外部设备口转换成 RS232C 口后再进行通信链接。

2. PLC 设置

CQM1H 使用 CPU 单元或串行通信板的通信口建立 1∶1 链接时，要在 PLC 的 DM 设定区对通信端口设定参数，各端口的设定区如下。

CPU 单元内置 RS232C 口：DM6645～DM6649。

串行通信板端口 1（RS232C）：DM6555～DM6559。

串行通信板端口 2（RS422A/485）：DM6550～DM6554。

下面以 CPU 单元内置 RS232C 口为例说明参数设定过程。

如果 CQM1H CPU 单元上的 DIP 开关的 5 脚置为 ON，将忽略 PLC 设置的参数，而用下面的默认参数。

- 模式：上位机链接。
- 节点号：00。
- 起始位：1 位。
- 数据长度：7 位。
- 停止位：2 位。
- 奇偶校验：偶。
- 比特率：9 600bit/s。
- 传输延迟：无。

CQM1H 建立 1∶1 链接时，应将 DIP 开关的 5 脚置为 OFF，在 DM6645 中进行设定，如图 6.18 所示。

使用 1∶1 链接时要设置通信模式和链接字。设置通信模式时，一台 PLC 为主站，另一台为从站，在主站 PLC 中设置链接字，DM6645 中的位 11～08 仅对主站有效。

由于 CPM1A、CPM2A、CPM2C 或 SRM1 的 LR 区只有 LR00～LR15 这 16 个通道，与其他 PLC 1∶1 链接时，也只能使用这 16 个通道，不能使用 LR00～LR15 以外的通道。

3. 程序举例

两台 CQM1H 使用 RS232C 端口进行 1∶1 链接，链接区为 LR00～LR15。在两台 PLC 中分别编写程序，运行后，主站 PLC 把输入通道 000 各点的状态映射到从站 PLC 输出通道 100 各对应点上，同样，从站 PLC 把输入通道 000 各点的状态映射到主站 PLC 输出通道 100 各对应点上。

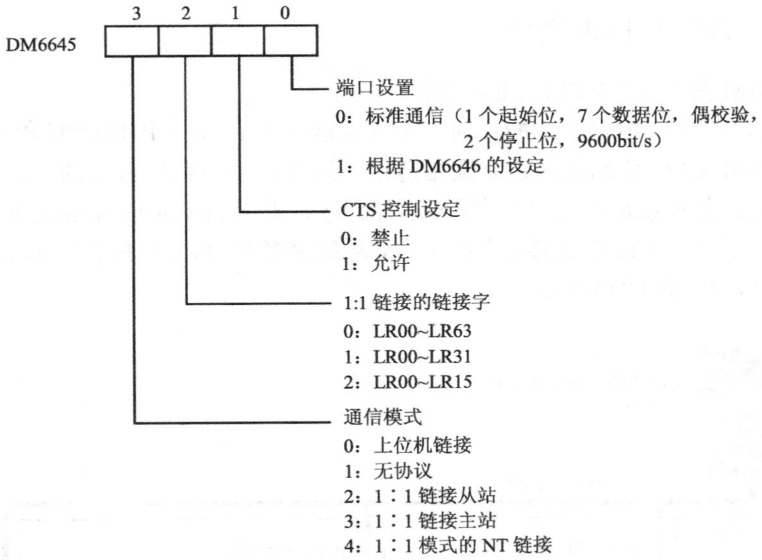

图 6.18 DM6645 设定

PLC 参数设置如下。

- 主站：DM6645：3200（1∶1 链接主站、使用区 LR00～LR15）。
- 从站：DM6645：2000（1∶1 链接从站）。

其他参数为默认值。

主站与从站建立 1∶1 的数据链接，如图 6.19 所示。

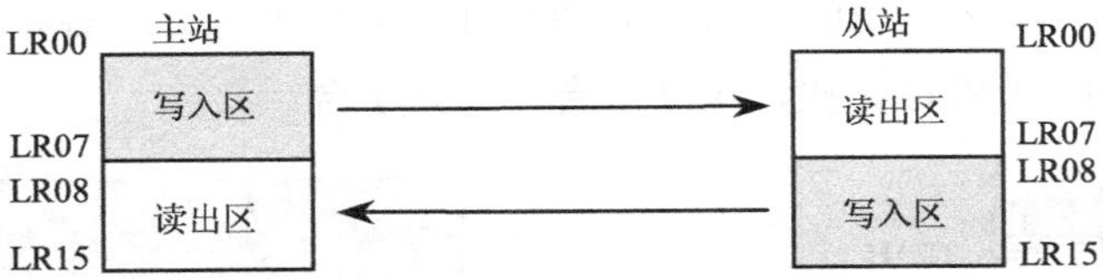

图 6.19 1∶1 数据链接

主站和从站的梯形图程序如图 6.20 所示。

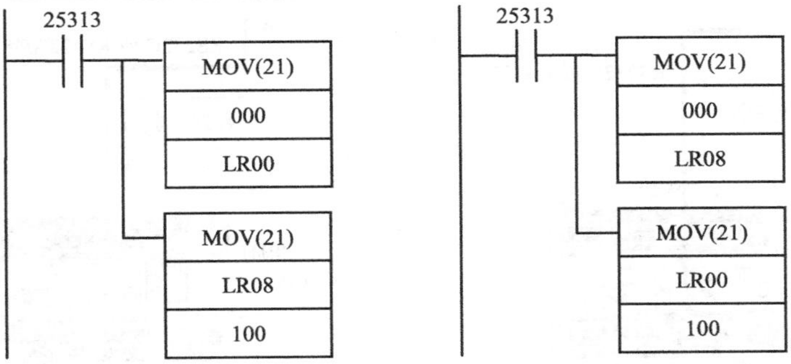

（a）主站 （b）从站

图 6.20 梯形图程序

两台 PLC 进行 1∶1 链接通信时，可以看到 CPU 单元上的通信指示灯 COMM 闪烁。

特殊继电器 AR0804 与 1∶1 链接通信有关，AR0804 为 CPU 单元内置的 RS232C 口通信错误标志。当发生通信错误时，AR0804 置为 ON。

6.4.2 1∶*N* PLC Link 通信

CP1H、CJ1M 具有 1∶*N* PLC Link 功能。

CP1H 使用串口 1 或串口 2 中的任何一个（只能一个），在 CP1H CPU 单元之间或 CP1H CPU 单元与 CJ1M CPU 单元之间建立数据链接，这样，参与数据链接的 PLC 不管处在何种工作状态（编程、监控或运行），也不需要运行程序，即可自动实现数据交换。

图 6.21 所示为 1∶*N* PLC 链接，主站 1 台，从站最多 8 台，CP1H CPU 单元或 CJ1M CPU 单元可以作主站，也可以作从站。

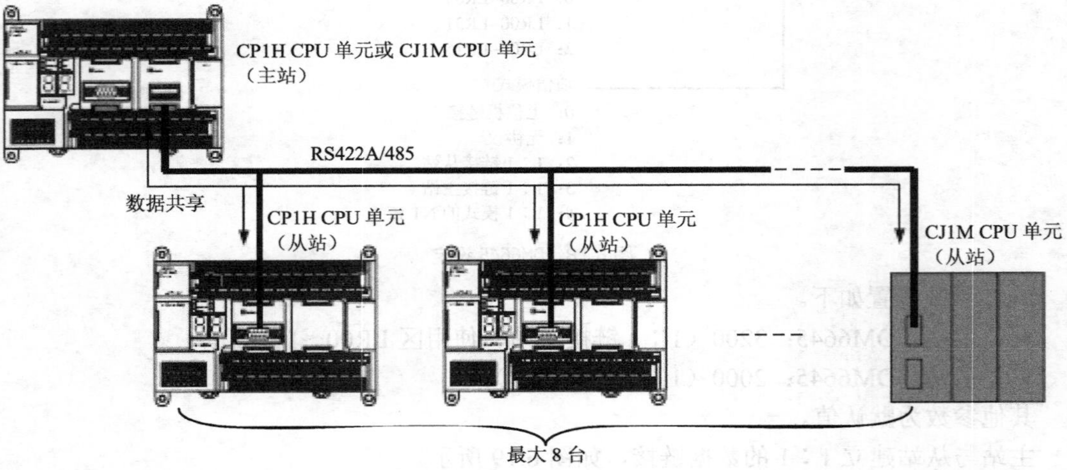

图 6.21　CP1H（CJ1M）：CP1H（CJ1M）= 1：*N*（最大 8）链接

图 6.22 所示为 1∶1 PLC 链接，主站 1 台，从站 1 台。

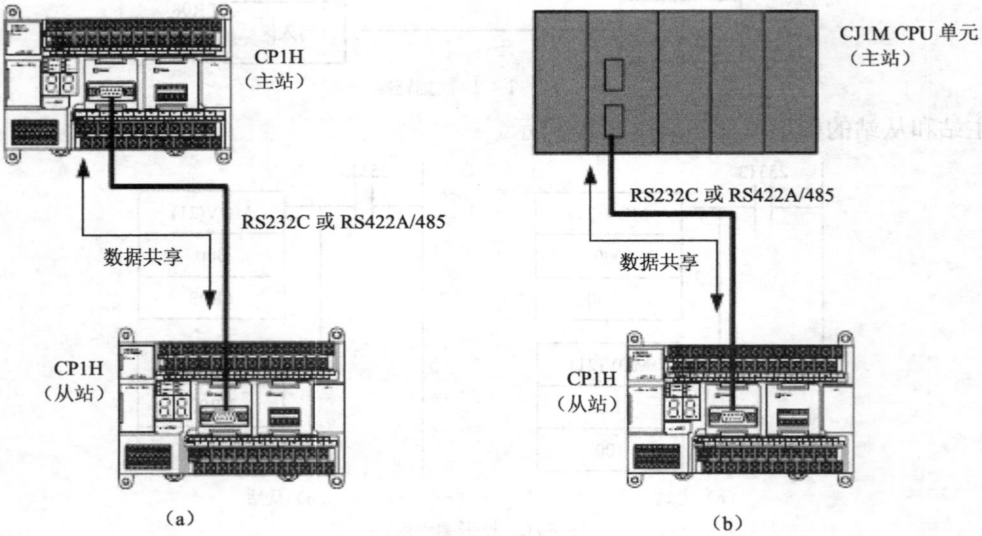

图 6.22　CP1H（CJ1M）：CP1H（CJ1M）= 1：1 链接

用于数据链接的内存区为 3100～3199CH，参与数据链接的每台 PLC 分配到一个“写入区”，“写入区”最多 10 个通道，也可小于 10 个通道，通道数的多少可在主站 PLC 上设定。

PLC 可以把数据写到“写入区”。

1∶N PLC Link 有两种模式：全站链接和主站链接。

1. 全站链接

全站链接模式下，所有 PLC 的数据链接区内容保持一致。PLC 把数据写到“写入区”，其他 PLC 的“写入区”是本台 PLC 的“读出区”，PLC 可以从“读出区”读出其他 PLC 写入的数据。

图 6.23 所示为全站链接，从站最大站号为 3，从站 2 不存在。箭头指出数据在 PLC Link 系统中的流向。

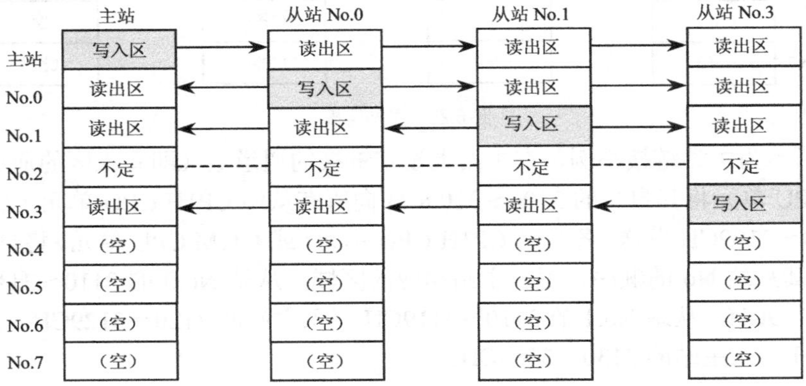

图 6.23 全站链接

图 6.24 所示为全站链接举例，在主站上设定链接的通道数（即写入区的通道数）为 10。

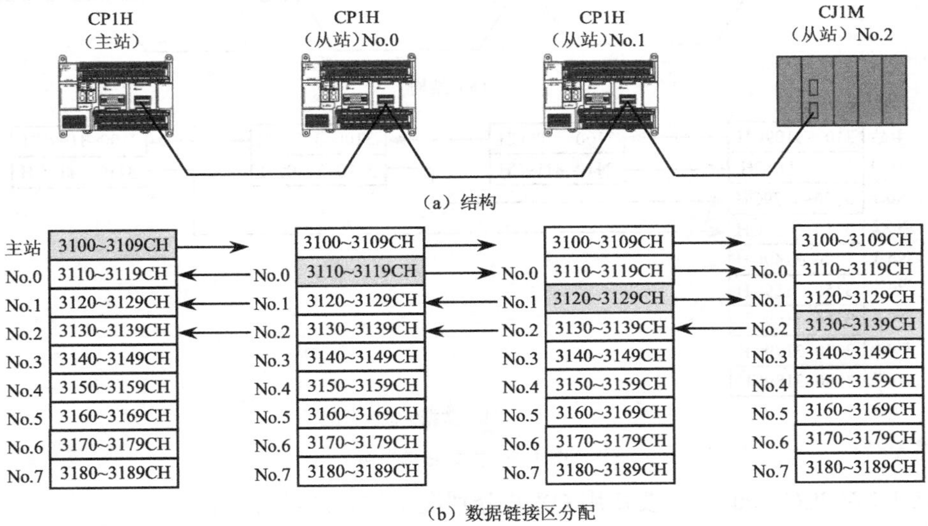

图 6.24 全站链接举例

2. 主站链接

图 6.25 所示为主站链接方式，从站最大站号为 3，从站 2 不存在。仅主站可读出所有从站的数据，从站只可读出主站数据。箭头指出数据在 PLC Link 系统中的流向。

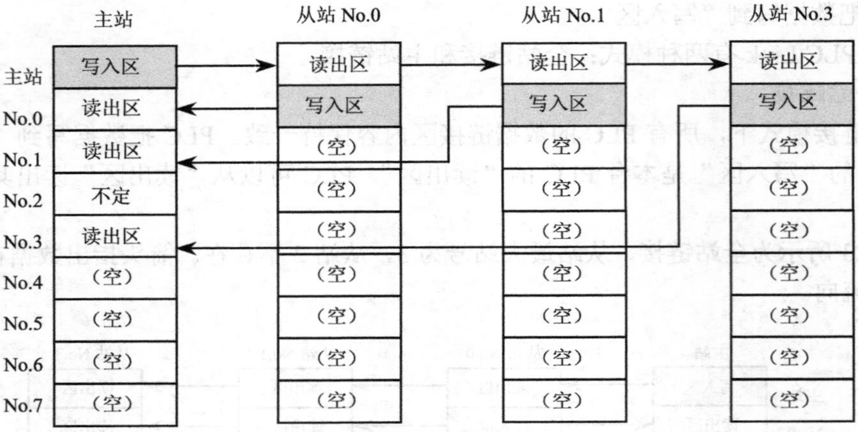

图 6.25　主站链接

图 6.26 所示为主站链接举例，在主站上设定链接的通道数（即写入区的通道数）为 10。主站 CP1H CPU 单元将其自身的 3100～3109CH 向所有从站 CP1H CPU 单元（或 CJ1M CPU 单元）的 3100～3109CH 发送。各从站 CP1H CPU 单元（或 CJ1M CPU 单元）将自身的 3110～3119CH 根据其从站 No 的顺序，写入主站相应的区域，从站 No.0 的 3110～3119CH 写入主站的 3110～3119CH，从站 No.1 的 3110～3119CH 写入主站的 3120～3129CH，从站 No.2 的 3110～3119CH 写入主站的 3130～3139CH。

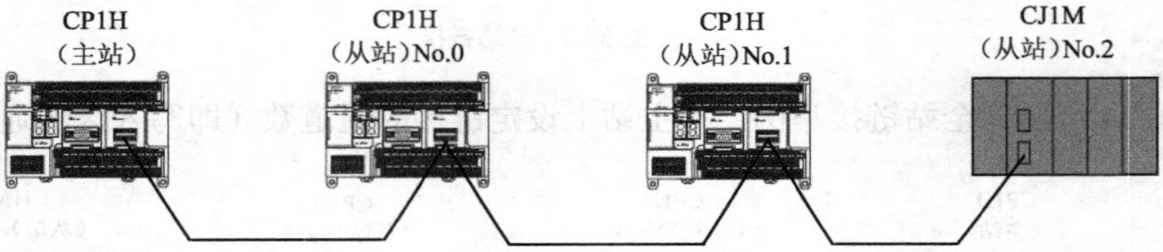

（a）结构

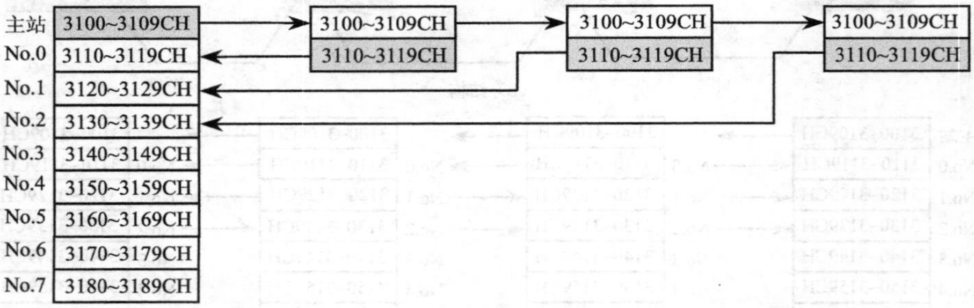

（b）数据链接区分配

图 6.26　主站链接举例

建立 1∶*N* PLC Link 时，要使用 CX-P 分别在主站、从站进行设置。

主站设置：将串口通信模式设为“串行 PLC 链接（主站）”，将链接方式设为“全站链接方式”或“主站链接方式”，设定链接的通道数（1～10CH），设定串行 PLC 链接的最大机号（0～7）。

从站设置：将串口通信模式设为“串行 PLC 链接（从站）”，设定串行 PLC 链接的从站机号（0～7）。

6.5 无协议通信

6.5.1 概述

CPM2A/CPM2C、CQM1、CQM1H、C200Hα、CS1、CJ1、CP1H 等机型都可以进行无协议通信，利用 TXD 和 RXD 指令，通过串行通信口、PLC 与 PLC 之间、PLC 与各种串行通信设备（如条形码阅读器、变频器和串行打印机等）交换数据。

图 6.27 所示为 CP1H 无协议通信的示意图。

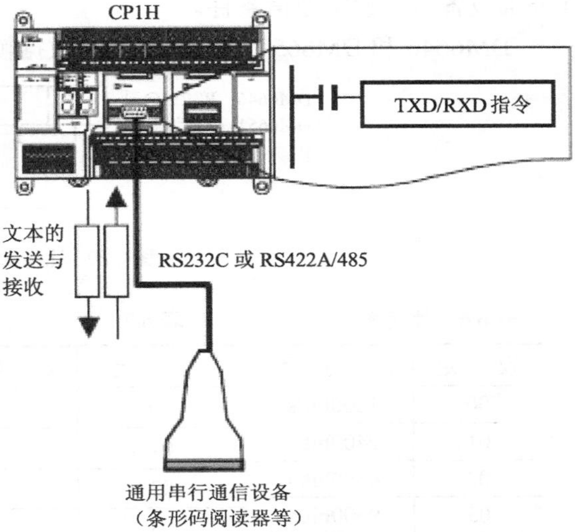

图 6.27 无协议通信

无协议通信时，通信端口除 CPU 单元外部设备口、内置的 RS232C 口或 RS422A/485 口，还可以使用串行通信单元/板上的端口，CQM1H 的串行通信板 CQM1H-SCB41、C200Hα的通信板 C200HW-COM05/COM06、CJ1 的串行通信单元 CJ1W-SCU21/ SCU41 都可用于无协议通信。但要注意，并非 PLC 所有的串行通信口都可用于无协议通信。例如，CS1、CJ1 的外部设备口、CS1 的串行通信单元/板上的端口都不能进行无协议通信。

无协议通信时，TXD 指令用于发送数据，RXD 指令用于接收数据。能够发送和接收数据的最大量为 259 个字节，包括起始码和结束码。常见的传输数据结构如图 6.28 所示。

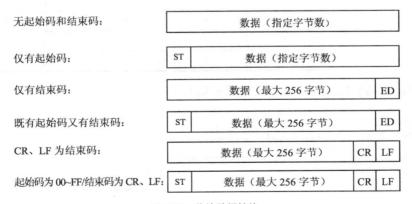

无起始码和结束码：		数据（指定字节数）		
仅有起始码：	ST	数据（指定字节数）		
仅有结束码：		数据（最大 256 字节）	ED	
既有起始码又有结束码：	ST	数据（最大 256 字节）	ED	
CR、LF 为结束码：		数据（最大 256 字节）	CR	LF
起始码为 00~FF/结束码为 CR、LF：	ST	数据（最大 256 字节）	CR	LF

图 6.28 传输数据结构

6.5.2 无协议通信设定

CQM1H 内置的 RS232C 口、外部设备口和串行通信板上的两个通信口（端口 1、端口 2）都可用于无协议通信。无论选用哪一个串口，都要在端口对应的设置区中设定通信参数。要设定通信比特率、数据帧格式，还要设定传输数据结构，如设定起始码、结束码等。

下面以 CQM1H 内置的 RS232C 口和外部设备口为例，介绍无协议通信设定方法。

内置的 RS232C 口在 DM6645～DM6649 中设定，外部设备口在 DM6650～DM6654 中设定。

1. 主通信参数的设定

CQM1H CPU 单元上的 DIP 开关的 5 脚置为 OFF。

将 DM6645（RS232C 口）或 DM6650（外部设备口）最左边的数字置 1，设定为无协议通信。最右边的数字置 0，设定为标准通信条件；置 1，则由 DM6646（RS232C 口）或 DM6651（外部设备口）设定通信条件。

DM6646 和 DM6651 设定比特率和数据帧格式，如图 6.29 所示。

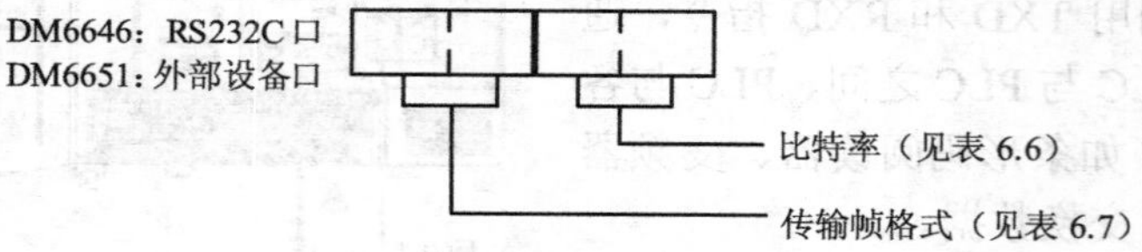

图 6.29 比特率和数据帧格式设定

表 6.6 比特率

设 定	比 特 率
00	1200bit/s
01	2400bit/s
02	4800bit/s
03	9600bit/s
04	19200bit/s

表 6.7 传输帧格式

设 定	起 始 位	数 据 长 度	停 止 位	校 验
00	1	7	1	偶
01	1	7	1	奇
02	1	7	1	无
03	1	7	2	偶
04	1	7	2	奇
05	1	7	2	无
06	1	8	1	偶
07	1	8	1	奇
08	1	8	1	无
09	1	8	2	偶
10	1	8	2	奇
11	1	8	2	无

2. 允许起始码和结束码的设定（见图 6.30）

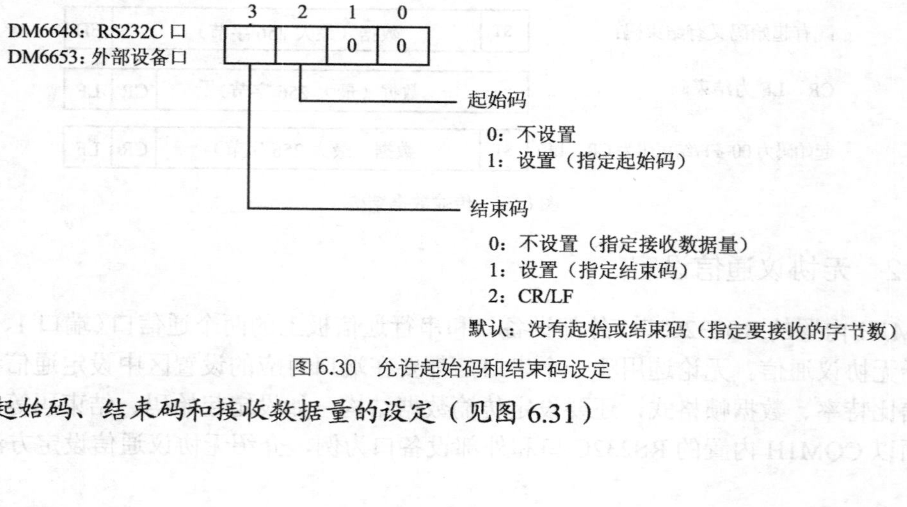

图 6.30 允许起始码和结束码设定

3. 起始码、结束码和接收数据量的设定（见图 6.31）

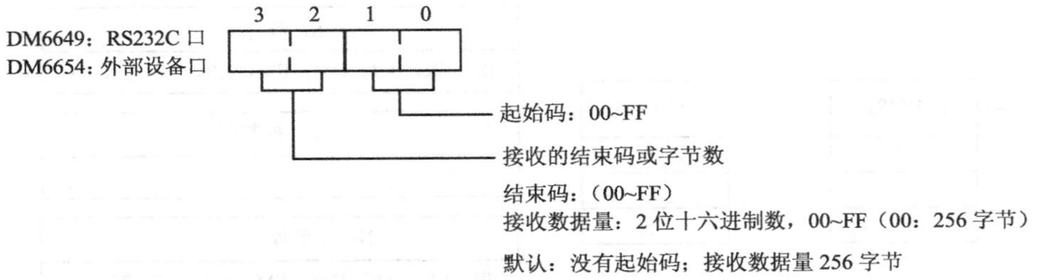

图 6.31　起始码、结束码和接收数据量的设定

6.5.3　无协议通信指令

CQM1H 无协议通信指令有串口设定指令 STUP、数据发送指令 TXD 和数据接收指令 RXD。

1. 串口设定指令 STUP

STUP 用于设定串口通信参数，其梯形图格式及操作数取值区域如图 6.32 所示。

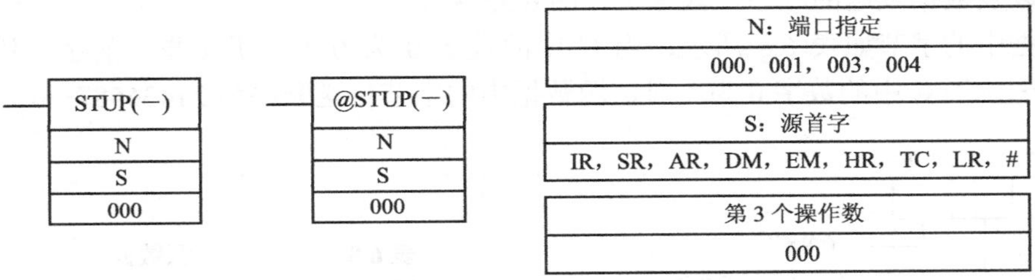

图 6.32　STUP 指令的梯形图格式及操作数取值区域

这里，N 指定串口地址，确定对哪个口作设定，对应关系如下。

- 000：内置的 RS232C 口。
- 001：串行通信板端口 1。
- 002：串行通信板端口 2。
- 003：外部设备口。

S 为设定内容的首字地址，共有 5 个字存储这些信息。S 可取值为#0000，指定端口恢复为默认设置。

执行本指令，当 N 取值为 000 时，STUP 对内置的 RS232C 口操作，将把设定在自 S 开始的 5 个字的内容传送到 DM6645～DM6649 中去；当 N 取值为 003 时，STUP 对外部设备口操作，将把设定在自 S 开始的 5 个字的内容传送到 DM6650～DM6654 中去。

例如，使用 STUP 对 CQM1H 内置的 RS232C 口进行设定，梯形图如图 6.33 所示，AR2404 为 CQM1H 的 RS232C 口设定改变的标志，当 STUP 执行时，保持为 ON；当改变完成时，该标志变为 OFF。当 00000 变为 ON 且 AR2404 为 OFF 时，DM0100～DM0104 的内容传送到 DM6645～DM6649 中。

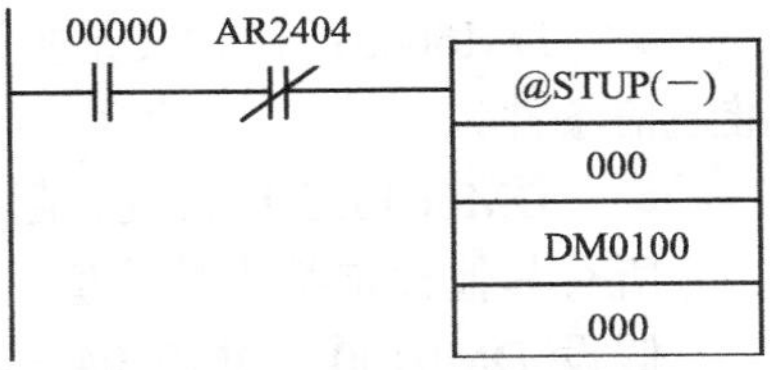

图 6.33　STUP 指令的应用

2. 数据发送指令 TXD

TXD 用于向串口发送数据，其梯形图格式及操作数取值区域如图 6.34 所示。

这里，S 为要发送数据的首字地址，C 为控制数据，N 为要发送的字节数。

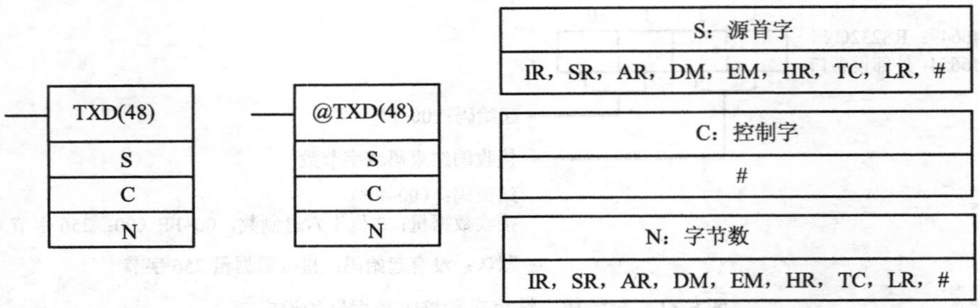

图 6.34　STUP 指令的梯形图格式及操作数取值区域

执行本指令时，TXD 从字 S～S+（N/2）−1 中读取 N 个字节的数据，将其转换为 ASCII 码，并通过指定端口输出数据。TXD 指令有两种操作模式：HOST Link 模式与 RS232C 模式，两种模式下的 TXD 指令的功能是不同的。

在 RS232C 模式下，N 必须是#0000～#0256 的 BCD 码。控制字 C 的值决定由哪个端口输出数据以及数据发送的顺序，其含义如图 6.35 所示。

源数据中的字节如表 6.8 所示，当 C 中的数字 0 为 0 时，源数据中的字节传送顺序为 12345678…；当 C 中的数字 0 为 1 时，源数据中的字节传送顺序为 21436587…。

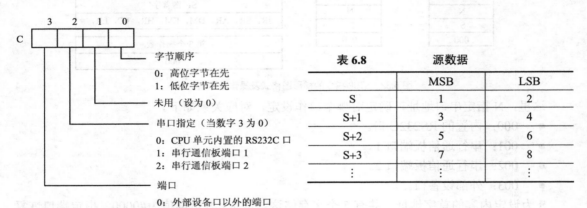

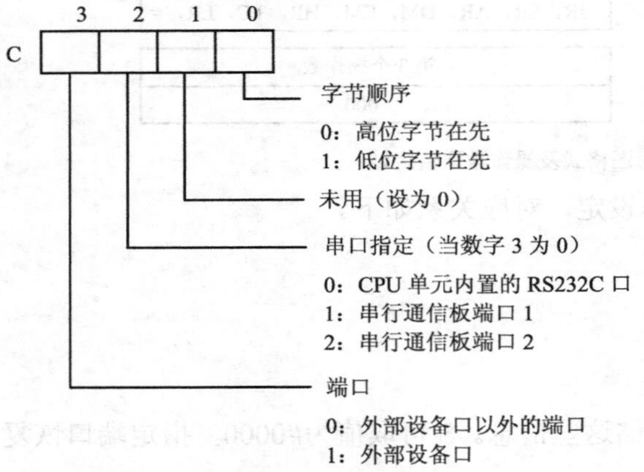

图 6.35　控制字 C 含义

表 6.8　源数据

	MSB	LSB
S	1	2
S+1	3	4
S+2	5	6
S+3	7	8
⋮	⋮	⋮

例如，使用无协议模式从 CQM1H 内置的 RS232C 口向计算机传送 10 字节数据（DM0100～DM0104），梯形图如图 6.36 所示，AR0805 为 RS232C 口传输允许标志，从执行 TXD 指令到完成数据传输，AR0805 将保持为 OFF，在完成数据传输时，将置 ON。执行程序前，必须进行如下设定。

- DM6645：1000（无协议模式的 RS232C 端口；标准通信条件）。
- DM6648：2000（没有起始代码；结束代码 CR/LF）。

所有其他设定都为默认值。

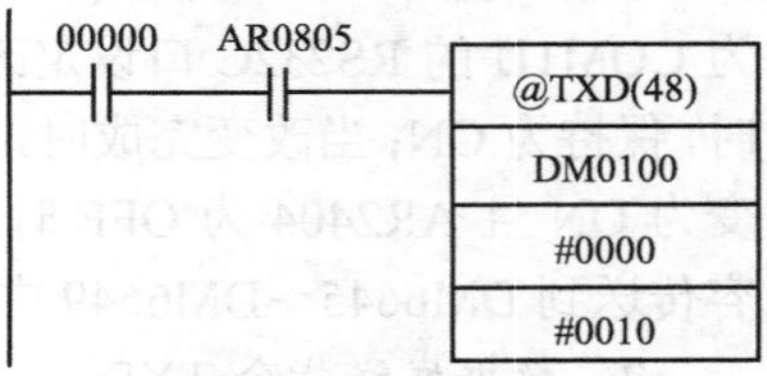

图 6.36　TXD 指令的应用

假设 DM0100～DM0104 每个字的内容都为 3132，则 TXD 指令执行后，向 RS232C 口传送的数据为 31323132313231323132CR LF。

3. 数据接收指令 RXD

RXD 用于从串口接收数据，其梯形图格式及操作数取值区域如图 6.37 所示。

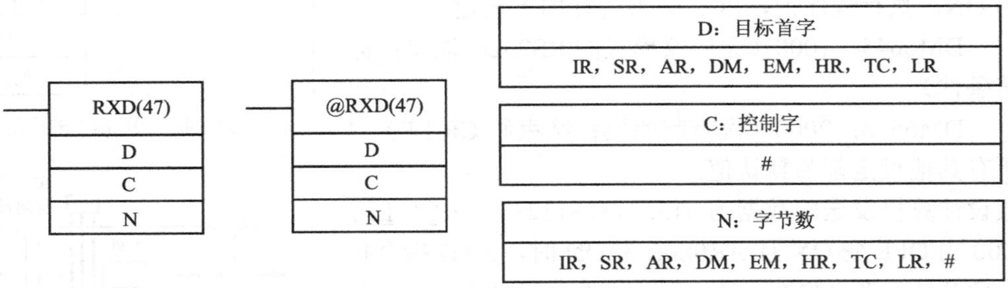

图 6.37　RXD 指令的梯形图格式及操作数取值区域

这里，D 为存放接收数据的首字地址，C 为控制数据，N 为要读取的字节数。

执行本指令，RXD 从控制数据指定的端口读取 N 个字节的数据，并将其存入字 D～D+（N/2）–1 中。一次最多能读取 256 个字节的数据。

N 必须是#0000～#0256 的 BCD 码。控制字 C 的值决定由哪个端口读取数据和数据存入存储器时的顺序，其含义如图 6.38 所示。

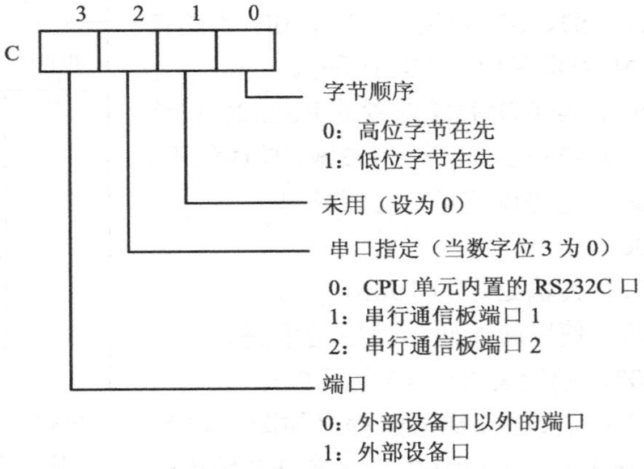

图 6.38　控制字 C 的含义

把数据存到自 D 开始的存储器中的次序取决于 C 中数字 0 的值。如果 RXD 读到 8 字节的数据 1、2、3、4、5、6、7、8，则 C 中数字 0 取不同值，就有不同的存储结果，如图 6.39 所示。

数字 0=0

	MSB	LSB
D	1	2
D+1	3	4
D+2	5	6
D+3	7	8
⋮	⋮	⋮

数字 0=1

	MSB	LSB
D	2	1
D+1	4	3
D+2	6	5
D+3	8	7
⋮	⋮	⋮

图 6.39　存储结果

例如，计算机从 RS232C 口向 PLC 发送数据，无起始码，结束码为 CR/LF，CQM1H 以无协议模式读取数据，并将接收到的数据存入 DM0200 开始的数据区，梯形图如图 6.40 所示。

AR0806 为 RS232C 口接收完成标志，从执行 RXD 指令到完成数据读取，AR0806 将保持为 OFF，在完成数据读取时，将置为 ON。执行程序前，PLC 必须进行如下设定。

- DM6645：1000（无协议模式的 RS232C 端口；标准通信条件）。
- DM6648：2000（没有起始码；结束码 CR/LF）。

所有其他设定都为默认值。

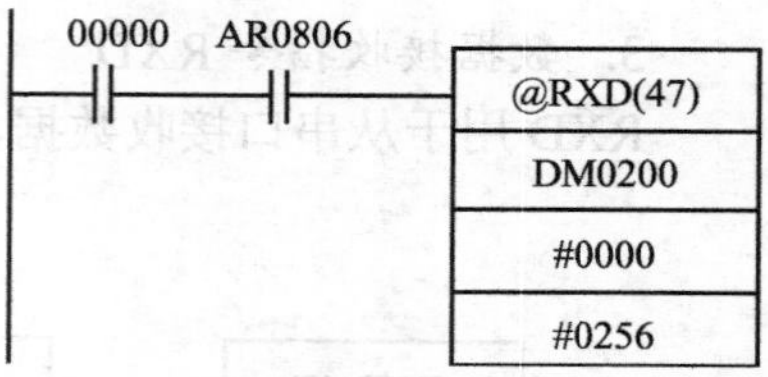

图 6.40 RXD 指令的应用

假设计算机发送的数据为 3132313231323132…CR LF，当 00000 由 OFF 变 ON 且 AR0806 为 ON 时，RXD 指令执行，从 CQM1H 接收缓冲区读入数据，并且存储在 DM0200 开始的数据区中，每个字中的内容为 3132，左字节在前。

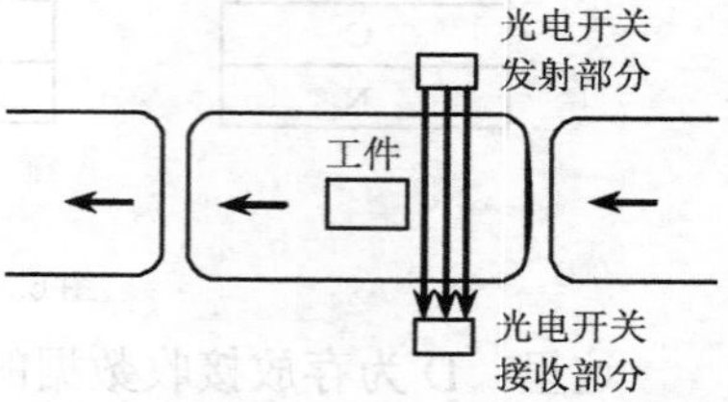

图 6.41 动态称重系统

6.5.4 应用举例

动态称重系统如图 6.41 所示，称重仪表带 RS232C 口，循环不断地向串口发送包括当前重量值的数据帧，数据帧的数据格式为 02、S1、S2、S3、D4、D3、D2、D1、0D。其中，02 为起始字符，S1、S2、S3 为状态字节，0D 为结束字符，D4、D3、D2、D1 为重量值（ASCII 码）。

称重仪表的 RS232C 口与 CQM1H 内置的 RS232C 口连接，设定 CQM1H 内置的 RS232C 口的通信参数，具体如下。

- DM6645：1000，无协议通信、标准格式。
- DM6646：0000。
- DM6647：0001，传输延迟为 10ms。
- DM6648：1100，使用起始码、使用结束码。
- DM6649：0D02，起始码 02、结束码 0D。

PLC 用 RXD 指令读称重数据，梯形图程序如图 6.42 所示，光电开关接输入点 00100，从 00100 的下降沿开始连续 3 次读取工件的重量，取平均值作为工件重量的测量值。相邻的两次读取之间间隔 100ms。

注意：程序中只是读入重量值，而未进行数据处理。

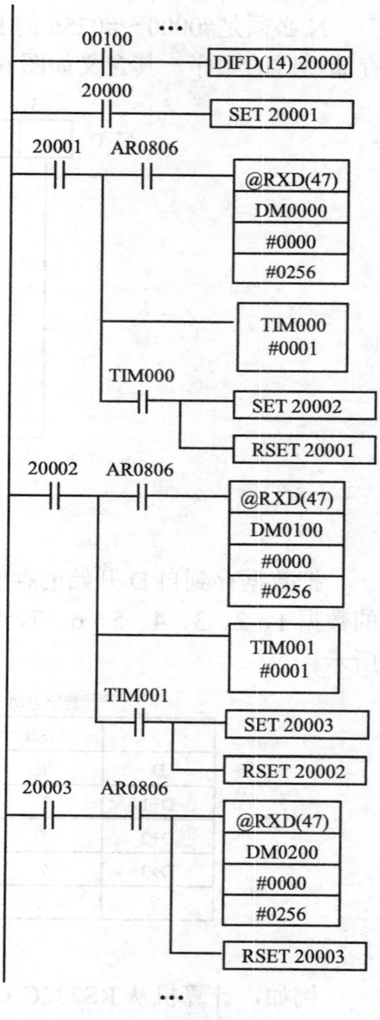

图 6.42 用 RXD 指令读称重数据

6.6 CompoBus/D

6.6.1 概述

CompoBus/D 是 OMRON 一种开放网络，遵循 DeviceNet 开放现场网络标准，非 OMRON 公司生产的符合 DeviceNet 规范的控制设备可以连接到该网络上。

DeviceNet 是由美国 AB 公司开发的开放式新一代网络，已成为世界范围的标准化 FA 网络。DeviceNet 是将串行通信方法进行的控制信号传送、机器数据设定变换为标准网络，将原来连接控制器的 I/O 设备智能化、分散配置，从而减少配线、配置和维护的费用。

DeviceNet 通信协议开放，世界上有众多的制造厂商生产 DeviceNet 标准的机器设备，因此，可以实现多家厂商机器的相互连接、相互替换，机器的现地采购、现地维护都容易实现。国际上的 ODVA（Open Device Vendor Association）组织致力于 DeviceNet 的推广，现有 300 多个成员，OMRON 是其中一员。

OMRON 的 CompoBus/D 广泛应用于各种生产流水线上，如半导体生产、食品包装、汽车组装，是实现分散控制的最佳选择。

CompoBus/D 作为 OMRON 主推的网络之一有以下一些优点。

（1）器件相当丰富，有多种符合开放型 DeviceNet 标准的器件可供使用，可以在短时间内构筑一个符合用户要求的系统。

（2）有多种连接方式，如菊花链方式、M 多分支和 T 分支，可以自由构筑系统。

（3）大幅度节省配线，器件的安装和接线、连线的变更和扩展灵活简便。

（4）CompoBus/D 中使用配置器软件，可以进行系统构成、异常情况监视和机器设定，实现网络的集中管理。这样，系统启动时间短、可扩展性和可维护性高。

CompoBus/D 支持下列两种类型的通信。

（1）远程 I/O 通信：无需编写特别的程序，装有主单元 PLC 的 CPU 可以直接读写从单元的 I/O 点，实现远程控制。

（2）信息通信：安装主单元的 PLC 在 CPU 单元里执行特殊指令 SEND、RECV、CMND 和 IOWR，向其他主单元、安装主单元 PLC 的 CPU 单元、从单元，甚至其他公司的主单元或从单元读写信息，控制其运行。

图 6.43 所示为 CompoBus/D 的 3 种典型结构。

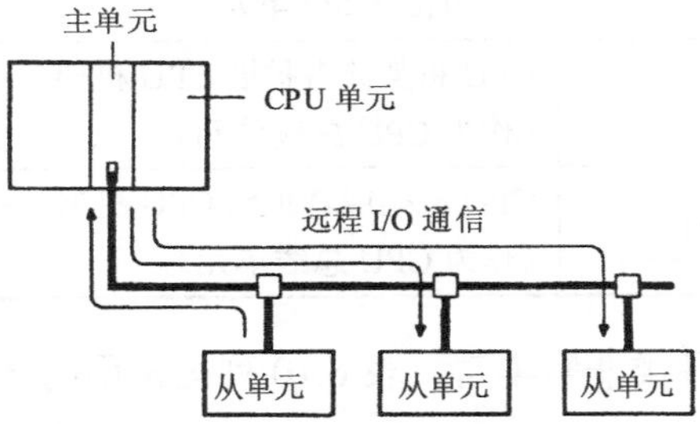

（a）不带配置器的系统

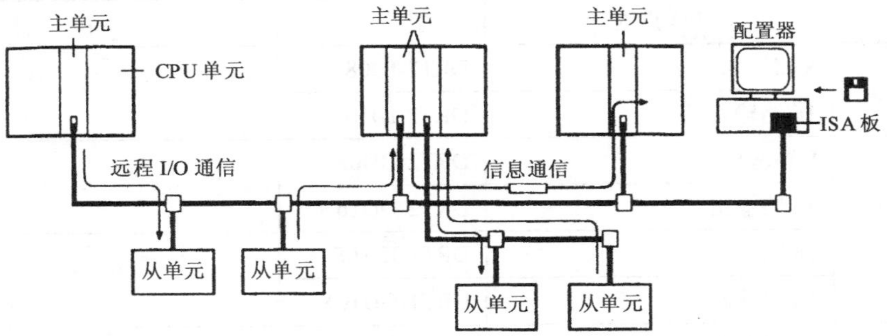

（b）带配置器的系统

图 6.43 CompoBus/D 的结构

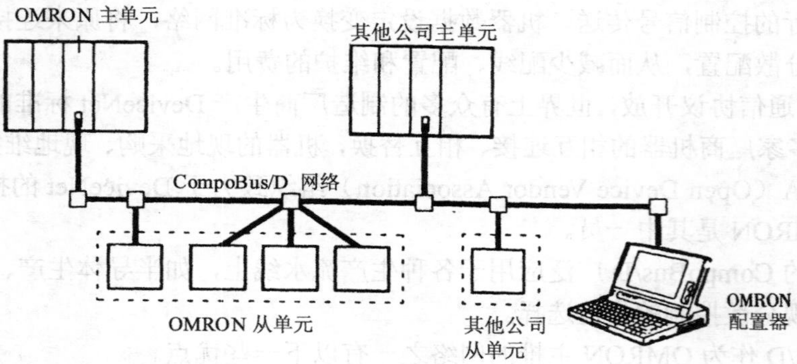

（c）连接其他公司的设备（主单元和从单元）

图 6.43　CompoBus/D 的结构（续）

CompoBus/D 主单元的类型如表 6.9 所示。

表 6.9　　CompoBus/D 主单元

型　　号	适配的 PLC	安 装 位 置	最大单元数 带配置器	最大单元数 不带配置器
CVM1-DRM21-V1	CV 系列	CPU 机架或者扩展 CPU 机架（作为 CPU 总线单元）	16	1
C200HW-DRM21-V1	CS1 系列	CPU 机架、C200H I/O 扩展机架、CS1 扩展机架或 SYSMAC 总线从机架（作为特殊 I/O 单元）	16	
	C200Hα	CPU 机架或者 I/O 扩展机架（作为特殊 I/O 单元）	10 或 16	
	C200HS		10	
CS1W-DRM21	CS1 系列	CPU 机架或者扩展 CPU 机架（作为 CPU 总线单元）	16	
CJ1W-DRM21	CJ1 系列	CPU 机架或者扩展 CPU 机架（作为 CPU 总线单元）	16	

CompoBus/D 从单元的种类非常丰富，表 6.10 列出常用的一些类型。

表 6.10　　常用的 CompoBus/D 从单元

名　　称	I/O 点数	型　　号	备　　注
输入终端（晶体管输入）	8 路输入	DRT2-ID08	
	16 路输入	DRT2-ID16	
输出终端（晶体管输出）	8 路输出	DRT2-OD08	
	16 路输出	DRT2-OD16	
远程适配器	16 路输入	DRT1-ID16S	
	16 路输出	DRT1-OD16X	
传感器终端	16 路输入	DRT1-HD16S	用插头连接到光电和接近传感器上
	8 输入/8 输出	DRT1-ND16S	

续表

名　称	I/O 点数	型　号	备　注
模拟输入终端	4 路输入（4 个字）或 2 路输入（2 个字）（电压或电流）	DRT2-AD04	1/6000 分辨率，1～5 V、0～5 V、0～10 V、−10～+10 V、0～20 mA 或 4～20 mA 输入（可选）
	4 路输入（4 个字）（电压或电流）	DRT2-AD04H	1/30000 分辨率，1～5 V、0～5 V、0～10 V、0～20 mA 或 4～20 mA 输入（可选）
模拟输出终端	2 路输出（2 个字）	DRT2-DA02	1/6000 分辨率，1～5 V、0～10 V、−10～+10 V、0～20 mA 或 4～20 mA 输出（可选）
温度输入终端	4 路输入	DRT2-TS04T	接热电偶
		DRT2-TS04P	接热电阻
C200H I/O Link 单元	512 点输入最大，512 点输出最大	C200HW-DRT21	安装多达 16 个单元到 C200Hα
CQM1 I/O Link 单元	16 点输入/16 点输出（在 CQM1 和主单元之间）	CQM1-DRT21	大约 3 或 7 个单元可安装到 CQM1 上（取决于 CQM1 的型号）
RS232C 单元	16 个输入（1 个字）	DRT1-232C	2 个 RS232C 口，通过 Explicit 信息设置和控制。RS232C 状态输入到存储器
B7AC 接口终端	30 点（10 个字 B7AC）	DRT1-B7AC	每个单元连接 3 个
多 I/O 终端通信单元	输入和输出组合，最大 1024 点	DRT1-COM	每个通信单元可串联连接 8 个 I/O 单元，创建一个低成本的多位系统。宽范围的 GT1 I/O 端口可选

CompoBus/D 使用 M 多分支、T 型多分支或者菊花链型分支连接，如图 6.44 所示。这 3 种连接形式可根据需要组合使用，一起构筑网络。

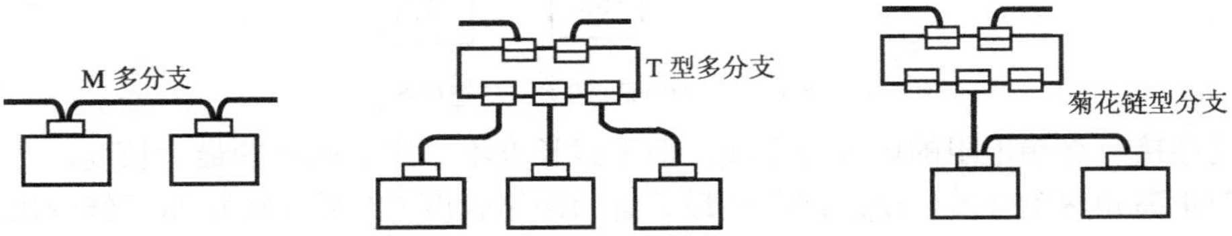

图 6.44　连接形式

配置器是在一台个人计算机上运行的应用软件，有以下两种方式。

（1）计算机加入 CompoBus/D，成为其中的一个节点，此时计算机要安装专用的 ISA 板 3G8F5-DRM21 或专用的 PCMCIA 卡 3G8E2-DRM21。

（2）计算机与 CompoBus/D 中的 CS1/CJ1 节点上的通信口相连，通信口为 CPU 单元内置的外部设备口或 RS232C 口、通信板/单元上的 RS232C 口，此时计算机不是 CompoBus/D 的一个节点，当使用下述任意功能时，要使用配置器。

① 用户设定远程 I/O 分配。

② 在同一台 PLC 上安装一个以上的主单元。

③ 在同一个网络中连接多个主单元。

④ 设定通信参数。

图 6.45 所示为配置器的两种结构。

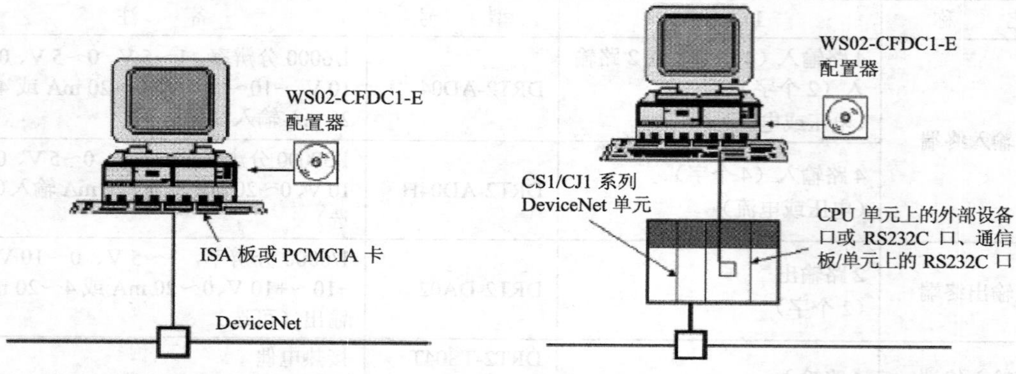

（a） 配置器作为 DeviceNet 单独一个节点　　（b）配置器不作为 DeviceNet 单独一个节点

图 6.45　配置器的结构

图 6.46 所示为 CompoBus/D 系统的连接图。

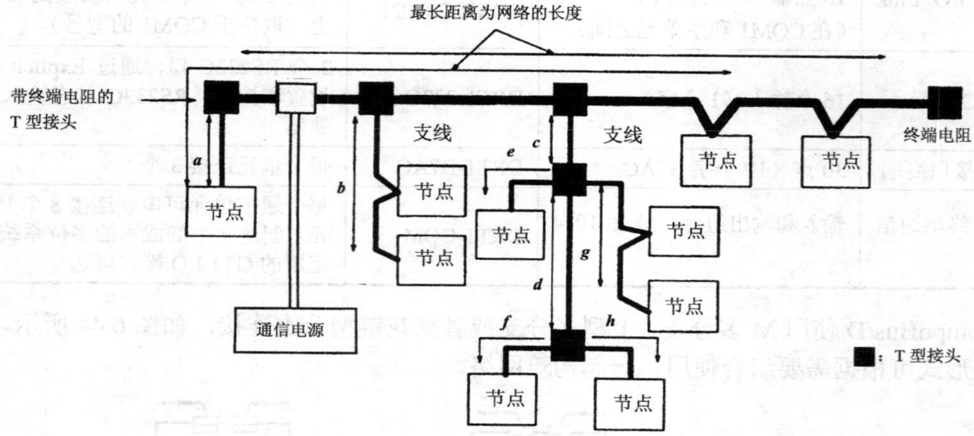

图 6.46　CompoBus/D 系统的连接图

两端连接有终端电阻的电缆为干线，但干线长度不一定是网络的最大长度，两个最远节点之间的距离和两个终端电阻之间距离最大者为网络长度（见图 6.46）。从干线分出的支线电缆称为支线。每一个节点通过 T 型多分支或 M 多分支方式连接到 CompoBus/D 中，从一条分支线可以产生第二条分支。通信采用 5 芯电缆，电缆有粗缆和细缆。支线长度不超过 6m，网络最大长度和支线总长度受电缆类型（粗或细）及通信比特率限制（见表 6.11）。使用粗电缆，网络最大长度可达 500m，总的支线长度可达 156m。在图 6.46 中，当使用粗电缆、通信比特率 125kbit/s 时，应满足下列条件。

① 总的网络长度：小于等于 500m。

② 支线：$a\leqslant 6$m，$c+e\leqslant 6$m，$c+g\leqslant 6$m，$c+d+f\leqslant 6$m，$c+d+h\leqslant 6$m。

③ 总的支线长度：$a+b+c+d+e+f+g+h\leqslant 156$m。

在 CompoBus/D 中，必须通过 5 芯电缆供给每一个节点通信电源，通信电源不应该作为内部回路电源或 I/O 电源。

表 6.11 所示为 CompoBus/D 通信系统的主要技术指标。

表 6.11　CompoBus/D 通信系统的主要技术指标

项　目		规　格
通信协议		DeviceNet
支持的连接（通信）		主-从：远程 I/O 和 Explicit 信息 点对点：FINS 信息 以上两种都遵守 DeviceNet 规格
连接形式		M 多分支和 T 型多分支组合连接（干线或支线）
通信比特率		500kbit/s，250kbit/s 或 125kbit/s（可选择）
通信介质		专用 5 芯电缆（2 根信号线，2 根电源线，1 根屏蔽线）
通信距离	500kbit/s	网络长度：最大 100m　支线长度：最大 6m　总支线长度：最大 39m
	250kbit/s	网络长度：粗线 250m，细线 100m　支线长度：最大 6m　总支线长度：最大 78m
	125kbit/s	网络长度：粗线 500m，细线 100m　支线长度：最大 6m　总支线长度：最大 156m
通信电源		24VDC，外部供给
最大节点数		64 节点（包括配置器在内）
最大主单元数		没有配置器：1 带配置器：63
最大从单元数		63 个从单元
出错控制		CRC 出错检查

6.6.2　CompoBus/D 通信单元

1. CompoBus/D 主单元

图 6.47 所示为 CS1W-DRM21-V1 和 CJ1W-DRM21 两种主单元的面板图。

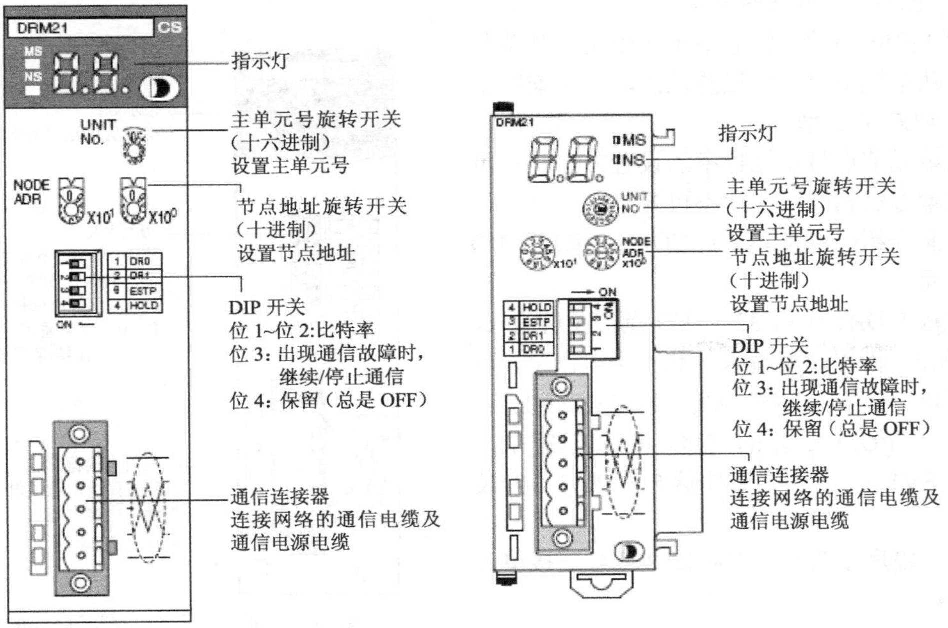

（a）CS1W-DRM21-V1 面板图　　（b） CJ1W-DRM21 面板图

图 6.47　主单元面板图

（1）主单元号旋转开关

主单元号是在CPU总线上占用的单元号，决定了PLC的CPU总线单元区域中的哪些字分配给主单元，设置范围是0～F，十进制数为00～15。

（2）节点地址旋转开关

节点地址旋转开关用来设置主单元的节点号，设置范围是00～63。

（3）DIP开关

DIP开关用来设置通信的比特率以及选择发生通信错误时通信是否继续或停止。

图6.48所示为DIP开关设置。

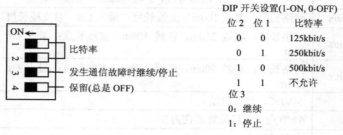

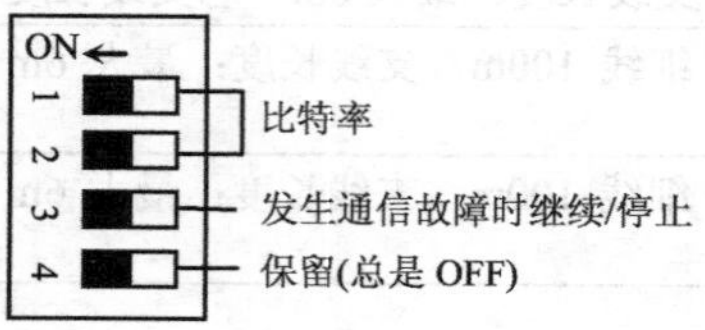

图6.48　DIP开关设置

网络中所有节点（主单元和从单元）都必须设置为相同的比特率。任何比特率与主单元比特率不同的从单元不能参与通信。

2. CompoBus/D从单元

CompoBus/D的每一个从单元都要通过DIP开关设置节点号和比特率，每个单元的DIP开关有10位，设置方法如下。

- 节点地址：位6～位1。
- 比特率：位8～位7。

位9和位10的功能取决于所使用的从单元类型。从单元节点号的设置范围取决于安装主单元的PLC的类型。

从单元节点号及比特率的设置方法和主单元的设置方法相同，在此不再详述。

下面介绍一种从单元：CQM1-DRT21 I/O链接单元。

CQM1-DRT21有32个I/O点，16点输入、16点输出，占用一个输入字和一个输出字，可以安装在所有的CQM1 PLC上。CPU11-E/CPU21-E型的PLC可安装3个，CPU41-EV1～ CPU45-EV1这5种PLC可安装5个。

图6.49所示为CQM1-DRT21 I/O链接单元面板图。

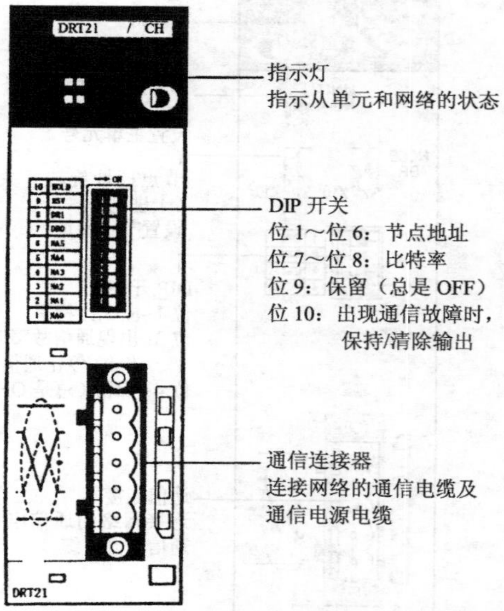

图6.49　CQM1-DRT21 I/O链接单元面板图

DIP开关的位6～位1设置节点号；位8～位7设置比特率；位9未用，总是置为OFF；位10设置如下。

- OFF：清除，当发生通信故障时主单元所有的输出数据（CQM1 的输入数据）将被清零。
- ON：保持，当发生通信故障时主单元所有的输出数据（CQM1 的输入数据）将被保留。

其他 CompoBus/D 从单元的使用情况，可以参考有关手册。

6.6.3 远程 I/O 通信

远程 I/O 通信时，安装主单元的 PLC 应在 CPU 的 I/O 存储区中为每个从单元分配字地址，以实现与从单元 I/O 数据的自动交换。远程 I/O 分配有两种形式：默认分配和用户设定分配。图 6.50 所示为远程 I/O 通信的几种情况，图（a）默认分配即可，图（b）、（c）则必须使用配置器进行用户设定分配。

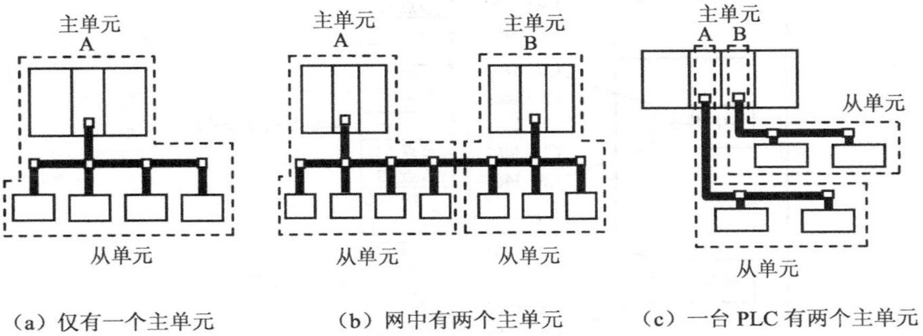

图 6.50 用户设定远程 I/O 分配

默认远程 I/O 分配是在无配置器的情况下，根据节点地址自动为每个从单元分配字地址。

CS1/CJ1 的主单元最多可连接 63 个从单元，每个主单元可控制的最大 I/O 点数为 2048 点，64 输入/64 输出字。

CS1/CJ1 的主单元可在下述的 3 组数据区中选其中之一，作为分配的区域。

- OUT1：CIO 3200～CIO 3263 IN1：CIO 3300～CIO 3363。
- OUT2：CIO 3400～CIO 3463 IN2：CIO 3500～CIO 3563。
- OUT3：CIO 3600～CIO 3663 IN3：CIO 3700～CIO 3763。

使用默认远程 I/O 分配时，PLC 分配区中的字地址是根据从单元的节点地址进行分配的。分配的字地址分成输入区和输出区，PLC 由输入区接受从单元的输入，由输出区输出数据到从单元。每个节点地址至少分配一个输入字和一个输出字。如果一个从单元需要不止一个输入字或输出字，将占有不止一个节点地址，如果一个从单元需要的字少于 1 个字，则仅占有分配给该单元的字的最右边的位。例如，8 点从单元，分配 1 个字，但只占用最右边的字节，占 1 个地址；16 点从单元，分配 1 个字，占 1 个地址；多于 16 点从单元，分配多个字，每个字占用 1 个地址。

图 6.51 所示为 CS1/CJ1 默认远程 I/O 分配方法。图 6.52 所示为 CS1 默认远程 I/O 分配实例。

图 6.52 中装有 CQM1-DRT21 的 CQM1 配置如图 6.53 所示。CQM1 I/O 字的分配自左向右，输入从 IR001 开始，输出从 IR100 开始。

CQM1-DRT21 I/O Link 单元有一个输入通道、一个输出通道，相对于 CQM1 的通道号为 002 和 101 通道，相对于 CS1 的通道号为 3202 和 3302 通道。实际上，002 和 3202 是指同一通道，101 和 3302 也是同一通道。002 通道相对于 CQM1 是输入通道，而 3202 通道相对于

CS1 是输出通道；101 通道相对于 CQM1 是输出通道，而 3302 通道相对于 CS1 是输入通道。因此若要从 CS1 向 CQM1 传送数据，则在 CS1 将数据从 3202 通道输出，在 CQM1 将数据从 002 通道输入，同样利用对 101 和 3302 通道的输出和输入，可以由 CQM1 向 CS1 传送数据。

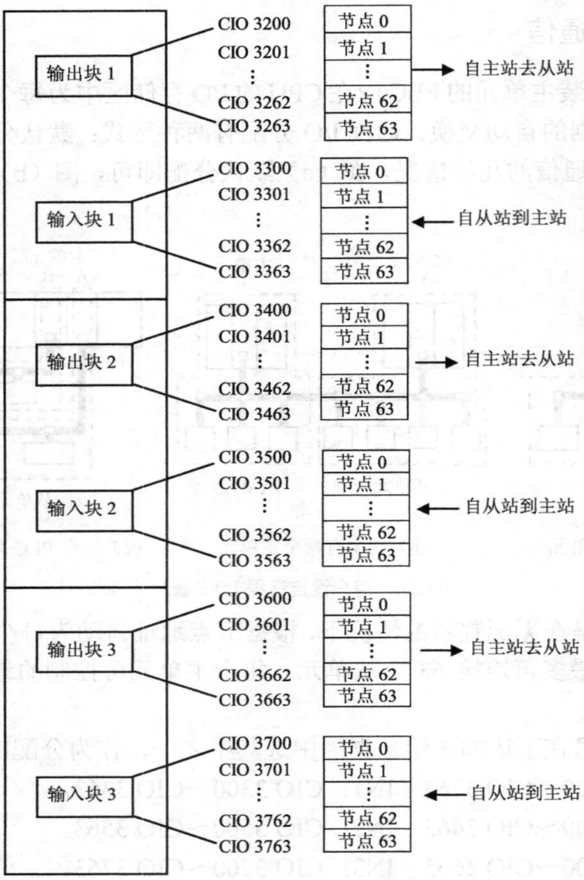

图 6.51　CS1/CJ1 默认远程 I/O 分配方法

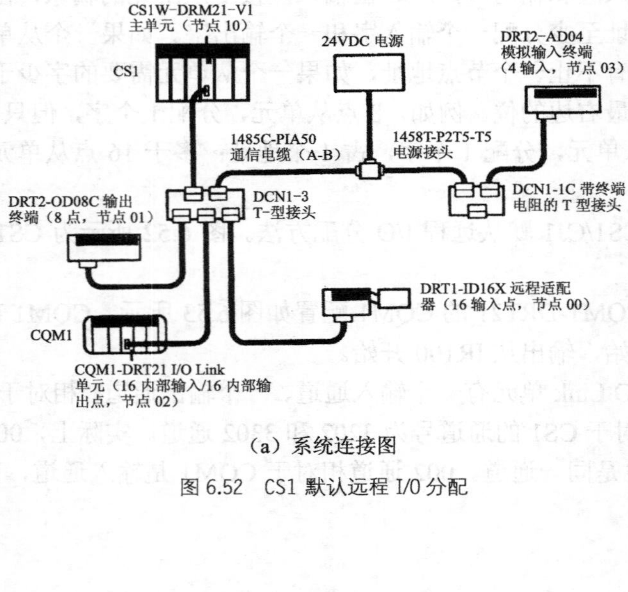

（a）系统连接图

图 6.52　CS1 默认远程 I/O 分配

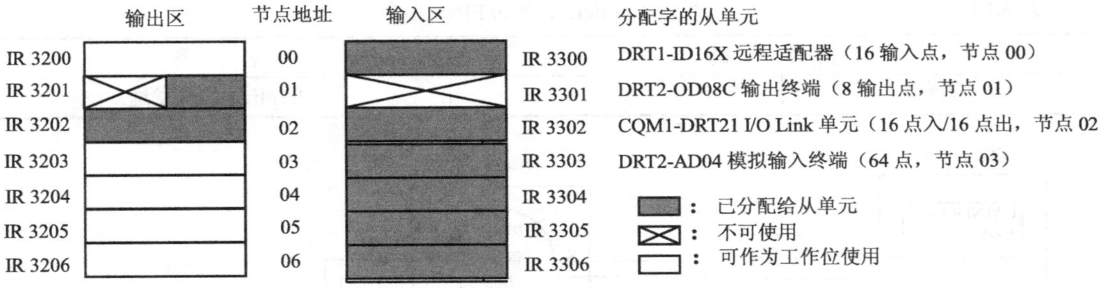

（b）默认远程 I/O 分配

图 6.52 CS1 默认远程 I/O 分配（续）

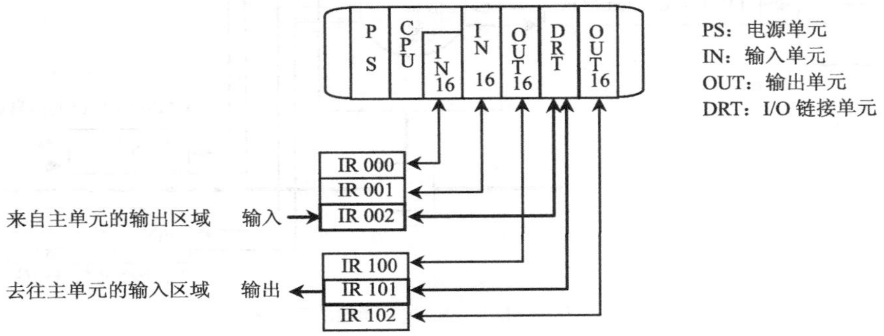

图 6.53 装有 CQM1-DRT21 的 CQM1 PLC I/O 字分配

限于篇幅，这里只介绍了默认（无配置器）远程 I/O 分配，用户设定（有配置器） 远程 I/O 分配见有关手册。

6.6.4 信息通信

在 CompoBus/D 中，使用指令 SEND、RECV、CMND、IOWR 进行信息通信。

信息通信的报文有两种方式：FINS 报文和 Explicit 报文。使用代码为 28 01 的 FINS 指令发送 Explicit 报文，可以与网络中非 OMRON 主单元或从单元节点通信。

CMND：用于 CV、CS1/CJ1 系列，通过执行 CMND 可以发送 FINS 指令和 Explicit 信息。

IOWR：用于 C200Hα，功能与 CMND 相似，PLC 通过执行 IOWR 可以发送 FINS 指令和 Explicit 信息。

表 6.12 所示为用于 CompoBus/D 主单元的 FINS 指令。

表 6.12　　用于 CompoBus/D 主单元的 FINS 指令

指令代码		名称	指令代码		名称
04	03	复位	08	01	回送测试
05	01	控制器数据读	21	02	错误记录读
06	01	控制器状态读	21	03	错误记录清

表 6.13 所示为发送 Explicit 信息的 FINS 指令。图 6.54 所示为 DeviceNet FINS 信息通信的示意图。

使用 CMND 指令发送 Explicit 报文，发送时将 FINS 命令代码（2801H）作为发送帧的报头附加在 Explicit 帧前面一起发送，并且各种 DeviceNet 单元可自动响应接收到的 Explicit 报文。

表 6.13　　发送 Explicit 信息的 FINS 指令

指令代码		名　称
28	01	Explicit 信息发送

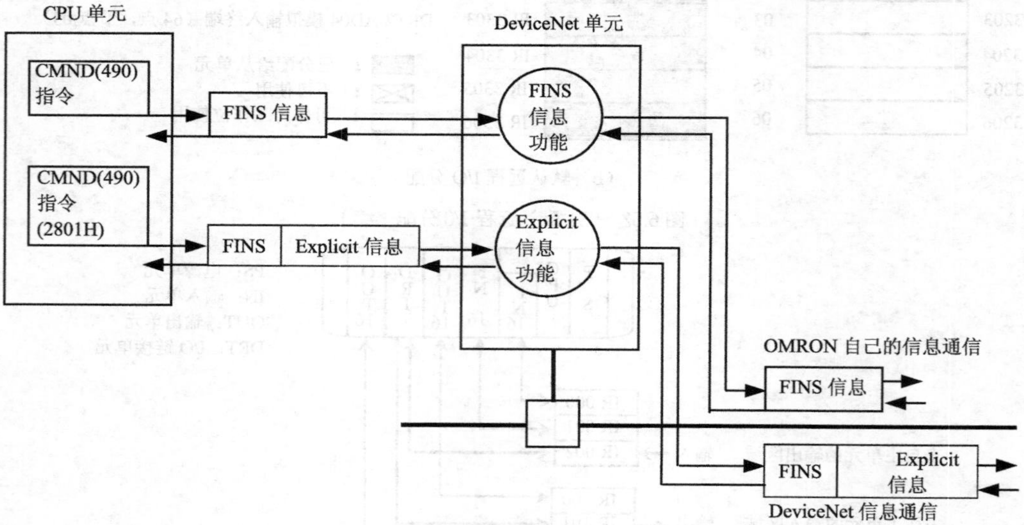

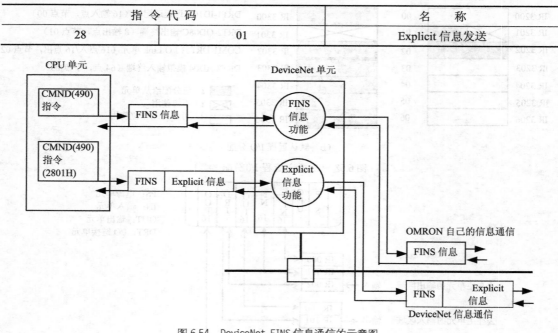

图 6.54　DeviceNet FINS 信息通信的示意图

6.7　Controller Link

6.7.1　概述

Controller Link 为 OMRON 的一种 FA（工厂自动化）网络，其节点为 CQM1H、C200HX/HG/HE（C200Hα）、CS1、CJ1、CV/CVM1 等系列的 PLC 和计算机。网络中的每个节点需安装相应的通信单元，PLC 上安装 Controller Link（CLK）单元，计算机在扩展槽上插上 Controller Link（CLK）支持卡。

Controller Link 的节点之间可灵活、方便地进行大容量的数据交换，且实时性强，可靠性高。通信方式有两种：数据链接和信息通信。数据链接可以自动实现网络节点之间的数据共享，一旦节点之间建立了数据链接并启动，不管节点上的 PLC 处于何种工作状态（编程、监控或运行），节点间的通信便可自动进行，从而达到数据共享。使用信息通信功能时，PLC 节点是在程序中用通信指令 SEND/RECV/CMND 向其他节点发起通信，从而实现 PLC 与 PLC、PLC 与计算机之间的数据交换；计算机节点可使用 C++等高级语言根据 FINS 协议编程向其他节点发起通信，实现与 PLC 节点、其他计算机节点的数据交换。信息通信是通过程序执行指令完成的，可由用户根据需要设置，这种方式比数据链接要灵活；但数据链接可交换大容量的数据，且自动进行，不需要编程。数据链接和信息通信这两种通信方式在 Controller Link 中可以同时使用。

Controller Link 的连接为总线结构或环行结构，其介质访问控制为令牌总线方式或令牌环方式。Controller Link 的通信介质采用屏蔽双绞线电缆或光纤电缆（H-PCF、GI），支持光缆通信的只有 CS1 系列、CV/CVM1 系列 PLC。

图 6.55 所示为 Controller Link 的基本结构。

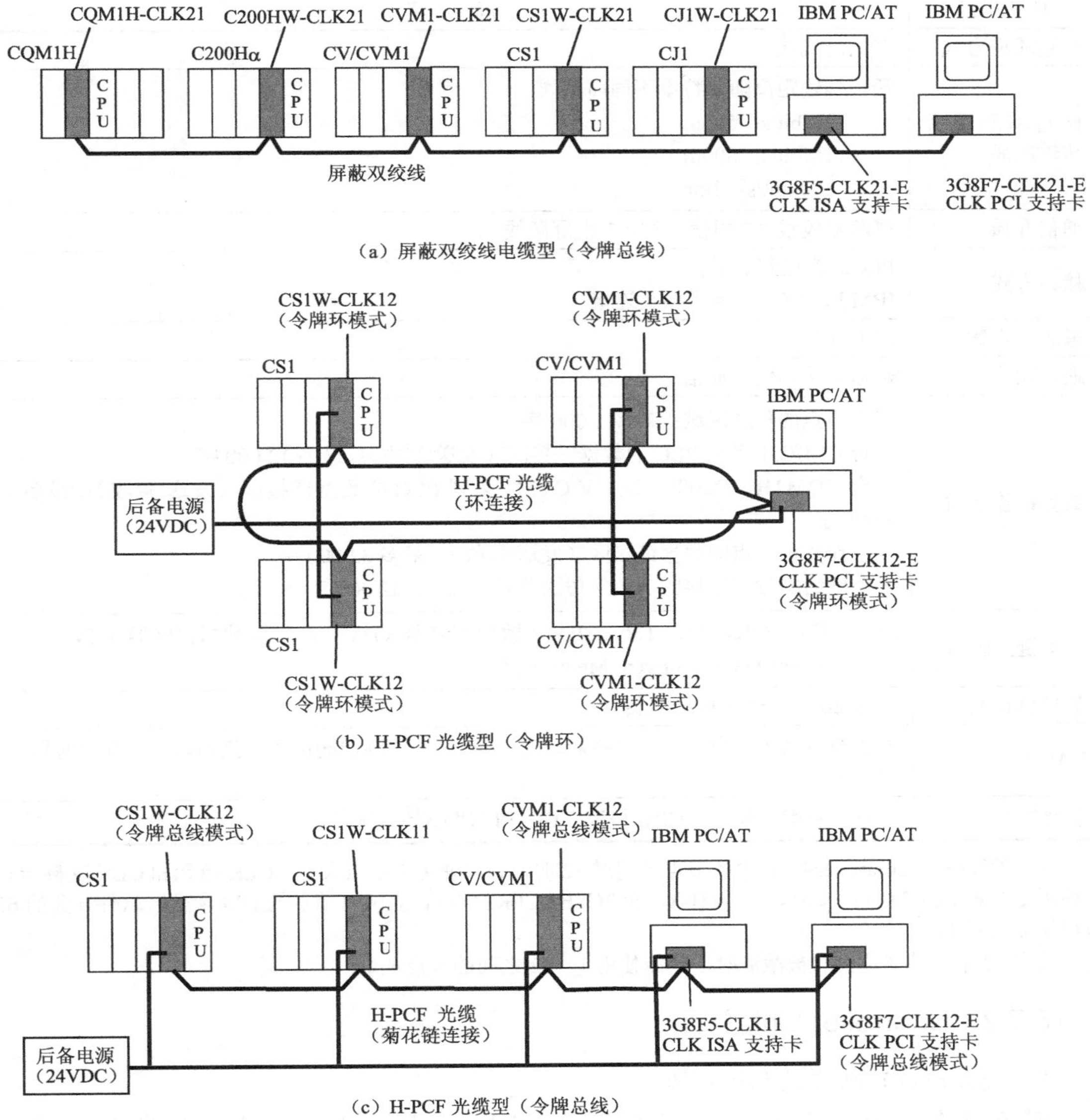

图 6.55 Controller Link 的基本结构

Controller Link 单元共有 12 种型号，CJ1 线缆型的为 CJ1W-CLK21-V1，CS1 线缆型的为 CS1W-CLK21-V1。安装在 CPU 机架或 CJ1 的扩展机架上。

用于计算机的 Controller Link 支持卡有 5 种型号，线缆型的为 3G8F5-CLK21-E，ISA 型。

表 6.14 所示为线缆型 Controller Link 的主要技术指标。

表 6.14　线缆型 Controller Link 的主要技术指标

项　目	规　格
通信方法	N： N 令牌总线、曼彻斯特编码、基带
同步方式	标志同步（符合 HDLC 帧）

续表

项　目	规　格
传输通道方式	多站总线式
比特率和最大传输距离	最大传输距离随比特率不同而不同 2Mbit/s：500m 1Mbit/s：800m 500kbit/s：1km
通信介质	屏蔽双绞线（2 根信号线，1 根屏蔽线）
接口方式	PLC：连接到端子板 IBM PC/AT：用专用接头连接
最大节点数	32 或 62
通信功能	数据链接和信息通信
数据链接字数	每个节点的传送区域：最多 1 000 字 一台 CS1/CJ1 系列 PLC 的数据链接区（发送/接收）：最多 12 000 字 一台 CQM1H、C200Hα或 CV/CVM1 系列 PLC 的数据链接区（发送/接收）：最多 8 000 字 一台计算机节点的数据链接区（发送/接收）：最多 32 000 字 一个网络的数据链接的字数（传送总数）：最多 32 000 字
数据链接区域	PLC：位区（IR、AR、LR、CIO），数据存储器（DM）和扩展数据存储器（EM） 计算机：FinsGateway Event Memory 区
信息包长度	最多 2012 字节（包括字头）
RAS 功能	发牌节点后备、自诊断（网络启动时检查硬件）、回送测试和广播测试、监视定时器、出错记录
差错控制	曼彻斯特编码校验、CRC 校验（CCITT $X^{16}+X^{12}+X^5+1$）

注：①线缆型 Controller Link 中的节点数超过 32 时，必须使用中继放大器，CLK 单元和 CLK 支持卡只能使用 CS1W-CLK21-V1、CJ1W-CLK21-V1 和 3G8F7-CLK21-V1，且所有节点的 DM 参数区软件开关的 62 节点使能位置 1。

②当 62 节点使能位没有被激活时，只能使用 1～32 之间的节点地址。

6.7.2　Controller Link 单元

1. Controller Link 单元的面板图

图 6.56 所示为 CS1 系列的 CLK 单元 CS1W-CLK21-V1 和 CJ1 系列的 CLK 单元 CJ1W-CLK21-V1 的面板图。

2. Controller Link 单元的设置

（1）单元号旋转开关

用旋转开关为 Controller Link 单元设置一个单元号，范围为 0～F（十进制 00～15），Controller Link 单元归类为 CPU 总线单元，PLC 根据单元号进行识别，并为其分配相应的 CPU 总线内存工作区。其中，CIO 区 25 个字、DM 区 100 个字。

① CIO 区：

起始地址（n）=1500+25×单元号

结束地址=起始地址+24

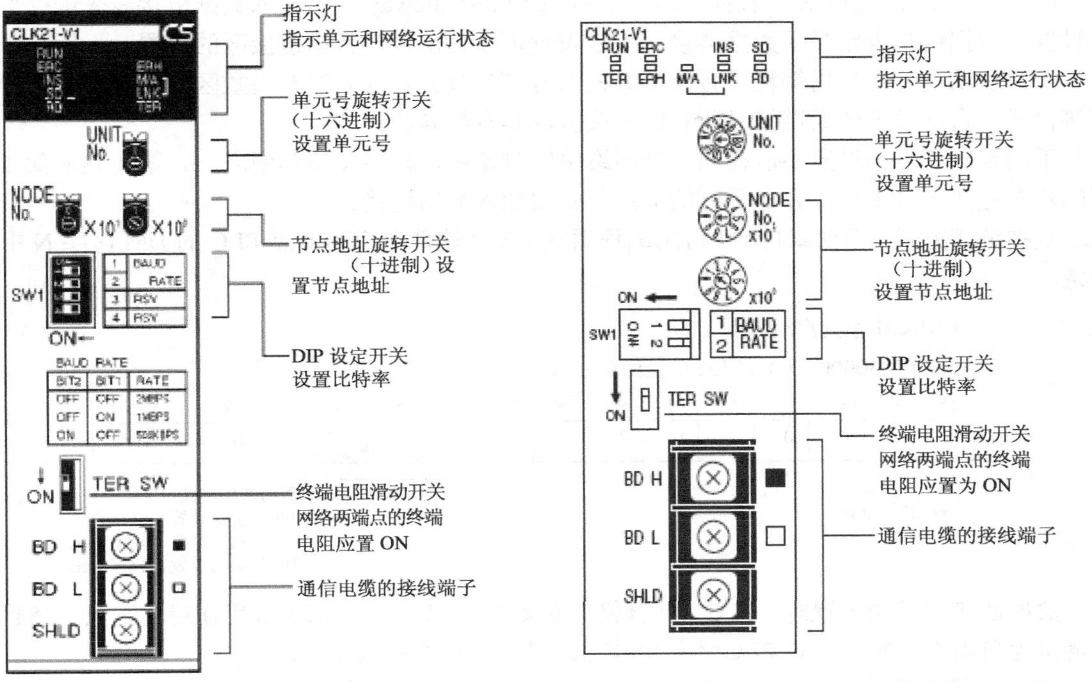

（a）CS1W-CLK21-V1 面板图　　　　（b）CJ1W-CLK21-V1 面板图

图 6.56　Controller Link 单元面板图

② DM 区：

起始地址（m）=D30000+100×单元号

结束地址=起始地址+99

（2）节点地址旋转开关

用旋转开关给网络上的每一个单元设置节点地址，节点地址用来识别网络中每一个节点，设置范围是 2 位十进制数 01～32。

（3）SW1 DIP 开关

SW1 DIP 开关中的位 1、位 2 用来设置比特率。

位 2	位 1	比特率	最大传输距离
0	0	2Mbit/s	500m
0	1	1Mbit/s	800m
1	0	500kbit/s	1 000m
1	1	不能用	

（4）终端电阻设置

将滑动开关拨到 ON 时可以接通 Controller Link 单元的内置的终端电阻。仅网络两端节点的终端电阻开关置 ON，其他节点的终端电阻开关都置 OFF。

6.7.3　数据链接

建立数据链接后，网络的节点（PLC、计算机）之间可以自动地交换在预置区域内的数据。每个节点可以设置两个数据链接区域：第 1 区和第 2 区。数据链接可以用下列的任一种方式来设置。

（1）手动设置：用CX-P软件中的CX-Net或FinsGateway软件输入数据链接表来进行手动设置。数据链接表定义了数据链接，手动设置可以自由设定数据链接区的位置。

（2）自动设置：使用编程设备（如编程器），在启动节点的DM参数区中设置自动数据链接模式，自动设置数据链接时所有的链接区域具有相同的尺寸。

手动设置和自动设置不能在同一个网络中同时使用，只能使用其中之一。第1区和第2区的数据链接同时生效，并非所有的节点都必须加入数据链接。

数据链接方式（手动或自动）可用编程器或CX-P软件在启动节点PLC的DM区字N中指定。

CS1/CJ1系列启动节点：

N：DM30000+100×CLK单元的单元号

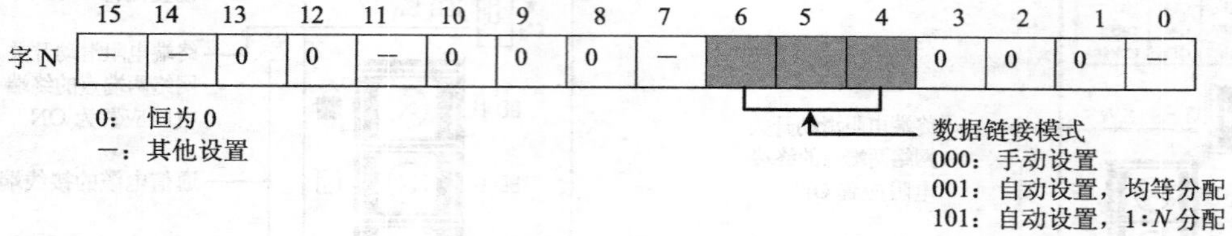

数据链接为手动设置时，PLC、计算机（安装CLK支持卡）都可被用作启动节点。当数据链接为自动设置时，只有PLC才可用作启动节点，计算机则不行。

CLK支持卡的数据链接区为FinsGateway Event Memory，有两个区域，即CIO和DM，相当于PLC的CIO区和DM区。这样，CLK支持卡数据链接区的设置同PLC完全一致。

数据链接规格如表6.15所示。

表6.15　数据链接规格

<table>
<tr><th>项　目</th><th colspan="3">规　格</th></tr>
<tr><td>数据链接的节点数</td><td colspan="3">光缆环系统：最大64，最小2
电缆系统：最大32，最小2</td></tr>
<tr><td>数据链接的字数</td><td colspan="3">每个节点的发送/接收的字数（第1区和第2区总计）：
CS1/CJ1：最多12 000
C200Hα，CV/CVM1、CQM1H：最多8 000
IBM或兼容机：
手动设置：光纤环系统最多64 000，电缆系统，最多32 000
自动设置：最多8 000
每个节点发送的字数（第1区和第2区的总计）：最多1 000</td></tr>
<tr><td rowspan="3">数据链接区的分配</td><td colspan="2">手动设置</td><td>第1, 2区：位区（IR、CIO和LR区）
数据存储器（DM区和EM区）
然而，第1区和第2区不能设置在同一个存储区域中</td></tr>
<tr><td rowspan="2">自动设置</td><td>均匀分配</td><td>第1区：IR、CIO或LR区
第2区：数据存储器（DM和EM区）</td></tr>
<tr><td>1：N分配</td><td>第1、2区：位访问区（IR、CIO和LR区）
数据存储器（DM和EM区）</td></tr>
</table>

1. 手动设置数据链接

图6.57所示为手动设置数据链接的几种情况，图（a）中发送和接收节点的次序是自由的；

图（b）中一些节点可以只发送而不接收数据；图（c）中一些节点可以只接收而不发送数据；图（d）中一个节点可以只接收从区域起点开始指定数量的字；图（e）中一个节点可以只接收从指定字位置开始的指定字数的数据，开始字被设置成一个从发送数据起始处开始的偏移量。

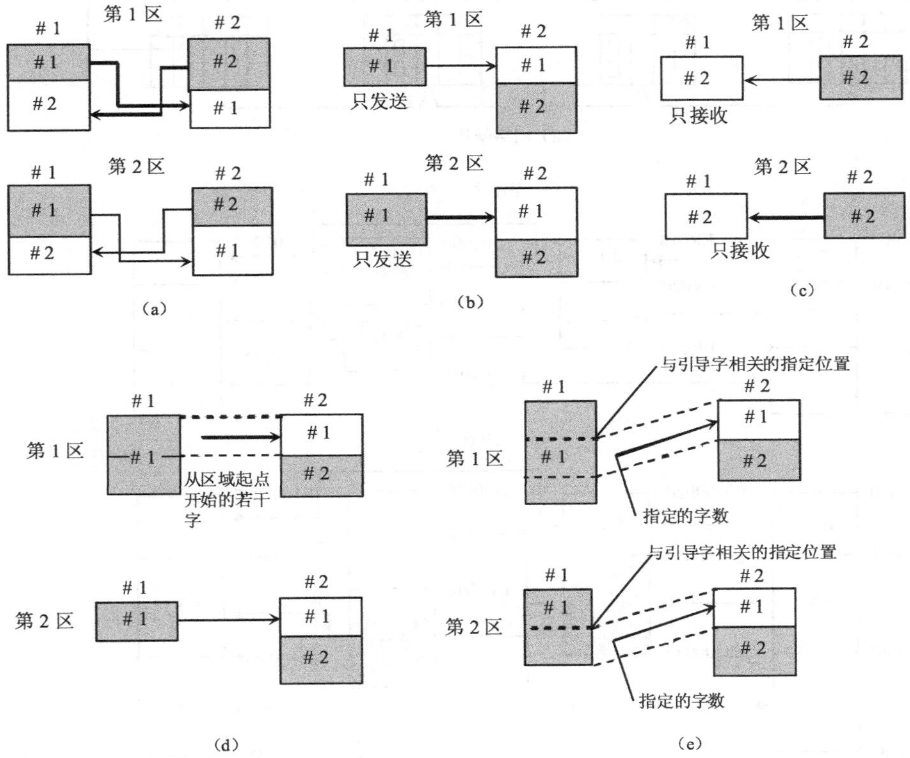

图 6.57 手动设置数据链接

手动设置要用 CX-Net 或 FinsGateway 软件对参与链接的每个节点（CLK 单元和 CLK 支持卡）进行设定，FinsGateway 一般用在 CLK 支持卡和 PLC 组成的 Controller Link，CX-Net 一般用在 PLC 组成的网络上，当然也可以用在 CLK 支持卡和 PLC 组成的网络上，两者的界面稍有不同。

例 6.1 Controller Link 的结构如图 6.58（a）所示，有 4 个节点，节点 1、节点 2 都为 C200HX PLC，节点 3、节点 4 都为 CVM1 PLC，上位机与节点 4 的 CVM1 PLC 通过串口相连。数据链接如图 6.58（b）所示，第 1 区在α机的 LR 区和 CVM1 的 CIO 区建立链接，第 2 区是在 DM 区和 EM 区建立数据链接。节点 2 不接收节点 3 的数据，而节点 3 不接收节点 1 的数据，节点 4 不发送任何数据，只接收来自其他节点的数据。

运行 CX-Server 下的“CX-Net 网络配置工具”，新建工程“Example1.cdm”，根据图 6.58（a）所示的网络结构添加各个节点上的设备，如图 6.59 所示。

设备添加完毕后，出现新建工程“Example1”的窗口，如图 6.60 所示。

在图 6.60 的菜单栏中选中“数据链接（L）”，然后将数据链接确定为“Controller Link”，经过一系列的操作就可以完成数据链接表的设置，如图 6.61 所示。

图 6.61 中，上半部为数据链接配置窗口，椭圆表示发送区，方块表示接收区；下半部为节点编辑窗口，可对参与链接的每一个节点设置数据链接的参数，如发送区尺寸、接收区尺寸、接收偏移量。

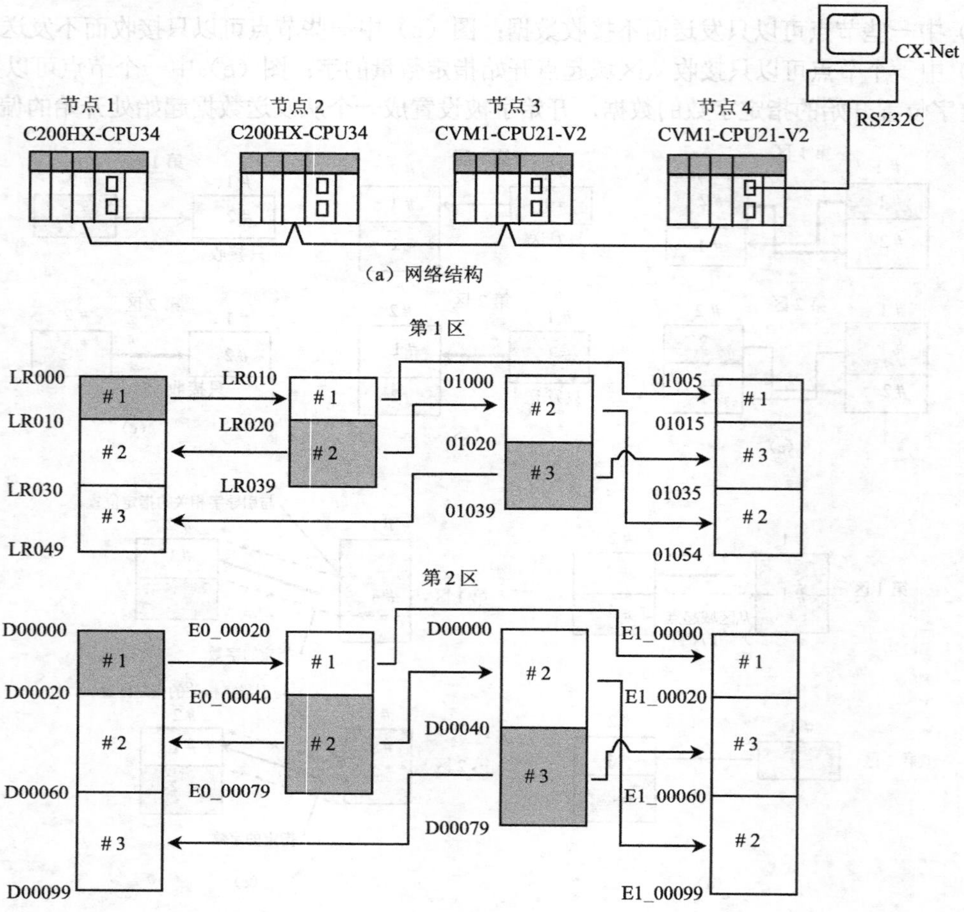

（b）数据链接

图 6.58　数据链接手动设置举例

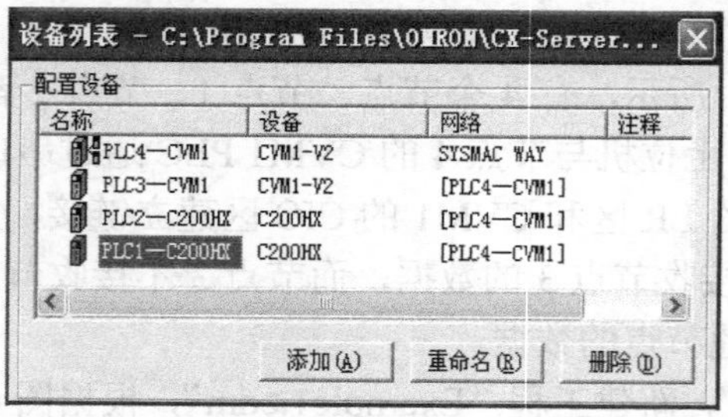

图 6.59　添加设备

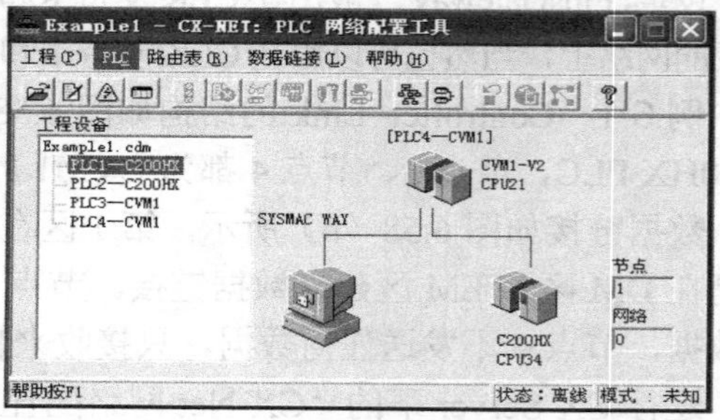

图 6.60　工程 Example1 窗口

数据链接表建立后，将上位机与节点 4 的 CVM1 在线连接后，向参与链接的每一个节点传送数据链接表。

节点 1～节点 4 的数据链接表设置，如紧接着图 6.61 下面的 4 张图所示。

2. 自动设置数据链接

自动设置是通过在启动节点的 PLC 的 CPU DM 参数区中设定来建立数据链接的，启动节点是用以激活数据链接的节点。设定可以用编程器或 CX-P 软件中的 CX-Net 来做。

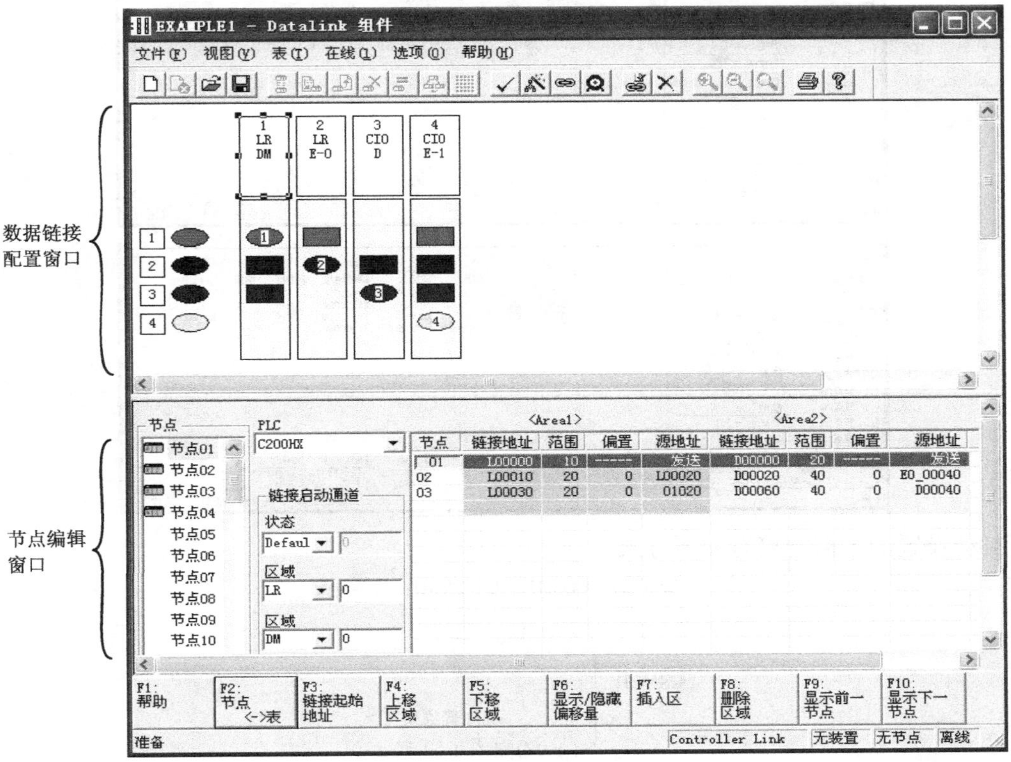

图 6.61　设置数据链接表

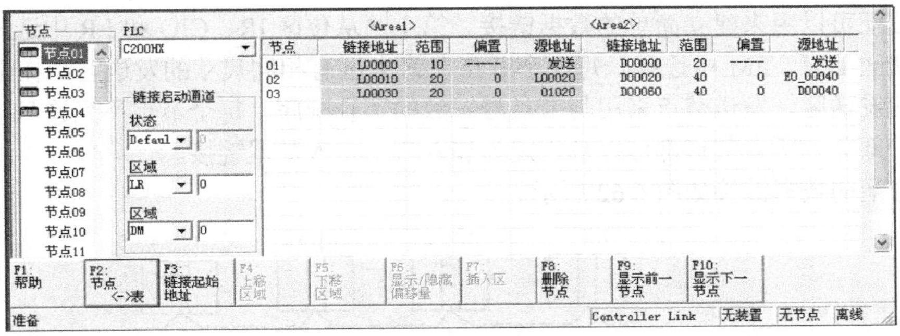

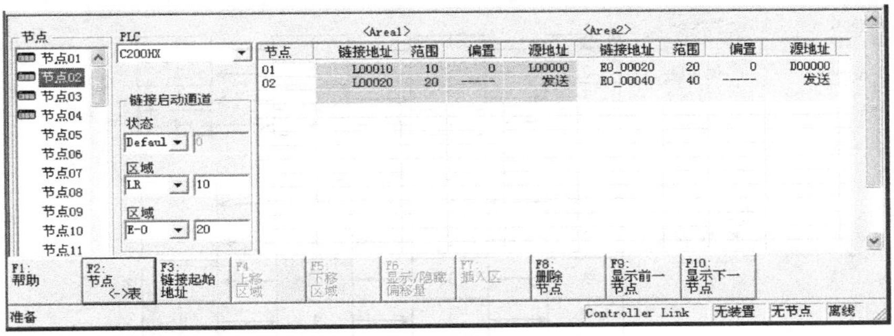

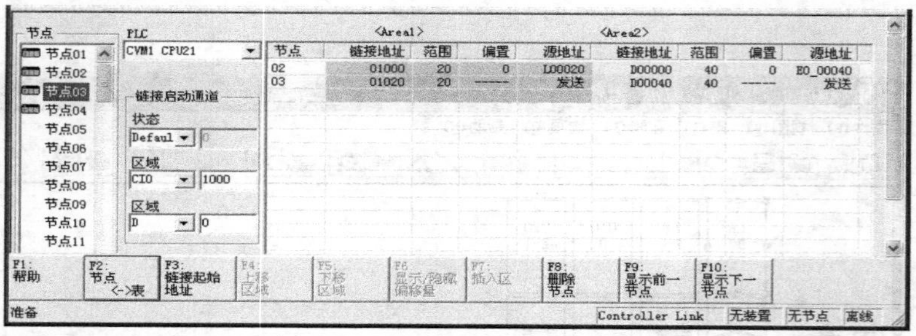

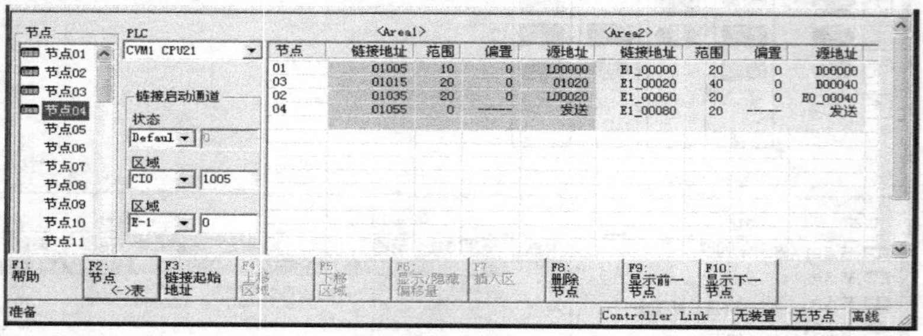

自动设置的数据链接有如下方式：

C200Hα、CQM1H、CV/CVM1：均等分配

CS1/CJ1
- 均等分配
- 1∶*N* 分配
  - 普通型
  - 1∶1 型
  - 链型

（1）均等分配

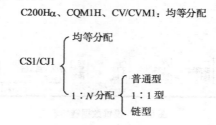

均等分配可以用来建立简单的数据链接。第 1 区从位区 IR、CIO 和 LR 中选择，第 2 区从数据存储区 DM、EM 中选择。每一个节点在第 1 区有相同尺寸的发送区，在第 2 区也有相同尺寸的发送区，发送节点采用与节点号一致的上升顺序。每个节点不允许只接收或只发送数据的一部分，所有节点都可以被指定为加入或不加入数据链接。

均等分配的数据链接如图 6.62 所示。

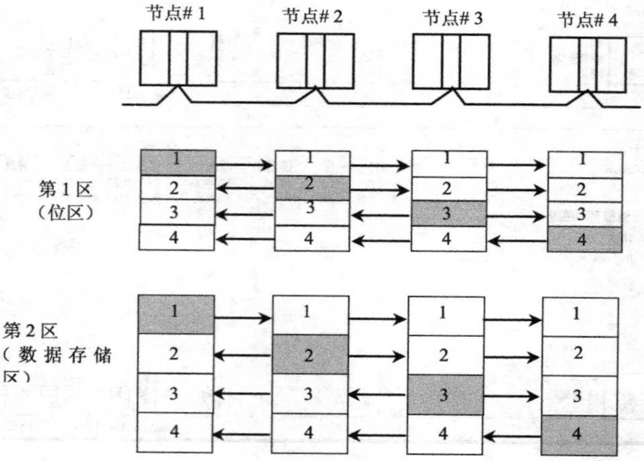

图 6.62　均等分配

C200Hα、CQM1H、CV/CVM1 只能以均等分配方式设置数据链接。

CS1/CJ1 以均等分配方式设置数据链接时，设置方法如下：

N：DM3000+100×CLK 单元的单元号

	15	14	13	12	11	10	9	8	7	6	5	4	3	2	1	0
字 N	—	—	0	0	—	0	0	0	0	0	0	1	0	0	0	—

	15～8	7～0
N+1	第 1 区数据链接开始字（BCD）	
N+2	第 1 区类型	00
N+3	每个节点的第 1 区发送字数（BCD）	
N+4	第 2 区（DM 区）的数据链接开始字的最右 4 位数（BCD）	
N+5	第 2 区类型	第 2 区的数据链接开始字的最左 2 位数（BCD）
N+6	每个节点第 2 区的发送字数（BCD）	
N+7	第一个数据链接状态字	

	15	14	13	12	11	10	9	8	7	6	5	4	3	2	1	0
N+8	16	15	14	13	12	11	10	9	8	7	6	5	4	3	2	1
N+9	32	31	30	29	28	27	26	25	24	23	22	21	20	19	18	17
N+10	48	47	46	45	44	43	42	41	40	39	38	37	36	35	34	33
N+11	…	…	62	61	60	59	58	57	56	55	54	53	52	51	50	49

BCD：设定的值为二进制编码的十进制数

数值表示加入数据链接的节点号
1：加入数据链接
0：未加入数据链接

（2）普通型 1∶N 分配（仅限 CS1/CJ1）

普通型 1∶N 分配具有如下特点。

① 主节点与从节点进行 1∶1 的数据通信。

② 所有从节点接收由主节点发出的数据。

③ 主节点接收由从节点发出的所有数据。主节点接收的数据尺寸是从节点发送的数据尺寸乘以从节点数。

④ 从节点之间不能发送或接收数据。

⑤ 第 1 区从位访问区（如 CIO 区）中选择，第 2 区从字访问区（如 DM 区）中选择。

⑥ 数据链接区以节点地址的上升顺序分配。

⑦ 所有节点都可以被指定为加入或不加入数据链接。

普通型 1∶N 分配如图 6.63 所示，其设置方法见相关手册。

（3）1∶1 型 1∶N 分配（仅限 CS1/CJ1）

1∶1 型的 1∶N 分配具有如下特点。

① 主节点与从节点进行 1∶1 的数据通信。

② 所有从节点接收由主节点发出的数据的一部分。另外，每个从节点接收主节点单独一部分数据。

③ 主节点接收由从节点发出的所有数据，数据尺寸对所有从节点是固定的。

④ 从节点之间不能发送或接收数据。

⑤ 数据区从位访问区（如 CIO 区）、字访问区（如 DM 区）中选择其中之一。

⑥ 数据链接区以节点地址的上升顺序分配。

⑦ 所有节点都可以被指定为加入或不加入数据链接。

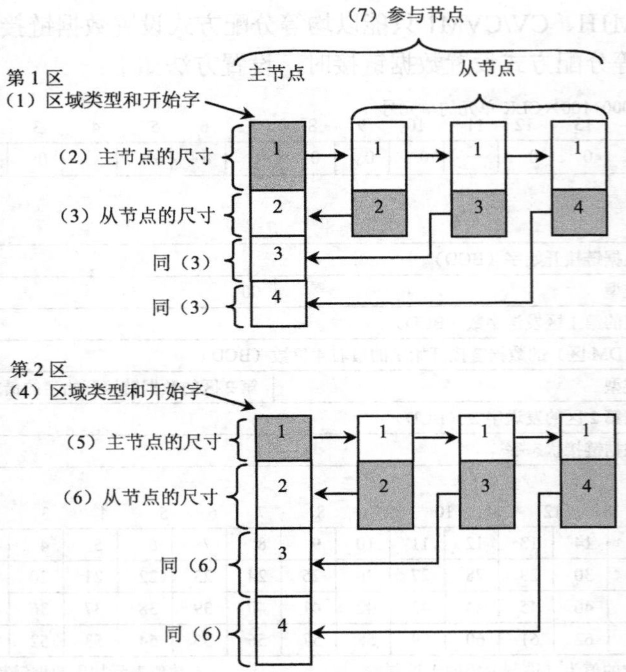

图 6.63　普通型 1：*N* 分配

1：1 型的 1：*N* 分配如图 6.64 所示，其设置方法见相关手册。

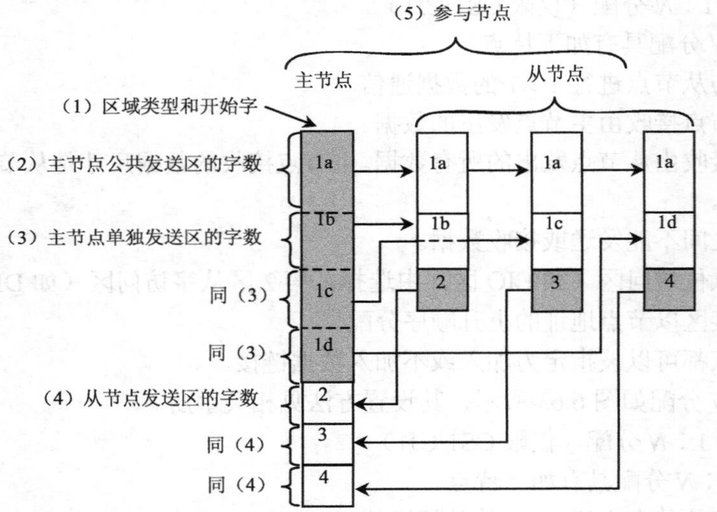

图 6.64　1：1 型的 1：*N* 分配

（4）链型 1：*N* 分配（仅限 CS1/CJ1）

链型的 1：*N* 分配具有如下特点。

① 主节点与从节点进行 1：1 的数据通信。

② 所有从节点接收由主节点发出的数据的一部分。

③ 主节点接收由从节点发出的所有数据，数据尺寸对所有从节点是固定的。

④ 每一个从节点从前面的节点接收数据然后发送到下一个接点。数据以参与数据链接节

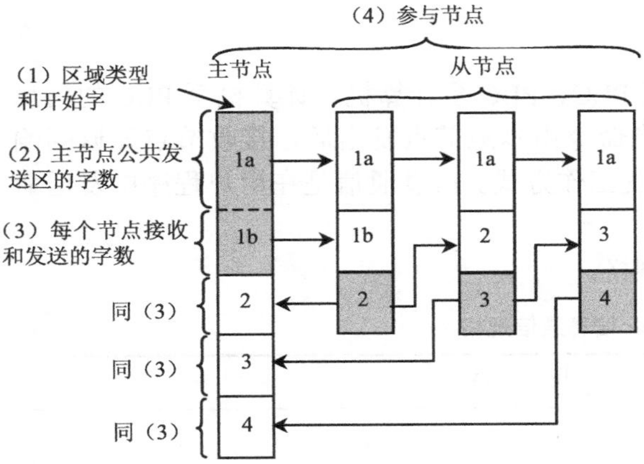

图 6.65 链型 1 : N分配

点的上升顺序传送。

⑤ 数据区从位访问区（如 CIO 区）、字访问区（如 DM 区）中选择其中之一。

⑥ 数据链接区以节点地址的上升顺序分配。

⑦ 所有节点都可以被指定为加入或不加入数据链接。

链型 1∶N 分配如图 6.65 所示，其设置方法见相关手册。

例 6.2 如图 6.66 所示，3 个节点#1、#2 和#3 参与数据链接，用自动方式设置，第 1 区是 LR 区（代码 86），每个节点发送的字数是 10，第 2 区是 DM 区（代码 82），每个节点发送的字数是 200。数据链接格式为均等分配，在启动节点 DM 区的字 N～N+9 设置参数。

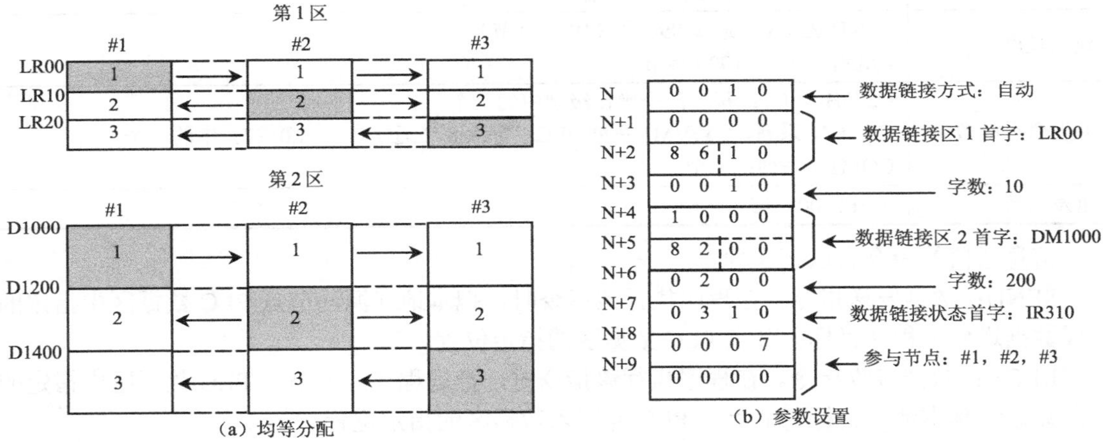

图 6.66 均等分配

3. 启动和停止数据链接

应用下面方法之一来启动和停止数据链接。

（1）使用编程设备或用户程序

CJ1/CS1 启动节点的启动位是字 N（DM3000+100×CLK 单元号）中的第 0 位。

启动位从 OFF 变为 ON 或当接通电源已为 ON 时，启动数据链接；启动位从 ON 变为 OFF 时停止数据链接。使用编程设备或用户程序设置 PLC 中的启动位可以启动/停止数据链接。

（2）使用 CX-Net 或 FinsGateway 软件

在与 PLC 节点（必须参加数据链接）相连的上位计算机上，使用 CX-P 软件中 CX-Net 的菜单命令启动/停止数据链接；在 Controller Link 的计算机节点上，使用 FinsGateway 软件启动/停止数据链接。

（3）使用 FINS 指令

从 Controller Link 中的一个节点向参加数据链接的一个节点发送 RUN/STOP FINS 指令来启动/停止数据链接。

6.7.4 信息通信

在 Controller Link 中，可以实现 PLC 至 PLC、PLC 至计算机、计算机至 PLC 的信息通信。信息通信以命令/响应的方式进行，当命令由本地节点发出后，接收节点要返回响应结果。信息通信也可用来控制运行，如改变工作方式。信息通信是在用户程序中发送命令实现的。

表 6.16 所示为 Controller Link 信息通信规格。

表 6.16　Controller Link 信息通信规格

项　目	规　格
传送格式	C200Hα PLC 1：1 SEND 或 RECV 1：*N* SEND （广播） CS1/CJ1 系列、CV/CVM1 系列或 CQM1H 系列 PLC 1：1 SEND、RECV 或 CMND 1：*N* SEND 或 CMND （广播）
包的长度	SEND/RECV：最多 990 字（1980 字节） CMND：最多 1990 字节
并发命令的数量	C200Hα PLC：每次两个操作级别中的一个 CS1/CJ1 系列、CV/VM1 系列 PLC：每次 8 个通信口（口 0～7）中的一个 CQM1H 系列：一个
重发次数	0～F：00～15

信息通信的命令有以下 3 种。

SEND：数据发送指令。在程序执行该指令时，把本地（源）节点 PLC 数据区中指定的一段数据送到远程（目标）节点 PLC 数据区的指定位置。

RECV：数据接收指令。在程序执行该指令时，把远程（源）节点 PLC 数据区中指定的一段数据读到本地（目标）节点的 PLC 并写入数据区的指定位置。

CMND：发送 FINS 指令的指令。在程序执行该指令时，向远程（目标）节点发送 FINS 指令，读写远程节点 PLC 的存储区、读取状态数据、改变操作模式以及执行其他功能。PLC 的 CPU 单元支持某些 FINS 指令，CLK 单元、CLK 支持卡支持其他 FINS 指令。

1. FINS 通信协议

FINS 通信协议是由 OMRON 开发、用于工厂自动化控制网络的命令/响应系统。FINS 通信除用于 Controller Link，还用于 CompoBus/D、SYSMAC Link、SYSMAC NET、Ethernet 等网络以及网络之间的通信。

FINS 命令/响应帧格式：

命令帧

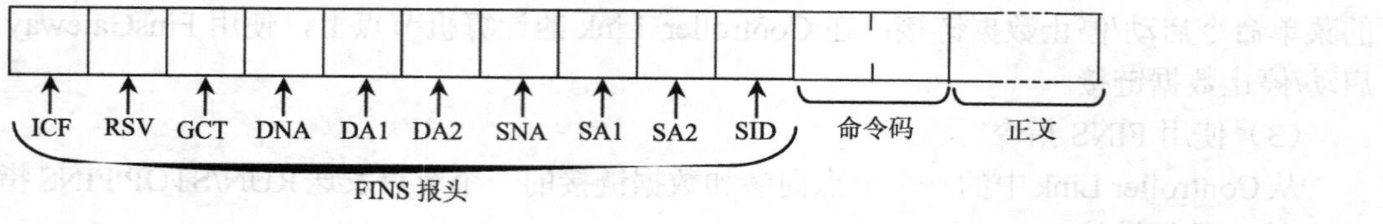

响应帧

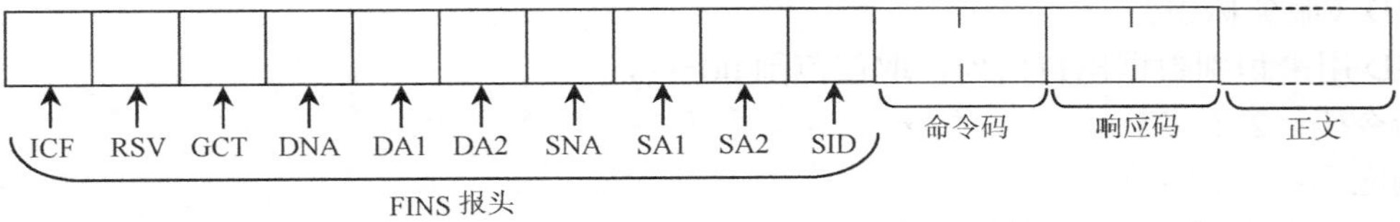

FINS 报头信息如下：

ICF（信息控制域）

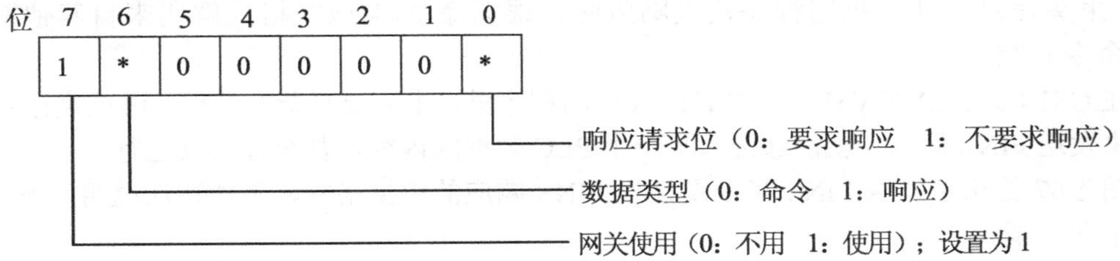

RSV（系统保留）

　置为 00

GCT（网关数目）

　置为 02

DNA（目标网络地址）

　00：本地网络

　01～7F：远程网络地址（1～127）

DA1（目标节点号）

　01～3E：Controller Link 中的节点号（1～62）

　01～7E：SYSMAC NET 中的节点号（1～126）

　01～3E：SYSMAC Link 中的节点号（1～62）

FF：广播传送

　DA2（目标单元地址）

　00：PLC（CPU）

　01～0F：基于 FinsGateway 的应用（参见 FinsGateway 在线帮助）

　10～1F：CPU 总线单元

　FE：连接到指定网络的单元或板

SNA（源网络地址）

　00：本地网络

　01～7F：远程网络地址（1～127）

SA1（源节点号）

　01～3E：Controller Link 中的节点号（1～62）

　01～7E：SYSMAC NET 中的节点号（1～126）

　01～3E：SYSMAC Link 中的节点号（1～62）

SA2 （源单元地址）

　00：PLC（CPU）

　01～0F：基于 FinsGateway 的应用（参见 FinsGateway 在线帮助）

10～1F：CPU 总线单元

SID（服务标识）

SID 用来识别数据出自何处，取值范围 00～FF。

命令码：2 个字节。

响应码：2 个字节。

正文：命令时，2 000 字节；响应时，1 998 字节。

计算机由程序发出 FINS 命令时，必须符合上面的命令帧格式要求并提供合适的 FINS 报头信息。计算机用程序接收响应时，根据命令/响应帧格式解码来自其他网络节点的命令和响应。

在 CS1/CJ1、CV/CVM1、CQM1H PLC 的程序里，不需要复杂的编程，通过执行 CMND 指令来发送 FINS 信息，就能够读写另一个 PLC 数据区内容，甚至控制其运行。

图 6.67 给出了发送 FINS 指令及接收 FINS 响应的数据格式，不加特殊说明，所有数据都是十六进制。

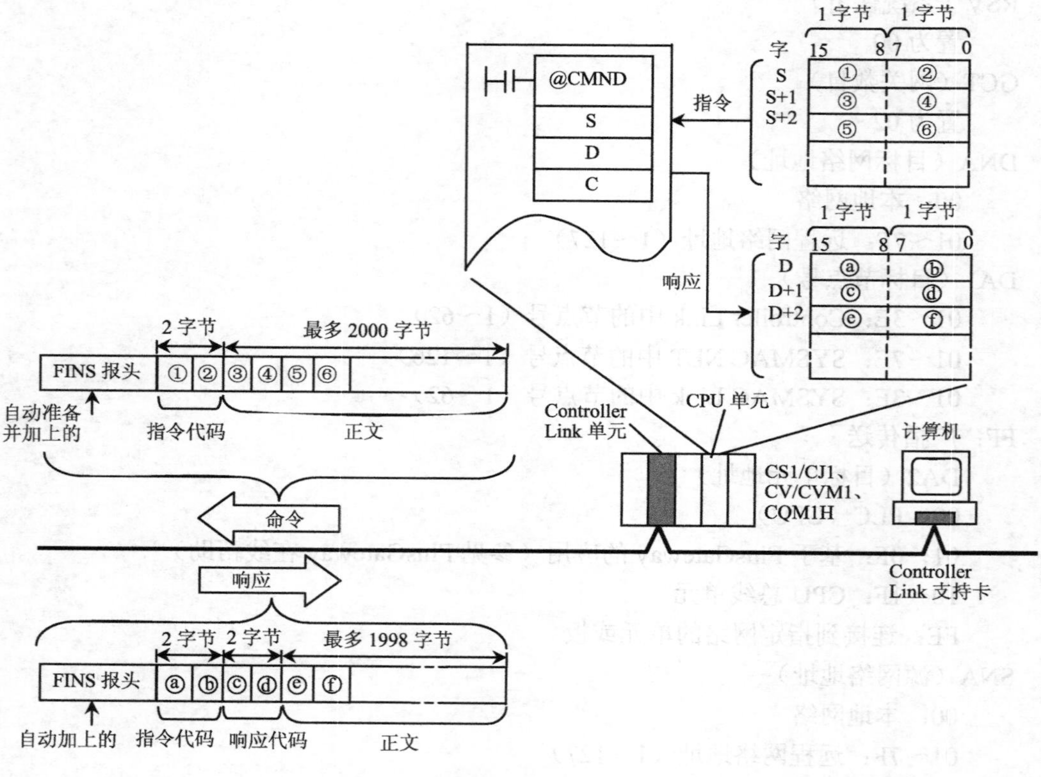

图 6.67 使用 CMND 发送 FINS 信息

指令代码是一个 2 字节的十六进制数，FINS 指令总是以一个 2 字节指令代码开始，其他参数跟在后面。

响应代码是一个 2 字节的十六进制数，表示指令执行的结果。第一个字节是主响应代码（MRES），将结果分级；第二个字节是子响应代码（SRES），提供详细结果。

表 6.17 所示为用于 CS1/CJ1 系列 CPU 单元的 FINS 指令。

表 6.17 用于 CS1/CJ1 系列 CPU 单元的 FINS 指令

指令代码		名 称	适配的 PLC		PLC 工作状态			
			CS1/CJ1	CV/CVM1	运行	监控	调试	编程
01	01	内存区读	√	√	有效	有效	有效	有效
	02	内存区写	√	√	有效	有效	有效	有效
	03	内存区填	√	√	有效	有效	有效	有效
	04	多内存区读	√	√	有效	有效	有效	有效
	05	内存区传送	√	√	有效	有效	有效	有效
02	01	参数区读	√	√	有效	有效	有效	有效
	02	参数区写	√	√	有效	有效	有效	有效
	03	参数区清	√	√	有效	有效	有效	有效
03	04	程序区保护	√	√	有效	有效	有效	有效
	05	程序区保护清	√	√	有效	有效	有效	有效
	06	程序区读	√	√	有效	有效	有效	有效
	07	程序区写	√	√	无效	有效	有效	有效
	08	程序区清	√	√	无效	无效	无效	有效
04	01	运行	√	√	有效	有效	有效	有效
	02	停止	√	√	有效	有效	有效	有效
05	01	控制器数据读	√	√	有效	有效	有效	有效
	02	连接数据读	√	√	有效	有效	有效	有效
06	01	控制器状态读	√	√	有效	有效	有效	有效
	20	循环时间读	√	√	有效	有效	无效	无效
07	01	时钟读	√	√	有效	有效	有效	有效
	02	时钟写	√	√	有效	有效	有效	有效
09	20	信息读	√	√	有效	有效	有效	有效
		信息写	√	√	有效	有效	有效	有效
		FAL/FALS 读	√	√	有效	有效	有效	有效
0C	01	访问权获得	√	√	有效	有效	有效	有效
	02	访问权强迫获得	√	√	有效	有效	有效	有效
	03	访问权释放	√	√	有效	有效	有效	有效
21	01	错误清	√	√	有效	有效	有效	有效
	02	错误记录读	√	√	有效	有效	有效	有效
	03	错误记录清	√	√	有效	有效	有效	有效
22	01	文件名读	√	√	有效	有效	有效	有效
	02	单文件读	√	√	有效	有效	有效	有效
	03	单文件写	√	√	有效	有效	有效	有效
	04	内存卡格式化	√	√	有效	有效	有效	有效
	05	文件删除	√	√	有效	有效	有效	有效
	06	卷标建立/删除	√	√	有效	有效	有效	有效
	07	文件复制	√	√	有效	有效	有效	有效

续表

指令代码		名　称	适配的 PLC		PLC 工作状态			
			CS1/CJ1	CV/CVM1	运行	监控	调试	编程
22	08	文件更名	√	√	有效	有效	有效	有效
	09	文件数据检查	√	√	有效	有效	有效	有效
	0A	内存区文件传递	√	√	有效	有效	有效	有效
	0B	参数区文件传递	√	√	有效	有效	有效	有效
	0C	程序区文件传递	√	√	*	有效	有效	有效
23	01	强迫置位/复位	√	√	无效	有效	有效	有效
	02	强迫置位/复位取消	√	√	无效	有效	有效	有效

* 当 PLC 在 RUN 模式下，从文件设备向程序区传送数据是不可能的，但从程序区向文件设备传送数据是可能的。

表 6.18 所示为用于 CLK 单元、CLK 支持卡的 FINS 指令。

表 6.18　　用于 CLK 单元、CLK 支持卡的 FINS 指令

指令代码		名　称	数据链接运行状态	
			活　动	不　活　动
04	01	数据链接启动	无效	有效
	02	数据链接停止	有效	无效
05	01	控制器数据读	有效	有效
06	01	控制器状态读	有效	有效
	02	网络状态读	有效	有效
	03	数据链接状态读	有效	有效
	04	连接配置信息读*	有效	有效
	06	网络断开信息读*	有效	有效
	07	网络断开信息清除*	有效	有效
08	01	回送测试	有效	有效
	02	广播测试结果读	有效	有效
	03	广播测试数据发送	有效	有效
21	02	出错记录读	有效	有效
	03	出错记录清	有效	有效

*指令码 0604、0605 和 0606 仅由令牌环模式下的光纤环 CLK 单元和 CLK 支持卡支持。

2. CS1/CJ1 系列 PLC 的信息通信

（1）SEND/RECV 指令

① SEND（90）：网络数据发送指令，其梯形图及功能如图 6.68 所示。

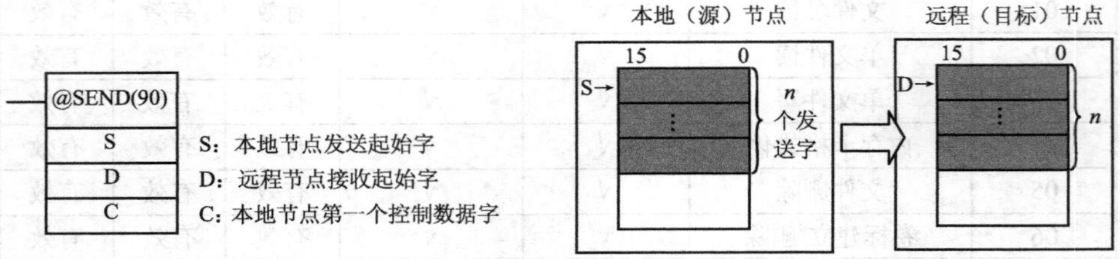

图 6.68　SEND（90）指令梯形图及功能

SEND（90）将从 S（本地节点的数据发送起始字）开始的 *n* 个字传送到 D（远程节点的数据接收起始字）开始的 *n* 个字中。以 C 开始的控制数据，规定发送的字数、远程节点和其他参数。SEND（90）仅启动传送，用网络状态标志 A202 验证传送被完成。

控制数据取决于目标节点，如表 6.19 所示。

表 6.19　SEND（90）控制数据

字	位 15～8	位 07～00
C	传送字数：0001～03DE（Hex)(1～990)	
C+1	设置为 00	远程网络地址： 00（Hex）：本地网 01～7F（Hex）：1～127
C+2	远程节点地址 01～20（Hex）：1～32［或 01～3E（Hex），即 1～62］ FF（Hex）：广播发送	远程单元地址 00（Hex）：PLC 的 CPU 单元 01（Hex）：计算机用户程序 10～1F（Hex）：CPU 总线单元 （单元号 00～0F) E1（Hex）：内插板 FE（Hex）：连接到网上的单元
C+3	位 15：0-要求响应 1-不要求响应 位 14～12：设置为 0 位 11～08：通信端口号 0～7（Hex)	位 07～04：设置为 0 位 03～00：重发次数 0～F（Hex）（0～15)
C+4	响应监控时间：0000（Hex）（默认为 2s） 0001～FFFF（Hex）（0.1～6553.5s，单位 0.1s）	

② RECV（98）：网络数据接收指令，其梯形图及功能如图 6.69 所示。

RECV（98）将 S（远程节点的数据发送的起始字）开始的 *m* 个字，存至 D（本地节点的数据接收的起始字）开始的 *m* 个字中。以字 C 开始的控制数据，规定接收的字数、远程节点和其他参数。

RECV（98）仅启动传送，用网络状态标志 A202 验证传送被完成。

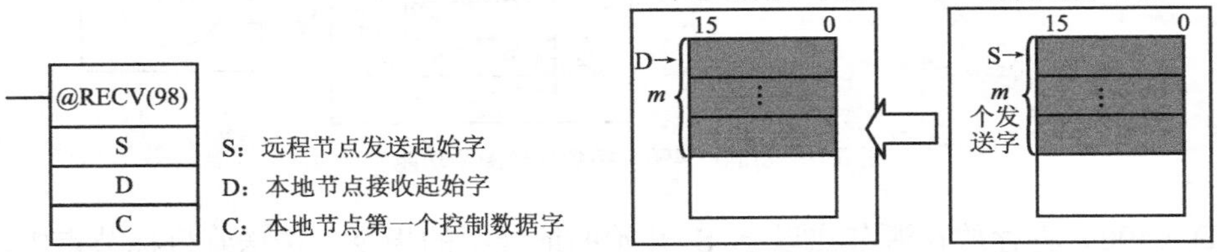

图 6.69　RECV（98）指令梯形图及功能

控制数据取决于远程节点，如表 6.20 所示。

（2）CMND 指令

CMND（490）用于发送 FINS 指令，图 6.70 所示为 CMND 指令梯形图及其功能。

表 6.20　　　　　　　　　　　　　　RECV（98）控制数据

字	位 15～8	位 07～00
C	传送字数：0001～03DE（Hex）（1～990）	
C+1	设置为 00	远程网络地址 00（Hex）：本地网 01～7F（Hex）：1～127
C+2	远程节点地址 01～20（Hex）：1～32［或 01～3E （Hex），即 1～62］ FF（Hex）：广播发送	远程单元地址 00（Hex）：PLC 的 CPU 单元 01（Hex）：计算机用户程序 10～1F（Hex）：CPU 总线单元 （单元号 00～0F） E1（Hex）：内插板 FE（Hex）：连接到网上的单元
C+3	位 15：0-要求响应 1-不要求响应 位 14～12：设置为 0 位 11～08：通信端口号 0～7（Hex）	位 07～04：设置为 0 位 03～00：重发次数 0～F（Hex）（0～15）
C+4	响应监控时间：0000（Hex）（默认为 2s） 0001～FFFF（Hex）（0.1～6553.5 s，单位 0.1s）	

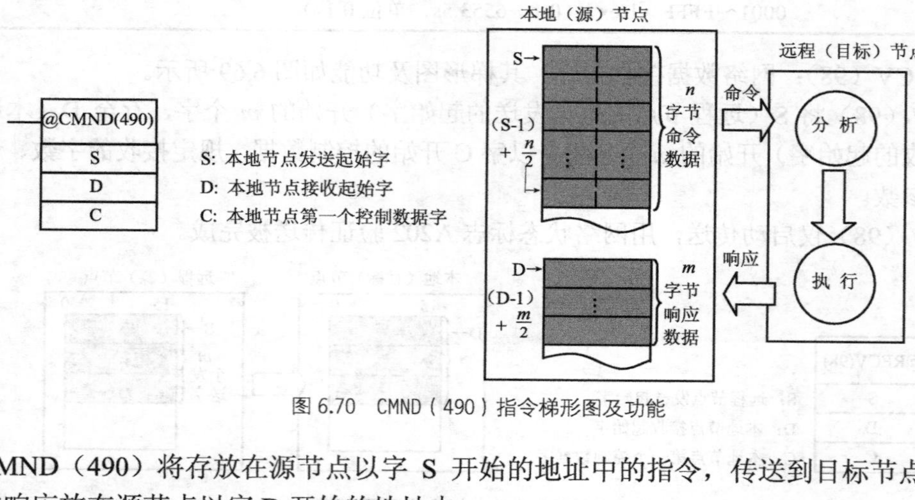

图 6.70　CMND（490）指令梯形图及功能

CMND（490）将存放在源节点以字 S 开始的地址中的指令，传送到目标节点中，并将接收的响应放在源节点以字 D 开始的地址中。

控制数据放在以字 C 开始的地址中，规定发送的控制数据的字节数、接收的响应数据的字节数、远程节点以及其他参数，有些控制数据参数依赖于远程节点，如表 6.21 所示。

表 6.21 CMND（490）控制数据

字	位 15～08	位 07～00
C	发送的指令字节数：0000～07C6（Hex）（0～1990）	
C+1	接收的响应字节数：0000～07C6（Hex）（0～1990）	
C+2	设置为 0	远程网络地址 00（Hex）：本地网 01～7F（Hex）：1～127
C+3	远程节点地址 00～20（Hex）：0～32［或 01～3E（Hex）：1～62］ FF（Hex）：广播发送	远程单元地址 00（Hex）：PLC 的 CPU 单元 01（Hex）：计算机用户程序 10～1F（Hex）：CPU 总线单元 （单元号 00～0F） FE（Hex）：网上连接的单元
C+4	位 15： 0-要求响应 1-不要求响应 位 14～12：设置为 0 位 11～08：通信端口 0～7（Hex）	位 07～04：设置为 0 位 03～00：重发次数 0～F（Hex）（0～15）
C+5	响应监控时间：0000（Hex）（默认为 2s） 0001～FFFF（Hex）（0.1～6553.5 s，单位 0.1s）	

（3）使用 SEND（90）/RECV（98）、CMND（490）指令编程

CS1/CJ1 有 8 个通信口#0～#7 可供使用，允许同时执行 8 个通信指令，但对一个通信端口，每次只能执行一个通信指令。

A202 的 00～07 位，即 A20200～A20207，分别是通信端口#0～#7 的使能标志，表示通信端口的状态（被占用或未被占用）。某一端口在通信指令执行期间使能标志为 OFF，执行完成时变为 ON。只有当使能标志为 ON 时，才能起动该端口的通信指令。

A219 的 00～07 位，即 A21900～A21907，分别是端口#0～#7 执行出错标志，某一端口在通信指令正常完成时，出错标志为 OFF，当指令执行不成功时，将变为 ON。

A203～A210 这 8 个字分别存放端口#0～#7 执行通信指令后的完成码。完成码是两个字节的数据，与 FINS 指令响应码相同。

图 6.71 所示为执行信息通信指令的时序图，在指令执行期间，响应码会变成“00”或“0000”，只有当执行完成后才会反映状态。

如果不止一个网络通信指令（SEND/RECV、CMND）使用同一个端口，为了确保在执行下条通信指令之前，先前的操作已完成，编程时，要对端口进行独占控制，程序按图 6.72 所示的格式书写。

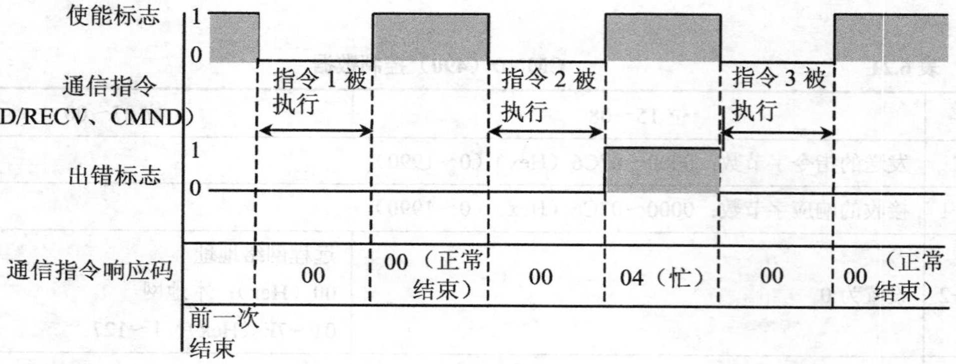

图 6.71　执行信息通信指令的时序图

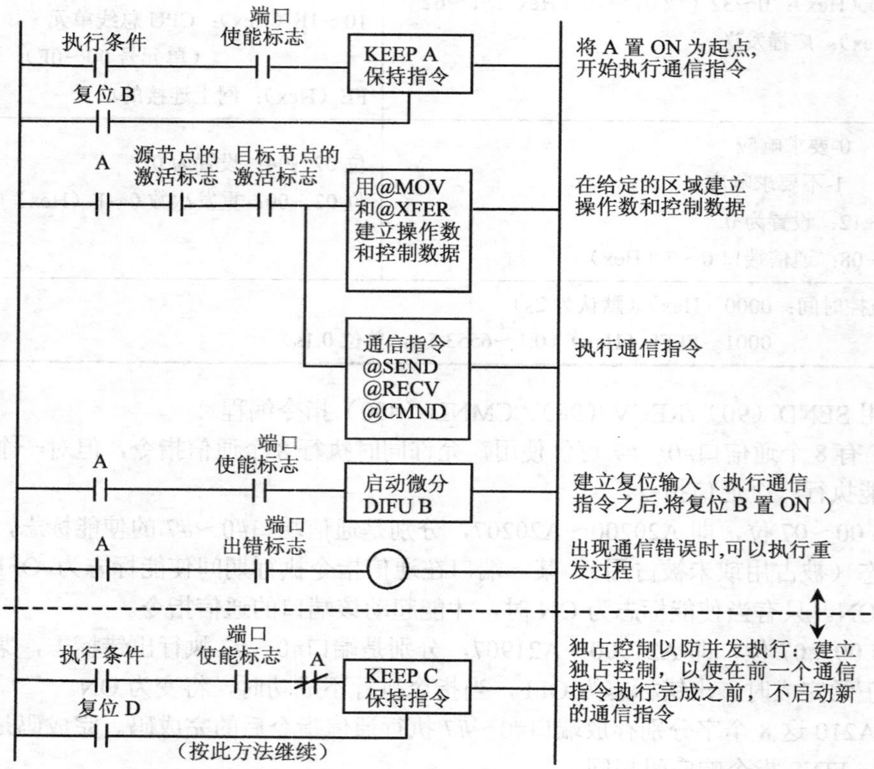

图 6.72　通信指令编程格式

例 6.3　使用 SEND（90）/RECV（98）发送/接收数据。

使用 SEND（90）将本地节点 PLC 中 D00010～D00019 这 10 个字的内容传送到指定节点（网络地址 02、节点地址 04、单元地址 00）PLC 中的 D00020～D00029 中。使用 RECV（98）将指定节点（网络地址 03、节点地址 32、单元地址 00）PLC 中的 A100～A115 这 16 个字的内容传送到本地节点 PLC 的 D00040～D00055 中。

梯形图程序如图 6.73 所示。

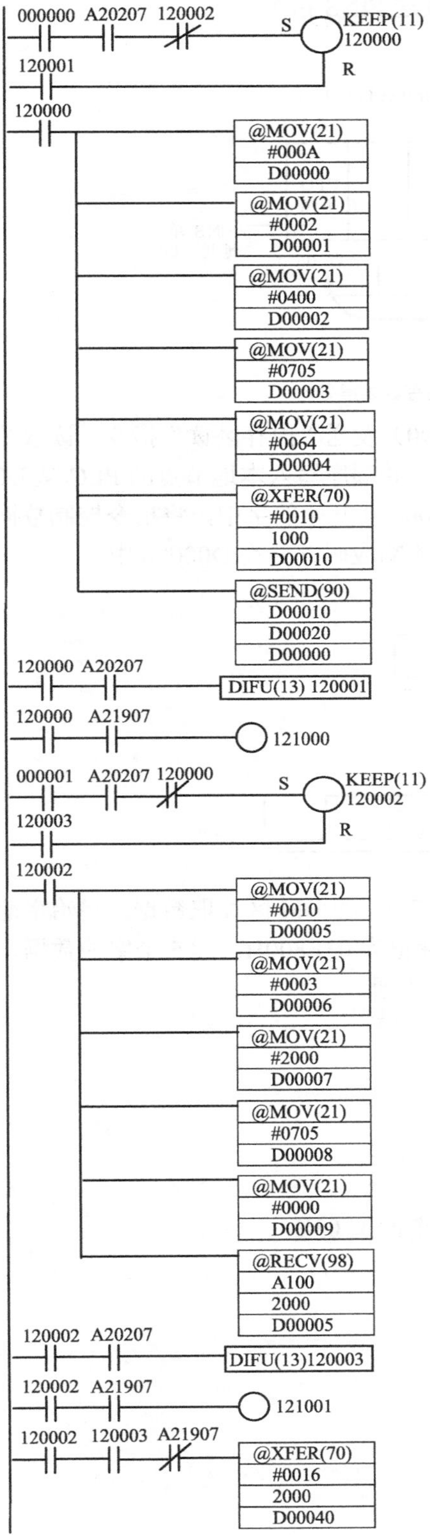

当启动位 000000 ON、端口 7 的使能标志 ON 且 RECV(93)指令不在运行中时，将执行发送程序。
当 SEND(90)指令被执行时，CIO120000 将一直保持为 ON，直到该指令执行完时才变为 OFF。

字	内 容		意 义
D00000	00	0A	发送字数：10H
D00001	00	02	远程网络地址：02
D00002	04	00	远程节点地址：04 远程单元地址：00
D00003	07	05	要求响应 通信端口号：7 重试次数：5
D00004	00	64	响应监控时间：10s

把从 CIO1000 开始的 10 个字的数据存于 D00010 及其后继字中。

从本地节点 PLC 的 D00010 开始，传送 10 个字的数据至远程节点(网络地址 02、节点地址 04、单元地址 00)的 PLC 中，顺序存入 D00020 开始的区域中。

建立复位输入

显示发送出错

当启动位 000001 ON、端口 7 的使能标志 ON 且 SEND(90)指令不在运行中时，将执行读取程序。
当 SEND(90)指令被执行时，CIO120002 将一直保持为 ON，直到该指令执行完时才变为 OFF。

字	内 容		意 义
D00005	00	10	接收字数：16
D00006	00	03	远程网络地址：03
D00007	20	00	远程节点地址：32 远程单元地址：00
D00008	07	05	要求响应 通信端口号：7 重试次数：5
D00009	00	00	响应监控时间：默认

从远程节点(网络地址 03、节点地址 32、单元地址 00) PLC 的 A100 开始，传送 16 个字的数据至本地节点，顺序存入 CIO2000 开始的区域中。

建立复位输入

显示接收出错

接收数据处理。
当数据接收正确时，从 CIO2000 开始的 16 个字的接收数据被存于 D00040 及其后继字中。

图 6.73 例 6.3 的梯形图程序

例 6.4 如图 6.74 所示，使用 CMND（490）发送 FINS 指令。

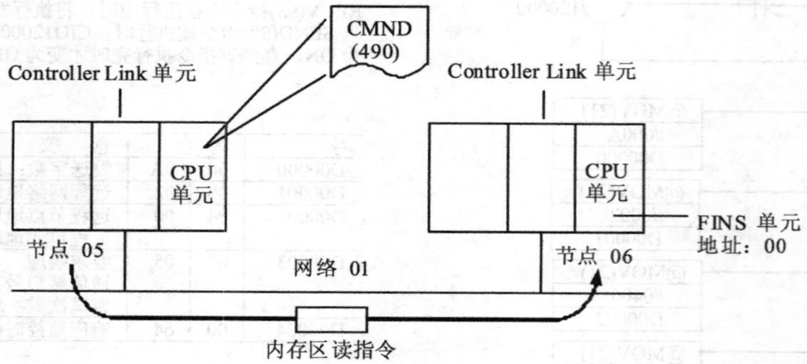

图 6.74 使用 CMND 发送内存区读指令

节点地址为 05（本地）的 PLC 使用 CMND（490）发送“内存区读”指令，读取节点地址 06（远程）的 PLC 中从 D01000 开始 5 个字的数据，并顺序写入本地节点的 PLC 从 D02000 开始的字中。将指令数据写入本地节点的 PLC 从 D00010 开始的字中，将指令控制数据写入从 D00000 开始的字中。CMND（490）执行完成时的响应码存储在 D00006 中。

“内存区读”的指令/响应格式如下：

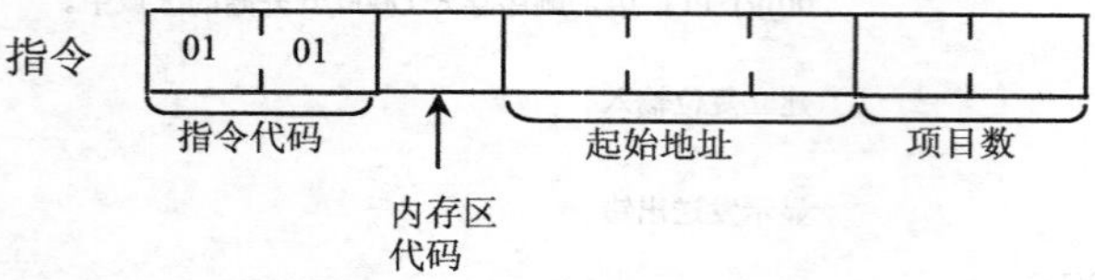

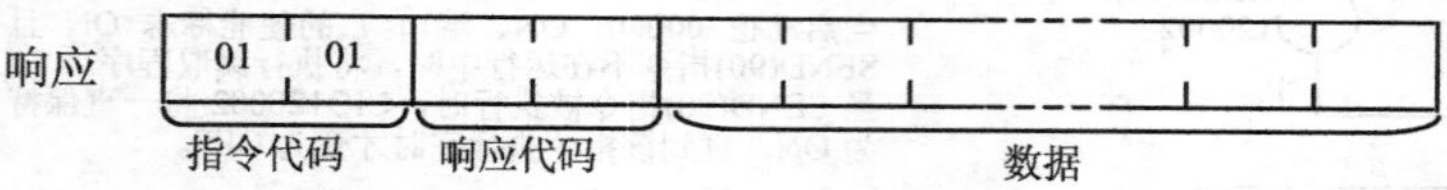

本例中，DM 区代码为 82H；从节点地址 06 的 PLC 的 DM 区读取数据，起始字地址为 01000（十进制），化成十六进制 03E8H，起始地址标记为 03E800H；读 5 个字的数据，项目数为 0005H。以上参数的确定方法可参考 FINS 指令手册。

指令格式：

[CMND（490） S D C]

S=D00010：本地节点发送起始字

设定（十六进制）

D00010=0101H：指令代码

D00011=8203H：存储区代码 82H，起始地址前两位 03H

D00012=E800H：起始地址后 4 位

D00013=0005H：项目数

D=D02000：本地节点接收起始字

C=D00000：本地节点第一个控制数据字

设定（十六进制）

D00000=0008H：指令字节数

D00001=000EH：响应字节数

D00002=0001H：远程网络地址 01H

D00003=0600H：远程节点地址 06H，远程 FINS 单元地址 00（CPU 单元）

D00004=0000H：要求响应，通信端口 0，没有重发

D00005=0064H：响应监控时间 10s

梯形图程序如图 6.75 所示。

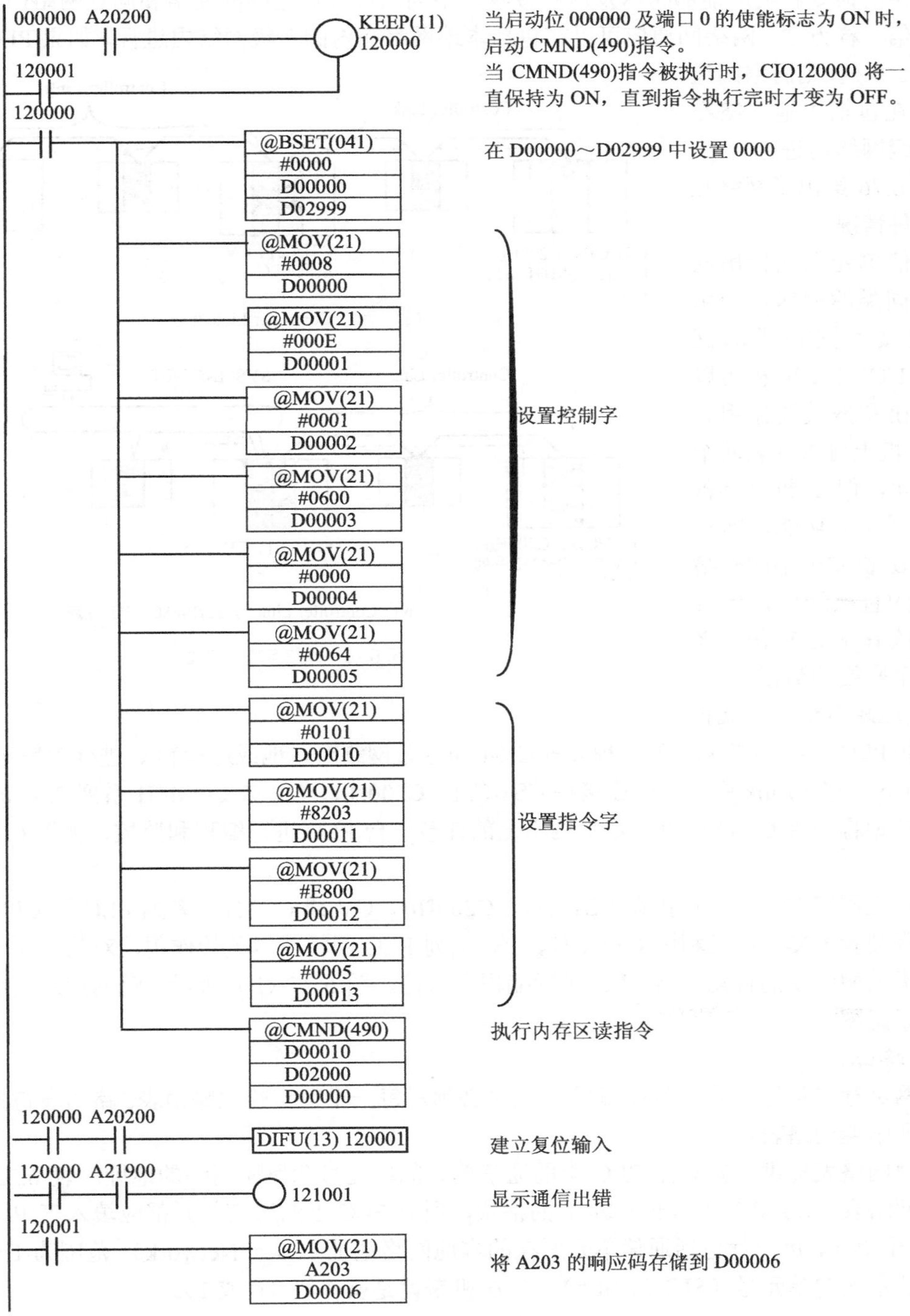

图 6.75　例 6.4 的梯形图程序

6.7.5 网络互连

CompoBus/D、Controller Link、SYSMAC NET、SYSMAC Link、Ethernet 这些网络通过CV、CS1/CJ1 系列 PLC 互连后，使用 SEND/RECV、CMND 指令可以跨网进行信息通信。信息通信的命令和响应能够跨网发送和接收，不同网络节点之间的通信和同一网络内节点之间的通信一样方便，网络间通信可以在包括本地网络在内的 3 级网络内进行。如果 PLC 只有 CS1/CJ1 系列，则网络间通信可以在包括本地网络在内的 8 级网络内进行。

图 6.76 给出了网络互连的两种情况。

通信单元之间使用网桥连接同类的网络，使用网关连接不同种类的网络，CS1/CJ1、CV 机可以起到网桥和网关的作用。尽管 α 机上可以安装两个通信单元，但 α 机不具备网桥或网关的功能，即不能通过 α 机实现不同网络节点间的直接通信，但可以通过该 α 机运行程序来交换两个网络的数据。

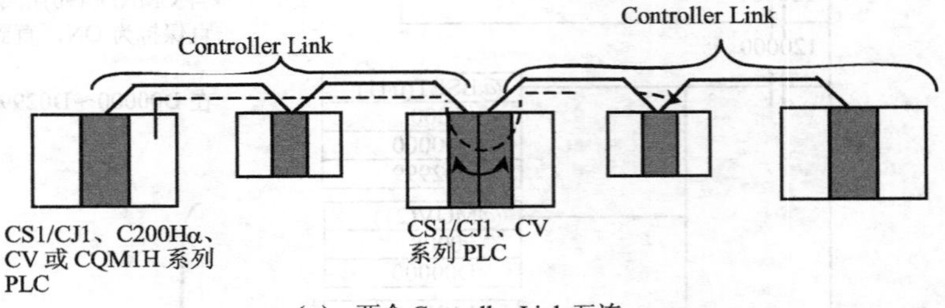

（a） 两个 Controller Link 互连

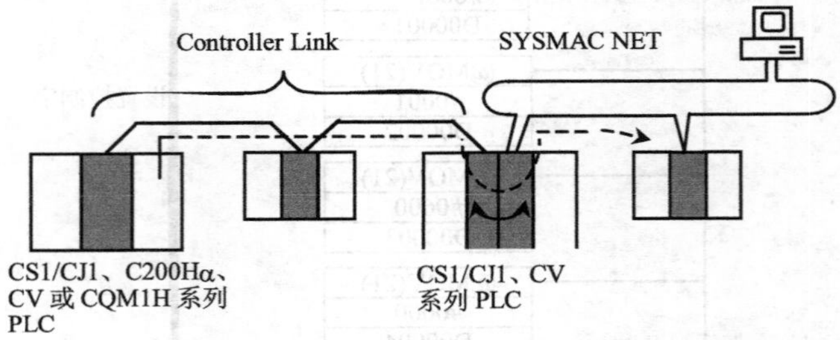

（b） Controller Link 与 SYSMAC NET 互连

图 6.76 网络互连示意图

1. 远距离编程和监控

连接PLC中CPU单元上的编程装置CX-P可通过网络对本地或远程PLC进行编程和监控。

在 Controller Link 中，一台连接在 CS1/CJ1、C200Hα、CV 或 CQM1H 系列 PLC 的 CPU 单元上的编程装置 CX-P 可以对本地网络上的任意一台 PLC 进行编程和监控，如图 6.77（a）所示。

在互连网络中，一台连接在 CS1/CJ1、C200Hα、CV 或 CQM1H 系列 PLC 的 CPU 单元上的编程装置 CX-P 可以利用 CS1/CJ1、CV 系列 PLC 网桥或网关的作用，对另一个相同或不同种类的网络中的任意一台 PLC 进行编程和监控。图 6.77（b）所示为跨网远距离编程和监控的示意图。

2. 路由表

跨网进行信息通信或远距离编程/监控时必须对每一个节点建立路由表。路由表包括本地网络表和中继网络表。

本地网络表提供了安装在 PLC 上的通信单元的单元号和所属网络的地址。表 6.22 所示为本地网络表（Local Network Table）的格式，所有 PLC 上的通信单元都应填入表中，最多可填 16 个单元，每一行包括通信单元所在的本地网络地址（Local Network），范围为 1～127，还有通信单元的单元号（SIOU unit #），对 α 机来说是操作级（0 或 1）。

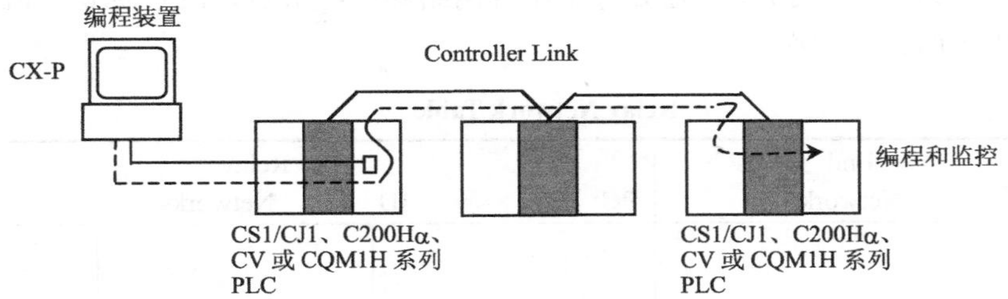

（a） 网内远距离编程和监控

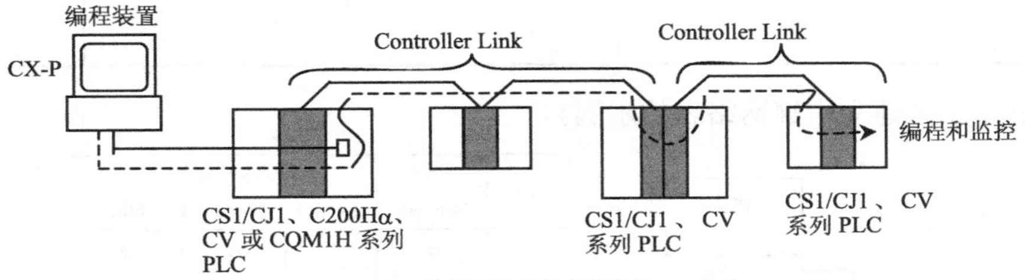

（b） 跨网远距离编程和监控

图 6.77 远距离编程和监控

表 6.22 **Local Network Table**

No.	Local Network	SIOU unit #
1		
2		
.		
.		
.		
16		

图 6.78 所示为在 CS1 机上建立本地网络表。其中，A/D（模拟量输入）单元和 NC（位置控制）单元不登记，因为两者不是通信单元，不在网中；只登记 CLK 和 ETN 两个单元。

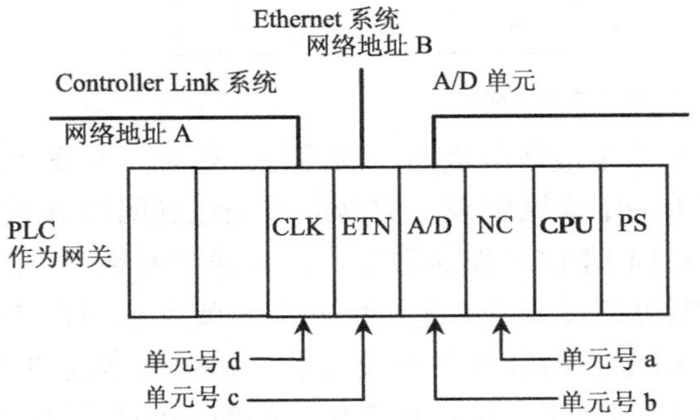

No.	Local Network	SIOU unit #
1	A	(d)
2	B	(c)

图 6.78 建立本地网络表

中继网络表要包括 3 项内容：终点网络（End Network）、中继网络（Relay Network）和中继节点（Relay Node）。终点网络是与本地 PLC 不直接连接的网络，中继节点、中继网络是本地 PLC 去终点网络时，数据必须送至的第一个节点和网络地址。表 6.23 所示为中继网络表（Relay Network Table）的格式，应把对应于本地 PLC 所有的终点网络进行登记，地址范围为1～127，总共可登记20个，还要登记中继网络和中继节点，PLC标识（PLC ID）是赋予指定节点的一个唯一名字。

表 6.23　**Relay Network Table**

No.	End Network	PC ID	Relay Network	Node
1				
2				
.				
.				
.				
20				

图6.79所示为建立中继网络表的示例。

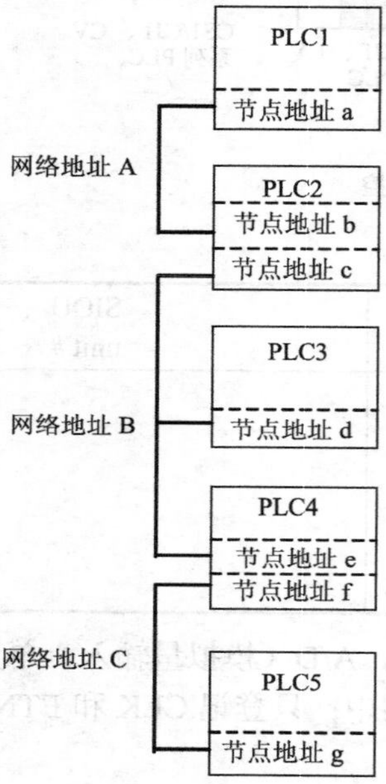

No.	End Network	PC ID	Relay Network	Node
1	B		A	b
2	C		A	b

No.	End Network	PC ID	Relay Network	Node
1	C		B	e

No.	End Network	PC ID	Relay Network	Node
1	A		B	c
2	C		B	e

No.	End Network	PC ID	Relay Network	Node
1	A		B	c

No.	End Network	PC ID	Relay Network	Node
1	A		C	f
2	B		C	f

图 6.79　建立中继网络表

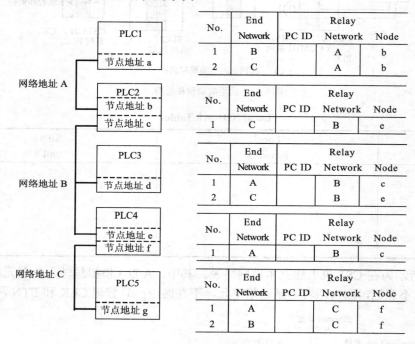

由路由表可以确定本地PLC经中继节点至最终节点通信的路径。例如，在图6.79中，由PLC1向PLC5发送数据时，根据PLC1的中继网络表，数据应首先送到网络A的节点b，即PLC2；根据PLC2的中继网络表，PLC2向PLC5发送数据，应先送到网络B的节点e，即PLC4；根据PLC4的本地网络表，数据可通过节点f进入网络C至节点g，即PLC5。

路由表是在计算机上使用Controller Link支持软件进行设置的。路由表涉及的所有节点都要编辑本地网络表、中继网络表。为了提高效率，可在计算机上编辑并保存所有节点的路由表，然后计算机逐次与每一台PLC接通，将路由表传给PLC。

例 6.5　图6.80所示为Controller Link（光纤环网）与Controller Link（总线网）的互联网，对所有的PLC建立路由表。

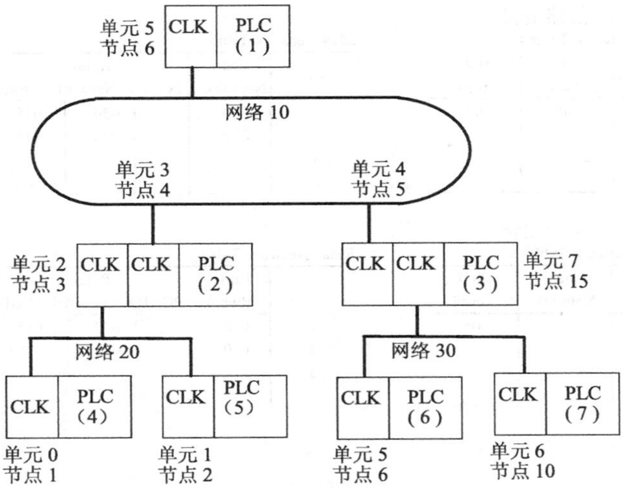

图 6.80 建立路由表举例

PLC（1）的路由表

Local Network Table

No.	Local Network	SIOU unit#
1	010	05
2		
3		

Relay Network Table

No.	End Network	Relay PC ID	Relay Network	Relay Node
1	020		010	004
2	030		010	005
3				

PLC（2）的路由表

Local Network Table

No.	Local Network	SIOU unit#
1	010	03
2	020	02
3		

Relay Network Table

No.	End Network	Relay PC ID	Relay Network	Relay Node
1	030		010	005
2				
3				

PLC（3）的路由表

Local Network Table

No.	Local Network	SIOU unit#
1	010	04
2	030	07
3		

Relay Network Table

No.	End Network	Relay PC ID	Relay Network	Relay Node
1	020		010	004
2				
3				

PLC（4）的路由表

Local Network Table

No.	Local Network	SIOU unit#
1	020	00
2		
3		

Relay Network Table

No.	End Network	Relay PC ID	Relay Network	Relay Node
1	010		020	003
2	030		020	003
3				

PLC（5）的路由表

Local Network Table

No.	Local Network	SIOU unit#
1	020	01
2		
3		

Relay Network Table

No.	End Network	Relay PC ID	Relay Network	Relay Node
1	010		020	003
2	030		020	003
3				

PLC（6）的路由表

Local Network Table

No.	Local Network	SIOU unit#
1	030	05
2		
3		

Relay Network Table

No.	End Network	Relay PC ID	Relay Network	Relay Node
1	010		030	015
2	020		030	015
3				

PLC（7）的路由表

Local Network Table

No.	Local Network	SIOU unit#
1	030	06
2		
3		

Relay Network Table

No.	End Network	Relay PC ID	Relay Network	Relay Node
1	010		030	015
2	020		030	015
3				

6.8 Ethernet

6.8.1 概述

OMRON 以太网是基于 Ethernet 版本 2.0 标准的一种用于工厂信息管理层上的网络。以太网中的节点为 CS1/CJ1、CV 和 C200Hα系列的 PLC，各个节点上的 PLC 要安装相应的以太网单元。CS1 的以太网单元有 CS1W-ETN01、CS1W-ETN11、CS1W-ETN21，CJ1 的以太网单元有 CJ1W-ETN11、CJ1W-ETN21，CV 的以太网单元为 CV500-ETN01。而 C200Hα加入以太网时，要安装 PC 卡单元 C200HW-PCU01，并在 PC 卡上插上以太网卡，除此之外，C200Hα的 CPU 单元上还要插上通信板 C200HW-COM01/04，并用总线连接单元把 PC 卡与通信板连接起来。

以太网单元的种类多，功能不完全相同，这里仅介绍目前使用最多的 CS1W-ETN21、CJ1W-ETN21 两种以太网单元。

表 6.24 所示为以太网单元的主要技术规格。

表 6.24　以太网单元的主要技术规格

项目		规格	
网络类型		100BASE-TX（可被用作 10BASE-T）	
单元类型		CPU 总线单元	
安装位置		CPU 主机架及扩展机架	
可安装数目		最大 4（包括扩展机架）	
传输规格	介质访问方式	CSMA/CD	
	数据传输方式	基带	
	比特率	100Mbit/s（100BASE-TX）	10Mbit/s（10BASE-TX）
	传输介质	非屏蔽双绞线（5，5e） 屏蔽双绞线（5，5e 带 100Ω 电阻）	非屏蔽双绞线（3，4，5，5e） 屏蔽双绞线（3，4，5，5e 带 100Ω 电阻）
	传输距离	100m（Hub 与节点之间）	
	级联数目	2	4

图 6.81 所示为简单以太网的结构。

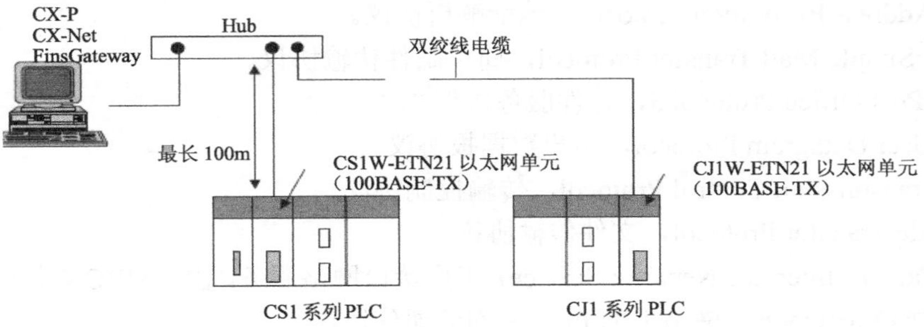

图 6.81 简单以太网的结构

图 6.82 所示为以太网的结构及功能。

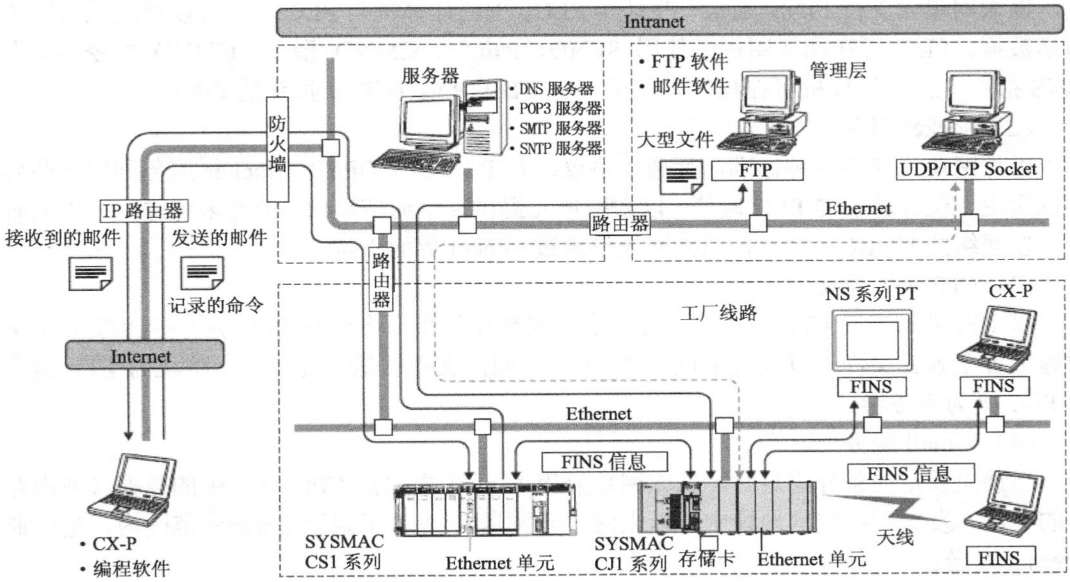

图 6.82 以太网的结构及功能

图 6.83 所示为 OMRON 以太网协议的分层结构图。

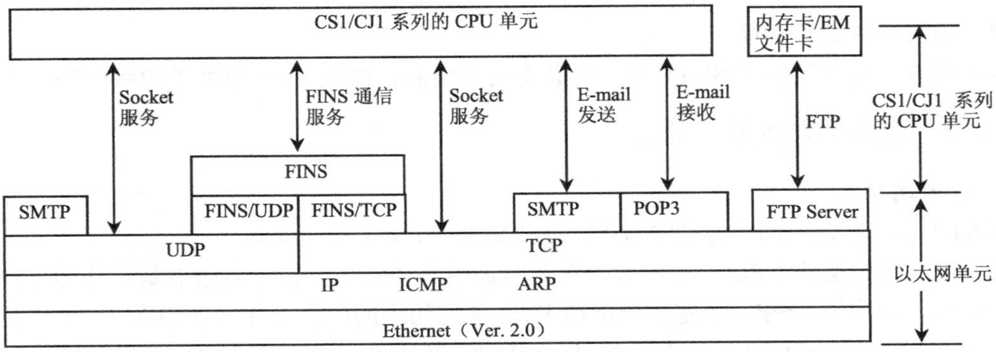

图 6.83 OMRON 以太网协议的分层结构图

IP：Internet Protocol，网间互联协议。

ICMP：Internet Control Message Protocol，Internet 控制信息协议。

ARP：Address Resolution Protocol，地址解析协议。

SMTP：Simple Mail Transfer Protocol，简单邮件传输协议。

POP3：Post Office Protocol 3，邮件服务协议 3。

UDP：User Datagram Protocol，用户数据报协议。

TCP：Transmission Control Protocol，传输控制协议。

FTP：File Transfer Protocol，文件传输协议。

FINS：Factory Interface Network Service，工厂接口网络服务，由 OMRON 公司自己开发、专门用于各种 OMRON FA 网络上的 PLC 之间的通信协议。

CS1W- ETN21/CJ1W-ETN21 以太网单元提供以下功能。

（1）FINS 通信

以太网单元支持 FINS 通信，PLC 与 PLC、上位计算机与 PLC 之间可以通过以太网单元传送数据。PLC 可在梯形图程序使用 SEND、RECV、CMND 指令，CMND 指令用来发送 FINS 指令。上位计算机可在程序里使用带有 UDP/IP 或 TCP/IP 报头的 FINS 指令。

（2）Socket 服务

以太网单元支持两种标准国际通信协议：TCP/IP 和 UDP/IP。Socket 服务利用这些协议可以实现上位计算机与 PLC 通信。以太网单元提供 8 个通信端口，因此多种进程可以同时进行。在网络的 UNIX 平台上，以太网通信通过 Socket 界面支持。

（3）FTP 服务器功能

以太网单元内置 FTP 服务器，允许上位机使用简单命令读写 PLC 内存卡上或 EM 文件内存上各个独立文件，以实现上位机和 PLC 之间的文件传送。此时，上位机为 FTP 客户，而 PLC 则为服务器。

（4）E-mail 服务

当预先设定的条件满足时，以太网单元用 E-mail 方式把 CPU 单元中的数据（或内存卡中的文件）发送到指定的地址中。以太网单元发送 E-mail 不限于 Intranet 范围内，也可通过 Internet 发送。

用户把命令写到 E-mail 中并发送给以太网单元，以太网单元接收后加以执行，并把响应结果以 E-mail 形式返回。同样，以太网单元接收 E-mail 不限于 Intranet，也可通过 Internet 接收。

（5）自动时钟调整功能

以太网单元可以定时从 SNTP 服务器获得时钟信息，修正 CPU 单元的内部时钟。

6.8.2 以太网单元及其设置

1. *以太网单元*

图 6.84 所示为以太网单元 CS1W-ETN21/CJ1W-ETN21 的面板图。

以太网单元归类为 CPU 总线单元，单元号旋转开关设定一位十六进制数，作为 ETN 单元的单元号，范围为 0～F，决定了分配给 ETN 单元相应的内存工作区（CIO 区、DM 区）。

- CPU 总线单元 CIO 区：起始地址(n)=1500+25×单元号，结束地址=起始地址+24。
- CPU 总线单元 DM 区：起始地址(m)=D30000+100×单元号，结束地址=起始地址+99。

节点号旋转开关设定两位十六进制数作为 ETN 单元在网络中的节点号，范围为 01～FE（十进制数为 1～254）。

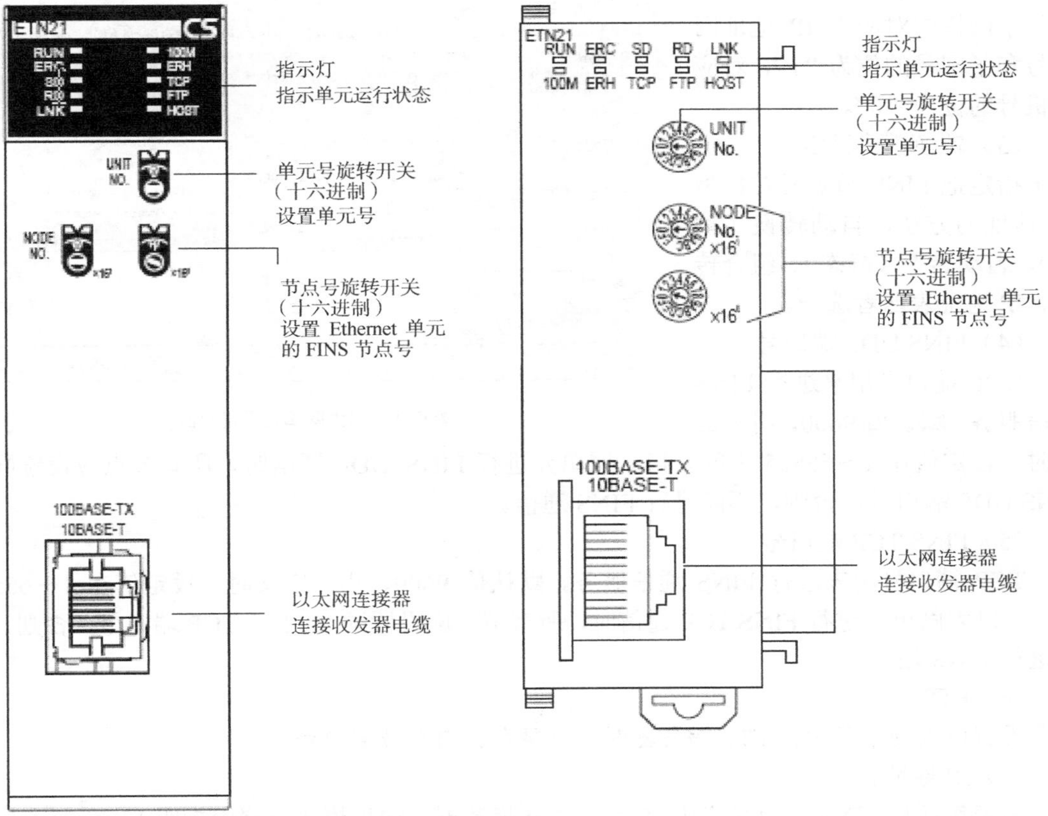

（a）CS1W-ETN21 面板图　　　　（b）CJ1W-ETN21 面板图

图 6.84　以太网单元面板图

2. 以太网单元设置

以太网使用 IP 地址进行通信。IP 地址可以识别以太网和以太网上的节点（上位机、Ethernet 单元等）。IP 地址由 32 位二进制数组成，分 4 段以十进制数表示，段间用点分隔开。例如，二进制地址 10000010 00111010 00010001 00100000 表示为 130.58.17.32。这 4 段提供网络号和主机号（节点号）。

网络上的节点太多时，其操作及管理变得非常困难。方便的办法是把单一网络分成几个子网络，把 IP 地址中的部分作为子网号，为此设定子网模来标识。对应于 IP 地址中网络号或子网号的子网模位设为“1”，剩余子网模位对应于 IP 地址中主机号，设为“0”。例如，子网模 11111111 11111111 11111111 00000000（FFFFFF00）表示 IP 地址前 24 位为子网号，后 8 位为主机号。

以太网通信前，必须使用编程设备（如 CX-P 中的 CX-Net）对以太网单元进行设置，图 6.85 所示为以太网单元设置界面。

主要设定简介如下。

（1）本地 IP 地址

设定本地以太网单元的 IP 地址。IP 地址不设置，以太网单元无法通信。如果转换模式设置中指定以太网单元的节点号用作 IP 主机号，仅需设置本地 IP 地址中的前 3 段，当以太网单元的节点号旋转开关改变地址时，IP 的主机号会自动修改。

（2）子网模

子网模中对应于 IP 地址网络号和子网号的位为“1”，对应主机号的位为“0”。

（3）转换模式设定

指定把 FINS 节点号转换为 IP 地址的方法，自动转换（动态）、自动转换（静态）、组合转换、IP 地址表四者选一。

（4）FINS UDP 端口号

UDP 端口号用来进行 FINS 通信服务。默认值 9600，用户定义时，设定值在 1～65535 之间。以太网单元进行 FINS UDP 通信时，所有节点应设置同一 FINS UDP 端口号，否则，不能进行 FINS 通信。

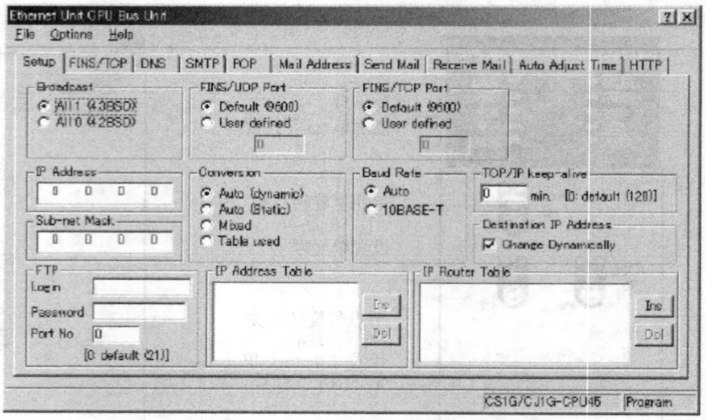

图 6.85　以太网单元设置界面

（5）FINS TCP 端口号

TCP 端口号用来进行 FINS 通信服务。默认值 9600，用户定义时，设定值在 1～65535 之间。以太网单元进行 FINS TCP 通信时，所有节点应设置同一 FINS TCP 端口号，否则，不能进行 FINS 通信。

（6）FTP

设置以太网单元用作 FTP 服务器时的登录名、口令及端口号。

（7）IP 地址表

该表包括从 FINS 节点号产生 IP 地址的转换数据。如果模式设置中指明 FINS 节点号转换为 IP 地址的方法是自动的，该表将被忽略。

（8）IP 路由器表

该表设定以太网单元如何和其他 IP 网络段上的节点通过 IP 路由器进行通信。

6.8.3　FINS 通信服务

FINS 通信服务是 OMRON 公司为自己的 FA（工厂自动化）网络开发的。FINS 通信使用一组专门的地址，不同于以太网的地址系统，不管目标节点是在以太网还是在另一个 FA 网络（如 CompoBus/D、Controller Link 或 SYSMAC Link 等）上，这种寻址系统提供了一致的通信方法。

以太网单元通过 UDP 或 TCP 端口提供 FINS 通信服务。例如，当上位机与 PLC 进行 FINS 通信时，通过简单地向以太网单元 UDP 或 TCP 端口发送包含 FINS 命令的数据报，可以读写 PLC 的内存数据或控制 PLC 运行。FINS 命令和响应的基本流程如图 6.86 所示。

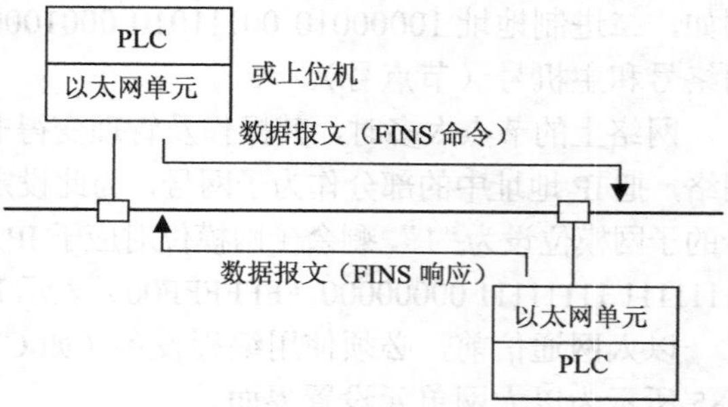

图 6.86　FINS 命令/响应的基本流程

TCP 提供高可靠性服务，通信时要求目标节点应答，加以确认。UDP 提供高效率服务，通信时不要求目标节点应答，通信可靠性要由用户程序解决。

FINS UDP 通信数据报文的格式如下：

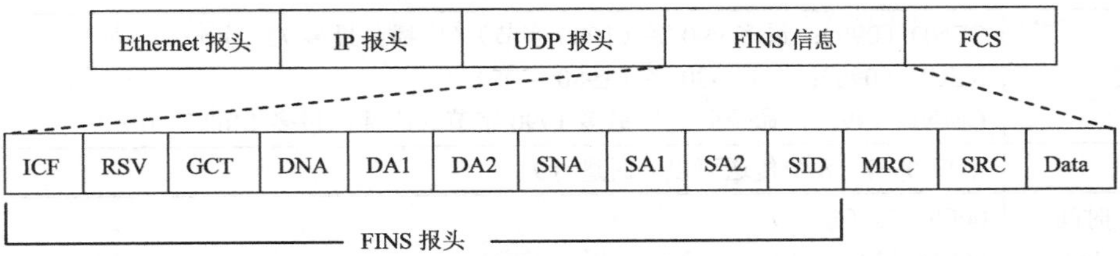

FINS TCP 通信数据报文的格式如下：

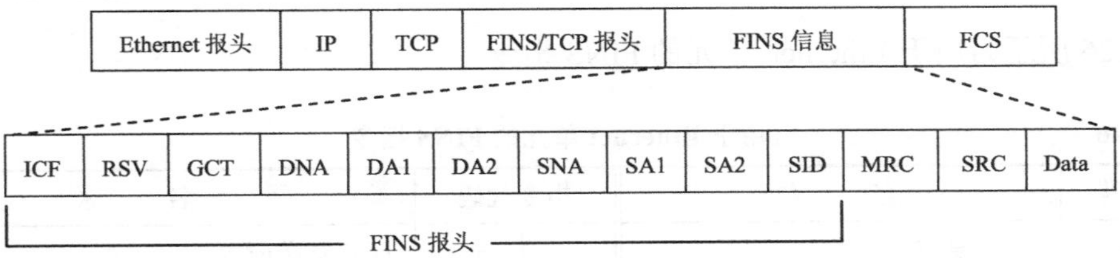

1. 地址转换

以太网通信使用 IP 地址，而 FINS 通信使用 FINS 节点号。因此，以太网单元应能在 IP 地址和 FINS 节点号之间进行转换。没有 IP 地址，响应不能传送到远程节点，这就需要地址转换。地址转换方法由用户在 Ethernet 单元的系统设置中指定，有 4 种方法：自动转换（动态）、自动转换（静态）、IP 地址表和复合地址转换。

2. 网络互连

两个以太网可以通过 PLC 网关或 IP 路由器互连。在一个 PLC 上安装多个通信单元（包括以太网单元）后，便可以在以太网节点和其他类型 FA 网络节点之间进行 FINS 通信。

PLC 网关仅能使用 FINS 命令进行 FINS 通信服务，不能用来进行 Socket 服务。

IP 路由器如图 6.87 所示，两个以太网通过 IP 路由器互连，两个网络上的节点可以通过 IP 路由器相互通信，自然可以进行 FINS 通信。

3. 面向 PLC 的命令

PLC 使用 SEND（090）、RECV（098）、CMND（490）进行 FINS 通信，性能指标如表 6.25 所示。

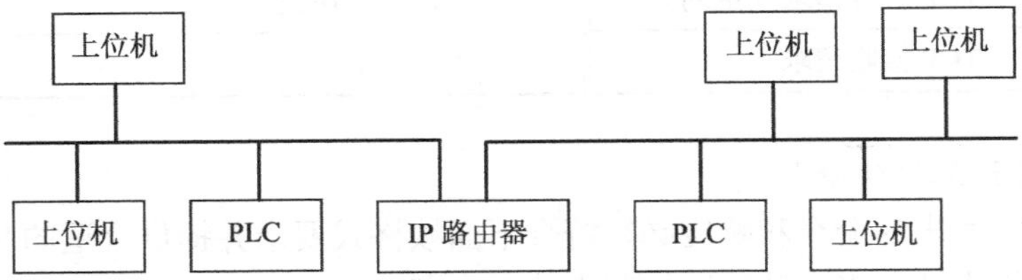

图 6.87　两个以太网通过 IP 路由器互连

表 6.25　FINS 通信性能指标

项　目	规　格
传输格式	1∶1　SEND（090）、 RECV（098）、CMND（490）指令 1∶*N*　SEND（090）、 CMND（490）指令（广播） （广播发送时没有响应）

续表

项　目	规　格
包的长度	SEND（090）：最多 990 字（1980 字节）（广播：最多 727 字） RECV（098）：最多 990 字（1980 字节） CMND（490）：命令码之后最多 1990 字节（广播：最多 1462 字节）
通信端口	端口 0～7（8 个传送可以同时进行）
响应监控时间（单位：0.1s）	0000：2s（默认） 0001～FFFF：0.1～6553.5 s（用户指定）
重试次数	0～15 次

表 6.26 所示为用于 Ethernet 单元的 FINS 指令。

表 6.26　　　　用于 Ethernet 单元的 FINS 指令

指令代码		名　称	指令代码		名　称
04	03	复位		13	TCP 发送请求
05	01	控制器数据读		14	TCP 关闭请求
06	01	控制器状态读		20	PING 测试
08	01	节点间回送测试		30	FINS/TCP 连接远程节点改变请求
	02	广播测试结果读		31	FINS/TCP 连接状态读
	03	广播数据发送		50	IP 地址表写
21	02	错误记录读		57	IP 地址写（仅 CJ1 系列）
	03	错误记录清	27	60	IP 地址表读
27	01	UDP 打开请求		61	IP 路由器表读
	02	UDP 接收请求		62	协议状态读
	03	UDP 发送请求		63	内存状态读
	04	UDP 关闭请求		64	Socket 状态读
	10	TCP 打开请求（被动）		65	地址信息读
	11	TCP 打开请求（主动）		67	IP 地址读
	12	TCP 接收请求			

4. 面向上位计算机的命令

从上位计算机发出的命令和响应必须符合下面帧格式要求并提供合适的 FINS 报头信息。这些格式也可以用来解码来自其他网络节点的命令和响应。

命令

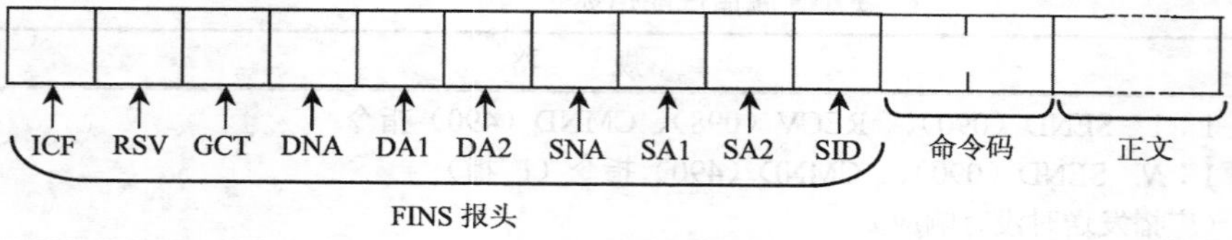

响应

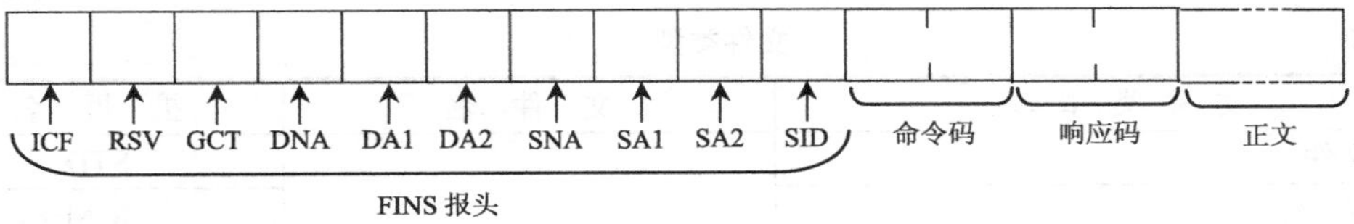

正文长度

命令：2012 字节

响应：2012 字节

如果与其他类型网络（如 Controller Link）进行互连通信时，正文长度必须符合远程节点要求。

FINS 报头信息参见 6.7.4 小节。

FINS 通信的 UDP 端口号的默认值是 9600（十进制）。UDP 端口号可以在系统设置中改变。在这个端口接收到的数据报作为 FINS 信息处理，同样，当 PLC 使用 SEND（090）/RECV（098）指令发送数据或中继从另一个网络接收到的 FINS 信息时，把数据从这个端口使用相同的端口号发送到目标端口。因此，在以太网上使用 FINS 通信时，设置所有节点（以太网单元）相同的 UDP 端口号，两个节点有不同的 FINS UDP 端口号不可能进行 FINS 通信。

上位计算机使用 UDP Socket 向 PLC 发出 FINS 命令。上位机与 PLC 进行 FINS 通信时，要对远程节点寻址，确定通信参数 DNA、DA1、DA2、SNA、SA1、SA2。用户在上位机中用 C 语言编程，构造 FINS 命令帧，调用 Socket 库函数中的 UDP 命令，向 PLC 发出 FINS 命令并接收来自 PLC 的响应，有关编程细节参见有关手册。

6.8.4 FTP 服务器通信

Ethernet 单元内置 FTP 服务器功能。FTP 支持以太网中的上位机读写 PLC 内存卡中的文件。内存卡插在 PLC 的 CPU 单元上。FTP 基于客户/服务器模式，客户向服务器发出文件操作指令。以太网单元不支持 FTP 客户功能，仅可作为 FTP 服务器。

在使用 FTP 服务器功能之前，上位机必须与 FTP 服务器建立连接，必要时需输入登录名及口令。连接 FTP 的登录名和口令必须放在 CPU 总线单元的系统设置区中。登录名、口令分别是 1～12 个、1～8 个字符组成的字符串，这些字符是字母、数字、“-”或“_”，每个字符在设置区中以对应的 ASCII 表示。如果没有登录名，默认名是“CONFIDENTIAL”，此时不需要口令。

FTP 服务器状态可以根据以太网单元面板上的 FTP 指示灯或 CPU 总线单元数据区 CIO 里的 FTP 状态字来检查。FTP 指示灯闪亮表示正在进行 FTP 操作，不亮表示 FTP 空闲。FTP 状态 CIO 字地址=1500+（25×单元号）+17，第 00 位表示 FTP 服务器状态，0 为空闲，1 为正在操作。

在 FTP 服务器模式下，CPU 单元的文件系统主要由内存卡和 EM 文件存储区两部分组成。上位机与以太网单元建立连接后，PLC 内存卡中的文件安装在根目录下的 MEMCARD 子目录下，EM 文件存储区中的文件安装在根目录下的 EM 子目录，文件目录如下：

```
/:                        根目录
│
└──── MEMCARD:            存储卡目录
│
└──── EM:                 EM 文件存储目录
```

文件名为 8 个字符再加上 3 个字符的扩展名，表 6.27 所示为文件类型。

表 6.27　文件类型

文件类型	文件名	扩展名
系统设置文件	由用户命名	STD
CIO/DM 区文件		IOM
梯形图程序文件		LDP
SFC 程序文件		SFC
用户程序文件		OBJ
系统设置文件（启动时自动装载）	AUTOEXEC	STD
用户程序文件（启动时自动装载）	AUTOEXEC	OBJ

上位机使用 UNIX 操作系统时，FTP 由一组 Shell 命令实现。上位机调用 open 命令与以太网单元建立连接，一旦成功，双方进入交互式会话状态。然后，上位机调用其他 FTP 命令，与以太网单元传输数据（如文件复制等），用户输入 close 和 quit（或 bye）命令，退出 FTP 会话。FTP 命令如表 6.28 所示。

表 6.28　FTP 命令集

命令	功能	命令	功能
open	连接指定的 FTP 服务器	quit	关闭 FTP （客户）
user	对远程 FTP 服务器指定用户名	type	指定要传输文件的数据类型
ls	列出内存卡中的文件名	get	把指定文件从内存卡中传到本地上位机
dir	列出内存卡中的文件名及细节	mget	把多个文件从内存卡中传到本地上位机
rename	改变文件名	put	把指定的本地文件传到内存卡中
mkdir	在远程 FTP 上创建一个新目录	mput	把多个本地文件传到内存卡中
rmdir	在远程 FTP 上删除一个新目录	delete	从内存卡中删除指定文件
cd	把以太网单元工作目录改变到指定目录	mdelete	从内存卡中删除多个文件
cdup	返回到远程 FTP 服务器的上层目录	close	拆除 FTP 服务器
pwd	列出以太网单元工作目录	bye	关闭 FTP（客户）

6.8.5　Socket 服务

Socket 是一种通信编程界面，允许用户程序直接使用 TCP 和 UDP，在以太网的节点之间交换数据。Socket 服务也称为接驳服务。

在上位计算机中，Socket 被写成 C 语言的库函数，在用户程序中可以调用。

CS1/CJ1 的 Socket 服务是从用户程序向以太网单元发送 FINS 命令，图 6.88 给出了上位机和 CS1/CJ1 之间的 Socket 操作，上位机和 PLC 通过 Socket 使用 TCP 和 UDP 进行数据交换。

Socket 支持客户/服务器模式。TCP Socket 启动数据传输之前，要在两个节点之间建立连接，称为“虚电路”。建立连接时执行一个打开 Socket 命令，作为服务器的节点使用被动打开命令，并等待连接；作为客户的节点使用主动打开命令，发出连接请求。

TCP 提供高可靠性服务，通信时要求目标节点应答，加以确认。数据分包传送，每个数据包最大长度为 1024 字节。

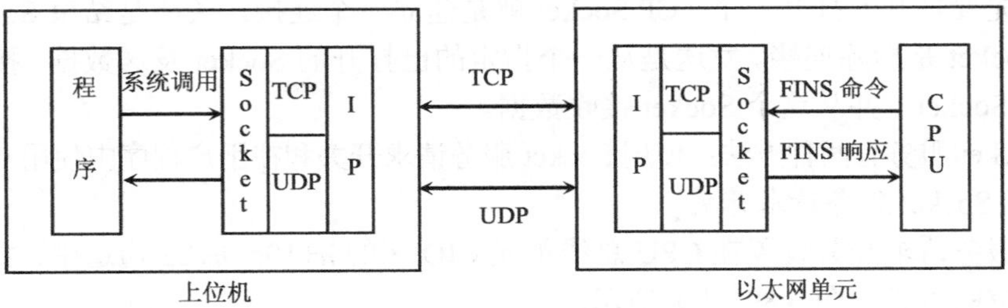

图 6.88　Socket 操作

UDP 提供高效率服务，通信时不要求目标节点应答，通信可靠性要由用户程序解决。数据分包传送，每个数据包最大长度为 1472 字节。

Ethernet 单元为 CPU 总线单元，根据单元号，分配给 Ethernet 单元的 CIO 区：起始地址（n）= 1500+25×单元号，结束地址=起始地址+24，一共 25 个字，n～n+24；DM 区的起始地址（m）=D30000+100×单元号，结束地址=起始地址+99，一共 100 个字，m～m+99。

每个 Ethernet 单元有 8 个 UDP Socket、8 个 TCP Socket，每一个 Socket 都有一个状态字相对应，这 16 个 Socket 的状态对应 CIO 区的 n+1～n+16，如表 6.29 所示。

表 6.29　Socket 状态区

CIO	内　　容	CIO	内　　容
n+1	#1 UDP Socket 状态	n+9	#1 TCP Socket 状态
n+2	#2 UDP Socket 状态	n+10	#2 TCP Socket 状态
n+3	#3 UDP Socket 状态	n+11	#3 TCP Socket 状态
n+4	#4 UDP Socket 状态	n+12	#4 TCP Socket 状态
n+5	#5 UDP Socket 状态	n+13	#5 TCP Socket 状态
n+6	#6 UDP Socket 状态	n+14	#6 TCP Socket 状态
n+7	#7 UDP Socket 状态	n+15	#7 TCP Socket 状态
n+8	#8 UDP Socket 状态	n+16	#8 TCP Socket 状态

每一个状态字各位含义如下：

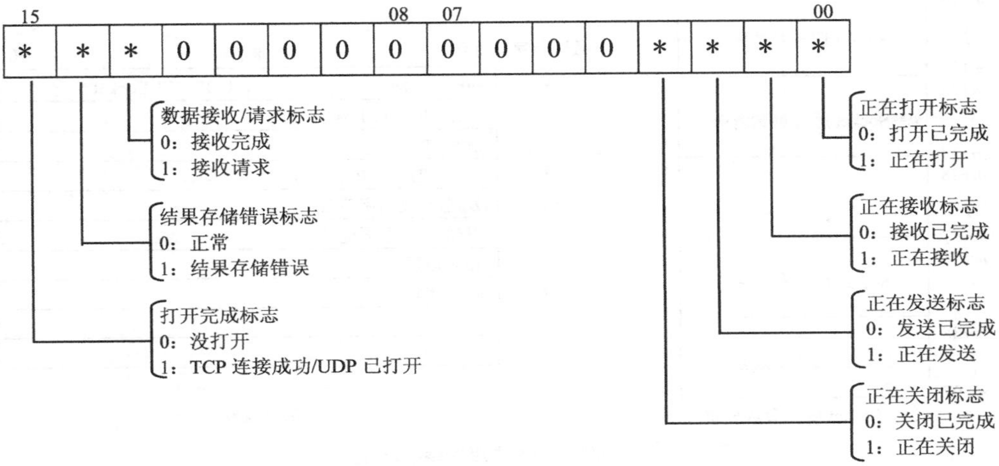

Socket 操作有打开、关闭、发送和接收。打开是对一个指定的 Socket 使能通信，使用 Socket 服务时，首先要打开，打开一个 TCP Socket 就是建立一个连接。关闭是结束 Socket 的使用，对于 TCP Socket 是拆除连接。发送是从一个指定的已打开的 Socket 发送数据。接收是指定一个已打开的 Socket，并从这个 Socket 接收数据。

实现 Socket 服务有两种方法：使用 Socket 服务请求开关和在用户程序中使用 CMND 指令。

1. 使用 Socket 服务请求开关

Socket 服务请求开关设置在 CPU 总线单元 CIO 区的 $n+19$～$n+22$ 通道中，如图 6.89（a）所示，每一位的含义如图 6.89（b）所示。

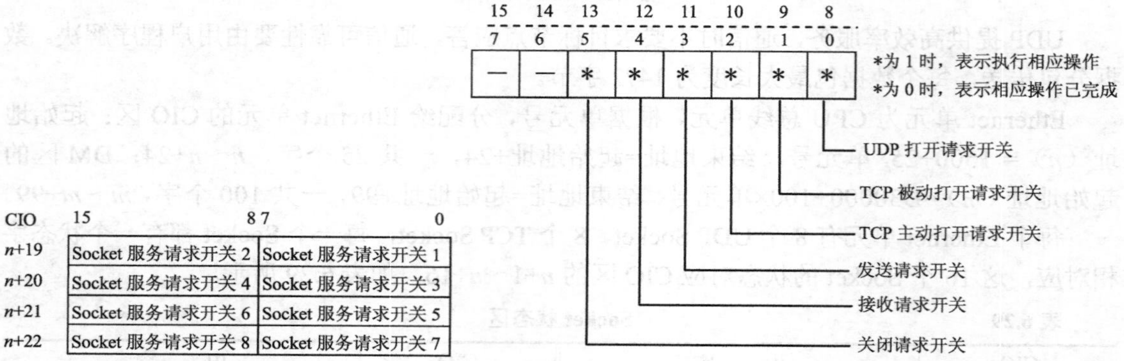

（a）Socket 服务请求开关分布　　（b）请求开关各位含义

图 6.89　Socket 服务请求开关

可以通过对 Ethernet 单元的 Socket 服务请求开关区设置相应参数（例如，Socket 服务请求开关）来使用 Socket 服务。当使用 Socket 服务请求开关时，必须注意每次最多能够同时打开 8 个 TCP 以及 UDP 连接。而且由于 TCP 与 UDP 占用相同的参数区，因此也不能将同一个 Socket 号同时分配给 TCP 以及 UDP。

Socket 服务参数设置在 CPU 总线单元 DM 区的 $m+18$～$m+16$ 中，用于指定 Ethernet 单元请求的服务，如图 6.90 所示。图 6.90（a）为 Socket 服务参数分布，图 6.90（b）为每一个 Socket 服务的具体参数设置。

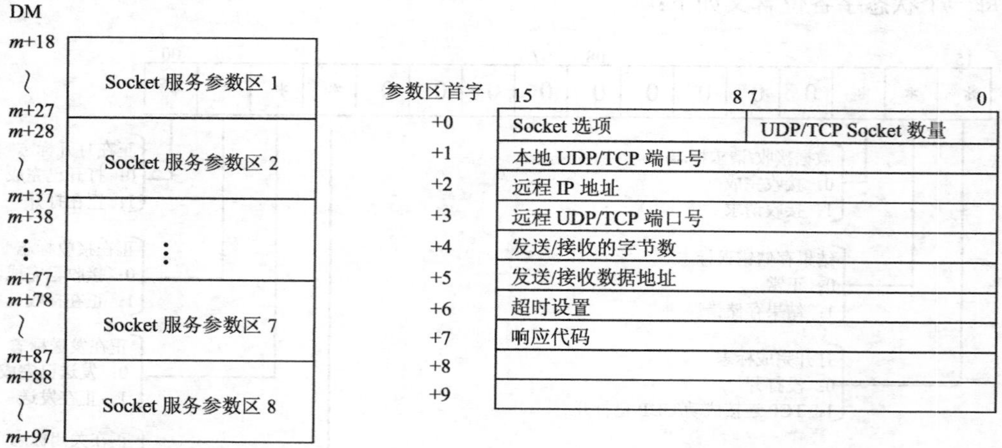

（a）Socket 服务参数分布　　（b）具体参数设置

图 6.90　Socket 服务参数设置

当在 Socket 服务参数区设置好相应的参数后，用户可以在程序中使用 Socket 服务请求开关，根据设置的 Socket 服务参数进行数据发送或接收。

使用 Socket 服务请求开关进行 Socket 服务的步骤如下。

（1）在分配给 CPU 总线单元的 DM 区中设置 Socket 服务参数。

（2）在分配给 CPU 总线单元的 CIO 区域中将相应的 Socket 服务请求开关置 ON。

（3）当一个发送/接收请求被建立时，预先设置在 Socket 服务参数区的发送/接收数据地址里的数据将会自动地发送/接收。

发送/接收完毕，一个响应代码将会自动存储在 Socket 服务参数区。

2. 使用 CMND 指令

CS1/CJ1 通过 CMND(490)向以太网单元发送 FINS 命令来执行 Socket 服务，用作 Socket 服务的 FINS 命令基本格式如下：

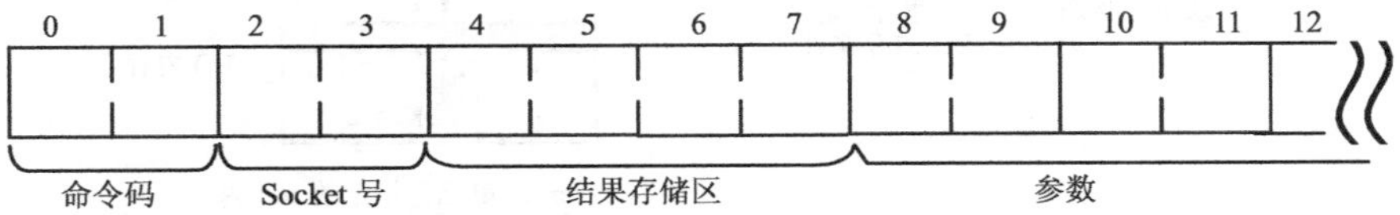

命令码：设置 Socket 请求过程码。

Socket 号：设置过程的 Socket 号，在 1～8 之间。

结果存储区：设置存储过程结果的区域。

参数：设置命令码定义的参数。

表 6.30 所示为用于以太网单元 Socket 服务的 FINS 指令。

表 6.30　　用于以太网单元 Socket 服务的 FINS 指令

命令码		名　称	功　能
MRC	SRC		
27	01	UDP 打开请求	打开 UDP Socket
	02	UDP 接收请求	通过 UDP Socket 接收数据
	03	UDP 发送请求	从 UDP Socket 发送数据
	04	UDP 关闭请求	关闭 UDP Socket，结束通信
	10	TCP 打开请求（被动）	打开 TCP Socket，等待与其他节点连接
	11	TCP 打开请求（主动）	打开 TCP Socket 与其他节点连接
	12	TCP 接收请求	从 TCP Socket 接收数据
	13	TCP 发送请求	从 TCP Socket 发送数据
	14	TCP 关闭请求	关闭 TCP Socket，结束通信

在使用 Socket 服务时，要考虑 Socket 状态区状态字的变化，Socket 指令及编程的详细情况可以参见有关手册。

6.8.6 E-mail 服务

1. E-mail 发送

Ethernet 单元可以根据用户预先设定的发送条件（例如，出现错误、关键位变化或者关键通道变化），当发送条件满足时，将 PLC 的特定信息（例如，状态、错误日志以及关键位等）以 E-mail 的方式发送给预先设定好的 E-mail 地址。同时，将指定 I/O 区域的数据以附件的形式发送给指定的 E-mail 地址，如图 6.91 所示。

PLC 通过 Ethernet 单元自动发送的邮件一般包含两个部分：邮件正文和附件。

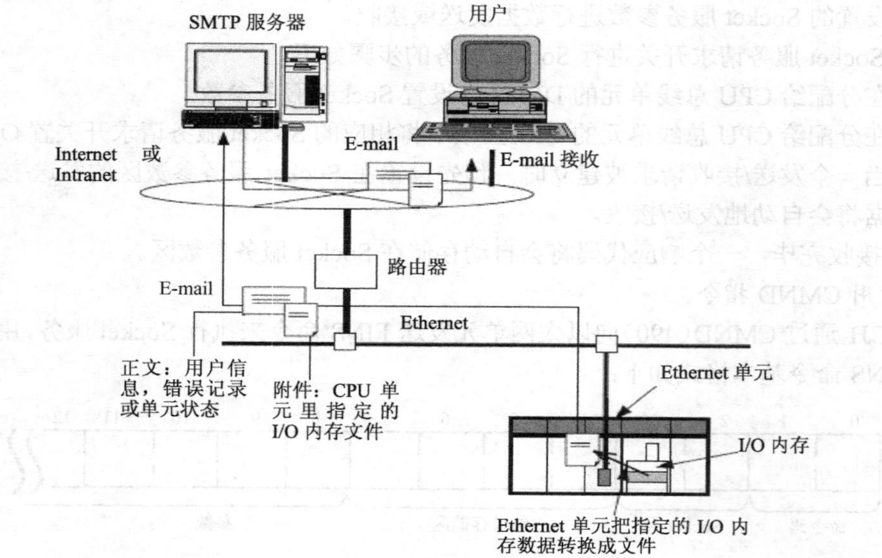

图 6.91　E-mail 发送

（1）邮件正文包含了主要的邮件地址信息、PLC 各种状态信息、错误日志等。

（2）当 Ethernet 单元发送邮件时，还可以选择将一些重要的数据以附件的形式发送给目的地址，数据主要有两类：I/O 存储区数据和文件数据。

对于指定的 I/O 存储区，将以 IOM（二进制文件）、TXT（文本文件制表符分隔）、CSV（逗号分隔）等格式作为附件进行发送。

2. E-mail 接收

邮件接收功能允许通过 Internet 或 Intranet 发送 E-mail 给 Ethernet 单元。E-mail 接收功能可以在不给 Ethernet 单元指定固定 IP 地址的情况下，根据接收到的 E-mail 对 PLC 进行操作，包括读写 I/O 区域、改变 PLC 运行状态等。具体过程是：用户将命令码写入 E-mail 并且将 E-mail 发送给 Ethernet 单元；当 Ethernet 单元接收到 E-mail 时将执行用户写入的命令；当命令执行完毕，将执行结果以 E-mail 的方式返回给用户。

E-mail 接收功能如图 6.92 所示。

用 E-mail 可发送的命令如表 6.31 所示。

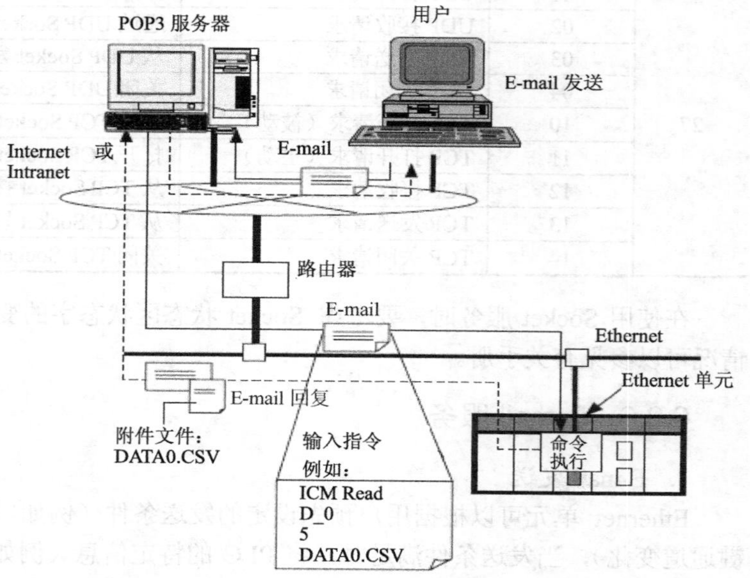

图 6.92　E-mail 接收

表 6.31 E-mail 可发送的命令

命令字	含义
FileWrite	将附件中的文件写入到 CPU 的 EM 区或者内存卡中
FileRead	将 CPU 的 EM 区或者内存卡中的文件读出并以附件形式返回
FileDelete	删除指定的文件
FileList	返回 CPU 的 EM 区或者内存卡中的文件列表
UMBackup	将 CPU 单元的用户程序备份到 EM 区或者内存卡
PARAMBackup	备份 CPU 参数区的数据到 EM 区或者内存卡
IOMWrite	将附件中的值写入到指定的 I/O 区域
IOMRead	将指定的 I/O 区域的数据读取并以附件形式返回
ChangeMode	改变 PLC 运行方式
ErrorLogRead	读取 CPU 或者指定单元的错误日志
ErrorLogClear	清除 CPU 或者指定单元的错误日志
MailLogRead	读取 E-mail 日志
MailLogClear	清除 E-mail 日志
Test	进行 Ethernet E-mail 测试
FinsSend	将指定的 FINS 命令发送给 Ethernet 单元并执行

习　题

1. 试比较 RS232C、RS422/RS485 串行通信的特点。
2. 数据传送中常用的校验方法有哪几种？
3. 常用的网络拓扑结构有哪几种？各有什么特点？
4. OMRON 有哪几种网络？各有什么特点？各适用于什么场合？
5. CompoBus/D 网的主单元有几种类型？从单元有哪些类型？
6. 哪些 PLC 可以入 CompoBus/D 网？这种网络的开放性体现在什么地方？
7. 什么是配置器？其作用是什么？
8. CompoBus/D 的通信距离与通信介质、通信比特率有何关系？
9. Controller Link 网的节点有哪几种类型？各怎样配置？
10. 数据链接的人工设置比自动设置功能强，而且灵活、方便，试进行比较。
11. 信息通信指令有哪几种？功能是什么？
12. 什么是 FINS 通信协议？如何使用？
13. 什么是网桥、网关？OMRON 的 FA 网络之间怎样实现互连？
14. 远距离编程和监控有什么限制条件？
15. 路由表包括几种形式？在信息通信中起什么作用？
16. 哪些 PLC 可以入以太网？以太网的功能有哪些？
17. 以太网中的节点如何从 FINS 节点地址转换为 IP 地址？
18. FTP 的功能是什么？
19. 什么是 Socket 服务？其功能如何？
20. 通过向以太网单元发送 E-mail，可以对 PLC 进行哪些操作？

第 7 章 PLC 的编程工具

计算机辅助编程软件和编程器是常用的编程工具。本章以 CQM1-PRO01 为例介绍简易编程器的使用，并介绍 OMRON 的编程软件 CX-P（6.1）的功能和使用方法。

7.1 编程器 CQM1-PRO01

CQM1-PRO01 为手持式编程器，其面板布置如图 7.1 所示。

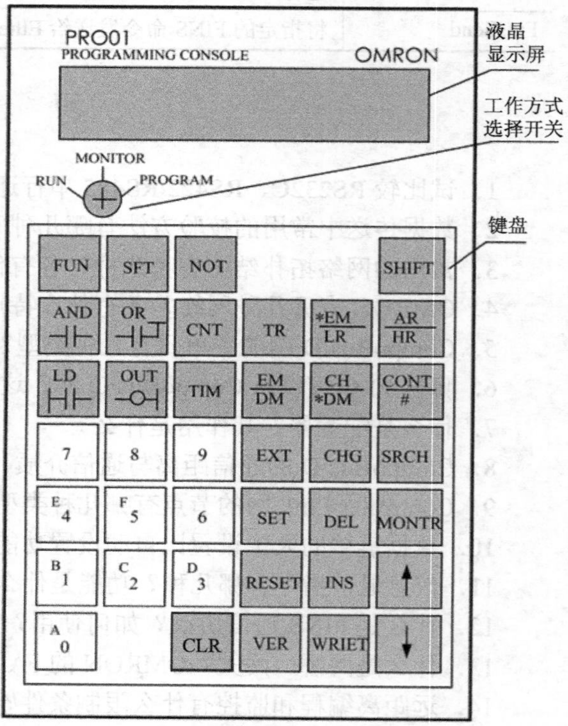

图 7.1 编程器 CQM1-PRO01 的面板布置

7.1.1 编程器的面板

1. 液晶显示屏

液晶显示屏由两行液晶显示块组成，每行 16 个显示块，每块为 8×6 点阵液晶（可显示 1 个字符），用于显示用户程序存储器地址以及继电器和计数器/定时器状态等信息。

2. 工作方式选择开关

工作方式选择开关设有编程、监控、运行 3 个工作位，各种工作方式的功能如下。

（1）运行方式（RUN）。此方式下可运行用户程序，但不能进行修改程序的操作。

（2）监控方式（MONITOR）。此方式下用户程序处于运行状态，可对运行状态进行监控，但不能修改程序。

（3）编程方式（PROGRAM）。此方式下可进行输入或修改程序的操作。

特别要注意的是，当主机没接编程器等外部设备时，上电后 PLC 自动处于运行方式。当对 PLC 中的用户程序不了解时，开机前要连接编程器，把方式开关置于编程位，避免一上电就运行程序而造成事故。

3. 键盘

键盘由 39 个键组成，各键区的组成及主要功能如下。

（1）10 个白色的数字键组成数字键区，用于输入程序地址或数据。配合 FUN 键可以输入有代码的应用指令。

（2）16 个灰色键组成指令键区，用于输入指令。

（3）12 个黄色键组成编辑键区，用于输入、修改、查询程序及监控程序的运行。

（4）1 个红色键，用于清除显示屏的显示。

指令键区、编辑键区各键的功能如下。

（1）功能键 FUN 配合数字键可输入有代码的指令。例如，在输入 MOV 指令时，依此按下 FUN、$^{C}2$、$^{B}1$ 键时，即显示出 MOV（21）指令。

（2）利用 SFT、NOT、AND、OR、LD、OUT、CNT、TIM 键，可直接输入与这些键相对应的指令。

（3）WRITE 是写入键，每输入一条指令或一个数据都要按一次该键，否则输入无效。

（4）利用数据区键 TR、$\frac{\text{*EM}}{\text{LR}}$、$\frac{\text{AR}}{\text{HR}}$、$\frac{\text{EM}}{\text{DM}}$、$\frac{\text{CH}}{\text{*DM}}$、$\frac{\text{CONT}}{\#}$ 可以确定指令操作数所在的数据区或输入常数等操作。

（5）SET、RESET 是置位、复位键。配合功能键 FUN 可输入置位、复位指令，也可利用这两个键进行强制置位、复位操作。

（6）上档键 SHIFT 与有上档功能的键配合可形成上档功能。

（7）清除键 CLR，用于清除显示屏的显示内容。

（8）插入键 INS，用于插入指令。

（9）删除键 DEL，用于删除指令。

（10）↑、↓是改变地址键。按↑键时地址减小，按↓键时地址增加。

（11）修改键 CHG，在修改 TIM/CNT 的设定值，修改 DM 等通道内容时使用。

（12）监控键 MONTR，用于监控通道或位的状态。

（13）检索键 SRCH，在检索指令或程序时用。

（14）校验键 VER，在校验磁带机上的程序与 PLC 内的程序是否相同时用。

（15）外引键 EXT，利用磁带机存储程序时使用该键。

7.1.2 编程器的使用

下面介绍 CQM1-PRO01 编程器常用的操作及屏幕显示。

PLC 首次上电后，编程器上显示出“PASSWORD!”（口令）字样，反复按 CLR 键和 MONTR 键至口令消失后，再按 CLR 键，待编程器上显示出 00000 时方可进行其他操作。

1. 内存清除

在 PROGRAM 方式下执行内存清除的操作。

（1）欲将存储器中的用户程序以及各继电器、计数器、数据存储器中的数据全部清除时，操作过程及每步操作时屏幕显示的内容如图 7.2 所示。

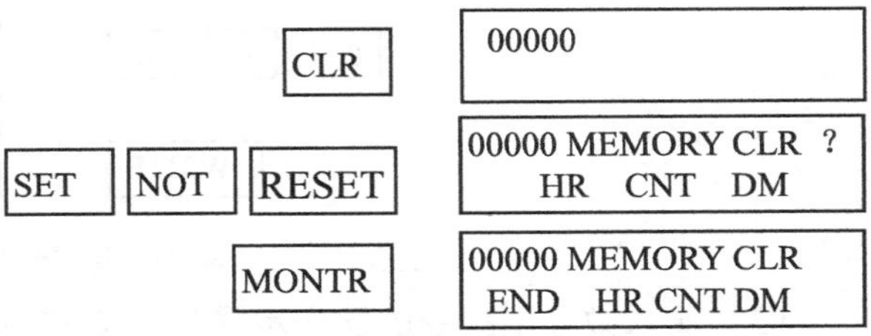

图 7.2 操作过程及其显示内容

（2）如需保留指定地址以前的程序或保留指定的数据区，则应进行部分清除。例如，要保留地址 00123 以前的用户程序

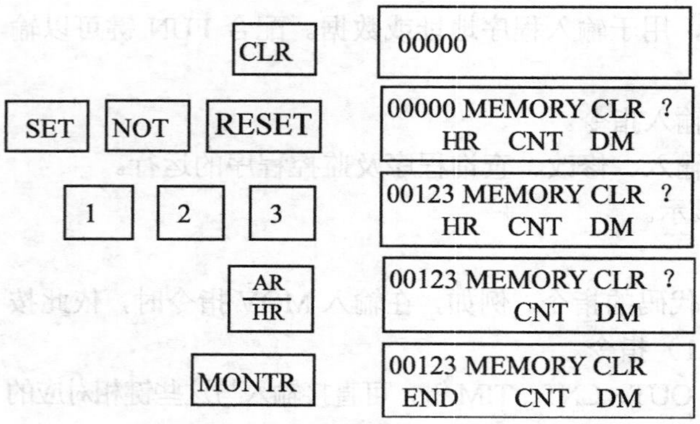

图 7.3 操作过程及其显示内容

及HR区的内容，操作过程及显示内容如图7.3所示。

保留CNT区、DM等区的操作与上述相同。若设定的地址超出用户程序的范围，则清除操作无效。

2. 建立地址

在PROGRAM方式下建立地址。

（1）在选择PROGRAM方式、回答了口令后，再按几次CLR键，当屏幕上显示00000时，表示用户程序地址可从00000开始建立。

（2）欲建立一个其他地址时，如00200，可按下2、0、0，再按一次↑或↓键即可。

3. 输入程序

在PROGRAM方式下输入程序。

（1）先建立程序首地址，然后输入指令。每输入一条指令后要按一次WRITE键，且地址会自动加1。例如，在地址00010处输入LD 00002指令，操作过程及其显示内容如图7.4所示。

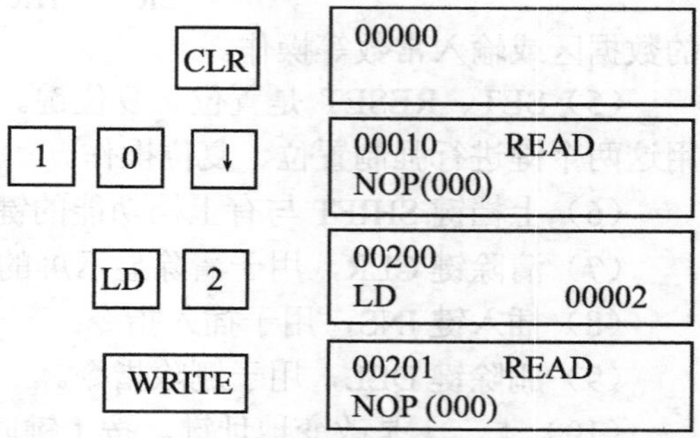

图 7.4 操作过程及其显示内容

（2）在输入双字节指令时，当输入指令、按WRITE键后地址并不加1，而是提示输入下一字节的内容。在输入了下一个字节的内容后再按WRITE键，地址才加1。例如，在地址00200处输入“MOV（021） #0150 200”语句，操作过程及其显示如图7.5所示。其中，DATA后面的A、B是指令的第一和第二个操作数，有3个操作数的指令会继续出现C。若操作数没输入完整就输入下一条指令，则编程器发出“嘀、嘀……”的声音，并拒绝输入下一条指令。

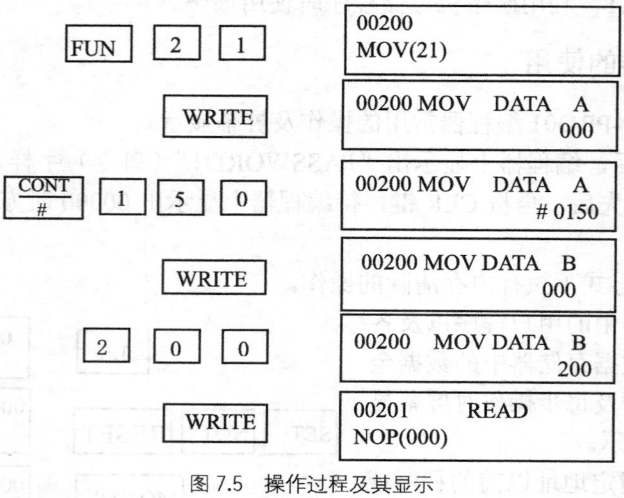

图 7.5 操作过程及其显示

（3）输入微分型指令的操作步骤是：按FUN→输入指令码→按NOT键→按WRITE键，表示微分型指令的“@”就显示出来，再按一次NOT键，“@”就消失。

（4）如果输入的语句中有错误，在出错的地址处重新输入正确的语句即可。

例如，输入图 7.6 所示的程序，连续按 CLR 键，当显示 0000 地址后开始输入程序，操作过程如图 7.7 所示。

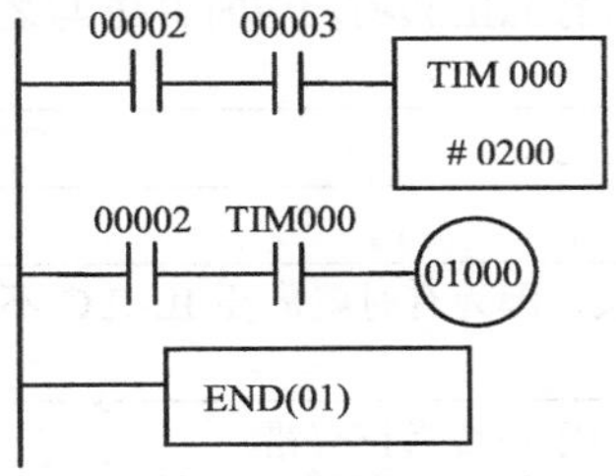

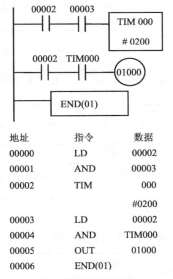

地址	指令	数据
00000	LD	00002
00001	AND	00003
00002	TIM	000
		#0200
00003	LD	00002
00004	AND	TIM000
00005	OUT	01000
00006	END(01)	

图 7.6 梯形图及语句表

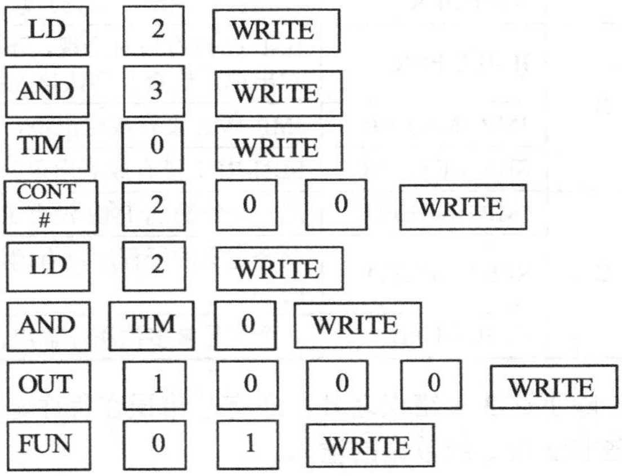

图 7.7 操作过程

输入程序时，没有特殊要求时一般以 00000 作为首地址。

4. *程序读出*

在 RUN、MONITOR 和 PROGRAM 方式下读出程序。该操作用于检查程序的内容。例如，若图 7.6 所示的程序已输入，读程序的操作及其显示如图 7.8 所示。

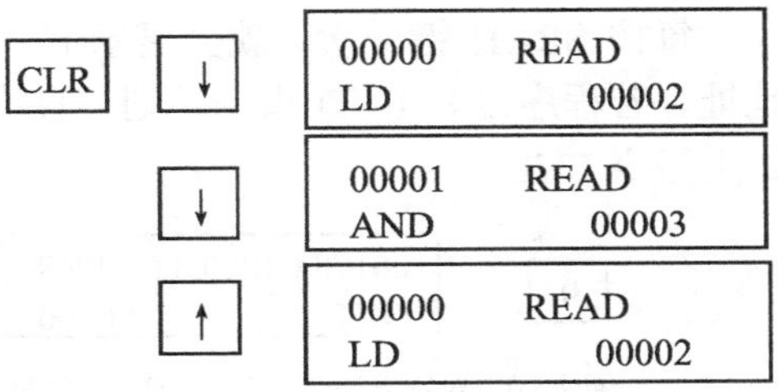

图 7.8 读程序的操作及其显示

利用↑、↓键可继续读出程序中的其他语句。

5. *程序检查*

在 PROGRAM 方式下检查程序。

程序错误类型分为 A、B、C 三类和 0、1、2 三级。A 类错误影响程序的正常执行，必须通过检查并修改程序消除之。0 级检查用于检查 A、B、C 三类错误，1 级检查用于检查 A、B 两类错误，2 级检查用于检查 A 类错误。表 7.1 所示为 A、B、C 三类错误的出错显示以及对各类错误的处理方法一览表。

表 7.1 程序错误类别及处理一览表

等级	出 错 显 示	处 理
A	?????	程序已被破坏，应重新写入程序
	NO END INSTR	程序的结尾没有 END 指令，应在程序结尾处写入 END 指令
	CIRCUIT ERR	程序逻辑错误。这种错误大多是由于多输入或少输入了一条指令所致，应仔细检查程序，并修正之
	LOCN ERR	当前显示的指令在错误的区域
	DUPL	重复错误。当前使用的子程序编号或 JME 编号在程序中已使用过，应改正程序，使用不同的编号

续表

等级	出错显示	处理
A	SBN UNDEFD	调用的子程序不存在
	JME UNDEFD	一个转移程序段有首无尾，即对于一个给出的 JME 没有相应的 JMP 与之对应
	OPER AND ERR	指定的可变操作数据错误，检查程序并改正之
	STEP ERR	步进操作错误，检查并修改程序
B	IL-ILC ERR	IL-ILC 没有成对出现，不一定是真正的错误，因为有时就需要 IL-ILC 不成对出现，检查并确认该处程序是否有错
	JMP-JME ERR	JMP-JME 没有成对出现，检查并确认该处程序是否真正有错
	SBN-RET ERR	SBN-RET 没有成对出现，检查并改正程序
C	JMP UNDEFD	对一个给出的 JME 没有 JMP 与之对应，检查并改正程序
	SBS UNDEFD	一个定义的子程序没有调用过。对于中断子程序来说，出现这种情况是正常的
	COIL DUPL	一个位号被多次用作输出，检查并确定程序是否真正有错

除了这 3 类错误之外，还有些错误在程序输入时即被显示出来，并由系统监控程序阻止这些非法指令或数据的输入。

程序检查的操作及其显示如图 7.9 所示。

这个显示表示没有错误。若程序有错，则显示出错地址和错误内容。

例如，对错误语句“OUT　00200”，在程序检查时的显示如图 7.10 所示。

每按 SRCH 键一次，就会显示下一个出错的内容和地址。若程序没有 END 指令，则一直检查到最大地址，显示如图 7.11 所示，提示程序没有结束指令 END。

```
CLR     00000

SRCH    00000  PROG CHK
        CHK LBL (0-2)?

0       00310  PROG CHK
        END (001) 00.3KW
```

图 7.9　程序检查的操作及其显示

```
0       00178 CIRCUIT   ERR
        OUT           00200
```

图 7.10　对错误语句“OUT 00200”的显示

```
02047  NO END INST
END
```

图 7.11　提示程序没有结束指令

6. 指令检索

在 RUN、MONITOR 和 PROGRAM 方式下检索指令。

（1）欲检索用户程序中的某条指令，操作步骤是：建立开始检索的首地址→输入要检索的指令→按 SRCH 键→显示出要检索的指令内容及地址→按↓键→显示出操作数（对于有一个或多个操作数的指令要进行最后一步的操作）。

例如，检索图 7.6 程序中“LD 00002”指令的操作步骤是：依次按 CLR→0→LD→2→SRCH，检索开始，此时显示屏上显示的内容如图 7.12 所示，表示 00000 地址的指令是 LD 00002。

再按 SRCH 键，显示的内容如图 7.13 所示，表示 00003 地址的指令也是 LD 00002。

```
00000      SRCH
LD        00002
```

图 7.12　表示 00000 地址的指令是 LD 00002

```
00003      SRCH
LD        00002
```

图 7.13　表示 000003 地址的指令是 LD 00002

再按 SRCH 键，显示的内容如图 7.14 所示，表示在地址 00000 到地址 00006 之间，只有两条 LD 00002 指令。

00006	SRCH
END(001)	00.8KW

图 7.14 按 3 次 SRCH 键后显示的内容

（2）先检索到 TIM/CNT 指令，再按↓键，就会显示出要检索的 TIM/CNT 指令的设定数据。

（3）连续按 SRCH 键可继续向下检索，一直检索到 END 指令。如果程序中无 END 指令，则一直可找到程序存储器的最后一个地址。

7. 触点检索

在 PROGRAM、MONITOR、RUN 方式下检索触点。

本操作和指令检索基本相同。只是指令检索的操作中检索的是一条指令， 而本操作中检索的是一个触点。在 MONITOR 和 RUN 方式下进行触点检索时，还可显示该触点的实际通断状态。

触点检索的操作步骤是：输入开始检索的地址→按 SHIFT→ $\frac{\text{CONT}}{\#}$ →输入要查找的触点号→按 SRCH 键→显示含有触点的指令。连续按 SRCH 键可继续显示含有触点的指令。

例如，对图 7.6 检索触点 00002，按上述操作后显示内容如图 7.15 所示。

00000	CONT	SRCH
LD		00002

图 7.15 操作及其显示内容

再次按 SRCH 键，显示如图 7.16 所示。

继续按 SRCH 键，直至检索到 END 指令为止，此时显示如图 7.17 所示。

00003	CONT	SRCH
LD		00002

图 7.16 再次按 SRCH 键后的显示内容

00006	CONT	SRCH
END(001)	00.8KW	

图 7.17 按 SRCH 键至检索到 END 指令为止时的显示内容

8. 插入指令

在 PROGRAM 方式下插入指令。

（1）配合 INS 键，用该操作可把一条指令插入已输入的程序中。例如，现欲将 AND 00102 指令插入图 7.18 箭头所指的位置，其操作是：先找到 AND NOT 00101 指令所在的地址（可用指令读出、指令检索、触点检索操作）→输入 AND 00102 语句→按 INS 键→显示“INSERT？”的提示画面→按↓键，则指令被插入。 插入指令后，其后的指令地址将自动加 1。

按上述操作，插入 AND 00102 语句的操作和屏幕显示内容如图 7.19 所示。

（2）若插入多字节指令时，在输入指令助记符后要继续输入其操作数。切记每输入一个操作数时都要按一次 WRITE 键。

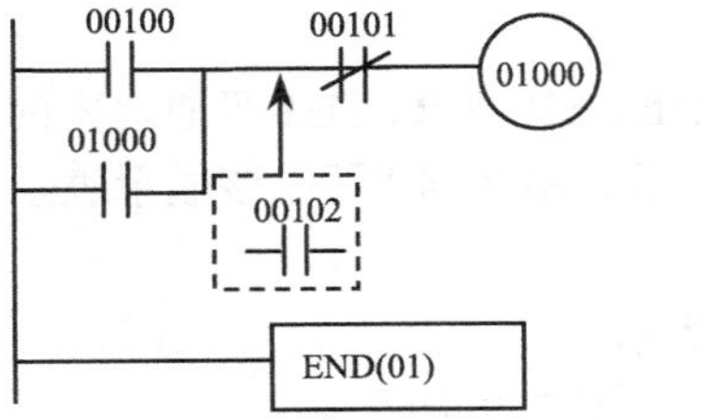

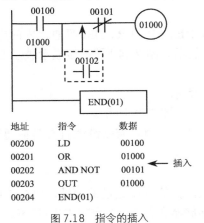

地址	指令	数据	
00200	LD	00100	
00201	OR	01000	← 插入
00202	AND NOT	00101	
00203	OUT	01000	
00204	END(01)		

图 7.18 指令的插入

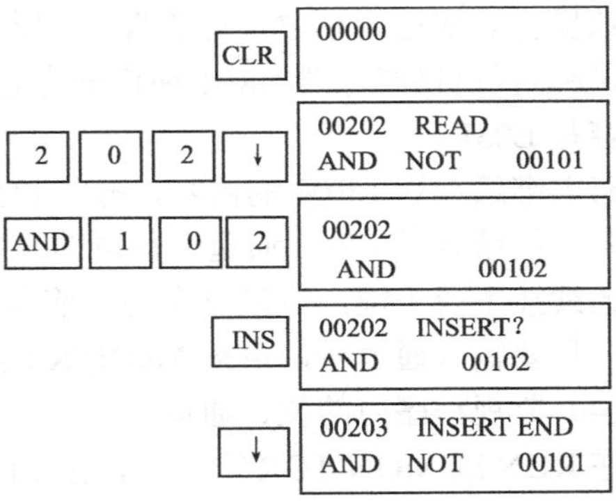

图 7.19 插入 AND 00102 语句的操作和显示内容

9. 删除指令

在 PROGRAM 方式下删除指令。

对图 7.18 所示的程序，欲删除刚插入的 AND 00102 语句，其操作是：先找到 AND 00102 指令所在的地址→按 DEL→显示“DELETE？”的提示画面→按↑键，则指令被删除（若指令有操作数也一起删除）。删除指令后，其后的指令地址自动减 1。删除 AND 00102 语句的操作和显示内容如图 7.20 所示。

按键	显示
DEL	00202 DELETE? AND 00102
↑	00202 DELETE END AND NOT 00101

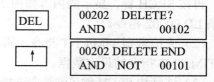

图 7.20 删除 AND 00102 语句的操作和显示内容

10. 位、数字和字的监视

在 PROGRAM、MONITOR、RUN 方式下执行这 3 种监视。

本操作在调试程序时经常用到。在 MONITOR 及 RUN 状态下，可以监视 I/O、IR、AR、HR、SR、LR 的状态，也可以监视 TIM/CNT 的状态及数据内容。

（1）TIM/CNT 的监视

该操作用于对 TIM/CNT 的当前值及状态的监视。例如，MONITOR 或 RUN 方式时，监视 TIM000 的操作是：先清除显示屏→按 TIM 键→键入 TC 号 000→按下 MONTR 键，则显示 TIM000 的当前值和动态变化情况。例如，屏幕显示如图 7.21 所示。

画面中的 0049 是 TIM000 的当前值。其当前值每隔 100ms 减 1，直到减为 0000 为止，此时屏幕显示如图 7.22 所示。画面中 0000 前的字母 O 表示 TIM000 的状态为 ON。

使用↑或↓键可以继续观察其他 TC 号的 TIM/CNT。

（2）位监视

该操作用于监视 I/O、IR、AR、HR、SR、LR 通道中某位的状态是 ON 还是 OFF。例如，要监视输入点 00006 的状态，具体操作是：按 CLR 键清显示屏→按 SHIFT、$\frac{\text{CONT}}{\#}$ 键→输入被监视的位号 6→按 MONTR 键，屏幕显示如图 7.23 所示。

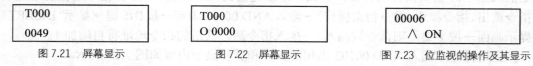

```
T000
0049
```

图 7.21 屏幕显示

```
T000
O 0000
```

图 7.22 屏幕显示

```
00006
∧ ON
```

图 7.23 位监视的操作及其显示

继续按↑或↓键，可以监视与当前显示位相邻的其他位的状态。若要再监视另一个位，则可以输入位号，再按 MONTR 键。

（3）通道监视

该操作以通道为单位进行监视，可以监视 IR、AR、HR、SR、LR、DM 等通道内的内容。例如，要监视链接继电器 LR01 通道的内容，具体操作和显示如图 7.24 所示。该显示表示 LR01 的内容是 E03F。

若欲继续观察 LR00 的内容，操作和显示如图 7.25 所示。

若欲继续查看 LR00 通道中每位的状态，操作和显示如图 7.26 所示。

继续按↑或↓键，可以监视与当前显示通道相邻的其他通道。若欲继续查看其他通道的内容，只要输入通道号，再按 MONTR 键即可。

（4）监视程序内的位、通道

在 RUN 或 MONITOR 方式下，按 CLR 键，输入欲监视的位或通道的地址，再按↑或↓键，可在显示屏上观察到各继电器、TIM/CNT、数据存储器在程序运行过程中的状态。

例如，若显示内容如图 7.27 所示，表示这时输入继电器 00002 接通。

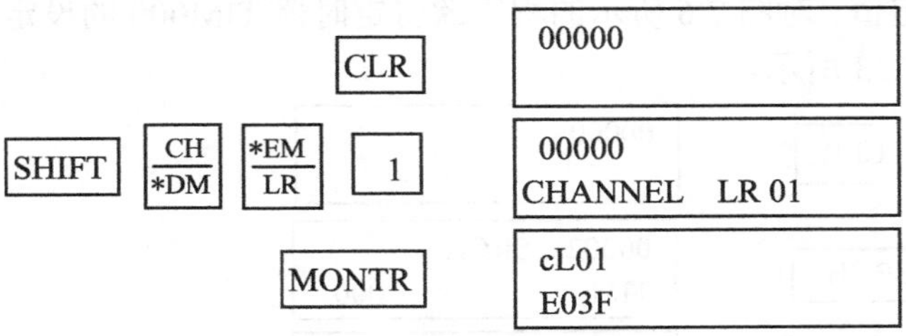

图 7.24 通道监视具体操作及显示举例

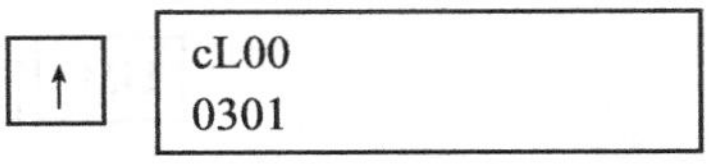

图 7.25 继续观察 LR00 内容的操作及其显示

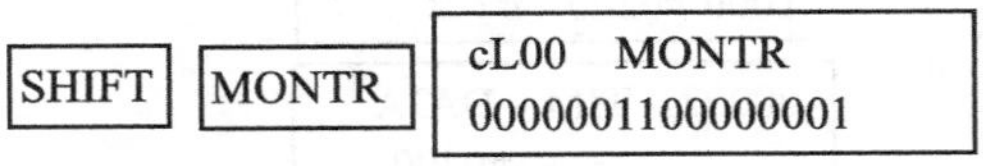

图 7.26 继续查看 LR00 通道每位的状态的操作及显示

图 7.27 继电器 00002 的显示内容

若显示内容如图 7.28 所示，表示这时输出继电器 01000 没接通。

若显示内容如图 7.29 所示，表示计数器 CNT000 当前输出为 ON。

图 7.28 输出继电器 01000 没接通的显示内容

图 7.29 计数器 CNT000 当前输出为 ON 的显示内容

11. 多点监视

在 MONITOR、RUN 方式下执行多点监视。

在监控程序运行时，经常需要同时监视多个接点或通道的状态，这时需进行多点监视。

（1）多点监视可与通道监视同时执行，最多可以同时监视 6 个对象。例如，第一个监视 TIM000，在依次按 CLR、TIM、 0 和 MONTR 键后，屏幕显示内容如图 7.30 所示。

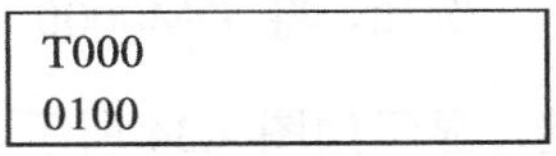

图 7.30 屏幕显示内容

接着监视 00001 点，依次按 SHIFT、CONT/#、1 和 MONTR 键，显示内容如图 7.31 所示。

再监视 DM0000 通道，依次按 DM、0 和 MONTR 键，显示内容如图 7.32 所示。

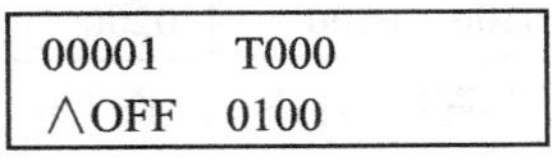

图 7.31 屏幕显示内容

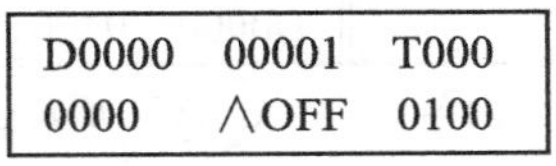

图 7.32 屏幕显示内容

观察以上操作可见，第一个被监视对象的显示在屏幕左边，当监视第二点或通道时，第一个被监视对象的显示就向右移动。如果被监视的对象为 4 个时，第一个被监视对象就移出显示屏（移到内部寄存器中）。这时，显示屏上从左到右显示的是第四个、第三个、第二个被监视对象。屏幕上的内容与寄存器中的内容形成一个环，可以用 MONTR 键从左边再调出环上的某一个。显示器显示 3 个，寄存器存放 3 个，因此，最多可以同时监视 6 个点或通道。如果要监视第 7 个对象，则最先被监视的那个内容被挤出且丢失。

（2）如果显示器最左边显示的是点，则可以强迫将其置为 ON 或 OFF。如果最左边显示的是通道、TIM/CNT、DM 等则可以改变其值。

12. 修改 TIM/CNT 的设定值 1

在 PROGRAM、MONITOR 方式下修改 TIM/CNT 的设定值 1。

（1）在 PROGRAM 方式下用编程器修改参数的操作不再叙述。在 MONITOR 方式下，当程序运行时能改变 TIM/CNT 的设定值。对图 7.6 所示的程序欲将定时器 TIM000 的设定值改为#0400，其操作及相应显示如图 7.33 所示。

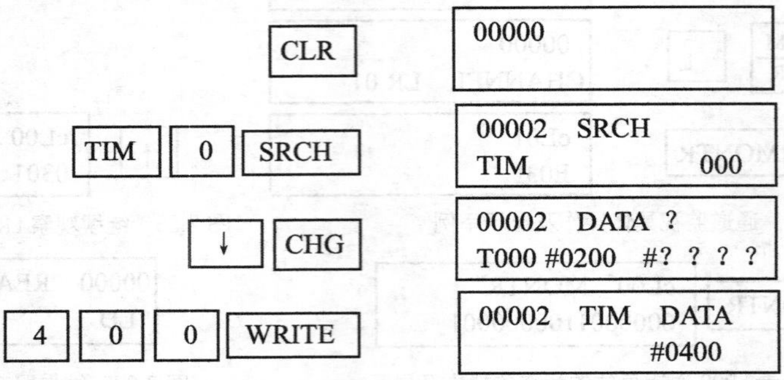

图 7.33 操作及其显示内容

（2）若欲将 TIM000 的设定值改为一个通道，则可依次按 CHG、SHIFT、$\frac{\text{CH}}{\text{*DM}}$键及通道号，最后按 WRITE 键。

13. 修改当前值 1

在 PROGRAM、MONITOR 方式下修改当前值 1。

这个操作用来改变 I/O、AR、HR 和 DM 通道的当前值（4 位十六进制数）及 TIM/CNT 的当前值（4 位十进制数）。其操作是：先对被修改的通道或 TIM/CNT 进行监视，然后按 CHG 键→输入修改后的数值→按 WRITE 键。

例如，将 DM0000 通道的内容 0100 修改为 0200，操作是：按 CLR→$\frac{\text{EM}}{\text{DM}}$→0→MONTR 键，显示如图 7.34 所示。

继续按 CHG 键，则显示如图 7.35 所示。

接着输入 2、0、0，显示如图 7.36 所示。

最后按 WRITE 键，显示如图 7.37 所示。

D0000 0100	PRES VAL？ D0000 0100 ？？？？	PRES VAL？ D0000 0100 0200	D0000 0200
图 7.34 屏幕显示内容	图 7.35 屏幕显示内容	图 7.36 屏幕显示内容	图 7.37 屏幕显示内容

此时数据修改为 200。注意，不能修改通道 253～255 的内容。

14. 强制置位/复位

在 PROGRAM、MONITOR 方式下强制置位/复位。

使用 SET 或者 RESET 键可以把 I/O 点和 IR、HR 的位及 TIM/CNT 等的状态强制置为 ON 或者 OFF，在程序调试中要用到这个功能。这种操作分为强制置位/复位和持续强制置位/复位两种情况。

下面主要介绍在 MONITOR 方式下的强制置位/复位和持续强制置位/复位操作。

（1）强制置位/复位操作

对图 7.18 所示的程序，若 00100、00101 为 OFF 时，欲把输出线圈 01000 强制置为 ON 的操作是：依次按 CLR→OUT→1、0、0、0 键，显示如图 7.38 所示。

按 MONTR 键监视 01000 的状态，显示如图 7.39 所示。

```
00000
OUT          01000
```

图 7.38 屏幕显示内容

```
01000
∧ OFF
```

图 7.39 屏幕显示内容

按住 SET 键，屏幕显示如图 7.40 所示。

当松开 SET 键时，01000 又变为 OFF。

对图 7.18 所示的程序，若 01000 已为 ON，欲将其强制置为 OFF 的操作与上述类似，只是使用 RESET 键进行操作。

（2）持续强制置位、复位的操作

对图 7.18 所示的程序，若 01000 为 OFF，欲把 01000 持续强制置为 ON 的操作是：按 CLR→OUT→1、0、0、0 键，显示如图 7.41 所示。

再按一下 MONTR 键监视 01000 的状态，显示如图 7.42 所示。

依次按下 SHIFT 和 SET 键，则持续显示如图 7.43 所示。

```
01000
∧ ON
```

图 7.40 屏幕显示内容

```
00000
OUT          01000
```

图 7.41 屏幕显示内容

```
01000
∧ OFF
```

图 7.42 屏幕显示内容

```
01000
∧ ON
```

图 7.43 屏幕显示内容

再按 NOT 键或 RESET 键，01000 又变为 OFF。

对图 7.18 所示的程序，若 01000 为 ON，欲把输出线圈 01000 持续强制置为 OFF 的操作与上述类似，只是使用 RESET 键强制置其为 OFF。

如果对 TIM/CNT 执行强制 ON/OFF 操作时，注意以下两点。

（1）在强制 ON 时，把 TIM/CNT 的当前值置为 0000；而对其施行强制 OFF 操作时，是恢复 TIM/CNT 的设定值。

（2）强制 ON/OFF 操作时，要按住 SET 键、RESET 键不放。

15. 读出扫描时间

在 RUN、MONITOR 方式下读出扫描时间。

按 CLR 键和 MONTR 键，可读出当前扫描时间的平均值。例如，欲查看某程序的扫描时间，操作及显示如图 7.44 所示。

在不同时间按 MONTR 键，每次读出的数值多少有点差别。

```
CLR       00000

MONTR     00000 SCAN TIME
            015.0ms
```

图 7.44 屏幕显示内容

16. 为扩展指令确定功能代码

在使用 CPM2A 设计应用程序时，常需要为一些扩展指令确定功能代码。

赋值扩展指令功能代码的操作必须在编程器的编程方式下进行，但各赋值可在任一方式下显示。

赋值扩展指令功能代码的操作必须在输入程序之前进行。

赋值扩展指令功能代码时，必须进行 PLC 设置。将 DM6602 中的位 8～11 置 1，并断开 PLC 的电源后再接通，使之能进行新的设定。

下面以 CPM2A 为例，说明确定扩展指令功能代码的步骤。

（1）按 CLR 键，调出初始显示。

（2）按 EXT 键，显示第一个功能代码（17）的赋值，显示如图

```
INST  TBL  READ
FUN017: ASFT
```

图 7.45 按 EXT 键的显示

7.45 所示。

（3）用↑或↓键寻找欲使用的功能代码。例如，按↓键的显示如图 7.46 所示。

（4）按 CHG 键，将一个扩展指令赋值给所选的功能代码，显示如图 7.47 所示。

（5）用↑或↓键寻找欲使用的扩展指令。例如，按↓键的显示如图 7.48 所示。

（6）当所需要的指令出现后按 WRITE 键，显示如图 7.49 所示。

INST TBL READ
FUN018： FUN

图 7.46 按↓键的显示

INST TBL CHG?
FUN018 ：FUN→？？？？

图 7.47 按 CHG 键的显示

INST TBL CHG?
FUN018：FUN→HEX

图 7.48 按↓键的显示

INST TBL CHG?
FUN018： HEX

图 7.49 按 WRIET 键的显示

至此，代码 18 即分配给指令 HEX。

CPM1A 不用的代码 47、48、66，CPM2A 分配给指令 RXD（47）、TXD（48）、SCL（66）。

7.2 编程软件 CX-P

计算机辅助编程既省时省力，又便于程序管理，具有简易编程器无法比拟的优越性，是一种广泛应用的编程方式。目前，简易编程器用得越来越少，计算机加编程软件已成为主流的编程工具。

OMRON 先后开发出多种编程软件。在 DOS 环境下，早期使用 LSS（Ladder Support Software），后来升级为 SSS（SYSMAC Support Software）。在 Windows 环境下，早期使用 CPT（SYSMAC-CPT），现在使用的是 CX-P（CX-Programmer）。

CX-P 文件的扩展名为“CXP”或“CXT”，“CXP”是“CXT”的压缩形式，通常使用的是“CXP”。CX-P 的文件称为工程，CX-P 以工程来管理 PLC 的硬件和软件。

CX-P 提供文件转换工具，可以将 OMRON 早期的编程软件 LSS、SSS、CPT 等所编的程序导入处理，转换为 CX-P 的文本文件，扩展名为“CXT”。转换时，从桌面上的“开始”菜单出发，找到 CX-P 中的“文件转换实用工具”项，单击后，根据提示操作即可完成。

7.2.1 CX-P 简介

CX-P 从 6.0 开始，除了独立封装、独立安装外，还与 OMRON 其他支持软件（如 CX-Simulator、NS-Designer 等）集成一体，形成了一个工厂自动化工具软件包，称为 CX-One。因此，CX-P 6.0 及以后的版本可从 CX-One 中选择，作为其中的一部分功能安装。

1. CX-P 软件的组成

CX-P 软件由以下几部分组成。

（1）CX-Programmer。

（2）Online Help。

（3）OMRON FB Library。

（4）CX-Server。

（5）PLC Tools。

安装时，根据需要进行选择。

2. CX-P 的运行模式

CX-P 有 4 种运行模式，具体如下。

（1）初级模式，提供全部功能但仅支持 CPM1、CPM2 *、SRM1 和 SRM1-V2。

（2）试验模式，提供全部功能但自安装之日起只能运行 30 天。

（3）演示模式，提供全部功能但工程文件不能被保存和打印。

（4）全功能版，提供全部功能，无任何限制。

CX-P 安装时，要求输入许可号，如果没有输入，则安装为演示模式。其他模式都需要输入对应的许可号。安装完毕后，可以更改许可号，在“帮助”菜单中，选中“关于 CX-Programmer...”项，重新输入许可号后，即可改变 CX-P 的运行模式。

3. CX-P 的通信口

CX-P 编程时要和 PLC 建立通信连接。

CX-P 支持 Controller Link、Ethernet、Ethernet（FINS/TCP）、SYSMAC Link、FinsGateway、SYSMAC WAY、Toolbus 接口。

CX-P 与 PLC 通信时，通常使用计算机上的串行通信口，即选 SYSMAC WAY 方式，大多为 RS232C 口，有时也用 RS422 口。PLC 则多用 CPU 单元内置的通信口，也可用 HOST Link 单元的通信口。

现在的笔记本计算机上很少配置 RS232C 口，但都有 USB 口。如果计算机用 USB 口，PLC 用 RS232C 口，则要使用两根电缆，计算机先接一根 USB 口转 RS232C 口电缆，再连一根 RS232C 电缆。OMRON 最新型号的 PLC 开始配置 USB 口，如推出不久的 CP1 的 CPU 单元上内置 USB 口，这样就只需一根 USB 电缆，方便了计算机与 PLC 的通信。

CX-P 使用串口与 PLC 通信时，要设置计算机串口的通信参数，使其与 PLC 通信口相一致，两者才能实现通信。简便的做法是计算机和 PLC 都使用默认设置，PLC 可用 CPU 单元上的 DIP 开关（如果有）设定通信参数为默认的。如果无法确定 PLC 通信口的参数，可以使用 CX-P 的自动在线功能，在“PLC”菜单中，选中“自动在线”项，选择使用的串口后，CX-P 会自动使用各种通信参数，尝试与 PLC 通信，最终建立与 PLC 的在线连接。

4. CX-P 支持的 PLC

CX-P 支持 C、CV/CVM1、CS1、CJ1、CP1 等 OMRON 全系列的 PLC，还支持 IDSC、NSJ、FQM。

5. CX-P 的特性

下面以 CX-P 6.1 为例，介绍 CX-P 的主要特性。

（1）Windows 风格的界面，可以使用菜单、工具栏和键盘快捷键操作。用户可自定义工具栏和快捷键。可以使用鼠标拖放功能，使用右键显示上下文菜单进行各种操作等。

（2）在单个工程下支持多个 PLC，一台计算机可与多个 PLC 建立在线连接，支持在线编程；单个 PLC 下支持一个应用程序，其中，CV/CVM1、CS1、CJ1、CP1 系列的 PLC 可支持多个应用程序（任务）；单个应用程序下支持多个程序段，一个应用程序可以分为一些可自行定义的、有名字的程序段，因此能够方便地管理大型程序。可以一人同时编写、调试多个 PLC 的程序；也可以多个人同时编写、调试同一 PLC 的多个应用程序。

（3）提供全清 PLC 内存区的操作。对 PLC 进行初始化操作，清除 CPU 单元的内存，包括用户程序、参数设定区和 I/O 内存区。

（4）可对 PLC 进行设定，设定下载至 PLC 后生效。例如，对于 CPM1A，可设定“启动”、“循环时间”、“中断/刷新”、“错误设定”、“外围端口”和“高速计数器”。

（5）支持梯形图、语句表、功能块和结构文本编程。梯形图、语句表是最常用的编程语言，OMRON 的 PLC 都支持。除此之外，OMRON 的 CS1、CJ1、CP1 等新型号的 PLC 还可用功能块和结构文本语言编程。

（6）CX-P 除了可以直接采用地址和数据编程外，还提供了符号编程的功能，编程时使用符号而不必考虑其位和地址的分配。符号编程使程序易于移植、拖放。

（7）可对程序（梯形图、语句表和结构文本）的显示进行设置。例如，颜色设置，全局符号、本地符号设为不同的颜色，梯形图中的错误显示设为红色，便于识别。

（8）程序可分割显示以监控多个位置。一个程序能够在垂直和水平分开的屏幕上被显示，可同时显示在 4 个区域上，这样可以监控整个程序，同时也监控或输入特定的指令。

（9）提供丰富的在线监控功能，方便程序调试。为了检查程序的逻辑性，监视可以暂时被冻结等。CX-P 与 PLC 在线连接后，可以对 PLC 进行各种监控操作。例如，置位/复位，修改定时器/计数器设定值，改变定时器/计数器的当前值，以十进制、有符号的十进制、二进制或十六进制的形式观察通道内容，修改通道内容，计算扫描周期等。

（10）可对 PLC 设计 I/O 表，为 PLC 系统配置各种单元（板），并对其中的 CPU 总线单元和特殊 I/O 单元设定参数。I/O 表设计完成后要下载到 PLC 中进行登记，一经 I/O 表登记，PLC 运行前将检查其实际单元（板）与 I/O 表是否相符，若不符，PLC 不能运行，这样可避免出现意外情况。

（11）可对 PLC 程序进行加密。OMRON C 系列的 PLC 用编程器和 CX-P 都可以做加密处理，在程序的开头编一小段包含密码的程序，密码为 4 位数字；而 CV/CVM1、CS1、CJ1、CP1 只能用 CX-P 设置密码，密码为 8 位字母或数字。

（12）通过 CX-Server 软件的应用，可以使 PLC 与其支持的各类网络进行通信，使用 CX-Server 中的网络配置工具 CX-Net 可以设置数据链接表和路由表。

（13）具有远程编程和监控功能。上位机通过被连接的 PLC 可以访问本地网络或远程网络的 PLC。上位机还可以通过 Modem，利用电话线访问远程 PLC。

7.2.2 CX-P 主窗口

图 7.50 所示为 CX-P 创建或打开工程后的主窗口。

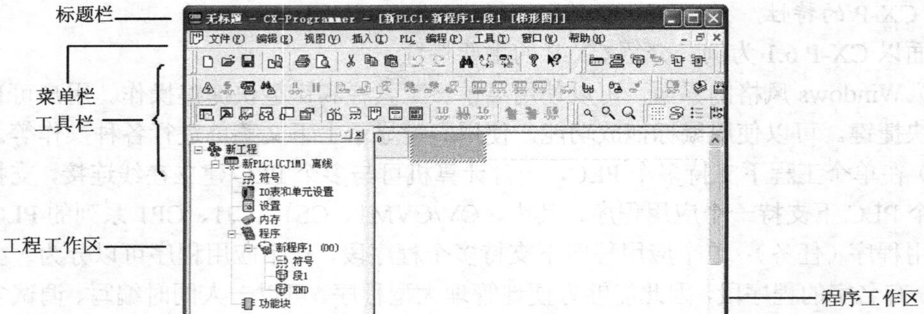

图 7.50 CX-P 主窗口

1. 标题栏

标题栏显示打开的工程文件名称、编程软件名称和其他信息。

2. 菜单栏

将 CX-P 的全部功能按各种不同的用途组合起来，以菜单的形式显示。

主菜单有9个选项：文件、编辑、视图、插入、PLC、编程、工具、窗口和帮助。

将光标移到主菜单的选项上，单击鼠标左键后会出现一个下拉子菜单，其中的各个命令项表示该主菜单选项下所能进行的操作。

CX-P 的全部功能都可通过主菜单实现，具体操作时，先选中操作对象，然后到主菜单中单击相应的选项，在下拉子菜单中选择各种命令。如图7.51所示，要在梯形图的条1上方插入“条”，选中条1后，可以通过主菜单的“插入”项来实现。

CX-P 除了通过主菜单操作外，还可通过上下文菜单操作，有时后者更为方便。在不同窗口、不同位置，右击，会弹出一个菜单，即上下文菜单，显示的各个命令项表示能够进行的操作。图7.52所示为用上下文菜单在梯形图的条1上方插入“条”，选中条1，右击，出现上下文菜单，选择“在上面插入”命令项即可完成该操作。

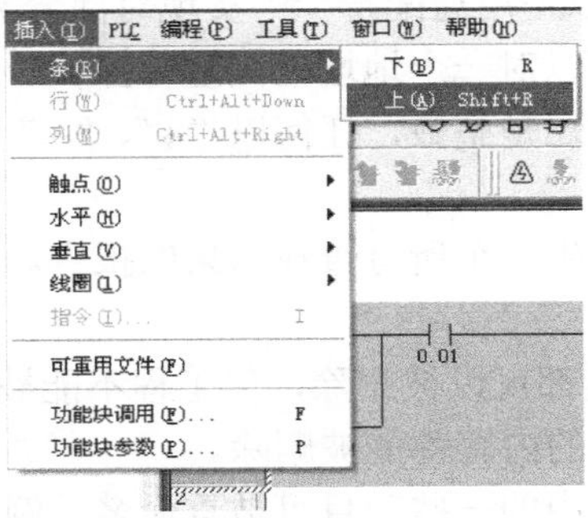

图7.51　插入“条”的主菜单操作

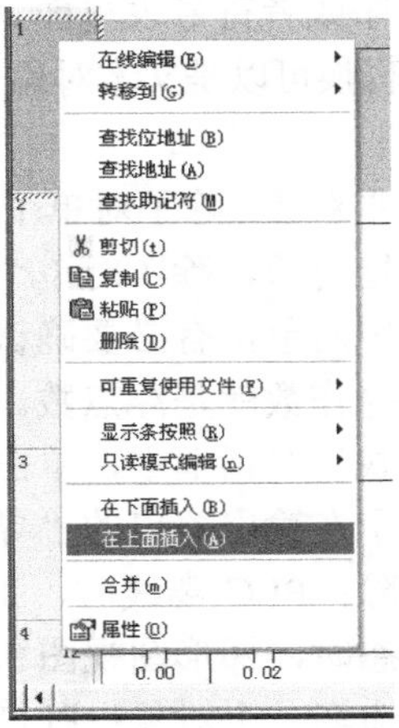

图7.52　插入“条”的上下文菜单操作

3. 工具栏

将 CX-P 中经常使用的功能以按钮的形式集中显示，工具栏内的按钮是执行各种操作的快捷方式之一。工具栏中有7个工具条，可以通过“视图”菜单中的“工具栏”来选择要显示的工具条。下面详细介绍标准工具条，其他工具条用到时再介绍。

（1）标准工具条

CX-P 的标准工具条如图7.53所示，与 Windows 界面相同，使用 Windows 的一些标准特性。

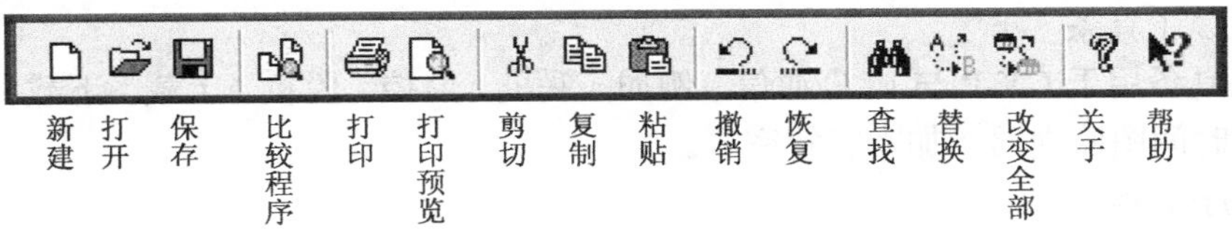

图7.53　标准工具条

- 新建、打开和保存：新建、打开和保存是对工程文件的操作，与 Windows 应用软件的操作方法是一样的。
- 打印、打印预览：CX-P 支持打印的项目有梯形图程序、全局符号表、本地符号表等。
- 剪切、复制和粘贴：可以在工程内、工程间、程序间复制和粘贴一系列对象；可以在梯形图程序、助记符视图、符号表内部或两者之间来剪切、复制和粘贴各个对象，如文本、接触点和线圈。

- 拖放：在能执行剪切/复制/粘贴的地方，通常都能执行拖放操作，单击一个对象后，按住鼠标不放，将鼠标移动到接受这个对象的地方，然后松开鼠标，对象将被放下。例如，可以通过从符号表里拖放符号来设置梯形图中指令的操作数；可以将符号拖放到监视窗口，也可以将梯形图元素（接触点/线圈/指令操作数）拖放到监视窗口中。
- 撤销和恢复：撤销和恢复操作是对梯形图、符号表中的对象进行的。
- 查找、替换和改变全部：能够对工程工作区中的对象在当前窗口中进行查找和替换。

在工程工作区使用查找和替换特性，此操作将搜索所选对象下的一切内容。例如，当从工程工作区内的一个 PLC 程序查找文本时，该程序的本地符号表也被搜索；当从工程对象开始搜索时，将搜索工程内所有 PLC 中的程序和符号表。

也可以在相关的梯形图和符号表窗口被激活的时候开始查找，这样，查找就被限制在一个单独的程序或者符号表里面。

查找和替换可以是文本对象（助记符、符号名称、符号注释和程序注释），也可以是地址和数字。

对于文本对象，除了对单个文本操作外，还可以使用通配符“*”实现对部分文本的操作。

对于地址对象，除了对单个地址操作外，还可以对一个地址范围进行操作。

对于数字对象，有必要确认要处理的是浮点数还是整数，任何以“+”、“−”开头或者带有小数点的操作数就是浮点数。

在“查找”对话框中，单击“报表”按钮来产生一个所有查找结果的报告。一旦报告被生成，将显示在输出窗口的“寻找报表”窗口。

- 删除：PLC 离线时，工程中的大多数项目都可以被删除，但工程不能被删除。PLC 处于离线状态时，梯形图视图和助记符视图中所有的内容都能被删除。
- 重命名一个对象：PLC 离线时，工程文件中的一些项目可被重命名。例如，为工程改名、向 PLC 输入新的名称等。

（2）梯形图工具条

梯形图工具条用于梯形图的编辑。

（3）插入工具条

插入工具条用于新 PLC、新程序（任务）、新段、新符号插入操作。

（4）符号表工具条

符号表工具条用于符号表的显示或检查操作。

（5）PLC 工具条

PLC 工具条用于 CX-P 与 PLC 通信。例如，联机、监控、脱机、上载、下载、微分监控、数据跟踪或时间图监视器、加密、解密等。

（6）程序工具条

程序工具条用于选择监控、程序编译、程序在线编辑。

（7）查看工具条

查看工具条用于显示窗口的选择。

4. 状态栏

状态栏位于窗口的底部，状态栏显示即时帮助、PLC 在线/离线状态、PLC 工作模式、连接的 PLC 和 CPU 类型、PLC 扫描循环时间、在线编辑缓冲区大小和显示光标在程序窗口中的位置。可以通过“视图”菜单中的“状态栏”命令来打开和关闭状态栏。

7.2.3 CX-P 工程

在工程工作区，工程中的项目以分层树型结构显示，如图 7.54 所示，分层树型结构可以压缩或者扩展。工程中的每一个项目都有图标相对应，图 7.54 为离线状态下的显示，在线状态下还会显示出“错误日志”。

对工程中的某一项目进行操作时，可以选中该项目，单击主菜单的选项，弹出下拉命令子菜单后，选择相应的命令；也可以选中该项目，单击工具栏中的命令按钮；也可以选中该项目，使用键盘上的快捷键；还可以右击该项目的图标，弹出上下文菜单后选择相应的命令。

图 7.54 中的工程、PLC、程序、任务、段这些项目均有属性设置。选中对象，右击，在上下文菜单中选择“属性”命令，即可在弹出的“属性”对话框中改名称、添加注释内容等。

下面介绍工程的各个项目及相关操作，操作时用到图 7.55 所示的插入工具条。

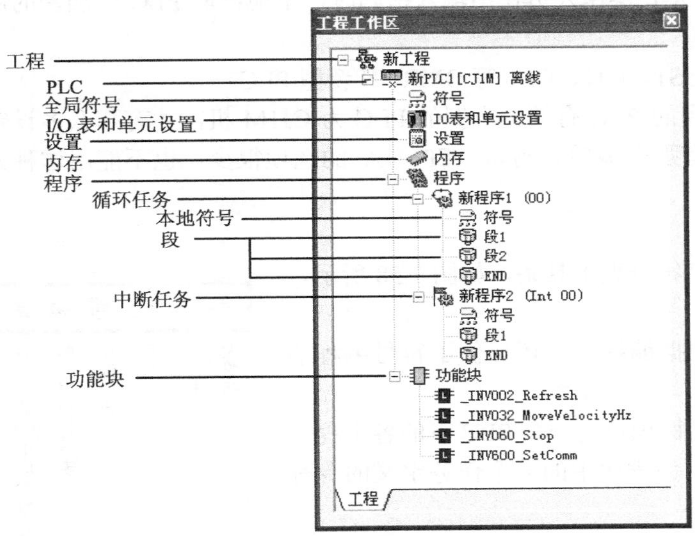

图 7.54 工程中的项目（离线）

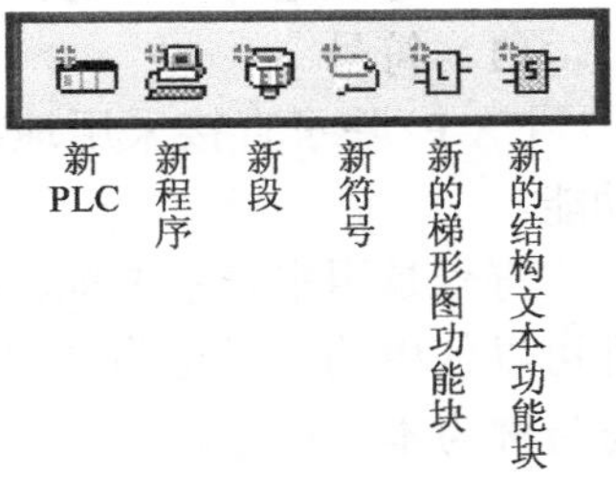

图 7.55 插入工具条

1. **工程**

一个工程下可包括多个 PLC。

对项目“工程”进行的操作有为工程重命名、创建新的 PLC、将 PLC 粘贴到工程中、属性设置等。

2. PLC

一个 PLC 包括的项目有全局符号、I/O 表和单元设置、设置、内存、程序、功能块等。PLC 的型号不同，包括的项目会有差别，OMRON 的 CS1、CJ1、CP1 等新型号 PLC 才有功能块。

对项目“PLC”能够进行的操作有对 PLC 修改、剪切、复制、粘贴、删除，在线工作，改变 PLC 操作模式，符号自动分配，编译所有的 PLC 程序，验证符号，传送，比较程序，属性设置等。

图 7.56 所示为 PLC 属性设置窗口。用其可定义 PLC 名称，并对一些编程中的重要特性做设定。例如，“以二进制形式执行定时器/计数器”项，若选定，则可启用 TIMX 等以二进制形式执行的定时器/计数器指令。若未选定，则只能启用 TIM 等以 BCD 码形式执行的定时

器/计数器指令。

在该窗口上，若单击“保护”标签，将出现密码设定窗口，如图7.57所示。在其上可输入程序保护的密码。密码为8位，含英文字母或数字。

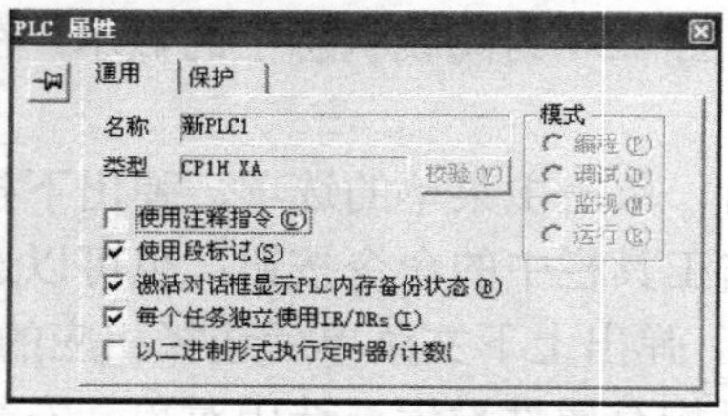

图7.56 PLC属性窗口

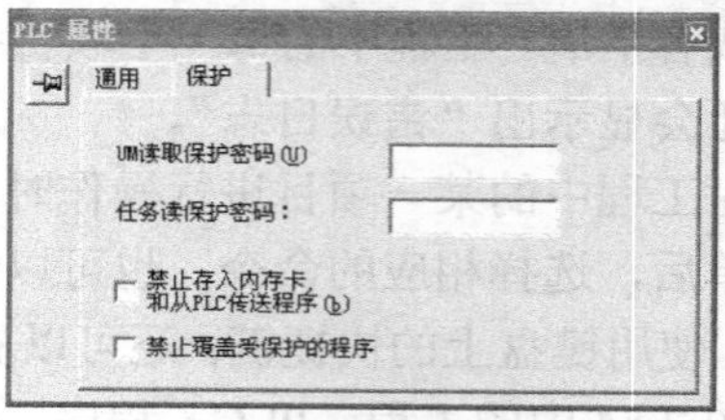

图7.57 PLC密码设定

“UM读取保护密码”是对PLC中所有的用户程序加密，“任务读保护密码”只是对用户程序中的一个或几个任务加密。CX-P操作人员在不输入密码时，不能读取PLC中加密的用户程序或加密的任务。

这里用的加密方法只适用于CS1、CJ1、CP1等OMRON新型PLC。

这里，PLC的属性窗口与所用的PLC有关。本例的PLC为CJ1M机，才有那么多设定选项。若为其他机型，可能就没有那么多项。例如，CPM1A的选项很少，也不能用这种方法对程序加密。

3. 全局符号和本地符号

对符号表进行操作时，可用到符号表工具条，如图7.58所示。

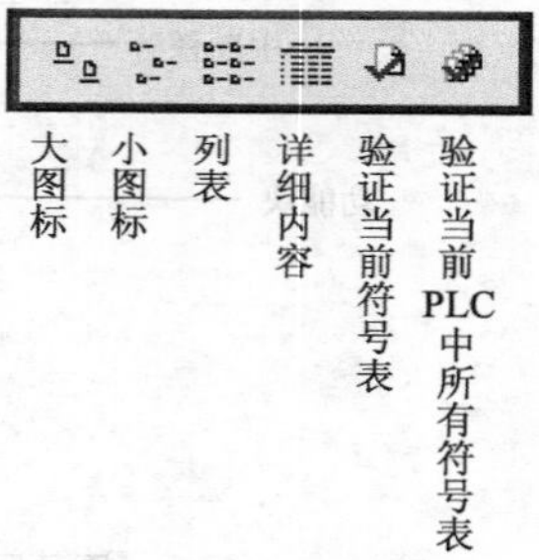

图7.58 符号表工具条

（1）符号

CX-P除了直接采用地址和数据编程外，还提供了符号编程的功能。

符号是用来表示地址、数据的标识符。一个PLC下的各个程序都可以使用的符号称为全局符号，为程序中的某个任务定义的专有符号称为本地符号。

在编程中使用符号，具有简化编程、增强程序可读性、方便程序维护等优点。例如，仅改变符号对应的地址，程序就会自动使用新地址。程序越复杂，符号编程的优势越明显。

符号除了分配地址或数值外，还要规定数据类型。符号的数据类型如表7.2所示。

表7.2　　符号的数据类型

符号名称	容　量	符　号	格　式	备　注
BOOL	1位	—	二进制	逻辑二进制地址位，用于接触点和线圈
CHANNEL	1个或多个字	—	任意	任何除BOOL和NUMBER的非位地址
DINT	2个字	有	二进制	一个有符号的双字二进制字地址
INT	1个字	有	二进制	一个有符号的单字二进制字地址
LINT	4个字	有	二进制	一个有符号的四字二进制字地址
NUMBER	—	有	十进制	是一个数字值，而不是一个地址。这个值可以是有符号数或者浮点数，默认时为十进制，可以使用前缀“#”来表明是一个十六进制数

续表

符号名称	容　量	符　号	格　式	备　注
REAL	2 个字	有	IEEE	一个双字浮点值的地址
LREAL	4 个字	有	IEEE	一个四字浮点值的地址
UDINT	2 个字	无	二进制	一个无符号的双字二进制字地址
UDINT_BCD	2 个字	无	BCD	一个无符号的双字 BCD 地址
UINT	1 个字	无	二进制	一个无符号的单字二进制字地址
UINT_BCD	1 个字	无	BCD	一个无符号的单字 BCD 地址
ULINT	4 个字	无	二进制	一个无符号的四字二进制字地址
ULINT_BCD	4 个字	无	BCD	一个无符号的四字 BCD 地址

对 PLC 的定时器/计数器，使用 BOOL 数据类型来定义其接触点（例如，将“TIM001”定义为BOOL类型的符号“RTimerDone”，RTimerDone代表TIM001的接触点）；使用NUMBER类型来定义定时器号和设定值（例如，将定时器 001 的“001”定义为 NUMBER 类型的符号“RTimer”，将设定值定义为 NUMBER 类型的符号“TimeInterval”）。

由于规定了符号的数据类型，CX-P 能够检查符号是不是以正确的方式被使用。例如，一个符号定义为 UINT_BCD 类型，表示其代表的数据是无符号 BCD 单字整数。CX-P 对该符号进行检验时，能检查出是否只被使用于操作数是 BCD 类型的指令，如果不是，则给出警告。

（2）全局符号表和本地符号表

符号表是一个可以编辑的符号列表，包括名称、数据类型、地址/值和注释等。对 CV 系列、CS1、CJ1 系列的 PLC，这个列表还提供关于机架位置等信息。每一个 PLC 下有一个全局符号表，当工程中添加了一个新 PLC 时，根据 PLC 型号的不同，全局符号表中会自动添入预先定义好的符号，通常是该型号 PLC 的特殊继电器。每一个程序的各个任务下有一个本地符号表，包含只有在这个任务中用到的符号，本地符号表被创建时是空的。

在符号表中，每一个符号名称在表内必须是唯一的。但是，允许在全局符号表和本地符号表里出现同样的符号名称，这种情况下，本地符号优先于同样名称的全局符号。

双击“全局符号表”图标，可以显示出全局符号表。全局符号表中最初自动填进的一些预置的符号取决于 PLC 类型。例如，许多 PLC 都能生成的符号“P_1s”（1s 的时钟脉冲）。所有的预置符号都具有前缀“P_”，不能被删除或者编辑，但用户可以向全局符号表中添加新的符号。

双击“本地符号表”图标将显示出本地符号表，本地符号由用户自行定义，并添加到本地符号表中。

在符号表中，可以对符号进行添加、编辑、剪切、复制、粘贴、删除、重命名等操作；可以对当前符号表或当前 PLC 所有的符号表进行验证，检查是否存在符号重名等问题，并给出警告信息。符号显示可选择大图标、小图标、列表和详细内容 4 种方式。

4. I/O 表和单元设置

（1）I/O 表

模块式 PLC 的 I/O 表可自动生成，也可自行设计。自动生成时，其 I/O 地址按默认值确定。自行设计时，有的 PLC（如 CJ1 机）的地址可按给定的变化范围选定，较灵活。

要自行设计时，可双击工程工作区中的“I/O 表和单元设置”图标，将弹出 I/O 表设计窗口。该窗口提供了可能的I/O配置，可按系统实际配置进行选择。

I/O表设计后，传送给PLC就完成了I/O登记。一经I/O表登记，PLC运行前，CPU就要检查实际模块连接与I/O表是否相符。若不符，则出现I/O确认错误，PLC无法进入运行模式，无法工作。

自动生成的I/O表也可作登记。登记时，首先CX-P与PLC在线连接，且使PLC处于编程模式，然后双击工程工作区中的“I/O表和单元设置”图标，等待弹出I/O表设计窗口。该窗口出现后，再在其上的“选项”菜单项中选择“创建项”命令。

自动生成的I/O表也可不作登记。当PLC上电时，其CPU不检查实际模块连接与I/O表（因未登记，无I/O表）是否相符。不管模块是如何安装的，其程序依然运行。这当然会有一定的危险，所以一般推荐进行I/O表登记。

I/O表登记可用CX-P删除。办法是CX-P与PLC在线连接，且使PLC处于编程模式。双击工程工作区中的“I/O表和单元设置”图标，等待弹出I/O表设计窗口。该窗口出现后，再在其上的“选项”菜单项中选择“删除项”命令。

对于CJ1机，I/O表是否登记可在辅助区A206中进行检查。如果A206中内容为0000（十六进制），则I/O表未登记；PLC每次上电时，根据PLC实际连接的模块（单元）创建I/O表。如果A206中内容为BBBB（十六进制），则I/O表已登记；PLC每次上电时，CPU将根据已登记的I/O表检查实际中连接的I/O模块（单元）。若实际连接的I/O模块（单元）与登记的I/O表不符，则有I/O确认出错显示，PLC将不能工作。

（2）单元设置

在生成I/O表时，对选中的特殊I/O单元、CPU总线单元等可以同时进行设置，如设置单元号等。在I/O表下载时，这些设置将一并传到PLC中。

5. 设置

各种机型的PLC都开辟了系统设定区，用来设定各种系统参数。

CX-P通过“设置”图标进行各种设定，设定传到PLC后才生效。

6. 内存

CX-P通过“内存”图标可以查看、编辑和监视PLC内存区，监视地址和符号，强制位地址以及扫描和处理强制状态信息。

7. 程序

OMRON的CS1、CJ1、CP1等新型PLC支持多任务编程，把程序分成多个不同功能及不同工作方式的任务。任务有两类：循环任务和中断任务。

在工程中，PLC程序下可以包含多个任务。

对项目“程序”可以进行的操作有插入程序（任务）、删除、属性设置等。

8. 任务

任务实际上是一段独立的具有特定功能的程序，每一个任务的最后一个指令应是END，表示任务的结束。任务可以单独上传或下载。

在工程中，任务由本地符号、段组成。最后一个段为END，自动生成。

对项目“任务”进行的操作有打开、插入程序段、编译、部分传输、将显示转移到程序中指定位置、剪切、复制、粘贴、删除、重命名、属性设置等。

9. 段

为了便于对任务的管理，可将任务分成一些有名称的段，一个任务可以分成多个段，如段1、段2等，PLC按照顺序来搜索各段。程序中的段可以重新排序或重新命名。

可用段来储存经常使用的算法，段作为一个库可复制到另一个任务中。

对项目“段”进行的操作有打开梯形图、打开助记符、将显示转移到程序中指定的位置、剪切、复制、粘贴、删除、上移、下移、重命名、属性设置等。

可以直接用鼠标拖放一个段，在当前任务中拖放将改变段的顺序，也可将段拖到另一个任务中。

10. 功能块

OMRON的CS1、CJ1、CP1等新型号的PLC可以使用功能块编程，功能块下的成员可以从OMRON的标准功能块库文件或其他库文件中调入，也可由用户使用梯形图或结构文本自己编辑产生。

11. 错误日志

处于在线状态时，工程工作区的树型结构中将显示PLC“错误日志”图标。双击该图标，出现“PLC错误”窗口。窗口中有3个选项卡：错误、错误日志和信息。

（1）错误：显示PLC当前的错误状态。

（2）错误日志：显示有关PLC的错误历史。

（3）信息：可显示由程序设置的信息。信息可以被有选择地清除或全部清除。

7.2.4 CX-P视图

下面以工程“交通灯”为例，介绍CX-P的各种视图，交通灯的程序参见7.2.5小节。图7.59所示为CX-P窗口的各种视图。

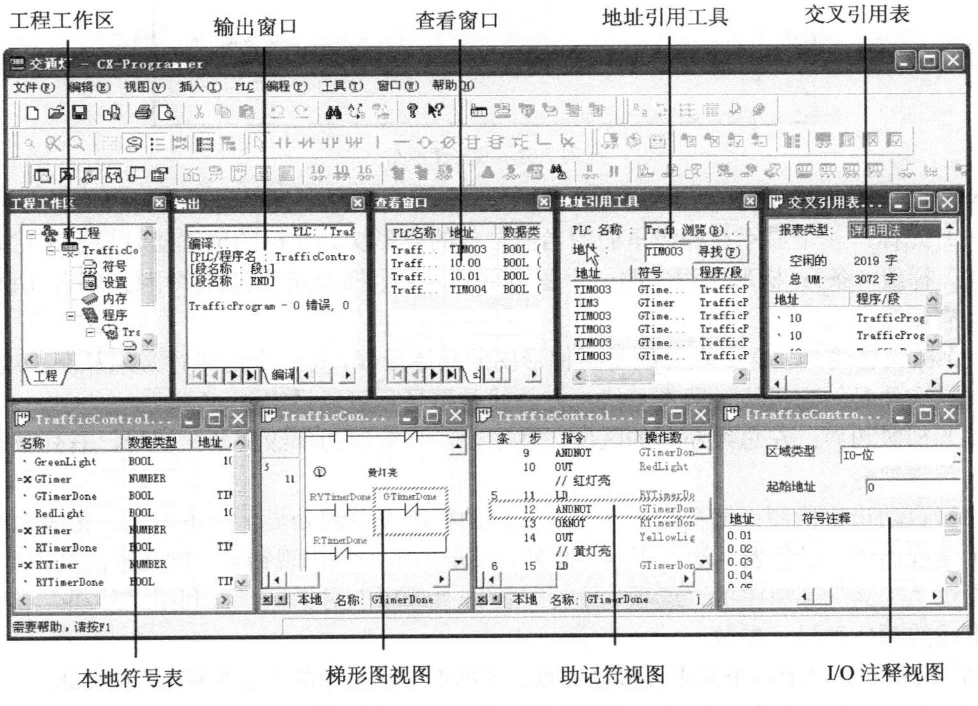

图7.59 CX-P窗口的各种视图

对CX-P的视图操作时，要用到查看工具条，如图7.60所示。单击工具条中的按钮将激活对应的视图，再次单击将视图关闭。

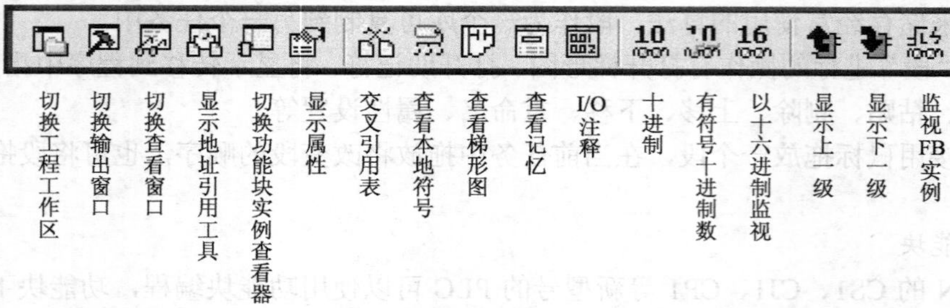

图 7.60　查看工具条

1. 工程工作区

打开工程文件后，单击工具条中的“切换工程工作区”按钮将激活工程工作区视图，对“工程工作区”中各个项目的介绍参见 7.2.3 小节。

2. 梯形图视图

选中工程工作区中的“段 1”，单击工具栏中的“查看梯形图”按钮或双击段 1，将显示图 7.61 所示的梯形图视图。

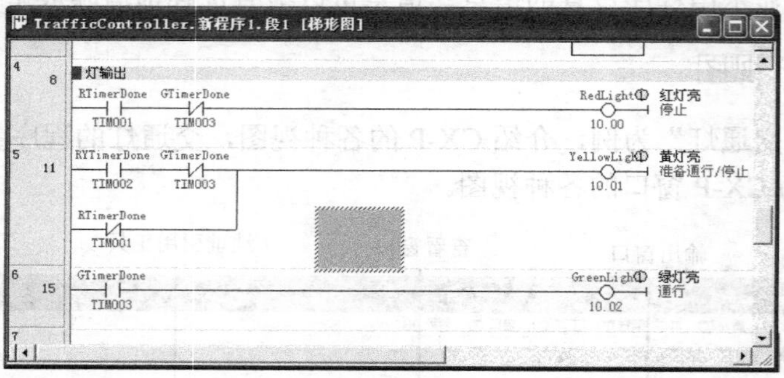

图 7.61　梯形图视图

梯形图视图的特征用以下名词描述。

（1）光标：一个显示在梯级里面的当前位置的方形块。光标的位置随时显示在状态栏。

（2）梯级（条）：梯形图程序的一个逻辑单元，一个梯级能够包含多个行和列，所有的梯级都具有编号。

（3）梯级总线（母线）：左总线是指梯形图的起始母线，每一个逻辑行必须从左总线画起。梯级的最右边是结束母线，即右总线。右总线是否显示可以设定。

（4）梯级边界：左总线左边的区域。其中，左列数码为梯级（条）编号，右列数码为该梯级的首步编号。

（5）自动错误检测：编程时，在当前选择的梯级左总线处显示一条粗线，粗线为红色高亮表示编程出错，绿色表示输入正确。此外，梯形图中如果出现错误，则元素的文本为红色。可以通过“工具”菜单中的“选项”命令，打开“选项”对话框，再利用“外观”选项卡来定义上述的颜色和显示参数。

（6）网格点：显示各个元素连接处的点。可单击工具栏中的“切换网格”按钮来显示网格。

（7）选中元素：单击梯级的一个元素，按住鼠标左键，拖过梯级中的其他元素使其高亮，这样就能够同时选中多个元素。这些元素可以当做一个块来移动。

在用梯形图编程时，可以利用工具栏中的接触点、线圈、指令等按钮以图形方式输入程序。

在梯形图视图中可进行程序的编辑、监视等。梯形图编程将在 7.2.5 小节中详细介绍。

可用“工具”菜单中的“选项”命令对梯形图的显示内容和显示风格进行设置。

选择“工具”菜单中的“选项”命令后，显示“选项”对话框，如图 7.62 所示。可以通过该对话框中的 6 个选项卡对一系列参数进行设置。

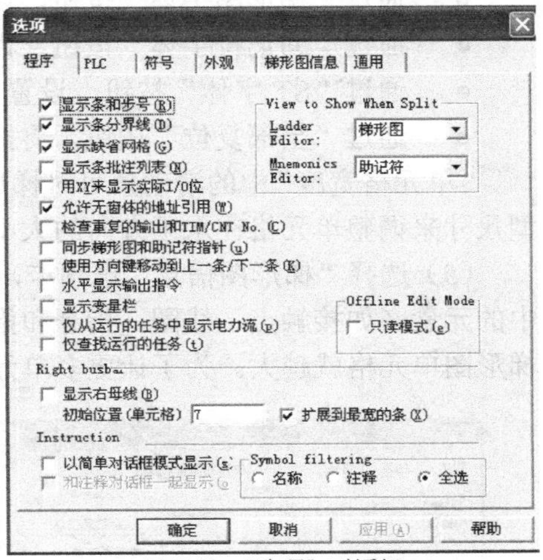

图 7.62 “选项”对话框

（1）“程序”选项卡有很多选项，如图 7.62 所示。下面介绍常用的几项。

- 选中“显示条和步号”复选框，将在梯形图左边的梯级边界显示条和步号码。如果不设置，将显示一个小的梯级边框。
- 选中“显示条分界线”复选框，将在每一个梯级的底部显示一条线，这样，每一个梯级都有了一个边框。
- 选中“显示默认网络”复选框，将在梯形图的每一个单元格的连接处显示一个点，这有助于元素的定位。
- 选中“显示条批注列表”复选框，将在梯级注释的下方显示一个注释列表，为梯级里所有元素的注释。这个选项也可以通过工具栏的“显示条批注列表”按钮来快速设置。
- 选中“允许无窗体的地址引用”复选框，允许在没有激活“地址引用工具”时使用转移到“下一个引用地址”、“下一个输入”、“下一个输出”、“前一跳转点”命令。如果这一项没有被设置，在使用这些命令的时候必须激活“地址引用工具”。
- 选中“水平显示输出指令”复选框，使特殊指令能够水平显示，这样，增加屏幕上显示的梯级数目，改进程序的可读性，减少打印所需的纸张数。
- “分割时查看显示”组合框：当选择“窗口”菜单中的“分割”命令时，允许在图表工作区里面显示 2 个或 4 个视图，显示的视图由“分割时查看显示”组合框中的设置决定。例如，当在“梯形图编辑器”中选择助记符或符号时、在“窗口”菜单中选择“分割”命令、单击梯形图视图时，则出现两个视图，即梯形图视图和与其对应的助记符视图或符号表。若在“梯形图编辑器”中选择梯形图→在“窗口”菜单中选择“分割”命令→单击梯形图视图，则出现 4 个梯形图视图。
- “右母线”组合框：选中“显示右母线”复选框，则显示右总线。当选中“扩展到最宽的条”复选框时，通过对“初始位置”的设置，可调整梯形图左右总线间的空间，右总线的位置将自动匹配本程序段最宽的一个梯级。

（2）“PLC”选项卡主要设置向工程中添加新的 PLC 时出现的默认 PLC 类型及 CPU 型号。

（3）“符号”选项卡可设置是否确认所链接的全局符号的修改。

（4）选择“外观”选项卡，显示如图 7.63 所示的对话框，在对话框中可定义 CX-P 运行环境中的字体和颜色显示。

在“Item”（项目）的列表中选择对象，如本地符号、错误、母线等，定义“前景色”或“背景色”，颜色也可以默认设置。

- 通过“梯形图字体”按钮，设置梯形图窗口中显示的字体。
- 通过“助记符字体”按钮，设置助记符窗口中显示的字体。
- 通过“ST 字体”按钮，设置 ST 窗口中显示的字体。
- 通过“全部复位”按钮，将把所有的显示设置恢复到系统默认。

“单元格宽度”中的滑动条可对梯形图窗口中的单元格宽度进行调整，根据符号名称的典型尺寸来调整单元格在水平方向的大小，通过调整，使文本有一个所需要的显示空间。

（5）选择“梯形图信息”选项卡，显示如图 7.64 所示的对话框，在对话框中可对梯形图中的元素（如接触点、线圈、指令和指令操作数）的显示信息进行设置。显示的信息越多，梯形图单元格就越大。为了让更多单元格能够被显示，一般只选择那些需要的信息显示。

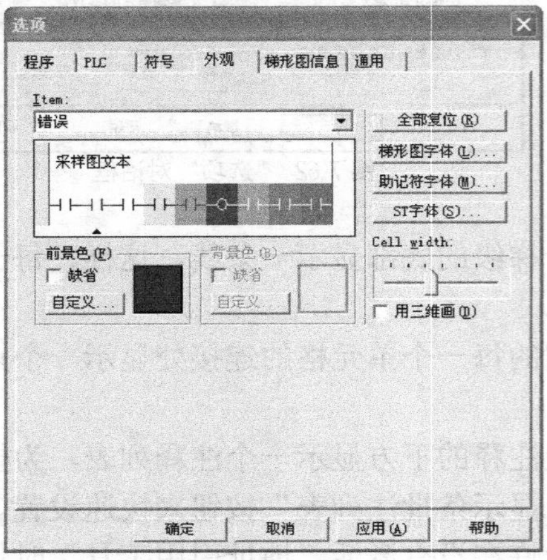

图 7.63 “外观”选项卡

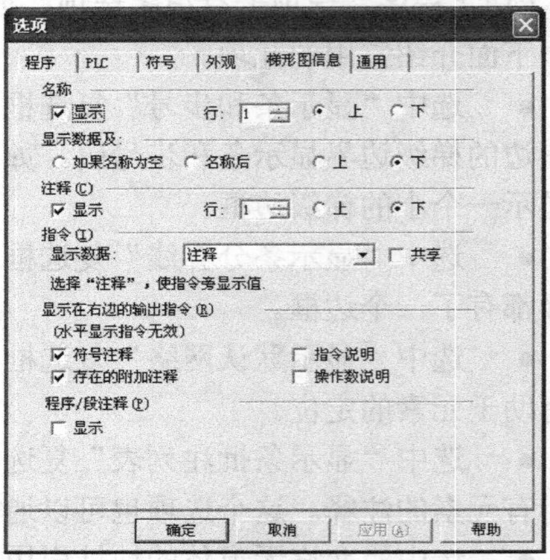

图 7.64 “梯形图信息”选项卡

- 通过“名称”组合框可决定显示还是隐藏符号名称，规定显示行数及在元素的上方显示还是下方显示。
- 通过“显示地址”可决定显示还是隐藏地址，规定地址显示的位置。
- 通过“注释”组合框可决定显示还是隐藏注释，规定显示的行数及显示的位置。

在监视状态下，通过设置“指令”中的选项来决定指令监视数据的显示位置。不选中“共享”复选框时，监视数据显示在名称、地址或注释的下方；选中“共享”复选框时，监视数据与名称、地址或注释显示在一行。

- 通过“显示在右边的输出指令”组合框可选择在输出的右边显示的一系列有关输出指令的信息，包括以下选项：“符号注释”、“指令说明”、“存在的附加注释”、“操作数说明”。选中后则显示，否则不显示。
- 通过“程序/段注释”可决定显示还是隐藏程序/段的注释，选中“显示”复选框，则出现在程序的开头处。

（6）“通用”选项卡主要改变 CX-P 的窗口环境，设置 CX-P 创建或打开工程时的视窗风格，如可只显示梯形图窗口，其他窗口被隐藏；也可在工程工作区、输出、查看和地址引用工具这些窗口中选择显示。

3．助记符视图

助记符视图是一个使用助记符指令进行编程的格式化编辑器。选中工程工作区中的“段 1”，单击工具栏上的“查看助记符”按钮，显示“助记符”视图。

4. 输出窗口

输出窗口位于主窗口的下面，可以显示编译程序结果、查找报表、程序传送结果等。

单击查看工具栏上的“切换输出窗口”按钮来激活此窗口，“输出”窗口通常显示在主窗口的下方。再次单击“切换输出窗口”按钮可关闭此窗口。“输出”窗口下方有“编译”、“寻找报表”和“传送”3个选项，对应3个不同的窗口。

（1）“编译”窗口：显示由程序编译产生的输出。选择其中一个错误，可使梯形图相关部分高亮。“编译”窗口也能显示其他信息，如警告及连接信息。

（2）“寻找报表”窗口：显示在工程文件内对特定条目进行查找的输出结果。

（3）“传送”窗口：显示文件或者程序传送的结果。

要清除输出窗口，可选择上下文菜单中的“清除”命令。

要跳转到“编译”窗口或“寻找报表”窗口中指出的错误源时，双击窗口中相应的信息，使用上下文菜单中的“下一个引用”命令，跳到该窗口下一条信息所指的位置。跳转到的地方在图表工作区中使用高亮来显示。

5. 查看窗口

在查看窗口中能够同时监视多个PLC中指定的内存区的内容。单击查看工具栏上的“切换查看窗口”按钮来激活此窗口。“查看窗口”通常显示在主窗口的下方，显示程序执行时PLC内存的值。

从上下文菜单中选择“添加”命令，“添加查看”对话框将被显示。在“PLC”栏中选择PLC，在“地址和名称”栏中输入要监视的符号或地址。如果有必要，单击“浏览”按钮来定位一个符号。

6. 地址引用工具

地址引用工具用来显示符号或地址在PLC程序中的使用位置。单击查看工具栏上的“显示地址引用工具”按钮来激活此窗口。

在梯形图程序里选择一个元素。单击查看工具栏中的“显示地址引用工具”按钮，该窗口将显示出在梯形图程序中所选择的地址的相关信息。

7. 交叉引用表

交叉引用表用来检查内存区不同数据区的符号的使用。在程序出现问题时，可以用来检查指令设置的值。这可以使编程者能有效地使用存储器资源。

在“报表类型”栏中选择一种使用方法，包括“详细用法”、“用法概况”、“包括未使用过的用法概况”。

（1）“详细用法”将显示有关PLC程序内所用的任一地址的使用信息。将显示程序/段名称、步数、指令类型、操作数起始地址，以及和每一个用法相关的符号。

（2）“用法概况”将显示选定内存区域的总体使用总结，其仅仅显示被使用的那一部分内存。对于每一个被使用的内存地址，显示使用数目。符号“D”表示这个地址已经被分配给一个符号。

（3）“包括未使用过的用法概况”将显示内存区域的总体使用情况，包括没有被使用的那一部分内存。

7.2.5 CX-P编程

CX-P编程时的操作有建立新工程、生成符号表、输入梯形图程序、编译程序等。

下面以图 7.65 所示的交通灯控制为例，介绍 CX-P 与编程相关的操作。

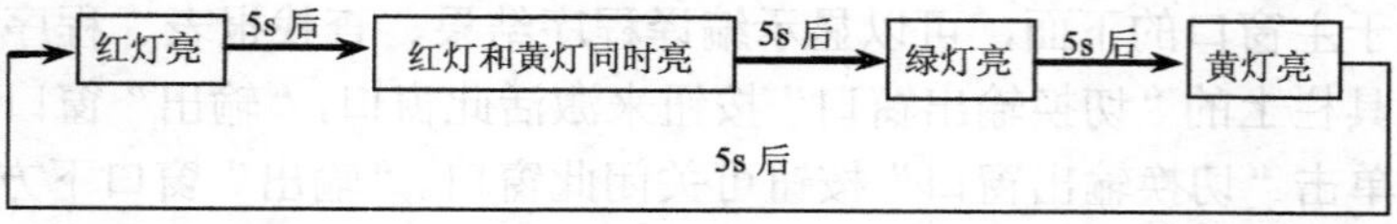

图 7.65　交通灯工作示意图

1. 建立新工程

（1）启动 CX-P 后，窗口显示如图 7.66 所示。

（2）在“文件”菜单中选择“新建”命令，或单击标准工具条中的“新建”按钮，出现如图 7.67 所示的“变更 PLC”对话框。

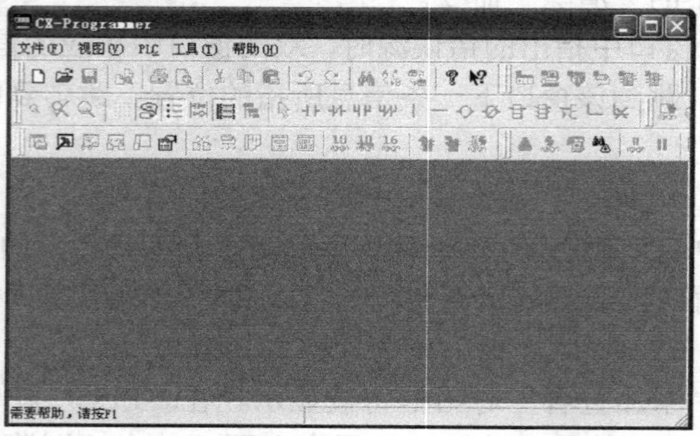

图 7.66　CX-P 窗口

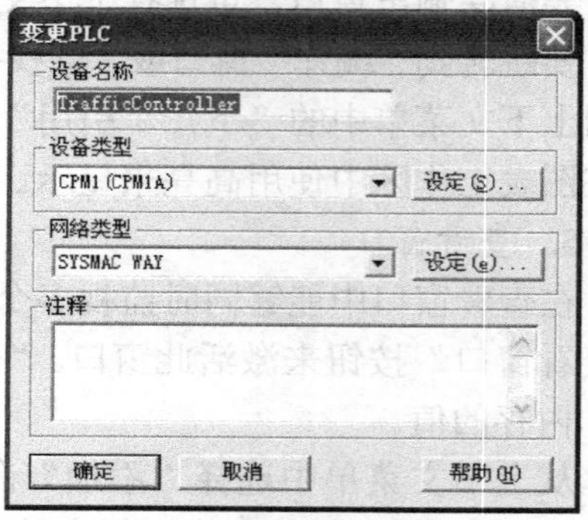

图 7.67　“变更 PLC”对话框

① 在“设备名称”栏输入用户为 PLC 定义的名称，如“TrafficController”。

② 在“设备类型”栏选择 PLC 的系列，如“CPM1（CPM1A）”。单击“设定”按钮可进一步配置 CPU 型号，如选择“CPU40”。

③ 在“网络类型”栏选择 PLC 的网络类型，一般选择“SYSMAC WAY”。单击“设定”按钮，出现“网络设置”对话框，包括 3 个选项卡。打开“驱动器”选项卡，显示如图 7.68 所示的界面，在此选项卡中可以选择计算机通信端口、设定通信参数等。计算机与 PLC 的通信参数应设置一致，否则不能通信。打开“网络”选项卡可以进行网络参数设定。若使用 Modem，可通过“调制解调器”选项卡来设置相关参数。单击“确定”或“取消”按钮确认或放弃操作，并返回“变更 PLC”对话框。

④ 在“注释”栏输入与此 PLC 相关的注释。

⑤ 单击“变更 PLC”对话框中的“确定”按钮，显示如图 7.69 所示的 CX-P 主窗口，表明建立了一个新工程。若单击“变更 PLC”对话框中的“取消”按钮，则放弃操作。

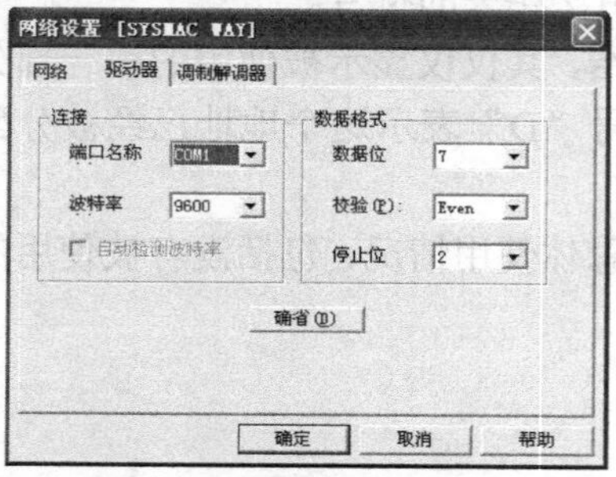

图 7.68　“驱动器”选项卡

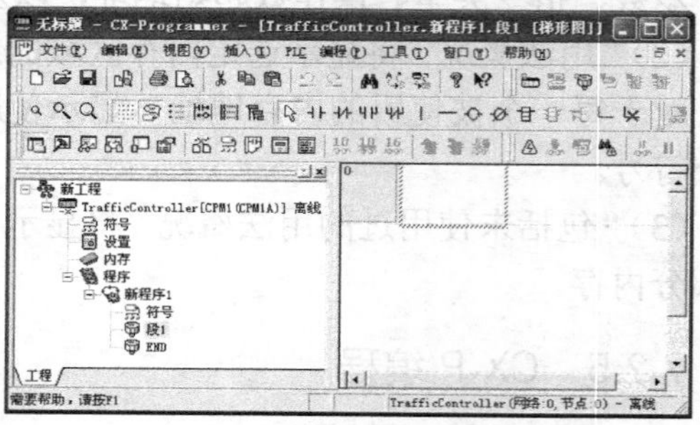

图 7.69　建立新工程

2. 生成符号表

生成符号表就是建立符号与地址、数据对应关系，并输入到全局符号表或本地符号表中。交通灯控制的符号分配如表 7.3 所示。

表 7.3　交通灯控制的符号分配表

符 号 名 称	地址/值	数 据 类 型	注　释
RedLight	01000	BOOL	停止
YellowLight	01001	BOOL	准备通行/停止
GreenLight	01002	BOOL	通行
RTimer	001	NUMBER	红灯定时器
RYTimer	002	NUMBER	红黄灯定时器
GTimer	003	NUMBER	绿灯定时器
YTimer	004	NUMBER	黄灯定时器
RTimerDone	TIM001	BOOL	
RYTimerDone	TIM002	BOOL	
GTimerDone	TIM003	BOOL	
YTimerDone	TIM004	BOOL	
TimeInterval	50	NUMBER	定时时间

将定义的符号输入到本地符号表中。双击工程工作区中的“本地符号表”图标，打开本地符号表，右击，弹出上下文菜单，选择“添加符号”命令，显示出“新符号”对话框，根据提示即可输入。交通灯控制的本地符号表如图 7.70 所示。

在符号表中除了添加，还可以修改、剪切、复制、粘贴、移动和删除符号。

除了打开符号表添加符号外，在输入梯形图用到符号时还可马上定义，立即添加。

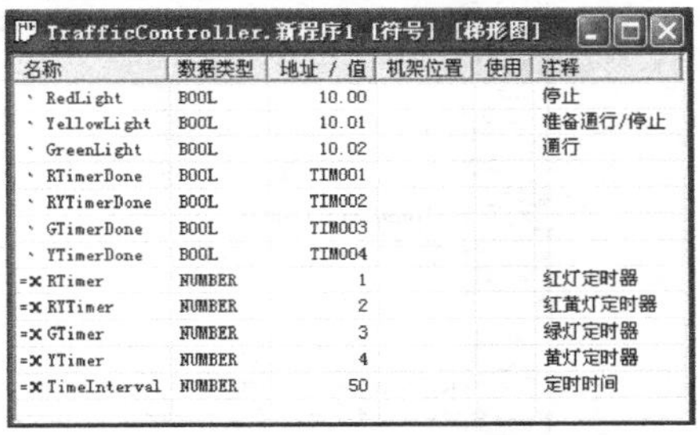

图 7.70　本地符号表

3. 梯形图输入

在工程工作区中双击“段 1”，显示出一个空的梯形图。利用图 7.71 所示的梯形图工具条中的按钮来编辑梯形图，可输入常开接点、常闭接点、线圈、指令等，单击按钮会出现一个编辑对话框，根据提示进行输入。

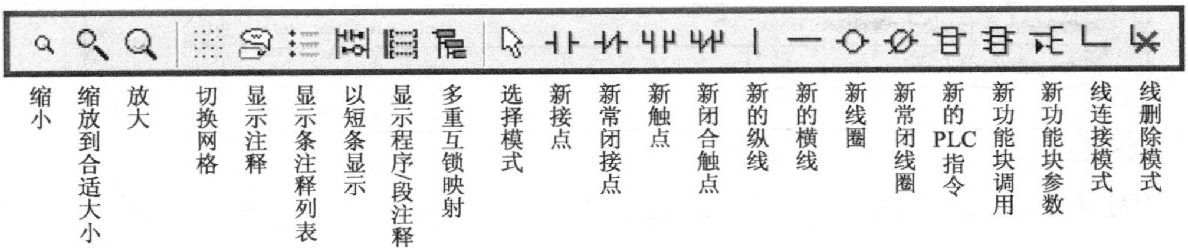

图 7.71　梯形图工具条

如果位、通道或立即数定义了符号，编辑时既可直接输入数据本身，也可输入符号，输入符号是在一个下拉列表中选择，表中为全局符号表和本地符号表中已有的符号。符号可以预先定义，并输入到全局符号表或本地符号表中，也可在输入梯形图用到时马上创建。

编辑指令时，可以输入指令名称（助记符）或指令码，或从指令的下拉列表中寻找。当输入的是指令码时，指令名称会自动显现。立即刷新指令在开头使用符号，上升沿微分指令在开头使用符号@，下降沿微分指令在开头使用符号%。

在编辑梯形图时，可为梯级、梯形图元素（接触点、线圈和指令）添加注释，提高程序的可读性。注释通过梯级、梯形图元素的上下文菜单中的“属性”命令添加。梯级注释显示在梯级的开头。梯形图元素添加注释后，其右上角将出现一个圆圈，圆圈中有一个数字，表示该注释在梯级中的序号。当在“工具”菜单的“选项”中做一定设置后，同一梯级的全部注释显示在梯级的批注列表中，位于梯级的开头处。经过设置，梯形图右边输出指令的注释内容还会显示在圆圈的右部。

梯形图编辑时，除了添加，还可进行修改、复制、剪切、粘贴、移动、删除、撤销、恢复、查找、替换等操作。

编程一般按一个一个梯级进行，梯级中错误的地方以红色（默认）显示，梯级中出现一个错误，在梯形图梯级的左边将会出现一道红线。在梯级的上方或下方可插入梯级，已有的梯级可以合并，也可拆分，这些都可通过梯级的上下文菜单中的命令完成。在一个梯级内，通过梯形图元素的上下文菜单中的命令，可插入行、插入元素、删除行、删除元素。

交通灯控制的梯形图程序如图 7.72 所示。梯级 0、4 的开头处有梯级注释，梯级 4、5、6 中各有一个梯形图元素的注释，用数字圆圈标记。

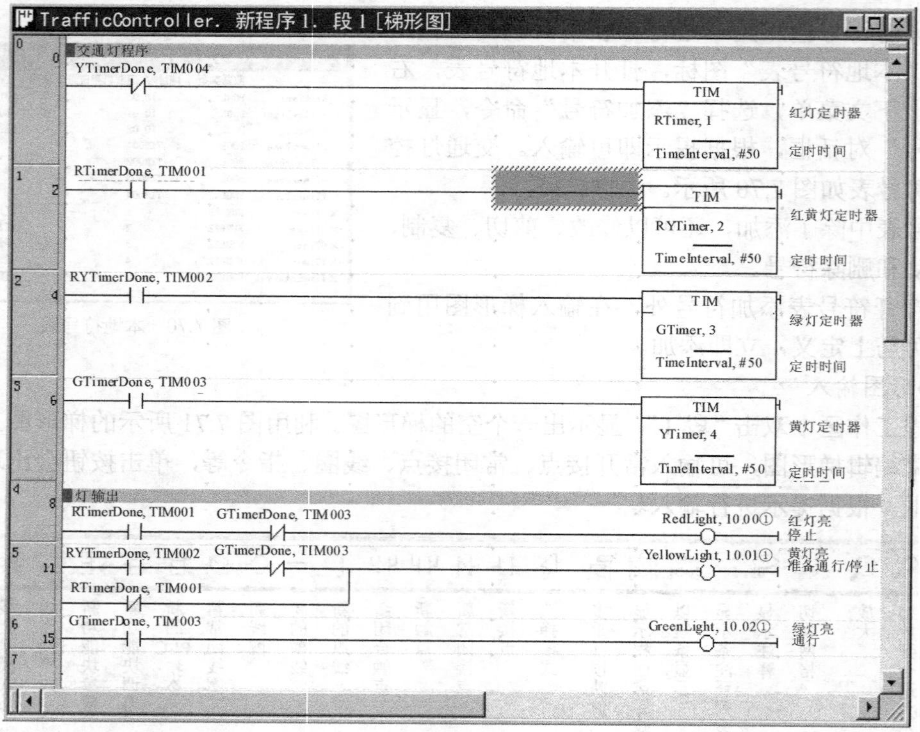

图 7.72　交通灯控制梯形图程序

4. 助记符输入

CX-P 允许在助记符视图中直接输入助记符指令。选中工程工作区中的“段 1”，单击视图工具栏中的“查看助记符”按钮，显示出如图 7.73 所示的助记符视图。

输入助记符的步骤是：把光标定位在第一行上，双击鼠标左键或按回车键，即进入编辑模式，开始输入助记符指令，一条助记符指令由指令名称和用空格分隔开来的操作数组成。例如，输入“LDNOT YTimerDone”，按回车键，光标移到下一行，逐行输入直至结束。

修改助记符程序时，使用鼠标或键盘上的↑、↓键移动光标，定位于某一行上，双击鼠标左键或按回车键，进入编辑模式，重新输入或进行修改。

选中某一行后，右击，弹出上下文菜单，根据命令提示可进行插入行、删除行的操作。

助记符视图中，在梯级的开头处输入梯级注释，先输入字符“’”，后输入文本；给梯形图元素输入注释时，先输入字符“//”，后输入文本。

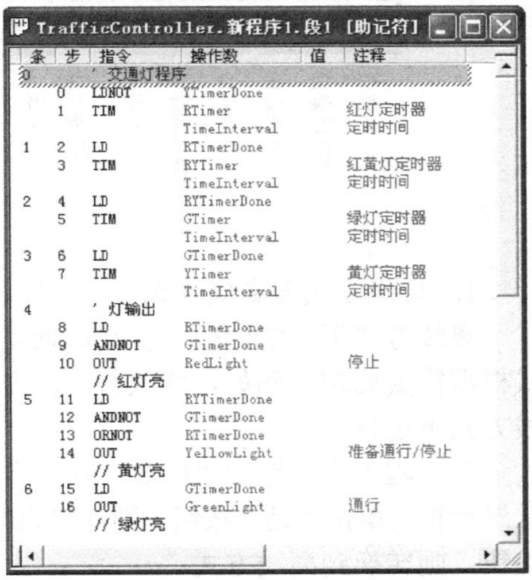

图 7.73　CX-P 助记符编程

5. *梯级的语句列表编程*

在梯形图中，CX-P 支持以语句列表的方式来编辑梯级。梯级的语句列表就是助记符语句。

选中梯级，从其上下文菜单中选择“显示条按照”，弹出的菜单中有两个显示格式选项，即“梯形图”和“说明列表”，若选择“说明列表”命令，梯级将以语句列表方式一行一行地显示。将光标移到相应的行，双击鼠标左键或按回车键就可进行编辑。语句列表中的语句被不断编译，不正确的地方以红色标记。完成编辑后，也可将梯级显示切换到梯形图格式。

6. *程序的编译*

如图 7.74 所示，程序工具条上有两个编译按钮：“编译程序”和“编译 PLC 程序”，前者只是编译 PLC 下的单个程序，后者则编译 PLC 下所有的程序。

选中工程工作区中的 PLC 对象，单击程序工具条中的“编译 PLC 程序”按钮，结果显示在输出窗口的编译标签下面。

程序编译时，对所编写的程序进行检查，检查有 3 个等级：“A”、“B”和“C”。等级不同，检查的项目也不同，其中，“A”最多，“B”次之，“C”最少。检查项目还可自行定制。

选择“PLC”菜单中的“程序检查选项”命令，显示“程序检查选项”对话框，如图 7.75 所示。进行相应的选择，编译时将按选定的项目检查程序的正确性。

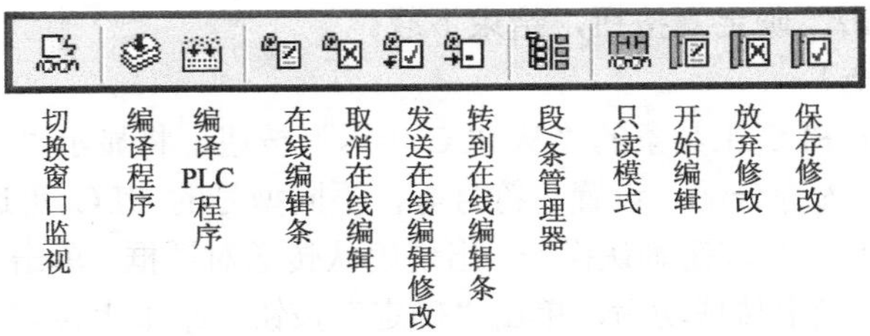

图 7.74　程序工具条

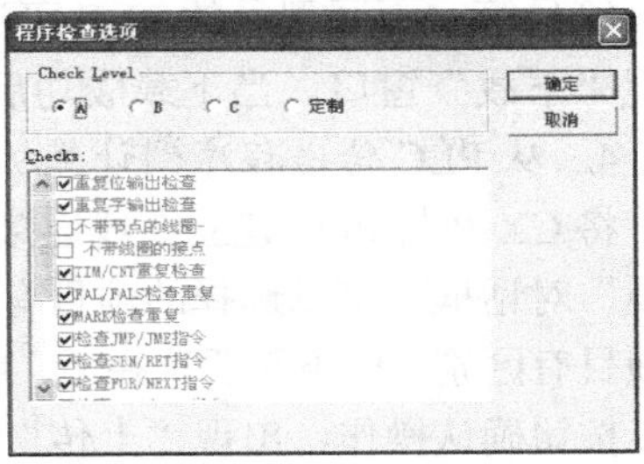

图 7.75　“程序检查选项”对话框

7.2.6　CX-P 在线工作

CX-P 在线工作时要用到 PLC 工具条，如图 7.76 所示。

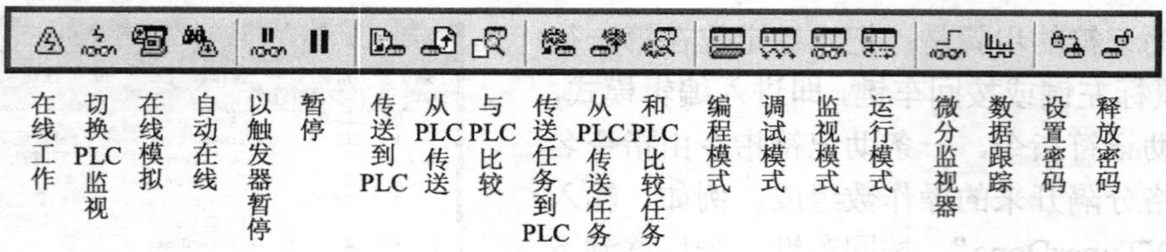

图 7.76 PLC 工具条

1. 离线方式与在线方式

离线方式下，CX-P 不与 PLC 通信。在线方式下，CX-P 与 PLC 通信。究竟选用何种方式根据需要而定。例如，修改符号表必须在离线方式下进行；而要监控程序运行，则应在在线方式下进行。

在工程工作区选中“PLC”后，单击 PLC 工具条中的“在线工作”按钮，将出现一个确认对话框，单击“是”按钮，则计算机与 PLC 连机通信，处于在线方式；再单击“在线工作”按钮，则转换到离线方式。

CX-P 与 PLC 建立在线连接时，CX-P 选用的通信端口与计算机实际使用的要相符，而且计算机端口的通信参数要与 PLC 的相一致，否则无法建立在线连接。如果无法确定 PLC 端口的通信参数，使用 CX-P 的自动在线功能是很方便的。

2. PLC 工作模式

PLC 通常有 3 种工作模式：编程、监视和运行，CV/ CVM1 及 CS1 有 4 种，即增加一种调试模式。工作模式可通过单击 PLC 工具条中的相应按钮来切换。

编程模式下，PLC 不执行程序，不产生输出，CX-P 可向 PLC 下载程序、PLC 设定、I/O 表等。

监视模式与运行模式基本相同。只是在运行模式下，计算机不能改写 PLC 内部的数据，对运行的程序只能监视；而在监视模式下，计算机可以改写 PLC 内部的数据，对运行的程序进行监视和控制。

PLC 工作模式转换时，为确保系统安全，CX-P 会出现信息提示，并要求操作人员确认。

3. 把程序传送到 PLC（下载）

将 CX-P 与 PLC 建立在线连接，由于在线时一般不允许编辑，所以程序区变成灰色。单击 PLC 工具条上的“编程模式”按钮，把 PLC 的操作模式设为编程。单击 PLC 工具条上的“传送到 PLC”按钮，将显示“下载选项”对话框，可以选择的项目有程序、内存分配、设置、符号等，不同型号的 PLC 可选择的项目有区别。按照需要选择后，单击“确定”按钮，出现“下载”窗口。当下载成功后，单击“确定”按钮，结束下载。

4. 从 PLC 传送程序到计算机（上传）

将 CX-P 与 PLC 建立在线连接，单击 PLC 工具条的“从 PLC 传送”按钮，将显示“上传选项”对话框，可以选择的项目有程序、内存分配、设置、符号等，不同型号的 PLC 可选择的项目有区别。按照需要选择后，单击“确定”按钮确认操作。出现确认传送对话框。单击“确定”按钮确认操作，出现“上传”窗口。当上传成功后，单击“确定”按钮，结束上传。

5. 与 PLC 比较程序

将 CX-P 与 PLC 建立在线连接，单击 PLC 工具条中的“与 PLC 比较”按钮，将显示“比较选项”对话框。可以选择的项目有程序、内存分配等，不同型号的 PLC 可选择的项目有区别。按照需要选择后，单击“确定”按钮确认操作。与 PLC 之间的比较细节显示在“输出窗口”的“编译”选项下。

6. 在线编辑

在线状态下，程序区变成灰色，一般不能编辑或修改程序。但程序下载到PLC后，如果要做少量的改动（仅限一个梯级范围内），可选择在线编辑功能来修改PLC中的程序。

使用在线编辑功能，要使PLC处在“编程”或“监视”模式下，不能在“运行”模式下。

选择要编辑的梯级，单击程序工具条中的“在线编辑条”按钮，梯级的背景将改变，表明现在已经是一个可编辑区，此时可以对梯级进行编辑。此区域以外的梯级不能改变，但是可以把这些梯级里面的元素复制到可编辑梯级中。

当对编辑结果满意时，单击程序工具条中的“发送在线编辑”按钮，所编辑的内容将被检查并被传送到PLC，一旦这些改变被传送到PLC，编辑区域再次变成只读。

若想取消所做的编辑，单击程序工具条中的“取消在线编辑”按钮，可以取消所做的任何在线编辑，编辑区域也将变成只读，PLC中的程序没有任何改动。

进入在线编辑时，PLC中的程序必须与CX-P上激活的程序是一样的，否则无法进入。

在线编辑多在监视模式下进行，对所编的程序边运行边修改，提高调试效率，由于此时PLC执行程序有输出，一定要注意系统安全。

7.2.7 CX-P监控

CX-P具有强大的监控功能，可以监控PLC的运行，调试PLC的程序。

CX-P调试程序时要和PLC建立在线连接，要保证梯形图窗口中显示的程序和实际PLC中的相一致。如果不确定，使用PLC工具条中的“与PLC比较”按钮进行校验，程序不一致时，可以根据需要将CX-P中的程序下载或将PLC中的程序上传至CX-P中。

1. 梯形图窗口监控

CX-P与PLC在线连接后，单击PLC工具条中的“编程模式”、“监视模式”或“运行模式”，选定PLC的工作模式，再单击“切换PLC监视”按钮，可以看到梯形图中触点接通将有“电流”通过，凡是接通的地方都有“电流”流过的标志，形象地反映了PLC的I/O点、内部继电器的通断状态，可以看到PLC中的数据变化及程序的执行结果。

如图7.77所示，在监视或运行模式下执行，可以看到输入点0.00接通，定时器0（设定值为100）开始定时，当前值从100开始递减计数，图7.77中显示当前值减到73。

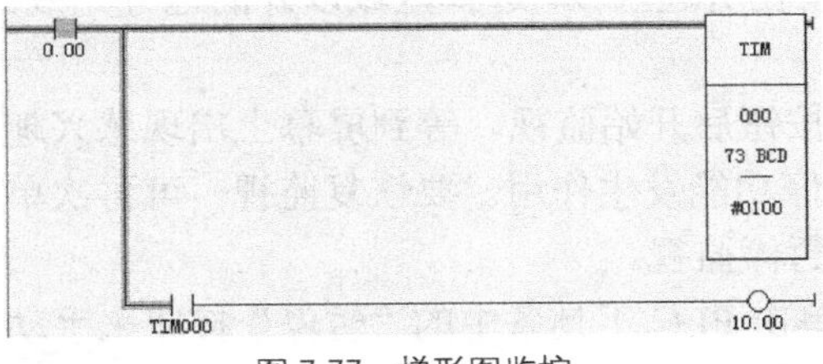

图7.77 梯形图监控

PLC有3种工作模式：编程、监视和运行，CX-P在不同工作模式下的监控功能不一样。

在编程模式下，PLC的程序不执行，CX-P可以对PLC改变位的状态、修改通道的内容、修改定时器/计数器的设定值等。在PLC控制系统调试时，CX-P在此模式下直接控制输出点的接通或断开，可检查PLC输出电路的正确性，这是调试工作中重要的一步。

在监视模式下，PLC的程序执行，CX-P除了监视外，还可对PLC改变位的状态、修改通道的内容、修改定时器/计数器的设定值和当前值等，通常在监视模式下调试PLC的程序。

在运行模式下，PLC的程序执行，CX-P除了监视外，不能进行改写位的状态或通道的内容等操作。

CX-P 对位的操作有强制 ON、强制 OFF、强制取消、置为 ON、置为 OFF。某一位被强制操作后，其状态将不受 I/O 刷新或程序的影响，不需要强制时，可以取消。如果位状态被置为 ON 或 OFF，则只能保持一个扫描周期。

对位或通道等进行操作时，在梯形图中选择好对象，右击，弹出上下文菜单，根据提示即可操作。

开关量变化很快时，普通的监视看不到，此时可利用微分监视器来观察，可看到上升沿或下降沿出现的情况，还有声音提示，并统计显示变化的次数。微分监视器使用时要设置，选择待观察的位，右击，弹出上下文菜单，选择“微分监视器”命令后，出现如图 7.78 所示的对话框，填入监视的地址，选择边沿和声音，图 7.78 中监视的位是 0.00。单击“开始”按钮，开始监视，当 0.00 出现上升变化时，图 7.79 中的两个图交替显示。图 7.79 中的“计数”为上升沿的次数。

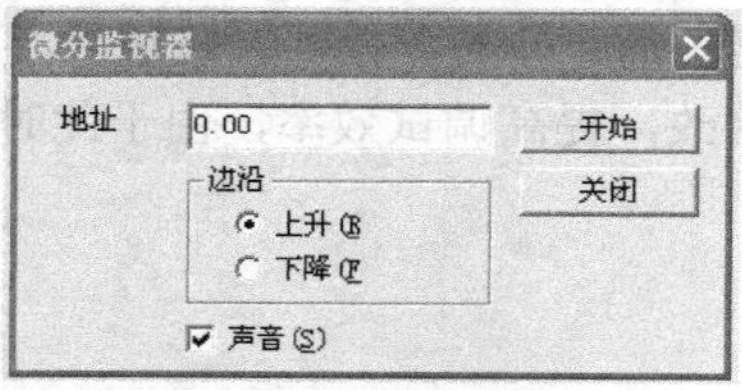

图 7.78 “微分监视器”对话框

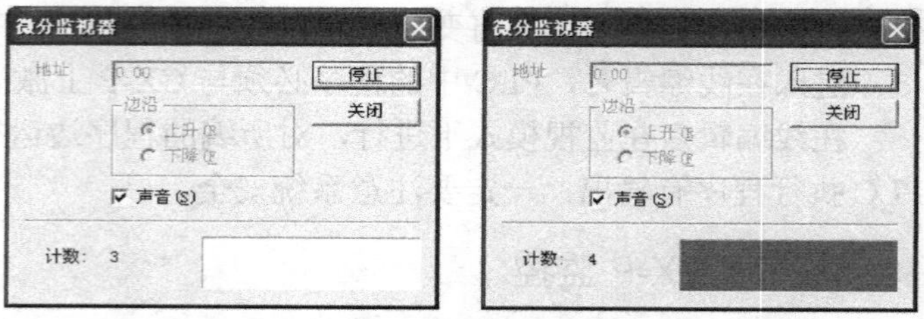

图 7.79 微分监视显示

检查程序的逻辑时，使用暂停监视功能能够将普通监视及时冻结在某一时刻，便于分析、检查。可以通过手动或者触发条件来触发暂停监视功能。

选择一定的梯级范围以便于监视，单击 PLC 工具条中的“触发器暂停”按钮，出现“暂停监视设置”对话框，如图 7.80 所示。在此对话框中选择触发类型，即“手动”或者“触发”。

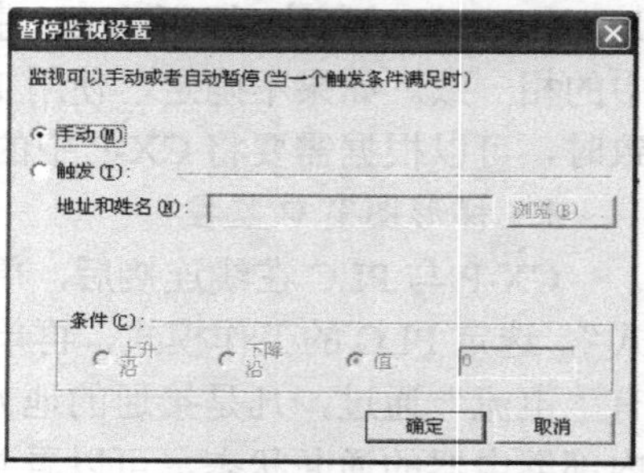

图 7.80 “暂停监视设置”对话框

如果选择“触发”单选按钮，则在“地址和姓名”栏中输入一个地址，或者使用浏览器来定位一个符号。选择“条件”类型，如果地址是位，则选“上升沿”或“下降沿”；如果地址是通道，则输入触发的“值”。当暂停监视功能工作时，监视仅仅发生在所选区域，选择区域以外的地方无效。要恢复完全监视，可再次单击“触发器暂停”按钮。

如果选中“手动”单选按钮，则单击“确定”按钮后开始监视。等到屏幕上出现感兴趣的内容时，单击 PLC 工具条中的“暂停”按钮，暂停功能发生作用。要恢复监视，可再次单击“暂停”按钮，监视将被恢复，等待另一次触发暂停监视。

当选择触发类型为“触发器”时，也可以通过单击 PLC 工具条中的“暂停”按钮来手动暂停。

2. 查看窗口监控

如果要同时监控多个位或通道，则使用查看窗口集中监控较为方便。

打开查看窗口，用鼠标选中要编辑的行，右击，出现上下文菜单，选择其中的“编辑”命令，弹出编辑对话框，如图 7.81 所示，在其上填入相应的地址。若不知道地址名，可单击“浏览”按钮，将弹出寻找符号窗口，可在其中找出要观察的符号地址。

将要监视的位或通道逐行输入，得到如图 7.82 所示的查看窗口，可以观察到各个地址的当前值。

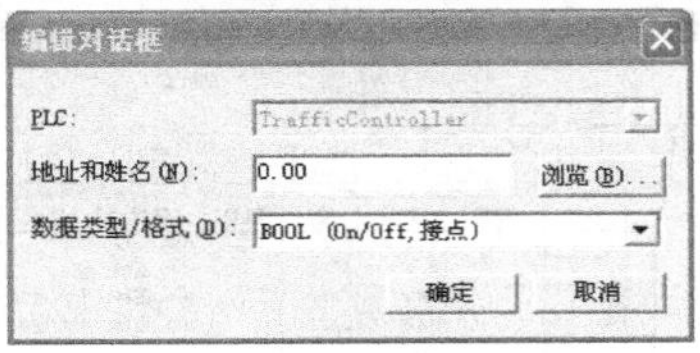

图 7.81 编辑对话框

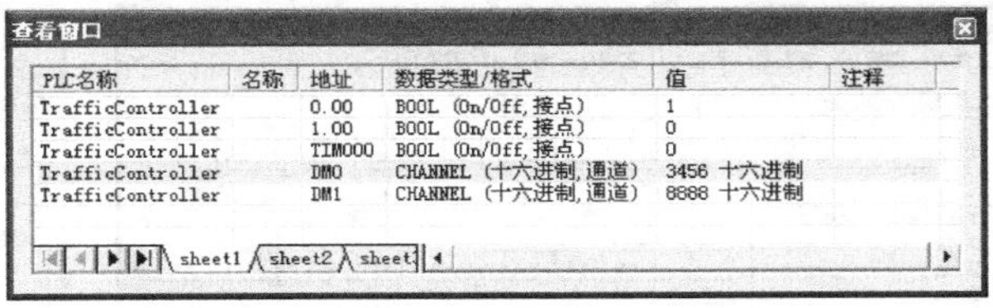

图 7.82 查看窗口

如果 PLC 处于编程或监视状态，则可在查看窗口改写位的状态或通道的内容，这时，单击鼠标左键选中对象，再右击，弹出上下文菜单，根据提示即可完成相应的操作。

3. 内存窗口监控

通过 PLC 内存窗口可以查看、编辑和监视 PLC 的各个内存区，监视地址和符号、强制位地址，以及扫描和处理强制状态信息。

在“PLC”菜单下，选择“编辑”命令，在弹出的子菜单中选择“存储器”命令，或在工程工作区双击“PLC 内存”图标，将显示如图 7.83 所示的“PLC 内存”窗口。

左窗格的下方有两个标签：“内存”和“地址”。

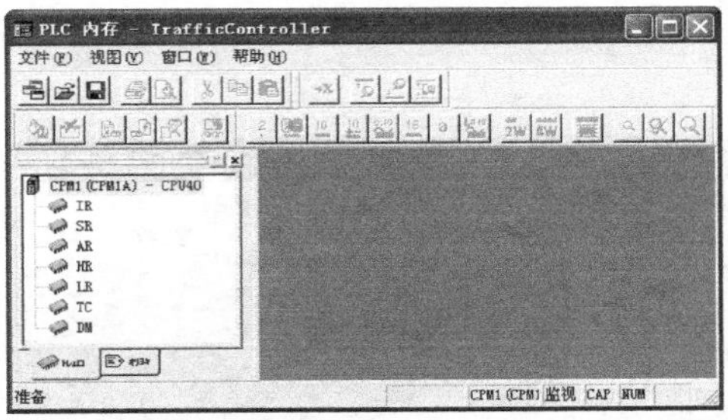

图 7.83 “PLC 内存”窗口

（1）单击“内存”标签，打开“内存”选项卡，在此选项卡中可完成如下操作。

① 数据的编辑。可编辑 PLC 内存区某一数据区各个单元的数据，需要时可使用“PLC 内存”窗口工具条上的“清除数据区”、“填充数据区”两个按钮，清除数据区的显示，或向某一数据区添入一个特定的值。数据编辑后，必须下载才有效。

② 数据的下载、上传及比较。下载是将计算机已编辑的 PLC 内存区数据下载到 PLC，只是多数 PLC 只能下载 DM 区数据；上传是将 PLC 内存区的数据上传到计算机；比较是将计算机数据与 PLC 内存区比较。这 3 种操作必须在在线状态下进行。

③ 数据的监控。在线状态下，选定 PLC 内存中的某一数据区，监视或修改其中的数据内容。图 7.84 所示为 DM 区的监视，单击工具条上的“监视”按钮可以启动或停止监控，在监控状态下可以观察到 DM 区各个单元的当前值，如果要修改某单元的值，选中该单元后，右击，根据弹出的上下文菜单进行操作。使用主菜单或上下文菜单可设置数据监视更新间隔，即采样时间。

在显示或输入数据时，可选择的格式有二进制、BCD、十进制、有符号十进制、浮点、十六进制或文本，如果选择二进制的格式，可对通道中的位进行操作。另外，数据显示除了通常的单字方式外，还可选择双字、四倍长字。

（2）单击“地址”标签，打开“地址”选项卡，此选项卡包含“监视”和“强制状态”两个命令。在此窗口中可完成如下的操作。

① “监视”命令。在线状态下，通过该命令，可监视地址或符号，改变位的状态或通道内容。

双击“监视”出现“地址监视”窗口，在此窗口中输入地址或符号即可进行监控，如图

7.85 所示，利用工具栏上的按钮或上下文菜单，可对选中的位进行强制“ON”、“OFF”或“取消”操作，对选中的通道修改其内容。

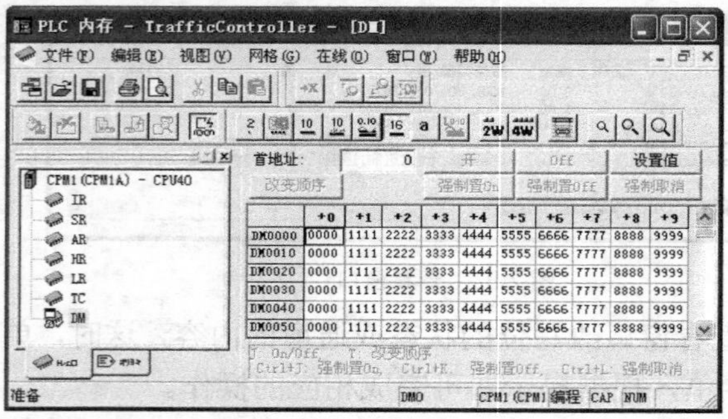

图 7.84　DM 区监控

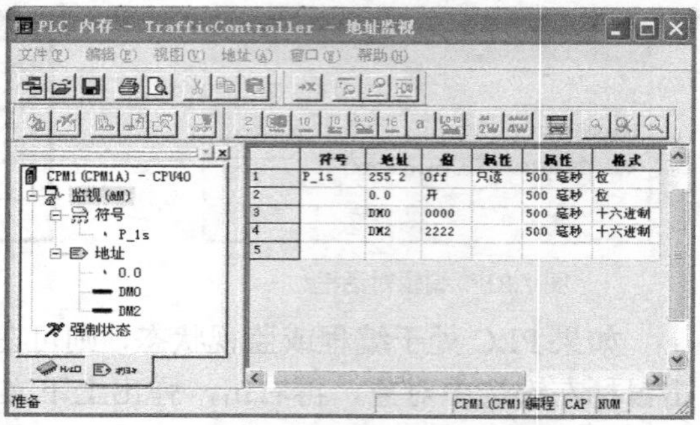

图 7.85　地址监视

数据显示格式可选，有二进制、BCD、十进制、有符号十进制、浮点、十六进制或文本。使用主菜单或上下文菜单可设置数据监视更新间隔，即采样时间。

②“强制状态”命令。在线状态下，可通过该命令扫描和处理强制状态信息。双击“强制状态”，强制状态信息将显示在“强制状态”窗口中。选中某一强制状态位地址，从该位的上下文菜单中，可将其从“强制状态”窗口中复制到“地址监视”窗口中进行监视；可清除所有的强制位，还可刷新“强制状态”窗口。

4. 时序图监控

梯形图监控窗口激活时，在主菜单“PLC”中选择“数据跟踪”或“时间图监视”命令，则弹出“PLC 时间图表监视器”窗口，如图 7.86 所示。

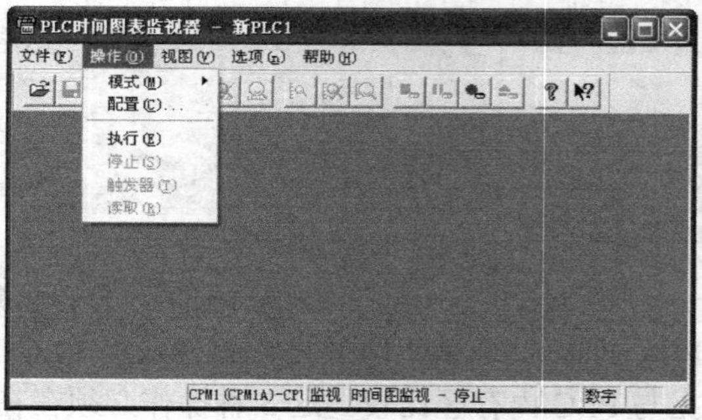

图 7.86　“时间图表监视器”窗口

选择“操作”菜单下的“配置”命令，弹出“时间图监视配置”对话框。这时可先设置触发器参数，由此选定触发信号及其特性，如图 7.87 所示。

选定后，打开“采样”选项卡，将改变为采样窗口，如图 7.88 所示，这时可设置采样时间间隔及其他参数。

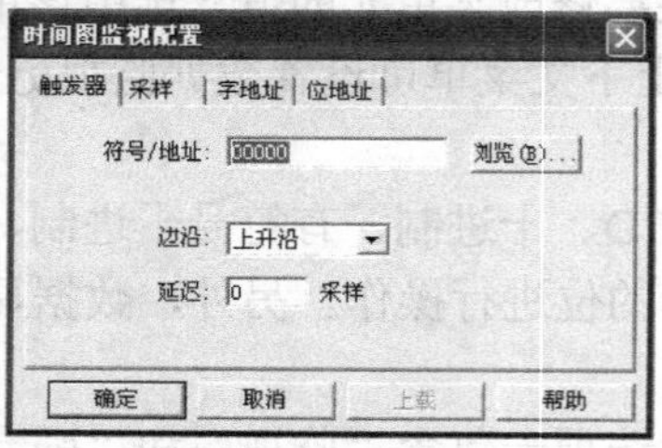

图 7.87　设置触发器参数

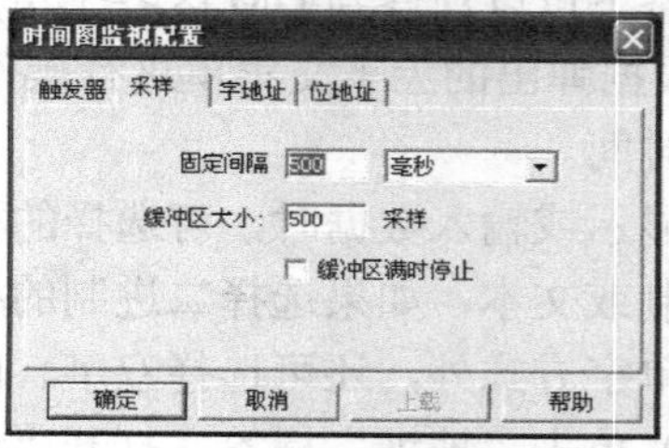

图 7.88　采样

打开“字地址”选项卡，将改变为字地址窗口，如图 7.89 所示，这时可设置要监控的字地址。

打开“位地址”选项卡，将改变为位地址窗口，如图 7.90 所示，这时可设置要监控的位地址。

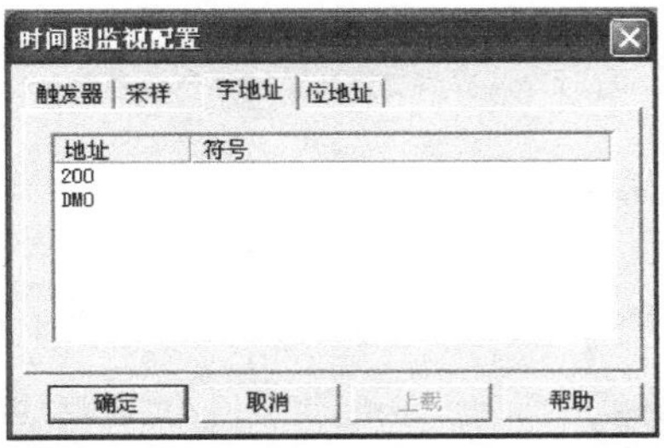

图 7.89 字地址

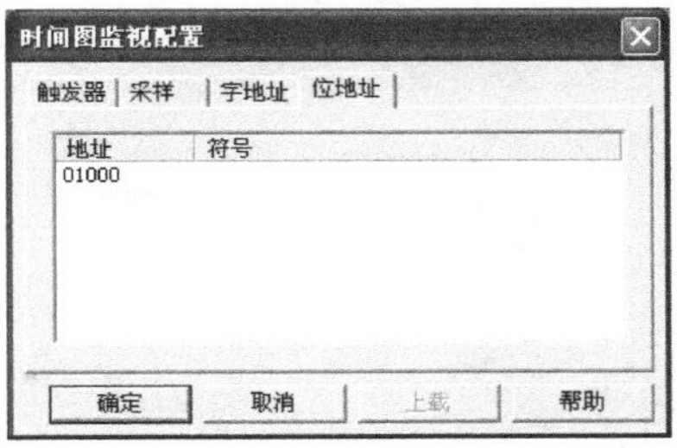

图 7.90 位地址

这里位与字显示的形式与颜色可在主菜单“工具”中的“选项”下设定。

完成配置后，还要单击工具条上的“执行跟踪/时间图”按钮，才能启动监控，监控画面如图 7.91 所示，可从时序上看出各个量间的关系，所以对调试 PLC 程序是很有帮助的。

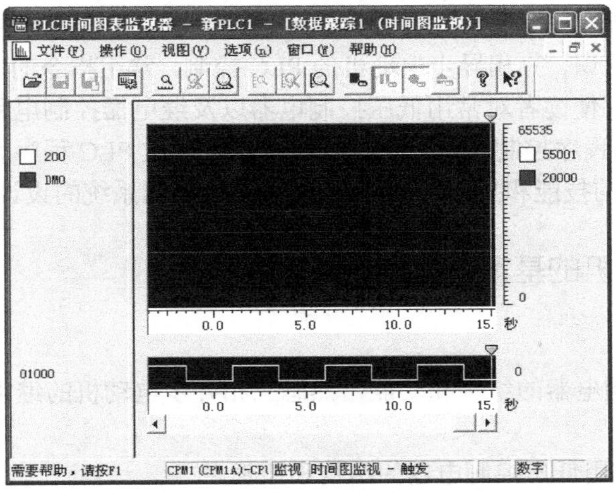

图 7.91 数据跟踪（时间图表监视）

第 8 章 实验

本章内容分为基础实验和程序设计与调试实验两部分。三相异步鼠龙电动机的继电器控制，PLC 及编程器的认识，三相异步电动机的 PLC 控制，常用指令的应用练习等，属于基础实验。通过这些实验，使读者对常用低压控制电器以及继电器控制电路的功能有更直观的了解，对 PLC 及 PLC 的程序控制功能有更深入的认识；通过 PLC 程序设计与调试的实验，训练上机调试 PLC 程序的技能和技巧，为今后从事 PLC 控制系统的设计打下良好基础。

8.1 三相异步电动机的基本控制

1. 实验目的

了解常用低压控制电器的结构和功能，熟悉三相异步电动机的继电器控制的原理。

2. 预习要求

（1）复习 1.1 节常用低压控制电器的结构和原理。

（2）复习 1.2 节三相异步电动机的基本控制。

（3）画出具有短路和失压保护的以下 3 种电路。

① 电动机的直接启动控制的主电路和控制电路图。

② 电动机既能长动也能点动控制的主电路和控制电路图。

③ 电动机正反转控制的主电路和控制电路图。

3. 实验内容

（1）按已画出的电路图，分别连接电动机直接启动控制的主电路和控制电路。

① 接通电源，用按钮进行电动机的启动和停转的操作。注意观察电路的自锁作用。

② 在电动机运行过程中模拟断电，观察再复电时电动机能否自行启动。

（2）保留（1）中的主电路接线不变，连接电动机点动和长动控制的控制电路。

① 接通电源，用按钮进行电动机点动的操作。

② 用按钮进行电动机长动的操作。

（3）连接电动机正反转控制的主电路，并按照图 1.15（b）连接控制电路。

① 接通电源，启动电动机的正转。在电动机正转过程中，按反转按钮，观察电路的互锁作用。

② 在电动机正转过程中进行停转操作。

③ 启动电动机反转。在电动机反转过程中按正转按钮，观察电路的互锁作用。

（4）保持电动机的主电路不变，按照图 1.15（c）连接控制电路。

① 启动电动机正转。在电动机正转过程中按反转按钮，观察电动机是否反转。

② 启动电动机反转，在电动机反转过程中按正转按钮，观察电动机是否正转。

③ 电动机运行过程中进行停转操作。

4. 实验报告内容

（1）画出各实验内容所需要的电路图。

（2）指出实验中实现自锁、互锁和失压保护的电器，并说明其原理。

（3）各实验过程中有否出现过短路？若有，请分析发生短路的原因。

（4）总结继电器控制的特点。

8.2 PLC 及编程器的认识与使用

1. 实验目的

熟悉 PLC 主机的面板结构，熟悉编程器的功能及使用方法。

2. 预习要求

（1）复习第 3 章中 CPM1A-40CDR 主机的面板结构。

（2）仔细阅读第 7 章中编程器的组成和主要操作；预习指定的实验内容。

3. 实验内容

（1）认识 PLC 主机面板各组成部分的功能，学习主机与电源、编程器的连接。

（2）PLC 上电的操作练习。

① 在断电情况下，把编程器的方式开关拨在编程位，将编程器插入外部设备端口中。

② 接通主机电源，此时屏幕显示口令 PROGRAM　PASSWORD！

③ 清除屏幕显示的口令。

（3）练习全部清除和局部清除（只在编程状态下）内存储器的两种操作。

（4）输入程序练习（在编程方式下）。

① 建立程序的首地址，可以从 00000 开始，也可确定任意首地址。

② 输入下面的练习程序。

1	LD	00000	5	LD	01000
2	OR	01000	6	TIM	000
3	AND NOT	TIM000			# 0050
4	OUT	01000	7	END（01）	

（5）程序读出练习（3 种方式下均可）。用↓或↑键逐条读出输入的指令，发现错误的语句，可在编程方式下于原处重新输入语句。

（6）插入和删除指令练习（仅在编程方式下）。

① 在练习程序第六步处插入 AND NOT TIM000。

② 删除上面插入的 AND NOT TIM 000 指令。

- 用第 7 章介绍的方法删除，注意下一个语句的地址。
- 用 NOP 指令删除，注意下一个语句的地址。比较两种方法的区别。

（7）检索练习程序中的第 6 条指令（3 种方式下均可）。

（8）检索练习程序中触点 01000 的个数（3 种方式下均可）。

（9）程序检查练习（仅在编程方式下）。

① 按第 7 章介绍的方法进行程序检查，注意观察屏幕显示。

② 将练习程序的 END 语句删除，再进行程序检查，注意观察屏幕显示。

（10）运行程序练习（运行方式下）。

闭合对应 00000 的开关，观察对应 01000 的 LED 何时亮、何时灭（反复做几次）。

（11）对 01000、TIM000 强制 ON 或 OFF（3 种方式均可）。

（12）监视功能练习（运行和监控方式下）。

① 监视 TIM000 的数据变化过程。

② 监视通道 010 各位的状态。

③ 在断开、闭合对应 00000 的开关时，监视 01000 的状态。

（13）用编程器向数据区或通道写入数据练习（仅在编程方式下）。

① 向 DM0000 写入数据#0010。

② 向 HR00 写入数据#0010。

8.3 三相异步电动机的 PLC 控制

1. 实验目的

了解定时器/计数器指令的功能。加深理解 PLC 控制的原理，了解 PLC 控制与继电器控制的区别。

2. 预习要求

（1）根据每个实验内容的要求，选择输入/输出电器元件，作出 I/O 分配表，画出 PLC 的外部连线图。

（2）画出各实验内容中电动机等负载的主电路图。

（3）根据每个实验内容的要求，画好梯形图，写出语句表。

① 用 PLC 实现对三相异步电动机的直接启、停转控制。要求有短路、零压保护。用两个按钮进行启、停操作。

② 分别用 TIM 和 CNT 指令编写程序，实现白炽灯先亮、延时 5s 后电动机自行启动的控制。要求用两个按钮进行启、停操作。

③ 编写电动机正反转控制的控制程序。要求正反转互锁，电动机正转过程中欲反转，必须先停转才能反转。

3. 实验内容

（1）电动机的直接启、停控制。

① PLC 断电，按 I/O 分配表将各电器与 PLC 主机连接好。

② 接好电动机的主电路。

③ 将方式开关拨在编程位后 PLC 再上电，输入写好的程序。

④ 将编程器的方式开关拨到运行位，进行下列操作，并记录现象。

- 按启动按钮，观察电动机的启动。电动机运行途中按停止按钮，观察停止按钮的作用。
- 重新启动电动机。在电动机运行途中模拟断电，待电动机停转后，再接通电源，观察电动机能否自行启动。

（2）白炽灯与电动机的连锁控制。

① PLC 断电，按 I/O 分配表将各电器与 PLC 主机连接好。

② 接好白炽灯和电动机的主电路。

③ 将方式开关拨在编程位后 PLC 再上电，输入编写的程序。

④ 将方式开关拨到运行位，运行程序，观察电动机和灯的状态。

⑤ 将 TIM 的定时时间改为 8s。运行程序，观察电动机和灯的状态。

⑥ 在步骤⑤的程序运行 4s 时模拟断电。再复电运行程序，观察电动机和灯的状态。

⑦ 输入用 CNT 指令编写的程序，重复步骤④～⑥的实验，观察 CNT 指令的断电保持功能。

（3）电动机的正、反转控制。

① PLC 断电，按 I/O 分配表将各电器与 PLC 主机连接好。

② 接好电动机的主电路。

③ 将方式开关拨在编程位后 PLC 再上电，输入写好的程序。

④ 将 PLC 的方式开关拨到运行位，进行下列操作，并记录现象。

- 按正转按钮，观察电动机的转向。正转过程中按反转按钮，观察电动机的转向。
- 正转过程中按下停车按钮，待电动机停转后再按反转按钮，观察电动机的转向。反转过程中按下正转按钮，观察电动机的转向。

4. 实验报告内容

（1）画出各实验内容所需要的梯形图。

（2）写出各实验内容的 I/O 分配表。

（3）画出各实验 PLC 的外部接线图及电动机的主电路图。

（4）指出用 TIM 和 CNT 指令编写的程序在功能上的差别。

（5）总结继电器控制与 PLC 控制的区别。

8.4 彩灯的 PLC 控制

1. 实验目的

熟悉微分、联锁与跳转指令及移位寄存器的功能和用法，了解联锁和跳转指令的区别。

2. 预习要求

（1）复习微分、移位寄存器、联锁、跳转等指令的功能和编程方法。

（2）阅读参考程序，明确程序的功能。对参考程序作如下说明。

- 00001、00002、00003、00004 分别对应 4 个自锁开关。00001～00003 用来选择亮灯的个数及编排花样，00004 选择亮灯的移动方向。
- 当 00004 对应的开关断开时，亮灯从左向右移动（01000～01007）。当亮灯移到最右侧后，重复上述移动过程。
- 当 00004 对应的开关闭合时，亮灯从右向左移动（01107～01100）。当亮灯移到最左侧后，重复上述移动过程。
- 用 TIM000 可以改变移位寄存器移位的速度。

3. 实验内容

（1）输入图 8.1 所示的参考程序。

（2）运行程序（方式开关拨在运行位）。

① 观察亮灯的移动方向（令 00001 接通，00002、00003 断开）。

- 令对应 00004 的开关断开，接通 00000 后，观察并记录灯亮的个数与移动方向。
- 程序运行途中接通对应 00004 的开关，观察 010、011 通道的状态。记录灯亮的个数

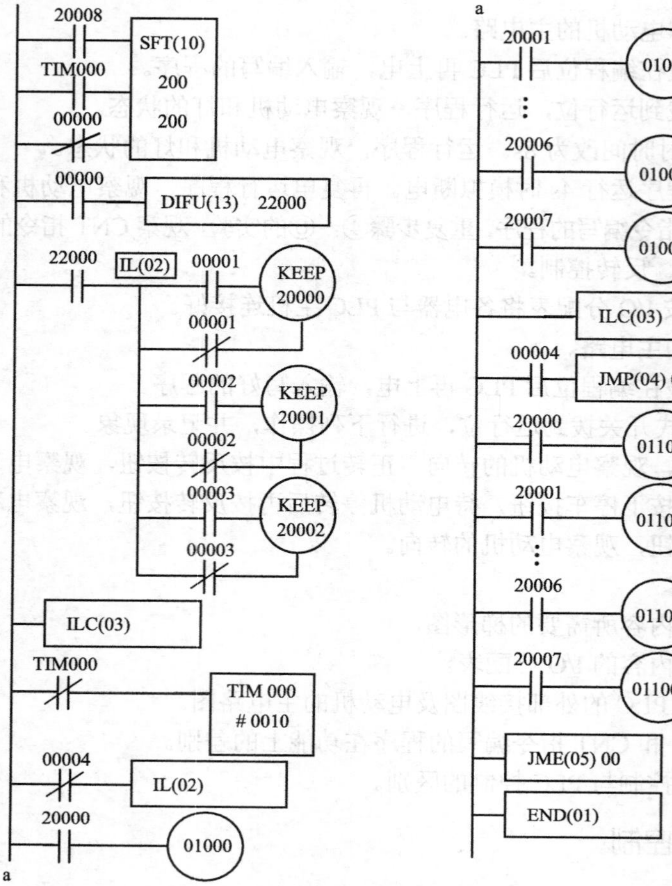

图 8.1 彩灯控制程序

与移动方向。

② 观察亮灯花样的变化（对应 00004 的开关断开）。

- 断开对应 00000 的开关，令对应 00001 和 00002 的开关闭合、对应 00003 的开关断开。接通 00000，观察并记录亮灯的个数与移动方向。
- 断开对应 00000 的开关，令对应 00001 和 00003 的开关闭合、对应 00002 的开关断开。接通 00000，观察并记录亮灯的个数与移动方向。

③ 观察亮灯移动速度的变化（对应 00004 的开关闭合）。

将 TIM000 的定时值改为#0020。按步骤②中的第 2 步操作，运行程序，观察并记录亮灯的移动速度有无变化。

4. 实验报告内容

（1）简述图 8.1 所示参考程序的功能。

（2）分析联锁指令与跳转指令之间的区别。

8.5 数据传送、比较和移位指令的应用

1. 实验目的

学习使用数据传送、数据比较与数据移位指令的用法。了解标志位的作用及正确使用方法。

2. 预习要求

（1）复习传送与比较指令的功能和使用方法。

（2）熟悉标志位 CY（25504）、GR（25505）、EQ（25506）、LE（25507）的含义和用法。

① 执行比较指令后影响标志位 GR、EQ、LE。其他指令执行后，有的也影响 CY 和 EQ。查找能影响这 2 个标志位的指令。

② 在 PLC 每个扫描周期中，当扫描执行 END 指令时，所有的标志位都将被复位。这一点必须引起注意。

（3）图 8.2 与图 8.3 所示的程序使用了传送和比较指令，图 8.4 所示的程序使用了循环右移位指令（设 CY=1），对应每种操作都设计了两个程序。指出设计者利用图 8.2、图 8.3 和图 8.4 中的程序欲达到何目的，并判断各图中的程序哪个是正确的。

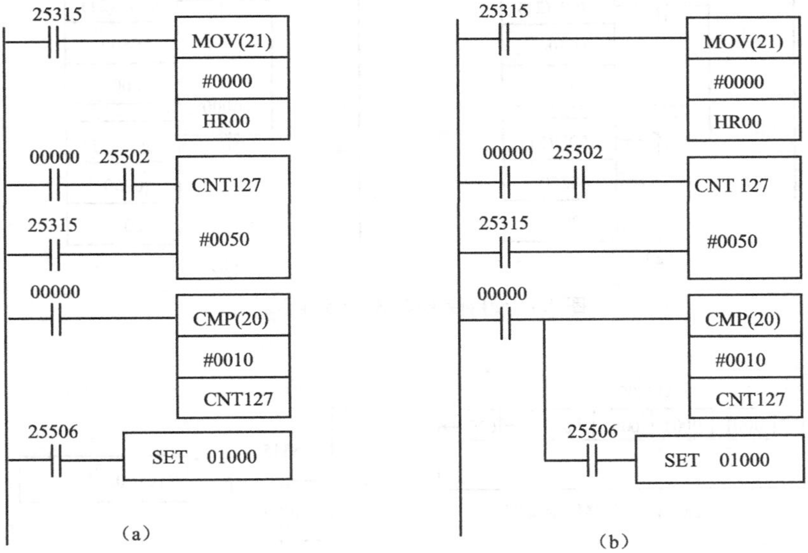

图 8.2 使用传送和比较指令的程序之一

3. 实验内容

（1）输入图 8.2（a）的程序，运行程序并记录程序运行的结果，判断程序的对错。

（2）输入图 8.2（b）的程序，运行程序并记录程序运行的结果，判断程序的对错。

（3）输入图 8.3（a）的程序，运行程序并记录程序运行的结果，判断程序的对错。

（4）输入图 8.3（b）的程序，运行程序并记录程序运行的结果，判断程序的对错。

（5）输入图 8.4（b）的程序，运行程序并记录程序运行的结果，判断程序的对错。

（6）输入图 8.4（c）的程序，运行程序并记录程序运行的结果，判断程序的对错。

4. 实验报告内容

（1）简述图 8.2 中正确程序的功能，指出造成编程错误的原因。

（2）简述图 8.3 中正确程序的功能，指出造成编程错误的原因。

（3）简述图 8.4 中正确程序的功能，指出造成编程错误的原因。

（4）总结在使用数据传送、数据比较、循环移位指令时所得到的启示。

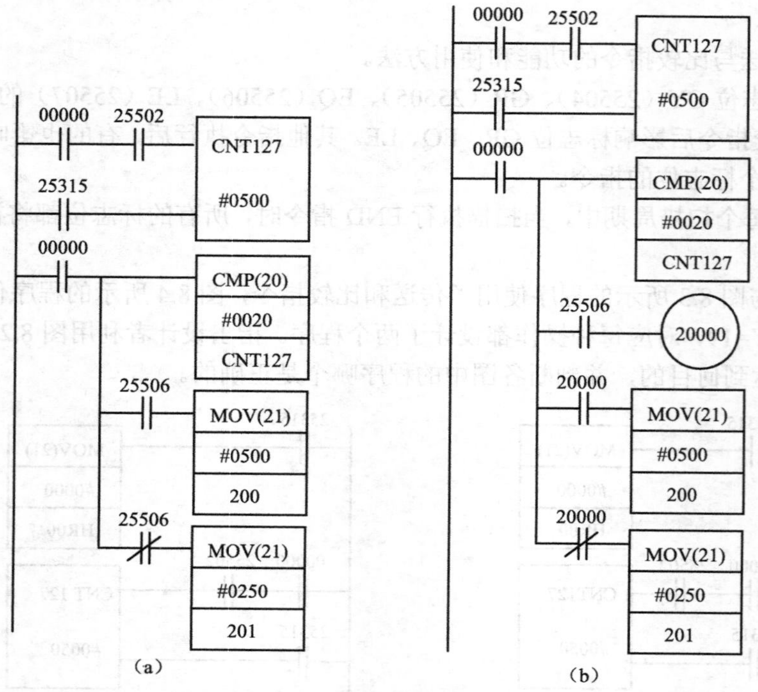

图 8.3 使用传送和比较指令程序之二

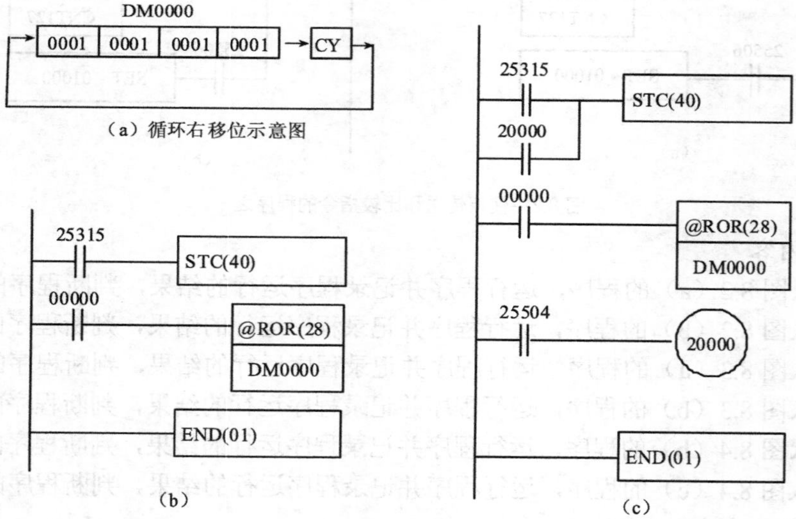

图 8.4 使用循环右移指令程序

8.6 数据运算指令的应用

1. 实验目的

理解十进制运算、二进制运算等指令的功能，掌握其使用方法。

2. 预习要求

（1）阅读有关十进制运算、二进制运算等指令的内容，熟悉各指令的功能和用法。

（2）阅读参考程序一和参考程序二，分析各程序的运行结果。

（3）欲用参考程序三的二进制运算指令，实现［(123+127)×8−50］÷50 的运算。试正确填写程序中各指令空缺的操作数，明确 DM0000～DM0005 中存放的各是什么数据。

3. 实验内容

（1）十进制运算指令练习。

① ADD 指令使用练习。

- 输入图 8.5 所示的程序，用编程器向 HR15 通道写入#8766。
- 运行程序，监视并记录 HR15、HR09 通道中的数据，观察并记录 01000 的状态。
- 欲保存 25504 的内容，修改图 8.5 的程序。运行程序，观察并记录结果。

② SUB 指令使用练习。

- 输入图 8.6 所示的程序。
- 运行程序，监视并记录 HR00 的内容。
- 将程序中的被减数改成#0766，再运行程序，监视并记录 HR00 的内容。

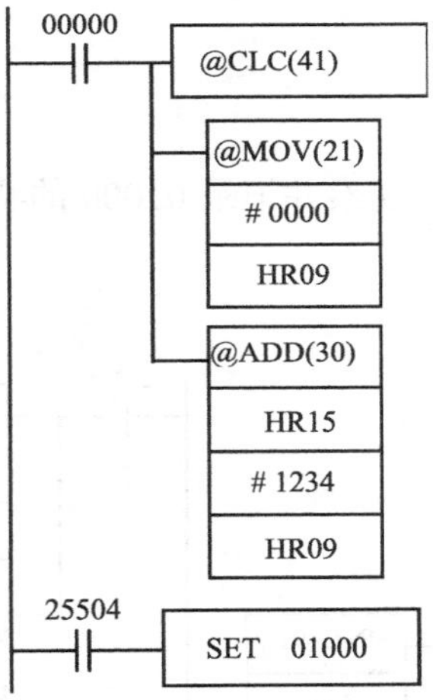

图 8.5 参考程序一

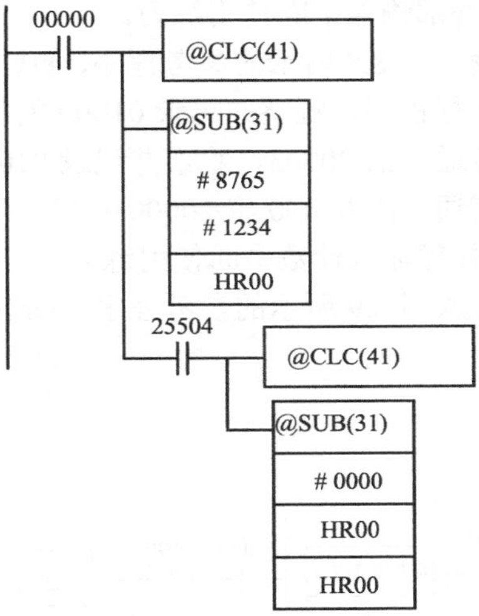

图 8.6 参考程序二

（2）二进制运算指令练习。

① 输入已填写各指令操作数的参考程序三，如图 8.7 所示。

② 令 00000 为 ON，00001 为 OFF，观察 DM0000～DM0005 的状态并记录。

③ 令 00001 为 ON，00000 为 OFF，观察 DM0000～DM0005 的状态并记录。

4. 实验报告内容

（1）对十进制运算指令使用练习做下列报告。

① 对参考程序一，欲保存 25504 的内容，画出修改后的程序。

② 对参考程序二，将程序中的被减数改成#0766，指出运行程序后 HR00 的内容。

（2）对二进制运算指令使用练习，按下面的表格列出执行各种指令后的结果，并指出 DM0000～DM0005 中存放的是什么数据。

执行指令	DM0000	DM0001	DM0002	DM0003	DM0004	DM0005	CY
@BSET							—
@ADB							
@MLB							—
@CLC							
@SBB							
@DVB							—

8.7 中断控制指令的应用

1. 实验目的

加深对中断控制指令功能的理解，理解子程序的作用，能熟练编写中断程序。

2. 预习要求

（1）阅读有关内容，明确子程序和中断的含义。掌握中断指令的应用和中断程序的编写方法，掌握子程序的编程方法。

（2）仔细阅读各参考程序，明确各程序的功能。

3. 实验内容

（1）外部输入中断使用练习。

① 输入图 8.8 所示的参考程序，DM6628 设置为 0001。

② 运行程序，观察并记录 01000 的状态。

③ 接通一次 00003，观察并记录 01000 的状态。

④ 接通一次 00000 将 20000 复位。再接通一次 00003，观察并记录 01000 的状态。

（2）外部输入计数中断使用练习。

① 输入图 8.9 所示的参考程序，DM6628 设置为 0010。

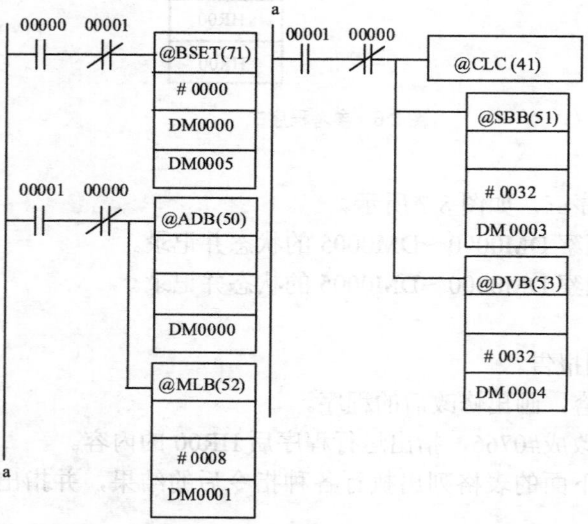

图 8.7 参考程序三

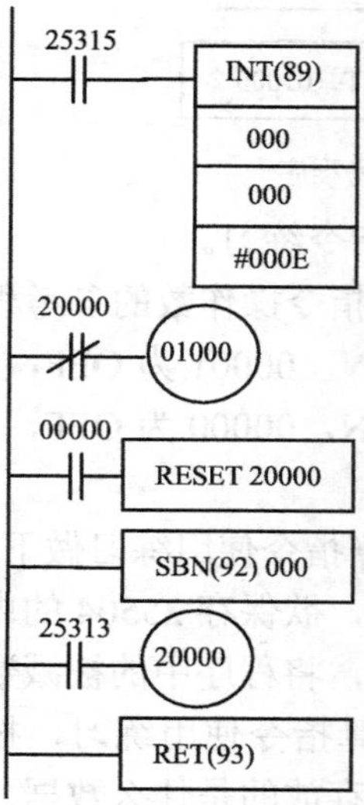

图 8.8 外部输入中断

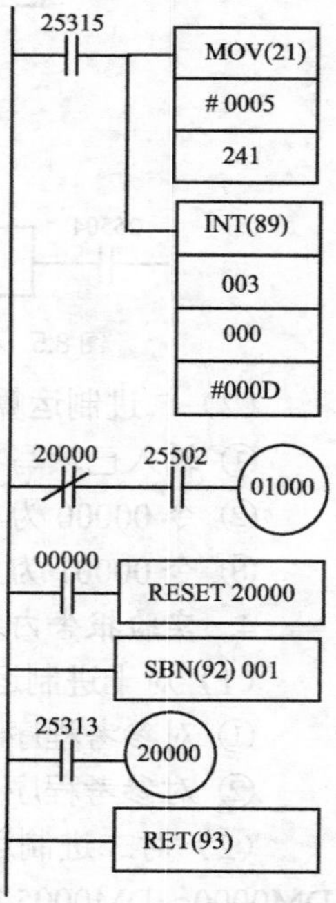

图 8.9 外部输入计数中断

② 令 00004 接通 5 次时，观察并记录 01000 的状态。监视并记录通道 200 及 241、245 的内容。

③ 接通一次 00000 将 20000 复位。重复步骤②。

（3）间隔定时器重复中断使用练习。

① 输入图 8.10 所示的参考程序。

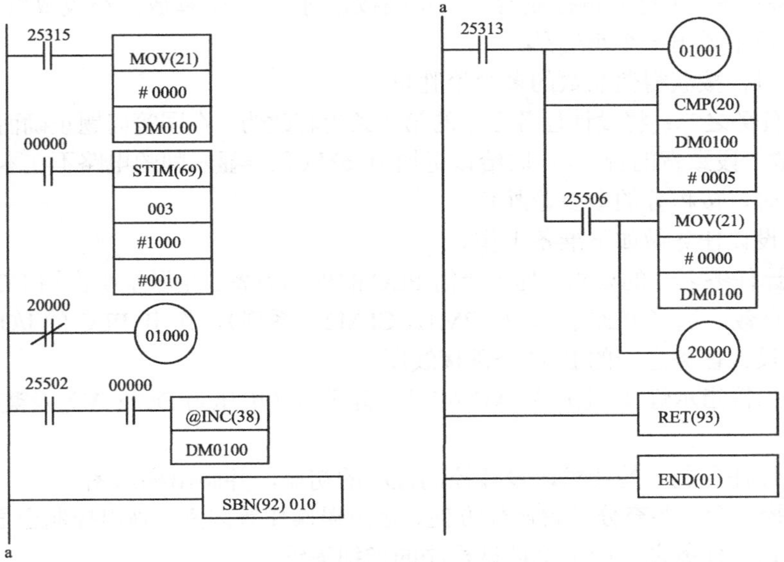

图 8.10 间隔定时器重复中断

② 计算间隔定时器的定时时间。

③ 运行程序，从接通 00000 开始，观察并记录 01000 和 01001 的状态。

④ 从接通 00000 开始，监视并记录 DM0100 的内容。

4. 实验报告内容

（1）整理实验记录，分析图 8.8 参考程序的功能及中断执行过程。说明语句“LD 00000 RESET 20000”的作用。

（2）整理实验记录，分析图 8.9 参考程序的功能及中断执行过程。说明语句“LD 00000 RESET 20000”的作用。

（3）整理实验记录，分析图 8.10 参考程序的功能及中断执行过程。

8.8 抢答器的程序设计与调试

1. 实验目的

通过设计一个 PLC 控制的抢答器装置，学习按控制要求选择 PLC 机型和外部设备、设计 PLC 外部电路和主电路的接线图、编写控制程序等技能，并学习上机调试程序的方法。

2. 预习要求

（1）设计任务之一：设计一个 3 参赛组的抢答器装置，主持人通过控制台的按钮控制比赛的进行。为了使比赛的评判工作透明，也方便观众了解各组的战绩，抢答器装置应设置必要的显示。对抢答器的功能要求如下。

① 比赛开始或宣布下一个题目之前，主持人要按一次复位按钮，使所有显示灯熄灭。

② 为了控制比赛时间，回答问题必须在 15s 内完成，超时按错误处理。当主持人公布题

目后，紧接着按下开始抢答按钮，这时控制台上的答题计时指示灯亮，自此抢答有效。当15s到时，答题计时指示灯熄灭。

③ 先按下抢答按钮的参赛组，其桌面上的抢答指示灯亮，后按下抢答按钮的参赛组抢答指示灯不亮。

④ 若回答正确，主持人按控制台上的正确按钮时，其一，播放一小段致贺的音乐；其二，由该组的奖品箱中弹出一个小奖品。

比赛结束时，按获得奖品数的多少论胜负。

（2）设计任务之二：将设计任务之一的第4条内容改为“在回答问题正确而且主持人按正确按钮时，播放一段致贺的音乐，同时给该组加10分”（积分显示牌的电路不在本次设计之内）。

比赛结束时，按积分的多少论胜负。

根据上述设计任务做如下准备工作。

（1）按设计任务之一的要求，列出所需PLC的外部设备。在尽量少占用I/O点的前提下，计算所需I/O点数，选择PLC机型（CPM1A/CPM2A系列），作出PLC的I/O分配。

（2）画出设计任务之一的PLC外部接线图。

（3）画各抢答指示灯（ 电压为AC 24V）、音乐卡（电压为DC 24V）及奖品弹出机构的PLC接线图。

（4）按设计任务之一的要求，设计控制程序的初稿，并画出梯形图。

（5）设计控制台，要充分考虑操作方便、避免误操作等因素，画出控制台面板的布置图。

（6）拟订设计任务之一的上机调试程序的详细提纲。

（7）编写设计任务之二中一个参赛组的积分梯形图程序。

（8）拟订设计任务之二上机调试程序的详细提纲。

3. 实验内容

建议将程序分成几段进行调试。调试时可利用触点强制ON或强制OFF，模拟现场的某些操作。通过观察PLC的I/O指示LED的状态，判断程序执行情况。要详细记录对应于每个操作时程序执行的结果，对不正确的结果随即修改程序。

（1）对调试设计任务之一的控制程序的参考意见如下。

① 当主持人按下抢答按钮后，答题计时指示灯是否亮，经过 15s（调试时可暂定为 3s等）是否熄灭。

② 当主持人按下抢答按钮后，各组的抢答按钮是否有效。 配合复位按钮，逐一检查各组的抢答按钮。

③ 主持人按正确按钮时，观察音乐播放机构和奖品弹出机构是否正确动作。

（2）对调试设计任务之二的控制程序的参考意见：用通道监视功能，观察加10分的程序段是否正确。

4. 实验报告内容

（1）列出所选用的PLC机型及全部元件型号。

（2）整理设计任务一的I/O分配表。

（3）画出设计任务一的各指示灯、音乐卡及奖品弹出机构的PLC接线图。

（4）画出设计任务一的抢答器程序梯形图。

（5）画出一个参赛组的积分梯形图程序。

（6）总结调试的经验和教训。

附录 A OMRON 小型机指令一览表

OMRON（欧姆龙）小型机指令一览表

指令类别	助记符	微分型	指令名称	机型			
				CPM1A	CPM2A CPM2C CPM2AE	CQM1	CQM1H
基本指令	LD		装载				
	LD NOT		装载非				
	OUT		输出				
	OUT NOT		输出非				
	AND		与				
	AND NOT		与非				
	OR		或				
	OR NOT		或非				
	AND LD		与装载				
	OR LD		或装载				
	SET		置位				
	RESET		复位				
	KEEP(11)		保持				
	DIFU(13)		上升沿微分				
	DIFD(14)		下降沿微分				
	NOP(00)		空操作				
	END(01)		结束				
分支指令	IL(02)		联锁				
	ILC(03)		联锁解除				
跳转指令	JMP(04)		跳转				
	JME(05)		跳转结束				
定时器/计数器指令	TIM		定时器				
	TIMH(15)		高速定时器				
定时器/计数器指令	TTIM(—)*		总和定时器	×	×	×	

续表

指令类别	助记符	微分型	指令名称	机型			
				CPM1A	CPM2A CPM2C CPM2AE	CQM1	CQM1H
定时器/计数器指令	TMHH(—)*		1ms 定时器	×		×	×
	TIML(—)*		长定时器	×		×	×
	CNT		计数器				
	CNTR(12)		可逆计数器				
比较指令	CMP(20)		单字比较				
	CMPL(60)*		双字比较				
	BCMP(68)*	@	块比较				
	TCMP(85)	@	表比较				
	MCMP(—)*	@	多字比较	×	×		
	CPS(—)*		带符号二进制比较	×	×		
	CPSL(—)*		带符号二进制双字比较	×	×		
	ZCP(—)*		区域比较	×			
	ZCPL(—)*		双字区域比较	×			
数据传送指令	MOV(21)	@	传送				
	MVN(22)	@	取反传送				
	XFER(70)	@	块传送				
	BSET(71)	@	块设置				
	XFRB(—)*	@	多位传送	×	×		
	XCHG(73)	@	数据交换				
	DIST(80)	@	单字分配				
	COLL(81)	@	数据调用				
	MOVB(82)	@	位传送				
	MOVD(83)	@	数字传送				
数据移位指令	SFT(10)		移位寄存器				
	SFTR(84)	@	可逆移位寄存器				
	WSFT(16)	@	字移位				
	ASL(25)	@	算术左移				
	ASR(26)	@	算术右移				
	ROL(27)	@	循环左移				
	ROR(28)	@	循环右移				
	SLD(74)	@	一位数字左移				
	SRD(75)	@	一位数字右移				
	ASFT(17)*	@	异步移位寄存器				
递增递减指令	INC(38)	@	递增				
	DEC(39)	@	递减				

续表

指令类别	助　记　符	微分型	指 令 名 称	机　型			
				CPM1A	CPM2A CPM2C CPM2AE	CQM1	CQM1H
十进制运算指令	ADD(30)	@	十进制加法运算				
	SUB(31)	@	十进制减法运算				
	ADDL(54)	@	十进制双字加法运算				
	SUBL(55)	@	十进制双字减法运算				
	MUL(32)	@	十进制乘法运算				
	DIV(33)	@	十进制除法运算				
	MULL(56)	@	十进制双字乘法运算				
	DIVL(57)	@	十进制双字除法运算				
二进制运算指令	ADB(50)	@	二进制加法运算				
	SBB(51)	@	二进制减法运算				
	ADBL(—)*	@	二进制双字加法运算	×	×		
	SBBL(—)*	@	二进制双字减法运算	×	×		
	MLB(52)	@	二进制乘法运算				
	DVB(53)	@	二进制除法运算				
	MBS(—)*	@	带符号二进制乘运算	×	×		
	DBS(—)*	@	带符号二进制除运算	×	×		
	MBSL(—)*	@	带符号二进制双字乘	×	×		
	DBSL(—)*	@	带符号二进制双字除	×	×		
数据转换指令	BIN(23)	@	BCD→BIN 变换				
	BCD(24)	@	BIN→BCD 变换				
	BINL(58)	@	双字 BCD→双字 BIN	×			
	BCDL(59)	@	双字 BIN→双字 BCD	×			
	NEG(—)*	@	二进制补码	×			
	NEGL(—)*	@	双字二进制补码	×	×		
	MLPX(76)	@	4→16 译码器				
	DMPX(77)	@	16→4 编码器				
数据转换指令	ASC(86)	@	ASCⅡ转换				
	HEX(—)*	@	ASCⅡ→十六进制	×			
	LINE(—)*	@	列行转换	×	×		
	COLM(—)*	@	行列转换	×	×		
逻辑运算指令	COM(29)	@	字求反运算				
	ANDW(34)	@	字逻辑与运算				
	ORW(35)	@	字逻辑或运算				
	XORW(36)	@	字逻辑异或运算				
	XNRW(37)	@	字逻辑同或运算				

续表

指令类别	助 记 符	微分型	指 令 名 称	机 型			
				CPM1A	CPM2A CPM2C CPM2AE	CQM1	CQM1H
特殊运算指令	APR(—)*	@	算术处理	×	×		
	BCNT(67)*	@	位计数器				
	ROOT(72)	@	平方根	×	×		
浮点运算和转换指令	FIX(—)*	@	浮点→16 位 BIN 转换	×	×	×	
	FIXL(—)*	@	浮点→32 位 BIN 转换	×	×	×	
	FLT(—)*	@	16 位 BIN→浮点转换	×	×	×	
	FLTL(—)*	@	32 位 BIN→浮点转换	×	×	×	
	+F(—)*	@	浮点加	×	×	×	
	−F(—)*	@	浮点减	×	×	×	
	F(—)	@	浮点乘	×	×	×	
	/F(—)*	@	浮点除	×	×	×	
	RAD(—)*	@	角度→弧度转换	×	×	×	
	DEG(—)*	@	弧度→角度转换	×	×	×	
	SIN(—)*	@	SIN 运算	×	×	×	
	COS(—)*	@	COS 运算	×	×	×	
	TAN(—)*	@	TAN 运算	×	×	×	
	ASIN(—)*	@	SIN^{-1} 运算	×	×	×	
	ACOS(—)*	@	COS^{-1} 运算	×	×	×	
	ATAN(—)*	@	TAN^{-1} 运算	×	×	×	
	SQRT(—)*	@	平方根运算	×	×	×	
	EXP(—)*	@	指数运算	×	×	×	
	LOG(—)*	@	对数运算	×	×	×	
表格数据指令	SRCH(—)*	@	数据搜索	×			
	MAX(—)*	@	取最大值	×			
	MIN(—)*	@	取最小值	×			
	SUM(—)*	@	求和	×			
	FCS(—)*	@	帧校验	×			
数据控制指令	PID(—)*		PID 控制	×			
	SCL(66)*	@	比例转换	×			
	SCL2(—)*	@	比例转换 2	×			
	SCL3(—)*	@	比例转换 3	×			
	AVG(—)*		平均值	×			
子程序控制指令	SBS(91)	@	子程序调用				
	SBN(92)		子程序定义				

续表

指令类别	助 记 符	微分型	指 令 名 称	机 型			
				CPM1A	CPM2A CPM2C CPM2AE	CQM1	CQM1H
子程序控制指令	RET(93)		子程序返回				
	MCRO(99)	@	宏指令				
中断控制指令	INT(89)*	@	中断控制				
	STIM(69)*	@	间隔计数器				
高速计数器控制指令	CTBL(63)*	@	比较表登录		**		
	INI(61)*	@	工作模式控制				
	PRV(62)*	@	读高速计数器当前值				
脉冲输出控制指令	PULS(65)*	@	设置脉冲				
	SPED(64)*	@	速度输出				
	ACC(—)*	@	加速控制	×			
	PLS2(—)*	@	脉冲输出	×	×		
	PWM(—)*	@	可变占空比脉冲输出	×			
	SYNC(—)*	@	同步脉冲控制	×		×	×
步进指令	STEP(08)		单步指令				
	SNXT(09)		步进指令				
I/O 单元指令	IORF(97)	@	I/O 刷新				
	SDEC(78)	@	7 段译码器				
	7SEG(—)*		7 段显示输出	×	×		
	DSW(—)*		数字开关输入	×	×		
	TKY(—)*		10 键输入	×	×		
	HKY (—)*		16 键输入	×	×		
串行通信指令	PMCR (—)*	@	通信协议宏	×	×	×	
	TXD(48)*	@	发送	×			
	RXD(47)*	@	接收	×			
	STUP(—)*	@	改变 RS232C 设置	×		×	
网络通信指令	SEND(90)	@	网络发送	×	×	×	
	RECV(98)	@	网络接收	×	×	×	
	CMND(—)*	@	指令发送	×	×	×	
信息显示指令	MSG(46)	@	信息显示				
时钟指令	SEC(—)*	@	h→s	×			
	HMS(—)*	@	s→h	×			
调试指令	TRSM(45)		跟踪内存采样	×	×		

续表

指令类别	助记符	微分型	指令名称	机型			
				CPM1A	CPM2A CPM2C CPM2AE	CQM1	CQM1H
故障诊断指令	FAL(06)	@	故障报警				
	FALS(07)		严重故障报警				
	FPD(—)*		故障点检测	×	×		
进位标志指令	STC(40)	@	设置进位				
	CLC(41)	@	清除进位				

注：表中“空格”表示指令可用，“×”表示指令不可用。

“*”表示扩展指令，CQM1/CQM1H在编程前应使用编程器设置其指令代码；但对于其他机型，凡是已注明指令码的扩展指令，其代码分配是固定的，不需要用编程器设置。

**CPM2AE不能使用CTBL指令。另外，因为CPM2AE是继电器输出型，最好不要使用脉冲输出指令。

附录 B CPM1A 各种单元的规格

表 B1　　CPM1A 特殊功能单元规格

<table>
<tr><th>名　　称</th><th>项　　目</th><th colspan="2">规　　格</th></tr>
<tr><td rowspan="5">模拟量 I/O 单元</td><td>型　　号</td><td colspan="2">CPM1A-MAD01</td></tr>
<tr><td>模拟量输入</td><td colspan="2">输入路数：2
输入信号范围：电压 0～10 V 或 1～5 V、电流 4～20 mA
分辨率：1/256
精度：1.0%（全量程）
转换 A/D 数据：8 位二进制数</td></tr>
<tr><td>模拟量输出</td><td colspan="2">输出路数：1
输出信号范围：电压 0～10 V 或–10～10 V、电流 4～20 mA
分辨率：1/256（当输出信号范围是–10～10 V 时为 1/512）
精度：1.0%（全量程）
数据设定：带符号的 8 位二进制数</td></tr>
<tr><td>转换时间</td><td colspan="2">最大 10ms/单元</td></tr>
<tr><td>隔离方式</td><td colspan="2">模拟量 I/O 信号间无隔离，I/O 端子和 PC 间采用光电耦合隔离</td></tr>
<tr><td rowspan="4">温度传感器和模拟量输出单元</td><td>型　　号</td><td colspan="2">CPM1A-TS101-DA</td></tr>
<tr><td>Pt100 输入</td><td colspan="2">输入路数：2
输入信号范围：
最小 Pt100：82.3Ω/–40℃
最大 Pt100：194.1Ω/+250℃
分辨率：0.1℃
精度：1.0%（全量程）</td></tr>
<tr><td>模拟量输出</td><td colspan="2">输出路数：1
输出信号范围：电压 0～10 V 或–10～10 V、电流 4～20 mA
分辨率：1/256（当输出信号范围是 –10～10 V 时为 1/512）
精度：1.0%（全量程）</td></tr>
<tr><td>转换时间</td><td colspan="2">最大 60ms/单元</td></tr>
<tr><td rowspan="2">温度传感器单元</td><td>型　　号</td><td>CPM1A-TS001/TS002</td><td>CPM1A-TS101/102</td></tr>
<tr><td>输入类型</td><td>热电偶：K1、K2、J1、J2 之间选择其一（由旋转开关设定）</td><td>铂热电阻：Pt100、JPt100 之间选择其一（由旋转开关设定）</td></tr>
</table>

续表

名　　称	项　　目	规　　格
温度传感器单元	输入点数	TS001、TS101：2 点 TS002、TS102：4 点
	精度	1.0%（全量程）
	转换时间	250ms/所有点
	温度转换	4 位十六进制
	绝缘方式	光电耦合绝缘（各温度输入信号之间）

表 B2　　CPM1A 通信单元规格

名　　称	项　　目	规　　格
RS232C 通信适配器	型号	CPM1-CIF01
	功能	在外部设备端口和 RS232C 口之间作电平转换
RS422 通信适配器	型号	CPM1-CIF11
	功能	在外部设备端口和 RS422 口之间作电平转换
外部设备端口转换电缆	型号	CQM1-CIF01/CIF02
	功能	PC 外部设备端口与 25/ 9 引脚的计算机串行端口连接时用（电缆长度：3.3m）
链接适配器	型号	B500-AL004
	功能	用于个人计算机 RS232C 口到 RS422 口的转换
CompoBus/S I/O 链接单元	型号	CPM1A-SRT21
	功能	主单元/从单元：CompoBus/S 从单元 I/O 点数：8 点输入，8 点输出 占用 CPM1A 的通道：1 个输入通道，1 个输出通道（与扩展单元相同的分配方式） 节点号：用 DIP 开关设定
DeviceNet I/O 链接单元	功能	主单元/从单元：DeviceNet 从单元 I/O 点数：32 点输入，32 点输出 占用 CPM1A 的通道：2 个输入通道，2 个输出通道（与扩展单元相同的分配方式） 节点号：用 DIP 开关设定

表 B3　　CPU 单元输入规格

项　　目	规　　格	电路构成图
输入电压	DC 20.4～26.4 V	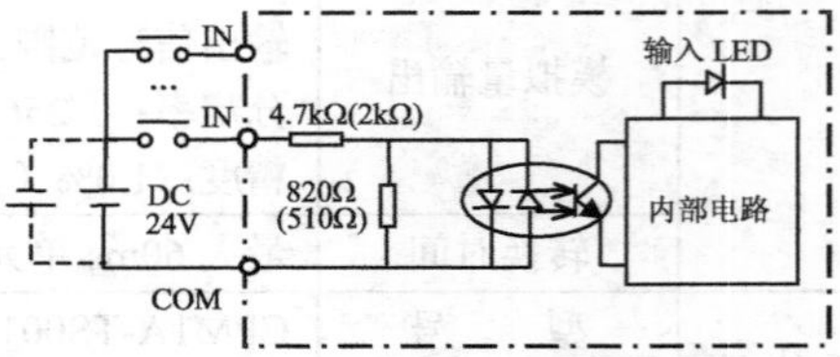 注：括号内电阻值为 00000 ~ 00002 的情况
输入阻抗	IN00000～00002：2 kΩ 其他：4.7 kΩ	
输入电流	IN00000～00002：12 mA 其他：5 mA	
ON 电压	最小 DC 14.4V	
OFF 电压	最大 DC 5.0V	
ON 响应时间	1～128ms 以内（默认 8ms）	
OFF 响应时间	1～128ms 以内（默认 8ms）	

表 B4　　I/O 扩展单元输入规格

项　　目	规　　格	电路构成图
输入电压	DC 20.4～26.4 V	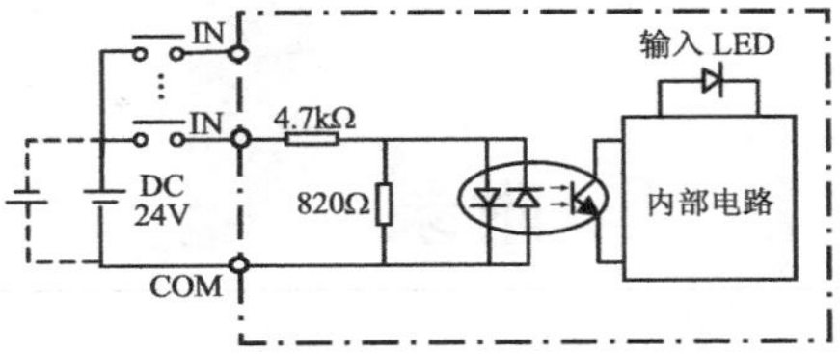
输入阻抗	4.7 kΩ	
输入电流	5 mA	
ON 电压	最小 DC 14.4V	
OFF 电压	最大 DC 5.0V	
ON 响应时间	1～128ms 以内（默认 8ms）	
OFF 响应时间	1～128ms 以内（默认 8ms）	

注意：

① 输入电路的 ON/OFF 响应时间为 1/2/4/8/16/32/64/128 ms 中的一个，由 PC 设定区 DM6620～DM6625 中的设置决定。

② 输入点 00000～00002 作为高速计数输入时，输入电路的响应很快。计数器输入端 00000（A 相）、00001（B 相）的响应时间足够快，满足高速计数频率（单相 5kHz、两相 2.5kHz）的要求；复位输入端 00002（Z 相）的响应时间 ON 为 100μs 、OFF 为 500μs。

③ 输入点 00003～00006 作为中断输入时，从输入 ON 到执行中断子程序的响应时间为 0.3ms。

表 B5　　CPU 单元、I/O 扩展单元继电器输出规格

项　　目			规　　格	电路构成图
最大开关能力			AC 250V/2A（cos ϕ=1） DC 24V/2A （4A/公共端）	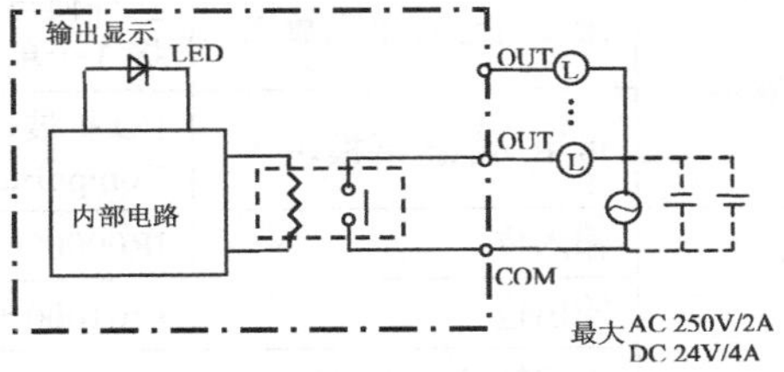
最小开关能力			DC 5V、10mA	
继电器寿命	电气性	阻性负载	30 万次	
		感性负载	10 万次	
	机械性		2000 万次	
ON 响应时间			15ms 以下	
OFF 响应时间			15ms 以下	

表 B6　　CPU 单元、I/O 扩展单元晶体管输出规格

项　　目	规　　格	电路构成图
最大开关能力	DC 20.4～26.4 V 300mA	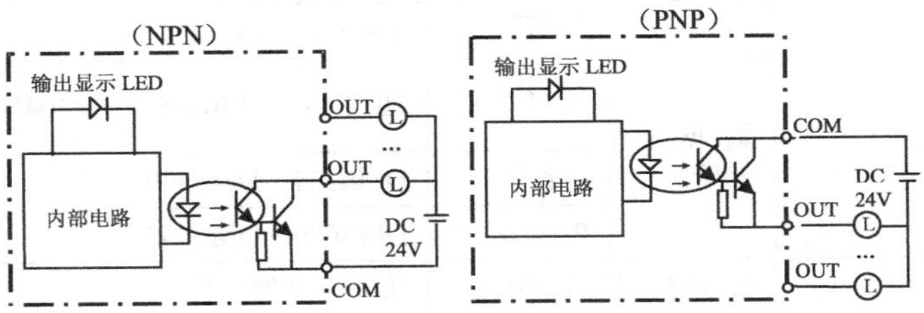
最小开关能力	10mA	
漏电流	0.1mA 以下	
残留电压	1.5V 以下	
ON 响应时间	0.1ms 以下	
OFF 响应时间	1ms 以下	

附录 C　CPM1A/CPM2A 性能指标

CPMIA/CPM2A 性能指标一览表

项　　目			CPM2A	CPM1A
指令集	指令		基本指令 14 种，应用指令 105 种、185 条	基本指令 14 种，应用指令 79 种、139 条
处理速度	基本指令执行时间		LD：0.64μs	LD：1.72μs
	特殊指令执行时间		MOV：7.8μs	MOV：16.3μs
程序容量			4096 字	2048 字
I/O 点数	CPU 单元点数		30，40，60	10，20，30，40
	可扩展点数		150，160，180；最多 180	150，160；最多 160
扩展单元	最多可连接单元数		在任何点数的 CPU 单元上，最多可连接 3 个单元	在 30 和 40 点 CPU 单元上，最多可连接 3 个单元
	可用功能扩展模块		I/O 扩展、模拟量 I/O、温度传感器、CompoBus/S I/O 链接单元	同 CPM2A
I/O 存储器	输入位		IR00000～IR00915	同 CPM2A
	输出位		IR01000～IR01915	同 CPM2A
	内部辅助继电器区		928 位：IR020～IR049、IR200～IR227	512 位：IR200～IR231
	特殊辅助继电器区		448 位：SR228～SR255	384 位：SR232～SR255
	暂存继电器区		TR0～TR7	同 CPM2A
	保持继电器区		HR00～HR19	同 CPM2A
	辅助记忆继电器区		384 位：AR00～AR23	256 位：AR00～AR15
	链接继电器区		LR00～LR15	同 CPM2A
	定时器/计数器区		256 位：000～255	128 位：000～127
	数据存储器区	读写区	2048 字：DM0000～DM2047	1002 字：DM0000～DM0999，DM1022～DM1023
		只读区	DM6144～DM6599	同 CPM2A
		PLC 设置	DM6600～DM6655	同 CPM2A
存储器备份	程序区，只读 DM 区		快闪存储器备份	同 CPM2A
	读/写 DM 区，HR 区，AR 区和计数器		内部电池备份（5 年寿命，可更换）	电容器备份（在 25℃时支持 20 天）
外部输入中断输入点			4 个点（00003～00006）	同 CPM2A

续表

项　目		CPM2A	CPM1A
外部输入计数中断	计数器计数模式	递增计数、递减计数	递减计数
	最高计数频率	2kHz	1kHz
	SR244～SR247	存放计数器 PV	存放计数器 PV-1
	读计数器 PV 的方法	读 SR244～SR247，执行 PRV 读（PV）	读 SR244～SR247 (PV-1)
	改变计数器 PV 的方法	执行 INI	不支持
间隔定时器	单次中断和重复中断	是	是
快速响应输入	设定快速响应功能	PLC 设置	PLC 设置和 INT(89)
	INT(89)（屏蔽）	不支持（不管）	支持
	INT(89)（读屏蔽）	读屏蔽状态	读屏蔽设定的结果
	INT(89)（清除）	不支持（不管）	支持
	输入最小脉冲宽度	50μs	200μs
高速计数器	计数方式	相位差方式、增/减脉冲方式 脉冲+方向方式、递增方式	相位差方式 递增方式
	最大计数频率	相位差方式：5 kHz 脉冲+方向方式、增/减脉冲方式和递增方式：20 kHz	相位差方式：2.5 kHz 递增方式：5 kHz
	计数器 PV 范围	−8388608～8388607	相位差方式：−32768～32767 递增方式：0～65535
	登记目标值比较表时	不可同方向，同 SV	可同方向，同 SV
	访问目标值比较表的方法	与比较表中所有的目标值同时比较	按目标值在表中出现的次序比较
	读区域比较结果	检查 AR1100～AR1107，或执行 PRV	检查 AR1100～AR1107
	读状态	检查 AR1108（在进行中比较），检查 AR1109 或执行 PRV(62)	—
同步脉冲控制		1 点	不支持
脉冲输出控制	有梯形加速/减速脉冲输出	支持 ACC，可以设置初始频率	不支持
	占空比可变脉冲输出	支持 PWM	不支持
	同时输出脉冲的端口	最多 2 个	最多 1 个
	输出脉冲频率范围	10Hz ～10kHz	20Hz ～2kHz
	脉冲输出数	−16777215～16777215	0～16777215
	方向控制	支持	不支持
	绝对位置定位	支持	不支持
	读 PV 的方式	读 SR228～SR231，或执行 PRV 读	不支持
	重新设定 PV	支持	不支持

续表

项　目		CPM2A	CPM1A
脉冲输出控制	状态输出	加速/减速 PV 溢出/下溢 脉冲数设置 脉冲输出完成 脉冲输出状态	脉冲输出状态
时钟功能	CPU 单元内部	有	无
模拟量设定		2 点	2 点
CompoBus/S 通信		可链接 CompoBus/S 通信单元	同 CPM2A
通信开关		有	无
CPU 单元内置 RS232C 端口		上位链接、无协议链接、1∶1 PLC 链接、1∶1 NT 链接	CPU 单元无 RS232C 端口
输入时间常数		可设定 1/2/3/5/10/20/40/80 ms 其中的一个（默认 10 ms）	可设定 1/2/4/8/16/32/64/128 ms 其中的一个（默认 8 ms）

附录 D ASCII 码表

ASCII 码表

代　码	字　符	代　码	字　符	代　码	字　符	代　码	字　符
0	NUL	20	US	40	@	60	`
1	SOH	21	!	41	A	61	a
2	STX	22	"	42	B	62	b
3	ETX	23	#	43	C	63	c
4	EOT	24	$	44	D	64	d
5	ENQ	25	%	45	E	65	e
6	ACK	26	&	46	F	66	f
7	BEL	27	'	47	G	67	g
8	BS	28	(	48	H	68	h
9	HT	29	)	49	I	69	i
A	LF	2A	*	4A	J	6A	j
B	VT	2B	+	4B	K	6B	k
C	FF	2C	,	4C	L	6C	l
D	CR	2D	-	4D	M	6D	m
E	SO	2E	.	4E	N	6E	n
F	SI	2F	/	4F	O	6F	o
10	DLE	30	0	50	P	70	p
11	DC1	31	1	51	Q	71	q
12	DC2	32	2	52	R	72	r
13	DC3	33	3	53	S	73	s
14	DC4	34	4	54	T	74	t
15	NAK	35	5	55	U	75	u
16	SYN	36	6	56	V	76	v
17	ETB	37	7	57	W	77	w
18	CAN	38	8	58	X	78	x
19	EM	39	9	59	Y	79	y
1A	SUB	3A	:	5A	Z	7A	z
1B	ESC	3B	;	5B	[	7B	{
1C	FS	3C	<	5C	\	7C	|
1D	GS	3D	=	5D	]	7D	}
1E	RS	3E	>	5E	^	7E	～
1F	US	3F	?	5F	_	7F	DEL

附录 E CPM2A 扩展的继电器区和数据存储区

表 E1 SR 区

功能	通道
脉冲输出 0 PV	SR228～SR229
脉冲输出 1 PV	SR230～SR231
脉冲输出 0 PV 复位位	SR25204
脉冲输出 1 PV 复位位	SR25205
RS232C 端口复位位	SR25209
电池错误标志	SR25308
改变 RS232C 端口设置标志	SR25312

表 E2 AR 区

功能	通道
时钟/日历数据	AR17～AR21
RS232C 通信错误代码	AR0800～AR0803
RS232C 错误标志	AR0804
RS232C 发送使能标志	AR0805
RS232C 接收完成标志	AR0806
RS232C 接收溢出标志	AR0807
外围端口接收完成标志	AR0814
外围端口接收溢出标志	AR0815
RS232C 接收计数器	AR09
高速计数器比较标志	AR1108
高速计数器溢出/下溢标志	AR1109
脉冲输出 0 加速/减速标志	AR1111
脉冲输出 0 当前值溢出/下溢标志	AR1112
脉冲输出 0 脉冲数设置标志	AR1113
脉冲输出 0 输出完成标志	AR1114
脉冲输出 1 加速/减速标志	AR1211

续表

功　　能	通　　道
脉冲输出 1 当前值溢出/下溢标志	AR1212
脉冲输出 1 脉冲数设置标志	AR1213
脉冲输出 1 输出完成标志	AR1214
脉冲输出 1 输出状态	AR1215
断电计数器	AR23*

* CPM1A 用 AR10。

表 E3　　　　DM 区

功　　能	通　　道
RS232C 端口服务时间设定	DM6616 位 00～07
RS232C 端口服务时间使能	DM6616 位 08～15
脉冲输出 0 坐标系统	DM6629 位 00～03
脉冲输出 1 坐标系统	DM6629 位 04～07
RS232C 通信设定选择器	DM6645 位 00～03
RS232C 端口 CTS 控制设定	DM6645 位 04～07
1∶1 PLC 链接的 RS232C 端口链接字	DM6645 位 08～11
RS232C 端口通信方式	DM6645 位 12～15
RS232C 端口波特率	DM6646 位 00～07
RS232C 端口帧格式	DM6646 位 08～15
RS232C 端口传输延迟	DM6647
RS232C 端口上位链接节点号	DM6648 位 00～07
RS232C 端口无规约启动代码使能	DM6648 位 08～11
RS232C 端口无规约终止代码使能	DM6648 位 12～15
RS232C 端口无规约启动代码设定	DM6649 位 00～07
RS232C 端口无规约终止代码设定或接受的字节数	DM6649 位 08～15
外围端口无规约启动代码使能	DM6653 位 08～11
外围端口无规约终止代码使能	DM6653 位 12～15
外围端口无规约启动代码设定	DM6654 位 00～07
外围端口无规约终止代码设定或接受的字节数	DM6654 位 08～15
电池错误检测设定	DM6655 位 12～15
错误记录区	DM2000～DM2021*

*CPM1A 为 DM1000～DM1021。

参 考 文 献

[1] 宫淑贞，徐世许. 可编程控制器原理及应用. 2 版. 北京：人民邮电出版社，2009.
[2] 徐世许，宫淑贞，彭涛. 可编程控制器应用指南　编程·通信·联网［M］. 北京：电子工业出版社，2007.
[3] 徐世许. 可编程控制器原理·应用·网络［M］. 2 版. 合肥：中国科学技术大学出版社，2008.
[4] 屈虹，等. 可编程控制器原理与应用［M］. 北京：中国电力出版社，2007.
[5] 宋伯生. PLC 编程理论·算法及技巧［M］. 北京：机械工业出版社，2005.
[6] 袁任光. 可编程控制器（PC）应用技术实例［M］. 广州：华南理工大学出版社，2000.
[7] 秦增煌，电工技术，北京：高等教育出版社，2005.
[8] OMRON SYSMAC CPM1/CPM1A/CPM2A/CPM2AH/CPM2C/SRM1（-V2）可编程控制器编程手册. 2003.
[9] OMROM SYSMAC CQM1H 内插板编程手册. 1997.
[10] OMROM SYSMAC CQM1H 内插板操作手册. 1997.
[11] OMROM SYSMAC CQM1 可编程控制器编程手册. 1997.
[12] OMRON CP1H CPU 单元编程手册. 2005.
[13] OMRON CP1H CPU 单元操作手册. 2005.
[14] OMRON CJ1M CPU 单元编程手册. 2002.
[15] OMRON CJ1M CPU 单元操作手册. 2002.
[16] OMRON SYSMAC CS1/ CJ Series CS1W-DRM21/ CJ1W-DRM21 DeviceNet Units OPERATION MANUAL. 2005.
[17] OMROM SYSMAC CVM1-DRM21-V1/C200HW-DRM21-V1/CQM1-DRT21/DRT1 系列 CompoBus/D（DeviceNet）操作手册. 1998.
[18] OMRON SYSMAC CS1W-CLK21-V1/ CJ CS1W-CLK21-V1/ C200HW-CLK21/CVM1-CLK21/ CQM1H-CLK21 Controller Link Units OPERATION MANUAL. 2003.
[19] OMRON SYSMAC CS1 and CJ Series CS1W-ETN21/ CJ1W-ETN21 Ethernet Units Construction of Networks OPERATION MANUAL. 2004.
[20] OMRON SYSMAC CS1 and CJ Series CS1W-ETN21/ CJ1W-ETN21 Ethernet Units Construction of Applications OPERATION MANUAL. 2004.
[21] OMRON SYSMAC WS02-CXPC1-E-V60 CX-Programmer Ver. 6. 0 OPERATION MANUAL. 2005.
[22] http://www. fa. omron. com. Cn